高 等 学 校 教 材

上海市教育委员会组编

精细高分子合成与性能

张宝华 张剑秋 编

化学工业出版社

教材出版中心

·北京·

本书从高分子的基本概念开始，首先对精细高分子的设计与合成的基本原理进行了深入的分析，然后从特殊性能精细高分子和特殊功能精细高分子的角度分别介绍了较为重要的精细高分子类型。本书共分为三部分，第一部分为总论（第1章至第4章），对精细高分子的基本概念、分子设计与制备等内容进行了概括。第二部分为特殊性能精细高分子材料（第5章至第7章），对高强高模高分子材料、阻燃高分子材料、高分子型助剂的内容进行了介绍。第三部分为特殊功能精细高分子材料（第8章至第14章），对吸附型高分子、膜型高分子、反应型高分子、光敏型高分子、电活性高分子、液晶高分子、医用高分子的内容进行了介绍。

　　本书对精细高分子的合成、性能及应用进行了全面的概括，选材独到，内容详实，适合作为化工专业和高分子专业本科生及研究生的教材及参考书。

图书在版编目（CIP）数据

精细高分子合成与性能/张宝华，张剑秋编. —北京：化学工业出版社，2005.5（2024.8重印）
高等学校教材
ISBN 978-7-5025-5901-4

Ⅰ.精…　Ⅱ.①张…②张…　Ⅲ.高分子材料-高等学校-教材
Ⅳ.TB324

中国版本图书馆 CIP 数据核字（2005）第 048378 号

责任编辑：杨　菁　陈　丽　　　　　　　文字编辑：徐雪华
责任校对：顾淑云　周梦华　　　　　　　装帧设计：潘　峰

出版发行：化学工业出版社（北京市东城区青年湖南街 13 号　邮政编码 100011）
印　　装：北京科印技术咨询服务有限公司数码印刷分部
787mm×1092mm　1/16　印张 23　字数 628 千字　2024 年 8 月北京第 1 版第 10 次印刷

购书咨询：010-64518888　　　　　　　　售后服务：010-64518899
网　　址：http://www.cip.com.cn
凡购买本书，如有缺损质量问题，本社销售中心负责调换。

定　　价：70.00 元

前　　言

　　精细高分子是指本身具有特定性能或功能的高分子以及能增进或赋予其他产品以专有性能或功能的高分子，并且具备生产批量小、附加价值高的特点。

　　现代化学工业已进入了精细化工时代，精细化工已经成为世界化学工业发展的重点，也是国家综合国力和技术水平的重要标志之一。随着精细化工的发展，精细高分子在精细化学品中所占的比例越来越大，一方面是因为小分子精细化学品的特殊性能或功能已不能满足某些领域的要求；另一方面，由于高分子的多分散性，骨架对侧链官能团的协同效应，使得精细高分子在研究开发、技术转化等方面有其独特的性能与优势。

　　随着高分子科学及各个科学领域的飞速发展，精细高分子也取得了显著进展。许多高校的化工专业及高分子材料专业已开设相关课程，但缺乏合适的教材。我们结合多年的教学实践，编写了《精细高分子合成与性能》一书。本书首先对精细高分子的设计与合成的基本原理进行了深入的分析，然后从特殊性能精细高分子和特殊功能精细高分子的角度分别介绍了较为重要的精细高分子类型。本书共分为三部分，第一部分为总论（第1章至第4章），对精细高分子的基本概念、分子设计与制备等内容进行了概括。第二部分为特殊性能精细高分子材料（第5章至第7章），对高强高模高分子材料、阻燃高分子材料、高分子型助剂的内容进行了介绍。第三部分为特殊功能精细高分子材料（第8章至第14章），对吸附型高分子、膜型高分子、反应型高分子、光敏型高分子、电活性高分子、液晶高分子、医用高分子等内容进行了介绍。本书适合作为化工专业和高分子专业本科生及研究生的教材及参考书。

　　本书第一部分由张剑秋编写，第二部分和第三部分由张宝华编写，全书由张宝华审核校对。限于编者的水平与认识，书中出现的缺点与错误之处，敬请专家和广大读者给予批评指正。

　　本书在编写过程中部分化学结构式及文字的输入工作得到了上海大学化工系研究生陆佳琳、黄勤、余喜理、许燕侠、侯青顺，本科生王伟强、陈晨的帮助，在此一并表示感谢。

张宝华

2005 年 1 月

目　　录

第一部分　总　　论

第二部分 特殊性能精细高分子材料

第三部分　特殊功能精细高分子材料

第一部分　总　　论

第一部分　总　介

第1章 精细高分子简介

1.1 高分子简介

1.1.1 高分子的基本概念

高分子（macromolecule）是一种由许多结构相同的、简单的单元通过共价键重复连接而成的分子量❶很大的化合物。与小分子化合物相比高分子化合物有如下特点。

① 分子量大，一般在 $10^4 \sim 10^6$。例如尼龙的分子量为 $(1.2 \sim 1.8) \times 10^4$，聚氯乙烯的分子量为 $(5 \sim 15) \times 10^4$，顺丁橡胶的分子量为 $(25 \sim 30) \times 10^4$。分子量超过 10^6 的化合物习惯上称为超高分子量化合物。而分子量在 $10^3 \sim 10^4$ 的化合物一般称为低聚物或齐聚物（oligomer）。

② 价键连接。1920 年，德国的 Staudinger 提出：无论天然或合成高分子，其形态和特性都可以由具有共价键连接的链式高分子结构来解释。这种长链型的分子结构一直沿用至今。

③ 由相同的化学结构重复多次连接而成。例如聚氯乙烯分子结构可以写为：

$$A \sim\sim\sim CH_2 - \underset{\underset{Cl}{|}}{CH} - CH_2 - \underset{\underset{Cl}{|}}{CH} - CH_2 - \underset{\underset{Cl}{|}}{CH} - CH_2 - \underset{\underset{Cl}{|}}{CH} \sim\sim\sim B \qquad (Ⅰ)$$

聚氯乙烯是由许多相同的化学结构通过共价键重复连接而成。两端的" $\sim\sim\sim$ "代表高分子延伸的主链，主链旁的—Cl 为侧基。其化学结构式通常写为：

$$A - \underset{\underset{Cl}{|}}{[\, CH_2 - CH \,]_n} - B \qquad (Ⅱ)$$

在结构式中，两端的端基（A 和 B）由于分子量小，对高分子性能影响不大，且结构往往不确定，因此除一些特殊需要的聚合物外，一般可略去不写。对大多数高分子化合物，尤其是合成高分子化合物均具有这种由相同的化学结构多次重复连接而成的特点，因此也称为聚合物（polymer）或高聚物（high polymer）。但对化学结构组成多样、排列顺序严格的生物高分子，则仍称其为高分子或大分子。对于聚氯乙烯这样的聚合物，（Ⅱ）式括号内的化学结构称为结构单元（structure unit），由于聚氯乙烯分子链可以看成为结构单元的多次重复构成，因此括号内的化学结构也可称为重复单元（repeating unit）或链节（chain element）。"n"代表重复单元的数目，称之为聚合度（degree of polymerization，DP）。

能够形成聚合物中结构单元的小分子化合物称之为单体（monomer）。例如，聚苯乙烯是由苯乙烯合成的，苯乙烯是聚苯乙烯的单体。聚苯乙烯结构单元与单体苯乙烯的原子种类、个数相同，仅电子结构改变，因此其结构单元也可称为单体单元（monomer unit）。

对由己二酸和己二胺反应（失去小分子水）生成的尼龙 66，其化学结构式有着另一特征：

$$[\, NH(CH_2)_6NH - CO(CH_2)_4CO \,]_n$$

$$|\!\leftarrow 结构单元 \rightarrow\!|\!\leftarrow 结构单元 \rightarrow\!|$$

$$|\!\leftarrow\!\!\longleftarrow 重复单元 \longrightarrow\!\!\rightarrow\!| \qquad\qquad (Ⅲ)$$

---

❶ 本书分子量均指相对分子质量。

3

（Ⅲ）式中的结构单元 —NH(CH₂)₆NH— 和 —CO(CH₂)₄CO— 比其单体己二酸和己二胺要少一些原子，因此这种结构单元不宜再称为单体单元。另外，结构单元和重复单元（链节）的含义也不再相同。

高分子化合物在形成过程中，由于反应条件不同，反应概率不同，所形成的高分子化合物分子的分子量是不同的。高分子化合物实质上是化学组成相同而分子量大小不等的同系物的混合物。高分子化合物的这种分子量的多样性称为高分子化合物的多分散性。由于聚合物分子量具有多分散性，因此其分子量或聚合度通常用平均分子量 $\overline{M}$ 或平均聚合度 $\overline{DP}$ 表示。

1.1.2 聚合反应

由低分子单体合成聚合物的反应称聚合反应。对于多种多样的聚合反应，可以从不同的角度进行分类。目前用得多的有两种：一种是按单体和聚合物在反应前后组成和结构上的变化分类；另一种是按聚合反应的反应机理和动力学分类。

1.1.2.1 按单体和聚合物在反应前后组成和结构上的变化分类

在 1929 年，Carothers 借用有机化学中加成反应和缩合反应的概念，根据单体和聚合物之间的组成差异，将聚合反应分为加聚反应（addition polymerization）和缩聚反应（condensation polymerization），与之对应得到的聚合物称之为加聚物和缩聚物。

单体通过相互加成而形成聚合物的反应称为加聚反应。例如聚苯乙烯的合成。加聚物具有重复单元和单体结构（原子种类、数目）相同、仅是电子结构（化学键方向、类型）有变化、聚合物分子量是单体分子量整数倍的特点。大部分的加聚物是由带有碳—碳双键的单体聚合生成的，因而聚合物主链由碳链组成：

带有多个可相互反应的官能团的单体通过有机化学中各种缩合反应消去某些小分子而形成聚合物的反应称为缩聚反应。例如己二胺与己二酸两种单体的缩聚反应，由于反应过程中失去小分子水，生成的缩聚物聚己二酰己二胺（尼龙 66）的结构与单体不再相同，聚合物的分子量亦不再是单体分子量的整数倍，且主链上含有碳以外的杂原子：

$$n\text{NH}_2(\text{CH}_2)_6\text{NH}_2 + n\text{HOOC}(\text{CH}_2)_4\text{COOH} \longrightarrow$$

$$\text{H}\!\left[\text{NH}(\text{CH}_2)_6\text{NH}\!-\!\text{CO}(\text{CH}_2)_4\text{CO}\right]_n\!\text{OH} + (2n-1)\text{H}_2\text{O}$$

按单体和聚合物之间的组成差异进行分类的方法具有简单易懂、便于使用的特点，一直沿用至今。但随着高分子科学的发展，这种分类方法的局限性日益明显，例如二元醇与二异氰酸酯反应形成聚氨酯：

$$n\text{HO}\!-\!\text{R}\!-\!\text{OH} + n\text{OCN}\!-\!\text{R}'\!-\!\text{NCO} \longrightarrow$$

$$\text{HO}\!\left(\text{R}\!-\!\text{O}\!-\!\text{OCNH}\!-\!\text{R}'\!-\!\text{NHCO}\!-\!\text{O}\right)_{n-1}\!\text{R}\!-\!\text{O}\!-\!\text{OCNH}\!-\!\text{R}'\!-\!\text{NCO}$$

由于聚合物最终组成与单体相同，似应划归为加聚物，但从结构看，划归为缩聚物更为合理。再例如反应：

$$n\text{Br}(\text{CH}_2)_{10}\text{Br} + 2n\text{Na} \longrightarrow \left(\text{CH}_2\!-\!\text{CH}_2\right)_{5n} + 2n\text{NaBr}$$

反应过程中有小分子产生，似应划归为缩聚物，但从结构看，划归为加聚物更为合理。

1.1.2.2 按聚合反应的反应机理和动力学分类

在 1951 年，Flory 从聚合反应的机理和动力学角度出发，将聚合反应分为链式聚合反应（chain polymerization）和逐步聚合反应（step polymerization）。这两类反应主要差别在于反应机理不同，表现为形成每个聚合物分子所需的时间不同。

链式聚合（也称连锁聚合）需先形成活性中心 R*，活性中心可以是自由基、阳（正）

离子、阴（负）离子。聚合反应中存在链引发、链增长、链转移、链终止等基元反应，各基元反应的反应速率和活化能差别很大。链引发是形成活性中心的反应，链增长是大量单体通过与活性中心的连续加成，最终形成聚合物的过程，单体彼此间不能发生反应，活性中心失去活性称为链终止。形成一个高分子的反应实际上是在大约一秒钟而且往往是更短的时间内完成的。反应过程中，反应体系始终由单体、高分子量聚合物和微量引发剂组成，没有分子量递增的中间产物。在聚合过程中，链活性中心有可能从单体、溶剂、引发剂等低分子或大分子上夺取一个原子而终止，并使这些失去原子的分子成为自由基，继续新链的增长，使聚合反应继续进行下去，称链转移反应。各基元反应的特点可以简述为慢引发、快增长、速终止、有转移。

逐步聚合没有活性中心，它是通过一系列单体上所带的能相互反应的官能团间的反应逐步实现的。反应中，单体先生成二聚体，再继续反应逐步形成三聚体、四聚体、五聚体等，直到最后逐步形成聚合物。反应中每一步的反应速率和活化能大致相同，任何聚合体间均可发生反应。形成一个高分子的反应往往需要数小时。反应过程中，体系由分子量递增的一系列中间产物所组成。

这两类聚合反应产物的分子量和单体转化率的关系特征如图1-1所示。可以看出，对链式聚合，由于高分子链是瞬间形成，因此在不同转化率下分离所得聚合物的分子量相差不大，延长反应时间只是为了提高转化率。对逐步聚合，由于大部分单体很快聚合成二聚体、三聚体等低聚物，短期内可达到很高转化率。延长反应时间只是为了提高相对分子质量。

链式聚合与加聚反应，逐步聚合与缩聚反应虽然是从不同的角度进行分类，但两者在许多情况下经常混用。烯类单体的加聚反应，绝大多数属于链式聚合。对于阴离子活性聚合来说，其相对分子质量和转化率关系示于图1-1中曲线2。从聚合机理看，活性聚合属于链式聚合。但其反应却有快引发、慢增长、无终止的特点，因此分子量随转化率的提高而增大。

绝大多数缩聚反应属于逐步聚合。对于聚氨

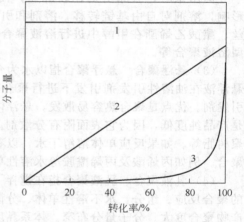

图1-1 分子量-转化率关系
1—链式聚合；2—活性聚合；3—逐步聚合

酯这样单体分子通过反复加成，使分子间形成共价键，逐步生成高分子聚合物的过程，其反应机理是逐步增长聚合，因此称为聚加成反应（polyaddition reaction）或逐步加聚反应，但从更广的意义上讲，它与生成酚醛树脂的加成缩合反应一样都属于逐步聚合。

环状单体在聚合反应中环被打开，生成线性聚合物，这一过程称为开环聚合。多数环状单体的开环聚合属于链式聚合。对某些反应，尽管单体和所得聚合物均相同，但由于反应历程不同，其聚合类型亦不相同。如用己内酰胺合成尼龙6的反应，用碱为催化剂时属于链式聚合，用酸催化则属于逐步聚合。因此对聚合反应进行分类时通常需要兼顾结构和机理。如果进一步划分，链式聚合又可按活性中心分为自由基聚合、阳离子聚合、阴离子聚合等；而逐步聚合则可按动力学分为平衡缩聚和不平衡缩聚，如按大分子链结构又可分为线形缩聚和体形缩聚等。

Flory的分类方法由于涉及聚合反应本质，得到了人们的青睐。尽管按照聚合反应机理进行分类有时也有不够明确的地方，但时至今日，对于新的聚合反应，科学家们仍然习惯于从聚合反应历程进行分类，如活性聚合、开环聚合、异构化聚合、基团转移聚合等。当然，现在的许多新的聚合反应虽然仍可归为某类传统的聚合类型，但其特征已有了明显变化。

1.1.2.3　链式聚合反应的实施方法

链式聚合反应通常有本体聚合、悬浮聚合、溶液聚合、乳液聚合等几种实施方法。这些方法中的任一种都可以使各种单体聚合。不过工业上，每种单体一般是采用一种或两种方法进行聚合。下面对各种方法作简要介绍。

(1) 本体聚合　本体聚合是单体在引发剂或光、热等作用下进行的聚合反应。组分：单体、引发剂。本体聚合的优点是产品纯度高，有利于制备透明和电性能好的产品，聚合设备也较简单。缺点是聚合体系黏稠，自动加速现象很显著，聚合反应热不易导出，温度难以控制，易局部过热，反应不均匀，造成产物分子量分布加宽。例如：高压聚乙烯（PE）、聚苯乙烯（PS）、聚甲基丙烯酸甲酯（PMMA）、聚丙烯腈（PAN）、聚氯乙烯（PVC）等的制备。

(2) 溶液聚合　溶液聚合是将单体溶于某种溶剂中进行引发聚合的方法。组分：单体、溶剂、引发剂。优点是：①聚合热容易散发，可避免局部过热；②当溶剂浓度足够高时，凝胶效应可以避免，分子量分布窄；③当聚合物溶液直接应用时，格外显示其优越性。缺点是：①单体浓度低，反应速度和产物平均分子量低；②当聚合物必须从溶剂中分离出来时，去除溶剂比较麻烦，而且需要增加溶剂回收设备；③溶剂对聚合反应有影响，溶剂对自由基链转移，溶剂和引发剂之间可能反应。例如：PAN溶液聚合-溶液纺丝、醋酸乙烯酯在甲醇中进行溶液聚合（甲醇调节分子量）、丙烯酸酯类溶液聚合、离子型溶液聚合等。

(3) 悬浮聚合　悬浮聚合指以水为介质，借助于分散剂和剧烈搅拌，使不溶于水的单体悬浮液在油溶性引发剂引发下进行聚合。组分：水不溶性单体、分散介质（水）、分散剂、引发剂。优点是聚合热容易散发，悬浮体系的黏度低，生成的聚合物珠粒可直接使用。缺点是产品纯度低，因为它表面附有分散剂。例如：PVC、PS、PMMA、苯乙烯-二乙烯基苯共聚树脂等。如果反应单体溶解于水，以有机溶剂为分散介质进行的悬浮聚合则称为反相悬浮聚合。例如丙烯酸及丙烯酰胺等水溶性单体的反相悬浮聚合。

(4) 乳液聚合　乳液聚合指在搅拌下借助于乳化剂的作用，使单体分散在乳浊液中进行的聚合反应。组分：水不溶性单体、分散介质（水）、乳化剂、引发剂。优点是聚合速度快，产物聚合度大。分子量分布窄。体系黏度相对较低。在某些场合下，聚合所得的乳胶可直接用作涂料、织物处理剂或用于制造纤维。缺点是聚合产物经分离净化后常含有没有洗净的乳化剂和其他杂质，使产物纯度降低。例如：丁腈橡胶、丁苯橡胶、聚醋酸乙烯酯、丙烯酸类、PS、聚丁二烯（PB）、PMMA、PVC等。如果反应单体溶解于水，以有机溶剂为分散介质进行的乳液聚合则称为反相乳液聚合。例如丙烯酸及丙烯酰胺等水溶性单体的反相乳液聚合。

1.1.2.4　缩聚反应的实施方法

逐步聚合反应的研究以缩聚反应为代表，其实施方法主要有熔融缩聚、溶液缩聚、界面缩聚、固相缩聚等。

(1) 熔融缩聚　指反应温度高于单体和缩聚物的熔点，反应体系处于熔融状态下进行的反应。这种反应通常在200℃以上的高温下进行。所形成的副产物（水、醇等）通过惰性气体携带或借助于体系的真空度而不断排除。该缩聚反应具有如下特点：①反应温度高，要求单体和缩聚物的热稳定性好；②对混缩聚来说，要求单体保持严格等当量比；③单体的纯度要求很高，杂质的存在将影响分子量、反应速度和产品质量；④缩聚反应大多为可逆平衡反应，由于熔融缩聚体系黏度很大，副产物不易排除，所以熔融缩聚分子量一般不易超过3万。

尽管这个方法存在某些缺点，但由于它工艺成熟，效率高，不需要任何溶剂，且产品质

6

量基本能保证，所以工业上普遍采用。例如：合成涤纶，酯交换法合成聚碳酸酯、聚酰胺等。

（2）**溶液缩聚** 反应物在一种惰性溶剂中进行的缩聚。这种方法的优点是反应温度低，副反应少，容易得到较高分子量的产物。对于高温下易分解的单体，此法很合适。这种方法的缺点是需用大量溶剂，需增设溶剂提纯、回收设备。例如：聚对苯二甲酰对苯二胺（Kevlar，$T_m = 600℃$，$T_d = 500℃$）目前工业上用六甲基磷酰胺：N-甲基吡咯烷酮＝2：1为混合溶剂进行溶液缩聚；另外聚砜和聚苯醚的合成，尼龙66合成前期均采用溶液缩聚。

（3）**界面缩聚** 反应是在互不相容的两相界面上进行的，故称为界面缩聚。界面缩聚特点如下。①反应速度极快，可与烯类聚合相比拟，甚至于几分钟内可完成［缩聚速率常数约 $10^4 \sim 10^5 L/(mol \cdot s)$，自由基链增长速率常数约 $10^2 \sim 10^3 L/(mol \cdot s)$］。②反应在室温下即可进行，反应条件缓和，能得到分子量很高的产物。一般熔融缩聚要得到分子量3万以上的产物已比较困难，而界面缩聚在常温下甚至能得到分子量为50万的产物。③对单体的纯度要求不高，即使单体含有一些杂质，也能得到高分子量的产物。④对原料配比要求不严，即使原料比例相差较大，对产物的分子量的影响也不大。⑤反应是在两相界面上进行的不可逆反应，所以无需抽真空以除去副产物。

虽然这种方法也存在需用大量溶剂和设备，体积庞大等缺点，但由于它具备了以上几个方面的突出优点，恰好弥补了熔融缩聚之不足，所以是一种大有前途的方法。目前已在聚酯、聚酰胺、聚碳酸酯、聚苯酯的合成上得到越来越多的应用，新型的聚间苯二甲酰间苯二胺（Nomex）的聚合体就是用界面缩聚法制备的。聚酰胺的制备过程如下：将己二胺的水溶液和癸二酰氯的四氯化碳溶液倒在一起，不加搅拌，在几分钟之内，两相界面上就出现聚酰胺薄膜，用玻璃棒卷绕牵引而拉出，聚合物可连续不断形成，直至单体耗尽为止。

（4）**固相缩聚** 使单体在其熔点以下温度进行的缩聚反应。这种缩聚比在高温熔融状态下的缩聚要缓和得多，所以适用于单体热稳定性不好和高温下聚合体易分解的情况。例如：聚酯和聚酰胺往往采用固相缩聚来合成高黏度聚合体以满足轮胎帘子线的要求。高黏度聚酯的制备过程如下：聚对苯二甲酸乙二酯，国际上已广泛用于纺制轮胎帘子线，其分子量要求3万左右，相当于特性黏数1.15（一般服用纤维涤纶特性黏数0.65，分子量2万左右）。方法是将特性黏数0.3的预聚物，在氮气保护下粉碎至小于20目，然后在熔点以下的温度，例如220℃及0.01mmHg（1mmHg＝133.322Pa）绝对压力下（或小于或等于250℃和0.5mmHg）不到1h，即能得到特性黏数为 $1.07 \sim 1.10$ 的树脂，而且产物色泽好，乙二醇含量低，熔点高。

1.1.3 高分子科学的发展概况与趋势

高分子科学是在人们长期的生产实践和科学实验的基础上逐渐发展起来的。蛋白质、淀粉、棉、毛、丝、麻、造纸、油漆、橡胶等天然高分子材料在公元前就已经在人们的生活和生产中得到了广泛的应用。

19世纪初，人们开始对天然高分子进行改性研究并试图进行人工合成。1839年，Goodyear发明了天然橡胶的硫化，使之用于制作轮胎。1868年，Hyatt发明了硝化纤维素，1870年进行了工业化生产。1907年，德国合成出酚醛树脂。

高分子工业的发展刺激了高分子科学的研究。尽管19世纪后期和20世纪早期，人们已经确定天然橡胶由异戊二烯、纤维素和淀粉由葡萄糖残体、蛋白质由氨基酸组成，但对高分子的实质存在着激烈的争论。由于当时尚不具备对高分子的分子量进行有效测量的手段及对高分子分子量多分散性的正确认识，绝大多数科学家依照传统的分子必须有确定的化学结构和可以反复测量出确定的分子量的观点，认为聚合物是小分子在溶液中靠次价键力缔合形成的胶束。

德国科学家Staudinger在高分子科学的确立上做出了重大贡献。Staudinger早期研究有机化学，后对天然有机物的结构发生浓厚兴趣，经系统地研究大量聚合物的合成和性质后，于 1920 年在《德国化学会杂志》上发表了著名的《论聚合》一文，提出高分子化合物是由共价键连接的长链分子所组成。围绕这一概念的争论持续了十年，其后科学的发展证明了大分子学说的正确。1932 年，Staudinger 的专著《高分子有机化合物》问世，标志着高分子科学的诞生。1953 年，Staudinger 因"链状大分子物质的发现"荣获诺贝尔化学奖。

高分子概念的确立，为高分子科学和工业化生产的快速发展打下了基础。20 世纪 20 年代末，Carothers 对缩聚反应进行了系统研究，1935 年开发出尼龙 66，并于 1938 年实现工业化生产。这一时期，一系列烯类加聚物也实现了工业化生产，如聚氯乙烯（1927～1937）、聚甲基丙烯酸甲酯（1927～1931）、聚苯乙烯（1934～1937）、高压聚乙烯（1939）、丁苯橡胶（1937）、丁腈橡胶（1937）、丁基橡胶（1940）、不饱和聚酯（1942）、氟树脂（1943）、聚氨酯（1943）、有机硅（1943）、环氧树脂（1947），ABS 树脂（1948）等。

20 世纪 50 年代，随着石油化工的发展，高分子工业获得了丰富、廉价的原料来源。当时除乙烯、丙烯外，几乎所有的通用单体都实现了工业化生产。50 年代中期，德国的 Ziegler 和意大利的 Natta 等人发现了金属有机络合引发体系，在较低的温度和压力下，制得了高密度聚乙烯（1953～1955）和聚丙烯（1955～1957），使低级烯烃得到了利用，并在立构规整聚合物的合成方面开辟了一个新天地。1963 年，Ziegler 和 Natta 共同荣获当年诺贝尔化学奖。同一时期，Szwarc 对阴离子聚合和高分子活性聚合物进行了深入研究。

20 世纪 60 年代，高分子科学进入全盛时期。在众多新聚合物品种涌现的同时，高分子物理也有了长足的进步。1974 年，Flory 因在高分子溶液理论和分子量测定等方面的突出贡献而荣获诺贝尔化学奖。

20 世纪 70 年代，高分子工程科学获得大发展，1971～1978 年，白川英树等提出了导电高分子的概念，1973 年，美国杜邦公司推出了高强高模的 Kevlar 纤维。高分子工业实现了生产的高效化、自动化、大型化（塑料～6000 万吨/年、橡胶～700 万吨/年、化纤～6000 万吨/年），出现了高分子合金（如抗冲击聚苯乙烯）及高分子复合材料（如碳纤维增强复合材料）。

20 世纪末期，高分子科学的发展不断深入，分子设计概念开始提出，1983 年 O. W. Webster 提出了基团转移聚合理论，1994 年王锦山提出了原子（基团）转移自由基聚合理论。20 世纪 80 年代初，三大合成材料产量超过 10 亿吨，其中塑料 8500 万吨，以体积计超过钢铁的产量。精细高分子、功能高分子、生物医学高分子成为高分子科学研究和发展的重点。

高分子科学经过几十年的发展，虽然学科内涵已初具规模，并在人类社会的发展中产生了举足轻重的作用，然而高分子科学的研究内容、研究领域仍在随着人类社会的发展而迅速扩展。高分子科学的发展方向主要包括以下三个方面。

① 高分子的设计合成。一方面，在深入了解聚合物结构与性能关系的基础上，推断出具有最佳性能的高分子结构；另一方面，在聚合机理和聚合方法上进一步深入研究，从活性聚合、可控聚合到设计聚合，有目的地合成出具有特定结构的聚合物。

② 合成各种功能高分子和生物大分子的研究与应用更加深入。

③ 高分子工业继续向高效化、自动化、大型化方向发展，同时更加注重资源的综合利用和产品的可再生性。石油以外的原料得到高度关注。

1.2 精细高分子简介

1.2.1 精细高分子的定义

精细高分子（fine polymers）可定义为本身具有特定性能或功能的高分子或者能增进或

赋予其他产品以专有性能或功能的高分子，一般具备生产批量小、附加价值高的特点。精细高分子是从精细化学品中的高分子和为特殊用途专门生产的高分子产品中发展起来的。

1.2.2　性能和功能

（1）性能（performance）　材料对外部刺激产生的抵抗特性。如强度、模量、耐热、绝缘、防腐蚀性能等。

（2）功能（function）　是指材料传输或转换能量的一种作用。

传输（一次功能）：材料仅仅起着能量传送的作用。例如材料的隔声、透明、传热等，一次功能有时也统称为性能。

转换（二次功能）：材料使能量的形式发生了转化。譬如，应变片由于外力的作用，而引起电信号的改变。液晶因微弱的电磁场或热刺激而使光学性质发生突变。其特征在于材料输入和输出的能量具有不同的形式。

1.2.3　精细化学品

精细化学品（fine chemicals）是与通用化学品或大宗化学品（heavy chemicals）相对而言的。精细化学品在各个国家的定义不同。中国和日本定义相近，欧美国家另有定义。我国关于精细化学品的定义为：深度加工的技术密集度高和附加价值大的化学品，具有品种多、更新快、规模小、利润高的特点。欧美国家将我国和日本所称的精细化学品分为精细化学品和专用化学品（speciality chemicals）。其精细化学品是指按分子式来销售的小批量产品，强调的是产品的规格和纯度，例如各种试剂（苯、甲苯、丙烯酸、丙烯酸酯等），化学成分明确，生命期相对较长。专用化学品则是按功能来销售的，强调的是功能，例如化妆品、涂料、农药等，常常是若干种化学品组成的复合物或配方物，各生产厂家的产品的内在结构可以差别很大，生命期短，产品更新快，利润高。由于专用化学品更有可能获得和保持高额利润，因此欧美国家已很少使用精细化学品一词，往往直接使用专用化学品的说法。

精细化学品的特点是投资少，利润大，生命期短，是技术密集型产品，需要不断依靠新技术开发更新换代。精细化学品在化学工业中占据着相当重要的地位，是我国石油化学工业中优先发展的领域，具有巨大的发展潜力。

1.2.4　精细高分子的由来

20世纪70年代，由于石油危机的冲击，工业发达国家石油化工原料及能源成本不断上升，化学工业整体经济效益下降。由此，日、美、德等国开始对化学工业结构进行调整，化工产品由通用化学品转向技术密集、产量小、品种多、产品附加值高的精细化学品，化学工业开始进入了精细化工时代。在此后的年月中，精细化工愈来愈受到重视，目前精细化工已经成为世界化学工业发展的重点，也是国家综合国力和技术水平的重要标志之一。很多发达国家都将精细化工的发展作为化学工业的重点，一些大型跨国公司近几年来也进行了大改组，实现强强联合。如，瑞士山道士（Sandoz）公司和汽巴-嘉基（Ciba-Gergy）公司于1996年组建了世界最大的精细化工公司（Novants）。目前发达国家精细化学品产值占整体化工产品产值的比率（即精细化工率）已达到55%～65%。我国精细化学品到20世纪末也有了很大发展，其中染料产量占世界第一，农药产量居世界第二，涂料产量居世界第六，配合饲料产量居世界第二。但与工业发达国家相比，我国总体新产品研制及市场开拓方面的差距还很明显，目前我国精细化工率接近40%，发展空间很大。

随着精细化工的发展，精细高分子在精细化学品中所占比例愈来愈大，逐渐作为独立的一类产品受到重视和研究开发。精细高分子的发展，一方面是因为小分子精细化学品的特殊性能或特殊功能已不能满足某些领域所要求的性能或功能而发展起来的。典型的例子是高分子型助剂的应用和发展，如高分子量的增塑剂（增韧剂）、高分子表面活性剂、高分子型催化剂、高分子型皮革鞣剂及高分子型阻燃剂的发展。PVC塑料制品使用过程中，会因为小分子增塑剂逐渐迁移表面而脆裂；小分子阻燃剂会因为迁移而使制品失去阻燃性能；高分子型催化剂易于回收利用，并逐渐取代小分子催化剂；高分子皮革鞣剂无污染，因而逐渐取代小分子铬盐鞣剂。另一方面，由于高分子的多分散性，骨架对侧链官能基团的协同效应等，使得精细高分子在研究开发、技术转化方面有自己的特性。例如，离子交换树脂的主链为交联的聚合物骨架，保证树脂不熔不溶，侧基苯环上的磺酸基或季铵盐基团承担离子交换，骨架和侧基协同作用的结果，使树脂还具有吸附净化、脱水、催化等功能。含有羧基、醚或者氨基基团的交联的聚丙烯酸钠、聚醚等高吸水树脂，吸水倍率可高达数千倍，这也是高分子骨架结构与侧基功能的协同效应。由于高分子的合成工艺条件及后加工处理均对产品性能具有重大影响，因此精细高分子制备过程的每一步骤都要根据性能特点进行设计。从另一个角度理解，就是改变制备及加工过程的参数，将得到不同的产品，从而使精细高分子具备多样性和极大的开发潜力。

1.2.5 精细高分子的分类

随着社会的发展和科学技术水平的不断提高，精细高分子的种类和品种不断增加。精细高分子可以分成特殊性能和特殊功能两大类高分子产品，见表 1-1 和表 1-2。

表 1-1 特殊性能的精细高分子材料

种 类	用途和特殊性能	种 类	用途和特殊性能
涂料	表面防护与装饰	高分子增溶剂	提高共混相容性
黏合剂	粘接	高分子减水剂	增加水泥流动性,提高水泥硬度
耐热聚合物	高温下保持力学性能	高分子增稠剂	提高溶液稠度
特种橡胶	耐油耐候	高分子增韧剂	提高材料抗冲击性
阻燃材料	阻燃防火	油品降凝剂	提高油品的低温流动性
可降解聚合物	环境保护	高分子类皮革加脂剂	提高皮革使用寿命
高分子增塑剂	降低硬度	高分子类皮革鞣剂	提高皮革的工艺性
高分子絮凝剂	净化水		

表 1-2 特殊功能的精细高分子材料

种 类	用途和特殊功能	种 类	用途和特殊功能
离子交换树脂	分离、净化及吸收	高分子液晶材料	高模量、能量转换、信息记录
高分子试剂与催化剂	反应与催化	导电高分子	导电、抗静电
电活性高分子材料	信息记录	吸水、吸油树脂	环保、卫生、防水
感光高分子材料	成像、保护、变色、能量转换	医用高分子材料	组织材料、高分子药物
高分子功能膜材料	分离、富集、渗析		

第 2 章 精细高分子的结构分析与功能设计

高分子的多层次结构对性能具有决定性的影响。高分子的结构可分为高分子链结构（一个高分子）和高分子聚集态结构（一群高分子）。其中高分子链结构可进一步分为一次结构（又称近程结构或化学结构）和二次结构（又称远程结构）。一次结构是构成高分子的最基本微观结构，包括高分子的化学组成和结构。二次结构包括大分子链的大小及形态（构象），即空间结构。高分子聚集态结构可进一步分为三次结构和高次结构，其中三次结构是指高分子之间通过范德华力和氢键形成具有一定规则排列的聚集态结构［包括晶态、非晶态、液晶态、取向态和共混物结构（织态）］等。高次结构是指三次结构的再组合。结构和性能之间，通过分子运动这样的内在因素有机地联系起来。通过对分子运动的理解，可以建立结构与性能间的内在联系，掌握结构与性能的关系，合成具有指定性能的聚合物。例如定向聚合在结构上保证了低压聚乙烯的无支化结构，使人们首次观察到高分子单晶，从而意识到多种层次结构对性能的影响，进而提出了高分子特有的高次结构问题，也促进了结晶结构和旋转位能的研究。

空间结构、超结构和高分子电解质的研究发展使合成高分子与生物体的距离缩小。高分子已不仅用作以力学特性为主的结构材料，而且试图用作各种功能材料。研究高分子对电、光、热、化学变化乃至失重场等各种刺激的响应，以及开拓能合成具备这些特性而结构奇妙的高分子的特殊反应成为热门。技术的进步和社会的需求促进了精细高分子的蓬勃发展。

2.1 聚合物的结构与性能

高聚物材料具有所有已知材料中可变范围最宽的力学性质，轻度交联的橡胶拉伸可伸长十几倍，外力解除后还能基本上回复原状。高聚物力学性质的多样性，为不同的应用提供了广阔的选择余地。然而，与金属材料相比，高聚物的力学性质对温度和时间的依赖性要强烈得多，表现为高聚物材料的黏弹性行为，即同时具有黏性液体和纯粹弹性固体的行为，这种双重性的力学行为是高聚物力学性质的重要特征。

高聚物的力学性质之所以具有这些特点，是由于高聚物由长链分子组成，分子运动具有明显的松弛特性的缘故。而各种高聚物的力学性质的差异，则直接与各种结构因素有关，除了化学组成之外，这些结构因素包括分子量及其分布、支化和交联、结晶度和结晶的形态、共聚方式、分子取向、增塑以及填料等。

2.1.1 基本力学性能

2.1.1.1 力学状态

对于非晶聚合物，在一定外力作用下，随温度从低到高，聚合物的力学状态将依次出现玻璃态、高弹态和黏流态，称为聚合物的力学三态。从玻璃态到高弹态的转变称玻璃化转变，对应的温度称玻璃化转变温度，简称玻璃化温度，以 T_g 表示；同样地，从高弹态到黏流态的转变称黏流转变，对应的温度称黏流转变温度，简称黏流温度，以 T_f 表示。对于结晶性聚合物，若分子量足够大，则随着温度从低到高，将出现晶态、高弹态（温度高于熔点

11

T_m 而低于黏流温度）和黏流态。若分子量比较小，则 $T_f < T_m$，温度从低到高变化时聚合物从晶态直接进入黏流态。

在不同温度下，高聚物所处力学状态不同，表现出来的力学性能有很大差别。在玻璃态时，主链和链段处于被冻结状态，只有侧基、支链和小链节能运动，整个大分子不能实现构象转变，外力只能促使高聚物发生虎克弹性形变，此时聚合物可作为塑料或纤维使用。随着温度升高达到玻璃化温度（T_g）时，链段运动成为可能，高聚物进入高弹态，分子链可以在外力作用下改变构象，在宏观上表现出很大的形变，但是由于整个大分子未发生整体运动，形变显然是可回复的，此时高聚物可作为橡胶使用。温度继续升高达到黏流温度（T_f）时，整个分子链可发生互相滑动，外力作用下高聚物发生不可逆变形即流动，这是一般材料进行成型、挤出等的加工温度。

处于玻璃态时，材料的弹性模量比处于高弹态时的模量高 10^3 数量级。在一定温度下，聚合物所处的力学状态是由分子链的结构决定的，也就是说分子链的结构从根本上限定了聚合物的 T_g、T_m 和 T_f，进而决定了聚合物在常温下的基本力学性能和使用形式。例如，顺式 1,4-聚丁二烯的 T_g 为 $-110℃$ 左右，常温下只能以橡胶形式使用，而聚苯乙烯的 T_g 为 $105℃$，常温下只能以塑料形式使用，聚乙烯的 T_g 虽然为 $-113℃$，但因具结晶性且 T_m 为 $137℃$，所以常温下只能用作塑料而不能用作橡胶。

2.1.1.2 影响高聚物力学强度的结构因素

高聚物的弹性模量依赖于结构因素。对于分子量较大、柔顺性较小、极性较强、取向度较高、结晶度较高和交联密度较大的高聚物，弹性模量的数值均较大。高聚物的其他力学性能与弹性模量之间有相互对应的关系。弹性模量较大的聚合物，冲击强度就较小，但硬度、拉伸强度、挠曲强度、抗压强度均较大。冲击力是一种快速作用力，往往使分子链来不及作出构象调整，即链段来不及作松弛运动以分散应力，从而出现脆性破坏。只有高聚物处于高弹态或分子链柔顺性较大时，才具有较好的抗冲击性。通过使用增塑剂、增韧剂或共混改性可以改善高聚物材料的抗冲击性。

主链含有芳环的高聚物，其强度和模量都较高，因此新型的工程塑料主链上大都含有芳环结构。例如芳香聚酰胺的强度和模量比普通聚酰胺高，聚苯醚比脂肪族聚醚高，双酚 A 聚碳酸酯比脂肪族的聚碳酸酯高。引入芳环侧基时强度和模量也要提高，例如聚苯乙烯的强度和模量比聚乙烯高。主链上含有能形成氢键的基团如—OCONH—，或分子链上带—CN、—OH、—Cl 等极性侧基时，分子链间作用力较大，刚性也较大。为了提高弹性模量和强度，可以在分子链中引入这些极性基团或环状结构。与此相反，含有—C—O、—Si—O—、—CH$_2$—CR=CH—CH$_2$—（R = H,CH$_3$,Cl 等）或—CO—O— 的柔性链，在较小外力下便产生高弹形变，因此屈服强度低，弹性模量小，拉伸强度低，伸长率大。

分子链支化程度增加，使分子之间的距离增加，分子间的作用力减小，因而高聚物的拉伸强度会降低，但冲击强度会提高。例如高压聚乙烯的拉伸强度比低压聚乙烯的低，而冲击强度比低压聚乙烯高。

分子量对拉伸强度和冲击强度的影响也有一些差别。分子量低时，拉伸强度和冲击强度都低，随着分子量的增大，拉伸强度和冲击强度都会提高。但是当分子量越过一定的数值以后，拉伸强度的变化就不大了，而冲击强度则继续增大。人们制取超高分子量聚乙烯（分子量为 $5 \times 10^5 \sim 4 \times 10^6$）的目的之一就是为了提高它的冲击性能。它的冲击强度比普通低压聚乙烯提高三倍多，在 $-40℃$ 时甚至可提高 18 倍之多。

交联对高聚物的性能有很大的影响。酚醛树脂、脲醛树脂等是体形的网状结构，这种高度交联的结构，使材料形变困难、弯曲强度和弹性模量很高，但脆性较大，在形变很小时就断裂。

线形高聚物通过化学反应使大分子间形成适当的交联键，可以阻止大分子在外力作用时的互相滑移，从而增大拉伸强度和弹性。橡胶硫化便是典型的例子。交联使强度提高，例如聚乙烯交联后，拉伸强度可以提高一倍，冲击强度可以提高 3～4 倍。但是交联会使高聚物结晶度下降，取向困难。硫化胶的性质与交联密度有关，一般交联剂用量低于 5%（质量），若用量太大、交联密度太高，则成为硬橡胶而呈现塑料的力学性能，脆性大大增加。

通过交联提高强度的方法在涂料和黏合剂的使用中也得到广泛应用，在涂料中加入适量的交联剂（固化剂），可以显著提高涂膜的综合性能，在黏合剂中加入适量交联剂可大大提高剪切粘接强度，现在交联剂在许多涂料或黏合剂的配方中是必不可少的重要组分。

2.1.2 电性能与结构的关系

2.1.2.1 介电性能

聚合物的介电性能是指聚合物在电场中的极化行为和承受电压的能力。介电常数（ε）、介电损耗（$\tan\delta$）和介电强度（E）是描述聚合物介电性能的三个重要指标。ε 表征聚合物在静电场（直流电场）中可极化的程度。可极化程度越大，ε 值越大。$\tan\delta$ 描述聚合物在交变电场中，由于偶极子交变极化取向，为克服阻力使其发热所消耗的电能。E 的定义是击穿电压与绝缘体即聚合物材料厚度的比值，也就是材料能够承受的最大场强。

应用场合不同，对聚合物介电性能的要求也就不同。例如，电容器材料需用 ε 大、E 高、$\tan\delta$ 小的聚合物，绝缘材料需用电阻率和 E 比较高而 ε 低的聚合物，而在高频干燥、塑料高频焊接、聚合物制件的高频热处理等场合中，则要求聚合物的介电损耗大一些才好。因此，了解影响高聚物介电性能的因素是十分必要的。

（1）影响介电常数的因素

① 分子结构　由于 ε 的大小取决于介质的极化情况，分子的极性越强，极化程度越大，ε 也越大。极性分子中的极性基团处于侧基位置比处在主链上的更利于取向极化，ε 较高。分子的结构对称性对 ε 也有很大影响，一般对称性越高，ε 越小，对同一高聚物来说，全同结构聚合物 ε 高，间同结构聚合物 ε 低，而无规结构 ε 介于两者之间。

此外，支化、交联和结晶以及拉伸对 ε 也有影响。交联增加了极性基团活动取向的困难，因而降低了 ε，如酚醛塑料，虽然极性很大，但 ε 却不太高。结晶拉伸使分子整齐排列，从而增加分子间的相互作用，也降低极性基团的活动性而使 ε 减小。相反，支化则使分子间的相互作用减弱，而使 ε 升高。

② 外在因素　由于极性基团的运动在玻璃态时比较困难，同一聚合物在玻璃态时要小于高弹态的 ε，可见温度对 ε 有影响，而且在一定温度范围内，ε 随温度升高而增大。温度对非极性聚合物的 ε 几乎没有影响。

增塑剂可减弱分子链的相互作用力，促进链段运动，因此对于极性聚合物来说，增塑剂的使用将增大 ε 数值。

此外，电场频率增大，偶极取向发生滞后现象，极性聚合物的 ε 呈减小趋势。但对于非极性聚合物，由于其偶极矩为零，其 ε 与频率关系不大。

（2）影响介电损耗的因素

① 分子结构　决定高聚物介电损耗大小的内在原因，一个是高分子极性大小和极性基团的密度，另一个是极性基团的活动性。高聚物分子极性愈大，极性基团密度愈大，则介电损耗愈大。

通常，偶极矩较大的高聚物，ε 和 $\tan\delta$ 也都较大。然而，当极性基团位于柔性侧基的末端时，由于其取向极化的过程不依赖于主链运动，而是一个独立的过程，引起的介电损耗并不大，但仍对 ε 有较大的贡献（见表 2-1）。根据这个特点，就有可能得到一种介电常数较大而介电损耗不至太大的材料，以满足制造特种电容器对介电材料的要求。

表 2-1　极性基团位置对介电性能的影响

高　聚　物	结　构　式	$\tan\delta/\times10^{-2}$	ε
聚丙烯酸丙酯	$\begin{array}{c}-(CH_2-CH)_n-\\ \quad\quad\mid\\ O-C-O-CH_2CH_2CH_3\end{array}$	8.39	5.2
聚丙烯酸-β-氯乙酯	$\begin{array}{c}-(CH_2-CH)_n-\\ \quad\quad\mid\\ O-C-O-CH_2CH_2Cl\end{array}$	8.8	9.0

② 温度和电场频率　图 2-1 和图 2-2 分别是电介质在不同温度和不同交变电场下的介电常数和介电损耗的变化。电介质的极化过程实质上是分子链中电子、原子及极性基团的运动，极化过程特别是极性基团的极化有赖于基团的取向运动，这种运动不仅受分子间作用力、聚合物链段运动的影响，同时也受交变电场频率的影响，一般在聚合物玻璃化温度转变区介电常数和介电损耗最大。这种运动消耗能量，温度变化和交变电场频率（时间因素）的变化必然影响取向过程，从而使聚合物在不同温度变化和频率下有着不同的 ε 和 $\tan\delta$，并呈现一定的规律。

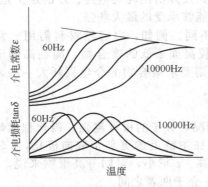

图 2-1　在各种频率下介电常数和
介电损耗与温度的关系

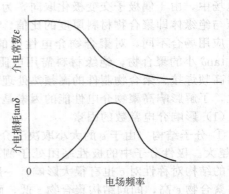

图 2-2　同一温度下 ε 和 $\tan\delta$ 与
电场频率的关系

③ 电压　对同一高聚物，当外加电场的电压增大时，一方面有更多的偶极按电场的方向取向，使极化程度增加，另一方面流过高聚物电流的大小与电压成正比，这两方面导致高聚物介电损耗增加。

④ 增塑剂　对于聚合物和增塑剂都是极性的情况，介电损耗的强度随增塑剂组成变化将出现一个极小值。对于只有聚合物是极性的情况，增塑剂用量增加，介电损耗减小。对于只有增塑剂是极性的情况，增塑剂用量增加将使介电损耗增大。同时，在上述各种情况中，介电损耗的峰值都随增塑剂含量增加而移向低温。

⑤ 杂质　凡有导电的杂质或极性的杂质（特别是微量的水分）存在，都会大大增加聚合物的漏导电流和极化率，从而使介电损耗增大。

（3）影响介电强度的因素　介电强度是击穿材料使之从介电状态突变成导电状态的最低电场强度。介电击穿有三种形式。

① 本征击穿　在场强达到某一临界值时，原子的电荷发生位移，使原子间的化学键破坏，电离产生的大量价电子直接参加导电，导致材料的电击穿。高聚物中杂质电离产生的离子和自由电子与高分子碰撞，激发出更多的电子，以致电流急剧上升，最终导致高聚物材料的电击穿。

② 热击穿　在高压电场作用下，由于介电损耗的热量来不及散发，使高聚物的温度上升，电导率增大，而电导率的增大又促使温度进一步升高，最后导致聚合物氧化、熔化和焦

化以至发生击穿。

③ 放电引起的击穿 在高压电场作用下，高聚物表面和内部气泡中的气体，因其介电强度 E（约 $3MV/m$）比高聚物的 E 值（$20\sim1500MV/m$）低，首先发生电离放电，所产生的电子和离子轰击高聚物表面，可以直接破坏高分子结构。放电产生的热量可能引起高分子热降解，放电生成的臭氧和氮的氧化物将使高聚物氧化老化。这些放电的后果均可导致材料击穿。

在实际应用中，材料的击穿可能是多种形式共同作用的结果。所以提高化学键能，减少易发生热解和氧化的结构，以及减少聚合物中催化剂残渣等杂质是提高击穿强度的根本途径。

2.1.2.2 静电现象

聚合物与其他材料摩擦或接触，或它们自身相互接触和摩擦时，在其表面上，有过量的电荷集聚，这一现象称为静电现象。

静电现象在聚合物的加工和使用过程中普遍存在，而且由于普通聚合物电导率低，一旦带有静电就难以消除（半衰期可达 $10^3 s$），静电的累积有时可使电压高达几千伏以上。静电的积聚会给高聚物加工和使用带来种种问题。在合成纤维生产中，静电使纤维的梳理、纺纱、牵伸、加捻、织布及打包等工序难以进行。在绝缘材料生产中，由于静电吸附尘粒和其他有害杂质，使产品的电性能大幅度下降。更严重的是高压静电有时会影响人身或设备安全，摩擦静电引起的火花放电会造成火灾、爆炸等危险。防止静电危害的发生，可从抑制和消除静电两方面考虑。

绝缘体表面静电的消除有以下几种途径。

① 通过空气（雾气）消除。最简单的办法是提高空气的湿度。

② 沿材料的表面消除，即在材料表面涂覆抗静电剂，如阳离子或非离子表面活性剂。

③ 通过绝缘体内消除，即通过提高材料本身的导电性来消除静电。其中物理共混方法是在材料中加入导电炭黑、金属粉末等导电材料，而化学方法则是采用共聚、化学接枝等方法在分子链引入可增大材料导电性的基团或支链。

另外，对材料表面进行化学处理也是有效的方法，这种方法与涂敷表面活性剂相比，消除静电更牢固、可靠。

当然，聚合物材料的静电积累现象也可有效地加以利用。如，粉末涂料的静电喷涂，衣料及地毯的静电植绒，化学过程中的静电分离与混合等。

2.1.2.3 导电性和绝缘性

饱和的非极性高聚物具有最好的电绝缘性，例如 PE、PS 的电阻率高达 $10^{16}\Omega\cdot m$ 和 $10^{18}\Omega\cdot m$。

极性高聚物的电绝缘性次之，如 PVC、PAN 的电阻率约在 $10^{12}\sim10^{15}\Omega\cdot m$ 之间。

高分子材料的导电性是由其近程结构和聚集态结构共同决定的，结构型导电高分子材料不仅要求聚合物的主链结构有共轭的大 π 键，而且晶态更有助于高分子材料的电导率的提高。共轭高分子是半导体材料。而电荷转移络合物和自由基离子化合物则是电子电导性的有机化合物，由此类化合物合成的高分子具有良好的导电性。有机金属聚合物也有比较好的导电性。

除了极性及化学键的性质外，其他结构因素对导电性也有影响。

分子量增大使高分子的电子电导性增大，而离子电导减小，结晶与取向使绝缘高聚物的电导率下降，如聚二氟氯乙烯结晶度从 10% 增至 50% 时，电导率降为原来的 $1/10\sim1/1000$，但对于电子导电的高聚物正好相反。交联使高分子链段的活性降低，自由体积减小，因而离子电导下降，电子电导则可能因分子间键桥为电子提供分子间的通道而增加。

对于大多数高聚物而言，外在因素对导电性的影响远大于结构因素。杂质特别是水分和低分子电解质，会使聚合物的绝缘性能显著降低。加工助剂等各种添加剂也降低高聚物的绝缘性。因此为了获得高的电绝缘性能，需要仔细清除残留的聚合催化剂，或选用高效催化剂以减少残渣，在稳定剂、增塑剂等助剂及填料的使用上也需谨慎选用。许多导电涂料、导电黏合剂就是在普通高聚物中填充导电炭黑或金属粉末制成的。

温度对导电性的影响是通过杂质起作用，温度上升促使杂质更易离解，而链段活动性的增加又导致离子或电子迁移率增加，最终使聚合物的电导率提高，绝缘性能下降。

2.1.3 透气性和气密性

在人们的衣食住行中所使用的很多精细高分子化学品均涉及材料的气密性和透气性等问题。服装、鞋帽、保鲜膜等则需要良好的透气性，而车辆的内胎及肠衣等食品包装材料则要求材料具有良好的气密性，而气体分离膜（如富氧膜）则要求只能透过某种气体，以达到气体分离的目的。这些材料透气性的大小均与其高分子材料的结构有关。

当气体（或蒸汽）透过聚合物时，气体首先溶解在固体薄膜内，然后在薄膜中向低浓度方向扩散，最后从薄膜的另一面逸出。所以聚合物的透气性取决于气体在聚合物中的溶解度和迁移速度。溶解度和迁移速度同气体的种类以及聚合物结构有关。

分子链极性增强，透气性减小；柔顺性增加，透气性增大；结晶性增强，透气性减小。分子的对称性则有利于提高气密性，例如，丁基橡胶分子链中由于对称的甲基，它的气密性是各种聚烯烃橡胶中最好的，适于制内胎或无内胎轮胎的密封层。再如聚偏二氯乙烯（PD-VC）的对称性优于聚氯乙烯（PVC），因此对空气、氢、氧的阻隔性大大优于 PVC，广泛用于熟食品的包装。常用聚合物的渗透能力见表 2-2。

表 2-2 常用聚合物的渗透能力

聚 合 物	气体或蒸汽渗透系数/[$m^3/(cm^2 \cdot s)$]			
	N_2	O_2	CO_2	H_2O
天然橡胶	84	230	1330	3000
聚酰胺	0.1~0.2	0.38	1.6	700~17000
聚丁二烯	64.5	191	1380	49000
丁腈橡胶	2.4~25	9.5~82	75~636	10000
丁苯橡胶	63.5	172	1240	24000
氯丁橡胶	11.8	40	250	18000
聚乙烯	3.3~20	11~59	43~280	120~200
聚对苯二甲酸乙二醇酯	0.05	0.3	1.0	1300~2300
聚甲醛	0.22	0.38	1.9	5000~10000
聚丙烯	4.4	23	92	700
聚苯乙烯	3~80	15~250	75~370	10000
聚氯乙烯	0.4~1.7	1.2~6	10~37	2600~6300
聚偏二氯乙烯	0.01	0.05	0.29	14~1000
硅橡胶		1000~6000	6000~30000	106000

2.1.4 聚合物的温度特性和老化

聚合物的 T_g、T_m、T_f 决定了某种高聚物材料的使用温度。例如，塑料应在低于 T_g（或 T_m）的温度下使用，而橡胶应在高于 T_g 的温度下使用。就温度对聚合物使用性能的影响而言，聚合物材料存在着耐寒性和耐热性问题。

2.1.4.1 耐寒性

当聚合物在较低温度下使用时，耐寒问题就显得比较突出。对于橡胶和弹性体，因为是在高于其玻璃化温度以上使用，故要求其玻璃化温度愈低愈好。而一般聚合物作为结构材料（塑料）用于低温环境时，除要求有一定的强度外还要求有一定的韧性，不至于在低温下使用时发生脆折破裂（T_b）。

在低温下使用的聚合物必须在低于链段运动温度 T_g 的温度下能发生次级转变，次级转

变包括 β 转变、γ 转变和 δ 转变。

（1）β 转变　引起 β 转变的分子运动主要有两种形式。一种是主链旁较大侧基如 PM-MA 的酯甲基（—OCH$_3$）的内旋转运动。另一种是杂链聚合物中的杂链节的运动，如聚碳酸酯与次苯基相结合的 —O—CO—O— 的运动。这种 β 转变，使得聚碳酸酯在 $-120\sim$ 150℃之间的温度范围内具有优良的抗冲击性能。

（2）γ 转变　引起 γ 转变的是主链 C—C 链节的曲柄转动。

（3）δ 转变　δ 转变发生在更低的温度条件下，一般为 4～100K（$-269\sim-173$℃）。δ 转变是侧基在主链上的扭转或摇摆，与主链本身无关，也不依赖于分子量和结晶度。无侧基的聚合物如 PE 没有 δ 转变。

总之，高聚物的次级转变是侧基、支链、主链或支链上的各种基团、个别链节或链的某一局部等小尺寸单元的运动。随着温度的变化，这些单元也要发生从冻结到运动、从运动到冻结的变化过程。当然转变温度越低越有利于聚合物在低温下使用。目前已找到一些途径解决聚合物的耐低温问题。例如将脂肪分子链中的 H 原子以 F 原子代替，或者可以通过改变链结构的方法，使聚合物的分子链能保持其柔韧性，如引入—Si—O—键等。

作为橡胶类材料耐寒性的改善，主要是尽可能地降低 T_g，避免低温时分子链结晶，共聚是实现这一目标的最有效途径。例如，PS 的 T_g 为 105℃，通过苯乙烯（St）与丁二烯（Bd）共聚制成的丁苯橡胶，其 T_g 可降至 $-45\sim60$℃。PE 虽然 T_g 很低（-113℃左右），但由于它的高结晶度，使 PE 用作橡胶遇到困难。通过乙烯与丙烯共聚，破坏了分子链的结晶性，制成了乙丙橡胶（仅引入少量二烯单体提供交联，耐老化性能优异）。有时序列结构对橡胶的耐寒性有很大影响，例如交替共聚的丁腈橡胶的 T_g 就低于无规共聚的丁腈橡胶，因而耐寒性更好。

2.1.4.2　耐热性

耐热性包含两个含义。一个是由 T_g 或 T_m 所限定的材料的最高使用温度，这主要是针对热塑性材料而言的，因此凡能提高 T_g 或 T_m 的方法都可以改善此类材料的耐热性（表 2-3，表 2-4）。另一层含义是指聚合物的高温稳定性。高温稳定性对于热固性材料来说显得尤为重要，因为热固性材料具有交联的网状结构，除非分子链断裂或交联键破坏，材料是不会流动的，也就是说此类材料的使用温度的上限不取决于流动温度 T_f，而取决于材料化学结

表 2-3　影响高聚物 T_g 及耐热性的因素

促使 T_g 增高的因素	促使 T_g 降低的因素
分子量增大	加入稀释剂或增塑剂
分子量分布窄	分子量分布宽
主链刚硬（含芳、杂环、稠环或梯形高分子）	主链柔顺（线形、含醚键）
侧链基团刚硬或位阻大	链节的不对称性或无规立构
链结构的对称性、规整性大	无序共聚物
含极性基团及增大链间作用力（内聚能密度）	长支链的内增塑作用
氢键或交联键	无定形
结晶度增大	

表 2-4　影响高聚物熔点（T_m）及耐热性的结构因素

促使 T_m 增高的因素	促使 T_m 降低的因素	促使 T_m 增高的因素	促使 T_m 降低的因素
分子量增大	加入低分子杂质	增加分子链的对称性和规整性	共聚
分子量分布窄	分子量分布宽	在较高温度下结晶	
链刚性增大	链柔性增大		在较低温度下结晶
加大分子链之间的相互作用	支化、交联	拉伸条件下结晶	

构的高温稳定性。影响高分子热稳定性的因素简述如下。

(1) 主链结构 从表 2-5 可以看出，天然橡胶（NR）和大多数合成橡胶都是共轭二烯烃的聚合物或共聚物，其主链含有大量 C=C 双键。C=C 双键容易被臭氧破坏导致裂解，双键旁的次甲基上的氢容易被氧化，导致降解或交联，因此天然橡胶和顺丁橡胶等都容易高温老化。而不含双键的乙丙胶、丙烯腈-丙烯酸酯胶以及含双键较少的丁基胶则较耐老化，使用温度也较高。分子主链中含硫原子的聚硫胶和含氧原子的聚醚结构的胶也有较好的耐老化性能。如果主链有非碳原子构成，如，甲基硅橡胶，由于 Si—C 键的键能大于 C—C 键的键能，主链中又无双键，所以可在 200℃ 以上长期使用。总之，高分子热稳定性的好坏，与组成分子链化学键的键能，高分子的几何形状等都有关系，一般有如下规律。

表 2-5 橡胶的 T_g 和使用温度范围

橡 胶	链 节 结 构	T_g/℃	使用温度范围/℃
天然橡胶	—CH₂C(CH₃)=CHCH₂—	−70	−50～120
丁苯橡胶(75/25)	—CH₂CH=CHCH₂—CH₂—CH(C₆H₅)—	−60	−50～140
顺丁橡胶	—CH₂CH=CHCH₂—	−105	−70～140
丁基橡胶	—CH₂—C(CH₃)₂—	−70	−50～150
乙丙橡胶(50/50)	—CH₂CH₂—CH—CH(CH₃)—	−60	−40～150
氯丁橡胶	—CH₂CCl=CHCH₂—	−45	−35～130
丁腈橡胶(70/30)	—CH₂CH=CHCH₂—CH₂CH(CN)—	−41	−35～175
硅橡胶	—Si(CH₃)₂O—	−120	−70～275
氟橡胶	⁅(CF₂CH₂)ₓ—(CF₂CFCF₃)ᵧ⁆ₙ	−55	−50～300

① 主链上 C=C 双键和连续的 —CH₂— 键为弱键，而共轭双键中芳香环则增大主链的热稳定性。

② 高分子链中各种化学键的热稳定性次序是：

$$-\overset{}{C}-\overset{}{C}-\overset{}{C}->-\overset{|}{\underset{|}{C}}-\overset{}{C}-\overset{}{C}->-\overset{|}{\underset{|}{C}}-\overset{}{C}-\overset{|}{\underset{|}{C}}-$$

③ 杂原子 O，N，S 等或其他元素 B、P、Si、Al、Ti 等引入主链，往往提高了材料的耐热性。

(2) 侧基结构 若主链的结构相同，双键或单键的数量相近，则材料的耐高温氧化性受取代基性质的影响很大，带有供电取代基易氧化，而带吸电取代基则较难氧化。例如 NR 和 SBR（丁苯胶），取代基是供电的甲基和苯基，耐高温老化性能较差。而取代基为吸电氯原子的氯丁胶，由于氯原子对双键和氢原子都有保护作用，所以它是双烯类橡胶中耐热性最好的。

同样主链的高分子，当存在规整、对称取代的极性基团时，一般均大大提高了高分子的热稳定性。如下述分子链的热稳定性次序是：

—CF₂—CF₂—＞—CH₂—CFCl——＞—CH₂—CH₂—

(3) 几何结构 （见图 2-3）高分子的几何形状，如梯形、螺形、片状等将大大提高材

| 梯形 | 螺形 | 片状 |

图 2-3 梯形、螺形和片状高分子示意图

料的热稳定性。

当分子的主链不是一条单链，而是像"梯子"和"双股螺线"那样的高分子链。例如聚丙烯腈纤维受热时，在升温过程中会发生环化芳构化而形成梯形结构。继续高温处理则成为碳纤维，可作为耐高温高聚物的增强填料。

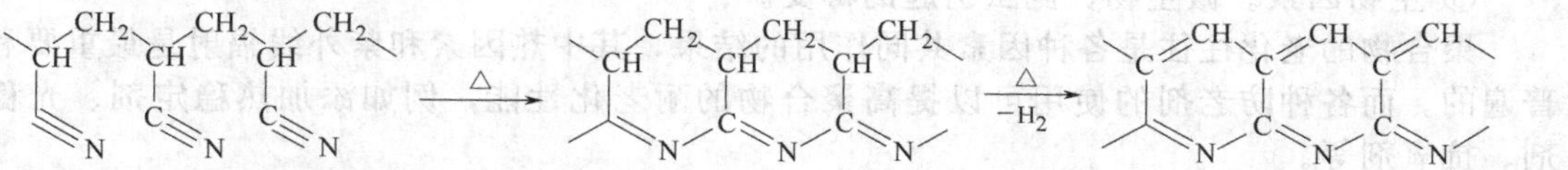

又如以二苯甲酮四羧酸二酐和四氨基二苯醚聚合可得分段梯形聚合物，以均苯四甲酸和四氨基苯聚合可得全梯形聚合物：

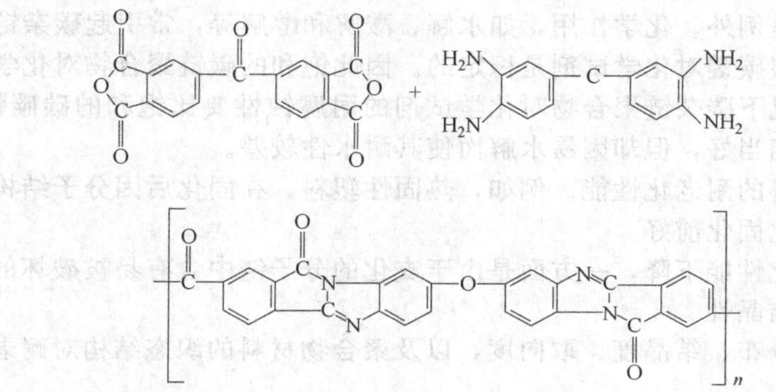

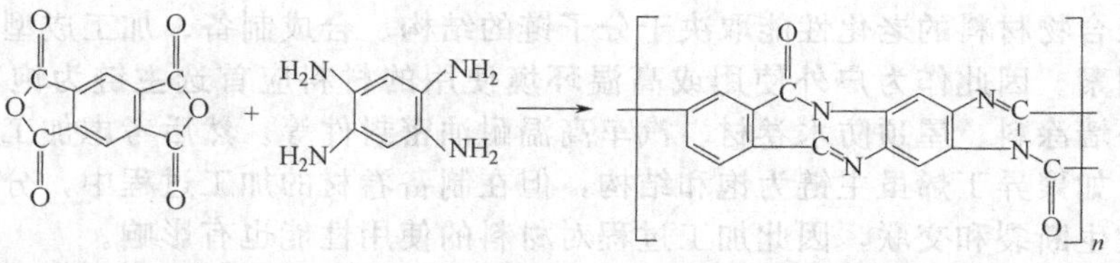

这类高分子的键在受热时不易被打断，即使几个键断了，只要不是在同一个梯格或螺圈里，不会降低分子量，只有当一个梯格或螺圈里的两个键同时断开时，分子量才会降低，这样的概率当然要小得多。因此这类聚合物一般都具有较高的热稳定性。

（4）交联链的结构　交联可以阻止大分子流动，因而可大大改善材料的耐热性和强度。就橡胶而言，硫化胶的耐热性和强度与交联链的结构和长短有关，这是因为交联键本身的强度或键能是不同的（见表2-6）。显然选择键能较大的交联结构也是提高热固性材料耐热性的有效途径之一。

表 2-6　橡胶中常见交联键键能

交 联 键	键能/(kJ/mol)	交 联 键	键能/(kJ/mol)
C—O	293	C—S	228
C—C	263	S—S—S—S	134

另外，结晶聚合物由于聚集态结构比较致密，具有比无定形聚合物更好的耐高温氧化性能。应当指出，除了聚合物的结构外，配合剂的性质和用量对聚合物的热稳定性有很大影响，有的配合剂或杂质可能加速聚合物的热老化，而各种热稳定剂则可提高聚合物的耐热性。

2.1.4.3　聚合物的老化

聚合物在使用过程中，经受各种环境因素的作用，如同金属腐蚀、木材腐烂变质一样，

19

聚合物也会发生各种化学变化，从而逐渐丧失原有性能，这就是人们所说的老化。聚合物的老化是一个复杂的过程，与环境因素密切相关，引起老化的因素主要如下。

① 物理因素。热、光、高能辐射、机械波、机械力、潮湿等。

② 化学因素。氧、臭氧、酸、碱、水、有机溶剂等。

③ 生物因素。微生物、昆虫引起的霉变。

聚合物的老化往往是各种因素共同作用的结果，其中热因素和紫外线辐射是最重要和最普遍的。而各种防老剂的使用可以提高聚合物的耐老化性能，例如添加热稳定剂、光稳定剂、抗氧剂等。

聚合物本身的化学结构和聚集态结构是高分子材料耐老化性能优良与否的内在因素。饱和结构和活性氢及活性氯含量少的聚合物的稳定性高，耐热和紫外线老化性能好。

提高分子链的耐热性也就是提高了分子链的耐老化性。但是，对于老化过程主要由化学降解所引起的聚合物是例外。化学作用，如水解、酸解和醇解等，常引起碳杂链的断裂，其最终产物是单体，而碳碳键对化学试剂是稳定的。因此饱和的碳链聚合物对化学降解的倾向性甚小，在通常的情况下碳杂链聚合物对化学试剂的耐腐蚀性要比饱和的碳碳链聚合物差。例如聚酰胺的耐热性相当好，但却因易水解而使其耐水性较差。

交联可以改善材料的耐老化性能。例如，热固性塑料，在固化后因分子结构是体形的网状结构，耐老化性能比固化前好。

支化往往使耐老化性能下降，一方面是由于支化的分子链中含有易被破坏的叔碳，另一方面是由于支链破坏结晶性。

分子量大小及其分布、结晶度、取向度，以及聚合物材料的织态结构对耐老化性能也有很大影响。

总之，聚合物材料的老化性能取决于分子链的结构、合成制备、加工成型、贮存和使用环境等诸多因素。因此作为户外使用或高温环境使用的材料应首选主链为饱和结构的聚合物，如建筑外墙涂料、屋顶防水卷材、汽车高温耐油密封件等。然后考虑加工过程对材料的性能的影响，如聚异丁烯虽主链为饱和结构，但在制备卷材的加工过程中，分子链易受剪切力的作用而发生断裂和交联，因此加工过程对材料的使用性能也有影响。

聚合物的性能是多方面的。耐燃性和阻燃性是近年来日益受到重视的性能，聚合物的吸水性、选择透过性、催化性等，另外还有光学性能、聚合物溶液和熔融体的流变性等都与聚合物的结构有关，了解和掌握聚合物结构和性能之间相互关系的目的，不但在于更合理地使用聚合物材料，更重要的是根据它们之间相互关系的规律，合理地进行大分子的设计和加工。

2.2　官能团与精细高分子性能的关系

2.2.1　固有官能团

固有官能团如侧链上的卤素，使 PVC 具有自熄阻燃特性；尼龙主链上的酰氨基团，能形成热可逆的氢键作用等。本质阻燃高聚物具有芳香环或某些杂环结构等特殊的化学结构，它们不需要改性和阻燃处理，也能耐高温、抗氧化，氧指数高，可以自熄，不容易燃烧。

这些固有官能团不但决定精细高分子的基本物理性能，由于许多精细高分子产品是通过固有官能团的化学改性获得的，所以它们的化学性能也至关重要。

分子主链全部由碳原子以共价键相连接的碳链高分子，大多由加聚反应制得，如常见的聚苯乙烯、聚氯乙烯、聚乙烯、聚丙烯、聚甲基丙烯酸甲酯等，它们的固有官能团在侧链，碳链高分子的主链不易水解，是制备精细高分子的重要载体。它们作为精细高分子产品时，往往以多元共聚的面目出现——链侧连接有不同的官能团。如何经过精心设计，使不同的官能团协同作用，是精细高分子大有可为的方向。

分子主链由两种或两种以上的原子如氧、氮、硫、碳等以共价键相连结的杂链高分子，如聚酯、聚酰胺、酚醛树脂、聚甲醛、聚砜等，这类聚合物是由逐步聚合反应或开环聚合而制得的，官能团的不同的反应活性，为分子结构的设计提供了的方便。杂链高分子因主链带有极性，分子间作用力较大。

主链中含有硅、磷、锗、铝、钛、砷、锑等元素的高分子称为元素高分子，这类聚合物一般具有无机物的热稳定性及有机物的弹性和塑性。如硅氧基团能促进材料在高温下成炭，而炭层中的硅氧基团又有助于形成连续的、抗氧化的硅酸盐保护层，因而可显著提高材料的氧指数及抗高温氧化性能，并保护炭层下的基材免遭破坏。其机理类似于膨胀型阻燃剂，受热分解时，生成二氧化碳、水蒸气和二氧化硅。烟和腐蚀性气体量比较低。硅氧聚氨酯是很好的阻燃高分子。

2.2.2 活性官能团

许多精细高分子的功能是由官能团的反应实现的，具有不同反应活性的官能团，称为活性官能团。如，光刻胶产品中经常使用的肉桂酰氯，高分子化以后，它的不饱和双键就是重要的感光基团，在紫外光照射下具有很好的反应活性。离子交换树脂的活性官能团具有离子交换和催化等功能。光致变色高分子，其活性官能团一般都能够在不同的光照条件下发生可逆的结构变化。为了制备具有可调纳米孔道的高分子膜，则可以在膜中共聚丙烯酸叔丁酯，然后利用叔丁酯官能团的水解活性制备纳米孔。有些膜的分离功能，也是通过膜上连接的活性官能团的反应和解析实现的。

2.2.3 功能基团

许多精细高分子产品的开发，是由功能小分子的高分子化完成的。譬如，EDTA 等试剂对金属离子有很好的络合选择功能，将其功能部分接入高分子链，制得螯合树脂，络合选择能力更加强大，并且容易分离。农用杀虫剂喷洒后，会被雨水冲掉，如果使杀虫剂与高分子链键合，就增加了稳定性。控制结合键的强度，还能获得长效产品。

2.3 结构形态对精细高分子性能的影响

2.3.1 非晶态

精细高分子在使用中的结构形态影响其用途，尤其是所要求的力学性能，与聚合物所处的结构形态有关。非晶态聚合物在不同物质结构组成条件下或不同外界条件下的应力-应变曲线见图 2-4。在一定的外力条件下，不同的物质结构组成对应不同的应力-应变曲线，曲线①代表脆性材料，例如酚醛树脂或环氧树脂；曲线②代表半脆性材料，例如 PS、PMMA；曲线③代表韧性材料，例如 PP、PE、聚碳酸酯（PC）；曲线④代表橡胶，例如天然橡胶、丁基橡胶等。外在条件对材料的力学性能也有重要影响，随着温度的升高或剪切速率的减小，非晶态聚合物的应力-应变曲线依次从①变到④，最大断裂应变增加。

2.3.2 晶态

结晶聚合物的强度比相应的无定形聚合物的强度高，原因是紧密有序的堆砌使分子间作用力增大，不过结晶度的提高也会导致冲击强度降低。结晶聚合物的应力-应变曲线具有强而韧的特征，见图 2-5。

结晶的形态学研究的对象是单个晶粒的大小、形状以及它们的聚集方式。形态学研究的基本工具是光学显微镜和电子显微镜，电子显微镜可以直接观察到微小的晶粒及其聚集体，有力地推动了高聚物结晶形态学的研究，发现了多种高聚物的结晶形态，它们是在不同的结

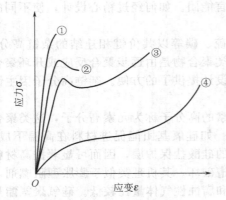

图 2-4　非晶态高聚物在
不同条件下的应力-应变图

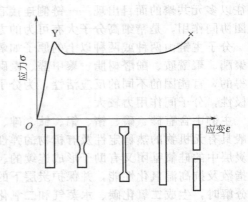

图 2-5　结晶高聚物拉伸过程
应力-应变曲线及试样外形变化
Y—屈服点

晶条件下形成的形态极为不同的宏观或亚微观的晶体，其中主要有单晶、球晶、树枝状晶、孪晶、伸直链片晶、纤维状晶和串晶等。

通过对高聚物结晶形态的研究，了解到柔顺的高分子长链，为了排入晶格，一般只能采取比较伸展的构象，彼此平行排列，才能在结晶中作规整的堆砌。在结晶固体中测定高分子的构象的主要方法是 X 射线衍射和电子衍射。特别是 X 射线衍射法，已经测定了许多高聚物所生成的各种晶型的晶胞参数，为揭示高分子在结晶中的构象提供了大量的基础数据。

结晶条件的变化会引起分子链构象的变化或者链堆积方式的改变，所以一种高聚物可以形成几种不同的晶型，例如聚乙烯的稳定晶型是正交晶型，拉伸时则可形成另外两种晶型。全同聚丙烯在不同结晶温度下，由同一种链构象螺旋，可按不同方式堆砌而形成三种不同的晶型，而全同聚 1-丁烯则以不同的链螺旋体形成三种不同的晶型。这种现象称为聚合物的同质多晶现象。对结晶高聚物的冲击强度影响最大的是高聚物的球晶结构。如果在缓慢的冷却和退火过程中生成了大球晶的话，那么高聚物的冲击强度就要显著下降，因此有些结晶性高聚物在成型过程中加入成核剂，使它生成微晶，以提高高聚物的冲击强度。所以在原料选定以后，成型加工的温度和后处理的条件，对结晶高聚物的力学性能有很大影响。

天然高分子中的许多球状蛋白质，能从水溶液中结晶析出，形成分子晶体。它不但有规则的外形，而且具有相应的热力学性质，是热力学晶相；但是 X 射线结构分析表明其在小范围内却是无序的。然而在用重金属扩散后，可以利用重金属给出的 X 射线衍射，测量这种晶体的三维结构，得到的重复周期比低分子晶体大得多，而与链球的尺寸同数量级，说明在这种晶体中，蛋白质分子是各自蜷曲成球的。由于天然蛋白质分子量的均一性，使链球具有相当一致的尺寸，能够规整堆砌成大范围有序的分子晶体，因而在一个晶胞中可能含有若干个分子。

由于高分子的长链结构特点，链上的原子由共价键连接，结晶时链段并不能充分自由运动，必然妨碍规整地堆砌排列，因而在其晶体内部往往含有比低分子结晶更多的晶格缺陷，典型的高分子物质的晶格缺陷可以由端基、链扭结、链扭转造成的局部构象错误、链上局部键长键角改变和链的位移等引起，结果使高聚物的晶体结构中时常含有许多歪斜的晶格结构。在结晶缺陷严重影响晶体的完善程度时，便导致出现所谓准晶结构，甚至于成为非晶区。

2.3.3　取向态

2.3.3.1　取向结构

当线形高分子充分伸展时，其长度为其宽度的几百、几千甚至几万倍。这种结构上的不

22

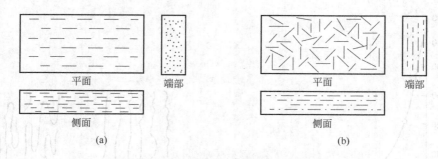

图 2-6 取向薄膜中分子链排列示意图

对称性，使它们在某些情况下很容易沿某特定方向作占优势的平行排列，这就是取向。高聚物的取向现象包括分子链、链段以及结晶高聚物的晶片、晶带沿特定方向的择优排列。取向态与结晶态虽然都与高分子的有序性有关，但是它们的有序程度不同。取向态是在一定程度上的一维或二维有序，而结晶态则是三维有序的。

对于未取向的高分子材料来说，其中链段是随机取向的，因此是各向同性的。而取向的高分子材料中，链段在某些方向上是择优取向的，因此材料呈现各向异性。

取向的结果，使高分子材料的力学性质、光学性质以及热性能等方面发生了显著的变化。力学性能中，抗张强度和挠曲疲劳强度在取向方向上显著地增加，而与取向方向相垂直的方向上则降低，其他如冲击强度，断裂伸长率等也发生相应的变化。取向高分子材料上发生了光的双折射现象，即在平行于取向方向与垂直于取向方向上的折射率出现了差别，一般用这两个折射率的差值来表征材料的光学各向异性，称为双折射。

$$\Delta n = n_{/\!/} - n_{\perp}$$

式中，n 表示折射率。取向通常还使材料的玻璃化温度升高，材料在取向方向上的热收缩率要增大。至于结晶性高聚物，则密度和结晶度也会升高，因而提高了高分子材料的使用温度。

取向的高分子材料一般可以分为两类，一类是单轴取向，另一类为双轴取向。单轴取向最常见的例子是合成纤维的牵伸。一般在合成纤维纺丝时，从喷丝孔喷出的丝中，分子链已经有些取向了，再经过牵伸若干倍，分子链沿纤维方向的取向度得到进一步提高。薄膜也可以是单轴拉伸取向的薄膜，在薄膜平面上出现明显的各向异性，这在许多情况下是不理想的，因为在这种薄膜中，分子链只在薄膜平面的某一方向上取向平行排列 [如图 2-6 (a)]，取向方向上原子间主要以化学键相连接，而垂直于取向方向则是范德华力，结果薄膜的强度在平行于取向方向虽然有所提高，但垂直于取向方向却下降了（图 2-7）。实际使用中薄膜将在这个最弱的方向上发生破坏，因而实际强度甚至比未取向膜还差。先制成单轴拉伸取向的薄膜，然后进行破裂，是一种塑料带的制备工艺。作为薄膜使用，最好是双轴取向，使分子链平行于薄膜平面的任意方向 [图 2-6 (b)]，这样的薄膜，在平面上就是各向同性的了，具有较高的强度。

高分子有大分子链和链段等大小不同的运动单元，因此高聚物可能有两类取向（图 2-8），大分子取向和链段取向。链段取向可以通过单键的内旋转造成的链段运动来完成，这种取向过程在高弹态下就可以进行。整个分子的取向需要高分子各链段的协同运动才能实现，这就只有当高聚物处于黏流态才能进行。这两种取向结果形成的高聚物的聚集态结构显然是不同的。分别具有这两种结构的材料，性能自然也不相同。例如就力学性质和声波传播速度而言，整个分子取向的材料有明显的各向异性，而链段取向的材料则不明显。

取向过程是链段运动的过程，必须克服高聚物内的黏滞阻力，完成取向过程需要一定的时间。由于两种运动单元所受到的阻力大小不同，因而两类取向过程的速度有快慢之分。在外力作用下，将首先发生链段的取向，然后才是整个分子的取向。

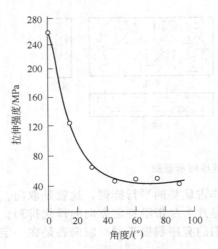

图 2-7　单轴取向薄膜的拉伸强度

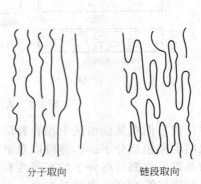

分子取向　　　链段取向

图 2-8　高分子取向示意图

取向过程是一种分子的有序化过程，而热运动却使分子趋向紊乱无序，即所谓解取向过程。在热力学上，后一个过程是自发过程，而取向过程必须依靠外力场的帮助才能实现。而且即使在这时，解取向过程也总是存在着的。因此，取向状态在热力学上是一种非平衡态。在高弹态下，拉伸可以使链段取向，但是一旦外力除去，链段便自发解取向而恢复原状；在黏流态下，外力使分子链取向，外力消失后，分子也要自发解取向。为了维持取向状态，获得取向材料，必须在取向后使温度迅速降到玻璃化温度以下，将分子和链段的运动"冻结"起来。这种"冻结"的热力学非平衡态，毕竟只有相对的稳定性，时间长了，特别是温度升高或者聚合物被溶剂溶胀时，仍然要发生自发的解取向。取向过程快的，解取向速度也快，因此发生解取向时，链段解取向将比分子解取向先发生。

结晶高聚物的取向，除了其非晶区中可能发生链段取向与分子取向外，还可能发生晶粒的取向。在外力作用下，晶粒将沿外力方向作择优取向。结晶高聚物的取向态比非晶高聚物的取向态较为稳定，因为这种稳定性是靠取向的晶粒来维持的，在晶格破坏之前，解取向是无法发生的。

2.3.3.2　取向态的应用

取向可以使材料的强度提高几倍甚至几十倍。这在合成纤维工业中是提高纤维强度的一个必不可少的措施。对于薄膜和板材也可以利用取向来提高其强度。

合成纤维生产中广泛采用牵伸工艺，来大幅度地提升纤维的强度。表 2-7 给出若干不同取向度的涤纶纤维的几种性能数据。纺丝时牵伸纤维的取向度提高后，涤纶的抗张强度提高了 6 倍；但是同时，断裂伸长率却降低了很多。在实际应用上，一般要求纤维具有 10%～

表 2-7　涤纶纤维拉伸比对性能的影响

拉伸比	密度(20℃)/(g/cm³)	结晶度/%	双折射(20℃)	拉伸强度/(g/den①)	断裂伸长率/%	T_g/℃
1	1.3333	3	0.0068	11.8	459	71
2.77	1.3694	22	0.1061	23.5	55	72
3.08	1.3775	37	0.1126	32.1	39	83
3.56	1.3804	40	0.1288	43.0	27	85
4.09	1.3813	41	0.1368	51.6	11.5	90
4.49	1.3841	43	0.1420	64.5	7.3	89

① $1\text{den} = \dfrac{1}{9}\text{tex}$。

20％的弹性伸长，即要求高强度和适当的弹性相结合。为了使纤维同时具有这两种性能，在加工成型时可以利用分子链取向和链段取向速度的不同，用慢的取向过程使整个高分子链得到良好的取向，以达到高强度；而后再用快的过程使链段解取向而具有弹性。

各种纤维需要取向的程度是不同的，要看分子链的刚性程度、分子能否结晶、取向后分子间的相互作用力大小等因素而定。例如纤维素分子比较刚性，只要牵伸80％～120％就能满足纤维的强度要求，而聚乙烯则需要牵伸600％～800％。

对于纤维材料来说，只要求一维强度，单轴取向就可获得很好的效果。但对薄膜材料来说，则要求二维强度，这就需要双轴取向了。为此，生产薄膜广泛地采用双轴拉伸和吹塑工艺。双轴拉伸是将熔融挤出的物料，在适当的温度条件下沿互相垂直的两个方向上同时拉伸，结果使制品的面积增大而厚度减小，最后成膜。吹塑薄膜工艺是首先将熔融物料挤出成管状料坯，成型时用压缩空气由管芯吹入，同时在纵向进行拉伸，使管状料坯迅速膨大，厚度减小而成薄膜。这两种工艺制成的薄膜，分子链倾向于与薄膜平面相平行的方向排列，而在平面上的取向又是无序的，如图 2-6（b）所示。这种双轴取向的薄膜，不仅不再存在薄弱的方向，大大提高了实际使用的强度（见表 2-8）和耐折性，而且由于薄膜平面上不再存在各向异性，因而存放时也不会发生不均匀收缩。这一点对作为摄影胶片的薄膜材料是很重要的，因为作为摄影胶片的薄膜材料如果发生不均匀收缩，将会造成影像失真。

表 2-8　双轴取向与未取向材料的力学性能比较

性　　能	聚丙烯薄膜		聚酯薄膜	
	未取向	双轴取向	未取向	双轴取向
拉伸强度/MPa	20～40	130～250	60～70	140～250
断裂伸长率/％	300	400	3.5	35
冲击强度/(kJ/m²)	2	15		25

对于那些外形比较简单的薄壁塑料制品，利用取向来提高强度的例子也并不少见。例如战斗机的透明机舱罩通常是用有机玻璃做的，未取向的有机玻璃板仍带脆性，经不起冲击，取向后强度提高。因此有机玻璃机罩通常采用如图 2-9 所示的方法加工，在利用热空气将平板压成弓顶的过程中，使材料发生双轴取向。又如用聚氯乙烯或 ABS 为原料生产安全帽时，也采用真空成型工艺来获得取向制品，以提高安全帽承受冲击力的能力。此外各种中空塑料制品（瓶、箱、筒等）广泛采用吹塑成型工艺，也是通过取向提高制品强度的一种方式。

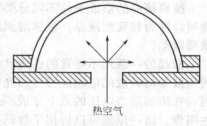

热空气

图 2-9　有机玻璃飞机舱罩的成型示意图

表 2-9 列出三种塑料取向前后几项力学性能的数据，可以看到，双轴取向后拉伸强度提高了，而且断裂伸长率和冲击强度也大幅度地提高。

20 世纪 60 年代中期发现聚丙烯和聚甲醛等易结晶的高聚物熔体在较高的拉伸应力场中结晶时，可以得到具有很高弹性的纤维或薄膜材料，其弹性模量比一般橡胶高得多，因而称

表 2-9　三种塑料取向前后的力学性能比较

性　　能	聚苯乙烯		PMMA		聚氯乙烯	
	未取向	双轴取向	未取向	双轴取向	未取向	双轴取向
拉伸强度/MPa	35～63	49～84	52～72	56～77	40～70	100～150
断裂伸长率/％	1～3.6	8～18	5～15	25～50	50	70
冲击强度/(kJ/m²)	0.25～0.5	＞3	4	15	2	

为硬弹性材料（hard elastic materials）。

2.3.4 液晶态

某些物质的结晶受热熔融或被溶剂溶解之后，虽然获得液态物质的流动性，却仍然部分地保存着晶态物质分子的有序排列，从而在物理性质上呈现各向异性，形成一种兼有晶体和液体的部分性质的过渡状态，这种中间状态称为液晶态，处在这种状态下的物质称为液晶。

$$CH_3-O-\langle\bigcirc\rangle-N=N-\langle\bigcirc\rangle-O-CH_3$$

形成液晶的物质通常具有刚性的分子结构，刚性部分的长度和宽度的比例即轴比比较大，呈棒状或近似棒状的构象，这样的结构部分称为液晶元，是液晶各向异性必备的结构因素。同时，液晶的流动性要求分子结构上必须含有一定的柔性部分，例如烷烃链等。小分子液晶几乎无例外地含有这类结构。例如 4,4-二甲氧基氧化偶氮苯（结构式见上式）分子的长宽比＝2.6，长厚比＝5.2，分子上的两个极性端基之间的相互作用，还有利于形成线性结构从而有利于液晶结构有序态的稳定。这个化合物的熔点为116℃，加热熔融时，最初形成浑浊的液体，流动性与水相近，但又具有光学双折射。只有当温度继续升高到134℃时，才突然变为各向同性的透明液体，后面这个过程也是热力学一级转变过程，相应的转变温度称为清晰点。从熔点到清晰点之间的温度范围内，物质为各向异性的熔体，形成液晶。清晰点的高低及熔点到清晰点之间的温度范围的宽度，对于不同物质是不同的。

按照液晶的形成条件不同分类，上述这类靠升高温度，在某一温度范围内形成液晶态的物质，称为热致型液晶；依靠溶剂溶解分散，在一定浓度范围内成为液晶态的物质，称为溶致型液晶。

液晶的一系列不寻常的性质已经得到了广泛的实际应用。所谓液晶显示技术就是利用向列型液晶的灵敏的电响应特性和光学特性。把透明的向列型液晶薄膜夹在两块导电玻璃板之间，在施加适当电压的点上变成不透明的，因此，当电压以某种图形加到液晶薄膜上，便产生图像。这一原理可以应用于数码显示、电光学快门，甚至可用于复杂图像的显示，做成电视屏幕、广告牌等。另外，胆甾型液晶的颜色随温度而变化的特性，可用于温度的测量，小于 0.1℃的温度变化，可以借液晶的颜色用视觉辨别。还有胆甾型液晶的螺距会因某些微量杂质的存在而受到强烈的影响，从而改变颜色，这一特性可用作某些化学药品的痕量蒸汽的指示剂。

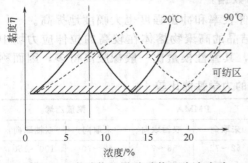

图 2-10　聚对苯二甲酰对苯二胺浓硫酸
纺丝液的温度-浓度-黏度关系图

将液晶体系所具有的流变学特性应用于纤维加工过程，已创造了一种新的纺丝技术——液晶纺丝。采用这种新技术，使纤维的力学性能提高了两倍以上，获得了高强度、高模量、综合性能好的纤维。图 2-10 显示了刚性高分子溶液形成的液晶体系的流变学特性及高浓度、低黏度的特点，因此采用液晶物料纺丝便顺利地解决了通常情况下难以解决的高浓度必然伴随着高黏度的问题。根据液晶态溶液的浓度-温度-黏度关系，当纺丝的温度为 90℃ 时，聚对苯二甲酰对苯二胺浓硫酸溶液的浓度可以提高到 20％ 左右（图 2-10）。同时，由于液晶分子的取向特性，纺丝时可以在较低的牵伸条件下，获得较高的取向度，避免纤维在高倍拉伸时产生应力和受到损伤。表 2-10 列出了常规纺丝和液晶纺丝工艺条件与所获得的聚对苯二甲酰对苯二胺纤维的力学性能，可见液晶纺丝可在高浓度和高温下进行，得到的纤维强度、模量和伸长率都较高，综合性能优异。

表 2-10　两种纺丝方法所得聚对苯二甲酰对苯二胺纤维的力学性能对照表

性　能	常规纺丝	液晶纺丝	性　能	常规纺丝	液晶纺丝
纺丝液浓度/％	<8	13～20	纤维拉伸强度/(g/den)	≤11	20～25
纺丝液温度/℃	20	80～90	断裂伸长率/％	2～3	3～4
纺丝液光学性质	各向同性	各向异性	初始模量/(g/den)	400～800	400～1000
纺丝工艺	湿纺	干喷湿纺			

2.3.5　支化和交联

（1）支化　一般高分子都是线形的，分子长链可以蜷曲成团，也可以伸展成直线。线形高分子的分子间没有化学键结合，在受热或受力情况下分子间可互相移动（流动），因此线形高聚物可以在适当溶剂中溶解，加热时可以熔融，易于加工成型。

支化高分子的化学性质与线形分子相似，但支化对物理力学性能的影响有时相当显著。例如高压聚乙烯（低密度聚乙烯），由于支化破坏了分子的规整性使其结晶度大大降低。低压聚乙烯（高密度聚乙烯）是线形分子，易于结晶，故在密度、熔点、结晶度和硬度等方面都要高于前者，见表 2-11。

表 2-11　高压聚乙烯与低压聚乙烯性能比较

类　别	密　度	熔　点	结晶度	用　途
高压聚乙烯	0.91～0.94	105℃	60％～70％	薄膜
低压聚乙烯	0.95～0.97	135℃	95％	瓶,管,棒

支化高分子有星形、梳形和无规支化之分，他们的性能也有差别。图 2-11 表示高分子链的支化与交联情况。一般说来，支化对于高分子材料的使用性能是有影响的。支化程度越高，支链结构越复杂，则影响越大。例如无规支化往往降低高聚物薄膜的拉伸度。以无规支化高分子制成的橡胶，其拉伸强度及伸长率均不及线形分子制成的橡胶。通常以支化点密度或两相邻支化点之间的链的平均分子量来表示支化的程度，称为支化度。

（2）交联　线型高分子在光、热、辐射或交联剂的作用下形成网状或体型高分子，这一类反应统称为交联。交联反应可以提高聚合物的强度、弹性、硬度等。橡胶硫化就是交联反应的典型例子，天然橡胶或合成橡胶未硫化之前都是线形分子，不耐溶剂也很易变形，无使用价值。因此一切橡胶制品在成型过程中都要"硫化"，在硫化促进剂和助促进剂的帮助下通过"硫桥"交联。

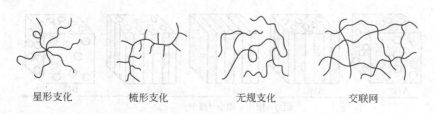

　星形支化　　　　梳形支化　　　　无规支化　　　　交联网

图 2-11　高分子链的支化与交联

交联与支化是有质的区别的，支化的高分子能够溶解，而交联的高分子是不溶不熔的，只有当交联度不太大时能在溶剂中溶胀。热固性塑料（酚醛、环氧、不饱和聚酯等）和硫化的橡胶都是交联的高分子。

橡胶的硫化是使聚异戊二烯的分子之间产生硫桥（广义的硫化不一定使用硫元素）。

$$
\begin{array}{c}
CH_3 \\
| \\
-CH_2-C=CHCH_2\sim \xrightarrow{\ S\ }
\end{array}
\begin{array}{c}
-CH_2 \\
| \\
S \\
| \\
S \quad CH_3 \\
| \quad | \\
-CH-C=CH-CH_2\sim
\end{array}
$$

未经硫化的橡胶，分子之间容易滑移，受力后会产生永久变形，不能回复原状，因此没有使用价值。经硫化的橡胶，分子之间不能滑移，才有可逆的弹性变形，所以橡胶一定要经过硫化变成交联结构后才能使用。

又如聚乙烯在 100℃ 以上使用时会发软。经过辐射交联或化学交联后，可使其软化点及强度大大提高。交联聚丙烯可用作生产汽车保险杠。

高分子的交联度不同，性能也不同，交联度小的橡胶弹性较好，交联度大的橡胶弹性就差，交联度再增加，力学强度和硬度都将增加，最终失去弹性而变脆。所谓交联度，通常用相邻两个交联点之间的链的平均分子量 M 来表示。交联度愈大，M 愈小。或者用交联点密度表示。交联点密度定义为交联的结构单元占总结构单元的分数，即每一结构单元的交联概率。由溶胀度的测定和力学性质的测定可以估计交联度。

2.3.6 高分子合金

2.3.6.1 非均相多组分配合物的织态结构

按照密堆积原理及实验观察结果，对非均相多组分聚合物的织态结构提出了如图 2-12 所示的理想模型。一般含量少的组分形成分散相，而含量多的组分形成连续相。一般，随着分散相含量的逐渐增加，分散相从球状分散变成体状分散，到两个组分含量相近时，则形成层状结构，这时两个组分在材料中都成连续相。

大多数实际的多组分聚合物的织态结构要更复杂些，通常也没有这样规则，可能出现过渡形态，或者几种形态同时存在。例如球和短棒或不规则的条、块等形状同时作为组分双相存在于同一多组分聚合物中。另外，以溶胀的方法把一种组分的单体引入另一种组分的交联聚合物中去，然后进行聚合时，得到的多组分聚合物两组分均为连续相，是一种互相贯穿的网状结构（IPN）。上述的模型用于描述嵌段共聚物特别合适，例如在二嵌段共聚物中，改变两种嵌段的相对长度来调节组成比，便可依次得到如图 2-13 所示的形态（苯乙烯-异戊二烯共聚物，Φ 为 PS 的体积分数）。后来在三嵌段共聚物试样上也得到类似的结果。

对于一个组分能结晶或者两个组分都能结晶的多组分聚合物，则其聚集态结构又增加了晶相和非晶相的织态结构因素，变得更为复杂。

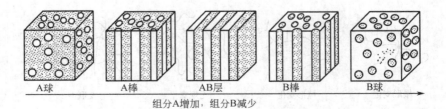

组分A增加，组分B减少

A球　　A棒　　AB层　　B棒　　B球

图 2-12　非均相多组分聚合物的织态结构模型

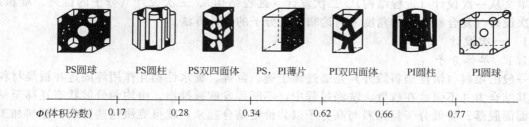

| PS圆球 | PS圆柱 | PS双四面体 | PS，PI薄片 | PI双四面体 | PI圆柱 | PI圆球 |

Φ(体积分数)　0.17　　　　0.28　　　　0.34　　　　0.62　　　0.66　　　0.77

图 2-13　　$(A)_n$-$(B)_m$ 型二嵌段共聚物相分离极限平衡形态

2.3.6.2　共混高聚物的聚集态结构对性能的影响

在共混高聚物中，最有实际意义的是由一个分散相和一个连续相组成的非均相体系共混物。考虑这些共混聚合物的结构与性能的关系时，为了研究方便，通常又可以根据两相的"软""硬"情况，将它们分为四类：①分散相软-连续相硬，例如橡胶增韧塑料；②分散相硬-连续相软，例如热塑性弹性体 SBS；③分散相和连续相均软，例如天然橡胶与合成橡胶的共混物；④分散相和连续相均硬，例如聚乙烯改性聚碳酸酯等。由于各类共混物又有各自的性能特点，情况比较复杂。它们的特性可作简单的概括。

（1）光学性能　大多数非均相的共混高聚物都不再具有其组分均聚物的光学透明性。例如，ABS 塑料（即丙烯腈-丁二烯-苯乙烯共聚混合物）中，连续相 AS 共聚物是一种透明的塑料，分散相丁苯胶也是透明的。但是 ABS 塑料是乳白色的，这是由于两相密度和折射率不同，光线在界面处发生反射的结果。又如有机玻璃，原是很好的透明材料，对于某些要求有较高抗冲性能的场合，有机玻璃显得韧性不足。为了改进抗冲性能，可以做成与 ABS 塑料相类似的 MBS 塑料，它也是一个两相体系材料，强度提高了很多，而透明性通常将丧失。但是如果严格调节两相中的组成，使两相的折光率接近，可以避免两相界面上发生的光线的散射，得到透明的高抗冲 MBS 塑料。另一个透明的非均相材料是热塑性弹性体 SBS 嵌段共聚物，其中聚苯乙烯段聚集而成微区，分散在由聚丁二烯段组成的连续相中，但是由于微区的尺寸十分小，只有 10nm 左右大小，不致影响光线的通过，因而显得相当透明。

（2）热性能　非晶态高聚物作塑料使用时，其使用温度上限是 T_g。对于某些塑料，为了增加韧性，采取增塑的办法，例如聚氯乙烯塑料。然而增塑却使 T_g 下降，使塑料的使用温度上限降低；甚至当增塑剂稍多时，在室温已失去塑料的刚性，只能作软塑料使用。而用橡胶增韧的塑料，例如高抗冲聚苯乙烯，虽然引入了玻璃化温度很低的橡胶组分，但是由于形成两相体系，分散的橡胶相的存在，对于聚苯乙烯连续相的 T_g 并无多大影响，因而基本保持未增韧前塑料的使用温度上限。橡胶增韧塑料的这种大幅度提高韧性而又不降低使用温度的性质，正是它的若干突出的优点之一。

（3）力学性能　橡胶增韧塑料的力学性能的最突出的特点是在大幅度提高了材料的韧性同时，不至于过多地牺牲材料的模量和拉伸强度，这是一种十分宝贵的特性，是以增塑或无规共聚的方法所无法达到的。这就为脆性高聚物材料，特别是聚苯乙烯之类的广泛应用，开辟了广阔的途径。这种优异的特性，与其两相体系的结构密切有关，因为塑料作为连续相，起到了保持增韧前材料的拉伸强度和刚性的作用，而引进的分散橡胶则帮助分散和吸收冲击能量。

2.4　精细高分子的设计方法

根据高分子结构的多层次特性，按照精细高分子的用途和需求，逐次考虑各个层面的影响，本文从一次设计（近程结构）、二次设计（远程结构）、三次设计（分子的排列、堆积）及高次设计（复合材料）的角度来讨论精细高分子的设计方法。

2.4.1 一次设计

2.4.1.1 单体分子

一般的染料（活性染料除外）是通过离子键、氢键、疏水性相互作用等固定在被染材料上，其结合力并不强，在放置、洗涤过程中，不断挥发或被抽出。由均匀分散状态迁移至材料表面而脱落。将低分子量染料与高分子以共价键结合起来，就可克服这些弊病。塑料加工助剂如光稳定剂、抗静电剂也容易从塑料制品中迁移而失效。为了使它们的功能持续甚至半永久化，也可以进行高分子化。

从功能基入手，是最为简单而重要的思路。许多小分子由此而转化成精细高分子。如对苯二酚，可以与醌式结构互变，是常见的氧化还原试剂。在酸性条件下，用甲醛与对苯二酚逐步聚合，生成的线形产物就是高分子氧化还原试剂，使用的安全稳定性更好。

2.4.1.2 构型

构型是对分子中的最近邻原子间的相对位置的表征，也可以说，构型是指分子中由化学键所固定的原子在空间的几何排列。这种排列是稳定的，要改变构型必须经过化学键的断裂和重组。构型不同的异构体有旋光异构和几何异构两种。

（1）旋光异构 饱和碳氢化合物分子中的碳，以 4 个共价键与 4 个原子或基团相连，形成一个四面体，4 个基团位于四面体的顶点，碳原子位于中心。当 4 个基团都不相同时，该碳原子称为不对称碳原子，以 C* 表示。这种有机物能构成互为镜像的两种异构体，表现出不同的旋光性，称为旋光异构体。

结构单元为—CH_2—C^*HX—型的高分子，在每一个结构单元中有一个 C^* 原子。由于 C^* 两端的链节不完全相同，因此 C^* 是一个不对称碳原子。这样，每一个链节就对应两种旋光异构体。它们在高分子链中有三种键接方式：假若高分子全部由一种旋光异构单元键接而成，则称为全同立构（立体构型）；由两种旋光异构单元交替键接，称为间同立构；两种旋光异构单元完全无规键接时，则称为无规立构。图 2-14 是聚合物链的各种立体构型。假定把主链上的碳原子排列在平面上成为锯齿状，则全同立构链中的取代基 X 都位于平面的同一侧；间同立构链中的 X 基交替排列在平面的两侧；而无规立构链中的 X 基则任意排列在平面的两侧。

分子的立体构型不同时，材料的性能也不同，例如全同立构的聚苯乙烯结构比较规整，能结晶，熔点为 240℃，而无规立构的聚苯乙烯结构不规整不能结晶，软化温度为 80℃。全同或间同的聚丙烯，结构比较规整，容易结晶，可以纺丝做成纤维，而无规聚丙烯却是一种

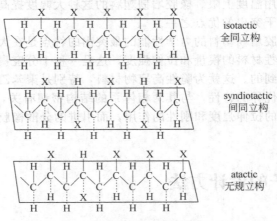

图 2-14 聚合物链的立体构型

橡胶状的弹性体。通常自由基聚合的高聚物大都是无规的，只有用特殊的催化剂才能制得有规立构的高聚物，这种聚合方法称为定向聚合。

对小分子物质来说，不同的空间构型常有不同的旋光性，高分子链虽然含有许多不对称碳原子，但由于内消旋或外消旋作用，即使空间规整性很好的高聚物，也没有旋光性。

（2）几何异构 1,4-加成的双烯类聚合物，由于内双键上的基团在双键两侧排列的方式不同而有顺式与反式构型之分，称为几何异构体。例如用钴、镍和钛催化系统可制得顺式构型含量大于94%的顺丁橡胶，其结构式如下：

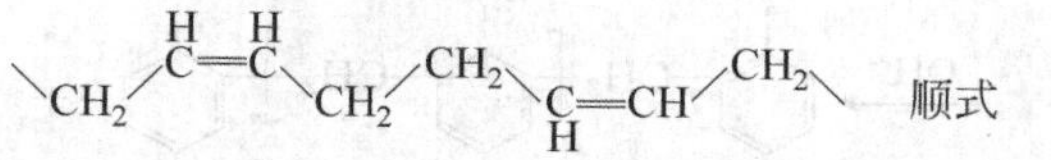

顺式

而用钒或醇烯催化剂所制得的聚丁二烯橡胶，主要为反式构型，其结构式如下：

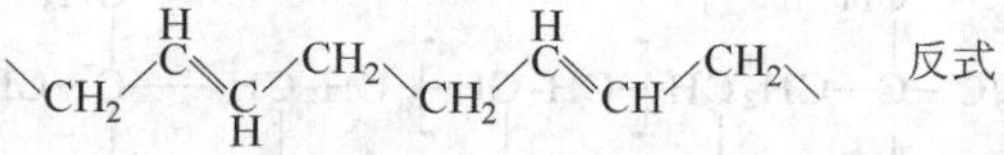

反式

虽然都是聚丁二烯，由于结构的不同，性能就不完全相同。顺式聚丁二烯是典型的橡胶，反式聚丁二烯具有塑料的特性。聚异戊二烯也有顺反两种构型，天然橡胶含有98%以上的1,4-顺式聚异戊二烯及2%左右的3,4-聚异戊二烯，$T_m = 28℃$，$T_g = -73℃$，柔软而具有弹性。古塔波胶为反式聚异戊二烯，有两种结晶状态，T_m分别为65℃及56℃，$T_g = -53℃$，在室温为硬韧状物。

2.4.1.3 键接结构

键接结构是指结构单元在高分子链中的连接方式。通常可通过选择催化剂控制聚合反应，使之主要只生成一种结构。在缩聚和开环聚合中，结构单元的键接方式一般都是明确的，但在连锁聚合过程中，单体的键接方式可以有所不同。例如单烯类单体（$CH_2=CHR$）在聚合过程中可能的键接方式有头-头（尾-尾）和头-尾之分，当然也有可能是两种方式同时出现的无规键接。这种由结构单元间的连接方式不同所产生的异构体称为顺序异构体。许多实验证明：在自由基或离子型聚合的产物中，大多数是头-尾键接的。

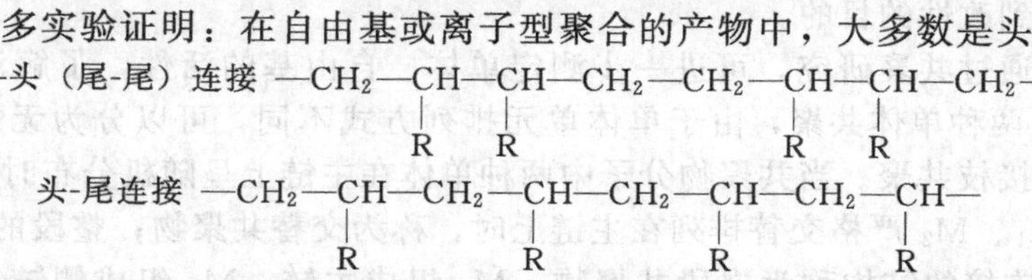

头-头（尾-尾）连接

头-尾连接

对于烯类高分子而言，虽然头-尾键接方式占压倒优势，但也不能排除头-头键接结构的存在，例如聚醋酸乙烯酯中就含有少量的头-头键接，聚偏氟乙烯中头-头键接含量为8%～12%；聚氟乙烯中头-头键接含量可高达16%。

用模板聚合的方法，可以在工艺上实现聚甲基丙烯酸分子链的头-尾键接：

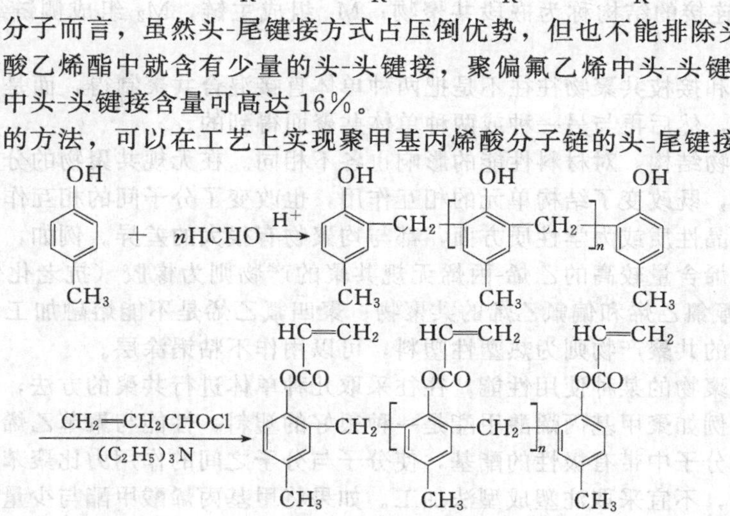

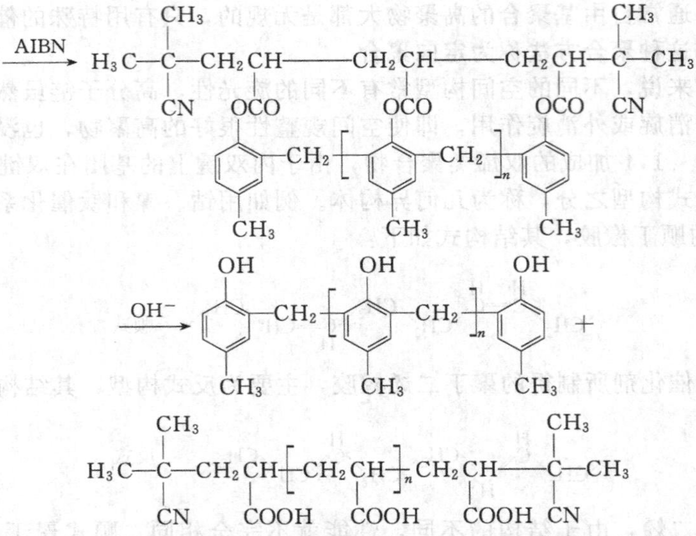

$$\xrightarrow{\text{AIBN}}$$

（化学结构式：AIBN引发的聚合反应产物及经 OH⁻ 水解后的产物结构图）

分子链中结构单元的连接方式往往对聚合物的性能有比较明显的影响，用来作为纤维的聚合物，一般都要求分子链中单体单元排列规整，使聚合物结晶性能较好，强度高，便于抽丝和拉伸。例如用聚乙烯醇做维尼纶，只有头-尾连接才能使之与甲醛缩合生成聚乙烯醇缩甲醛。如果是头-头相接的，羟基就不易缩醛化，使产物中仍保留一部分羟基，这是维尼纶纤维缩水性较大的根本原因。而且羟基的数量太多，会使纤维的强度下降。为了控制高分子链的结构，往往需要改变聚合条件。一般来说，离子型聚合比自由基聚合的产物，头-尾结构的含量要高一些。

2.4.1.4 共聚结构

共聚反应可以改变聚合物的组成和结构，以改进聚合物的性能，增加品种，从而满足使用的需要。如材料的力学强度、弹性、塑性、柔软性、玻璃化温度、溶解性能、表面性能等都可通过共聚达到改性的目的。

在理论上，通过共聚研究，可进一步测定单体、自由基的活性，了解活性与结构的关系。以 M_1、M_2 两种单体共聚，由于单体单元排列方式不同，可以分为无规共聚、交替共聚、嵌段共聚和接枝共聚。当共聚物分子中两种单体在主链上呈随机分布时，称为无规共聚物；两种单体 M_1、M_2 严格交替排列在主链上时，称为交替共聚物；整段的 M_1（例如几百个）和整段 M_2 连接的结构称为嵌段共聚物；M_1 组成主链，M_2 组成侧链结构称为接枝共聚物。

嵌段共聚物和接枝共聚物往往不是把两种单体直接混合共聚制得，而是通过先生成一种均聚物或共聚物，然后再与另一种或两种单体共聚而得到的。

不同的共聚物结构，对材料性能的影响也各不相同。在无规共聚物的分子链中，两种单体无规则地排列，既改变了结构单元的相互作用，也改变了分子间的相互作用，因此，无论在溶液性质，结晶性质或力学性质方面，都与均聚物有很大的差异。例如，聚乙烯、聚丙烯均为塑料，而丙烯含量较高的乙烯-丙烯无规共聚的产物则为橡胶（抗老化优于各类橡胶）；Kel-F 橡胶是三氟氯乙烯和偏氟乙烯的共聚物；聚四氟乙烯是不能熔融加工的塑料，但四氟乙烯与六氟丙烯的共聚产物则为热塑性塑料，可以用作不粘锅涂层。

为了改善高聚物的某种使用性能，往往采取几种单体进行共聚的方法，使产物兼有几种均聚物的优点。例如聚甲基丙烯酸甲酯是一种很好的塑料，性能与聚苯乙烯类似。由于聚甲基丙烯酸甲酯的分子中带有极性的酯基，使分子与分子之间的作用力比聚苯乙烯大，因此在高温时流动性差，不宜采取注塑成型法加工。如果将甲基丙烯酸甲酯与少量苯乙烯共聚，可

32

以改善树脂的高温流动性能，采用注塑法成型。又如苯乙烯与少量丙烯腈共聚后，其冲击强度、耐热性、耐化学腐蚀性都有所提高，可供制造耐油的机械零件。

ABS树脂是丙烯腈、丁二烯和苯乙烯的三元共聚物。共聚方式是无规共聚与接枝共聚相结合，结构非常复杂：可以是以丁苯橡胶为主链，将苯乙烯、丙烯腈接在支链上，也可以是以丁苯橡胶为主链，将苯乙烯接在支链上，当然还可以以苯乙烯-丙烯腈的共聚物为主链，将丁二烯和丙烯酸酯接在支链上，等等，这类接枝共聚物都称为ABS。因为分子结构不同，材料的性能也有差别。总的来说，ABS三元接枝共聚物兼有三种组分的特性。其中丙烯腈有CN基，能使聚合物耐化学腐蚀，提高制品的抗张强度和硬度；丁二烯使聚合物呈现橡胶状韧性，这是制品抗冲强度增高的主要原因；聚苯乙烯的高温流动性能好，便于加工成型，且可改善制品的表面光洁度。因此ABS是一类性能优良的热塑性塑料。

用阴离子聚合法制得的苯乙烯与丁二烯的嵌段共聚物称为SBS树脂，其分子链的中段是聚丁二烯（顺式），两端是聚苯乙烯。聚丁二烯在常温下是一种橡胶，而聚苯乙烯是刚性塑料，二者是不相容的，因此SBS具有两相结构。聚丁二烯段形成连续的橡胶相，聚苯乙烯段形成微区分散在树脂中，它对聚丁二烯起着物理交联的作用。由于聚苯乙烯是热塑性的，在高温下能流动，所以SBS是一种可用注塑的方法进行加工而不需要硫化的橡胶，又称为热塑性弹性体。

用逐步聚合方法制备的聚氨酯，由于其单体的反应活性比较高，可以将相容性差别较大的两部分键合在一起，也是一种嵌段共聚物。产物分相而有两个不同的T_g，因此具有宽泛的温度使用范围。

2.4.2　二次设计

由于聚合物的分子量很大，单个分子链的结构对性能的影响还包括分子大小、链的柔顺性及分子的不同构象。

2.4.2.1　分子量

分子量是化合物分子大小的量度。对于低分子物质来说，当分子结构确定以后，分子量是一个确定的数值，而且每个分子的分子量都相同。然而，高分子的分子量只有统计的意义，只能用统计平均值来表示，例如数均分子量$\overline{M_n}$、重均分子量$\overline{M_w}$和黏均分子量$\overline{M_\eta}$等。

平均分子量只能统计地表征聚合物分子的大小。要清晰而细致地表明分子的大小，可以用分子量分布。分子量分布能够揭示聚合物同系物中各个组分的相对含量与分子量的关系。图2-15是典型聚合物的分子量分布曲线，横坐标是分子量，纵坐标是分子量为M的组分的相对含量。该曲线不仅能表征分子量的平均大小，还可以表征分子量的分散程度，即分子量分布的宽度，分布宽时表明分子量很不均一，分布窄则表明分子量比较均一。一般使用缩聚方法获得的聚合物分子量比较均一。阴、阳离子活性聚合物的分子量分布也比较窄。而自由基聚合产品的分子量分布比较宽。

分子量对高聚物材料的力学性能以及加工性能有重要影响。在一定范围内，拉伸或冲击强度随分子量的增大而增大。超高分子量的PE可以作为纤维使用，是因为当分子量不太大时，材料的破坏主要是由于外力作用下大分子间发生滑移所致，分子量越大，分子间作用力相应增加，越不容易发生滑移，能经受的外力也就越大。当分子量足够大时，分子间的作用力已超过大分子主链价键作用力，聚合物的破坏便发生于主价键上，强度便不再随分子量增大而增大了。

分子量分布对高分子材料的加工和使用也有很大影响。若分子量分布很宽，低分子量的分子含量达10%～15%，强度会明显下降。其原因是低分子量的分子起着内增塑作用，促使分子链之间发生滑动。对于合成纤维和塑料来说，由于平均分子量较小，要求分子量分布较窄，有利于加工条件的控制和提高产品的使用性能。对于橡胶来说，由于平均分子量很大，加工很困难，因此加工常常要经过塑炼，使分子量降低，同时使分布变宽，其中低分子量部分本身黏度小，起增塑剂的作用，便于加工成型。

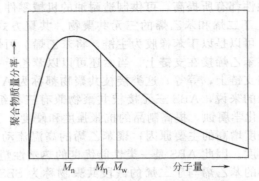

图 2-15 典型聚合物的分子量分布曲线

2.4.2.2 柔顺性和构象

由于单键内旋转而产生的分子在空间的不同形态称为构象。高分子链能够改变其构象的性质称为柔顺性。高分子链的构象受温度、分子间相互作用以及外加力场的影响而改变。聚偏二氟乙烯，在接近熔融的条件下，利用外电场引导使其产生一定的构象，并冷却固定这种构象，从而制备出驻极体。液晶显示技术，则是利用微弱电场改变液晶的构象而获得图象。由于热运动，构象在一定条件下可以互相转换。例如涤纶薄膜拉伸时，随拉伸比的增加，旁式构象转变为反式构象。拉伸后的薄膜经热处理后反式减少、旁式增加。聚偏氟乙烯在室温为螺旋构象，50℃拉伸后分子排列为平面锯齿形构象。分子结构对柔顺性的影响简述如下。

（1）主链结构　主链结构对高分子链柔顺性的影响很显著。例如主链除了由C—C键组成外，还可能有—Si—O—，—C—O—等。Si—O键的内旋转比C—O链容易，C—O键的内旋转又比C—C键容易，这是因为氧原子周围没有其他的原子和基团，所以C—O键的内旋转阻力小，比C—C键容易。例如结构式为

$$-O-(CH_2)_4-O-\overset{O}{\underset{\parallel}{C}}-(CH_2)_4-\overset{O}{\underset{\parallel}{C}}-$$

的聚己二酸己二酯柔性比聚乙烯好，是一种涂料。

Si—O键除了具有C—O键的特点外，其键长比C—O键要大，而且键角也大，内旋转更为容易。所以当侧基的极性相同时，含Si—O键的高分子链比C—O键的高分子链来得柔顺。例如聚二甲基硅氧烷的柔性非常好，是一种很好的合成橡胶，其结构式如下：

$$\begin{array}{c} CH_3 \quad CH_3 \quad CH_3 \\ -Si-O-Si-O-Si-O- \\ CH_3 \quad CH_3 \quad CH_3 \end{array}$$

由于芳杂环不能内旋转，所以主链中含有芳杂环结构的高分子链的柔顺性较差，在温度较高的情况下链段也不能运动，如果作为塑料使用，这种材料具有耐高温的特点。因此做耐高温的工程塑料，总希望在高分子链中多引进芳杂环结构。但是芳杂环太多了，使高分子链刚性太大，失去塑性，甚至不能加工成型，因此要注意使高分子链刚柔适中。例如聚苯醚（PPO），其结构式为：

在主链结构中有芳环，具有刚性，能使材料耐高温，又含有C—O链，具有柔性，产品

34

可注塑成型。

对于含有孤立双键的高分子链，虽然双键不能旋转，但连在双键上的原子或基团数目较单键为少，使那些原子或基团间的排斥力减弱，以致双键邻近的单键的内旋转位垒减少。所以结构单元中含有孤立双键的聚合物如聚丁二烯，聚异戊二烯等分子链，都具有较好的柔顺性，可作为橡胶。

共轭双键的 π 电子云在整个分子主链上是共用的，不存在单键，因此带有共轭双键的高分子链不能内旋转，像聚苯，聚乙炔，以及某些杂环高分子都是刚性分子。

$$\left(\right)_n \qquad \text{聚苯}$$

$$\left(CH = CH - CH = CH - CH = CH \right)_n \qquad \text{聚乙炔}$$

（2）侧基　侧基极性的强弱对高分子链的柔顺性影响很大。侧基的极性愈强，其相互间的作用力愈大，单键的内旋转愈困难，因而链的柔顺性愈差，如聚氯乙烯分子比聚乙烯分子的柔顺性差。对于非极性的侧基，主要考虑其体积的大小和对称性。侧基体积愈大，空间位阻愈大，对链的内旋转愈不利，使链的刚性增加，如聚丙烯比聚乙烯的柔顺性差。然而聚异丁烯的每个链节上，有两个对称的侧甲基，这使主链间的距离增大，链间作用力减弱，内旋转位垒降低，因而柔性增加，所以聚异丁烯的柔顺性比聚乙烯还要好，可以做橡胶。

（3）链的长短　假若分子链很短，可以内旋转的单键数目很少，分子的构象数也很少，必然呈现出刚性。小分子物质都没有柔性，就是这个缘故。如果链比较长，单键数目多，内旋转即使受到某种程度的限制，整个分子仍旧可以出现很多种构象，因此分子还会具有柔性。不过，当分子量增大到一定数值（例如 10^4），也就是说，当分子的构象数服从统计规律时，分子量对柔顺性的影响就很小了。

2.4.3　三次设计

聚集态结构也称超分子（supramolecular）结构，是指高分子链之间的排列和堆砌结构，表示高分子材料整体的内部结构，直接影响高聚物的使用性能。

高分子的链结构是决定高聚物基本性质的主要因素，而高分子的聚集态结构是决定高聚物材料整体性质的主要因素。对于实际应用中的聚合物材料，其使用性能直接取决于在加工成型过程中形成的聚集态结构，在这个意义上可以说，链结构只是间接地影响高聚物材料的性能，而聚集态结构才是直接影响其性能的因素。了解高分子聚集态结构特征、形成条件及其与材料性能之间的关系，对于通过控制加工成型条件，以获得具有预定结构和性能的材料，是必不可少的，同时也为高聚物材料的物理改性和材料设计提供科学的依据。

在高聚物中，由于分子链长，分子量大，分子间的作用力是很大的。高分子的聚集态只有固态（晶态和非晶态）和液态，没有气态，说明高分子的分子间作用力超过了化学键的键能。因此在高聚物中，分子间的作用力起着更加特殊的作用。可以说，离开了分子间的相互作用来解释高分子的聚集态、堆砌方式以及各种物理性质是不可能的。

（1）内聚能和内聚能密度　表征聚合物分子间作用力的参数是内聚能 ΔE 和内聚能密度 CED。

内聚能定义为克服分子间作用力，1mol 的凝聚体汽化时所需要的能量，可用下式表示：

$$\Delta E = \Delta H_v - RT$$

式中，右边第一项代表凝聚体的摩尔蒸发热，第二项代表凝聚体对外界所做的膨胀功。

聚合物内聚能密度（CED）定义为单位体积凝聚体汽化时所需要的能量，可用下式表示：

$$CED = \frac{\Delta E}{V_m}$$

式中，V_m 代表摩尔体积。

由于高分子不能汽化，所以聚合物内聚能的测定是根据聚合物在不同溶剂中的溶解能力来间接估计的。

内聚能密度和高聚物的物理性能的关系之间有着密切的联系，内聚能密度的大小直接决定了高分子材料的物理性能和用途。几种常见高分子的内聚能密度见表 2-12。

表 2-12　内聚能密度和高聚物的物理性能的关系

聚合物	CED/(J/cm³)	性　能	聚合物	CED/(J/cm³)	性　能
PE	259	CED＜290J/cm³ 橡胶	PS	305	290＜CED＜420J/cm³ 塑料
聚异丁烯	272		PMMA	347	
聚异戊二烯	280		PVAc	368	
聚丁二烯	276		PVC	381	
丁苯橡胶	276		PET	477	CED＞420J/cm³ 纤维
			PA66	744	
			PAN	992	

从表 2-12 中的数据可以看出，内聚能密度在 290J/cm³ 以下者，可作橡胶使用，因为这些高分子链中没有极性原子，也不带极性取代基，所以分子间作用力较小，分子链柔性好，具有弹性。但聚乙烯是个例外，它的内聚能密度只有 259J/cm³，理应成为橡胶态，可它只能用作塑料和纤维，这是由于聚乙烯结构规整，易结晶所造成的。内聚能密度在 420J/cm³ 以上者，如聚丙烯腈、聚酰胺、聚酯等都具有较高的力学强度和耐热性，且易于结晶，是优良的成纤高聚物。内聚能密度在 290～420J/cm³ 之间的适于作塑料使用。当然，这种划分并非绝对。

（2）分子混合物的概念　由于发展一种成本低廉而且具有优异使用性能的聚合物非常困难，研究成本高，所以利用现有的聚合物品种，通过简单的工艺过程，制备高分子-高分子混合物，显示出特有的优越性，因而迅速在工业上得到广泛的应用。20 世纪 70 年代出现的许多合成材料的新品种，都是以共混高聚物形式出现的。由于共混高聚物与合金有许多相似之处，因而也被形象地称为"高分子合金"（polymer alloy）。

这样的共混物，即使其间有一些化学键合，一般仍然为非均相体系。它们具有与一般聚合物不同的聚集态结构特征，同时也带来了它们的一系列独特的性质。"高分子合金"成功与否的核心问题是相容性，对于部分相容的共混体系，共混物具有纯组分所没有的综合性能，并且，随着混合组分的改变，可以得到千变万化的性能，因此，它是开发新材料的一个重要新领域，引起了人们很大的兴趣。

（3）高分子的相容性　高分子的相容性概念与低分子的互溶性概念有相似之处，但又不完全相同。对于低分子来说，相容就是指两种化合物能达到分子水平的混合，否则就是不互溶，要发生相分离。是否互溶决定于混合过程的自由能变化是不是小于零，即要求

$$\Delta F = \Delta H - T\Delta S \leqslant 0$$

对于高分子与高分子的混合体系，共混体系的相容性一般指工艺相容性（compatibility），即要求其共混物光学透明，并且只有一个玻璃化转变温度（T_g），它不一定是热力学相容（miscibility）的。

完全相容的高分子共混体系的性质与对应的纯组分相比具有线性加和性，所以性能可以预测，实际应用不多。完全不相容的高分子共混体系由于无法形成充分混合的体系，力学性能差，没有使用价值。而不完全相容（部分相容）的共混高聚物，可以得到混合相对均匀的体系，由于发生亚微观相分离，形成两相体系，两相分别具有相对的独立性，所以不仅具有相应纯组分的性能，而且由于协同效应，可以产生相应纯组分所没有的新的性能，具有实际意义。

判断相容性的最简单的方法是比较玻璃化温度的变化。如果两组分共混物具有两个 T_g，

而且与相应的纯组分的 T_g 完全相同，说明是完全不相容体系；如果出现两个 T_g，但是与相应的纯组分的 T_g 不同，说明是部分相容体系，相容程度越大，则两个 T_g 越靠近，当两个 T_g 完全重合，即只有一个 T_g 时，是完全相容体系。

对于完全不相容的共混体系，可以通过相容剂来提高相容性，形成部分相容共混体系。相容剂一般与相应纯组分具有较好的相容性，在共混体系中处于两相的界面上，降低界面能，从而改善相容性。

各种聚集态结构（晶态、非晶态、液晶态、取向态、织态）具有不同的特点，决定着高分子材料的物理性能和用途，应根据需要选择和设计适当的聚集态类型。

2.4.4 高次设计

高次结构指三次结构的再组合，最典型的高次结构是复合材料结构。

单一材料有时不能满足实际使用的某些要求，人们就把两种或两种以上的材料制成复合材料，以克服单一材料在使用上的性能弱点，改进原来单一材料的性能，并通过各组分的匹配协同作用，还可以得到相应单一材料所没有的新性能，达到材料综合利用的目的。

复合材料是一种多相复合体系。在复合体系中可以是异质异相的，也可以是同质异相的。因此，通过不同质的组成、不同相的结构、不同含量及不同方式的复合，可以制造出满足各种用途的复合材料。

纤维增强复合材料由于其固有的优点，是复合材料中发展最迅速、应用最广泛的一类复合材料。实际上，20 世纪 50 年代开始，以复合材料名义开发和使用的主要是纤维增强复合材料。该领域的研究开发主要有以下几个方面。

(1) 开发新的高性能增强纤维　目前正在开发成本低、综合性能优异及复合成型容易的增强纤维。

(2) 开发高性能纤维增强复合材料的成型方法和技术　在研究开发使用高性能纤维增强复合材料的成型方法和技术的同时，也注重开发应用传统的玻璃纤维的新的机械成型方法，以谋求制品的高质量、均质化、低成本及大批量生产。

(3) 开发以混杂带来的高性能化　复合材料的特点是不必同一纤维和同一基体。为了满足对制品的各种要求，可以把玻璃、碳、芳纶（芳香族聚酰胺）等光照纤维按其各自的特点组合起来，或者把粗纱、毡、布等各种形态的基材组合起来，制造混杂复合材料。同时，可根据外力及产生的应力来制造构件。最大限度地利用这些优点，并从成本和性能综合考虑，对复合材料进行最佳材料设计，这就是混杂的概念。所谓混杂复合材料就是通过混合各种增强纤维来发挥各自的特点，因而复合材料就能发挥出所需的综合性能。混杂的形态有层内混杂和层间混杂两种形态。①层内混杂。在同一层内，把各种纤维均匀地分散和混合在一起；②层间混杂。各种纤维的布、粗纱等自成一层，然后各层相间混杂。

混杂技术可以得到综合性能优异的复合材料。例如，碳纤维是一种导电、非磁性的材料；而玻璃纤维复合材料虽属于电绝缘材料，但它有产生静电而带电的性质，因此不适宜用来制造电子设备外壳，而用两种纤维纤维混杂之后则有除电及防止带电的作用。另外，玻璃纤维复合材料有电波的透过性，碳纤维有导电性可以发射电波，两者混杂可用于电视天线，以解决电子设备的电波障碍及无线电工作室的屏蔽。

又如，碳纤维、芳纶等沿纤维轴向具有负的热膨胀系数。如果与具有正的热膨胀系数的纤维混杂可得到预定热膨胀系数的材料，甚至热膨胀系数为零的材料。这种材料对于一些飞机、卫星、高精密设备的构件是非常重要的。如探测卫星上的摄像机支架系统就是由零膨胀系数的混杂纤维复合材料制造的。

另外，在碳纤维增强复合材料中，可以通过加入玻璃纤维或芳纶来增加它的韧性，并能防止裂纹发生以及改善耐冲击性，这也是混杂化的目的之一。这也说明，混杂化是提高复合材料性能的一条有效途径。

第**3**章 精细高分子的制备

精细高分子制备可以有化学和物理等各种途径，物理方法如 Ag 粉、Cu 粉与高分子材料混合制备导电高分子，有机玻璃拉制成光导纤维等。而化学方法则分为小分子的聚合（连锁、逐步）和高分子的化学反应等。常用的制备方法主要有以下四种：

① 功能单体——→聚合——→精细高分子；

② 高分子——→导入功能基——→精细高分子；

③ 高分子——→特殊工艺——→精细高分子；

④ 高分子——→复合——→精细高分子。

3.1 功能型小分子材料的高分子化

带有可聚合官能团的功能单体进行聚合，获得相应的精细高分子。尤其是带有烯键的功能单体均聚的产品，其功能基含量高而且分布均匀。而共聚则可在分子链上同时引入不同的功能单体，有时仅仅是为了降低功能基含量和成本。在这些聚合过程中，要注意对功能基进行保护。

（1）**活性功能单体** 带有烯键的功能单体，主要是丙烯酸酯类的衍生物，一般称为活性功能单体。容易利用自由基聚合的方法，组合制备精细高分子。由于自由基聚合实施的方法比较多，而且简便。采用氧化还原引发体系时，体系的温度低，有利于功能基的保护。自由基聚合过程中，高分子是瞬间形成的，增加反应时间只是为了提高单体的转化率，所以必要时可以缩短反应时间以制取合格的产品。

合成活性功能单体，可以使用丙烯酰氯、丙烯酸羟乙酯、丙烯酸等与功能基团键合。

例 1 感光树脂的制备

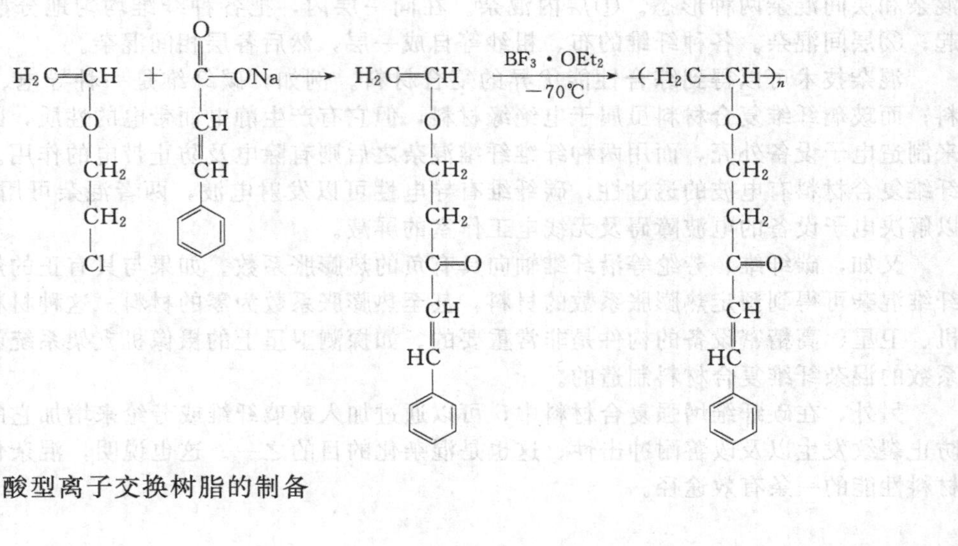

例 2 弱酸型离子交换树脂的制备

38

$$H_2C=C- \quad + \quad H_2C=C- \quad \longrightarrow \quad -CH_2-CH-CH_2-CH-$$

（省略结构式）

（2）反应性功能单体　由不同种类的反应性单体环醚、亚胺、内酯、内酰胺、环氧化合物的逐步聚合或乙烯基单体的活性阴离子聚合，得到嵌段共聚组合制备的精细高分子。

聚醚、聚丁二烯、聚二甲基硅氧烷等组成软段，它们的血小板的黏附性、活性和凝血酶的吸收很低；二异氰酸酯通过反应形成硬段，提供加工性和强度；整个产品成为血液相容性极佳的医用高分子材料。

有些受阻酚能与聚合物或自身聚合成高分子，称为反应性防老剂。

3.2　高分子材料的功能化与特性化

在高分子侧链上导入功能基团制备精细高分子，其实质是高分子的官能团反应。高聚物在化学试剂作用下，可以发生醚化、酯化、水解、缩醛化、卤化、硝化等官能团特征反应。有时甚至采用氧化等手段生成自由基进行接枝。这类反应的共同特点是：大分子的聚合度在反应前后变化不大。从官能团的性质来看，高分子链上的官能团与低分子化合物中的官能团的反应活性不同。聚合物的反应活性受扩散因素、化学因素等的影响。通过高分子的功能化来制备精细高分子的方法，可以避免聚合条件对功能基的影响。不仅如此，该法可以利用规模化生产的材料作为出发点，从而降低成本；或者利用天然高分子材料作为出发点，提高环境相容性；甚至可以直接利用废弃的高分子材料。所以是颇为可取的一条途径。由于受到高分子反应特性的制约，产品的功能基含量较低，而且分布也不均匀。

（1）基团接枝

① 在侧链的羟基、氨基、羧基等基团上使用环氧化物、内酰胺、内酯、异氰酸酯等活性较高的试剂进行接枝。

② 由于苯环基团很容易进行各种有机化学反应，所以聚苯乙烯（可以用二乙烯基苯等轻度交联，以增加使用寿命）作为高分子骨架常用来连接功能单体，制备精细高分子。譬如：离子交换树脂、有自支撑性的气体分离膜等。

例　纤维素、甲壳素等利用其固有的羟基进行醚化等，键接功能单体，制备精细高分子。

（2）自由基接枝

① 通过侧链氧化，引入过氧化物基团，或将侧链上的氨基偶氮化形成反应活性点。

② 通过氧化反应（羟基、氨基、巯基等以铈离子进行氧化）进行接枝聚合。

③ 由于冷炼、高速搅拌、辐射等外加能量的作用，使高分子产生自由基，引发接入新的单体。

例　淀粉使用硝酸铈开环，生成自由基，接枝丙烯腈以制备高吸水树脂。

（3）交联改性

① 分子内交联。用甲醛对聚乙烯醇进行一定程度的内交联（缩醛化），此生成物能溶于冷水，而在沸水中形成凝胶，并具有显示可逆的溶胶-凝胶化的特异功能。

② 分子间交联。要使以纤维素为主要成分的衣料具有防皱性，可用 N-羟甲基丙烯酰胺及过硫酸铵处理在接枝聚合的同时使之产生分子间交联。其他如动物毛发的卷曲和拉直以后的定型过程，也用化学试剂使之分子间交联。

3.3 精细高分子材料的功能拓展

聚偏氟乙烯经过取向可以制备压电体。PMMA纤维化后成为光导材料（氘化或氟化能进一步提高性能）。把精细高分子的其他潜在功能发掘出来加以运用也是制备发展功能高分子材料的途径之一。

譬如，离子交换树脂开始仅仅是用于除去水中的钙、镁离子，使水"软化"，然而，离子交换树脂作为固体酸或固体碱使用时，它的应用功能扩大了，被广泛用于化学催化领域。目前，离子交换树脂公认有四大功能：离子交换、催化、吸附、脱水。通过改变其离子交换基团以提高对金属离子的选择性，又产生了螯合树脂。

其他如具备染色功能的精细高分子，还存在着光致发光、光致变色、光聚合引发剂、增感剂等功能。

3.4 复合型精细高分子加工方法

使用价廉易得的功能助剂与高分子复合，是一种经济而行之有效的方法，也是当前生产精细高分子产品的主要手段之一。表3-1列出了一些常用的功能助剂。

表 3-1 复合助剂的功能

助 剂 名 称	功 能
石墨、二硫化钼	润滑性
银、铜粉	导电性、屏蔽电磁干扰
磁粉	磁性
金刚砂、刚玉粉	耐磨性
三水氧化铝、三氧化二锑、十溴联苯醚	阻燃性
硅、钛偶联剂	提高高分子和无机材料间黏结力
防生物剂	防止白蚁、霉菌生长，免受老鼠、鸟类的侵害
抗静电剂	防止静电产生

3.4.1 液体高分子材料的复合功能化

① 高分子材料与各种助剂通过混合、悬浮、乳化等方法制备。

② 通过反应性注射成型（RIM）直接制备。

③ 液体高分子材料还可以与纤维及其织物混合，浸渍漆布通过层压或模压制成功能高分子材料。

例如，碳化硅纤维和聚酯或环氧树脂可制成吸收电磁波、耐中子和射线辐射、半导体性质的层压材料。

3.4.2 固体高分子材料的复合功能化

① 粉末化技术：以粉状树脂和助剂通过螺杆挤出机，经过混炼、熔融、挤出和冷却制成片剂，再经磨粉机研磨成一定粒径的粉末。

② 造粒技术：造粒过程除了提供较大的剪切作用，起到粉碎混合等物理作用之外，还可以使树脂进行接枝、嵌段等化学反应，是制备高分子合金的重要手段。

3.4.3 微胶囊及缓释技术

微胶囊技术也是一种复合方法。它以高分子膜为壳，在其中包覆功能基，尺寸一般为 $5\sim200\,\mu m$（图3-1）。微胶囊最大的特点是可以控制释放内部的被包裹物质，使其在某一瞬

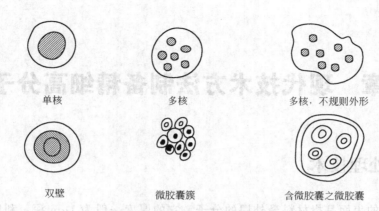

单核   多核   多核,不规则外形

双壁   微胶囊簇   含微胶囊之微胶囊

图 3-1　微胶囊的类型

间释放出来或在一定时期内逐渐释放出来。瞬间释放主要通过挤压、摩擦、熔融、溶解等作用使外壳解体；逐渐释放则是通过向壳体逐渐渗透或外壳逐渐溶解完成。譬如，将环氧树脂的固化剂制成微胶囊，并混于环氧树脂中，可得到单组分环氧树脂黏合剂。黏合时，在外压作用下，微胶囊外壳破裂，固化剂与环氧树脂接触固化。把香料、农药等微胶囊化，则可获得长效缓释的效果。国内外已有眼科药物、抗菌消炎药物、抗癌药物、避孕药物以及激素、酶等多种药物微胶囊问世。

    如果在微胶囊中，再复合磁性物质（氧化铁）作为导向，就可能通过外磁场引导，实现靶向给药。

    医药或农药等大多数低分子物，有很快被排出体外或随风雨流失的弊病，也可以通过键合高分子化而具有缓释性。如果设法复合上监视、调节药品释放的功能，则成为智能药物释放体。例如，含有乙烯基的苯基硼酸和 N-乙烯基吡咯烷酮的共聚物，容易和二醇化合物选择性结合，所以该共聚物与 PVA 组成的高分子配合物，会因为葡萄糖（有很多羟基）浓度的变化而发生相应的解离，可望制成智能胰岛素释放体系。

第**4**章　现代技术方法制备精细高分子材料

4.1　表面处理技术

高分子材料的表面是指材料最外层的分子，它的厚度一般为 $1\mu m$ 深，利用此表面可以发生组分的偏离、结构的变化，形成吸附层及表面化合物等，这对于用普通高分子作载体来制备精细高分子很有意义。

4.1.1　表面处理的功用

① 增加材料的可粘接性及可印刷性。

② 提高材料对物质选择性的屏蔽功能或透过功能。

③ 对能量有选择性地屏蔽、透过及反射功能。

④ 表面的硬度及耐磨损性。

⑤ 电磁特性。

⑥ 对生物体组织及生物功能的适应性。

⑦ 耐化学药品性。

4.1.2　表面处理的方法

（1）涂覆技术　该技术易于在材料表面实施。随着现代技术的发展，功能涂料可以赋予高分子材料导电、磁记录、示温、伪装隐身、生物效应等。磁性涂料是将 $\gamma\text{-}Fe_2O_3$ 磁粉、胶黏剂等混合而成，涂于基体表面，通过化学交联或电子束处理而固化。目前使用于磁带胶黏剂的是聚氨酯固化体系。聚氨酯提供粘接力、柔韧性和耐磨性。这类磁性涂料适宜于计算机中储存信息的软盘的制造。电子束固化的磁性涂料合格率高，经久耐磨。

（2）接枝改性　通过化学或辐射方法将各种高分子单体接枝于高分子的表面及内表层，可以改善材料的各种性能，扩大其功能，该技术特别适宜用于纤维和薄膜。

4.2　等离子技术

工业上常用化学处理方法对高分子材料进行改性，但存在改性程度难以控制、易对本体基本结构造成破坏、有三废排出等不足。用等离子体处理材料，所有物理及化学变化都发生在材料的表面，可保持材料原有的优点，又可克服其缺点。其独特之处在于，等离子体表面处理的作用深度仅涉及离表面几个到数十个纳米范围内，改性的区域和程度具有易控性，界面性能可以得到显著改善而材料本体不受影响。材料表面的等离子体改性已应用于纺织、印刷和生物医学等领域。

4.2.1　等离子体的概念

通常等离子体是指一种电离气体，处于由离子、电子和中性粒子组成的电离状态。通常物质与外界总是不断交换能量以改变其聚集状态，物质的原子、分子或分子团相互以不同的作用力或键合力相结合，构成不同的聚集态。液体的粒子间由较弱的结合力联系，如果进一步得到外界的能量，这个较弱的力被破坏，液体转变为粒子间没有作用力的气体。如果再给予气体足够的能量，则气体就电离成电子和离子而成为等离子体。实际上只要部分粒子电离，并不需要整个物质的每一粒子都电离就能呈现等离子体的特征。这样，由大量具有相互作用的带电粒子组成了有宏观时空尺度的体系。物质的第四种基本形态就是等离子体（态）。等离子体是包含足够多的电荷数，且近于相等的正、负带电粒子的物质聚集状态。

4.2.2 等离子体技术的应用

在高分子化学领域所利用的等离子体是通过辉光放电或电晕放电方式生成的低温等离子体。低温等离子体是部分电离的气体，它是由电子、离子、自由基、中性粒子及辐射光子等组成，宏观上呈电中性。低温等离子体引发高分子表面改性的反应大致有两种类型的反应，等离子体聚合和等离子体表面处理。等离子体聚合是将有机单体转化成等离子态，产生各类活性物种（自由基），由活性物种相互间或活性物种与单体间发生加成反应进行聚合。等离子体表面处理是利用非聚合性气体（如氩、氮、氧等）的等离子体中的能量粒子和活性物种与待加工材料的表面发生反应，使其表面产生特定的官能团（如—OH、—NH$_2$ 等）。以上两种类型反应都能改变材料界面成分和结构，达到材料改性的目的。在低温等离子体反应中，通过适当选择形成等离子体的气体种类和等离子化条件，能够对高分子表面层的化学结构或物理结构进行有目的的改性，达到高性能或高功能，是经济有效地开发新材料的重要途径（见表 4-1）。

表 4-1　等离子体技术的应用

研 究 内 容	功能特点	研 究 内 容	功能特点
醋酸纤维素超滤膜表面改性	低温，透水性能	二甲基苯胺聚合	半导体
多嵌段聚氨酯改性(丙烯酸羟乙酯)	缓释	聚酯织物改性	染色性
海藻酸钠膜改性	醇水分离	苯胺聚合，注入离子	降低电阻

利用低温等离子体对高分子材料改性可制得超薄、均匀、连续和无孔的高功能薄膜，且该膜在底基上有强的黏着力，便于在各种底料的表面成膜。

（1）低温等离子体在高分子生物材料领域的应用　等离子体技术是高分子材料改性的有效方法，在生物材料表面改性中有着重要的应用。譬如对聚乳酸微球表面的氨等离子体表面改性的研究表明，以氨等离子体改性聚合物表面，在表面引入氨基可作为肝素的吸附位点，有效提高材料的抗凝血性能。

利用含硅或含氟有机物等离子体聚合沉积，改善生物材料的生物相容性研究已有较多报道。如 Chawla 研究了六甲基环三硅氧烷和八甲基环四硅氧烷在微孔聚丙烯膜等离子体聚合沉积后，从表面吸附血细胞（血小板、白细胞）数量可知材料的血液相容性得到了改善。

Michael D. Garrison 等人通过六氟丙烯气氛的低温等离子体技术，在晶片上沉积了光滑、连续、高黏结性的含氟聚合物薄膜，发现其与蛋白质具有良好的结合特性，生物相容性好；表面模量在 $1.2 \sim 5.5$GPa 之间，可满足生物体移植材料表面的应用要求，且表面化学特性可通过改变反应器的功率进行控制，膜的厚度可通过反应时间进行控制。

聚合物中的增塑剂、抗氧化剂、引发剂和残余单体或降解产物会对人体造成危害。等离子体聚合膜的低渗透性可阻止人体植入聚合物中低分子量添加剂的泄漏。一些研究者以此制备出抗渗漏型生物材料。Asai 等人通过等离子体聚合镀膜成功地将二辛酰酸酯（增塑剂）从聚氯乙烯中渗到血液中的量由 $60\mu g/(d \cdot m^2)$ 减少到 $1 \sim 2\mu g/(d \cdot m^2)$。因为等离子体聚合薄层能改变物质通过底衬聚合物的溶解度和扩散度，所以等离子体聚合物镀膜还可用于控制在聚合物囊中药物的释放速度。等离子体聚合膜有很高的物理、化学稳定性和对底衬的附着性。这些特性可使其成为医用设备表面的保护膜。

等离子体聚合膜进一步化学衍生反应也可形成所需的表面官能团。Danilich 等人将 N-乙烯基-2-吡咯烷酮等离子体聚合沉积在载体表面，再通过硼氢化钠还原反应，在表面形成羟基，继而用氰化法形成固定化葡萄糖氧化酶。朱如瑾等人将经空气等离子体处理的聚乙烯膜进一步接枝丙烯酸，然后经氯化亚砜活化制得固定化酶的载体。

（2）低温等离子体在纺织材料改性中的应用 纺织工业中应用低温等离子体的高能量作用于有机化合物，可引发纤维表面分子的各种化学反应，如分解、聚合、接枝、交联等，引起纺织材料结构和性能的变化，或者引起染料与纤维发生反应，大大改善其染色性能和服装功能及风格。

用氧气低温等离子体对聚酯纤维及其织物进行改性处理。并对样品处理前后的染色过程、染色效果、表面性质、超分子结构等几方面问题进行了深入研究，研究证明氧气低温等离子体可以有效地提高分散染料对聚酯织物的初染率及平衡上染率，并使染色效果具有深色效应；同时氧气低温等离子体还可以明显提高聚酯织物的亲水性和其纤维大分子柔顺性，使织物的吸水性明显增强，纤维的结晶度和取向度下降。

对 PBO（聚对亚苯基苯并双噁唑）纤维表面等离子体接枝改性研究表明，等离子体接枝处理不仅使 PBO 纤维表面粗糙度增加，在纤维表面引入了极性基团，同时也改善了 PBO 纤维表面的浸润性，从而提高了纤维和树脂基体间黏结性。

用低温等离子体技术处理纺织材料无环境污染，是一种清洁、简便、快捷、节能的绿色加工处理技术，无污染的清洁加工方法和对人体无害的绿色纺织品是今后发展的趋势。

（3）低温等离子体技术在橡胶制品中的应用 在非极性橡胶制品的表面改性中，低温等离子体技术引入了多种含氧基团，使表面由非极性转化为一定极性和亲水性，从而有利于黏结和涂覆。

低温等离子体技术为橡胶制品的表面改性提供了一种安全、可控和可靠的方法，能使材料表面洁净和具有活性，为表面接枝改性、表面涂覆创造了条件；同时，等离子体在表面清洁和灭菌等方面具有广泛的用途。

对等离子体技术在改善泡沫橡胶表面性能方面的探索性研究表明，通过 XPS 谱图分析证明，在泡沫橡胶表面进行 CH_4 等离子体聚合和 Zr 靶物理气相沉积涂层均可得到不同元素含量的新表面。在泡沫橡胶表面进行 CH_4 等离子体聚合过程中，随着处理功率的增加和处理时间的延长，试样表面的 C 元素的原子质量分数增加，Si 和 O 元素的原子质量分数则降低。泡沫橡胶表面的接触角随 CH_4 等离子体聚合处理时间的延长而减小，表面的亲水性发生了改变。

4.3 超临界技术

4.3.1 超临界流体

超临界流体（supercritical fluids，简称 SCF）是对比温度和对比压力同时大于 1 的流体，它具有液体一样的密度、溶解性和传热系数，又有气体一样的低黏度和高扩散性。它是处于气态和液态之间的中间状态的物质。在临界点附近，通过压力或温度的微小调节可使流体的密度、黏度、扩散系数及极性等物性发生显著的改变。超临界流体作为反应介质具有优异的特性。常用的 SCF 及其临界压力、温度和密度如表 4-2 所示。

4.3.2 超临界技术的特点

① 在超临界状态下进行化学反应，通过压力调节，使溶解度可以在较大范围内变化。可使传统的多相反应转化为均相反应，即将反应物甚至催化剂都溶解在 SCF 中，从而增加了反应速度。

表 4-2 常用 SCF 性质一览表

物质种类	临界温度/℃	临界压力/MPa	密度/(g/cm³)	物质种类	临界温度/℃	临界压力/MPa	密度/(g/cm³)
C_2H_6	32.3	4.88	0.203	NH_3	132.4	11.28	0.235
C_3H_8	96.9	4.26	0.220	CO_2	31.1	7.38	0.460
C_4H_{10}	152.0	3.80	0.228	SO_2	157.6	7.88	0.525
C_5H_{12}	296.7	3.38	0.232	H_2O	374.3	22.11	0.326
C_2H_4	9.9	5.12	0.227	N_2O	36.5	7.11	0.451
氟里昂	28.8	33.90	0.578				

② 由于组分在超临界流体中的扩散系数相当大，对于受扩散制约的一些反应，可以显著地提高其反应速率。

③ 有效控制反应活性和选择性。超临界流体具有连续变化的物性（密度、极性和黏度等），可以通过溶剂与溶质或者溶质与溶质之间的分子作用力产生的溶剂效应和局部凝聚作用的影响来有效控制反应活性和选择性。

④ 利用 SCF 对温度和压力敏感的溶解性能，可以选择合适的温度和压力条件，使产物不溶于超临界的反应相而及时移去，也可逐步调节体系的温度和压力，使产物和反应物依次分别从 SCF 中移去，从而简化产物、反应物、催化剂和副产物之间的分离。显然，产物不溶于反应相将使反应向有利于生成目的产物的方向进行。

4.3.3 超临界技术的应用

超临界技术在萃取、分离、结晶造粒等方面一直都有重大的应用。在超临界条件下进行化学反应，一般有两种方式：在反应物本身的超临界条件下进行反应和在反应条件下引入超临界介质。前者如超临界 CO_2 非常高效地被加氢而生成甲酸，催化剂活性在 SCF 中比相同反应条件下的溶液中高得多。在与甲醇共存下进行超临界 CO_2 的加氢反应，可合成甲酸甲酯，催化剂活性比液相反应时提高一个数量级。在二甲胺存在下进行超临界 CO_2 的加氢时，可高效合成二甲基甲酸胺，催化剂效率比液相反应时高两个数量级。

在高分子合成中，用 SCF 作介质时，可根据溶解能力来划分并控制生成的聚合物的分子量。SCF 的高扩散性使它具有较高的传热传质速率，除去反应热和从外部加热都比较容易。生产安全性高，有利于制得目标产物。在超临界 CO_2 介质中，氟代烯烃溶解性很好，可以使用 AIBN 引发共聚合，顺利得到产物。

由于 SCF 的这些优异特性，这一新的化学反应技术日益受到国内外化学反应工程研究者的重视。他们在酶催化、固体催化、均相催化以及催化加氢等反应中进行了许多有意义的探索性工作，显示了超临界化学反应潜在的技术优势。

4.4 辐射技术

4.4.1 高能辐射

以高能辐射引发单体聚合称作辐射聚合。引发单体用的高能辐射有 α 粒子（快速运动的氦离子）、β 射线（高能电子）、γ 射线、X 射线等。这些辐射线可由原子反应堆、X 射线发生器、加速器、放射性同位素、原子裂变产物等方面获得。在实验室中，以同位素 ^{60}Co 的 γ 源用得最多。

辐射具有较高的能量又称做离子辐射。一般情况下分子吸收的辐射能很大，并不能把电子恰恰激发到一定的高能轨道，而往往使电子从分子上完全脱离出来，因此，在这类高能辐射作用下，一个稳定分子逸出电子后，形成一个阳离子-自由基。

阳离子-自由基不稳定，将离解成一个阳离子和一个自由基。上述两反应可同时发生。如电子能量不足，可能吸回，与阳离子作用，形成自由基。总的结果是形成两个自由基。如果放射出来的电子具有较高的能量，则被中性分子所捕捉，形成阴离子-自由基，或者离解成一个阴离子和一个自由基。因此经离子辐射作用，可能形成自由基、阳离子或阴离子。

如辐射能不足以使轨道电子电离，而是使电子能位提高到激发状态，则激发态分子可能分解成自由基

$$AB^* \longrightarrow A^\cdot + B^\cdot$$

激发态分子也可能放出光或热而失去活性。

乙烯基单体辐射聚合一般属于自由基引发机理，但有些乙烯基和二烯类单体在低温下溶液聚合时，或固相聚合时，可能属于离子型聚合。

辐射对单体效应的大小主要取决于辐射剂量和剂量率（辐射强度）。辐射剂量是射线传给物质的能量，一般将每克物质吸收 100erg 的能量作为辐射吸收剂量的单位，以 rad 表示。剂量率则是单位时间（秒或分）内的剂量。

$$1rad = 100erg/ g = 6.25 \times 10^{13} eV/g$$

辐射引发聚合的特点是聚合可在较低温度下进行，湿度对聚合速率影响较小；聚合物中无引发剂残基，吸收无选择性，穿透力强，可以进行固相聚合。

4.4.2 接枝聚合

用 $^{60}Co\gamma$ 射线和电子束辐射淀粉产生自由基，这种辐射技术用于引发接枝共聚反应。G. F. Fanta 等人考察了 $^{60}Co\ \gamma$ 射线引发淀粉与 $C_4 \sim C_{12}$ 系列烷基丙烯酸及丙烯酸酯类、苯乙烯、醋酸乙烯酯的接枝共聚反应，Kiatkarn Jornwong 等考察了 $^{60}Co\ \gamma$ 射线对木薯淀粉与丙烯腈接枝共聚反应各参数的影响，Restaino 报道了异步辐射专利，即辐射后的淀粉与氧反应生成过氧化物连在淀粉上，然后由活化淀粉同还原剂和单体一起接枝共聚。

杨通在等研究了淀粉和丙烯酸辐射接枝共聚反应，考察了辐射剂量率、单体浓度、单体配比、单体中和度和淀粉种类对树脂吸水率的影响。结果表明：随着辐射剂量率的上升，树脂吸水率增大；单体浓度增加，吸水率下降；中和度增加，吸水率增大；淀粉种类不同，吸水率有所不同。

聚丙烯材料具有很好的强度等特性，它的叔碳原子在 $^{60}Co\ \gamma$ 射线辐射下容易丢失氢原子，生成自由基，然后引发烯类单体接枝聚合。

4.4.3 单体共聚

将不同亲水基团的不饱和单体进行共聚，使聚合物分子链同时带有离子基团和非离子基团、两性基团等，通过不同亲水性基团的相互协同作用，可以提高所得共聚高吸水性树脂的吸水性能及抗电解质性能。

以聚乙二醇（PEG）为原材料，通过酯化反应制备了双端活化的大单体聚乙二醇双马来酸单酯（PEGMA）。然后利用它与另一单体丙烯酸（AA）进行辐射引发共聚得到了聚（AA-b-PEGMA）嵌段共聚高吸水性树脂，该高吸水性树脂具有优良的吸水性能，其吸水率高达 3.786×10^3，吸盐水（0.15mol/L，NaCl）可达 0.176×10^3，FTIR 和 SEM 表征了产物的结构。

采用辐射法合成了 DMMC/AM/AA 新型三元共聚高吸水性树脂，其中 2-甲基丙烯酰氧乙基三甲基氯化铵（DMMC）作为阳离子单体，丙烯酸（AA）作为阴离子单体，丙烯酰胺（AM）作为非离子型单体被使用。得到的树脂具有优异的吸水能力，最大吸水率达3200g/g。研究了辐照总剂量与剂量率、AA 中和度、单体浓度、单体组成与比例对树脂吸水性能的影响。DMMC/AM/AA 新型三元共聚两性高吸水性树脂辐射合成的适宜条件为：总剂量 3kGy，AA 中和度 80%，总单体浓度 2.5～3.0mol/L，n（AM）: n（DMMC）: n（AA）= 0.8: 1: 3.8。

46

第二部分

特殊性能精细高分子材料

第5章 高强高模高分子材料

5.1 概述

材料的开发和应用水平是人类科学发展水平的主要标志。高强高模高分子材料主要是指各种高性能纤维材料，目前还没有共同的定义，一般是指强度大于 17.6cN/dtex，模量大于 440cN/dtex 的纤维，在日本这类纤维也称为超纤维（super fibers）。当初研究的背景是基于军事装备和宇宙开发等尖端科学的需要，致力于高强度、高弹性模量（简称高模量）和耐高温等高性能以及轻量化的研究为目标。到了 20 世纪 80 年代，随着高科技产业的兴起，大型航空器材、海洋开发、超高层建筑、医疗及环境保护、体育和休闲业的发展，这些新的产业领域需要各种高强高模材料，可以说，高科技产业的发展，促进了高强高模材料的发展。这些高强高模材料作为特种材料或复合材料的增强材料，提高了材料的各项性能，丰富了材料的品种与用途，是科学技术发展的重要成果。

高强高模纤维材料根据分子链组成的不同，可以大致分成芳香族高强高模纤维、柔性链高强高模纤维、碳纤维和高性能无机纤维四大类，本文只介绍前两类。各种高强高模纤维及特种性能纤维的性能见表 5-1。

表 5-1 各种高性能纤维的性能

纤维种类	商品名	强度/GPa	伸长/%	模量/GPa	密度/(g/cm³)	熔点/℃
对位芳香族聚酰胺	Kevlar	2.8	2.4	132	1.44	560(d)
间位芳香族聚酰胺	Metamax	0.5～0.8	35～50	6.7～9.8	1.38	430(d)
芳香族聚酯	Ekonol	4.1	3.1	134	1.40	380
	Vectran	2.8	3.7	69	1.40	270
芳杂环类纤维	PBZT	4.2	1.4	250	1.58	600(d)
	PBO	5.5	2.5	280	1.59	650(d)
	PBI	0.38	25～30	5.7	1.43	450(d)
高强聚乙烯	Dyneema	3.4	2.0	160	0.98	140
	Spectra	3.5	2.5	156	0.97	140
高强聚乙烯醇	Kuraon #7901	2.1	4.9	46	1.32	245(d)
高强聚丙烯腈		2.4	7.8	28	1.18	230(d)
碳纤维	Pyrofil	1.9～3.5	0.4～1.2	300～500	1.80	
	Torayca	3～7	1.5～2.4	200～300	1.80	
氧化铝纤维		1.5～2.9	1.5	250	4.0	
玻璃纤维	Gevetex	2～3.5	2.0～3.5	70～90	2.5	825
钢纤维		2.8		200	7.8	1600
钛合金纤维		1.2		106	4.5	
铝合金纤维		0.6		71	2.7	

注：1.（d）为分解温度。
2. Metamax 是杜邦帝人先进纤维公司生产的聚间苯二甲酰间苯二胺产品的商品名，曾用名有杜邦公司的 Nomex 和帝人公司的 Teijin Conex。

表 5-1 所示的纤维大部分在市场上可以购买，它们种类繁多，性能差别很大，价格上差异也很大。市场上高性能纤维的价格比普通纤维的价格高得多，在应用时要从附加值高的产品着手，按照不同的需求，可以单独采用某种高性能纤维，也可以和其他纤维混合使用，以最大限度发挥高性能纤维的特点。

由于高强高模材料是指高性能纤维，在此介绍几个专用于纤维的概念。

(1) 线密度　线密度表征纤维的粗细程度，过去称为纤度。线密度的法定计量单位为特（tex）或分特（dtex）。

1000m 长纤维的质量（g）称为"特"；1000m 长纤维的质量（分克）称为"分特"；例如 1000m 长纤维的质量为 1g，则该纤维的线密度为 1tex 或 10dtex。

表示细度的单位还有"公支"（Nm）和"旦"（den），但它们都不是法定的计量单位。

9000m 长纤维的质量克数称为"旦"（den）；单位质量（以克计）纤维所具有的长度（以米计）称为"公支"（Nm）或支数。

显然，特和旦为定长制，其数值越大，表示纤维越粗；公支则为定重制，数值越大，则纤维越细。

(2) 断裂强度与相对断裂强度　是指测定纤维在标准状态下受恒速增加的负荷作用直至断裂时的负荷值。如果负荷是以纤维单位面积所受力的大小表示，断裂强度的单位为帕（Pa）或千帕（kPa）。如果负荷是以纤维的单位线密度所受的力的大小表示，则测定的断裂强度称为"相对断裂强度"，法定计量单位为牛顿/特（N/tex），过去常用的（非法定计量单位）单位为 g/den。几种单位数值的换算关系如下：

$$1g/den = 0.0882N/tex = 8.82cN/tex = 0.882cN/dtex$$

作为对比，在此列出常规聚合物纤维的性能，见表 5-2。

表 5-2　各种常规聚合物纤维的性能

纤维种类	商品名	强度/(cN/dtex)	伸长/%	模量/GPa	模量/(cN/dtex)	密度/(g/cm³)	熔点/℃
聚对苯二甲酸乙二酯	涤纶	4～7	20～50	14～17		1.38～1.40	255～265
聚己二酰己二胺	尼龙 66	4.9～5.7	26～40	2.30～3.11		1.14	245
聚己内酰胺	尼龙 6	4.4～5.7	28～42	1.96～4.41		1.14	215～220
聚丙烯	丙纶	3.1～4.5	15～20		61.6～79.2	0.90～0.92	164～176
聚丙烯腈纤维	腈纶	2.8～5.3	12～20		35～75	1.16～1.18	190～240
聚乙烯醇缩醛	维纶	2.6～3.5	17～22		53～79	1.28～1.30	215～220
聚氨酯弹性纤维	Lyera(杜邦)	0.33	580			1.15	
	Spandelle(Firestone 公司)	0.40	640			1.26	
	Vyrene(美国橡胶公司)	0.61	660			1.32	
	Glospan(美国环球公司)	0.49	620			1.27	
黏胶纤维		1.5～2.1	10～24		58～76	1.50～1.52	

注：1. 以上纤维均指普通长丝。

2. 聚丙烯纤维的模量优于聚酰胺纤维而劣于聚酯纤维。

3. 聚丙烯腈纤维和聚乙烯醇缩醛纤维的熔点不明显，表中为软化点。

5.2　芳香族高强高模纤维

芳香族高强高模纤维主要包括芳香族聚酰胺纤维、芳香族聚酯纤维和芳香族杂环类纤维。芳香族聚酰胺纤维以美国杜邦（Du Pont）公司生产的 Kevlar（凯芙拉）纤维最早引起人们的重视。Kevlar 纤维是美国杜邦公司 1968 年开始研制，当时的商品注册名为 Aramid，1972 年开始生产，曾经有 PRD-49 和纤维 B 等名称，1973 年 7 月正式定名为 Kevlar 纤维。随后 PRD 改名为 Kevlar49，纤维 B 改名为 Kevlar29。Kevlar49 的特点是强韧性好、弹性模量高、密度低，主要用于增强树脂基复合材料。Kevlar29 主要用于增强橡胶和制造高强度绳索。我国开始 Kevlar 的研究工作始于 20 世纪 70 年代初，并于 1981 年和 1985 年分别研制出芳纶 14 和芳纶 1414。

目前 Kevlar 纤维的品种已达 20 多种，它作为一种高强度、高模量、耐高温、耐腐蚀的新型有机材料广泛应用在航空、航天、国防、造船业等领域，例如：飞机内部装饰材料、雷达天线罩、工艺用高压防腐蚀容器、船体等。Kevlar 纤维的问世，代表着合成纤维向高强度、高模量和耐高温的高性能化方向达到了一个新的里程碑。

5.2.1　芳香族聚酰胺纤维

芳香族聚酰胺（aramid）是指酰氨键直接与两个芳环连接而成的线形聚合物，用这种聚合物制成的纤维即芳香族聚酰胺纤维。聚对苯二甲酰对苯二胺 ［poly（p-phenylene tetephthalamide，PPTA）］ 纤维和聚对苯酰胺纤维是芳香族聚酰胺纤维中最具代表性的高强度、高模量和耐高温纤维。

5.2.1.1　制造方法

（1）原料　Kevlar49 纤维所用原料是对苯二甲酰氯和对苯二胺缩聚而成的聚对苯二甲酰对苯二胺。化学反应式为：

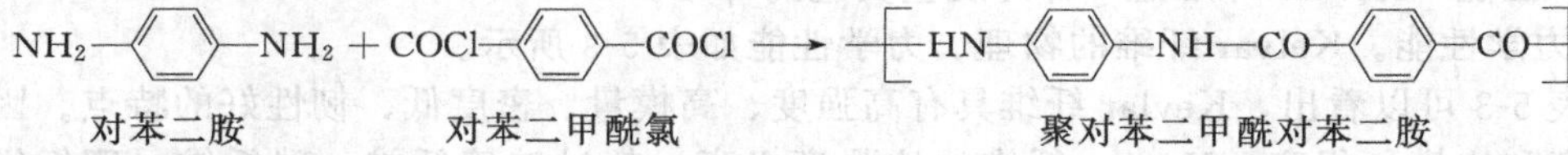

$$NH_2 \!-\!\!\bigcirc\!\!-\! NH_2 + COCl\!-\!\!\bigcirc\!\!-\! COCl \longrightarrow \left[HN\!-\!\!\bigcirc\!\!-\! NH\!-\! CO\!-\!\!\bigcirc\!\!-\! CO \right]_n$$

对苯二胺　　　　　　对苯二甲酰氯　　　　　　　　聚对苯二甲酰对苯二胺

（2）制造步骤

① 使对苯二胺与对苯二甲酰氯在低温下进行溶液缩聚反应生成对苯二甲酰对苯二胺的聚合体（PPTA）。方法是将对苯二胺溶于溶剂中，边搅拌边加入等摩尔比的对苯二甲酰氯，反应温度为 20℃。

② 将 PPTA 溶解在浓硫酸中，在温度（51～100℃）下从喷丝头挤成纤维，穿过一小段空气层，落入冷水，洗涤后绕在筒管上干燥。

③ 在氮气保护下经 550℃ 热处理得到 Kevlar49 纤维。

Kevlar 纤维的化学结构为：

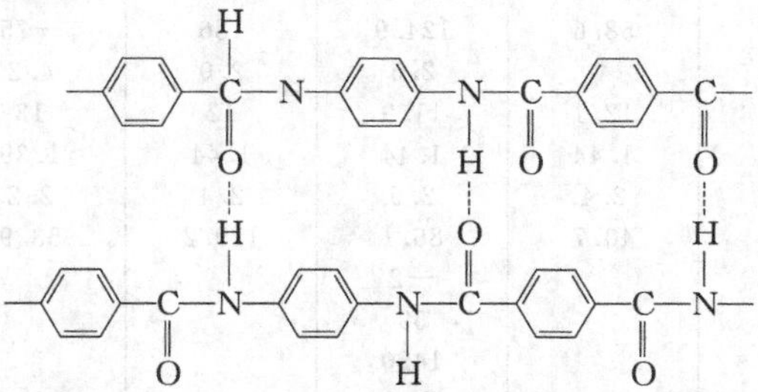

由于分子内含有酰氨基团，因此分子间可以形成氢键，易结晶，其熔点高于其分解温度。所以常常采用低温溶液缩聚。所用的溶剂有六甲基磷酰胺（hexamethyl phosphoramide，HMPA），二甲基乙酰胺（dimethyl acetamide，DMAC），N-甲基吡咯烷酮（N-methylpyrrolidone，NMP）或 HMPA/NMP 混合溶剂。除溶液聚合外，也可采用气相聚合及不使用酰氯的直接聚合法。

PPTA 的纺丝成形一般采用液晶纺丝法。以浓硫酸为溶剂，形成溶致型液晶（lyotropic liquid crystal）体系，在一定条件下可从各向同性转变为各向异性的液晶态溶液，聚合物在溶液中呈一定取向状态，在外界剪切力的作用下，聚合物分子容易沿剪切力的方向取向，有利于纺丝成形。

纺丝时要确立合适的纺丝浓度和温度范围。当 PPTA 浓度超过一定值后,溶液体系才能形成均一的各向异性的液晶态溶液,此时体系中 PPTA 的浓度高但黏度低。PPTA 对液晶纺丝的分子量也有一定要求,一般纺丝用 PPTA 的特性黏度 $[\eta]$ 大于 4,分子量在 27000 以上。PPTA 在浓硫酸溶液中,特性黏度 $[\eta]$ 与分子质量 $\overline{M}_v$ 有如下关系:

$$[\eta]=7.9\times10^{-5}\overline{M}_v^{1.06}$$

温度对 PPTA 溶液也有很大影响。当温度达到 80℃ 左右,PPTA 溶液转变成向列型液晶,分子在流动中易相互穿越,呈取向状态,紧密排列,且黏度比各向同性溶液低。若进一步提高温度达 140℃ 左右,各向异性态又变为各向同性态。因此纺丝温度一般在 80~100℃。

PPTA 的纺丝工艺最早采用传统的湿法纺丝。此法效率低,纤维力学性能差。自 1970 年出现 PPTA 干喷-湿纺工艺以来,至今仍被广泛采用。此法纺丝时溶液的黏度和温度比湿法纺丝时高,并以较高的纺丝速度(2000m/min)使液晶大分子在剪切力的作用下高度取向,得到性能更好的纤维。此外,喷丝头拉伸比即卷绕速度与挤出速度之比也是纺丝工艺中一个重要参数,其值至少要大于 3。

5.2.1.2 结构与性能

(1)结构　PPTA 分子间缠结少,刚性很强,经适当热处理后可制成具有较高取向度和结晶度的 Kelvar 纤维。

(2)性能　Kelvar 纤维是一种外观呈黄色的纤维。

① 力学性能。Kelvar 纤维的物理、力学性能如表 5-3 所示。

由表 5-3 可以看出,Kevlar 纤维具有高强度、高模量、密度低、韧性好的特点。因此它的比强度和比模量很高。Kevlar 纤维的比强度极高,超过玻璃纤维、碳纤维、硼纤维、钢和铝;比模量也超过玻璃纤维、钢和铝。另外,Kevlar 纤维韧性好,常用于和其他纤维(如碳纤维、硼纤维等)混杂来提高复合材料的耐冲击性。

② 耐化学性能。Kevlar 纤维除少数几种强酸和强碱外,对其他介质(如普通有机溶剂、盐类溶液等)有很好的耐化学药品性,如表 5-4 所示。Kevlar 纤维对紫外线敏感,因此不宜

表 5-3　Kelvar 纤维的物理力学性能

性　　　能	Kelvar29	Kelvar49	Kelvar149	HM-50	Twaron HM	芳纶 1414
拉伸强度/GPa	3.45	3.62	3.4	3.1	3.2	2.8
拉伸弹性模量/ GPa	58.6	124.9	186	—75	115	64~102
延伸率/%	4	2.5	2.0	4.2		1.5
纤维直径/μm	12.1	11.9	12	12		16.7
密度/(g/cm³)	1.44	1.44	1.44	1.39	1.45	1.45
比强度/GPa	2.4	2.5	2.4	2.2	2.2	1.9
比模量/GPa	40.7	86.1	129.2	53.9	79.3	44~70
热膨胀系数/(10⁻⁶/K)(轴向)		—2				
热膨胀系数/(10⁻⁶/K)(横向)		59				
比热容/[J/(kg·K)]		1420				
折光指数(轴向)		2.0				
折光指数(横向)		1.6				
介质损耗角正切(×10¹⁰ Hz)		0.005				
介电常数		3.21				
体积电阻/μΩ·m		10				
热导率(298K,轴向)/[W/(m·K)]		1.57				
热导率(298K,横向)/[W/(m·K)]		0.49				
摩擦系数		0.46				
回潮率(55% RH,295K)	5	3.5~4.0				
分解温度/K	773	773				
空气中长期使温度/K	443	433				

52

直接暴露在日光下使用。

③ 热稳定性。Kevlar 纤维不仅是自熄性材料，而且具有良好的耐热性。它在高温下不熔，短时间内暴露在 300℃以上，强度几乎不会发生变化。随着温度的升高，纤维逐渐发生热分解或碳化反应；碳化反应尤其在 500℃以上较为明显。表 5-5 为 Kevlar 细纱和粗纱的热性能。Kevlar 纤维纵向热膨胀系数为负值，这一点在制备 Kevlar 纤维复合材料时应加以考虑。

表 5-4 Kevlar 纤维在各种化学药品中的稳定性

化学试剂	浓度/%	温度/℃	试验时间/h	强度损失/%	
				Kevlar29	Kevlar49
醋酸	99.7	21	24		0
盐酸	37	21	100	72	63
盐酸	37	21	1000	88	81
氢氟酸	10	21	100	10	6
硝酸	10	21	100	79	77
硫酸	10	21	100	9	12
硫酸	10	21	1000	59	31
氢氧化铵	28	21	1000	74	53
氢氧化铵	28	21	1000	9	7
丙酮	100	21	1000	3	1
乙醇	100	21	1000	1	0
三氯乙烯	100	21	24		1.5
甲乙酮	100	21	24		0
变压油	100	60	500	4.6	0
煤油	100	60	500	9.9	0
自来水	100	100	100	0	2
海水	100		一年	1.5	1.5
过热水	100	138	40	9.3	0
饱和蒸汽	100	150	48	28	
氟里昂22	100	60	500	0	3.6

表 5-5 Kevlar 细纱和粗纱的热性能

性　　能		数　　值
在空气中高温下长期使用的温度/℃		160
分解温度/℃		500
拉伸强度/MPa	在室温下 16 个月	无强度损失
	在 50℃空气中 2 个月	无强度损失
	在 100℃空气中	3170
	在 200℃空气中	2720
拉伸弹性模量/GPa	在室温下 16 个月	无模量损失
	在 50℃空气中 2 个月	无模量损失
	在 100℃空气中	113.6
	在 200℃空气中	110.3
收缩率/%		4×10^{-4}
热膨胀系数/(10^{-6}/℃)	纵向 0—1000℃	-2
	横向 0—1000℃	50
室温比热容/[J/(g·℃)]		1.42
室温下热导率/[W/(m·K)]	垂直于纤维方向	4.110×10^{-2}
	平行于纤维方向	4.816×10^{-2}
燃烧热/(kJ/g)		34.8

5.2.1.3 用途

Kevlar 纤维是近年来发展最快的一类高性能纤维，主要用于产品要求轻量化、高性能化的场合。具体用途见表 5-6。

表 5-6 Kevlar 纤维的用途

用途分类	具体说明
产业用纺织品	缆绳、编织线绳、编织带、织物（过滤布、篷布等）、非织造布（耐热毡）、土工布（增强材料）
防护衣服	防弹衣、切割料（安全手套、安全围裙等）、防腐蚀衣
增强材料	帘子线或帘子布、动力带、胶管（高压软管、耐热软管等）、复合材料（航空机部件、压力容器、体育用品、塑料增强等）
石棉替代	摩擦材料、密封材料、工业用纸（耐热绝缘纸、工业特种纸）
水泥补强	建筑材料（幕墙、地基屋顶材料）、补强材料（钢筋替代材料、筒管基材等）

5.2.2 芳香族聚酯纤维

由芳香族聚酰胺溶致性液晶制备的纤维虽具有高的力学性能及耐高温并具有热稳定性的特点，但制造工艺较为复杂。于是人们又开辟了热致性液晶（thermotropic liquid crystal）制造纤维的新工艺。

芳香族聚酯液晶熔体经过喷丝孔道作剪切流动时刚性大分子沿流动方向高度取向，而离开喷丝板后几乎不发生解取向，无需后拉伸就能形成具有高度取向结构的初生纤维。

5.2.2.1 制造方法

几种典型的芳香族聚酯纤维的制造工艺如下。

（1）Ekonol（商品名） 是美国金刚砂（Carborundum）公司于 1970 年研究成功的一种共聚型芳香族聚酯。由对乙酰氧基苯甲酸（p-acetoxybenzoic acid，ABA）、对,对-二乙酰氧基联苯（p,p-diacetoxybiphenyl，ABP）、对苯二甲酸（terephthalic acid，TA）及间苯二甲酸（isophthalic acid，IA）缩聚而成，其组成比为 ABA/ABP/TA/IA＝10/5/4/1，少量的间苯二甲酸能改进共聚酯的加工性能，其反应式如下所示：

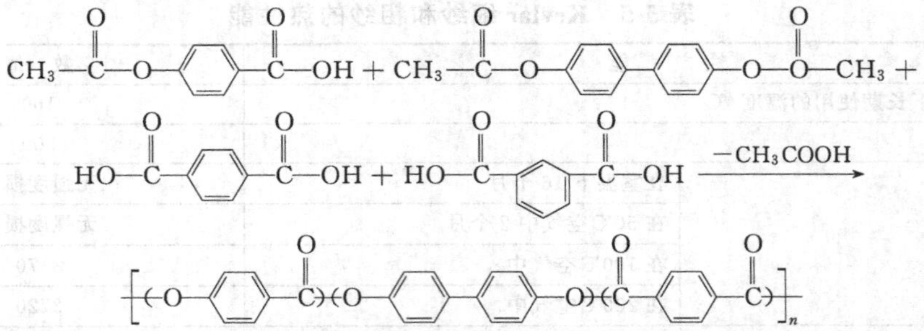

（2）X-TG（商品名） 由美国伊斯特曼（Eastman）公司用对乙酰氧基苯甲酸（ABA）与聚对苯二甲酸乙二酯（polyethylene terephthalate，PET）反应所得的共聚芳香族聚酯，其组成有两种，分别为 PET/ABA＝40/60 和 PET/ABA＝20/80，反应式如下：

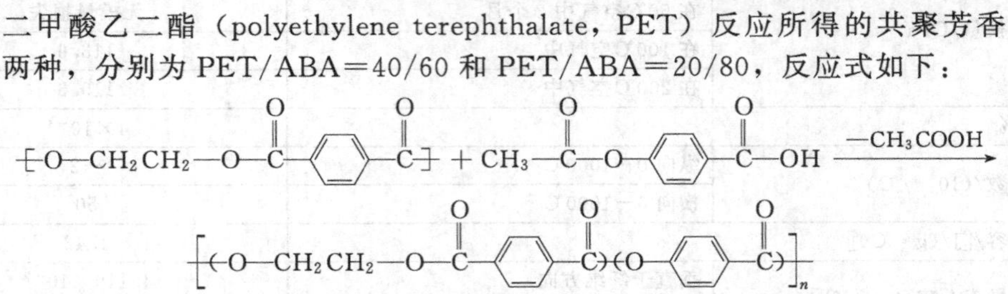

（3）Vectran 是由美国赛拉尼斯（Celanese）公司研制成功的一种共聚芳香族聚酯。它是由对乙酰氧基苯甲酸（ABA）和 6-乙酰氧基-2-萘甲酸（6-acetoxy-2-naphthoic acid，

54

ANA）反应而成：

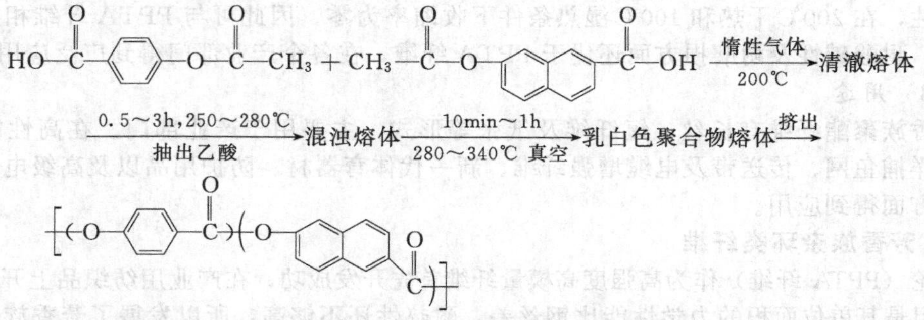

$$\text{HO}\overset{O}{\underset{}{C}}-\boxed{}-O\overset{O}{\underset{}{C}}-CH_3 + CH_3\overset{O}{\underset{}{C}}-O-\boxed{}-\overset{O}{\underset{}{C}}OH \xrightarrow[200℃]{惰性气体} \text{清澈熔体}$$

$$\xrightarrow[抽出乙酸]{0.5\sim3h,250\sim280℃} 混浊熔体 \xrightarrow[280\sim340℃\ 真空]{10min\sim1h} 乳白色聚合物熔体 \xrightarrow{挤出}$$

$$\boxed{}\left[O-\boxed{}-\overset{O}{\underset{}{C}}\right]\left[O-\boxed{}-\overset{O}{\underset{}{C}}\right]\boxed{}$$

（4）PHQT 美国杜邦公司采用苯基对二乙酰氧基苯（PHQD）与对苯二甲酸（TA）共聚反应，生成带有侧基的共聚酯（PHQT），其结构如下式表示：

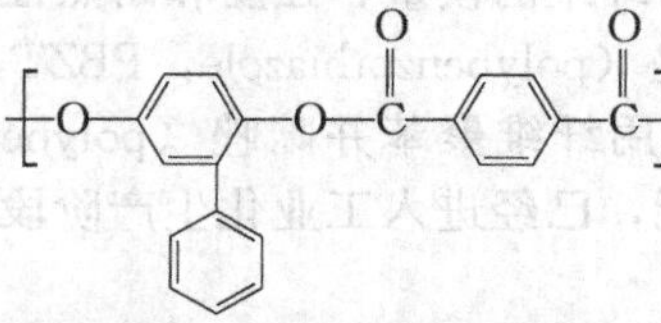

由于主链上引入苯基这样体积较大的侧基，因此熔点下降较大，能得到性能很好的纤维。制备步骤：将聚合物液晶熔体直接倒入料斗中，在螺杆挤压机的作用下由纺丝甬道出丝，然后由导丝器导入卷丝筒。

一般情况下使用聚合度不太高的成纤芳香族聚酯，然后对纤维在接近其流动温度进行热处理来提高其分子量，使纤维的力学性能增强。如果材料高分子量的聚酯，熔体黏度太高，熔融纺丝成型比较困难。

5.2.2.2 结构与性能

（1）结构 芳香族聚酯液晶中大分子呈向列型有序状态，即分子间相互平行排列并沿分子链长轴方向显示有序性，纤维内部由近似棒状的晶粒组成层状结构，不同芳香族聚酯的结晶构造不同。由于芳香族聚酯大多是共聚酯，其结晶构造分析比较困难，少数几个已有文献报道，列于表 5-7。

表 5-7 芳香族聚酯的晶胞参数

晶胞参数	Vectran	3,4-PCOPGT	PHBA	晶胞参数	Vectran	3,4-PCOPGT	PHBA
晶型	斜方	斜方	单斜	$\beta/(°)$	90	90	90
a/nm	0.792	1.251	0.742	$\gamma/(°)$	90	90	92.8
b/nm	0.552	0.755	0.563	z	2	4	2
c/nm	1.354	6.583	1.255	$\rho/(g/cm^3)$	1.47	1.47	1.52
$\alpha/(°)$	90	90	90				

（2）性能 芳香族聚酯纤维的物理机械性能与芳香族聚酰胺纤维非常接近，各种芳香族聚酯纤维的性能比较见表 5-8。

表 5-8 芳香族聚酯纤维的性能比较

性 能	Ekonol	Vectran	PHQT	3,4-PCOPGT
强度/GPa	4.1	2.9	2.9	3.9
模量/GPa	134	69	82	51
伸长/%	3.1	3.7	4.3	7.0
密度/(g/cm³)	1.40	1.41	1.23	
熔点/℃	380	270	342	282
吸水率/%	0	0.05	0	

其中 Vectran 纤维具有高强度、高模量、耐蠕变尺寸稳定性好，有极低的吸湿率和耐化学腐蚀性，在 200℃ 干热和 100℃ 湿热条件下收缩率为零，因此可与 PPTA 纤维相媲美，在耐水性、耐酸碱性及耐磨损方面还优于 PPTA 纤维，在各个产业部门得到广泛应用。

5.2.2.3 用途

芳香族聚酯纤维有长丝、短纤维及纸张等形式，主要用于产业部门。在高性能船用缆绳、远洋捕鱼网、传送带及电缆增强纤维、新一代体育器材、防护用品以及高级电子仪器结构件等方面得到应用。

5.2.3 芳香族杂环类纤维

芳纶（PPTA 纤维）作为高强度高模量纤维首先开发成功，在产业用纺织品上开发了多种用途，但是其单位面积的力学性能比钢丝差，耐热性还不够高，所以发展了芳香族杂环类纤维。芳香族杂环类纤维在分子结构中引入杂环基团，限制分子构象的伸张自由度，增加主链上的共价键结合能，从而大幅度提高纤维的模量、强度和耐热性。已开发成功的芳香族杂环类纤维主要有高强高模纤维聚苯并噻唑（polybenzothiazole，PBZT 或 PBT）、聚苯并双噁唑（polybenzoxadiazole，PBO）和耐高温服用纤维聚苯并咪唑（polybenzimidazole，PBI），其中 PBO 纤维同时具备高强高模和耐高温性能，已经进入工业化生产阶段，具有很大的发展潜力。

5.2.3.1 制备方法

聚对亚苯基苯并双噁唑（PBO）的合成采用溶液缩聚，主要有两条合成路线。

一条合成路线是 2,6-二氨基间苯二酚盐酸盐和对苯二甲酸在多聚磷酸（PPA）溶剂中进行溶液缩聚反应，P_2O_5 作为脱水剂，其反应式如下：

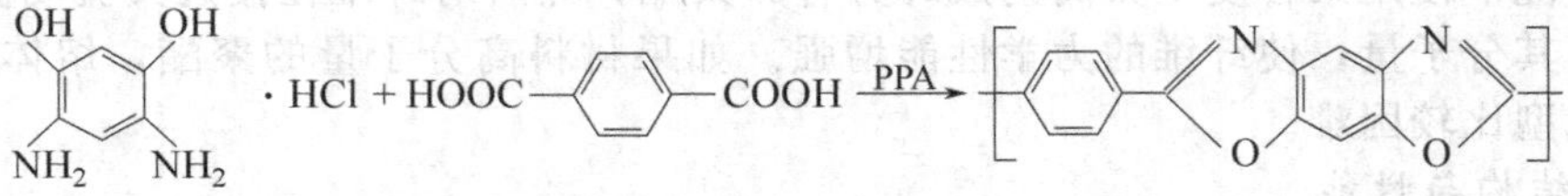

另一条路线是 2,6-二氨基间苯二酚盐酸盐和对苯二甲酰氯在甲磺酸（MSA）溶剂（质量分数为 40%～50%）中加热反应制得，反应时间短，收率高，P_2O_5 作为脱水剂，反应式如下：

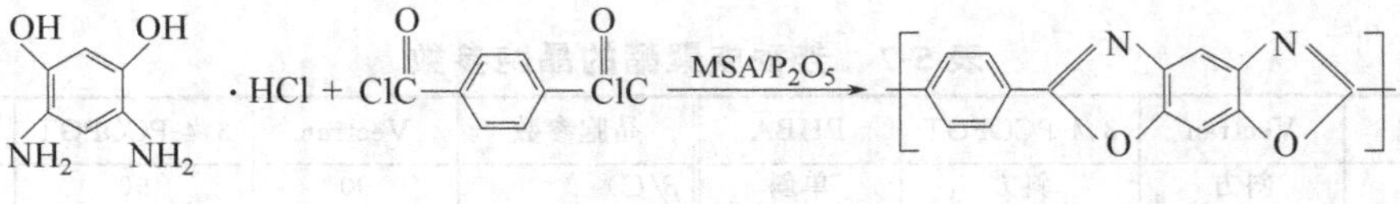

上述缩聚溶液可直接作为纺丝原液，溶质的质量分数调整到 15% 以上，用干湿法液晶纺丝装置，空气层为 20cm，稍有喷头拉伸，就能得到强度 3.7N/tex，模量 114.4N/tex 的初生纤维，再把初生丝在张力下 600℃ 左右热处理，纤维弹性模量上升为 176N/tex，而强度不下降，经过热处理的 PBO 纤维表面呈金黄色的金属光泽。

5.2.3.2 结构与性能

（1）结构　分子链高度结晶，高度取向，初生丝结晶大小约 10nm，纤维经过热处理后，晶粒尺寸增长到 20nm，其结晶结构呈相互重叠的扁平板状，晶胞参数见表 5-9。

（2）性能　PBO 纤维的强度、模量、耐热性和难燃性都比有机高性能纤维好得多，强度和模量超过了碳纤维及钢纤维。日本东洋纺公司中试生产的 PBO 纤维性能见表 5-10，强度和模量比较见图 5-1。

PBO 纤维的耐热性和极限氧指数 LOI 与其他的有机纤维比较如图 5-2 所示，可以看出 PBO 纤维比耐热性非常好的 PBI 纤维要高出许多，它在火焰中不燃烧不收缩但仍然非常柔软，因此是十分优异的耐热纺织面料。

<table>
<tr><th colspan="3">表 5-9　晶胞参数</th></tr>
</table>

晶胞参数	PBO	PBZT
晶系结构	单斜	单斜
a/nm	1.120	0.597
b/nm	0.354	0.362
c/nm	1.205	1.245
α/(°)	90	90
β/(°)	90	90
γ/(°)	101.3	95.2
单位晶胞中分子数	1	1
结晶密度/(g/cm³)	1.66	1.65

注：PBZT 为聚对亚苯基苯并双噻唑，结构与 PBO 相近，即 PBO 中主链杂环上的氧元素由硫元素代替后则为PBZT。

<table>
<tr><th colspan="3">表 5-10　PBO 纤维的性能</th></tr>
</table>

性　能	PBO-AS	PBO-HM
单丝线密度/tex	0.17	0.17
密度/(g/cm³)	1.54	1.56
强度/(N/tex)(GPa)	3.7(5.8)	3.7(5.8)
模量/(N/tex)(GPa)	114.4(180)	176.0(280)
伸长/%	3.5	2.5
吸湿/%	2.0	0.6
热分解温度/℃	650	650
LOI/%	68	68
介电常数(100kHz)		3
介电损耗		0.001

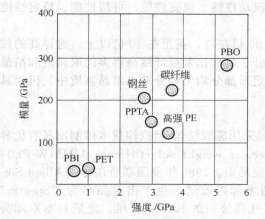

图 5-1　强度、模量的比较

PBI 为聚苯并咪唑纤维，是耐高温非高强高模纤维

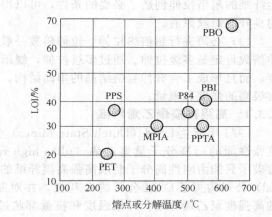

图 5-2　耐热性和 LOI 比较

5.2.3.3　用途

PBO 纤维的主要特点是耐热性好，强度和模量高，在耐热产业用纺织品和纤维增强材料两个领域应用。具体用途见表 5-11。

<table>
<tr><th colspan="2">表 5-11　PBO 纤维的用途</th></tr>
</table>

PBO 材料分类	用　途
长纤维	橡胶制品补强纤维、纤维增强复合材料、光缆补强纤维、绳索补强、高温耐热过滤织物、防弹材料
短纤维	消防服、耐热劳动服、耐切割安全服、手套、运动服、铝材及玻璃业的耐热毡垫、高温耐热过滤毡
超短纤维，浆粕	摩擦材料、工程塑料增强材料

5.3　柔性链高强高模纤维

首先实现高强高模化的柔性链高分子是超高分子量聚乙烯，它采用凝胶纺丝的方法实现了工业化生产，得到了目前国际上最新的超轻、高比强度、高比模量、成本低的高性能有机纤维。凝胶纺丝工艺用于其他柔性链线形成纤高聚物，实现了多种柔性链的高强化，其中真正有工业化前景的是聚乙烯醇和聚丙烯腈两种纤维。

凝胶纺丝具有如下特点。

（1）以超高分子量聚合体为原料　凝胶纺丝的聚合体分子量比纺制常规纤维用的聚合体高好多倍。分子量增大后会产生两个方面的作用：①可大大减少分子链末端所造成的结构缺陷，有利于提高纤维的强度和模量；②分子量越大，凝胶纺丝所能承受的最大拉伸倍数越大，所得纤维强度就越高。

（2）采用半稀溶液作为纺丝原液　半稀溶液的概念是指溶液中聚合物的黏度介于稀溶液和浓溶液之间。若以超高分子量聚合体为原料，使它处于熔融或浓溶液状态，则几乎每个分子都具有为数众多的缠结点，熔体或浓溶液黏度非常大，造成的后果一是纺丝成形加工十分困难，二是拉伸倍数不可能大，纤维的结构只能是折叠链结构，纤维强度不可能高。如果使超高分子量聚合体处于稀溶液状态，大分子之间的缠结几乎没有，纺丝之后的初生纤维也不可能经受高倍拉伸，因为大分子之间的作用力太小，很容易产生滑移，因此也不可能得到高强纤维。只有使超高分子量聚合体处于半稀溶液状态，大分子链的大部分缠结被拆散，为初生纤维的超倍拉伸创造了必要的条件，可以得到流动性能、流变性能、可纺性能、稳定性能均良好的纺丝原液。

（3）必须进行超倍热拉伸　拉伸倍数一般在30倍左右，甚至在40倍以上。这样高的拉伸倍数肯定是多级拉伸。通过多级拉伸，线形高分子具有比常规纤维高得多的取向度和结晶度，而且形成了含有伸直链结晶的串晶结构，无定形部分均匀地分散在结晶基质中，因而具有极高的强度和模量。

5.3.1　高强高模聚乙烯纤维

1975年荷兰DSM（Dutch State Mines）公司采用冻胶纺丝-超拉伸技术试制出具有优异抗张性能的超高分子量聚乙烯（ultra-high molecular weight polyethylene，UHMW-PE）。打破了只能由刚性高分子制取高强高模纤维的传统局面。1985年美国联合信号（Allied Signal）公司购买了DSM公司的专利权，并对制造术加以改进，生产出商品名为"Spectra"的高强度聚乙烯纤维，纤维强度和模量都超过了杜邦公司的Kevlar纤维。之后日本东洋公司与DSM公司合作成立了Dyneema VOF公司，批量生产商品名为"Dyneema"的高强度聚乙烯纤维。我国的UHMW-PE也有了批量生产。

5.3.1.1　制备方法

用于制造高强聚乙烯纤维较为成熟的方法有：纤维状结晶生长法；单晶片-超拉伸法；冻胶挤压-超拉伸法；冻胶纺丝-超拉伸法。

其中冻胶纺丝-超拉伸法具有工业应用价值。该法以十氢萘、石蜡油、煤油等碳氢化合物为溶剂，将UHMW-PE调制成半稀溶液，经计量由喷丝孔挤出后骤冷成为冻胶原丝，再经萃取、干燥后进行约30倍（常规纤维的拉伸倍数一般为3～4倍）以上的热拉伸（或者不经萃取而直接进行超拉伸，然后再进行萃取），制成高强度聚乙烯纤维。

制造高强度纤维的聚乙烯原料分子量一般都在1×10^6以上，即UHMW-PE。纤维强度随分子量的增加而增大，这是由于增加分子量可有效地减少纤维结构的缺陷，如减少分子末端数量，使大分子处于伸直的单相结晶状态。然而分子量越大，加工过程中大分子缠结程度也随之明显增大，宏观上表现为熔体黏度的升高，难以采用常规的熔融纺丝技术纺丝成形。为此将超过分子量聚乙烯调制成半稀溶液的过程中进行喷丝。这个过程实质上是大分子解缠结的过程，而且制成的冻胶原丝中大分子缠结状态基本与半稀溶液相似，这在超拉伸时有利于大分子链的充分伸直，提高纤维的取向和结晶程度，从而得到高强高模聚乙烯纤维。

5.3.1.2　结构与性能

聚乙烯纤维的化学结构为$\{CH_2—CH_2\}_n$。采用冻胶纺丝的目的在于使大分子处于低缠结状态，纺丝后经超拉伸可使折叠状的柔性大分子伸直，沿分子链高度取向和结晶。

超高分子量聚乙烯的密度为 0.97g/cm³，纤维的拉伸强度为 3.5GPa，弹性模量 116GPa，其比强度、比模量是有机纤维中最高的，伸长率为 3.4%。聚乙烯分子量（M）与纤维强度（σ）之间的关系可用经验关系式表示：

$$\sigma \propto M^k \quad (k=0.2\sim0.5)$$

显然，随分子量的增大，纤维强度也增大。同时，加工过程中大分子的缠结程度也随之增大，熔体黏度高，给加工造成一定困难。

UHMW-PE 的密度特别小，所以它的比强度和比模量特别大。超高分子量聚乙烯纤维摩擦系数小，耐磨性优于其他产业用纤维，容易进行各种纺织加工。此外，它还具有优良的耐化学药品性以及不吸水、电磁波透过性好等特点。UHMW-PE 的熔点为 144℃，加工性能好，耐热性能差。高强聚乙烯纤维的性能总结在表 5-12 中。

表 5-12　高强聚乙烯纤维性能汇总表

优越的性能	良好的性能	存在的缺陷	优越的性能	良好的性能	存在的缺陷
低密度	弹性率	蠕变性	耐疲劳特性		
高强度	后工程通过性	高温特性	耐腐蚀性		
耐冲击性（高速时）	耐冲击性（低速时）	压缩性	结节强度		
耐光性	低温特性		耐水/耐湿性		
耐磨耗性			电器绝缘性		

5.3.1.3　用途

高强聚乙烯的性能特点决定了它在低温和常温的领域内有着极其广阔的应用前景。

（1）绳索类　由于聚乙烯强度高、模量高、密度小、耐腐蚀性好，因此特别适合于用作海洋航行用绳索。在空中，它的绳索自重断裂长度达 336km，是芳纶的 2 倍。无论是降落伞用绳还是海洋底层矿产开发，均以高强聚乙烯纤维为首选材料。

（2）防弹材料　高强聚乙烯纤维优良的吸收冲击能量的本领、纤维的可加工性及特别小的密度都使它在作防弹或防切割衣服方面具有其他纤维无法比拟的优点。

（3）用作复合材料的增强材料　优良的力学性能赋予它成为增强材料的特性，只要设法进一步改进与各种树脂的黏结性能，其复合材料的应用领域十分广泛，如军用及民用头盔、比赛用帆船、赛艇等。

5.3.2　高强高模聚乙烯醇纤维

超高分子量聚乙烯醇凝胶纺丝的常用溶剂有乙二醇、甘油、二乙二醇、三乙二醇等。将高聚合度的聚乙烯醇在高温下溶于这些溶剂中，制成纺丝原液，然后用干法或湿法纺丝。为了提高冷却效果，有时设置冷却浴代替湿法纺丝中的凝固浴，冷却液只起冷却作用而不会改变纺丝原液组成，常用冷却液有萘烷、三氯乙烯、三氯化碳及石蜡等。

关于高强高模聚乙烯醇纤维的专利很多，其中最具代表性的产品为日本可乐丽公司采用"溶剂湿式冷却凝胶纺丝"技术生产的产品 Kuralon K-Ⅱ。

5.3.2.1　高强高模聚乙烯醇纤维（K-Ⅱ）制造方法

（1）制备原理　采用"溶剂湿式冷却凝胶纺丝"技术，从喷丝孔挤出的纺丝原液，首先急速冷却，成为冷却固化的凝胶状丝条，使得丝束内结构均匀稳定（避免了湿法纺丝时的皮芯结构），然后进行脱溶剂，得到的纤维断面是圆形的，再通过拉伸和热处理，使纤维中大分子的取向和结晶提高，得到高强高模纤维。

（2）制备特点　溶剂湿式冷却凝胶纺丝法时，要选择对聚乙烯醇溶解性能好的有机溶剂作为纺丝原液的溶剂，同时凝固浴的液体也选择有机溶剂，这种溶剂的选择技术和冷却条件就是该新型纺丝方法的重要特点。由于在有机溶剂中，不同皂化度的聚乙烯醇、酯化纤维素等多种原料聚合物可以溶解制成纺丝原液，从而为制备各种不同功能的纤维开创了一条基础的技术方法。

对于该工艺方法而言，纺丝原液的溶剂和凝固浴液的溶剂在一个完全封闭的系统中循环，没有废液产生，因此是一种纤维的"绿色"生产工艺。

（3）原料聚合物的特点　聚乙烯醇的分子结构如下所示：

$$\begin{array}{cc} \underset{\underset{\displaystyle \text{OH}}{|}}{\overline{\text{(}\text{CH}_2\text{—CH)}_m}} & \overline{\text{(}\text{CH}_2\text{—CH)}_n} \\ & \underset{\displaystyle \text{OCOCH}_3}{} \\ \text{(A)} & \text{(B)} \end{array}$$

$$\text{皂化度 DS（摩尔分数）} = \frac{m}{m+n} \times 100\%$$

聚乙烯醇（A）由聚醋酸乙烯酯（B）水解皂化而得到，皂化度 DS 由上式定义，DS 越高表示大分子侧基的羟基含量就越多，由于羟基具有很高的亲水性，所以 DS 值与聚乙烯醇在水中的溶解性有关。当 DS＝60%以上时，因为大分子之间羟基形成氢键的能力加强，使聚乙烯醇在水中溶解困难，同时熔点也升高；DS 在 99.5%以上时，聚乙烯醇纤维化时由于纤维的取向度、结晶度也很高，即使在 100℃的水中也不溶解，它们的关系如表 5-13 表示。但是高 DS 值和低 DS 值的聚乙烯醇在有机溶剂中都有很好的溶解性，因此利用 K-Ⅱ的工艺技术，可以使用的原料聚合物就更加多种多样了。

表 5-13　DS 值与聚乙烯醇性能的关系

DS 值	高	低
强度	高	低
水溶解性	低	高
熔点	高	低

5.3.2.2　用 K-Ⅱ工艺制造三种类型的聚乙烯醇纤维

可乐丽公司利用 K-Ⅱ工艺技术，制造出三种不同性能的聚乙烯醇纤维，几种类型纤维的性能见表 5-14。

表 5-14　几种聚乙烯醇纤维的性能

类　　　型		牌　号	强度/(cN/dtex)	伸长/%	水溶温度/℃	热压温度/℃
水溶性类型（热压黏结型）		WJ2	4	28	＜5	≥110
		WJ5	4	23	＜5	≥150
		WJ7	5	20	＜5	≥180
		WJ9	7	12	70	≥200
高强力类型	非织造布用	DQ1	10	8		≥210
	纺织用	EQ2	11	8		
	增强材料用	EQ5	14	6		
易原纤化类型		SA	7～11	7～12		

5.3.3　高强高模聚丙烯腈纤维的进展

根据专利报道，将分子量大于 100 万的聚丙烯腈聚合体溶解在现有的几种溶剂中，如 NaSCN 水溶液、二甲基亚砜（DMSO）、二甲基乙酰胺（DMAc）等，浓度控制在 5%～10%，通过干湿法纺丝，在 10℃以下的低温下凝固成形形成凝胶纤维，再在水、丙三醇等浴中多级拉伸，最后通过干热拉伸，可以得到强度 21.7cN/dtex 的高强纤维。目前市场上已经出现的丙烯腈纤维强度达到 14.2～16.3cN/dtex，估计聚丙烯腈纤维的高强化不久会实现工业化。因为它作为原丝应用将会大幅度地提高碳纤维的强度和模量。

第6章 阻燃高分子材料

6.1 概述

预防火灾，是人类社会安全的一个永恒主题。目前全球各发达国家都对高分子材料的阻燃处理给予极大的重视，采用阻燃材料是防止和减少火灾的战略性措施之一。

阻燃剂和阻燃材料的生产和应用始于 20 世纪 50～60 年代，并在 70 年代初至 80 年代中期得到蓬勃发展，现在则进入了一个比较稳定和日趋成熟的、与高新技术相结合的发展时期。国外已制定了很多阻燃法规和阻燃性能测试标准，出版了大量的阻燃高分子材料系列专著。我国的阻燃技术虽起步较晚，已经得到有关部门和专家们的极大重视，在电子、仪表、交通、建筑、纺织等行业已经开始应用具有合理阻燃级别的高分子材料。

阻燃高分子材料可以分为添加型阻燃高分子材料 [flame (fire)-retarded polymer] 和本质阻燃高分子材料 [flame (fire)-resistant polymer] 两大类。

添加型阻燃高分子材料是指含有添加型阻燃剂或反应型阻燃剂的高分子材料。添加型阻燃剂是在被阻燃高聚物基材的加工过程中加入的，与基材及基材中的其他组分不发生化学反应，只是以物理方式分散于基材中而赋予基材以阻燃性，多用于热塑性高聚物。反应型阻燃剂是在被阻燃基材制造过程中加入的，它们或者作为高聚物的单体，或者作为交联剂而参与化学反应，最后成为高聚物的结构单元而赋予高聚物以阻燃性，多用于热固性高聚物。显然，以添加型阻燃剂阻燃的高聚物工艺简单，能满足使用要求的阻燃剂品种多，但需要解决阻燃剂的分散性、相容性、界面性等一系列问题；而采用反应型阻燃剂所获得的阻燃性则具有相对的永久性，毒性较低，对被阻燃高聚物的性能影响也较小，但工艺复杂。

本质阻燃高聚物由于具有特殊的化学结构，即使不经阻燃处理，也具有足够的阻燃性能。本质阻燃高聚物具有不寻常的热稳定性、低的燃烧速度、高的阻止火焰传播的能力，即使在相当高的热流时也是如此。本质阻燃高聚物是阻燃材料的发展方向之一。

阻燃高分子材料与未阻燃的同类材料相比，较难引燃，燃烧时的火焰传播速度较小，质量损失速度及释热速度较低，有时火焰传播一定距离后可以熄灭（自熄性材料）。但阻燃材料不能成为不燃材料，它们在大火中仍能猛烈燃烧，不过它们可以防止小火发展成灾难性的大火，即可减少火灾危险。

对于添加型阻燃高分子材料，为了使被阻燃高聚物达到一定的阻燃要求，一般需加入相当量的阻燃剂，这往往会在一定程度上恶化基材的物理力学性能、电气性能和热稳定性，同时还会引起材料加工工艺方面的一些问题。因此，应当根据材料的使用环境及使用要求，对材料进行适当程度的阻燃。不能不分实际情况，一味要求材料具有过高的阻燃级别。也就是说，应在材料阻燃性和其他使用性能之间求得最佳的综合平衡，而不能以过多降低材料原有优异性能为代价，来换取阻燃性能的过高要求。

阻燃高分子材料的研究和应用经历了一个迅速发展的阶段，取得了许多重要的成就。阻燃高聚物在研究及生产方面所取得的现代进展的主要有以下几个方面。

(1) 耐久性阻燃织物　20 世纪 30 年代，除了美国杜邦（Du Pont）公司和钛颜料（Titanium Pigment）公司分别开发了以氧化锑和氧化钛处理织物的耐久阻燃处理工艺（称为 Erifon 工艺和 Titanox FR 工艺）外，人们还利用纤维素内的活性羟基，以化学方式提高纤维素制品的阻燃持久性。如采用磷酸酯（盐）使纤维素中的羟基部分酯化以赋予织物阻燃性的方法，特别是美国腈胺（Cyanamide）公司生产的三聚氰胺-甲醛-磷酸酯衍生物，至今仍具有使用价值。第二次世界大战中，美国农业部南方地区研究所研制的以四羟甲基氯化磷为主的用于处理纤维素的阻燃剂，也是有名的织物耐久性阻燃剂。英国奥尔布来特-威尔逊（Albright-Wilson）公司所开发的著名 Proban 棉纤维阻燃处理工艺，就是在此基础上发展的。上述工作开创了反应型阻燃剂的历史，为以后改进高分子化合物结构并赋予材料永久阻燃性提供了有益的启示。

(2) 氯化石蜡-氧化锑的应用（卤-锑协同）　第二次世界大战期间，军队对阻燃、抗水帆布帐篷的要求，促进了含氯化石蜡、氧化锑和黏结剂阻燃系统的发展。这种阻燃系统首次确定了卤-锑协同效应（这种协同效应在很多阻燃高聚物中十分有效），且首次采用有机卤化物来代替无机盐用于阻燃高聚物。卤-锑协同效应的发现被誉为阻燃化学的一个里程碑，对现代阻燃技术的发展产生了深远的影响，至今仍然是阻燃领域内极其活跃的研究热点和主题。

(3) 反应型阻燃剂的应用　氯化石蜡-氧化锑系统一经问世，便立即被用于聚氯乙烯和不饱和聚酯，这两种高聚物都在第二次世界大战期间得到发展。在聚氯乙烯中采用氯化石蜡为阻燃剂是成功的，因为氯化石蜡能作为聚氯乙烯的增塑剂而使之易于加工。但氯化石蜡作为不饱和聚酯的阻燃剂，其增塑性能不仅恶化了不饱和聚酯层压板的物理性能，而且氯化石蜡在很多情况下易渗出，这样就导致材料阻燃性的降低甚至消失。氯化石蜡的这个重大缺点很快被人们认识到，反应型阻燃剂对不饱和聚酯可能更适合，这种阻燃剂能在合成聚酯或在制造聚酯最后产品的某一阶段，化学地结合进入不饱和聚酯中，从而赋予材料永久的阻燃性。含有反应型阻燃剂单体（海特酸）的第一个阻燃聚酯是在 20 世纪 50 年代初期由美国 Hooker 电化学公司开发的，随后又很快研制了多种反应型的含卤和含磷阻燃剂单体，例如四溴（氯）邻苯二甲酸酐、氯化苯乙烯、二溴苯乙烯、三溴苯乙烯、三溴苯酚、四溴（氯）双酚 A、含溴多元醇、丙烯酸五溴苄酯、五溴苄基溴、含磷多元醇等，它们可用于一系列缩聚高分子化合物。

(4) 添加型和填料型阻燃剂的应用　一些热塑性塑料（如聚乙烯、聚丙烯、尼龙等）在使用过程中产生了阻燃性的要求，促进了阻燃剂的进一步发展。氯化石蜡和反应型阻燃剂对上述热塑性塑料是不适用的，因为加入这类阻燃剂时，这些塑料的结晶性在加工过程中降低或被破坏，而材料的物理性能是与其结晶性密切相关的。并且，当时的大多数卤系阻燃剂（如氯化石蜡）在模塑温度下热稳定性欠佳。1965 年开发的惰性添加型阻燃剂扩展了阻燃高聚物的范围，例如，一种有名的添加型阻燃剂是不溶的 Dechlorane plus（得克隆），它是由六氯环戊二烯与环辛二烯合成的，含有脂肪族氯，高熔点，高热稳定性，用于大多数热塑性塑料而不分解，也不脱色。它的高氯含量和类似填料的性能，不仅能提高基材的热变形温度和抗弯模量，不恶化基材的电气性能和抗水性，而且在高温下和潮湿环境中也基本不渗出。尽管此阻燃剂在聚苯乙烯和 ABS 中已被阻燃效率更高的芳香族溴系阻燃剂所代替，但它在阻燃尼龙中仍获广泛应用。从 20 世纪 60 年代至今，添加型阻燃剂一直是阻燃领域内的主力军，其耗量占有机阻燃剂总耗量的 85% 以上（反应型仅占 15% 左右），首先是溴系阻燃剂（包括低聚物和聚合物），其次是氯系和磷系阻燃剂。当前国际市场上销售的添加型阻燃剂，溴系约有 30 种，氯系约有 10 种，磷系约 20 种。

广泛用于阻燃高聚物的无机填料型阻燃剂是氢氧化物，其中用量最大的是三水合氧化铝，它通过在高温下脱水吸热和释出大量水蒸气而发挥阻燃效能。因为它的分解温度较低

（245～320℃），所以主要用于加工温度较低的高聚物，如聚酯等。三水合氧化铝的价廉、憎水性和增强性能使它特别适用于聚酯类高聚物。三水合氧化铝的最大优点是低烟和裂解时不放出卤化氢。

（5）膨胀型阻燃系统　碳的极限氧指数（LOI）很高（65%），人们据此研制了一种新的阻燃系统——膨胀型阻燃剂（IFR）。IFR可用于多种易燃聚合物，它能催化裂解高聚物骨架为碳层，或本身含有碳组分。在聚合物中加入一定量的IFR，可使前者的氧指数由约20%提高至碳的氧指数，即远高于大多数阻燃系统所需的氧指数25%～30%。采用IFR，不仅使材料达到一定阻燃级别所需的阻燃剂用量适当，而且可减少材料燃烧时放出的烟量及消除卤化氢（相对于卤-锑阻燃体系）。

长期以来，人们就采用多元醇（碳源）-成酸催化剂（酸源）-生成气体的化合物（发泡剂）三者形成的阻燃涂层。1938年，公布了第一个膨胀阻燃涂料的专利。膨胀型阻燃涂料的原理是：膨胀型防火涂料遇火膨胀发泡，产生一层比原来涂层厚度大几十倍甚至几百倍的海绵状或蜂窝状炭质泡沫层，产生良好的隔热作用，封闭被保护的基材。由于热导率较小（空气的热导率仅为密实涂层的2.3%），从而隔断外界的火源对基材的作用。

但在聚合物中加入一种或多种上述组分，从而在高温下赋予聚合物膨胀特征要晚得多。1948年，Olsen和Bechle首先使用"instumescent"一词描述阻燃高聚物受高热或燃烧时发生的膨胀与发泡现象。20世纪80年代，这种膨胀型阻燃高聚物由于新阻燃法规的颁布和卤系阻燃剂的环境问题而得到迅速发展。膨胀型阻燃剂（intumescent flame retardant）的阻燃机理（过程）：遇火时，在膨胀层内发生下述反应：①酸源分解生成不燃气体，如酸源为磷酸铵，则分解生成NH_3；②生成的磷酸催化碳源脱水，促进去水和成碳，可能是磷酸先令碳源（多羟基化合物）酯化，随后磷酸酯分解成磷酸、水和碳残余物；③与此同时，树脂熔融，而发泡剂分解生成的气体则将熔融树脂吹胀成泡沫层。膨胀型阻燃剂的阻燃效率、所需的添加量以及所需的组分（应在聚合物中加入一种或多种）等均与聚合物基材的化学组成有关。一种称之为Melabis的膨胀型阻燃剂（1-氧代-1-磷杂-2,6,7-三氧杂双环[2,2,2]辛烷-4-亚甲基）磷酸酯（2,4,6-三氨基-1,3,5-三嗪）集上述三种组分（酸源、碳源和发泡源）于同一分子内，难溶于水，热稳定性好，可用于聚丙烯，吹塑加工时不致过早分解。用量20%时可使聚丙烯达UL94V-0阻燃级别。但如采用得克隆/氧化锑阻燃系统，则用量为48%，当采用芳香族磺酸盐（一种成酸剂）阻燃芳香族聚碳酸酯时，用量1%即可使材料通过ASTM635试验。硅油或胶状硅酯也能提高阻燃材料的膨胀性能，如它们再与其他组分复配，就可在阻燃材料表面形成膨胀碳层，达到同样阻燃级别所需的用量大约只有卤/锑系统的一半。Melabis的结构式为：

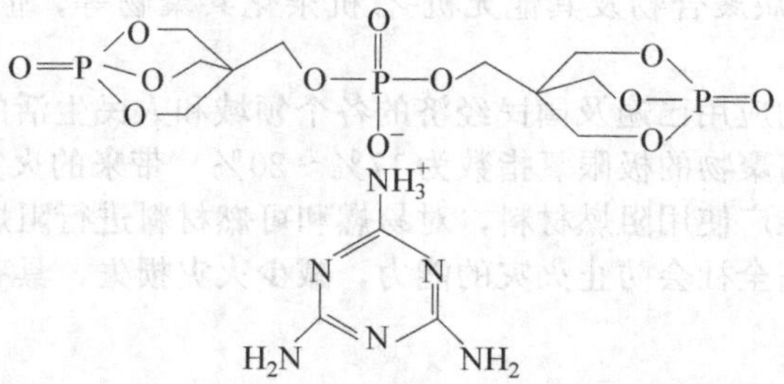

（6）无卤阻燃高分子材料　从1986年起，世界卤系阻燃材料工业的发展遇到了Dioxin问题的困扰，即某些卤系阻燃剂，主要是多溴二苯醚及其阻燃的高聚物，在高温裂解及燃烧时，产生有毒的多溴代二苯并呋喃（PBDF）及多溴代二苯二噁烷（PBDD）。基于人类对环境保护的要求，应当开发和使用在"生产-运输-贮存-再生-回收"这一循环中对环境无害的产品，即绿色产品。因此，阻燃材料的无卤化在全球的呼声很高，一些跨国的阻燃高分子材

料供应商也开始向市场提供无卤阻燃工程塑料。在欧洲，由于 Dioxin 问题使卤系阻燃剂及其阻燃高聚物未能获得绿色环保标志。所以，目前有些欧洲国家对卤系阻燃剂的使用加以限制，力图促进阻燃材料的无卤化进程。但是也有人认为溴系阻燃剂及其阻燃的高聚物产生 PBDF 及 PBDD 的特定环境甚少，产生的量也十分有限，且并非所有的溴系阻燃剂都会产生这两种有毒物质，同时溴系阻燃剂的一些可贵优点则不会轻易为用户所放弃，所以卤系阻燃剂及其阻燃的高聚物仍在采用。

（7）本质阻燃高聚物　有些高聚物，由于它们特殊的化学结构使它们即使不加填料或增强材料，也不必经过长时间的固化，仍然具有良好的阻燃性。例如，所有芳香组分含量高的高聚物，如酚醛树脂和呋喃树脂都是难燃烧的。但是，这类具有本质阻燃的高聚物，有些成本很高，有些制造工艺特殊，因而限制了它们的应用，只能考虑用于那些不十分注重经济因素的地方。表 6-1 列有几种本质阻燃高聚物，它们即使不进行改性或阻燃，其 LOI 也远高于一般阻燃要求的氧指数，且大多数能达到 UL94V-0 阻燃级别，而其中有些在直接火焰中经受一定的时间也不被破坏，且不释出大量的有毒气体和烟尘。

表 6-1　本质阻燃高聚物

序号	结构式	熔点/℃	玻璃化温度/℃	LOI/%	UL94 阻燃级
1	[结构式]	427			
2	[结构式]	334		35	V-0
3	[结构式]		190	30	
4	[结构式]	285	88-93	46-53	V-0
5	[结构式]	421	369	42	V-0

近年来，人们还研制了一些新的本质阻燃高聚物，如芳香族酰胺-酰亚胺聚合物、芳基乙炔聚合物、硅氧烷-乙炔聚合物及其他无机-有机杂化共聚物等，但它们中的大多数仍处于研究阶段。

目前，高分子材料的应用已遍及国民经济的各个领域和人民生活的各个方面，由于高分子材料的可燃性（大多数高聚物的极限氧指数为 17%～20%）带来的火灾危险已受到各国政府和人民的密切关注。因此推广使用阻燃材料，对易燃和可燃材料进行阻燃处理，制定合理的阻燃法规和阻燃标准，以提高全社会防止火灾的能力，减少火灾损失，具有重大的现实意义。

6.2　添加型阻燃高分子材料

由于阻燃剂的种类繁多，需要阻燃的高聚物种类也很多，而每种阻燃剂可用于不同高聚物中，同一种高聚物可采用不同的阻燃剂进行改性，这样得到的添加型阻燃高聚物种类非常多。根据高聚物的种类来分，大致可分为热塑性阻燃树脂、热固性阻燃树脂、阻燃纤维及其织物等。本节分别选择阻燃聚丙烯、阻燃不饱和聚酯、阻燃聚酯纤维及其织物作为代表，来说明添加型阻燃高分子材料的一般阻燃机理与阻燃技术。

6.2.1　阻燃聚丙烯

6.2.1.1　概述

目前，聚丙烯（PP）已经渗透到很多新的应用领域，新的催化剂、改性填料和新的混配工艺使 PP 的刚性、韧性、耐温性、光洁度及高温承载性都得以改善，这使得 PP 在以前为 ABS、热塑性聚氨酯和玻璃纤维增强塑料所占据的应用领域（如汽车车身、结构管道等）争得了一席之地。与其他塑料相似，有两种方法可赋予 PP 阻燃性。一种是采用气相阻燃的卤-锑系统，另一种是采用膨胀型阻燃剂（主要组分为磷化合物、三聚氰胺盐及无机络合物等）。常用于 PP 的溴系阻燃剂有六溴环十二烷（HBCD）、八溴醚［四溴双酚 A 双（2,3-二溴丙基）醚］、十溴二苯醚（DBDPO）、四溴双酚 A（TBBPA）、聚丙烯酸五溴苄酯（PPB-BA）及二溴苯乙烯接枝 PP（GPP39）等，有机磷酸酯有三（三溴新戊基）磷酸酯（TTB-NP）及季戊四醇磷酸酯（PEPA），无机磷化物有聚磷酸铵（APP）及以其为基础的膨胀型阻燃剂（IFR），无机氢氧化物有 $Mg(OH)_2$ 及 $Al(OH)_3$。一般来说，烷基有机溴化物的阻燃效率高，因为它们在较低温度下即可释出溴；但它们的热稳定性欠佳，不能承受较高的加工温度。另外，这类溴化物使塑料重新混炼时严重降解，因而不利于塑料循环再生。芳香族有机溴化物的情况则与上述正相反。同时含烷基溴及芳香溴的阻燃剂（如八溴醚）则似乎能同时兼具上述两种溴化物的特征。如将磷导入有机溴化物中，可获得磷-溴协同效应。在 PP 中采用无机阻燃剂或膨胀型阻燃剂，可降低 PP 热裂解或燃烧时生成的烟及有毒产物量。但 $Mg(OH)_2$ 及 $Al(OH)_3$ 的用量很高，因而严重恶化 PP 的物理性能。在 PP 中采用 PEPA，用量比有机溴化物高。且 PEPA 吸湿，热稳定性较低，价格也较高。

6.2.1.2　溴系阻燃剂阻燃的聚丙烯

工业上生产 UL94 V-2 级及 UL94 V-0 级两种阻燃 PP，前者用于制造某些阻燃要求不甚严格的汽车构件、电气构件、地毯、纺织品、管子和管件等，后者用于制造电视机构件、汽车内受热的特殊构件、某些家用电器和真空泵的部件等。

几种 UL94 V-2 及 UL94 V-0 级阻燃 PP 的配方及性能见表 6-2 和表 6-3。

表 6-2　UL94 V-2 级含卤阻燃 PP 的配方及性能

配方及性能	试 样 编 号			
	1	2	3[②]	4[②]
阻燃剂[①]及用量	BDBNCE/4.0	HBCD-SF/3.0	FR-1034/2.7	FR-1046/2.4
PP	94	96	100	100
Sb_2O_3	2.0	1.0	1.5	1.0
屈服拉伸强度/MPa	29.6(29.3)	31.0(30.3)	35.0(35.0)	35.0
拉伸模量/GPa	1.50(1.10)	1.72(2.0)	1.50(1.50)	1.0
抗弯强度/GPa	44.5(41.7)	41.4(41.7)		
抗弯模量/GPa	1.60(1.3)	0.96(1.03)		
伸长率/%			102(102)	104
悬臂梁式带 V 形缺口冲击强度/(J/m)	51.3(64.1)	58.5(53.2)	11.0	11.0
热变形温度(1.82MPa)/℃	55(47)	74(69)		
熔流指数/(g/10min)	5.0(3.2)	4.5(4.9)		
LOI/%	27.1(17.7)		25.5(18.0)	24.0
UL94 阻燃性	V-2(3.2mm)	V-2(1.6mm)	V-2(0.8mm)	V-2(0.8mm)

①　BDBNCE 为 1,2-双（二溴降冰片基二碳酰亚胺）乙烷，HBCD-SF 为经热稳定处理的六溴环十二烷，FR-1034 为四溴一缩二新戊二醇，FR-1046 为双（3-溴-2,2-二（溴甲基）丙基）亚硫酸酯。
②　试样 4 的基材与试样 3 相同。
注：所有括号内的数据均为原始树脂的相应值（末行除外）。

表 6-3 UL94 V-0 级含卤阻燃 PP 的配方及性能

配方及性能	试样编号			
	1	2	3[②]	4[②]
阻燃剂[①]及用量	DBDPO/22	DCRP/38	BTBPIE/22	BPBPE/22
PP	58	52	58	58
溴含量/%	18.3	24.7(Cl)	14.8	18.0
Sb₂O₃	6	4	6	6
无机填料	14(滑石粉)	6(硼酸锌)	14(滑石粉)	14(滑石粉)
屈服拉伸强度/MPa	26.2(25.0)	18.5(22.5)	26.9	27.6
拉伸模量/GPa	3.10		3.30	3.0
抗弯强度/GPa	48.3	50.0(63.2)	51.0	50.3
抗弯模量/GPa	1.90(1.50)	3.28(2.09)	3.00	2.70
伸长率/%	4.0(102)	4.9(33.4)	2.1	3.1
悬臂梁式带 V 形缺口冲击强度/(J/m)	21.3	20.2(25.0)	21.3	21.3
热变形温度(1.82MPa)/℃	64	122(0.46MPa)(110)	69	66
熔流指数/(g/10min)	4.6		3.9	4.1
LOI/%	26.3(18.0)	29.0(18.0)	25.3	25.8
UL94 阻燃性(3.2mm)	V-0		V-0	V-0
UL94 阻燃性(1.6mm)	V-0	V-0	V-0	V-0

① DBDPO 为四溴二苯醚，DCRP 为得克隆，BTBPIE 为双（四溴邻苯二甲酰亚胺），BPBPE 为双（五溴苯基）乙烷。

② 试样 3 及 4 的基材与试样 1 相同。

注：所有括号内的数据均为原始树脂的相应值。

对于 UL94 V-2 级 PP，添加 4% 的溴系阻燃剂及 2% 的三氧化二锑即可满足要求，此时阻燃 PP 的物理力学性能与原始 PP 相差无几，仅冲击强度有时略下降。为使 PP 通过 UL94V-0 级，需要添加总量达 40% 的阻燃剂（如 20% 左右的 DBDPO，6% 的三氧化二锑及 15% 左右的无机填料）。但这样高的阻燃剂含量使阻燃 PP 丧失了原有的回弹性和其他一些优良性能。采用 0.5%～3.0% 的钛酸酯偶联剂处理的填料，可改善 PP 的柔顺性和阻燃性。

6.2.1.3 含溴磷酸酯阻燃的聚丙烯

一种含脂肪族溴极高的磷酸酯——三（2,2-二（溴甲基)-3-溴丙基）磷酸酯（TTBNP）可用于阻燃 PP，效果非常好。TTBNP 含脂肪族溴 71%，含磷 3%，它的起始分解温度为 282℃。在 232℃下经 7min 后，TTBNP 的质量损失仅 3%，完全可承受 PP 的加工温度。此外，TTBNP 中的脂肪族溴与三氧化二锑的协同作用良好，且分子内可能存在溴-磷协同。同时，TTBNP 可显著改善 PP 的流变性能及加工性能，对 PP 的物理力学性能（如拉伸强度、冲击强度等）的影响也较小。TTBNP 阻燃的 PP 配方及性能见表 6-4。

由表 6-4 可知，就提高 PP 的氧指数而言，TTBNP 是十分有效的，PP 中 7.1% 的溴和 0.30% 的磷就可使 PP 的氧指数提高 8 个百分点，远远优于芳香族溴。这一方面是由于脂肪族溴的阻燃效率高于芳香族溴，另一方面也可能是存在分子内溴-磷协同效应。此外，TTBNP 中的溴与锑化合物的协同作用甚佳，3.75% 的 TTBNP 与 1.25% 的 Sb₂O₃ 可使 PP 的氧指数提高 7.4 个百分点。但随着 PP 中 TTBNP 和 Sb₂O₃ 用量的增加，溴-锑协同效应减弱，可能是 PP 中磷含量增高时，增大了磷与 Sb₂O₃ 反应生成稳定硫酸锑的概率，因而阻碍了锑在气相中发挥阻燃功能。TTBNP 对 PP 的机械性能影响甚小，即使它在 PP 中的含量高达 15%（同时还有 5% 的 Sb₂O₃），PP 不带缺口冲击强度及带缺口冲击强度分别降为原始树脂的 43% 和 67%，影响相对较小。

表 6-4 TTBNP 阻燃 PP 的配方及性能

配方及性能	试样编号				
	1	2	3	4	5
PP	100	90	95	90	80
TTBNP		10.0	3.75	7.5	15.0
Sb_2O_3			1.25	2.5	6.0
溴含量/%	0	7.1	2.7	5.3	10.7
磷含量/%	0	0.30	0.11	0.22	0.45
抗弯强度/MPa	47.9	51.8	54.0	57.3	48.1
抗弯模量/GPa	1.52	1.66	1.68	1.63	1.51
无缺口冲击强度/(kJ/m²)	75	38.7	41.2	36.8	32.4
悬臂梁式带 V 形缺口冲击强度/(kJ/m²)	5.2	4.3	4.9	4.1	3.5
熔流指数/(g/10min)	1.18	3.06	3.07	2.44	2.12
LOI/%	17.4	25.6	24.8	26.6	27.6

6.2.1.4 丙烯酸五溴苄酯与三元乙丙橡胶的接枝共聚物阻燃的聚丙烯

此共聚物用于阻燃 PP 时，可赋予 PP 很高的冲击强度，这种阻燃 PP 可在某些领域用作工程塑料。

（1）接枝共聚母粒组成及加工条件　由于丙烯酸五溴苄酯（PBBA）分子中含有五溴苄基和丙烯酰氧基，故能改善高聚物基质与某些填料的相容性，并可发挥加工助剂的作用。特别是，因为 PBBA 中存在双键，故不仅能通过反应模塑均聚而与工程塑料共混，还能通过反应挤出与 EPDM 接枝共聚，制造以 EPDM 为载体的含 PBBA 的接枝共聚阻燃母粒。这种阻燃母粒的组成可为（份）：PBBA 51，Sb_2O_3 17，EPDM 31，其他添加剂 1。上述组成的母粒含溴 36%。将上述组分在双螺杆反应挤出机中复配和造粒时，4 区的温度应为 110℃-230℃-240℃-250℃。之所以要采用较高的加工温度，是为了保证 EPDM 与 PBBA 有较高的共聚速度，以便物料在挤出机中停留 2～3min，即可使所有的 PBBA 完全接枝到 EPDM 载体上。

（2）阻燃 PP 的配方、加工及性能　以接枝共聚 EPDM 母粒阻燃注塑 PP 或与 PP 复配时，所采用的配方可为（份）：PP 42.8，EPDM 母粒 56，其他添加剂 1.3。这种组成的物料相当每 100 份物料中含 42.8 份 PP，17.4 份 EPDM，20 份溴。为了复配采用双螺杆挤出机，4 区温度为 120℃-180℃-200℃-220℃，螺杆转速为 75r/min。阻燃吹塑 PP 的加工条件为：温度 240℃-240℃-240℃-210℃，螺杆转速 300r/min，模压温度 48℃，循环时间 49s。

以接枝有 PBBA 的 EPDM 母粒阻燃 PP，所得材料的性能列于表 6-5。为供比较，表中还列有未阻燃 PP 及以聚丙烯酸五溴苄酯（PPBBA）阻燃并以 EPDM 改性的 PP 的性能。

表 6-5 可以看出，以 EPDM 母粒阻燃的 PP，冲击强度特优，它在室温下的冲击强度为以 PPBBA 阻燃并以 EPDM 改性的 PP（尽管此阻燃 PP 的组成与以 EPDM 母粒阻燃的 PP 完全相同）的 3 倍，为未阻燃 PP 的约 20 倍。即使在 -20℃，仍分别为 2 倍和 8 倍。显然，冲击强度的这种大幅度提高，不仅仅是 EPDM 的作用，更是由于 PBBA 接枝共聚至 EPDM 上的结果，因为 EPDM 本身对改善 PP 的冲击强度并不是十分有效的。特别是，材料冲击强度的改善并未引起拉伸模量的降低。同时，以含 PBBA 的 EPDM 母粒阻燃的 PP，在 150℃

下老化 1 个月后，其冲击强度仍相当令人满意，而以 PPBBA 阻燃的 PP 冲击强度在这种条件下明显降低。还值得强调的是，为使 PP 通过 UL 94 V-0 试验，通常至少需添加 25％的阻燃剂（对常用工程塑料只需 10％～20％），这样高含量的阻燃剂常使 PP 发脆，伸长率严重恶化，但以含 PBBA 的 EPDM 母粒阻燃的 PP，即使在低温下也具有异乎寻常的塑性和良好的力学性能。

表 6-5　阻燃 PP 的配方及性能

配　方　及　性　能	未阻燃 PP	以 EPDM 母粒阻燃 PP	以 PPBBA 阻燃 PP
PP	100	42.7	42.7
含 PBBA 的 EPDM 母粒		56	
PPBBA			28.7
Sb_2O_3			9.5
EPDM			17.5
其他添加剂		1.3	1.6
溴含量/％	0	20	20
UL 94 阻燃性(1.6mm)		V-0	V-0
LOI/％	18	25	25
拉伸强度/MPa	38	18	19
断裂伸长率/％	500	156	43
拉伸模量/GPa	1.60	1.70	1.50
悬臂梁式带 V 形缺口冲击强度(高温)/(kJ/m²)	22	465	157
悬臂梁式带 V 形缺口冲击强度(−20℃)/(kJ/m²)	11	82	42
熔流指数/(g/10min)	6	10	15

6.2.1.5　膨胀型阻燃剂阻燃的聚丙烯

(1) Exolit AP750 及 AP751 阻燃的聚丙烯　最近，德国 Clariant 公司推出了一种特别适用于 PP 及增强 PP 的无卤阻燃系统，牌号为 Exolit AP750 及 AP751，它们系以聚磷酸铵（APP）为基础，添加含氮协效剂，并采用特殊工艺制得的高效膨胀型 P-N 系阻燃剂，具有高效，热、光稳定性高，低毒、低烟、低腐蚀，对 PP 加工性能影响小，与 PP 及其他添加剂相容等优点，而且对环境友好和利于材料再生。当以 Exolit AP750 阻燃 PP 或以 AP751 阻燃增强 PP 时，在涉及产品整体平衡分析的几个环节［材料研制、材料和产品制造、阻燃效果（使用性能）及材料再生］中，阻燃剂都可能对优化产品作出贡献。这类阻燃剂不仅能赋予产品（材料）优异的技术性能，而且不引起环境污染，在经济指标上也令人满意。下面按以上环节对此进行详细分析。

① 材料研制。近年来，无论是作为日常消费品材料，还是工业用材料（特别是在电子/电气工业中），PP 正受到极大的重视和青睐。在西欧，PP 市场的扩大主要是由于它可用来代替以前使用的 ABS、PA 或 PC/ABS。因为 PP 的价格/性能指标比较低，采用 PP 可降低材料研制/设计费用，减少材料品种。在制造电子元器件中，由于要求材料具有较高的力学、阻燃和电气性能，人们不得不采用多种阻燃工程塑料。而所用材料类型越多，材料研制费用及制品再生费用也越高。减少所用材料类型，例如采用具有优异性能的阻燃改性通用塑料（特别是无卤阻燃 PP 及无卤阻燃增强 PP），来代替用于制造某些电子元器件的阻燃 ABS 或阻燃 ABS/PC 共混体，是降低材料研制费用的有效途径之一，而采用 Exolit 系列阻燃剂处理的 PP 和增强 PP，在这方面具有很大的潜力，能获得高效且价廉的效果。

② 材料和产品制造。对电子/电气工业用阻燃塑料，一个重要的指标是材料的加工性能，特别是对用于制造大型、复杂模塑件的材料尤其如此。混配时高的挤出速度，注射时短的循环周期和低的次品率，都有利于降低材料和产品的制造费用。一般而言，阻燃塑料在材料和产品制造这一环节上不如非阻燃材料，因为阻燃塑料中的大量阻燃剂或填料会大大降低挤出速度，使注塑困难，甚至不可能以注塑工艺生产复杂部件。而一些稳定性欠佳的阻燃剂又使塑料的允许加工温度范围变小，使可供选用的允许加工参数受到限制。但 Exolit AP 系列阻燃剂在这方面则优于其他阻燃剂。

含 Exolit AP750 的 PP，即使重复加工几次后，产品仍然保持其良好的热稳定性。且在挤出机中混炼 10 次以后，材料熔流指数仍足够高。不论注射元器件再循环利用的程序如何，材料熔流指数不随混炼次数增加而明显改变的特性，对于生产中不合格品的回收利用是至关重要的。

Exolit AP750 阻燃的 PP 也适用于目前广泛采用的热流道（hot runner）工艺。这种材料高的热稳定性和流动性可缩短循环周期，且不改变制品的色泽，也不引起材料烧焦。与其他阻燃 PP 相比，Exolit AP750 阻燃的 PP 在加工性能和价格上都具有竞争优势。

③ 阻燃效果（阻燃产品性能）

a. 烟密度及有害气体生成量。无卤阻燃系统 Exolit AP750 和 AP751 不仅能延缓火灾的传播，或者当点火源较小时可使火完全熄灭；而且当火灾发生时具有比常规阻燃系统优异得多的阻燃效能。由于 Exolit AP 阻燃剂的反应模式是在受高热或火焰作用下形成保护性膨胀泡沫碳层，故在火灾早期的生烟量很小，因而可提供足够的时间疏散人员和财产。例如对含常规溴系或氯系阻燃剂的 PP，遇火时迅速产生浓密的黑烟（4min 后烟密度达到 400）；而对含 Exolit AP750 的 PP，受火作用较长时间（6min）后的烟密度仍然很低（<100）。对于电气设备，烟的危害是特别严重的。

另外，即使火灾较小，卤系阻燃剂或 PVC 释出的腐蚀性气体对一些敏感元件的损害，也会导致整个装置失灵。在这一点上，含 Exolit AP 阻燃剂 PP 的优越性是不言而喻的。Exolit AP750 不产生 HX，HCN 和 NO_x 的生成量也很低（分别为约 $5cm^3/m^3$ 和 $10cm^3/m^3$），远远低于飞机制造工业所允许的浓度（$<100cm^3/m^3$ 和 $<150cm^3/m^3$）。即使 CO，这种无卤阻燃 PP 的生成量也不高，明燃时约 $100cm^3/m^3$，阴燃时约 $20cm^3/m^3$，而飞机制造业允许值为 $3500cm^3/m^3$。

b. 力学性能。对应用于电子/电气工业的材料，某些性能甚至比其阻燃性能更为重要。当采用 Exolit AP 阻燃 PP 时，由于它的阻燃效率高，故用量较低时即可使材料具有电子/电气工业所要求的 UL94 V-0 阻燃级，因而对材料的力学性能影响较小。对于含玻璃纤维的 PP，适用的阻燃剂是 Exolit AP751。以 30% 的 AP751 处理含 20% 玻璃纤维的 PP，可得到 UL94 V-0 阻燃级的材料。与未阻燃 PP 均聚物相比，PP/Exolit AP751 的弹性模量和拉伸屈服强度分别提高了约 25% 和 30%，冲击强度几乎不变。

c. 密度。密度也是选择材料时必须考虑的一个要素，因为低的密度可减轻制品的质量。以 Exolit AP750 阻燃的 UL94 V-0 级 PP 的密度约为 $1g/cm^3$，仅比未阻燃 PP 高约 10%；而以溴系或氯系阻燃剂处理的 UL94 V-0 级 PP，其密度一般高达 $1.3\sim1.4g/cm^3$。即使其他无卤阻燃剂（如氢氧化铝、氢氧化镁、膨胀型石墨及其协效剂等）阻燃的 PP，其密度也因阻燃剂含量很高而比未阻燃 PP 要高 30%～40%。

d. 耐光性。即抗紫外的性能，也是电子/电气工业用材料所要求的一个关键性指标。遗憾的是，一些常用于 PP 的卤系阻燃剂，不仅自身的光稳定性差，且对光稳定剂常显对抗作用。例如卤系阻燃剂就显著恶化受阻胺类光稳定剂（HALS）的抗紫外线功能，因此难于制得同时具有优良阻燃性和光稳定性的 PP，从而限制了卤系阻燃 PP 在室外制品中的应用。但是，HALS 与 AP750 的相容性就好得多，两者可以同时用于 PP。与卤系阻燃 PP 相比，含 AP750 及 HALS 的 PP，光稳定剂和抗脆性显著提高。在阳光照射下明显发黄的时间，对含 Exolit AP750 和 Hostavin N20 的 PP 大于 2500h，而含脂环族氯系阻燃剂或含邻苯二甲酰亚胺类溴系阻燃剂的 PP 则仅分别为 800h 或 60h。

e. 材料再生。含 Exolit AP750 的 PP，经挤出、造粒和注塑 8～10 次后，其原始的阻燃性（UL94 V-0）并不降低，但总的明燃时间增加。该材料经重复加工后，颜色变化不大。这种阻燃 PP 经 10 次造粒后，其黄光指数（yellowness index，YI）仅略有提高，增高幅度与未阻燃 PP 均聚物相似。可以认为，Exolit AP 阻燃 PP 具有良好的循环加工性能。

f. 应用领域。Exolit AP750 和 751 是电子/电气注塑聚烯烃的优良阻燃剂，可用于制造电视机元件、电池箱、保险丝盒的聚烯烃。当阻燃剂用量为 28％～30％时，材料的阻燃性可达到电气工业用材料的阻燃标准，即 UL94 V-0 级。

Exolit AP 也可成功地用作挤出部件，如电缆导管和屋顶片材的无卤阻燃剂。在这个领域内，阻燃剂的低烟性、低腐蚀性以及与光稳定性的相容性是人们所特别希望的。

Exolit AP750 和 751 的另一用途是用来阻燃可作为工程塑料的 PP，这种 PP 可代替阻燃 ABS、阻燃 ABS/PC 及阻燃 PA，用于制造电子/电气元器件。

综合上述可知，用于 Exolit AP750 及 751 具有上述很多优异性能，故将其用于阻燃模塑产品时，在产品整体平衡（包括设计、制造、使用和再生）中存在明显的优势：设计费用低廉，所需材料品种减少；良好的流动性，可供选择的较宽的加工温度范围和较短的循环时间；对环境友好，遇火时生烟量低，几乎不生成腐蚀性气体，可与增强材料及 HALS 相容；材料的力学性能、阻燃性能及光稳定性俱佳；重复加工多次，材料性能无明显变化。

（2）以聚磷酸铵（APP）与其他协效剂阻燃的聚丙烯

① 阻燃聚丙烯的配方及阻燃性。APP 是混合膨胀型阻燃剂（IFR）的主要组分，它常与其他协效剂共同组成 IFR，这类协效剂多是气源和碳源，如季戊四醇（PETOL）、三聚氰胺（MA）、三羟乙基异三聚氰酸酯（THEIC）等。表 6-6 列有一些 APP＋协效剂阻燃的 PP 的配方及阻燃性。对该表中各配方，APP 与其他协效剂的质量比均为 2：1。为供比较，表 6-6 还列有单一的 APP 和乙二胺磷酸盐（EDAP）阻燃 PP 的阻燃性能。

表 6-6 阻燃 PP 的配方、LOI 及 UL94 阻燃性

序号	阻燃剂	阻燃剂用量/％	磷含量/％	LOI/％	ΔLOI/P％（EFF 值）	UL94 阻燃性	
						3.2mm	1.6mm
1	EDAP	0	0	17.8		NR	NR
2	EDAP	20	3.9	26.0	2.1	NR	NR
3	EDAP	25	4.8	27.8	2.1	NR	NR
4	EDAP	30	5.9	29.8	2.0	V-2	V-0
5	EDAP	35	6.9	32.3	2.1	V-2	V-1
6	EDAP	40	7.8	34.1	2.1	V-2	V-0
7	APP	15	4.7	19.3	0.32	NR	NR
8	APP	20	6.2	19.7	0.31	NR	NR
9	APP	25	7.8	20.2	0.31	NR	NR
10	APP＋PETOL	15	3.0	21.4	1.2	NR	NR
11	APP＋PETOL	20	4.0	23.6	1.5	V-2	V-2
12	APP＋PETOL	25	5.1	26.4	1.7	V-2	V-2
13	APP＋THEIC	15	3.0	24.6	2.3	NR	NR
14	APP＋THEIC	20	4.0	27.6	2.5	V-2	V-2
15	APP＋THEIC	25	5.1	32.2	2.8	V-2	V-0
16	APP＋PETOL＋苯甲酸酯	15	3.0	19.4	0.44	NR	NR
17	APP＋PETOL＋苯甲酸酯	20	4.0	19.6	0.38	NR	NR
18	APP＋PETOL＋苯甲酸酯	25	5.1	19.9	0.35	NR	NR

表 6-6 中的数据说明，表中不同配方阻燃的 PP 中的磷含量与 PP 的 LOI 呈良好的线性关系，但不同配方的阻燃效率（EFF）则大不相同，最低者为单一的 APP（约为 0.31）。如以 1/3 的 PETOL 代替 APP（即质量比为 2：1 的 APP 与 PETOL 的混合物），在 IFR 的阻燃性能提高，当这种混合物在 PP 中的含量为 25% 时，PP 的 LOI 值能达到约 26%。

② 阻燃效率（EFF）和协同效率（SE）。阻燃效率（EFF）是指阻燃系统中单位质量阻燃元素（磷、溴）对 LOI 的贡献，即 ΔLOI/FR%，式中 ΔLOI 是阻燃高聚物 LOI 值与未阻燃高聚物 LOI 之差，FR% 是阻燃高聚物中阻燃元素含量。协同效率（SE）是指阻燃剂（如 APP，溴化物等）与协效剂混合系统的 EFF 值与单一阻燃剂的 EFF 值之比，此值的高低反映协效剂协效作用的优劣，是混合阻燃系统最重要的参数之一，也是提高阻燃性的最重要途径之一。对于以 APP 为基的 IFR 阻燃 PP 时，不同阻燃系统的 EFF 值（以磷计）及 SE 值列于表 6-7。作为比较，卤-锑系阻燃 PP 的 EFF 值（以卤计）及 SE 值也列于表中。

表 6-7　不同阻燃体系的 EFF 值及 SE 值

阻燃剂	协效剂	EFF	SE	阻燃剂	协效剂	EFF	SE
APP		0.31		芳香族溴化合物	Sb_2O_3	1.0	2.2
APP	MA	0.92	3.0	脂肪族溴化合物		0.6	
APP	PETOL	1.7	5.5	脂肪族溴化合物	Sb_2O_3	2.6	4.3
APP	PETOL+MA	2.4	7.7	脂肪族氯化合物		0.5	
芳香族溴化合物		0.45		脂肪族氯化合物	Sb_2O_3	1.1	2.2

6.2.1.6　氢氧化铝及氢氧化镁阻燃的聚丙烯

（1）氢氧化镁阻燃的聚丙烯　以 $Mg(OH)_2$ 阻燃 PP 时，为使材料达到 UL94 V-0 阻燃级（3.2mm 试样），其用量应达 60%～70%。不过，如果以 $Mg(OH)_2$ 抑烟，则用量可低一些，含 40% $Mg(OH)_2$ 的 PP 的烟密度仅为未阻燃 PP 的 1/3。

一般来说，当 PP 中含量达 65% 时，其力学性能，特别是冲击强度和伸长率均显著变化。经表面改性，高 $Mg(OH)_2$ 含量的 PP 也可获得良好的加工性能及物理力学性能，表 6-8 为经特殊表面处理的 $Mg(OH)_2$ 阻燃的 PP 的性能。表 6-8 中的配方采用了两种不同牌号的 $Mg(OH)_2$，它们的表面处理工艺不同，因而对材料性能有不同的影响（用量均为 65%）。

另外，为使含量甚高的 PP 获得满意的力学性能及阻燃性能，必须令 $Mg(OH)_2$ 在 PP 中均匀分散，为此，宜采用双螺杆挤出机和合理的 $Mg(OH)_2$ 加料方式，例如，可将全部 PP 及所需量 60% 的 $Mg(OH)_2$ 第一次加入混炼机中，再第二次加入余下的 40% 的 $Mg(OH)_2$，而且应加料均匀，计量准确。

可以认为，采用特殊的表面处理技术和粒径及粒度分布控制技术，再加上合理的复配工艺，开阔了 $Mg(OH)_2$ 阻燃 PP 的新途径，这种阻燃 PP 可兼具很多应用领域所需材料的力学性能及阻燃性能。

表 6-8　$Mg(OH)_2$ 阻燃的 PP 的配方及性能

配方及性能	试样			配方及性能	试样		
	1	2	3		1	2	3
PP	100	35	35	UL 94 阻燃性(3.2mm)	不通过	V-0	V-0
$Mg(OH)_2$(MAGNIFIN H10)		65		断裂伸长率/%		1.4	6.6
$Mg(OH)_2$(MAGNIFIN H10F)			65	不带缺口冲击强度/(kJ/m²)			7.9
密度/(g/cm³)	0.895	1.518	1.518	带缺口冲击强度/(kJ/m²)	15	1.0	8.7
拉伸强度/MPa	23	18.6	18.6	抗弯模量/GPa	0.80	3.12	1.50
伸长率/%	>50	1.4	2.8	维卡软化点/℃	60	136	128
撕裂强度/MPa	20	18.6	14.0	热变形温度(1.82MPa)/℃	45	105	67

（2）氢氧化铝阻燃的聚丙烯 氢氧化铝（ATH）亦名三水合氧化铝，是无机阻燃剂中最主要的一种，就消耗量而言，在所有阻燃剂中稳居首位。ATH 的用途及其广泛，它不仅用于阻燃，也用于消烟和减少材料燃烧时腐蚀性气体的生成量；不仅可单独使用，也常与其他阻燃剂并用；不仅可用于热固性树脂，也可用于热塑性树脂。

为了更好地采用 ATH 阻燃 PP，通常需要对 ATH 进行适当的表面处理，以改善阻燃 PP 的流变性能，促进材料加工时通过 ATH/PP 表面导热而避免形成局部热点，并提高 ATH 与 PP 的相容性而有利于阻燃剂在聚合物中较均匀地分散。ATH 的比表面积为 $10m^2/g$ 时阻燃 PP 的抗冲击强度最大。近年来，ATH 作为 PP 的阻燃剂，在降低对环境的危害和材料安全处理方面更能满足有关法规的规定和要求，同时也使阻燃 PP 更易于再生应用。ATH 在阻燃 PP 中的含量大于 40% 时才能表现出阻燃效果。

6.2.2 阻燃不饱和聚酯

不饱和聚酯（unsaturated polyester resins，UPR）是一种重要的热固性树脂，由于具有优良的力学性能、电学性能和耐化学腐蚀性能，原料易得，加工工艺简便，实用价值高，其生产和加工工业发展极为迅速。

不饱和聚酯的主要原料包括二元醇、饱和二元酸和不饱和二元酸（或酸酐），主要通过直接熔融缩聚法制备。不饱和聚酯通常溶于乙烯类单体中，制成溶液，加工成型时通过双键反应而交联固化。不饱和聚酯具有良好的加工特性，可以在室温（不低于 15℃）、常压下固化成型，不释放出任何副产物。而且树脂的黏度比较适宜，可采用多种加工成型方法，如手糊成型、喷射成型、挤拉成型、注塑成型、缠绕成型等。因此，不饱和聚酯树脂已被用于制备玻璃纤维增强材料（玻璃钢）、浇铸制品、木器涂层、卫生洁具和工艺品等，在建筑、化工、交通运输、造船工业、电气工业材料、娱乐工具、工艺雕塑、文体用品、宇航工具等行业得到广泛应用。其中很多场合要求采用阻燃性不饱和聚酯，如阻燃玻璃钢设备、船部件、电子/电气元件等。

6.2.2.1 不饱和聚酯适用的阻燃剂

为了赋予不饱和聚酯阻燃性，通常采用两种方法：一种是以含阻燃元素的原料（即反应型阻燃剂）合成不饱和聚酯；另一种是在不饱和聚酯制品（材料）成型过程中加入阻燃剂（添加型阻燃剂）。将不饱和聚酯进行后溴化，即令不饱和聚酯中的部分双键与溴加成，也是制备阻燃不饱和聚酯的一种方法。

（1）反应型阻燃剂 用于不饱和聚酯的反应型阻燃剂多是含溴、氯的二元酸（酐）、二元醇及环氧化合物，包括四溴邻苯二甲酸（酐）（TBPA）、四氯邻苯二甲酸（酐）（TCPA）、海特酸（酐）、四溴双酚 A（TBBPA）、四溴双酚 A 双（β-羟乙基）醚、四氯双酚 A（TCB-PA）、溴代醇类、环氧氯丙烷等。

（2）添加型阻燃剂 已用于阻燃不饱和聚酯的添加型阻燃剂有卤代磷（膦）酸酯及磷（膦）酸酯、氯化石蜡（CP）、六溴苯、双（2,3-二溴丙基）反丁烯二酸酯、溴代环氧树脂（BER）、得克隆（DCRP）、2,4,6-三溴苯基丙烯酸酯、三聚氰胺（MA）及其盐、氢氧化铝（ATH）、硼酸锌、红磷、三氧化二锑等。

6.2.2.2 反应型阻燃剂制得的阻燃不饱和聚酯

远在 1950 年，工业上已经以海特酸（酐）为原料制得了含卤不饱和聚酯。以四溴或四氯邻苯二甲酸酐为原料，可制得一系列的阻燃不饱和聚酯。四氯邻苯二甲酸酐衍生的聚酯具有低烟特点，四溴邻苯二甲酸酐衍生的聚酯具有良好的阻燃性。近年来，常采用含溴二元醇，如二溴新戊二醇制备对光稳定的阻燃不饱和聚酯，因为脂肪族的 C—Br 键不像芳香族 C—Br 键那样易于被光降解。四溴双酚 A 及其衍生物也用于制备阻燃不饱和聚酯，四溴双酚 A 双（羟乙基）醚可像一般的二元醇那样进行酯化反应。四溴双酚 A 的双环氧化物（例如二失水甘油醚）可与丙烯酸或甲基丙烯酸进行开环反应，生成所谓乙烯基树脂。这类树脂与普通的不饱和聚酯一样，可加入苯乙烯固化形成热固性树脂，其耐腐蚀性特佳，且比一般的不饱和聚酯具有较好的冲击强度及热性能。

表 6-9 列出了不饱和聚酯的卤含量与材料自熄时间及氧指数的关系。

表 6-9　阻燃不饱和聚酯卤含量与其自熄时间及氧指数的关系

含卤单体	UPR中含卤量/%	自熄时间/s	LOI/%	含卤单体	UPR中含卤量/%	自熄时间/s	LOI/%
无	0	燃烧	20.4		13	116	23.3
四溴邻苯二甲酸酐	6	354	21.8		15		24.4
	8	174	22.7	海特酸	17	99	
	10	108	23.0		20	75	25.7
	12	75.4	24.6		25		28.0
	14	45.3	26.5		10	燃烧	21.3
	16	18.7	27.5		16	燃烧	21.5
四溴双酚 A	3	11	21.6	四氯邻苯二甲酸酐	15	353	21.8
	6	150	23.0		17	213	22.4
	7.8	72	22.8		20	143	23.0
	10	60	23.7		20.6	107	24.1
	13	19.5	26.0		8		23.0
	15	14	26.0	二溴二新戊二醇	13	25.5	
	17	3.8	26.9		15		25.3
海特酸	10	157	22.1		17		27.3

6.2.2.3　添加型阻燃剂制得的阻燃不饱和聚酯

在不饱和聚酯中加入添加剂型阻燃剂时，常常不是加入一种阻燃剂，而通常是同时加入几种具有协效作用的阻燃剂（及抑烟剂），但为了叙述方便，仍按阻燃剂分类分别介绍。

（1）氢氧化铝为填料的阻燃不饱和聚酯　以 ATH 阻燃的不饱和热固性聚酯是一种重要的工业产品。高品位的 ATH 用于制造卫生设备时，可使制品具有良好的外观和阻燃性，也可降低制品成本。ATH 的表面处理可改善最终制品的抗腐蚀性、阻燃性和抑烟性。

（2）红磷或微胶囊化红磷阻燃的不饱和聚酯　红磷或微胶囊化红磷对不饱和聚酯具有良好的阻燃性，但它常与 ATH 并用，以产生阻燃协同效应，有时还可同时加入金属氧化物（氧化锆和氧化锑）。有些卤系添加型阻燃剂也可改善红磷的阻燃效能，但卤和磷的摩尔比至少应为 1:1。对通用的不含卤不饱和聚酯，以 60%～79%ATH 及 5%～7%红磷阻燃后，在 100℃ 下固化 2h，材料的阻燃性可达 UL94 V-0 级。

（3）硼酸锌阻燃的不饱和聚酯　在含脂肪族和脂环族卤系阻燃剂的不饱和聚酯中，硼酸锌可单独用作阻燃剂；但在含芳香族卤系阻燃剂的不饱和聚酯中，单一硼酸锌的阻燃效果欠佳。在大多数含卤不饱和聚酯中，硼酸锌与氧化锑间具有协同效应，故可用部分硼酸锌代替氧化锑。在很大不饱和聚酯中，还用硼酸锌与氢氧化铝的混合物代替氧化锑。硼酸锌能降低某些含卤不饱和聚酯的生烟量，对含卤不饱和聚酯 Hetron 92A，以 5 份硼酸锌代替等量的氧化锑时，明燃生烟量可减少 40%。

（4）三聚氰胺阻燃的不饱和聚酯　与 ATH 受热时释水吸热相同，三聚氰胺也是一个可用于阻燃不饱和聚酯的分解吸热型化合物。以三聚氰胺磷酸盐阻燃含氯不饱和聚酯时，不仅能赋予材料阻燃性，且不干扰聚酯的固化。为使不饱和聚酯的阻燃性达到 UL94 V-0 级，三聚氰胺的用量约为 40%，而 ATH 为 40%～50%。此外，当以三聚氰胺为阻燃剂时，材料在 UL94 试验中第一次点燃时燃烧时间极短，而第二次点燃时燃烧时间在增长，火源移走后不发生阴燃，这点很有工业价值。

（5）含磷阻燃剂阻燃的不饱和聚酯　以三乙基磷酸酯和甲基膦酸二甲酯作为含 ATH 不饱和聚酯的低黏度液体添加剂，在工业上已应用多年了，因为这种方法可允许在不饱和聚酯中加入较多量的 ATH，而材料所含的挥发性磷（膦）酸酯则可固结于热固性的固化不饱和聚酯中，而不至于对水敏感，所以这种不饱和聚酯可用于制造澡盆及淋浴装置。采用三乙基磷酸酯和甲基膦酸二甲酯的一个缺点是它们可与钴基固化促进剂络合，因而延缓不饱和聚酯固化过程。

（6）磷化合物-三聚氰胺阻燃的不饱和聚酯　可采用三聚氰胺与磷酸三乙酯阻燃氨基甲酸酯改性的不饱和丙烯酸酯树脂（MODAR）（用作导管和结构面板），所用固化催化剂是丁酮过氧化物。当阻燃剂为 2％磷酸三乙酯＋30％三聚氰胺或（2％～8％）磷酸三乙酯＋（15％～25％）三聚氰胺＋（15％～25％）ATH 时，MODAR 树脂（不含玻璃纤维）的阻燃性均可达到 UL94 V-0 级，燃烧时间为 0（抗引燃性极佳）。而如以 2％磷酸三乙酯与 30％ ATH 为阻燃剂，则材料不能通过 UL94 V-0 试验。作为磷酸三乙酯的协效剂，三聚氰胺远胜于 ATH。此外，以三聚氰胺代替 ATH 与磷酸三乙酯并用，不饱和聚酯的固化时间缩短。以 3％磷酸三乙酯与 30％三聚氰胺阻燃的丙二醇-顺丁烯二酸酐（低苯乙烯）聚酯，阻燃产品的氧指数达 27.6％，阻燃性达 UL94 V-0 级，燃烧时间为零。而如以 3％磷酸三乙酯与 30％ATH 为阻燃剂时，氧指数仅达 24.2％，且完全燃尽。对含 25％玻璃纤维的不饱和聚酯，情况也与不含玻璃纤维的不饱和聚酯类似，即三聚氰胺优于 ATH。如以甲基膦酸二甲酯代替磷酸三乙酯，也可获得同样的结果。无论是氧指数还是 UL94 阻燃性，都是三聚氰胺的阻燃效率优于 ATH。

三聚氰胺-磷化合物系统与 ATH-磷化合物系统相比，用前者阻燃的不饱和聚酯产品（如人造大理石和卫生设备）的颜色较白，外观较美和着色力极佳。此外，三聚氰胺-磷酸三乙酯体系也与石膏及碳酸钙相容（有些含磷阻燃剂与碳酸钙有对抗作用），而这些新的配方可制得极廉价的阻燃剂，还有，以三聚氰胺体系阻燃的不饱和聚酯具有抗化学腐蚀性，它浸于 10％盐酸或硫酸中变化极微。

三聚氰胺磷酸盐也用于阻燃不饱和聚酯，室温下即可固化，此固化不饱和聚酯与用三聚氰胺及磷酸三乙酯阻燃的不饱和聚酯（磷含量相同）相比，前者硬度较高，颜色也较淡，表面中性，憎水，其阻燃性也令人满意。点燃 10s 不致引燃，阻燃级别达 UL94 V-0 级，即使点燃 10 次仍具有自熄性，且形成中性碳层。

对不同类型的不饱和聚酯，三聚氰胺/磷酸系统的阻燃效率有所不同。对苯乙烯含量低的顺丁烯二酸酐-丙二醇聚酯，此系统非常适用，20％的三聚氰胺和 1.6％的过磷酸即可使材料获 UL94 V-0 级。而对一般苯乙烯含量高的邻苯二甲酸酐不饱和聚酯，阻燃剂用量较高。

以三聚氰胺、磷酸三乙酯和就地制造的三聚氰胺磷酸盐三者组成的系统阻燃某些不饱和聚酯时，发现磷酸三乙酯与三聚氰胺磷酸盐间具有磷-磷协同效应。

6.2.3　阻燃聚酯纤维及其织物

聚酯纤维是合成纤维中产量最大，用途最广的一个品种，它的阻燃化也早为人们所重视。自 20 世纪 70 年代以来，新的阻燃聚酯纤维时有问世，它们的阻燃方法主要有原丝改性和表面处理改性两种。前一种方法包括：①将聚酯原料与反应型阻燃剂共缩聚，得到的阻燃共聚物进行纺丝；②将聚酯与添加型阻燃剂共混纺丝；③将普通聚酯与阻燃聚酯共混纺丝。后一种方法包括：在聚酯纤维或织物上接枝反应型阻燃剂；对织物进行阻燃后处理。目前已经商品化的阻燃聚酯纤维或织物，大多是采用原丝改性技术中的共缩聚方法制造的。

6.2.3.1 共缩聚阻燃改性

此法系采用反应型阻燃剂作为合成聚酯的原料之一，在共缩聚过程中使阻燃剂分子结合到聚酯大分子链上，制得阻燃聚酯，然后纺丝。所得阻燃聚酯纤维的阻燃性持久。作为共聚单体的阻燃剂，应含有阻燃元素（磷、卤）及反应型基团，还要能经受酯化反应的高温，且对纤维性能无严重不利影响。

6.2.3.2 添加阻燃剂改性

此法系将一般聚酯与添加型阻燃剂共混纺丝，简单易行，操作费用低，但纤维的耐久阻燃性比共缩聚改性法差，不过比阻燃后处理法好。此法更大的困难是不易找到合适的添加型阻燃剂，因而限制了它的应用。已工业化的这类阻燃聚酯纤维不多，远远小于共缩聚改性法产品。已用和可用为聚酯纤维添加型阻燃剂的有溴系、磷系及磷氮系阻燃剂，特别是多溴联苯醚和含磷齐聚物。

6.2.3.3 普通聚酯与阻燃聚酯复合改性

此法系将一般聚酯与添加型阻燃剂共混纺丝，但需要复杂的纺丝设备，故近年来以此法制备阻燃纤维时，多采用皮芯结构，即以阻燃聚酯为芯，一般聚酯为外皮复合而成。这样可防止阻燃剂过早分解，且可降低对阻燃剂热稳定性的要求，又可保持纤维满意的外观。

6.2.3.4 接枝阻燃剂的改性

此法系将反应型阻燃剂接枝于聚酯纤维上（主要是表面接枝）以赋予纤维以阻燃性，可通过辐照法、化学及等离子体法实现接枝。但如采用辐照法，则必须采用能引发辐射接枝的阻燃剂，如乙烯基膦酸酯、4-溴苯乙烯、乙烯基溴、亚乙烯基溴等。

6.2.3.5 阻燃后处理改性

此法系将聚酯织物用阻燃整理液处理以制造阻燃织物。工艺简单，成本低廉，适用面广，能满足不同程度的阻燃要求；但阻燃剂用量多，阻燃耐久性差，对织物性能影响较大。采用此法时，一般有 3 种工艺可供选择。第一种是将吸着型结构阻燃剂通过浸轧、干燥和焙烘而固着于纤维或织物表面。聚酯纤维在 120～130℃ 时，对阻燃剂有一定的吸着率。此法实用性大，工业产品多。第二种是用热熔法将与聚酯纤维亲和性很大的阻燃剂固着在纤维上。此法会降低纤维的染色牢度，但工艺简单。第三种是用黏合剂将非水溶性固体阻燃剂固着在纤维表面。例如，将阻燃剂与聚丙烯酸或聚氨酯等类黏合剂一起分散在适当介质中，然后用涂布或浸轧-干燥-热定型方法固着。该方法会引起纤维发生染色渗色、摩擦牢度降低、手感恶化等缺陷。

已用和可用于阻燃聚酯纤维及其织物阻燃剂如下。反应型阻燃剂有：四溴双酚 A 双羟乙基醚，2,5-二溴对苯二甲酸，四氯对二（羟甲基）苯，3,5-间苯二甲酸二甲酯-1-磺酸钠，二苯基-2,5-二（羟乙氧基）苯基氧化膦，甲基二（3,5-二溴-4-羟乙氧基苯基）氧化膦，苯基二（4-羧苯基）酯，次膦酸（酯）衍生物（包括低聚物）。添加型阻燃剂有：多溴二苯醚，双（多溴苯氧基）烷（芳）烃，苯基膦酸二苯砜酯（低聚物），磷酸三（联苯）酯，苯基膦酸二苯酯（低聚物），三（对溴苯氧基）对氯苯磺酰膦腈，膦酸酯低聚物，双（二溴苯基）砜衍生物，磷酸三（三卤新戊基）酯，磷酸三（甲苯基）酯，磷酸三（三溴苯基）酯，磷酸三（2-氯乙基）酯，磷酸三（丁氧乙基）酯，磷酸三（二氯异丙基）酯，六溴环十二烷。

6.2.3.6 环状膦酸酯阻燃的聚酯纤维及其织物

具有下述结构的环状膦酸酯混合物，可用于对聚酯纤维及其织物进行阻燃后处理。

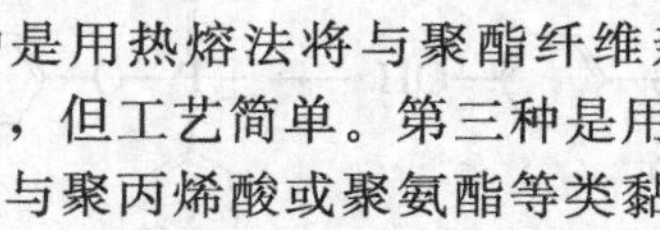

$$CH_3OPOCH_2C\begin{matrix}CH_2O\\ \\CH_2O\end{matrix}PCH_3$$

(A)

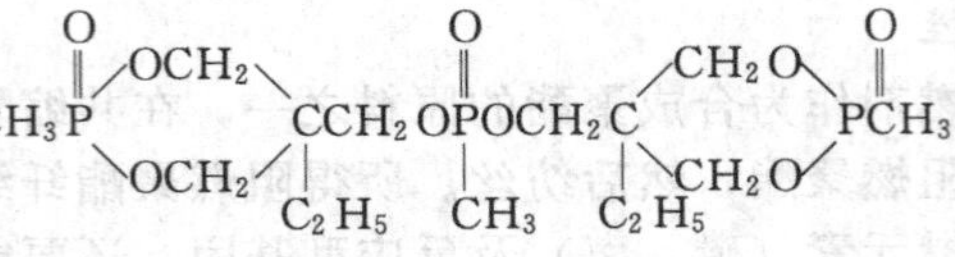

$$CH_3P \begin{matrix} O \\ \parallel \end{matrix} \begin{matrix} OCH_2 \\ OCH_2 \end{matrix} CCH_2OPOCH_2C \begin{matrix} CH_2O \\ CH_2O \end{matrix} PCH_3$$

(以结构图示, 难以完整重现)

(B)

此阻燃剂为高黏度透明液体, 磷含量 21.5%, 密度 1.28g/cm³ (25℃), 折射率 1.48 (25℃), 闪点 240℃ (克利兰开杯法), 可与水、丙酮、乙醇混溶。此阻燃剂热稳定性高, 水解稳定性好, 挥发性及毒性均低。它对纯聚酯织物的阻燃效率很高, 织物含 1%～15% 的本品即可产生明显的阻燃效果。所用阻燃整理液除含此阻燃剂外, 还含有 pH 调节剂、防泳移剂、非离子表面活性剂、柔软剂和水等。因环状磷酸酯具水溶性, 且耐碱性差, 故整理液的 pH 值不宜超过 8, 同时考虑到整理液对染料的影响, 整理液的 pH 值以 6～6.5 为宜。阻燃整理液中也可加入交联剂, 如甲醚化的六羟甲基三聚氰胺, 但由于此阻燃剂及聚酯中均不含可供交联的活性基团, 故即使加入交联剂, 也不产生交联作用, 不过可提高阻燃效果, 并伴随一定的抗熔作用。此阻燃剂可通过浸轧及焙烘渗透至纤维内部并固着, 但附着于织物表面的阻燃剂则可被水洗去, 所以不会导致织物手感发硬和产生油性的问题, 对织物原有性能 (如强度、弹性回复、色牢度等) 的影响也较小。

我国研制的 FRC-1 即是此类产品。

6.2.3.7 苯基膦酸二苯砜酯低聚物 (PSPPP) 阻燃的聚酯纤维

用于阻燃聚酯纤维的 PSPPP 为固体, 熔点 180～220℃ (与分子量有关), 聚合度高于 20, 分子量大于 10000。PSPPP 溶于氯仿、吡啶、四氢呋喃、硝基甲烷、环己酮、二甲基甲酰胺、苯甲醛、苯甲醇、苯甲醛和二甲基亚砜, 不溶于乙醚、苯、醋酸乙酯、二甲苯、丁酮、环己烷、氯苯、二氯甲烷、乙二醇、醋酸、丁醇、正戊烷等。PSPPP 微毒, LD_{50} 为 5000mg/kg (小鼠), Ames 试验为阴性。

PSPPP 可按如下反应合成:

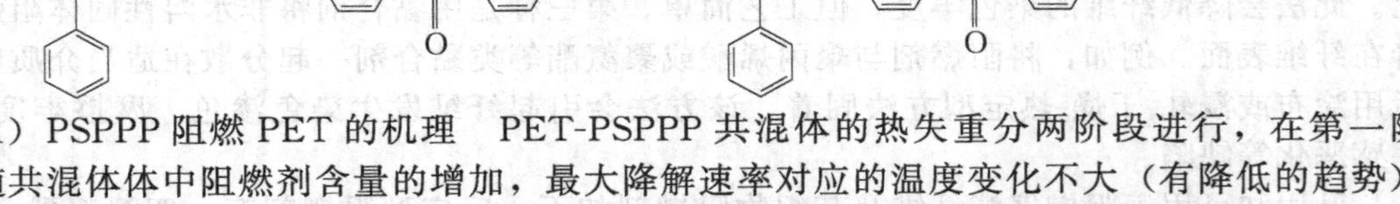

$$Cl-P \begin{matrix} O \\ \parallel \end{matrix} -Cl + n\,HO \diagdown \hspace{-1em} \diagup SO_2 \diagdown \hspace{-1em} \diagup OH \longrightarrow \left[P \begin{matrix} O \\ \parallel \end{matrix} O \diagdown \hspace{-1em} \diagup SO_2 \diagdown \hspace{-1em} \diagup O \right]_n + 2n\,HCl$$

(1) PSPPP 阻燃 PET 的机理 PET-PSPPP 共混体的热失重分两阶段进行, 在第一阶段, 随共混体中阻燃剂含量的增加, 最大降解速率对应的温度变化不大 (有降低的趋势), 而相应的失重率却明显增高; 第二阶段, 最大降解速率对应的温度却随阻燃剂含量的增加而提高, 而相应的失重率却减小。另外, 随共混体中阻燃剂含量的增加, 共混体的起始分解温度降低, 这说明 PSPPP 拓宽了 PET 的分解温度范围。还有, 在 PET 点燃温度前 (480℃) 左右, PSPPP 对 PET 的降解具有一定的促进作用, 而在点燃温度之后, 某些降解产物有利于促进炭化。实际上, 在 PET 燃烧温度 (约 550℃) 下, 随阻燃剂含量增加, 共混体分解残余物量增多, 而生成的炭化残余物则可保留于裂解区, 形成一个阻碍裂解有机可燃产物向火焰面扩散的惰性屏障, 发挥阻燃功效。另外, 共混体试样在燃烧时, 其熔融滴落现象比纯 PET 试样严重得多。熔融滴落有利于促使着火部分离开火源, 增加燃烧试样表面的物质损耗和热损耗, 从而也有利于阻燃。

(2) PET-PSPPP 共混体的纺丝性能 PSPPP 在空气和氮气中的热分解温度分别为 400～415℃ 和 388～410℃, 不同组成 (PSPPP 含量在 15% 以下) 的 PET-PSPPP 共混体在纺丝温度范围内 (<300℃) 的热稳定性均很高。在远高于纺丝温度下, 随阻燃剂含量增加, 共混体的热稳定性稍有下降。

将阻燃母粒 [PET/PSPPP=3/2 (质量比)] 与聚酯切片混合后进行纺丝, 当共混体中

PSPPP 含量在 5.7%以下时，即使采用与纯 PET 纤维相同的纺丝工艺参数，也能顺利地纺丝。但随阻燃剂含量的增加，体系的黏度下降，因此，当纺制阻燃剂含量大于 5.7%的纤维时，需将各区的纺丝温度适当地降低，才能保证纺丝的顺利进行。阻燃剂含量大于 10%时，纺丝困难。随共混体中阻燃剂含量的增加，可纺性下降，且纤维的取向度、结晶度和拉伸强度均降低。不同组成共混体的纺丝与拉伸性能见表 6-10。

以 PSPPP 阻燃的聚酯纤维的力学性能和极限氧指数列于表 6-11。由表 6-11 可以看出，所得纤维的强度不高，这主要是因为纤维的取向度和结晶度不高而造成的。随着聚酯纤维中阻燃剂含量的增加，纤维的强度下降，伸长率增大。但是，强度下降的幅度并不很大，含4%阻燃剂的纤维，强度只下降 6%，而纤维的阻燃性能大大提高，氧指数由 21.5%提高到28.0%。就阻燃纤维的综合性能而言，以含 PSPPP 的含量 4%为最佳。

表 6-10 不同组成的 PET-PSPPP 共混体的纺丝与拉伸特性

PSPPP 含量/%		0	2	4	5.7	8
制备阻燃母粒的挤出机的各区温度/℃	Ⅰ	265	260	250	250	248
	Ⅱ	298	293	292	292	285
	Ⅲ	298	295	296	296	285
	Ⅳ	298	295	294	294	290
	Ⅴ	295	294	292	292	290
	法兰区	297	294	292	292	288
	箱体	305	303	302	298	294
纺丝现象		正常	正常	正常	正常	少量毛丝
纺丝环境		无异味	无异味	无异味	无异味	无异味
拉伸温度/℃(盘/板)		70/170	70/170	70/170	70/170	70/170
拉伸速率/(m/mim)		238	238	238	238	238
总拉伸倍数		3.85	3.85	3.85	3.85	3.85
拉伸环境		正常	正常	正常	基本正常	少量断丝

注：纤维规格 167dtex/36f；纺速 600m/min。

表 6-11 阻燃聚酯纤维的性能

PSPPP 含量	强度/(cN/tex)	强度下降率[①]/%	伸长率/%	LOI[②]/%
0	2.58	0	25.4	21.5
2	2.51	2.71	26.0	25.5
4	2.43	5.81	26.2	28.0
5.7	2.28	11.63	28.4	30.5
8	2.10	18.60	28.6	34.5

① 与不含 PSPPP 的 PET 纤维比较。
② 单层织物数据。

6.3 本质阻燃高分子材料

本质阻燃高聚物是指那些由于特殊的化学结构而使自身固有阻燃性的高聚物，不需要改性或阻燃处理，也具有耐高温、抗氧化、不易燃等特点。在目前已获工业应用的高聚物中，那些主链芳香烃含量大、成炭率高、阻燃元素含量高以及某些含杂环的高聚物，如聚砜、聚苯硫醚、硬聚氯乙烯、聚四氟乙烯、芳香族聚酰胺、聚酰亚胺、聚酰胺-酰亚胺及聚醚酮等，均具有十分优异的耐热性和高温抗氧化性，氧指数高，能自熄，不需要对其进行阻燃处理也能满足多种使用场所的阻燃要求，可以认为是具有本质阻燃性的高聚物。20世纪90年代，人们还研究了一些具有极高耐燃性和极高抗氧化性的新型本质阻燃高聚物，如硅氧烷-乙炔聚合物、多（苯乙炔基）苯的聚合物及含炔基的无机-有机杂化共聚物、含氟芳香族聚酰胺和含氟聚酰亚胺等。目前它们或者由于价格高昂，或者由于制造工艺复杂，应用受到限制，但它们代表阻燃高分子材料的一个发展方向。

6.3.1 本质阻燃高聚物分子设计

6.3.1.1 引言

传统的赋予高聚物阻燃性的通用方法，系采用添加型，有时也采用反应型阻燃剂。尽管这些阻燃剂的用量还在继续增长，但人们对使用某些阻燃剂所带来的环境危害的忧虑也与日俱增。有人认为，以添加型阻燃剂阻燃高聚物的方法，并不是十分可取的。从长远的观点看，应着眼于研究具有本质阻燃性的高聚物，或者是那些具有阻燃表面而以普通高聚物为基体的复合高分子材料，特别是那些受强热时能形成泡沫炭层和/或无机玻璃态层的复合高分子材料。

根据有机物热裂解成炭的机理，设计本质阻燃高聚物时可遵守如下规则：

① 在分子结构中引入卤素或磷；

② 增加分子结构的碳/氢化；

③ 增加高聚物的氮含量；

④ 通过芳香化或杂环芳香化，在分子结构中引入共轭系统；

⑤ 在分子中引入刚性结构（形成半阶梯或阶梯聚合物）；

⑥ 在分子结构中引入能使聚合物链间发生强烈相互作用的基团；

⑦ 增加高聚物的结晶度和交联度。

因为在高聚物分子结构引入卤素会带来环境问题，所以下文只讨论规则②～⑦。

6.3.1.2 碳/氢比与阻燃性

在现有高聚物中，显示优异阻燃性的是杂环高聚物和阶梯或半阶梯形高聚物，杂环高聚物有聚酰亚胺、聚苯并咪唑、聚苯并噻唑、聚苯并噁唑和聚噻唑；阶梯高聚物有聚咪唑并吡咯酮等。对半阶梯及阶梯高聚物，高的碳/氢比赋予材料高的阻燃性；对稠杂芳香环系统，高的碳/氢比则赋予材料以高的热稳定性。

比较多种高聚物的极限氧指数（LOI）可知，高聚物隔氧热裂解成炭的原理也可用于高聚物在氧存在下的燃烧成炭。而且，高聚物的碳/氢比与其LOI密切有关（见表6-12），即碳/氢比增高，LOI增加，可燃性降低。隔氧热裂解和需氧燃烧的相关性可用热力学定律解释，因为需氧燃烧时由高聚物中的氢和氧形成极稳定的水。另外，从动力学观点而言（对需氧燃烧，动力学意义更大），氢易与氧形成自由基。总之，无论从阻燃性还是从热稳定性来看，具有本质阻燃性高聚物的氢含量应尽可能低。

表 6-12 高聚物的 LOI 与其 C/H 比的关系

高聚物	C/H 比	LOI/%	高聚物	C/H 比	LOI/%
PAT（聚缩醛）	0.50	15	PC	1.14	26
PMMA	0.63	17	PAR（聚芳酯）	1.21	34
PE	0.50	17	PES（聚醚砜）	1.50	34～38
PS	1.00	18	PEEK（聚醚醚酮）	1.58	35

6.3.1.3 氮含量与阻燃性

（1）氮含量与热稳定性及氧指数的关系 高聚物中的氮含量对其阻燃性也有明显的影

响。尽管氮作为阻燃元素的准确作用机理尚不甚明了，但有几点是可以肯定的。首先，含氮化合物燃烧时，释出氮气（在正常燃烧情况下，很少生成氨的氧化物），它可部分隔绝和稀释氧气。其次，氮在高聚物中，一般以多键原子存在，使其从高聚物中释出需要较多的能量。最重要的是，氮能促进高聚物交联和成炭。例如，丙烯腈纤维隔氧热裂解时形成碳纤维，此过程的关键一步是形成甲亚胺（ RN=CHR ），后者再芳构化和石墨化。将氰基（—CN）引入高聚物，也是提高材料成炭率的一个可行方法，—CN 的环化可形成三嗪，并促进交联，且—CN 可被 $ZnCl_2$ 催化环化。而众所周知，由三嗪环组成的三聚氰胺是一个有实效的添加型阻燃剂。表 6-13 是某些高聚物的氮含量与其 LOI 的关系，氮含量较高的聚合物，如聚芳酰胺及聚酰亚胺均具有较高的 LOI。试验证明，同时含芳香族及脂肪族链的聚苯并咪唑（PBI）成炭率及热稳定性均低于只含芳香族链者。例如，在 520℃，杂芳香族 PBI 的热重损失是 5％左右，而芳香族-脂肪族 PBI 的热重损失高达 45％左右。实际上，杂芳香族 PBI 至今仍是本质阻燃高聚物中的佼佼者。PBI 的结构式如下：

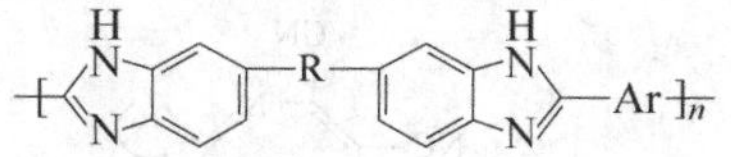

式中，R 为烷基或芳基结构；Ar 为芳香环结构。

表 6-13　某些高聚物的 LOI 与其氮含量的关系

高聚物	氮含量/％	LOI/％	高聚物	氮含量/％	LOI/％
聚氨酯泡沫塑料	4.5～5.2	16.5	丝	18～19	＞27
聚丙烯腈		18	聚芳酰胺		28.5
尼龙 66	12.4	24.0	聚酰亚胺		36.5
羊毛	16～17	25.2	聚苯并咪唑		41.5

无论是在添加型阻燃剂中，还是在聚合物中，氮含量均对高聚物的阻燃性有重要影响。例如，三聚氰胺可看为氰酰胺的三聚物，其氮含量高达 66.6％，所以广泛用作聚酰胺和苯乙烯系聚合物的添加型阻燃剂，而三聚氰胺与氰尿酸的分子加合物则用作聚氨酯和聚酰胺的阻燃剂。

（2）含氮聚合物的分子设计实例及其性能　将氮引入高聚物的碳骨架中，并达到一定的含量，则可使高聚物具有足够高的热稳定性，但在聚合物中引入氮时应遵守下述原则：

① 引入的氮原子不宜彼此键联，因为这会大幅度降低由高聚物释出氮气的可能性；

② 氮原子应尽量降低氧化态，因为有些高氧化态的氮化合物能进行分子内的氧化还原反应甚至引起爆炸；

③ 高聚物的氢含量应尽可能低，因为很多小分子氢化物具挥发性，而对含氢分子的分解过程，氢自由基是一个关键物种。

根据上述原则，丙烯醛（或与之相关的醛）与二氨基马来腈（DAMN，即 HCN 的四聚物）反应生成的 Acrodamn（$C_7H_6N_4$）可能是一个较佳的本质阻燃聚合物的单体，反应式如下：

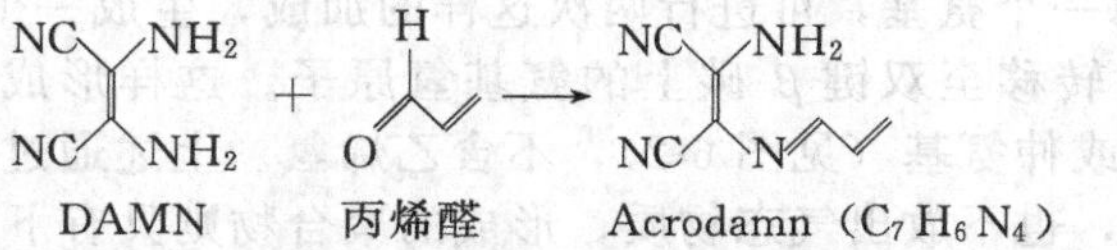

DAMN　　丙烯醛　　Acrodamn（$C_7H_6N_4$）

Acrodamn 含有的双键活性很高，即使亲核性很弱的胺也能与此双键发生 Michael 加成，所以 Acrodamn 在 130℃ 即可进行突发性的放热聚合，这可由 Acrodamn 的 DSC 曲线（图 6-1）可以明显看出。这种不一般的聚合可以视为是 A_2B 增长 Michael 加成。与通常的

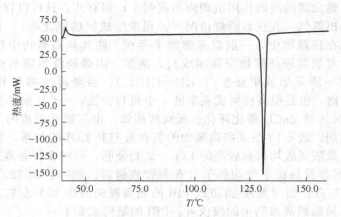

图 6-1 Acrodamn 的 DSC 曲线

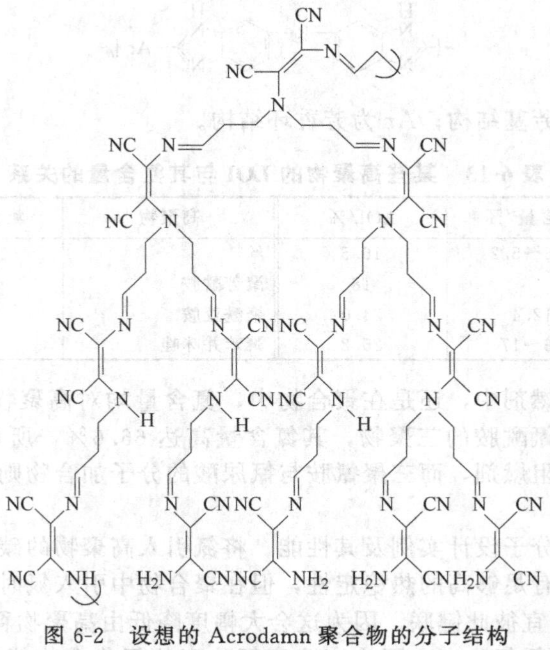

图 6-2 设想的 Acrodamn 聚合物的分子结构

缩聚不同，这种聚合不放出挥发性的小分子物质，所以能生成平整的聚合物薄膜，而且只要在略高于水的沸点下即能快速形成。Acrodamn 聚合物的设想结构可能如图 6-2 所示。

如果在 Acrodamn 的双键上引入一个端甲基，则形成化合物 Crotodamn。此时由于甲基的立体障碍，Crotodamn 的聚合不如 Acrodamn 快，要在高于它熔点约 40℃，即约 140℃时发生放热聚合（见图 6-3）。

Acrodamn 和 Crotodamn 均为希弗碱加合物，它们的活性端双键很易与游离胺发生 Michael 加成。对于每一个氨基，可进行两次这样的加成，生成一个 A$_2$B 型单体，其中每一个 A 表示一个聚合时转移至双键 β-碳上的氨基氢原子。这样形成的聚合物是高度支链化的，端基全部为伯氨基或仲氨基（见图 6-2），不含乙烯氢。上述通过 Michael 加成发生的聚合不生成小分子化合物，也不放出气态物质，形成的聚合物则具有下述特征。①在熔融态聚合阶段，完全溶于有机溶剂（如四氢呋喃），易浇注成薄膜，也易浸渍入其他能透过溶剂的物质中，单体能熔融聚合成一定形状。像这样易于制备的聚合物，一般是很少见的。②形成的聚合物热稳定性很好，高温下也很难蒸发，且成炭率高。图 6-4 是 Acrodamn 和聚丙烯腈两者

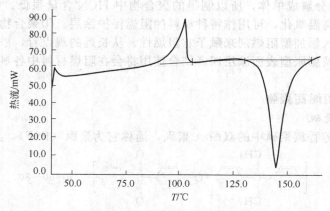

图 6-3　Crotodamn 的 DSC 曲线

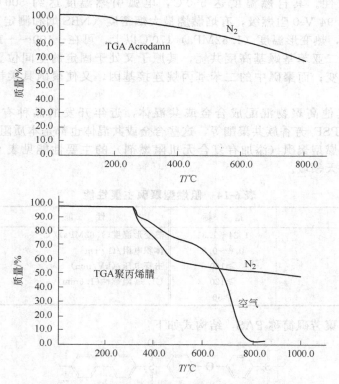

图 6-4　Acrodamn 和聚丙烯腈的 TGA（N_2）曲线

的 TGA（N_2）曲线。在 800℃ 下，Acrodamn 的质量损失仅 30%，而聚丙烯腈则高达 50%。众所周知，三聚氰胺是一种热稳定性很好的阻燃剂，但它在 300℃ 时即快速分解，且成炭率甚低。考虑到 Acrodamn 聚合物优异的热稳定性，在阻燃领域具有很大的应用潜力。③聚合时尽管放热量大，但很少放出挥发性气体，所以可在适当温度下在基质上形成薄而平滑的薄膜。

上述新聚合物具有下述优点。①对某些特殊应用场所，价格可为用户承受。因为所用单体可采用工业原材料通过一步或两步合成。原料丙烯醛广泛用作中间体，世界年产量已达 125kt。HCN 的四聚物是一稳定固体，已在市场销售，价格适中。②可通过化学引发或热引发，单体很易在适当温度下聚合，所得聚合物热稳定性高，分解时放出的气体量少。另外，

HCN 的聚合物不易分解成单体，所以制得的聚合物中 HCN 含量很低。③聚合物的氮含量高，氢含量低，耐高温氧化，可用作特种材料的阻燃保护涂层。④聚合物是一个具本质阻燃性的材料，不需加入添加型阻燃剂来赋予它阻燃性。从长远的观点看，添加型阻燃剂、本质阻燃性、高成炭率及膨胀型表面涂层四者结合使用将会在阻燃材料中各显身手，但卤系阻燃剂将被限制使用。

6.3.2 工业本质阻燃高聚物

6.3.2.1 芳香族聚砜

（1）聚砜 指芳香族聚砜中的双酚 A 聚砜，通称它为聚砜（PSF），其结构式如下：

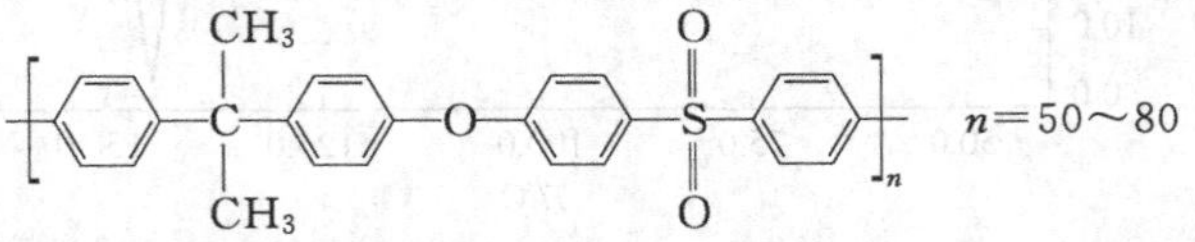

$$\left[\begin{array}{c} CH_3 \\ \cdots \\ CH_3 \end{array} \right]_{n=50\sim80}$$

砜基的高共振使聚砜具有极佳的耐热性和抗高温氧化性，出色的熔融（熔融温度达 320～380℃）稳定性。其自燃温度达 550℃，电弧引燃温度达约 500℃，LOI 达 30%，3.2mm 试件具 UL 94 V-0 阻燃级，有焰燃烧最大烟密度（NBS 烟和测定）约 90，达到 D_m 的时间为约 10min，热变形温度（1.82MPa）170℃以上，可在 $-100\sim+150$℃下长期使用。

由于聚砜中的二亚苯基砜基高度共轭，其原子又处于固定的空间位置，故聚砜质地坚硬，不易断裂和蠕变；而聚砜中的二苯基丙烷连接基因，又使聚砜具柔韧性和良好的加工性能。

聚砜还可与其他高聚物混配成合金或共混体，近年开发的品种有 PSF/ABS、PSF/PEEK、PSF/PI、PSF/芳香族共聚酯等，这些合金或共混体也都是本质阻燃高聚物。

我国生产的阻燃型聚砜（添加有复合无机阻燃剂）的主要性能见表 6-14。这类聚砜用于电子、航空、航天领域。

表 6-14 阻燃型聚砜主要性能

性　能	指　标	性　能	指　标
密度/(g/cm³)	1.24～1.31	热变形温度(1.82MPa)/℃	≥150
收缩率/%	0.6～0.8	体积电阻/Ω·cm	≥1×10¹⁴
冲击强度/(kJ/m²)	≥160	击穿电压/(kV/mm)	≥15
抗弯强度/MPa	≥120	UL 94 阻燃性(1.6mm)	V-0
拉伸强度/MPa	≥50		

（2）聚芳砜 聚芳砜简称 PAS，结构式如下：

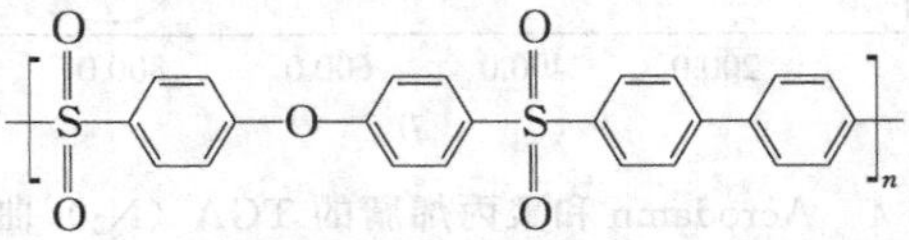

聚芳砜为典型的耐热树脂，在空气中能长期耐 260℃的高温，在此温度下的拉伸强度仍可达 28MPa（为 24℃时的 30%），弯曲强度仍可达 61MPa（为 24℃下的 50%），压缩强度仍可达 82MPa（为 24℃下的 70%）。牌号为 Radel 的聚芳砜（美）的 UL 94 阻燃级别为 V-0，热变形温度（182MPa）可达 270℃，高于聚砜。聚芳砜的加工温度达 400～425℃，模具温度达 230～280℃。

（3）聚醚砜 聚醚砜简称 PES，结构式如下：

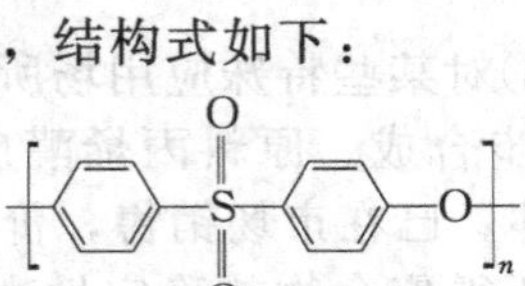

由于 PES 分子中不含任何酯类结构单元，故具有极佳的耐热性、抗氧化性和阻燃性，连续使用温度可达 160℃，UL 94 阻燃性可达 V-0 级 （0.8mm 试样），热变形温度（1.82MPa）可达 200℃，可耐注塑成型温度 310～390℃。

美国生产的含 10％短玻璃纤维的阻燃聚醚砜 （牌号为 K-10FG-0100） 的主要性能如下：密度为 1.43g/cm³，拉伸屈服强度为 116MPa，弯曲模量为 4.2GPa，带 V 形缺口冲击强度为 70J/m，热变形温度 （1.82MPa） 为 213℃，UL94 阻燃性为 V-0 级。

6.3.2.2 芳香族聚酰亚胺

聚酰亚胺 （PI） 属耐高温、具本质阻燃性的热塑性高聚物，市售的这类高聚物大多为芳香族系。

（1）聚均苯四甲酰亚胺　聚均苯四甲酰亚胺简称 PMMI，结构式如下：

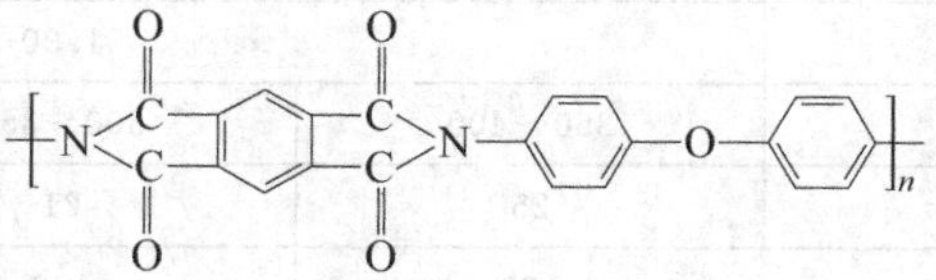

PMMI 可加工成薄膜、模压塑料、纤维及涂料。PMMI 薄膜的玻璃化温度达 385℃，热贯穿温度达 435℃ （25μm），在空气中于 250℃下的热老化可耐 8 年，氧指数达 37％。200℃下的力学性能与 25℃下的同类值相比，拉伸强度为 68％，拉伸 5％的应力为 60％，弯曲模量为 60％，极限伸长率为 130％。未填充的 PMMI 树脂 （Vespel SP） 的主要性能见表 6-15。

表 6-15　PMMI 树脂主要性能

性　能	指　标		性　能	指　标	
	23℃	200℃		23℃	200℃
密度/(g/cm³)	1.43		无缺口冲击强度/(J/m)	1500	
拉伸强度/MPa	86	42	热变形温度(1.82MPa)/℃	约 360	
抗弯强度/MPa	137	76	体积电阻率/Ω·cm	$10^{14}\sim10^{15}$	
抗弯模量/GPa	3.1	1.7	击穿电压(2mm)/(kV/mm)	21	
伸长率/%	7.5	7.0	LOI/%	53	
V 形缺口冲击强度/(J/m)	65				

（2）聚酰胺-酰亚胺　聚酰胺-酰亚胺简称 PAI，结构式如下：

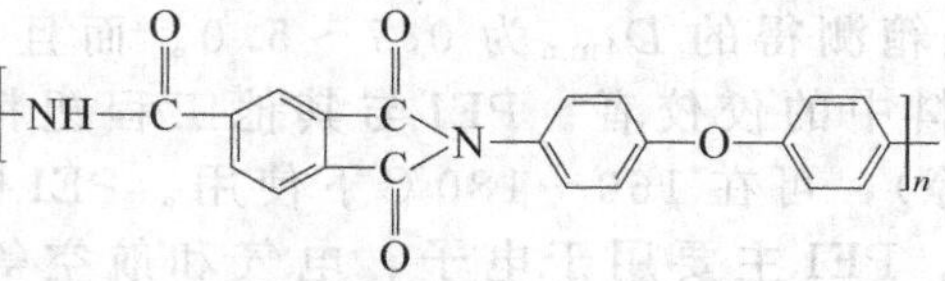

PAI 是一种新型的耐高温、耐辐射材料，可在 220℃下长期使用，300℃下不失重，450℃左右才开始分解，热变形温度 （1.82MPa） 274℃，LOI 43％ （不燃），注射成型时料筒上限温度可允许达 360℃。PAI 的强度高于现用任何工业未增强塑料，拉伸强度达 170MPa，弯曲强度达 250MPa。PAI 可加工成模塑制品、薄膜及浸渍于漆包线上。

（3）聚氨基双马来酰亚胺　聚氨基双马来酰亚胺简称 PABM，结构式如下：

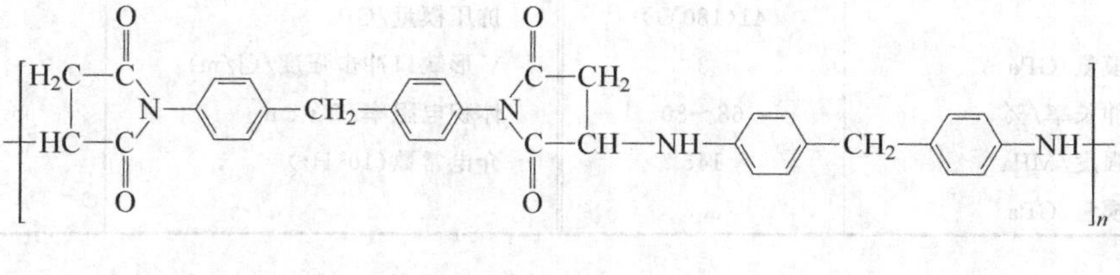

PABM 耐热性极高，是良好的阻燃绝缘材料。能在 200℃ 下长期使用，在该温度下老化一年后力学性能仍保持原指标的 50% 以上。热变形温度（1.82MPa）达 320℃，UL 94 阻燃性为 V-0 级。

以 PABM 为基的含 6mm 长玻纤的压缩成型制品（商品牌号 Kinel 5504）的主要性能见表 6-16。

表 6-16　Kinel 5504 的主要性能

性　能	指　标		
	25℃	200℃	250℃
外观	黑		
密度/(g/cm³)	1.90		
抗弯强度/MPa	350～400	300～350	250～300
抗弯模量/GPa	25	21	18
拉伸强度/MPa	190	160	
抗压强度/MPa	235	170	130
V 形缺口冲击强度/(J/m)	900		
热变形温度(1.82MPa)/℃	360		
体积电阻率/Ω·cm	9.2×10¹⁵		
击穿电压(2mm)/(kV/mm)	20		

（4）聚醚酰亚胺　聚醚酰亚胺简称 PEI，结构式如下：

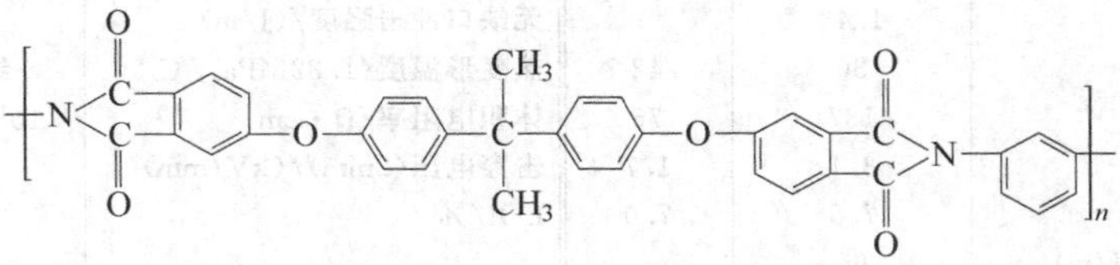

PEI 具有极优异的耐热性和阻燃性，玻璃化温度达 210～215℃，热变形温度（1.82MPa）达 200～215℃，热分解温度达 500℃ 上，LOI 达 45%～50%，阻燃性为 UL94V-0 级，以 NBS 烟箱测得的 D_{4min} 为 0.7～5.0。而且，PEI 的力学性能、电性能及耐辐照性能也是塑料中的佼佼者。PEI 与其他工程塑料组成的耐热高分子合金（如 PEI/PPS、PEI/PC 等），可在 160～180℃ 下使用。PEI 也可加入玻璃纤维、碳纤维或其他填料增强改性。PEI 主要用于电子、电气和航空等部门，满足国防军工的需要。

美国 GE 公司生产的牌号由 ULtem 1000PEI 的主要力学性能及电性能见表 6-17。

表 6-17　ULtem 1000 PEI 主要力学性能及电性能

性　能	指　标	性　能	指　标
拉伸强度/MPa	105(23℃)	抗压强度/MPa	140
	41(180℃)	抗压模量/GPa	2.9
拉伸模量/GPa	3	V 形缺口冲击强度/(J/m)	50
断裂伸长率/%	68～80	体积电阻率/Ω·cm	6.7×10¹⁵
抗弯强度/MPa	145	介电常数(10³ Hz)	3.15
抗弯模量/GPa	3.3		

6.3.2.3 聚苯硫醚

聚苯硫醚简称 PPS，结构式如下：

$$\left[\!\!-\!\!\left\langle\!\!\bigcirc\!\!\right\rangle\!\!-\!\!S\!\!-\!\!\right]_n$$

PPS 具有突出的热稳定性，于 345℃下在空气中交联固化后，可在 290℃工作，175℃以下不溶于所有溶剂。我国生产的 PPS 原粉的玻璃化温度为 101～103℃，热分解温度高于 500℃，510℃及 530℃时失重分别为 10%及 20%，且具有优良的自熄性。以玻璃纤维增强的 PPS 的热变形温度（1.82MPa）达 260℃，长期使用温度可达 220℃，阻燃性为 UL94V-0/5V 级。PPS 也具有很好的力学性能、黏结力、尺寸稳定性和很低的吸水率。

PPS 及其改性产品（如 PPS/PTFE、PPS/PA、PPS/PPE、PPS/PP 等合金）主要用于制造要求耐热和阻燃的电子、电气和机械元器件，也用于耐高温的涂层和塑性材料。

6.3.2.4 聚芳酯

聚芳酯简称 PAR，结构式如下：

$$\left[\!\!-\!\!C\!\!-\!\!\left\langle\!\!\bigcirc\!\!\right\rangle\!\!-\!\!C\!\!-\!\!O\!\!-\!\!\left\langle\!\!\bigcirc\!\!\right\rangle\!\!-\!\!\underset{CH_3}{\overset{CH_3}{C}}\!\!-\!\!\left\langle\!\!\bigcirc\!\!\right\rangle\!\!-\!\!O\!\!-\!\!\right]_n$$

PAR 为耐温、阻燃工程塑料，玻璃化温度 194℃，熔融温度 240℃，热变形温度（1.82MPa）170℃，长期使用温度 130℃以上，阻燃等级为自熄性。其他性能与 PC 相似。可用挤出或注塑等方法加工成管、棒、板、膜等制件。PAR 及其改性产品（共聚产品或合金）主要用于制造耐热的电子、电气及机械零部件。

6.3.2.5 聚苯酯

聚苯酯也称聚氯苯甲酸或聚对羟基苯甲酸酯，简称 OBP、POBB，结构式如下：

均聚物

$$\left[\!\!-\!\!\left\langle\!\!\bigcirc\!\!\right\rangle\!\!-\!\!\overset{O}{\overset{\|}{C}}\!\!-\!\!\right]_n$$

共聚物

$$\left[\!\!-\!\!\overset{O}{\overset{\|}{C}}\!\!-\!\!\left\langle\!\!\bigcirc\!\!\right\rangle\!\!-\!\!\overset{O}{\overset{\|}{C}}\!\!-\!\!\right]_n\!\!\left[\!\!-\!\!O\!\!-\!\!\overset{O}{\overset{\|}{C}}\!\!-\!\!\left\langle\!\!\bigcirc\!\!\right\rangle\!\!-\!\!\overset{O}{\overset{\|}{C}}\!\!-\!\!\right]_n\!\!\left[\!\!-\!\!O\!\!-\!\!\left\langle\!\!\bigcirc\!\!\right\rangle\!\!-\!\!\left\langle\!\!\bigcirc\!\!\right\rangle\!\!-\!\!\right]_n$$

OBP 为一种结晶度达 90%以上的不溶、不熔线形聚合物，极其耐热和阻燃，起始热分解温度 350℃，在空气中 400℃经 1h 失重仅 1%，热变形温度（1.82MPa）280～340℃。能在 370～420℃下模压成型，在 300℃经 300h 后的抗弯强度仍保持 35MPa。这说明 OBP 能在 300℃下使用。OBP 的阻燃性为 UL94V-0 级（0.80mm），LOI 为 47%～53%。日本生产的阻燃级 OBP 的密度为 1.69g/cm³，拉伸强度 120MPa，伸长率 5%，抗弯模量 8.3GPa，冲击强度（带缺口）70J/m。此外，OBP 还具有金属的一些性能，其热导率为一般塑料的 4～5 倍。

OBP 的主要应用领域为电子、电气、机械等行业，如用于制造微型电机、显示器、传感器、控制器、数字转换器及记录器、电子炉等。

6.3.2.6 聚醚醚酮

聚醚醚酮简称 PEEK、PAEK 或 PPEK，结构式如下：

$$\left[\!\!-\!\!O\!\!-\!\!\left\langle\!\!\bigcirc\!\!\right\rangle\!\!-\!\!O\!\!-\!\!\left\langle\!\!\bigcirc\!\!\right\rangle\!\!-\!\!CO\!\!-\!\!\left\langle\!\!\bigcirc\!\!\right\rangle\!\!-\!\!\right]_n$$

PEEK 是一种耐高温、阻燃热塑性塑料，玻璃化温度 140℃，熔点 330℃，热分解温度达 500℃，400℃下经 1h 后稳定。连续使用温度可达 240℃，能耐 260℃的过热水蒸气。

PEEK 的 LOI 为 35％，阻燃性为 UL94V-0 级。含 30％玻璃纤维的 PEEK 的热变形温度（1.82MPa）可大于 300℃，拉伸强度（破坏）150～200MPa，伸长率（破坏）2％～3％，抗压强度 140～150MPa，抗弯强度 230～290MPa，冲击强度（带缺口）110～140J/m。

PEEK 及其改性产品（如 PEEK/PHB、PEEK/PES 合金）主要应用于核电、电子、舰船、航空、机械等领域，如集成电路的线圈、超纯水管路、复印机的分离爪等。

6.3.2.7　聚四氟乙烯

聚四氟乙烯简称 PTFE 或 F4，结构式为：

$$+CF_2—CF_2+_n$$

中国生产悬浮型、分散型及模压通用型等 3 种 PTFE 树脂。PTFE 具有极佳的耐化学腐蚀性和极好的电绝缘性能，在 300℃ 以下不溶于任何溶剂。PTFE 是本质阻燃高聚物，LOI 达 90％，不燃。熔点（327±5）℃。中国生产的通用型模压 PTFE 树脂的密度为 2.13～2.18g/cm³，伸长率大于 250％，击穿电压大于 60kV/mm。PTFE 用作防腐、密封、绝缘、防粘等材料，还用于制造承荷构件、医疗器械（包括代用人体器官）及过滤器材等。

6.3.3　新型本质阻燃高聚物

6.3.3.1　硅氧烷-乙炔聚合物及其固化产物

在高聚物分子中同时引入无机及有机元素，可提高高聚物的耐热性、阻燃性及抗氧化性能。硅氧基团则是一个可以考虑的选用基团，因为该基因具有良好的热和氧化稳定性及疏水性，而其柔韧性则有利于高聚物的加工。如果高聚物主链上除含硅氧基外，还含有二乙炔基单元，则由于后者能进行热反应或光化学反应而可形成韧性的含共轭网络的交联聚合物。这种交联能赋予高聚物新的光化学性能、热色性、机械色性、非线性光学性能等。因此，线性硅氧烷-乙炔聚合物在阻燃材料领域内甚为人重视。例如，通过 1,3-二乙炔基四（六）甲基二（三）硅氧烷的氧化偶联所制得的线形高聚物（A）及（B），再通过热反应或光化学反应可转化为热固性树脂，后者裂解时可形成玻璃-陶瓷材料。

$$+C\equiv C—C\equiv C—SiMe_2OSiMe_2+_n$$

（A）

$$+C\equiv C—C\equiv C+SiMe_2O+_2SiMe_2+_n$$

（B）

上述热固性树脂具有极佳的热-氧化稳定性和耐燃性，它们在空气中于 300℃ 下老化时，开始增重 6％，此后的质量损失速度仅 0.002％/min。在空气中 400℃，甚至 600℃ 下也相当稳定，1000℃ 下的质量损失仅 15％～20％，这是一般高聚物所不可比拟的。

（1）聚合物（A）及（B）的合成

① 聚合物（A）的合成。将 1,4-二锂-1,3-丁二炔溶于四氢呋喃-乙烷混合液中，用干冰-丙酮液冷却反应物，再往反应物中滴加 1,3-二氯四甲基二硅氧烷，滴加时间为 15min。加完后，移走冷却浴，将反应混合物在室温下搅拌 2h。将所得产物于搅拌下倾入经冷却的氯化铵饱和水溶液中，然后再过滤，水层用 2 份乙醚萃取，再将萃取液与有机层合并。有机层以蒸馏水洗涤 2 次，饱和氯化钠水溶液洗涤 1 次。所得棕黑色有机层以无水硫酸镁干燥、过滤，再减压蒸馏有机层以除去大多数挥发性产物，剩余物在 14Pa 下于 75℃ 下加热 3h 即得聚合物（A），得率为 92％，该聚合物为一黏稠棕黑色物质，在室温下缓慢固化，约 70℃ 时液化。经 IR、¹HNMR、¹³CNMR 及元素分析鉴定，与反应式中所述结构（A）相符。

② 聚合物（B）的合成。制备过程与聚合物（A）相同，只是以 1,5-二氯六甲基三硅氧烷代替 1,3-二氯四甲基二硅氧烷。制备聚合物（B）的得率为 90％。（B）为一略黏的棕黑色油状物，结构经 IR、¹HNMR、¹³CNMR 及元素分析鉴定。

合成（A）及（B）的反应式如下所示。

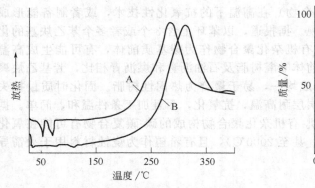

对(A)，n=1；对(B)，n=2

（2）聚合物（A）和（B）的热分解　聚合物（A）和（B）均在主链上含有二乙炔基及硅氧烷基，但（B）中含有较长的柔顺性硅氧烷基，所以它在室温下为黏稠液体，而（A）能在室温下固化，70℃才液化。

图6-5是聚合物（A）和（B）的DSC曲线。（A）在289℃及（B）在315℃分别有强的放热峰，它们系由于二乙炔的交联所引起的。而在50~80℃范围内，（A）显示两个小的熔化峰。如将（A）加热至100℃，然后冷却至室温，再重新加热，也能观察到这类峰。这说明（A）和（B）中存在为硬链段（二乙炔基）和软链段（硅氧烷基）所隔开的区域。

图6-6为（A）和（B）在氮气中的TGA曲线。由图6-6可以看出，（A）的成炭率高于（B），前者为74%，后者为58%。（B）主链上的硅氧烷基浓度较高，更易于在高温下降解而形成环状单体硅氧烷。（A）和（B）在空气中的热失重大于在氮气中的热失重。但无论是在空气中还是在氮气中，（A）和（B）两者加热至约300℃时的热失重是由于残留溶剂及低分子量聚合物引起的。

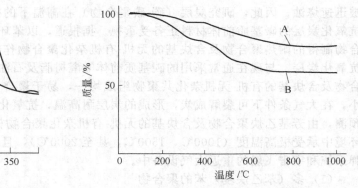

图6-5　聚合物（A）和（B）的DSC曲线
（N₂，加热速度10℃/min）

图6-6　聚合物（A）和（B）的TGA曲线
（N₂，加热速度10℃/min）

（3）由聚合物（A）及（B）制备热固性树脂　将聚合物（A）在110℃于真空下脱气5min，再将试样置于管式炉中，在氩气中于150℃下固化25h，200℃下5h，300℃下2h及400℃下2h，得到无孔隙的棕色软质固体（Ⅰ），得率94%。

将聚合物（B），在高温及真空中下脱气，再将试样置于管式炉中，在氩气中于150℃下固化2.5h，200℃下5h，325℃下2h及400℃下2h，得无孔隙的棕黑色软质固体（Ⅱ），得率90%。

热固性树脂的形成是由于聚合物（A）及（B）中存在的二乙炔基能发生交联热固化所致。红外光谱表明，固化非常彻底，固化后的聚合物中二乙炔基已几乎完全消失。在空气中固化这两种聚合物时，收率较在氩气中固化时低。

热固性树脂（Ⅰ）和（Ⅱ）的玻璃化转变温度 T_g 分别为 144℃ 及 170℃。（Ⅱ）的 T_g 较高，可能是由于其前体（B）中柔顺的硅氧烷链间距较长，因而（Ⅱ）中交联度较高之故。

（4）热固性树脂（Ⅰ）和（Ⅱ）的热氧化稳定性　（Ⅰ）和（Ⅱ）表现出极佳的热氧化稳定性，将它们在空气中加热至 1000℃ 的 TGA 曲线示于图 6-7。该图表明，（Ⅰ）和（Ⅱ）两者在约 400℃ 时是稳定的，即使在高温下也不损失其全部质量。1000℃ 时（Ⅰ）和（Ⅱ）的成炭率可达约 60%。聚硅氧烷之所以有优异的热氧化稳定性，是由于在高温下硅氧烷能转化为二氧化硅的缘故，这点从这类聚合物在高温下所形成的炭具有完全白色的表面可得到佐证。另外，将（Ⅰ）在 300℃ 下进行老化试验，它的质量增重近 6%，此后继续将（Ⅰ）维持在 300℃ 下，其质量几乎不再变化，质量损失速度仅为 0.002%/min。这也说明聚硅氧烷在高温下形成二氧化硅的说法是正确的。

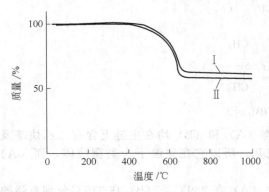

图 6-7　树脂（Ⅰ）和（Ⅱ）的 TGA 曲线
（空气，10℃/min）

将（Ⅰ）在氩气中加热至 1000℃，生成黑色的炭（Ⅲ），它是（Ⅰ）的裂解产物，其质量损失仅 26%。此炭还保持原试样（Ⅰ）形状，未发生裂开。将（Ⅲ）在空气中加热至 1000℃（升温速度 10℃/min），它在约 600℃ 时仍稳定，此后质量开始损失，但即使加热至 1000℃，质量总损失也只有 15%。（Ⅲ）在空气中于 500℃ 下加热 15h 的质量损失为 28%。（Ⅲ）含 C47.31%，H0.56%，O24.13%，Si28.00%，这相当于 $Si_{1.00}C_{3.49}H_{0.56}O_{1.51}$ 的元素组成。裂解含碳的聚硅氧烷时，可形成玻璃材料。

6.3.3.2　多（苯乙炔基）苯的聚合物及其和硅、硼的无机-有机杂化共聚物

易于成炭的高聚物通常具有较高的阻燃性和耐高温性能，但炭层在空气中于 400℃ 下即被迅速烧蚀，因此，研究炭层（碳-碳复合物）在高温下的抗氧化性技术，或者制备能形成抗氧化炭层的碳基质前体材料正备受重视。据报道，以苯环上含 3 个或者多个苯乙炔基的化合物制得的耐热聚合物及含炔基的无机-有机杂化聚合物作为碳基质前体，有可能生成高温抗氧化炭层。与现在通常采用的碳基质前体酚醛树脂及石油沥青和煤沥青相比，芳基乙炔聚合物及含炔基的有机-无机杂化共聚物组成均一，易于聚合为热固性树脂。固化时质量损失小，在大气条件下可裂解成炭，形成的炭层耐高温，抗氧化，而且加工条件温和、简单。据预测，由芳基乙炔聚合物及含炔基的无机-有机杂化聚合物构成的碳-碳复合物有可能在氧化环境中承受极高温度（1000℃，1500℃，甚至 2000℃），且有希望作为烧蚀材料用于火箭导弹系统和宇宙飞船的重返大气设备中。

（1）多（苯乙炔基）苯的聚合物

① 聚合物的合成及炭化。制备芳基乙炔类成炭材料涉及带苯基乙炔的多取代苯单体（每一芳环上带有 3 个或多个取代苯乙炔基的化合物）的合成、单体的聚合和聚合物的炭化。

a. 1,2,4,5-四（苯乙炔基）苯单体（C）的合成。以苯基乙炔与 1,2,4,5-四溴苯反应，可制得化合物（C）。

将苯基乙炔、1,2,4,5-四溴苯、三乙胺及吡啶置于反应器中，将反应器用异丙醇干冰浴冷却，然后使反应物交替抽气和充氮气脱气，再往反应器中加入钯催化剂（PdPPH₃Cl₂）、CuI 及 PPH₃，并将反应物再次脱气。将反应物升温至室温，再置于 80℃ 的油浴中，搅拌过夜，生成白色沉淀。将产物倾入水中，过滤，水洗数次，干燥，再用二氯甲烷和乙醇重结晶，得 1,2,4,5-四（苯乙炔基）苯，得率 84%，熔点 194～196℃。

b. 单体的聚合及聚合物的炭化。将化合物（C）在氮气流下加热固化，固化条件为：225℃ 2h，300℃ 2h，400℃ 2h。固化后，生成热固性聚合物，失重 1.1%。冷却聚合物，将其从 30℃ 加热至 1000℃，聚合物炭化，成炭率 85%。也可采用一步法令单体聚合和炭化，即将化合物（C）在惰性条件下从 30℃ 加热至 1000℃。1000℃ 时，剩余物的成炭率为 85%。

② 化合物（C）及其聚合物的热稳定性和抗氧化性。图 6-8 是化合物（C）在室温至 400℃ 间的 DSC 图谱。（C）在 195℃ 时有一吸热峰（熔点），在约 300℃ 时，开始一强的放热峰。对已固化的（C）（聚合条件为 225℃ 2h，300℃ 2h，400℃ 2h），其 DSC 曲线上未显示 T_g，说明它不发生玻璃化转变。

在惰性条件下，将（C）加热至 1000℃ 时，它转变为棕黑色的热固性聚合物，后者可进一步转化为炭，成炭率 85%，炭层密度为 1.45g/ml。在 500℃ 以下，失重仅 1%～2%。裂解产物在空气中于 600～800℃ 间急剧降解。

将由（C）在惰性气体中加热至 1000℃ 裂解所生成的含碳物质在 400～500℃ 间于空气中老

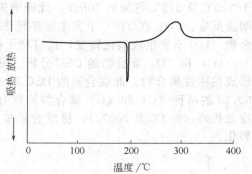

图 6-8 化合物（C）的 DSC 曲线

化，开始试样质量增加，这是因为在氧化分解前，碳能吸附氧或与氧相互作用。约 45min 后，质量不再增加。再随后，试样开始逐渐失重。6h 后试样失重约 2.5%。在 500℃ 下暴露于空气中时，含碳物质立即开始失重。而且，此时试样的分解速度随时间增加。1h 后，试样失重约 9%。

（2）主链上含硅、硼的无机-有机杂化共聚物 将四（苯乙炔基）苯（C）与主链上含硅、硼及二乙炔基的聚合物（D）的混合物加热至 200℃，再将形成的熔融物彻底搅拌均匀，此时由于（C）和（D）中的乙炔基团发生热聚合而形成共轭交联聚合物，它是一种含硅及硼的具有本质阻燃性的杂化共聚物。

上述共聚物在空气中受强热时可形成炭-陶瓷物质膜，此膜可保护由乙炔芳烃形成的炭层，阻止材料在高温下进一步被氧化。实验证明，共聚物在高至 1000℃ 的空气中仍具有罕见的抗氧化性。而且，共聚物的抗氧化功能与其中（D）的含量有关，含量越高，抗高温氧化性越好。分别含 5%、10%、20%、35%、50%（D）的共聚物，在 1000℃ 空气中的成炭率分别为 12%、27%、58%、92%、95%。由此可见，在共聚物中同时引入一定量的硅和硼，对提高材料的阻燃性是非常必要的。

① 聚合物（D）的合成。将正丁基锂的己烷溶液溶于四氢呋喃中，在氩气氛中冷却至 −78℃，再滴加六氯丁二烯于上述四氢呋喃溶液。将反应物加热至室温，搅拌 2h。将所得的二锂丁二炔的四氢呋喃溶液冷却至 −78℃，在搅拌下，滴加等量的 1,7-二（氯四甲基二硅氧基）间碳硼烷溶于四氢呋喃形成的溶液。令反应混合物的温度缓慢升至室温，搅拌 1h，生成大量白色固体（LiCl）。将反应物倾入稀盐酸中，盐被溶解，并分离出黏性液体。用乙醚萃取出聚合物（D）。乙醚萃取液用水洗涤几次直至中性，分离出有机层，用无水硫酸钠干燥。在减压下蒸出乙醚，得到棕色的黏稠的聚合物（D），得率 97%。

$$\left[\!\!\!\begin{array}{c} \\ \end{array}\!\!\! \equiv\!\!\!\equiv\!\!\!\equiv\!\!\!\overset{\displaystyle CH_3}{\underset{\displaystyle CH_3}{Si}}\!-\!O\!-\!\overset{\displaystyle CH_3}{\underset{\displaystyle CH_3}{Si}}\!-\!CB_{10}H_{10}\!-\!\overset{\displaystyle CH_3}{\underset{\displaystyle CH_3}{Si}}\!-\!O\!-\!\overset{\displaystyle CH_3}{\underset{\displaystyle CH_3}{Si}}\!\!\!\right]_n$$

② 化合物（C）和聚合物（D）混合物的聚合。将不同比例的（C）和（D）的混合物加热至200℃，使（C）熔化，将形成的熔融物彻底搅拌均匀，即制得（C）和（D）混合物的共聚物。

③ 聚合物（D）及（C）和（D）混合物的热分解。聚合物（D）的DSC曲线（图6-9）表明，在150～225℃有一小的宽放热峰，这是由于（D）中存在少量伯乙炔端基之故。在减压下将（D）于150℃下加热30min后此放热峰消失。为了将（D）转变为无孔的热固性聚合物，必须除去这类低分子量组分。聚合物（D）的DSC曲线上还存在一个在250℃开始、于350℃达到峰值的宽的大放热峰，此峰是乙炔基发生化学反应而形成交联引起的。将（D）于320℃及375℃各加热30min，此峰消失。（D）可于150℃以下脱气而不致使乙炔基发生明显反应。（D）在346℃下发生放热转化，此转化是通过乙炔基引起的聚合。完全固化的化合物（D）不发生玻璃化转变，这有利于将它用为结构材料。

（C）和（D）混合物的DSC分析（见图6-10）表明，（C）和（D）能发生均相反应而形成热固性聚合物。此混合物的DSC曲线上仅有一个固化放热峰。例如质量比为90/10及50/50的两种（C）和（D）混合物均仅有一个熔化吸收峰（195℃及193℃）及一个聚合反应放热峰（293℃及300℃），将混合物加热至1000℃后形成的炭化试样不存在吸热或放热转化。

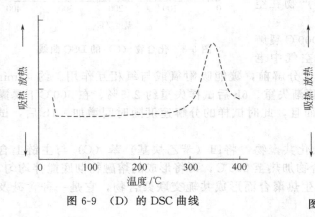

图6-9　（D）的DSC曲线

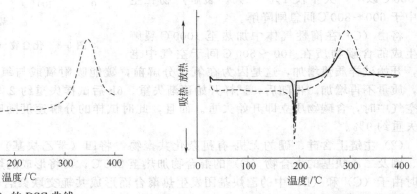

图6-10　（C）和（D）混合物的DSC曲线
—— 90/10混合物；---- 50/50混合物

④ 聚合物（D）及（C）和（D）混合物的热裂解和炭层的抗氧化性。（D）即使被加热至1000℃仍显示卓越的热稳定性和氧化稳定性。它在氮气中加热至1000℃时裂解，生成陶瓷状物，得率85％。此陶瓷状物在氮气中于1000℃加热12h而不发生质量损失。但将其冷却至50℃，再在空气中加热至1000℃时，由于表面被氧化而增重约2％。将（D）在空气中加热至1000℃，生成陶瓷状物的得率为92％。将此陶瓷状物继续在空气中老化，不再发生质量损失，反而增重。将老化后的（D）冷却，再于氮气下加热至1000℃，也不发生质量变化。这说明，（D）裂解生成的陶瓷状物在空气及氮气中都是稳定的。

（C）和（D）的混合物在1000℃以下的热稳定性及氧化稳定性均极佳。在氮气氛下，将不同组成的（C）和（D）的混合物加热至1000℃所得的炭-陶瓷状物冷却，再在空气中加热至1000℃，发现此物质的氧化稳定性与原始混合物中（D）的含量有关，（D）的浓度增高，混合物及由此混合物转变成的炭/陶瓷物的氧化稳定性改善（图6-11）。

此外，（C）和（D）形成的共聚物暴露于空气环境中时，可立即形成氧化膜，此膜可阻止或减缓材料在一定温度下进一步被氧化。将炭/陶瓷物质在空气中加热至 1000℃ 时，可加速氧化膜的形成和试样的质量损失。

6.3.3.3 含氟芳香族聚酰胺及含氟芳香族聚酰胺-酰亚胺

高分子材料的热稳定性及阻燃性通常与其分子内化学键的强度有关，采用使分子内稠环共振稳定化以增强键强度的方法，可提高化合物的热稳定性。已有很多文献讨论了很多聚合物（具有相似的热降解机理）分子结构与热稳定性及阻燃性的关系。对芳香族聚酰胺及聚酰胺-酰亚胺化合物，其组成中芳基含量及等价碳指数高，成炭倾向大，特别是这类高聚物在高温下裂解时主链上生成热稳定性极高的苯并噁唑基团，而该基团中的芳基环和杂环结构由

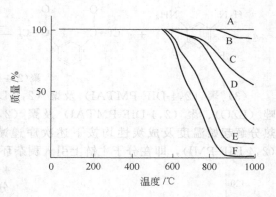

图 6-11　由不同比例的（C）和（D）的混合物形成的炭的氧化稳定性
A—50/50 混合物；B—65/35 混合物；C—80/20 混合物；D—90/10 混合物；E—95/5 混合物；F—聚合物（D）

于共振稳定化，因而键强度较高，所以芳香族聚酰胺及聚酰胺-酰亚胺聚合物也具有本质阻燃性。

（1）聚（2,4-DIF-PMTAI）　此聚合物系通过两步合成的，第一步是令 2,4-二氟-1,5-二氨基苯与苯二甲酸酐酰氯（物质的量比 1∶1）在无水二甲基甲酰胺中，于室温及氮气下反应。反应完毕，将所得聚酰胺-酰胺羧酸预聚体倾入水中沉淀，过滤，用蒸馏水洗涤，真空干燥箱中干燥，再在 220℃ 下加热 3h 脱水环化，即得不溶、不熔的聚酰胺-酰亚胺。如在加热前，将干燥后所得的预聚物溶于二甲基乙酰胺或二甲基甲酰胺中，然后将溶液倾于玻璃板上，并在真空中蒸出溶剂，则可形成聚酰胺-酰胺羧酸预聚体薄膜。

聚(2,4-DIF-PMTAI)

（2）聚（2,4-DIF-PMI）　此聚合物系在氮气流及搅拌下，将 2,4-二氟-1,5-二氨基苯加入二甲基甲酰胺中，待全部溶解后，一次加入等物质量的间苯二甲酰氯，随后再搅拌反应混合物 3h，最后在电磁搅拌下将反应物倾入热水中，将所得聚合物至少用水洗涤 3 次，此后用丙酮萃取以除去分子量较低的组分，最后将产品在真空下于 70℃ 干燥过夜即得。

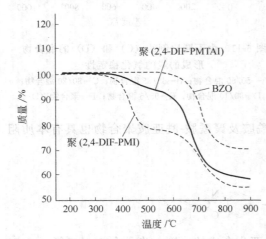

聚（2,4-DIF-PMI）

（3）聚（2,4-DIF-PMTAI）及聚（2,4-DIF-PMI）的热分解性能　图 6-12 是聚苯并噁唑（BZO）、聚（2,4-DIF-PMTAI）及聚（2,4-DIF-PMI）的 TGA 曲线，该图表明三者的热分解起始温度及成炭性均按下述次序递减：聚（BZO）＞聚（2,4-DIF-PMTAI）＞聚（2,4-DIF-PMI），即在分子主链上引入稠杂环，可提高聚合物的热稳定性和阻燃性。聚（2,4-DIF-PMTAI）和聚（2,4-DIF-PMI）均按两步分解，两者第二步分解的起始温度相近，且与聚（BZO）的起始分解温度相差不多。

图 6-12　3 种高聚物的 TGA 曲线
（加热速度 20℃/min，N₂，200mL/min）

6.3.3.4　硅氧聚氨酯

在聚合物主链上引入阻燃元素硅，或者将含硅聚合物与其他高聚物共混，是制备阻燃高聚物的方法之一。主链含硅氧基团的聚氨酯（PU）实际上是一种本质阻燃高聚物，其原因是这类基团能促进材料在高温下成炭，而炭层中的硅氧基因又有助于形成连续的、抗氧化的硅酸盐保护层，因而可显著提高材料的氧指数及抗高温氧化性能，并保护炭层下的基材免遭破坏。这种类似于膨胀型阻燃剂的阻燃功能，不仅对材料的阻燃性贡献相当理想，而且使材料燃烧时生成的烟量和腐蚀性气体量大为降低。

聚合物主链所含的硅氧基因，还可提高材料的耐湿性和链的柔顺性，改善材料的表面性能。特别是，聚合物中的硅（以及磷，锰等）可赋予材料耐氧原子流（氧自由基）的能力，因而将这种材料用于宇航系统时，可减轻它们在低轨道环境时发生的降解和失重。此外，含硅聚合物受热分解时，生成二氧化碳、水蒸气和二氧化硅，所以是毒性较低的材料。

（1）硅氧聚氨酯的合成　按如下反应所述路线可合成 3 种硅氧聚氨酯嵌段共聚物：

$$O=C=N-R-N=C=O + HO(\underset{\underset{CH_3}{|}}{\overset{\overset{CH_3}{|}}{Si}}-O)_{\overline{n}}H + HO-R'-OH \xrightarrow{\text{二丁基锡二月桂酸酯}} A型嵌段聚氨酯$$

$$O=C=N-R-N=C=O + H_2N(CH_2)_2(\underset{\underset{CH_3}{|}}{\overset{\overset{CH_3}{|}}{Si}}-O)_{\overline{n}}(CH_2)_3NH_2 + HO-R'-OH \xrightarrow{\text{二丁基锡二月桂酸酯}}$$

B 型嵌段聚氨酯

二异氰酸酯低聚物＋端羟基或端氨基硅氧烷低聚物（M 为 500～4000）$\xrightarrow{\text{二丁基锡二月桂酸酯}}$

C 型嵌段聚氨酯

A 型聚氨酯由端羟基的聚二甲基硅氧烷、二异氰酸酯和扩链剂反应制得。B 型聚氨酯由端氨基的聚二甲基硅氧烷、二异氰酸酯和扩链剂反应制得。C 型聚氨酯由端基低聚二异氰酸酯与端羟基或端氨基的硅氧烷低聚物反应制得。反应完成后，加入二甲基乙酰胺，将聚合物在玻璃上浇铸成薄膜，再在室温下干燥两周后用于性能测定。

（2）硅氧聚氨酯的阻燃性能　硅氧基团可提高聚氨酯的耐热性。例如，含 2.5％硅氧链

92

段的共聚物，失重 10％的温度为 261℃（氮气）或 252℃（空气），而含 25％硅氧链段共聚物的相应值为 353℃ 和 335℃。残留物是无机的二氧化硅。另外，由端羟基二甲基硅氧烷低聚物制得的共聚物与由端氨基制得的热稳定性很不相同，前者往往高于后者。

共聚物中硅氧基含量增高，其氧指数增大，阻燃性提高。例如，不含硅氧基的聚氨酯的氧指数为 18％左右，而含 2.5％及 50％硅氧基的聚氨酯共聚物的氧指数分别达 18.6％和 29.8％，后者接近二甲基硅氧烷低聚物的氧指数。嵌段聚氨酯中硅氧基含量与氧指数的关系见图 6-13。

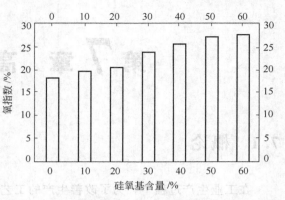

图 6-13　嵌段聚氨酯中硅氧基含量与氧指数的关系

如在含硅氧基的聚氨酯嵌段共聚物中引入卤素（如溴），可提高材料的氧指数。一般认为，硅氧基的阻燃作用是按凝聚相阻燃机理，而不是按气相机理进行的，即是通过生成裂解炭层和提高炭层的抗氧化性实现其阻燃功效的。含硅氧基的聚氨酯共聚物暴露于热中时形成保护层，但该层不含碳，分析证明只含硅和氧，这说明有机硅酮转变成了无机的氧化硅。

第7章 高分子型助剂

7.1 概论

在工业生产过程中，为了改善生产的工艺条件，或提高产品的质量，或使产品赋予某种特性以满足用户需要，往往要在产品的生产和加工过程中添加各种各样的辅助化学品。尽管它们添加的数量可能不多，但却起着十分重要或关键的作用。这种辅助的化学品就称之为助剂。简单地讲，助剂是某些材料和产品在生产、加工或使用过程中所添加的各种辅助化学品，用以改善生产工艺和提高产品性能，大部分的助剂是在加工过程中添加的，因此助剂也常被称作"添加剂"或"配合剂"。

助剂的应用范围非常广泛，在各个产业部门中，例如塑料、橡胶和合成纤维等合成材料部门，以及纺织、印染、农药、造纸、皮革、食品、饲料、水泥、油田、机械、电子和冶金等工业部门，都需要各自的助剂。

高分子型助剂相对于小分子型助剂具有独特的优点，由于高分子链很长，分子间的作用力超过了化学键，具有很好的可加工性和稳定性，克服了小分子型添加剂容易迁移而导致的不均匀和稳定性差的问题，而且大分子骨架与侧基的协同作用可产生独特的性能，是小分子型助剂所不能实现的。例如 PVC 塑料制品使用过程中会因小分子增塑剂逐渐迁移表面而脆裂，使用高分子增塑剂则可保证长期稳定；聚丙烯酸类高分子增稠剂由于大分子链和羧基侧基的协同作用而具备几十甚至几百倍的增稠能力。

高分子型助剂在塑料的加工和改性、橡胶的硫化与补强、涂料的防沉与流平、黏合剂的增黏与润湿、油品的流动改性等方面均得到了广泛的应用。本章分别介绍近年来发展速度较快的用于塑料、油田、涂料及食品的高分子型助剂。

7.2 塑料用高分子型助剂

为改善塑料的加工性能和提高制品的使用性能，往往在塑料加工过程中加入一些助剂，这些助剂对塑料分子结构无明显影响，却能改善塑料的加工性能和改进塑料制品的性能，因此塑料助剂在影响塑料制品的性能方面与树脂的质量性能一样重要。塑料助剂的分类见表 7-1。

表 7-1 塑料助剂的分类

助剂用途	加工助剂	强度助剂	寿命助剂	表面助剂	光学助剂	其他助剂
助剂类别	热稳定剂 润滑剂 脱模剂 加工改性剂	增塑剂 增韧剂 增强剂	抗氧剂 光稳定剂 防生物剂	抗静电剂 偶联剂	着色剂 成核剂	填充剂 稀释剂 发泡剂 阻燃剂 交联剂 固化剂

在这些塑料助剂中有一些是高分子型助剂，例如脱模剂、加工改性剂、增韧剂等均是高分子化合物，下面介绍其制备与应用。

7.2.1 加工助剂

7.2.1.1 脱模剂

脱模剂是可减少或防止两表面黏着的固体或液体膜。对于表面力大或极性大的塑料的加工，必须使用脱模剂，而目前使用最多的仍是表面张力低的有机硅聚合物。

（1）二甲基硅油　二甲基硅油是由八甲基环硅烷（D_4）或六甲基环硅烷（D_3）硅单体在烷基锂存在下经阴离子开环均聚得到的。

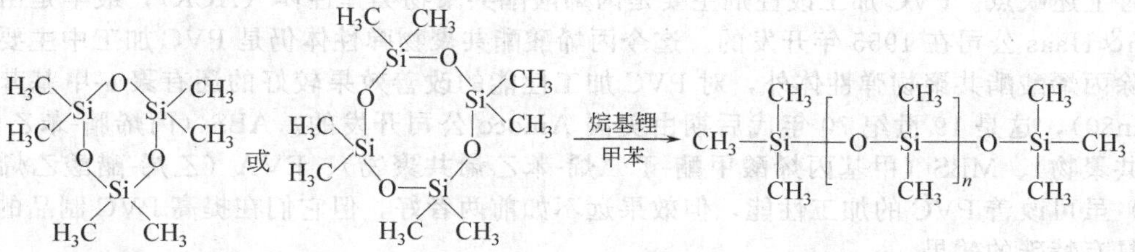

$$\text{（八甲基环硅烷 } D_4 \text{ 或 六甲基环硅烷 } D_3 \xrightarrow[\text{甲苯}]{\text{烷基锂}} CH_3 - \underset{CH_3}{\overset{CH_3}{Si}} - \left[O - \underset{CH_3}{\overset{CH_3}{Si}} \right]_n O - \underset{CH_3}{\overset{CH_3}{Si}} - CH_3)$$

二甲基硅油是无色无味的透明黏稠液体，平均分子量为 5000～100000，运动黏度随相对分子质量从 0.01～1000Pa·s 不等，其最大优点是在宽广的使用温度范围内（50～200℃）黏度变化小，电性能优良和优异的憎水性，是用途广泛的脱模剂。

（2）甲基苯基硅油　一般作为脱模剂的甲基苯基硅油是 D_4 和四苯基四甲基环硅氧烷的共聚物，它除具有二甲基硅油的优点外，还具有耐高温、抗辐射性能，但温度黏度系数比二甲基硅油差些，因此作为塑料加工成型的脱模剂时应视塑料树脂的加工温度斟酌使用。

（3）二乙基硅油　是二乙基硅氧烷的均聚物，分子量在 300～100000，具有耐高低温性能。

（4）乳化硅油　乳化硅油是二甲基硅氧烷与甲基乙氧基硅氧烷的共聚物乳液，具有耐高温、不易挥发、抗氧化、耐腐蚀以及对金属无腐蚀作用和无污染等优点。

上述 4 种有机硅脱模剂均是液体，有时在使用中需用固体脱模剂，如分子量 350000～650000 的甲基乙烯基硅橡胶甲基嵌段室温硫化硅橡胶、甲基硅树脂等。

与以前常用的矿物油、脂肪酸酯、乙二醇等有机脱模剂相比，有机硅类脱模剂具有以下优点：

① 分子间力小，表面张力低，易形成均匀的膜；
② 耐热性高在模具上不易分解，化学稳定性和抗氧稳定性好，对模具无腐蚀作用；
③ 用量少，一次刷涂即可完成，因此使用成本较低；
④ 使用方便、安全，无粉尘，无烟和污垢；
⑤ 抗粘好，脱模效果好，产品外观好，光泽高。

7.2.1.2 加工改性剂

聚氯乙烯（PVC）是塑料树脂之首，近年我国就有百万吨的产耗量。PVC 依据其制品的用途，可分为软质 PVC 制品和硬质 PVC 制品，尤其是硬质品的凝胶速度慢，因此加工改性剂在硬质 PVC 中必不可少。我国在硬质 PVC 制品的开发和应用方面比较落后，原因之一就是我国在硬质 PVC 的加工改性剂的研究以及生产方面水平落后，这种现状在很大程度上阻碍了硬质 PVC 制品在我国的发展。发达国家的硬质 PVC 制品用量已超过软质 PVC 制品的用量。

PVC 加工改性剂需满足如下要求：①要求加工改性剂与 PVC 具有极好的相容性，不能发生相分离结构，确保制品的透明性；②要求加工改性剂的熔融温度或软化温度与 PVC 的加工温度相近；③要求加工改性剂的折射率与 PVC 的折射率相近，以免影响制品的透明性和光泽。

目前塑料加工改性剂主要针对聚氯乙烯（PVC）的加工性能差而开发的。与其他塑料树脂相比，PVC 树脂有如下缺点：

① PVC 的加工温度与其分解温度相近，因此其热敏性强；

② PVC 的熔融黏度大，流动性差，造成在挤出加工设备的停留时间长，易在死角中结焦分解；

③ PVC 的熔体热强度低，树脂间的黏合力小，易发生熔体破碎。

因此目前开发的塑料加工改性剂一般多指 PVC 加工改性剂，通过改性剂的加入可以大大改善上述缺点。PVC 加工改性剂主要是丙烯酸酯共聚物类弹性体（ACR），最早是由美国 Rhom&Haas 公司在 1955 年开发的。迄今丙烯酸酯共聚物弹性体仍是 PVC 加工中主要的助剂。除丙烯酸酯共聚物弹性体外，对 PVC 加工性能的改善效果较好的还有聚 α-甲基苯乙烯（Resin80），这是 19 世纪 70 年代后期由美国 Amoco 公司开发的。ABS（丙烯腈-苯乙烯-丁二烯共聚物）、MBS（甲基丙烯酸甲酯-丁二烯-苯乙烯共聚物）、EVA（乙烯-醋酸乙烯酯共聚物）虽可改善 PVC 的加工性能，但效果远不如前两者好，但它们在提高 PVC 制品的韧性方面具有特殊的效果。

加工改性剂的加入可加快 PVC 在塑化过程中的凝胶速度，从而发挥树脂的力学性能，同时可提高树脂的流动性，从而提高制品的质量。

（1）丙烯酸酯共聚物（ACR） ACR 是丙烯酸酯橡胶的简称，严格地说，丙烯酸酯共聚物类改性剂不是一种橡胶，而是一种类 ABS、球体外部为塑料、内部为弹性体的粒子。因此丙烯酸酯共聚物类加工改性剂的制造方法多采用乳液聚合法。其聚合过程和干燥方法均与 ABS 的制造相近。

具体制造过程是将去离子水、乳化剂［十二烷基硫酸钠（SDS）］溶解好，然后将丙烯酸酯单体、硫醇和引发剂（过硫酸钾）溶液同时滴加聚合，当转化率大于 95% 以后，加入甲基丙烯酸甲酯（MMA）溶胀已得到的种子，然后再加入引发剂进行接枝聚合得到硬壳软核的乳胶粒子。然后进行凝聚水洗，最后用沸腾床进行气流干燥即得甲基丙烯酸甲酯接枝丙烯酸酯的共聚物。其主要成分的结构如下：

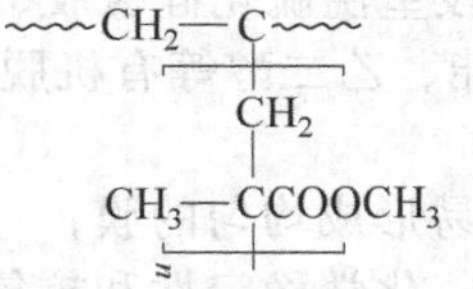

$$\sim\sim CH_2-\underset{\underset{CH_2}{|}}{C}\sim\sim$$
$$CH_3-\underset{\underset{O}{\|}}{C}COOCH_3$$

这种经干燥得到的产品是一种易流动的粉末，因相对密度（1.05～1.20）与 PVC 粉末相近，因此易于干料的均匀混合。

（2）聚 α-甲基苯乙烯（R18） R18 是 α-甲基苯乙烯的六聚体，分子量在 685～700 之间，是无色透明的脆性固体，软化点 100℃，折射率 1.61。它是将 α-甲基苯乙烯经阳离子调聚反应得到的。其最大的特点是减少挤出过程中的剪切应力，与树脂 PVC 的相容性好，折射率接近 PVC，因此制品的透明性好，其结构如下：

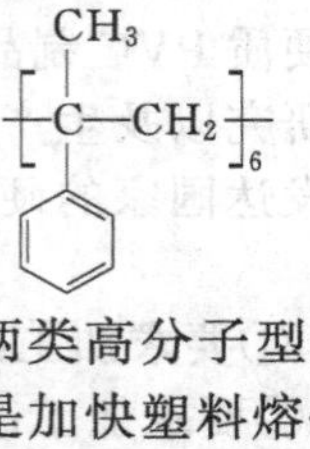

$$\left[\underset{\underset{\text{苯基}}{|}}{\overset{\overset{CH_3}{|}}{C}}-CH_2\right]_6$$

（3）加工改性剂的应用 目前上述两类高分子型塑料加工助剂在塑料加工中应用最广，其功能是改善塑料的加工性能，且主要是加快塑料熔体的凝胶速度。例如粉末聚氯乙烯树脂在加工过程中受到热和力的作用会凝胶化，只有成分凝胶才能得到优良的制品外观和力学性能，但纯聚氯乙烯树脂的凝胶速度慢、时间长，故需加入改性剂。加工改性剂与聚氯乙烯树脂分子在一定温度和压力下可发生缠结而增大弹性，从而可显著地提高聚氯乙烯树脂的凝胶速度。如纯聚氯乙烯树脂达到最大扭矩的时间为 5min，而加入 1% 的 ACR 以后立即降为 2min，若 ACR 加入量增大到 3%，则时间可降至 1min。

另一方面，加工改性剂的加入还可促使凝胶均匀化，提高产品的外观质量和整体力学性能。有的加工改性剂还可赋予润滑作用，减少挤出剪切应力，如六聚 α-甲基苯乙烯（R18）因分子量比传统的金属皂和石蜡类高，相容性好，折光率高，所得制品不仅易脱模，而且产品的透明性好。

加工改性剂可用于聚氯乙烯树脂的注射成型、压延成型、挤出成型、吹塑成型和挤出发泡。

7.2.2 增韧剂

7.2.2.1 简述

作为塑料用树脂的玻璃转变温度（T_g）或熔融温度应远高于室温，一般在 $50\sim150℃$，必然出现某些树脂在室温下呈脆性，因而大大降低了树脂的使用价值。如聚苯乙烯因具有高的透明性、电绝缘性、易加工性、耐高温性而成为塑料的重要品种，但由于 T_g 和熔点高，致使脆性温度高（95℃），抗冲击性差，所以要提高其抗冲击性来改善使用性能，虽然在加工过程中加入增韧剂是一条可行途径，但事实上聚苯乙烯一般采用化学方法提高其抗冲击性，例如高抗冲击聚苯乙烯（HIPS）是在凝胶含量低于 0.07% 的液体聚丁二烯上接枝苯乙烯得到的。因此目前开发的塑料增韧剂仍是以聚氯乙烯塑料为对象，主要用于硬质聚氯乙烯，改善硬质聚氯乙烯的抗冲击性。

目前全世界的硬质聚氯乙烯的用量急剧增加，主要用于结构型材料，如塑钢门窗、输水管道、塑料构件等。硬质聚氯乙烯和软质聚氯乙烯的区别在于，硬质聚氯乙烯只能加入少量的增塑剂，而且少量增塑剂的加入不仅不能降低其脆性温度（40℃），反而会提高硬质聚氯乙烯的脆性温度，因此硬质 PVC 必须加入一定量的增韧剂才能扩大其制品的应用。

常用增韧剂可根据其性能可分为橡胶类增韧剂和树脂类增韧剂两大类，下面对这些增韧剂的合成、性能与应用给予介绍。

7.2.2.2 增韧剂的制备与性能

（1）橡胶类增韧剂　橡胶类增韧剂是应用最早的品种，主要有乙丙橡胶（EPR）、聚丁二烯橡胶（BR）、丁基橡胶、丁腈橡胶（BAR）和丁苯橡胶。它们可用于聚苯乙烯、聚乙烯、环氧树脂、酚醛树脂等塑性材料的增韧。

① 乙丙橡胶。乙丙橡胶是以乙烯和丙烯为单体，在 Ziegler-Natta 催化剂作用下，在低温（$-78℃$）下按配位阴离子聚合机理，进行无规共聚得到的一种弹性体。目前茂金属催化剂的发现，使这类塑性弹性体的合成达到了"定制"的水平。通常乙丙橡胶按是否加入硫化单体可分为二元乙丙橡胶和三元乙丙橡胶两大类。三元乙丙橡胶的交联单体多为亚乙基降冰片烯或共轭二烯类，用量在 2%～5%，丙烯含量在 40%，平均分子量在 25 万。乙丙橡胶的特点是可塑性加工、耐寒性、耐紫外性能优良，与聚丙烯和聚乙烯的相容性好，因此这类增韧剂主要用于低压聚乙烯、低压聚丙烯塑料的增韧改性，在聚乙烯中的用量高达 40%。

② 聚丁二烯橡胶。目前聚丁二烯橡胶的制备有两种方法，一是阴离子法和配位阴离子聚合法，均采用溶液聚合实施工艺，前者顺式含量低（约 30%），后者顺式含量达 98%。我国在配位阴离子聚合法生产聚丁二烯橡胶方面，无论在产量和技术水平上均处在国际领先水平。采用催化体系为 Ni/Al/B 体系，简称镍系顺丁。聚丁二烯橡胶主要用于聚丙烯的增韧改性。

③ 丁基橡胶。丁基橡胶是以异丁烯与少量异戊二烯为单体，在三氟化硼或三氯化铝和少量水的催化下，经阳离子聚合得到的，也是目前惟一采用阳离子聚合得到的大分子产品。

丁基橡胶是一种白色黏弹性固体，具有冷流性，相对密度 0.92。因其饱和度高，其耐热性、耐候性、电绝缘性均较好，缺点是在热或机械剪切力作用下容易降解，因此使用时应考虑塑料的加工温度、混料方式。

④ 丁腈橡胶。丁腈橡胶是由丁二烯与丙烯腈于低温（－5～10℃）经乳液聚合、再经凝聚水洗、干燥得到的一种极性橡胶，它与环氧树脂、酚醛树脂等具有较好的相容性，因此它可作酚醛树脂、环氧树脂类塑料的增韧改性。

（2）树脂类增韧剂　树脂类增韧剂主要是为提高硬质聚氯乙烯制品的抗冲击性而开发的专用树脂，目前主要有四大类，即甲基丙烯酸甲酯-丁二烯-苯乙烯共聚物（MBS）或甲基丙烯酸甲酯-丙烯腈-丁二烯-苯乙烯共聚物（MABS）类、丙烯腈-丁二烯-苯乙烯共聚物（ABS）类、氯化聚乙烯（CPE）类和丙烯酸共聚物类（ACR）以及乙烯-醋酸乙烯共聚物（EVA）类。

① MBS 和 MABS。MBS 的制备采用乳液种子聚合接枝得到。其制备方法如下：先将丁二烯和苯乙烯进行乳液共聚合，得到丁二烯-苯乙烯弹性胶乳的种子，然后再将苯乙烯和甲基丙烯酸甲酯的混合单体进行接枝共聚，然后将乳液进行气流沸腾床干燥，就可得到MBS 粉末。MBS 的性能与接枝率有关，一般控制接枝率在 70%，均聚物含量在 10%～30%。MBS 的性能还与颗粒的密度有关，其假密度应控制在 0.29～0.43，真密度在 1.09～1.11 之间，这样可满足与 PVC 颗粒料的均匀混合。MABS 的制备与 MBS 的制备方法和工艺相同，只是接枝单体化合物是由三种硬单体组成。

② ABS。ABS 也是通过乳液接枝聚合制得的，首先制备丁二烯/苯乙烯和丙烯腈/丁二烯共聚物乳液，然后接枝苯乙烯或丙烯腈，也可将上述两种乳液进行混乳，共凝聚、水洗干燥（或经气流干燥）制得。ABS 由于存在相分离结构，因此产品的透明性差，但抗冲击性能好。

③ CPE。聚乙烯是结晶高聚物，氯化后结晶程度降低，随着氯取代量的增加，由塑性体逐渐变为弹性体，但当氯取代量大于 40% 后弹性反而下降。因此作为增韧剂的 CPE 的氯取代量一般控制在 25%～40%。同时 CPE 的性能还与原料聚乙烯的分子量及其分布有关。CPE 由于不存在双键，因此耐老化性能优于 MBS 和 MABS，但抗冲击性能不如 MBS 和ACR。CPE 是一种白色弹性体的粉末，相对密度在 1.17～1.23 之间，与 PVC 的相容性好。

④ EVA。EVA 树脂是由乙烯和醋酸乙烯酯经自由基溶液聚合或乳液聚合得到，根据乙烯含量的不同，EVA 树脂可呈弹性和塑性，当乙烯含量大于 40% 时，一般作为热熔胶使用，当乙烯含量小于 30% 时 EVA 树脂呈弹性，因此作为增韧剂的 EVA 树脂的乙烯共聚含量一般控制在 16%～30%，有时为了提高与 PVC 的相容性，可在 EVA 树脂上接枝氯乙烯得到三元接枝高聚物。

⑤ ACR。ACR 是丙烯酸酯与甲基丙烯酸甲酯的共聚物，在前述加工助剂中已介绍了其制备方法，需强调的是，ACR 依据分子设计及颗粒形态设计，可将 ACR 设计成加工助剂或增韧改性剂，因 ACR 本身的弹性和外部的塑性（保证热塑加工和相容性）、极性（相容性）、折射率、耐老化性是任何助剂均不可比拟的，因此 ACR 是目前最优的 PVC 塑料加工的助剂。所以国内外均竞相开发和生产 ACR 类 PVC 加工助剂或增韧剂。

7.2.2.3　增韧机理与应用

很多材料的实际强度远小于由化学键计算所得的理论值，其内在原因是由于材料本身在制造或加工过程中产生许多缺陷，如裂纹、银纹等，这些缺陷受到外力冲击时吸收能量，当外界能量大于缺陷所能承受的能量时，缺陷继续发展，开始断裂，但材料内部有均匀分布的弹性粒子后，外界能量传到弹性粒子表面迅速分枝产生更多的微小银纹而消耗掉更多的外能，材料本身虽存在大量的微小银纹，但并未破碎，这就是材料加入增韧剂的机理。这些弹性粒子的作用就相当于一个蓄能池，当外界冲击力撤消后，又慢慢释放掉。因此作为弹性粒子应分布均匀、大小应有一定的范围。一般粒径大，银纹分枝少，粒径小，银纹分枝多，抗冲击性提高。同时考虑颗粒的假相对密度应与塑料颗粒的相对密度接近以便颗粒料间的均匀混合，更应注意与基体塑料树脂的结合性，因此 PVC 塑料专用增韧剂均与甲基丙烯酸甲酯有关。

应用增韧剂不仅需要考虑冲击强度，还应考虑弹性粒子对材料的拉伸强度、表面硬度及加工工艺条件的影响。

(1) 聚氯乙烯的增韧　用于聚氯乙烯的增韧剂有 CPE、ABS、丁腈橡胶、EVA、MBS 和 ACR 等。增韧剂用量一般为 5%～10%，ACR 用量较少（1%～5%），增韧效果最佳。缺口冲击强度可达 10047Pa，拉伸强度由原来的 55.4MPa 下降到 41.56MPa，而断裂伸长率提高了 1 倍。用含氯量 40%的 CPE 作增韧剂，添加 10%～15%时，冲击强度可达 800J/m，在抗冲击硬质聚氯乙烯配方中通常加入 2%～3%的 ACR 和 55%的 ABS。

(2) 聚苯乙烯的增韧　聚苯乙烯的增韧除通过化学接枝（如 HIPS）外，还可用添加橡胶的办法经机械共混直接增韧。聚苯乙烯增韧所用橡胶一般用丁苯橡胶，用量在 10%～20%，橡胶颗粒应控制在 1～5μm 为宜。使用的丁苯橡胶最好是热塑性弹性体 SBS（用 SBS 改性后的聚苯乙烯的物理性能见表 7-2），这样既不影响聚苯乙烯的热塑性加工工艺，又可保证聚苯乙烯的力学性能。

表 7-2　用 SBS 改性后的聚苯乙烯的物理性能

性　能	SBS 含量/%				HIPS 对照
	0	15	20	30	
熔融指数(200℃)/(g/10min)	2.5	4.8	6.2	6.8	3.6
冲击强度/(J/m)	633	1055.6	3377	6633	5700
拉伸强度/MPa	66.5	42.9	43.2	36.2	39.8
弯曲模量/MPa	3000	2500	2168	1884	1884
断裂伸长率/%	9	41	27	32	100
邵氏硬度	85	79	75	72	28

(3) 聚丙烯的增韧　聚丙烯是部分结晶聚合物，结晶度一般大于 50%，聚丙烯的脆化温度为 -5～10℃，低于这个温度，它的抗冲击性就迅速下降，因此在聚丙烯加工时常需加入增韧剂。乙丙橡胶、EVA、丁基橡胶、聚丁二烯、SBS 等都可作聚丙烯的增韧剂，表 7-3 是三元乙丙橡胶增韧聚丙烯的结果。聚丙烯还可用低密度聚乙烯作增韧剂，也可以将聚乙烯与单元乙丙橡胶并用作聚丙烯的增韧剂，而且效果较好。

表 7-3　聚丙烯-三元乙丙橡胶的力学强度

橡胶含量/%	拉伸强度/MPa	弯曲模量/MPa	抗冲强度/(J/m)		热变形温度(1.82MPa)/℃
			带缺口	无缺口	
0	26.85	1587.6	3145.8	121128	56
5	24.10	1391.6	4194.4	171500	53
10	23.03	1313.2	8388.8	164640	49
15	20.58	1176.0	11564	167580	47.2
20	19.31	1097.6	13132	157780	44.2
125	17.25	1029.0	22736	163170	41.8

(4) 聚乙烯的增韧　聚乙烯增韧多用橡胶类聚合物作增韧剂。如用聚丁二烯作增韧剂，当其用量在 50%时，耐折次数可达 5000 次。

塑料增韧剂处于大发展阶段，尤其是我国在树脂型增韧剂开发方面，还处于起步阶段，主要是增韧剂微观结构和颗粒形态结构的控制水平差，导致产品的使用效果低，原因在于加工设备及工艺条件问题，所以应注重开发高品位的塑料增韧剂和配套设备。

7.3 油田及油品用高分子型助剂

原油的采出是一个复杂的过程，在这个复杂的过程中需要解决钻井、固井、注水、提高采收率的问题，为此往往需要多种高分子型助剂，据统计目前仅在钻井、固井过程中就需要18类化学助剂，其中所用的增黏剂、降滤失剂、絮凝剂、降黏剂均是高分子型化学助剂。另一方面，原油在管道输送过程中需要加入降凝剂（pour point depressant），燃油（主要指柴油）和润滑油为了提高其流动性，也需加入降凝剂。下面对此类助剂进行简单介绍。

7.3.1 油田用高分子助剂

7.3.1.1 钻井泥浆用助剂

泥浆在钻井过程中起着净化井眼、冷却和润滑钻头、在井壁形成泥饼达到稳定井壁、防止井喷、漏、卡等重要作用。泥浆质量的好坏直接关系到钻井速度和深度，因此制备高性能泥浆就显得尤为重要。聚合物泥浆（低固相泥浆）因成本低、防塌效果好、泥浆流动性佳，且可有效地提高钻井速度从而取代了传统的水基泥浆和油基泥浆。聚合物泥浆是由高分子絮凝剂如聚丙烯酰胺、聚丙烯腈、淀粉改性物等除去泥浆（水和黏土混合而成）中固体制得的。使用最多、性能最好的是阳离子聚丙烯酰胺，由于采油过程中采用非离子聚丙烯酰胺，而降滤失剂使用阴离子聚丙烯酰胺，所以在此对各类聚丙烯酰胺的制备方法和工艺进行概述。

聚丙烯酰胺按其电性可分为非离子型、阴离子型和阳离子型聚丙烯酰胺，均是通过自由基聚合得到的。采用的实施方法有本体聚合、水溶液聚合、反相悬浮聚合和反相乳液聚合及沉淀聚合等。目前使用最多的仍是均相水溶液聚合法。

高分子量的非离子聚丙烯酰胺不仅可作为泥浆添加剂，而且还可以作为降滤失剂和提高采油率的驱油剂，它是由丙烯酰胺水溶液（浓度20%～30%）在低温下（20～30℃）在过硫酸钾-亚硫酸钠类氧化还原引发体系引发聚合，得到的胶体经螺杆挤出、破碎、干燥而得。

阴离子聚丙烯酰胺可作为降滤失剂，一般可通过聚丙烯酰胺进行碱水解或与丙烯酸钠共聚合得到，其吸水性能随水解度或丙烯酸钠共聚单体含量不同而不等，其制备方法与非离子聚丙烯酰胺相同，水解法是将胶冻和氢氧化钠在捏合机中进行水解，然后再粉碎干燥。

阳离子聚丙烯酰胺是丙烯酰胺和可进行自由基聚合的季铵盐单体共聚合得到。这些单体有二甲基丙烯酰胺氯化铵、三甲基（甲基）丙烯酰氧乙基氯化铵等。有时为了制备超高分子量的聚丙烯酰胺，按照自由基溶液聚合动力学方程，采用增大单体浓度、降低聚合温度、减少链转移剂、降低引发剂用量、进行适当的交联等手段。实际制备高分子量的聚丙烯酰胺的过程中，需对单体进行精制、聚合一般在室温下进行（必须使用氧化还原引发体系），利用叔胺单体的还原性、共聚的协同作用，同时达到提高分子量的目的。图7-1和图7-2分别为阴离子型聚丙烯酰胺和阳离子型聚丙烯酰胺生产的工艺流程图。

图 7-1 阴离子型聚丙烯酰胺生产工艺流程框图

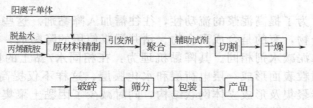

图 7-2 阳离子型聚丙烯酰胺生产工艺流程框图

对于阳离子型聚丙烯酰胺，其阳离子单体的用量一般控制在 25％，至于干燥方法，目前有滚筒干燥法、链式干燥法。鉴于国外生产聚丙烯酸钠（高吸水性树脂）的挤出干燥法，建议采用挤出膨胀干燥法更好，因为这种方法干燥快、时间短，对产品的交联影响小。

7.3.1.2 降滤失剂

降滤失剂时间功能是抑制泥浆中水分的挥发，保证泥饼的薄度、致密和韧性，从而确保泥浆液流的冲刷，实际上是一类降失水剂。凡具有对含水泥浆有增稠、吸水能力及电荷排斥功能的物质均可作降滤失剂，而实际上作为降滤失剂的高分子多是水溶性电解质，如钠基羧甲基纤维素（Na-CMC）、聚丙烯酸盐、部分水解的聚丙烯腈。

（1）钠基羧甲基纤维素 钠基羧甲基纤维素的全称是羧甲基纤维素醚钠，简称 CMC，是 1940 年由德国的 I. G. Farben 公司开发的。CMC 除具有优良的水溶性外，还具有优良的增稠、增黏、成膜、保护胶体、保持水分的特性，因对生理无害，CMC 除用作增稠剂、保水剂、降滤失剂外，还广泛用于食品、牙膏等行业。其结构如下：

$$\left[\begin{array}{c} \text{(结构式)} \\ CH_2OCH_2COONa \end{array}\right]_n$$

由纤维素制备 CMC 的反应式如下：

$$C_6H_7O_2(OH)_3 + NaOH \longrightarrow C_6H_7O_2(OH)_3 \cdot x\,NaOH$$

$$C_6H_7O_2(OH)_3 \cdot x\,NaOH + m ClCH_2COONa \longrightarrow$$

$$C_6H_7O_2(OH)_3 \cdot OCH_2COONa_m \cdot (x-m)NaOH + mNaCl + \frac{m}{2}H_2O$$

CMC 用途不同，对其纤维素来源的要求也不一样。一般来讲纯度高的 CMC 应由精制的木浆或短木纤维来制备。对于要求不高的场合，可用散浆或抄纸浆即可。

CMC 的工业生产方法有两种，一种是水媒法，另一种是溶剂法。前者是将碱纤维素与氯乙酸钠两种固体直接混合进行醚化反应，但由于缺少分散介质的导热，反应的均匀性下降，造成产品的质量差。溶剂法则是加入惰性溶剂，以分散并向外界传导反应热，从而增加了反应的均匀性，产品质量大大提高，目前多采用溶剂法生产 CMC。

（2）聚丙烯酸盐 泥浆用聚丙烯酸盐是 1964 年研究成功并用作深井的降滤失剂。它是聚丙烯腈经水解后得到的，因此其聚合物结构单元的侧基中由羧酸钠基、氰基和酰氨基。其优点是不霉变，热稳定性高，保水能力强。

降滤失剂的作用在于它的吸水基团在高分子骨架的协同作用下具有吸水作用，同时它的阴离子基团在黏土粒子表面形成电荷层，类似阴离子乳化剂包裹在乳胶粒上起到隔离排斥，从而防止粒子聚集形成厚饼的可能性。

7.3.1.3 降黏剂

在钻井泥浆中，为了提高泥浆的流动性，往往需加入降黏剂。这些降黏剂有的是低分子量的有机多羟基化合物，有的是合成聚合物。钻井泥浆使用的降黏剂，在分子结构上和提高流动性的机理上与水泥减水剂相同。其降黏机理为：在相同水/黏土的比例下，因降黏剂的分散作用，在黏土微粒表面形成一层电荷层和水化膜层，这样不仅提高了粒子间的滑动性，而且阻止粒子进一步聚集及形成立体网状结构，同时减少了因黏土聚集而包裹在内部的水。

（1）木质素磺酸盐类降黏剂　木质素存在于各种木材，不溶于水，但经磺化处理后，就可成为具有分散能力的水溶性大分子。木质素磺酸盐不仅可作为钻井泥浆的降黏剂，也是建筑混凝土常用的减水剂。作为钻井泥浆用降黏剂的木质素磺酸盐主要是用木质素磺酸钙。近年来，为了提高木质素磺酸盐类的抗盐性和降黏能力，常与丙烯酸进行接枝。

（2）合成聚合物降黏剂　目前用于钻井泥浆用合成聚合物降黏剂主要有两类，一类是磺化聚苯乙烯共聚物，如磺化苯乙烯-马来酸酐共聚物和磺化苯乙烯-衣康酸共聚物，另一类是乙烯基或烯丙基单体的均聚物或共聚物。这类单体有丙烯酰胺、丙烯酸、乙烯磺酸、烯丙基磺酸钠等，这些单体也是制备水泥减水剂的主要原料。

① DSAA 降黏剂。DSAA 降黏剂是将二乙基二烯丙基氯化铵（DEDAAC）与烯丙基磺酸钠（AS）、丙烯酸（AA）和丙烯酰胺（AM）在室温、氮气保护下，用氧化还原引发剂进行水溶液聚合得到的阳离子聚合物降黏剂。反应后得到的胶状体经螺杆破碎机切碎、烘干、粉碎、筛分即可得到目标产品，产品收率可达 95%。单体的比例一般控制在 AS：DEDAAC：AA：AM = 3：1：1：1，采用的引发剂为过硫酸盐/硫酸亚铁铵/亚硫酸氢钠，分子量控制在 3000～5000。

② 马来酸酐类降黏剂。为了提高降黏剂的分散能力，可将马来酸酐、丙烯酰胺、丙烯酸等水溶性单体与丙烯酸酯（如丙烯酸甲酯）共聚。其聚合实施方法仍可采用水溶液聚合法，为了提高丙烯酸甲酯在水中的水溶性，可将分散介质水与部分异丙醇混合，反应温度在20～90℃均可进行，然后将聚合物胶冻进行破碎、烘干、粉碎、筛分即可。这类产品有PT-1降黏剂。

7.3.1.4 固井用水泥外加剂

固井是指钻井完毕后，用水泥封堵井管和地层之间的圆形空隙的过程。在这个过程中为了控制水泥的施工性及强度，需加入多种外加剂，这些外加剂与建筑水泥外加剂类似，其功能是一致的。根据功能不同，外加剂有水泥促凝剂、水泥缓凝剂、水泥防气窜剂等，其中属于高分子型外加剂的主要是缓凝剂和降滤失剂，降滤失剂在建筑水泥、混凝土中为减水剂。

（1）高分子型缓凝剂　通常，建筑水泥用缓凝剂多为低分子有机物，如柠檬酸等。由于油田固井时，井下温度可达 200℃以上，因此低分子缓凝剂在油田固井时很少使用，常使用具备缓凝功能的减水剂，如木质素磺酸钙和羧甲基羟乙基纤维素。

（2）降滤失剂　降滤失剂是一种水溶性的高分子，包括纤维素类、丙烯酰胺或丙烯酸共聚物类。

① 纤维素类。纤维素类降滤失剂包括羧甲基羟乙基纤维素（CMHEC）、羧甲基纤维素（CMC）、羟乙基纤维素（HEC）、甲基羟乙基纤维素（MHEC）、聚阴离子纤维素（PAC）、淀粉及其衍生物等，这些降滤失剂存在增稠、缓凝等作用，但抗盐、抗高温能力差，现已很少使用。

② 丙烯酰胺或丙烯酸共聚物。这类水溶性共聚物包括丙烯酸-丙烯酰胺共聚物、丙烯酸-乙烯基吡咯烷酮共聚物、丙烯酸-二甲基二烯丙基氯化铵共聚物、丙烯酰胺-苯乙烯-丙烯酸三元共聚物等。这类共聚物在很多程度上提高了水泥的抗压强度。

丙烯酰胺-丙烯酸共聚物首次作为降滤失剂是在 1956 年，虽然较纤维素类在耐温、抗盐方面有所提高，但仍存在丙烯酰胺在高温下易水解、产生对水泥的缓凝作用等问题，因此很难得到高抗压强度的水泥。因此丙烯酸或丙烯酰胺的二元共聚物或三元共聚物得到了发展。其中丙烯酰胺-苯乙烯磺酸钠-异丁烯酰丙基三甲基氯化铵三元共聚物作为降滤失剂耐热温度高、降滤失效果佳，即使在93℃以上，其效果仍很好。

7.3.2 油气集输用高分子型助剂及燃油、润滑油流动改性剂

原油因产地不同，含蜡量不一，对于含蜡量高的原油，在低温下黏度大、不利于原油的采出和输送。有的原油因含水量高（呈乳液状）、腐蚀性杂质多（H_2S 和 CO_2），为了保证油气的采出质量、降低能耗，又需加入破乳剂、缓蚀剂等。

7.3.2.1 采油输油助剂

（1）防蜡剂 石蜡是 $C_{18} \sim C_{60}$ 的碳氢化合物，由于分子结构对称，很容易结晶，因此高蜡含量的原油，在温度较低时，石蜡分子间开始结晶，逐步形成物理交联点的网状结构，由于石蜡分子的极性与原油相近，使得原油分子被此网状结构吸附而失去流动性，就像水分子被高吸水树脂吸附一样。这会给原油的管道输送、贮罐的清洗带来严重的影响，所以原油从采出到炼油厂的输送过程中需加入防蜡剂。防蜡剂的防蜡机理根据其分子结构不同，机理也不同，总的结果是控制蜡的结晶体进一步扩大。对于低分子防蜡剂，如稠环化合物是利用了稠环化合物对石蜡晶体的强烈吸附，从而控制石蜡晶体的进一步增长，而加入二氧化碳、四氯化碳、三氯甲烷、苯等则是利用了这类化合物对石蜡的强溶解性。对于高分子型防蜡剂则是利用其长烷基侧链的阻碍作用或酯基、醚基的极性差异来分散、隔离石蜡晶体的接触，从而抑制石蜡晶体的再扩大。实际上防蜡剂和流动改性剂在分子结构性质和功能上是一样的。目前原油使用的高分子型防蜡剂有低分子量聚乙烯、乙烯-醋酸乙烯酯共聚物、乙烯-丙烯酸酯共聚物、乙烯-醋酸乙烯酯-乙烯醇共聚物、丙烯酸酯共聚物、有机硅-聚醚嵌段共聚物。

① 聚乙烯。能作为原油防蜡剂的聚乙烯是由乙烯在高温高压下聚合得到的，其分子量在 6000～20000 之间，其支链结构含量在 10%～50%。聚乙烯类防蜡剂因与体系相容性好，防蜡效果应该最好，但由于聚合过程中难以对聚乙烯的分子量、支化度和支链长度进行准确控制，因此这类防蜡剂的质量水平波动性大。

② 乙烯-羧酸乙烯（丙烯）酯共聚物。这类共聚物是由乙烯与长链羧酸乙烯酯经自由基溶液共聚合得到，分子量控制在 3000～6000。这种共聚物因侧链数量、长度可准确控制，因此产品的防蜡效果比较均一，易于控制其在原油中的加入量。其难度在于长链羧酸乙烯酯的制备。

③ 乙烯-丙烯酸酯-丙烯酸共聚物。这种防蜡剂的分子结构和防蜡效果与乙烯-羧酸乙烯酯共聚物相似，都是梳状聚合物，聚合方法也一样。优点是其长链烷基不饱和酯-（甲基）丙烯酸高级醇酯易于制备和精制。

（甲基）丙烯酸高级醇酯可由 $C_{16} \sim C_{25}$ 的混合醇与（甲基）丙烯酸按摩尔比 1:（1.08～1.12）的比例进行投料，为了防止原料和生成的酯单体聚合，且易在中和水洗过程中除去，可加入水溶性阻聚剂，如硫酸铜/苯酚的复配体系，同时用苯或甲苯作共沸剂控制酯化温度，当生成水得到理论含量后，降温至30℃，然后用计量的15%的碱液中和至 pH 值9～10，水洗至中性，分出水相，加入成品阻聚剂对羟基苯甲醚（MEHQ）。然后减压蒸馏，回收共沸剂，直至共沸剂含量小于 0.5%。然后降温、过滤、包装，即得（甲基）丙烯酸高碳混合酯。这样得到的产品纯度可达99%，色相（铂-钴色号，APHA）可达 50 号。产品在30℃以上为白色透明液体。

乙烯-丙烯酸酯-丙烯酸共聚物防蜡剂的制备一般在甲苯中，以过氧化苯甲酰为引发剂，通过自由基溶液共聚合得到，分子量控制在 3500～5000，在原油中的加入量为（10～100）$\times 10^{-8}$ 即可达到防蜡效果。

④ 聚二甲基硅氧烷-聚醚嵌段共聚物。这种嵌段共聚物由八甲基环四硅氧烷（D_4）与

环氧乙烷经阳离子活性开环聚合得到，也可由聚醚与聚二甲基硅氧烷进行部分脱醇反应得到。

（2）降凝剂　降凝剂是用来降低原油凝固点和降低表观黏度、改善低温流动性的助剂。降凝剂除氯化石蜡外，其余均是高分子类聚合物。原油降凝剂、降黏剂和防蜡剂有时是相同的，其作用机理也是一样的，都是控制原油中石蜡的结晶。其分子结构是低相对分子质量的梳状聚合物，有丙烯酸高碳醇酯-马来酸酐-醋酸乙烯共聚物，丙烯酸低级酯-丙烯酸高碳醇酯共聚物（CE 降凝剂）。其制备方法与防蜡剂一样。

7.3.2.2　燃油、润滑油流动改性剂

燃油，尤其是柴油因含蜡量不同，具有不同的使用温度，为了提高原油资源的利用率和降低柴油的使用温度需要在其中加入流动改性剂，这种改性剂的添加量不能过高，否则就会在汽缸中出现积碳现象。另一方面，润滑油及润滑油脂是由高石蜡含量的炼油级份制得的，因此石蜡含量较高，为了提高流动性，需加入流动改性剂，对润滑油流动改性剂的要求是：这种流动改性剂不仅能改进润滑油的低温流动性，而且在高温下又能保证润滑油不降黏，否则润滑油在高温下会失去润滑作用。目前用于柴油流动改性剂的有丙烯酸酯共聚物、乙烯-醋酸乙烯共聚物。作为润滑油流动改性剂的有乙烯-马来酸酐-丙烯酸酯共聚物和甲基丙烯酸十六酯-丙烯酸酯共聚物，其中甲基丙烯酸十六酯是用于润滑油流动改性剂制备的最佳单体，且它们的制备方法和作用机理均与防蜡剂、降凝剂相同。

7.4　涂料用高分子型助剂

涂料是由成膜物质和颜料、填料及功能性填料（防腐、防火、导电、阻燃）组成。漆膜的性能与颜料的分散情况、流平情况直接相关，为了提高涂料分散体系的稳定性，还需加入增稠剂、触变性树脂等，有时作为涂料的原料——乳液聚合的保护胶体，因此涂料的制备过程需要很多种高分子助剂，如颜料分散剂、增稠剂、流平剂、防污剂、抗静电剂、消泡剂等。本节就高分子型颜料分散剂、增稠剂、流平剂及消泡剂给予介绍。

7.4.1　颜料湿润分散剂

（1）溶剂型涂料用颜料湿润分散剂　溶剂型涂料使用的高分子分散剂有天然高分子、合成高分子两大类。天然高分子主要是卵磷脂。合成高分子有酸封端的聚酯多氨基盐、低分子量聚乙烯。低分子量聚乙烯不仅具有颜料分散、润湿作用，而且还兼具流平、消泡作用。表7-4 是国内外溶剂型涂料常用的高分子型颜料分散剂的结构和性能。

表 7-4　国内外溶剂型涂料常用的高分子型颜料分散剂

商品名称	组　成	制造公司	类　型	外　观	有效成分/%	主　要　用　途
Anti-terra-U	长链多氨基酰胺和高分子酸酯的盐	BYK 公司	电中性	清澈浅褐色液体	50	主要用于面漆，适合于所有的无机和有机颜料的分散，对环氧和聚氨酯高固体分涂料有极好的润湿分散作用，用量为有机颜料的1.0%～5.0%，无机颜料的 0.2%～2.0%
Anti-terra-P	长链多氨基酰胺磷酸盐	BYK 公司	阳离子型	清澈浅褐色液体	40	对氧化铁、铬系颜料、重晶石粉、碳酸钙等颜料在醇酸、氨基氯化橡胶改性的醇酸树脂中，具有良好的润湿分散作用，同时具有防沉淀功能。用量为有机颜料的1.0%～1.5%，无机颜料的 0.2%～2.0%
Anti-terra-203	高分子聚羧酸盐	BYK 公司	电中性	浅褐色液体	50	用于双组分涂料中不影响使用寿命。在铬酸锌涂料中加入 2% 具有极好的防沉效果，用量为无机颜料的 0.5%～1.5%

商品名称	组成	制造公司	类型	外观	有效成分/%	主要用途
BYK-P-104 BYK-P-104S	高分子不饱和聚羧酸	BYK公司	阴离子型	清澈浅褐色液体	50	可用于大多数涂料中，在 TiO_2 和着色颜料同时使用时可以防止浮色、发花。P-104S因含硅树脂具有流平作用
Disperbyk-130	低分子量的碱性聚酰胺	BYK公司	阳离子型	透明至不透明液体	51	主要用于丙烯酸氨基醇酸涂料，氧化物颜料，炭黑和混合物颜料（钛白＋炭黑及钛白＋酞菁蓝）的润湿分散
卵磷脂	甘油脂肪酸磷酸酯和胆碱组成	油脂厂的油脚	两性	黄色或棕色蜡状物	100	是一种天然的颜料润湿分散剂，有防沉、防浮色、防花、防流挂的效果，一般用量为总漆量的 0.1%～0.5%
TexapHor-963	聚羧酸和胺的衍生物的盐	Henkel公司	电中性盐	清澈的棕色液体		对 TiO_2、立德粉、氧化铬绿、氧化铁红、黄、黑等无机颜料及甲苯胺红、汉沙黄、酞菁蓝、绿等均有较好的浮色作用，用量为总漆量的 0.1%～2.0%

（2）水性涂料用颜料润湿分散剂 水性涂料使用的颜料润湿剂多为常用的低分子量的表面活性剂，在此不多作介绍。水性涂料用颜料分散剂有无机类、有机类和高分子类。其中以高分子类的分散效果最佳。无机类主要是聚磷酸盐，如焦磷酸钠、磷酸三钠、磷酸四钠、六偏磷酸钠。有机类则均是阴离子、阳离子和非离子的表面活性剂。高分子类颜料分散剂有聚丙烯酸盐、聚甲基丙烯酸盐、马来酸酐-异丁烯共聚物、苯乙烯-马来酸酐共聚物、缩合萘磺酸盐，以及非离子型聚乙烯吡咯烷酮、聚醚等。表 7-5 是国内外水性涂料常用的高分子型颜料分散剂的结构和用途。

表 7-5　国内外水性涂料常用的高分子型颜料分散剂

商品名称	组成	制造公司	类型	外观	有效成分/%	主要用途
DA 系列	丙烯酸钠与丙烯酸酯共聚物	北京东方化工厂等	阴离子型	清澈透明液体	40	对钛白、高岭土、碳酸钙、硫酸钡、滑石粉、氧化铁、氧化锌、立德粉等有良好的分散效果
TD-01	聚丙烯酸钠	天津化工研究院	阴离子型	清澈透明液体	40	对钛白、高岭土、碳酸钙、硫酸钡、滑石粉、氧化铁、氧化锌、立德粉等有良好的分散效果
SN-5040	聚丙烯酸钠	Henkel公司	特种阴离子型	清澈透明液体	40	乳胶涂料的钛白和体积颜料的分散
PD	萘磺酸钠的缩聚物	青岛化工研究所		粉末	50	用于苯丙乳胶漆中炭黑的分散
Tamol 731	二聚异丁烯顺丁烯二酸钠盐	Rohm & Haas 公司	阴离子型	液体	25	可用于多种颜料的润湿分散
Tamol-SG-1	丙烯酸铵与丙烯酸酯共聚物	Rohm & Haas 公司	阴离子型	液体	35	可用于多种颜料的润湿分散
SMB	苯乙烯顺酐丁醇半酯化物	江苏太仓有机化工厂	低分子量共聚物	白色粉末		对氧化锌等碱性颜料有较好的分散作用
Diapex A40	羧酸聚合物的铵盐	Allied Colloids	阴离子型	浅黄色液体	40	用于平光乳胶漆颜料的分散
Diapex N40	羧酸共聚物的钠盐	Allied Colloids	阴离子型	浅黄色液体	40	用于平光乳胶漆颜料的分散
Diapex G40	羧酸共聚物的钠盐	Allied Colloids	阴离子型	浅黄色液体	40	用于半光或有光乳胶漆颜料的分散
Diapex GA40	羧酸共聚物的铵盐	Allied Colloids	阴离子型	浅黄色液体	40	用于半光或有光乳胶漆颜料的分散
PA-01	聚甲基丙烯酸盐的共聚物	北京东方化工厂	阴离子型	浅黄色液体	35	对各种颜料均有良好的分散作用，可用于平光、半光或有光乳胶漆

7.4.2 增稠剂

目前涂料工业使用的增稠剂多指水性涂料的增稠剂，而且更多地用于乳胶涂料。增稠剂是一种流变助剂。虽然涂料的流变性与涂料中所用树脂、颜料、溶剂或分散介质、pH 值等因素有关，但当加入增稠剂后，涂料的流变性能在相当大的程度上取决于流变助剂即增稠剂的影响，尤其是乳胶涂料，离开这些增稠剂就得不到预期的流变性。

水性涂料使用的增稠剂主要有水溶性和水分散型高分子化合物。早期水性涂料使用的增稠剂多为天然高分子改性物，如树胶类、淀粉类、蛋白类及羧甲基纤维素钠，由于存在易腐败、霉变及在水的作用下降解而失去增稠效果，因此现在已很少使用。

为此近年来国内外均开发出增稠效率高、不霉变、不降解的合成高分子型增稠剂，理想的乳胶漆增稠剂应满足以下要求：①用量少增稠效果好；②不易受霉的侵袭及温度、pH 值的变化而使乳胶漆黏度下降，不会使颜料絮凝，贮存稳定性好；③保水性好，无明显的起泡现象；④对漆膜性能如耐水性、耐碱性、耐擦洗、光泽、遮盖力等无副作用。

增稠剂的分类和代表性产品见表 7-6。

表 7-6 增稠剂的分类及其代表性产品

类　别			品　种
无机类			有机膨润土、有机改性水辉石、水性膨润土、胶态硅等矿石
有机类	天然高分子衍生物	阴离子型	羧甲基纤维素钠、羧甲基淀粉、阿拉伯胶、藻抗酸盐等
		两性型	干酪素、明胶、大豆蛋白等
		阳离子型	阳离子淀粉
		非离子型	甲基纤维素、羟乙基纤维素、羟丙基甲基纤维素、可溶性淀粉、甲基淀粉等
	合成高分子	阴离子型	聚丙烯酸盐或聚甲基丙烯酸盐、丙烯酸或甲基丙烯酸的均聚物或共聚物、顺酐共聚物、巴豆酸共聚物等
		阳离子型	含氮基聚合物、聚丙烯酰胺、聚乙烯基吡咯烷酮等
		非离子型	聚乙烯醇、低分子量聚乙烯蜡、聚醚、聚乙烯基甲醚、聚氨酯等
螯合型偶联剂			钛酸酯偶联剂

目前涂料行业仍在使用天然纤维素类增稠剂，但羧甲基纤维素、甲基纤维素逐渐被淘汰，主要使用羟乙基纤维素和羟丙基纤维素，但更多的还是使用合成高分子增稠剂，这是因为合成高分子增稠剂和纤维素类增稠剂相比具有触变性小、用量少、漆膜的流平性好而其他性能不受影响的优点。合成高分子增稠剂主要有水溶性的聚醚、聚氨酯、聚丙烯酸钠和聚甲基丙烯酸钠等。前两者可通过控制水溶性直接制成分散型的增稠剂，由于本身黏度低，使用方便。后两者由于本身黏度高、用量大而将被淘汰，但优点是不产生颜料的絮凝。为了改进后两者的缺点，目前国内已开发并生产出乳液型丙烯酸酯-(甲基) 丙烯酸钠共聚物增稠剂，其本体黏度在 $(30\sim100)\times10^{-3}$ Pa·s，用量在 5kg/t 涂料，用量小对漆膜性能几乎无影响，由于是共聚物型，成膜后又直接作为成膜物质。纤维素类增稠剂的制备方法和工艺与油田用纤维素类降滤失剂的制备方法一样。以下对近几年来在国内外常用的合成高分子增稠剂进行概述。

7.4.2.1 （甲基）丙烯酸盐聚合物增稠剂

（甲基）丙烯酸盐聚合物型增稠剂有水溶型和水乳型两种，水乳型又可分为常规型和缔合型两类。

水溶型聚丙烯酸盐增稠剂的制备比较简单，一般是将丙烯酸在滴加罐中用计量的水稀释，然后用氢氧化钠水溶液中和，控制中和度为 $50\%\sim70\%$ 左右，单体浓度控制在 $20\%\sim25\%$，然后用过硫酸铵/亚硫酸氢钠氧化还原体系在 $50\sim65$℃下进行三相滴加聚合。这类水溶性聚丙烯酸盐增稠剂由于黏度大而使用不方便，增稠效果差（涂料量 2%～3%），降低漆膜的耐水性，目前很少使用。

国内在水乳型聚丙烯酸盐类增稠剂的开发和生产已具有较高的水平，目前北京东方化工厂已开发出一系列的聚丙烯酸盐增稠剂，包括缔合型增稠剂，其增稠效果已达到国外同类产品的水平。

普通水乳型聚丙烯酸盐增稠剂是由丙烯酸或甲基丙烯酸与丙烯酸乙酯按 15：85 的质量比在乳化剂存在下经乳液聚合得到。这种增稠剂因水溶性单体少，对漆膜的耐水性几乎无影响，同时价格低（8.0 元/kg）、增稠效果好（涂料用量的 0.5%），占涂料市场的主流。

近年来缔合型聚丙烯酸盐增稠剂因触变性强、且具有一定的流平功能而受到涂料厂家的青睐。这类增稠剂的吸水基团不仅含有羧酸基，还包括聚氧乙烯基，它们是由（甲基）丙烯酸、丙烯酸酯、烷基聚氧乙烯丙烯酸酯或壬基酚聚氧乙烯丙烯酸酯经乳液聚合得到。这类增稠剂不仅耐盐好，而且由于羧酸盐基与聚醚的协同效应触变性大为提高，增稠效果达到小于 5kg/t 涂料。

7.4.2.2 聚氨酯类增稠剂

聚氨酯类增稠剂因流平性好而在涂料中常与聚丙烯酸盐类增稠剂并用，其缺点是触变性小。这类增稠剂可用含氨基甲酸乙酯的低聚物与聚醚反应得到，然后以水稀释，根据聚氨酯链段与聚醚链段的比例不同，可得到水乳型聚氨酯聚醚类增稠剂，也可以得到水溶性聚氨酯类增稠剂。表 7-7 是国内外增稠剂生产的牌号和性能一览表。

表 7-7　国内外增稠剂生产的牌号和性能

商品牌号	化学组成	主要指标	特　点	制造厂家
CMC-7H	羧甲基纤维素钠	固体：1%水溶液黏度 1.5～2.5Pa·s	在 40～50℃制成10%水溶液使用，流平性比羟乙基纤维素好，但耐水性和耐霉变性差	Aqual Co（美国）
Avicel RC-581	含 11% 羧甲基纤维素钠的微晶纤维	固体：1%水溶液黏度 0.05～1.68Pa·s	水溶性好，可与羟乙基纤维素配合用，无流挂乳胶漆	FMC Co（美国）
Cellosize Q、P、300H	羟乙基纤维素	固体：2%水溶液黏度 0.325～0.4Pa·s	可作乳液合成的保护胶，作增稠剂时需与其他种类配合使用	UCC（美国）
Cellosize Q、P、400H	羟乙基纤维素	固体：2%水溶液黏度 4.8～6.0Pa·s	可在研磨阶段或配漆时加入	UCC（美国）
Cellosize Q、P、15000H	羟乙基纤维素	固体：1%水溶液黏度 1.5～2.5Pa·s	可作平光乳胶漆或厚浆涂料的增稠剂	UCC（美国）
SN-Thickener601	聚醚型低聚物	固体分 40%	触变性小，漆膜流平性好，常与其他增稠剂并用	Diamond Shamrock（美国）
SN-Thickener603	氨基甲酸乙酯改性聚醚型低聚物	固体分 40%	触变性小，漆膜耐水性好，流平性好	Diamond Shamrock
SN-Thickener605	氨基甲酸乙酯改性聚醚型低聚物	固体分 40%	触变性小，漆膜耐水性好，流平性好	Diamond Shamrock
SN-Thickener607	氨基甲酸乙酯改性聚醚型低聚物	固体分 40%	在水中容易分散，与颜料的相容性好，配色性好	Diamond Shamrock
SN-Thickener608	改性聚丙烯酸钠	固体分 15%	触变大，增稠效果好	Diamond Shamrock

商品牌号	化学组成	主要指标	特　点	制造厂家
SN-Thickener612	氨基甲酸乙酯改性聚醚型低聚物	固体分40%	与 SN-607 相同，但配色性更佳，流平性好，不消光	Diamond Shamrock
SN-Thickener613	改性聚丙烯酸钠	固体分20%	触变性大，与 SN-612 配合使用	Diamond Shamrock
Modicol VD	改性聚丙烯酸钠	固体分15%	触变大，增稠效果好，耐水性好	Diamond Shamrock
Rheroris CR	非离子表面活性剂改性丙烯酸共聚物乳液	固体分30%	增稠效果好，漆膜流平性好，施工性好，用碱增稠活化	Allied Collid（英国）
Viscalex HV30	丙烯酸共聚物乳液	固体分30%	高触变、碱活化增稠剂，适于厚浆涂料和高颜料体积浓度(PVC)平光乳胶漆	Allied Collid
SN Viscalex VM	丙烯酸共聚物乳液	固体分30%	增稠好、碱活化增稠剂，适于高 PVC 平光乳胶漆	Allied Collid
E-503	丙烯酸共聚物乳液	固体分50%	碱活化增稠，适于平光乳胶漆	Rohm & Haas（美国）
Acrysol TT-935	丙烯酸共聚物乳液	固体分30%	碱活化增稠，流平性好，不消光，适于有光乳胶漆	Rohm & Haas
At-01	丙烯酸共聚物乳液	固体分30%	碱活化增稠，适于平光乳胶漆	北京东方化工厂
At-06	丙烯酸共聚物乳液	固体分30%	触变性好，碱活化增稠，适于平光、有光乳胶漆	北京东方化工厂
AT-07	丙烯酸共聚物乳液	固体分35%	触变性好，碱活化增稠，适于平光、有光乳胶漆	北京东方化工厂

7.4.3　防缩孔、流平剂

乳胶漆使用增稠剂及成膜助剂就可达到涂料的流平，而溶剂型涂料、粉末涂料则需加入具有改善漆膜平整性的助剂。涂料不管采取何种涂装手段，经施工后，均存在溶剂挥发、聚合物流动的成膜过程，由于溶剂挥发、聚合物与基材的润湿程度不同，往往造成漆膜出现张力梯度，从而导致漆膜出现皱纹或缩孔，一旦出现这类现象，则漆膜的装饰性及漆膜的耐水性、耐溶剂性均会下降。因此防缩孔、流平剂的设计应保证具有如下功能：①降低涂料与基材之间的表面张力，是涂料与基材具有最佳的润湿性，即减少因溶剂挥发导致的张力梯度；②能调整溶剂的挥发速度，降低黏度，提高涂料的流动性；③在漆膜表面能形成单分子层，以提供均一的表面张力。因此流平剂可以是高沸点的溶剂，也可以是相容性好、分子量适中（600～20000）的聚合物，如醋丁纤维素、聚丙烯酸酯类，这类聚合物的作用就是降低涂料与基材之间的表面张力而提高润湿性。由于其为低分子量聚合物，同涂料的树脂不完全混溶且表面张力低，易从涂料树脂中渗透出，使被涂物体润湿，从而排除基材表面吸附的气体。

防缩孔、流平剂在溶剂型涂料中多用醋丁纤维素，醋丁纤维素也可作为粉末涂料及聚氨酯涂料的流平剂。醋丁纤维素可与多种合成树脂、高沸点增塑剂相容，丁酰基含量越高，流平效果越好。丁酰基含量为55%的醋丁纤维素可用于环氧粉末涂料的防缩孔、流平剂。

聚丙烯酸酯类防缩孔、流平剂可分为纯丙烯酸酯聚合物型、改性聚丙烯酸酯型及丙烯酸碱溶树脂三类。这三类流平剂主要用于粉末涂料。表 7-8 是各类牌号的聚丙烯酸酯流平剂的性能和用途。

表 7-8 聚丙烯酸酯防缩孔、流平剂品种介绍

项　　目	PLA-1	GA-1	MF-8501	MF-8502	BLP-402	BLP-403	BLP-404
组成	聚丙烯酸酯	有活性官能团的聚丙烯酸酯	丙烯酸酯嵌段共聚物	丙烯酸酯共聚物	丙烯酸酯共聚物	丙烯酸酯共聚物	丙烯酸酯共聚物
外观	黏稠液体	黏稠液体	黏稠液体	固体	黏稠液体	固体	固体
黏度	3～8s(格)	28～35s(格)	3.5～7Pa·s(50℃)		13～28s(格)		
固体含量/%				≥98	≥96	≥98	≥98
软化点/℃				75～79		75～79	90～110
环氧值		0.05～0.6				0.14～0.21	
酸值							60～85 mgKOH/g
挥发物/%			<15(180℃,30min)				
用途	粉末涂料、聚酯漆改善流平	环氧粉末涂料	粉末涂料	粉末涂料	环氧/聚酯/聚氨酯/丙烯酸等粉末涂料	环氧及其他粉末涂料	混合型粉末涂料
用量及用法	树脂量的0.3%～0.5%	树脂量的0.5%	树脂量的0.8%～1.2%	树脂量的5%～8%	树脂量的0.6%～1%	树脂量的3%～5%	树脂量的3%～5%
厂家	化工部涂料所	成都电器厂	江苏无锡河捋助剂厂		浙江奉化县南海助剂厂		

聚丙烯酸酯类防缩孔、流平剂的合成一般有丙烯酸丁酯与丙烯酸高烷基酯经溶液自由基共聚合得到，其中丙烯酸高烷基酯以丙烯酸月桂酯最佳，聚合引发剂一般用 BPO，或 AIBN，聚合控制在 80～90℃，聚合溶剂一般是甲苯或二甲苯，聚合物的分子量控制在 1500～6000 之间最佳，分子量分布越窄，流平效果越好。聚合完毕后，经减压蒸馏，后期温度控制在软化点以上，脱出甲苯后，趁热放出，冷却后用旋风式粉碎机进行粉碎和筛分即可包装。

总之，高分子型助剂在水泥建筑、水利工程、造纸、油田开采、油品、洗涤剂、涂料、黏合剂、纺织等领域起着重要的作用，可以说没有高效水泥减水剂，就不可能有现在的摩天大厦；没有新型聚丙烯酸钠助洗剂，我们的江河还会继续遭到污染；没有高性能的涂料助剂，就不可能有现在的富丽多彩的生活环境。这些高分子型助剂虽有数千种，但它们都是从单体聚合或天然高分子改性而来，在制备方法上基本是触类旁通，在生产设备及工艺上都大同小异，基本是聚合、脱水（溶剂）、干燥、粉碎等少数单元操作的组合。

7.5 食品用高分子型助剂

食品加工和保存过程中需要加人各种色素、抗氧防腐剂、甜味剂等以增加色泽、味道和延长存储期限。由于人们对食品安全性认识的提高，对食品添加剂的无害性提出了越来越高的要求。化学食品添加剂对人体的危害主要是由于食用后被人体吸收进人体内循环造成的，如果采用的食品添加剂不能被人体吸收，其有害作用将大大下降。我们知道，由于多数高分子化合物不能被人的消化道所吸收，只能随着其他废物一起排出体外，因此不会进入血液循

环对内脏产生不利影响。与小分子同类物质相比，高分子食品添加剂的安全性将会大大提高。作为食品添加剂的两个发展方向之一（另一个方向为天然食品添加剂），高分子食品添加剂正日益受到普遍重视。

高分子食品添加剂的使用性能和安全性受到聚合物结构、组成和分子量大小的影响。因此在制备高分子食品添加剂时必须要考虑以下影响因素。

（1）具有良好的化学稳定性　作为高分子食品添加剂，活性某团与高分子骨架之间的连接键和高分子骨架本身必须能够耐受化学和生物环境的影响，不发生键的断裂和降解反应，这些环境包括食品处理、运输、储存中的光、热影响，在消化道内的酶和微生物的影响等，以防止有生物活性的低分子量的降解产物出现在人体循环系统。烃类骨架聚合物在食品处理和食用条件下一般是稳定的，并且不影响添加剂的性能。

（2）具有一定的溶解性能　由于食品添加剂要考虑在食品加工和食用过程中的外观和使用性能，在使用条件下具有一定溶解性能，对于高分子食品添加剂来讲意义更加重要。因此，高分子骨架的溶解特征是必须考虑的因素之一，以保证添加剂在食品中的良好分散和作用发挥。比如一般要求高分子甜味素有良好的水溶性才能发挥甜味作用，需要在聚合物骨架中接入足够数量和强度的亲水性基因；对用于油和脂肪的高分子抗氧剂则应考虑加入一定量的亲脂性基团以增加脂溶性。

（3）具有足够大的分子量　由于人体肠道的吸收与被吸收物质的分子量有直接关系，为了确保高分子添加剂在体内的非吸收特性，必须保证食品添加剂具有足够大的分子量和分子体积。一般认为，分子量至少要大于 10000，并保证分布范围要窄，以最大限度地减少能被人体吸收的低分子量分子的相对含量。

（4）必须不破坏食品风味和外观　使用的高分子食品添加剂必须是没有那些能让人产生不愉快的气味和颜色，以保持食品的风味和外观。一般来说，高分子量的物质挥发性都普遍很小，产生不良气味的可能很小。

（5）与食品其他成分的相容性和混合性要好　食品添加剂必须要有与其他食品成分良好的相容性和混合性，这样才能不影响食品的加工处理工艺和过程。下面对几种主要的高分子食品添加剂进行介绍。

7.5.1　高分子食品色素

有色材料经常作为着色剂应用在食品加工中，用以改善食品外观，这种食品添加剂被称为食品色素。但是许多小分子有色物质都是对身体有害的，特别是一些合成色素，国家明令禁止使用。为了消除这种危害，使用高分子化的色素是解决办法之一。最常见的高分子色素的制备方法是将小分子色素通过共价键连接到高分子骨架上。如果连接色素分子与高分子骨架的化学键足够稳定，高分子化的色素将不能被肠道吸收，因而对身体无害。高分子色素的制备可以通过在小分子色素结构中引入可聚合基团制成单体，再利用聚合反应制成高分子色素。或者利用接枝反应，对含有活性功能团的聚合物进行化学修饰，直接将色素结构引进聚合物骨架。为了改善高分子色素的水溶性，一般还需要在聚合物骨架中引入亲水基团。比如一种高分子蓝色素的合成是通过如下反应得到的，将半当量的溴代蒽醌型色素与带有氨基的线性聚合物反应而实现色素的高分子化，然后再将高分子骨架中未反应的氨基磺酰化成水溶性基团成为可供使用的水溶性高分子色素：

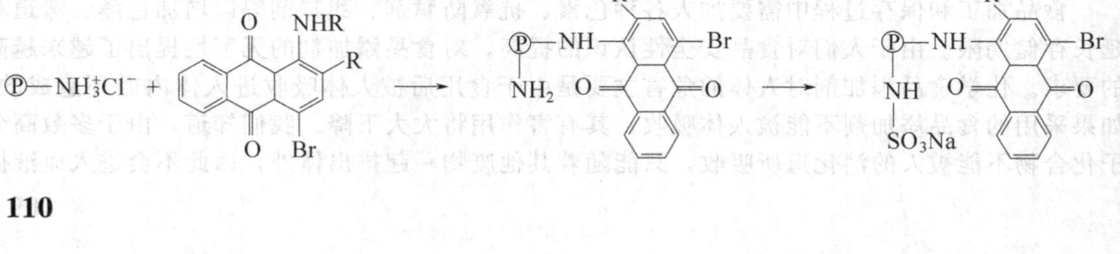

偶氮苯是一类具有鲜明颜色的化合物，但是小分子偶氮苯被认为具有不利的生物活性，是潜在的致癌物质。偶氮色素经过高分子化后可以避免被人体吸收，安全性将大大提高。例如，一种偶氮苯型的色素，在引入甲基丙烯酸基作为可聚合基团后，经均聚反应可以得到橘红色的高分子色素，其反应过程如下：

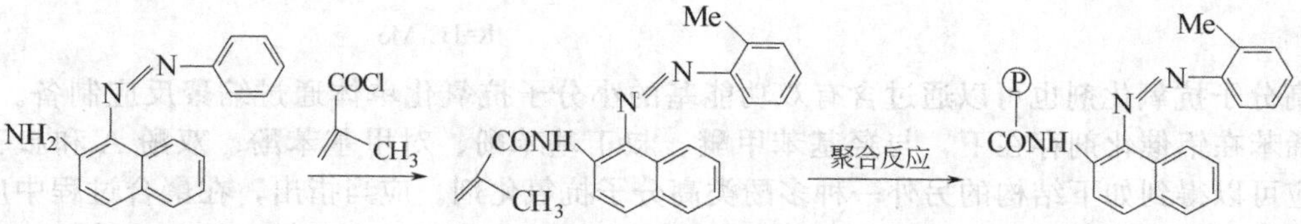

许多类似的在小分子状态下由于毒性原因不能作为食品色素的偶氮类化合物，通过高分子化后毒性消失，或者大大减小，因而可以作为色素使用。其他类型的色素结构还包括蒽醌、蒽吡啶酮、蒽吡啶、苯并蒽酮、硝基苯胺和三苯甲基衍生物。在表 7-9 中给出了部分高分子食品色素的结构及颜色。

表 7-9 高分子食品色素的结构及颜色

高分子色素结构	颜色	高分子色素结构	颜色
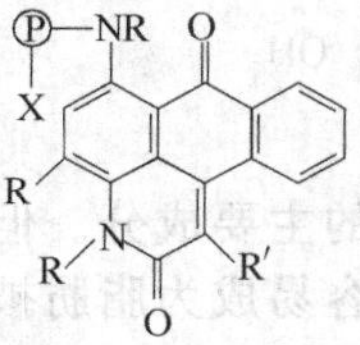 R=H R'=H，Ph，COMe	红色	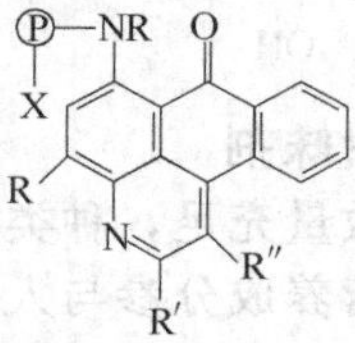 R=H R'=Me，OCH₃ R''=H	黄色
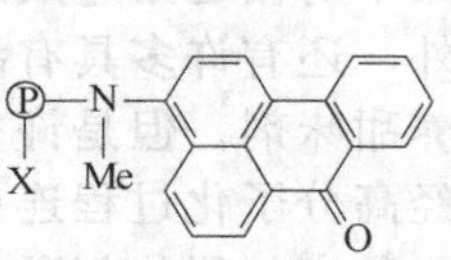	紫色	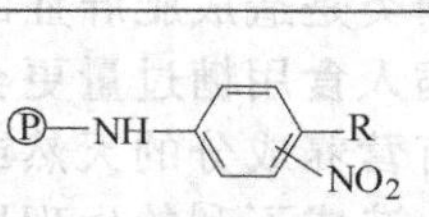 R=NO₂，SO₃H	黄色
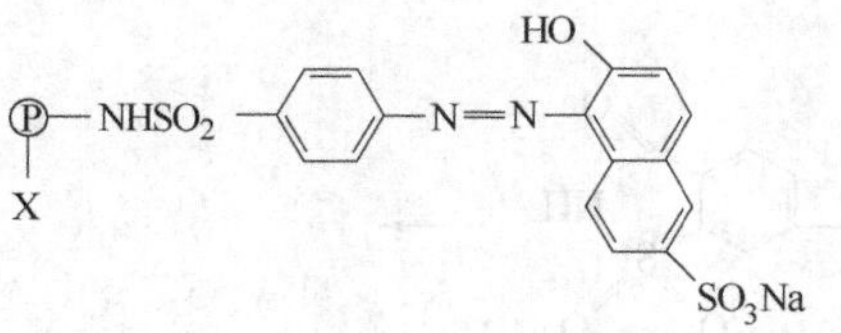	橘黄色	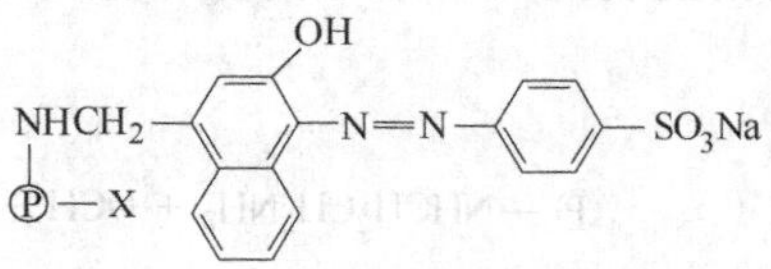	橘黄色

7.5.2 高分子食品抗氧化剂

食品抗氧化剂的使用主要是为了防止食品过早因为氧化反应变坏，特别是食用油和脂肪特别容易因为氧化而改变风味，引起质量下降。虽然许多酚类化合物被用来作为食品抗氧化剂，但是由于多数小分子酚类化合物能被人体吸收并对人体有害，并且容易挥发而失去抗氧化作用。以 β-胡萝卜素等为代表的天然抗氧化剂对人体无害，有些还有保健作用，但是昂贵的价格是限制其广泛使用的不利因素。高分子化的食品抗氧化剂可以克服上述缺点。由于高分子氧化剂是非挥发性的，因此，可以长期保持其抗氧化作用。大分子的非吸收性也大大减少了对人体的不利影响。此外，抗氧化剂主要用于含有油类和脂肪的食品，并经常需要经受高温处理过程，因此，一般要求具有良好的脂溶性质和热稳定性。高分子抗氧化剂可以通过小分子的高分子化过程制备。比如，一种含有甲基苯酚结构的高分子抗氧化剂可以通过含有乙烯基的 α-(2-羟基-3,5-二烷基苯基) 乙烯基苯的均聚反应制备：

111

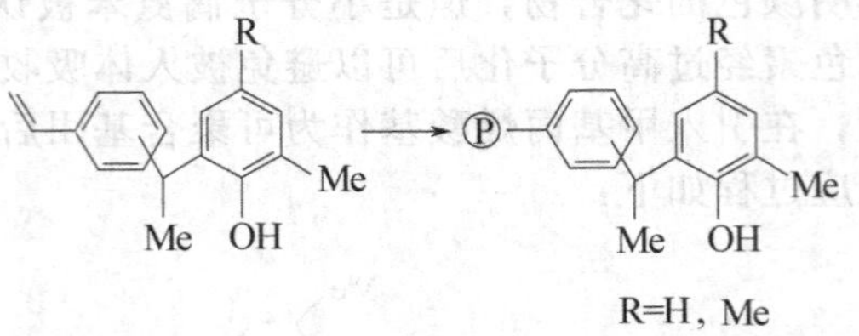

R=H, Me

高分子抗氧化剂也可以通过含有双功能基的小分子抗氧化单体通过缩聚反应制备。比如，二乙烯苯在铝催化剂存在下，与羟基苯甲醚、叔丁基苯酚、对甲基苯酚、双酚 A 和叔丁基氢醌反应可以得到如下结构的另外一种多酚类高分子抗氧化剂。应当指出，在聚合过程中应当注意保持抗氧化基团——酚羟基不受影响，以保证高分子化后能具有足够的抗氧化性能。

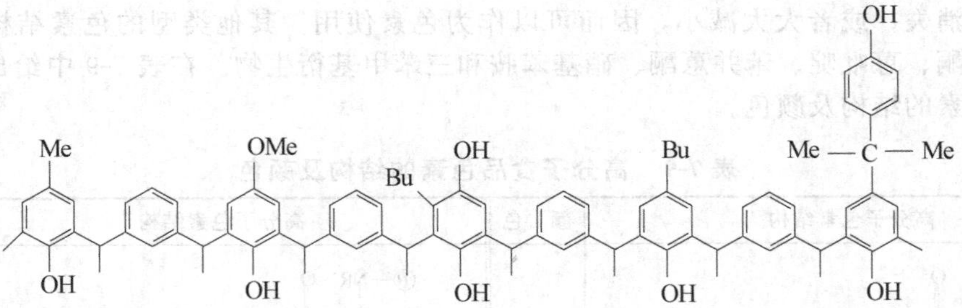

7.5.3 高分子非营养性甜味剂

虽然天然糖类甜味剂数量充足，种类繁多，成为食品用甜味添加剂的主要成分。但是这种甜味成分作为一种主要营养成分参与人体的代谢过程，被人体吸收后容易成为脂肪被积累起来，过多食用糖类是造成肥胖症的主要因素之一。同时，食品中的糖也是造成龋齿的重要因素。对于糖尿病人食用糖过量更会造成严重后果。除了糖之外，还有许多具有甜味，但是不参与代谢，没有营养成分的天然或合成化合物，被称为非营养甜味剂。但是许多这类化合物能被人体吸收，造成不利的生理影响。如果将这些甜味成分经高分子化过程连接到高分子骨架上可以消除上述天然和合成甜味剂的不利影响。比如，将一种高效甜味剂通过共价键键合到琼脂糖衍生物上可以制成高分子化的甜味剂。

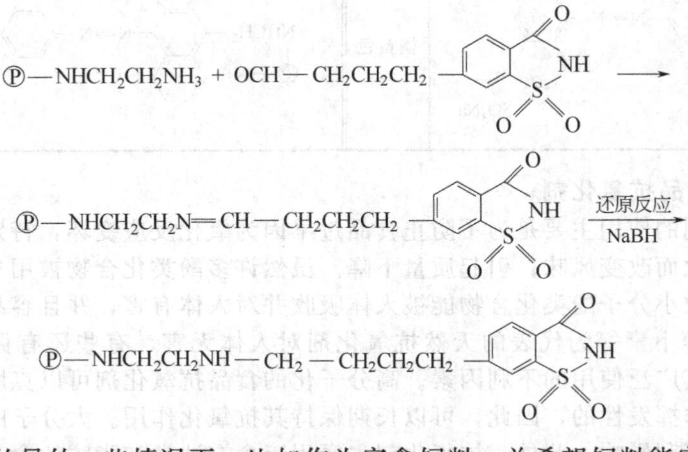

在与此相反的另外一些情况下，比如作为家禽饲料，总希望饲料能完全被吸收，发挥出最大作用。人们发现在饲料中加入某些高分子添加剂可以提高饲料利用率，加快家禽增重速度。比如在饲料中只要加入 $0.01\%\sim0.05\%$ 的聚乙烯基吡咯烷酮，即可显著提高家禽对饲料的吸收，成为一种新型高分子饲料添加剂。

112

第三部分

特殊功能精细高分子材料

第 **8** 章　吸附型高分子

8.1　概述

吸附（adsorption）是自然科学和日常生活中一种常见的现象，是指液体或气体中的分子通过各种键力的相互作用实现了在固体材料上的结合。由于吸附具有选择性，即固体物质只是吸附气体或液体中的某些成分而不是全部，因此吸附现象在科学技术与工业生产的许多方面具有重要应用价值。例如，通过选择性吸附，可以实现复杂物质体系的分离与各种成分的纯化；利用这种吸附作用可以组装具有光、电、磁等功能的物理器件。

分离科学的发展是现代工业的基础，冶金、化工、核能、制药等工业领域都涉及形形色色的分离技术。利用吸附现象实现物质的分离，称为吸附性分离（adsorptive separation）。从液体或气体中选择吸附某种或某类分子的材料称为吸附材料，俗称吸附剂（adsorbent）；被吸附的分子称为吸附质（adsorbate）。常用的分馏、分步结晶及膜分离技术等手段解决的是含量较高物质成分的分离与纯化问题。对于含量较少、甚至痕量物质的分离，对于组分非常复杂体系的分离，往往只有通过吸附性分离才能实现。因此，吸附分离材料与吸附分离技术的发展长期以来受到各个领域的重视。

早在 18 世纪末期，人们就开始采用木炭和沸石作为吸附剂分离纯化物质，例如糖浆脱色和气体吸附。20 世纪初高分子科学的发展促进了吸附分离材料的进步，酚醛树脂的功能基化开创了人工合成吸附分离材料的时代。1944 年，美国生产出凝胶型磺化交联聚苯乙烯树脂并成功地用于曼哈顿计划中铀的提取分离。从此，吸附分离功能高分子材料在全世界蓬勃发展起来。我国自 20 世纪 50 年代开始了离子交换树脂的合成与生产，并在核工业和制药工业中首先获得应用；60 年代发展了大孔树脂的合成技术。目前，中国吸附分离功能高分子材料的研究、生产、应用已形成一个较好的体系，新的品种不断出现，应用领域不断扩展。

吸附型高分子根据吸附机理可分为化学吸附剂和物理吸附剂及亲水溶胀吸附剂三大类。通过形成化学键而进行的吸附称为化学吸附。吸附化学键可以是离子键或配位键，相应的吸附剂分别为离子交换剂和螯合剂。高分子离子交换剂俗称离子交换树脂，又分为阳离子交换剂、阴离子交换剂以及两性离子交换剂等，广义的离子交换树脂包括离子交换剂和螯合剂。螯合剂属于特殊的离子交换剂，吸附金属离子除了形成离子键之外还形成若干配位键，典型的螯合树脂有氨基二乙酸型、膦酸型、氨基膦酸型、偕胺肟型等，一些多乙烯多胺聚合物及其功能基化产物也用作螯合剂。

物理吸附剂是指传统意义上的吸附剂，主要通过范德华引力、偶极-偶极相互作用、氢键等较弱的作用力吸附物质。高分子吸附剂（吸附树脂）根据其极性分为非极性、中极性和强极性三类。

亲水溶胀吸附是一种特殊的吸附方式，是由于具有交联结构的高分子材料中具有亲水性基团，使该材料不能溶解而只能溶胀于水中，从而具有很高的吸水倍率及保水能力，可用作吸水保水剂等，称作高吸水性高分子材料或超强吸水剂。

本文根据以上分类分别对离子交换树脂、高分子螯合剂、高分子吸附剂及高吸水性高分子材料的制备及性能进行介绍。

8.2　离子交换树脂

8.2.1　离子交换树脂概述

8.2.1.1　离子交换树脂的发展简史

离子交换树脂属于离子型高分子材料，是最早研究开发、最早投入大规模生产的一种精细高分子材料。自 1935 年问世以来，其发展过程大致可以分为三个阶段。

1935～1944 年，为发展初期。以苯酚-甲醛、苯胺-甲醛等缩聚单体为原料，应用英国人 Adams 和 Holmes 于 1935 年发表的离子交换材料的制备技术，生产无定形的颗粒状的阳离子、阴离子交换树脂。在德国、法国和美国相继实现了工业化生产，产品主要用于脱盐水的制造，促进了当时的电力工业的发展。

1944～1960 年，为发展成熟期。此间采用美国 General Electric Co.（GE 公司）D'Alelio 发明的专利技术，制备珠状的磺化苯乙烯-二乙烯基苯加聚物离子交换树脂及交联聚丙烯酸树脂，产品的物理和化学性能稳定，使用寿命长。这一时期的离子交换树脂的品种、产量和应用都得到了迅速的发展。这一时期，不仅通用的强酸、强碱和弱酸、弱碱离子交换树脂得到完善，还出现了氧化还原树脂和螯合树脂，苯乙烯系亚胺二羧酸型螯合树脂投入生产，应用也有了长足的发展。由制造脱盐水发展到纯水的制造，由奎宁的提取精制扩展到对链霉素的提取精制，以对蔗糖溶液的脱盐发展到大型混合床对葡萄糖的脱盐脱色，对铀单体提取精制和稀土元素的分离精制都实现了工业化。

1960 年以来，是离子交换树脂的新的发展期。在这一新发展期，又增添了美国 Rohm&Hass 公司和美国 Du Pont 公司的生产技术。Rohm & Hass 公司于 1960 年推出了 Macroreticular 型（大孔型）离子交换树脂。与凝胶型相比，大孔型离子交换树脂具有力学强度高、交换速度快和抗有机污染的优点，因而大孔型离子交换树脂很快得到了广泛的应用。1973 年 Du Pont 公司研究成功了全氟磺酸树脂，并制成离子交换膜，应用于氯碱工业、燃料电池等领域。热再生树脂、均孔树脂、均一粒度树脂相继出现，各种功能基的螯合树脂不断涌现，不同极性、不同孔结构的吸附树脂相继问世，应用向工业催化剂、医学和生物领域渗透，在水的脱盐及软化、治理废水、湿法冶金、分析分离、制糖业和食品工业等领域发挥越来越大的作用。离子交换树脂在水处理以外的应用由 20 世纪 80 年代以前占离子交换树脂总用量的不足 10% 增加到现在的 30% 左右。

中国的离子交换树脂在 1949 年前是空白，20 世纪 50 年代初，在北京、上海和天津的一些科研单位和高校开始进行离子交换树脂的研究，1953 年酚醛磺化树脂投产，1958 年凝胶型苯乙烯系离子交换树脂也相继投产。20 世纪 60 年代，大孔型的聚苯乙烯系、聚丙烯酸系离子交换树脂也相继投产。20 世纪 70 年代中、后期，由于各种大型化肥、化工生产技术装置的引进，促进了中国各类离子交换树脂的性能和品种的提高和发展，多种吸附树脂、碳化树脂也先后投产。现在生产品种超过 60 种，产品的种类和产量日益增加，质量不断提高，基本能满足国内的需求，有的品种也有外销。

在离子交换树脂发展的基础上，还引申发展了一些其他的精细高分子的分支学科，如吸附树脂、螯合树脂、聚合物固载催化剂、高分子试剂、固定化酶等。特别是固相多肽合成的开创给多肽合成带来了一场革命，发明者 Merrifield 因此获得了 1984 年的诺贝尔奖。20 世纪 80 年代末以来，以固相合成为基础而发展起来的组合化学是固相合成的又一里程碑。组合化学给药物化学带来了革命性的变化。关于高分子试剂和催化剂的内容，本书将在第 10 章进行介绍。

8.2.1.2 离子交换树脂的结构、分类与命名

（1）离子交换树脂的结构与性能　离子交换树脂由三部分组成：一是网状结构的高分子骨架，二是连接在骨架上的功能基团，三是和功能基带相反电荷的可交换离子。三者互为依存、统一于每粒离子交换树脂的珠体之中。离子交换树脂作为商品，它在运输、贮藏和使用时往往都含有一定量的水分，因此水分子充满了每粒离子交换树脂的骨架、功能基和反离子之间。

采用常规的悬浮聚合方法，可制得凝胶型的离子交换树脂，产品一般是透明的、无孔的，树脂吸水后树脂相内产生微孔。采用制孔技术可制得大孔型离子交换树脂，它不同于凝胶树脂，不论大孔树脂是处于干态或湿态、收缩或溶胀，都存在着比凝胶型树脂更多更大的孔道，比表面也就更大，有利于离子的迁移扩散，提高交换速度和工作效率。

实用的离子交换树脂必须具有如下性能：①高力学强度，以减少使用过程中的破碎；②高交换容量；③足够的亲水性，以使水能够进入树脂内部，使反离子基团离子化，使水溶液中的离子与树脂上的离子相互接近；④在水中具有足够大的凝胶孔或大孔结构，以使离子能以适当的速度在其中扩散；⑤高的热稳定性和化学稳定性，使之不会在使用中发生降解，也不会破坏其结构；⑥高的渗透稳定性；⑦树脂必须具有适合于应用的粒度分布。

（2）离子交换树脂的分类　离子交换树脂有很多种类，根据不同的分类方法，有不同的类别。

① 根据合成方法的不同，可分成缩聚型和加聚型两大类。缩聚型指离子交换树脂或其前体是通过单体逐步缩合聚合形成的，同时生成简单的小分子副产物（如水等）。如甲醛与苯酚或甲醛与芳香胺的缩聚产物。此外，多乙烯多胺与环氧氯丙烷反应形成带有氨基的交联聚合物，聚合过程中虽然没有小分子的形成，但聚合过程是逐步聚合，而且其聚合物的性能与缩合聚合产物的性能类似，因此这类离子交换树脂也归类于缩聚型。加聚型指离子交换树脂或其前体是通过含烯基的单体与含双烯基或多烯基的交联剂通过自由基共聚形成的。例如苯乙烯与二乙烯苯的共聚物合成的离子交换树脂。

② 根据树脂的孔结构，可分为凝胶型和大孔型离子交换树脂。凝胶型离子交换树脂一般是指在合成离子交换树脂或其前体的聚合过程中，聚合相除单体和引发剂外不含有不参与聚合的其他物质，所得的离子交换树脂在干态和溶胀态都是透明的。在溶胀状态下存在聚合物链间的凝胶孔，小分子可以在凝胶孔内扩散。大孔型离子交换树脂是指在合成离子交换树脂或其前体的聚合过程中，聚合相除单体和引发剂外还存在不参与聚合、与单体互溶的所谓致孔剂。所得的离子交换树脂内存在海绵状的多孔结构，因而是不透明的（大孔型离子交换树脂一般在溶胀状态及干态下都是不透明的，但某些大孔型离子交换树脂，如交联度较低、孔径较小或聚合物链柔顺性较大时，在干态时会塌孔而形成透明的凝胶状。但用水溶胀后会再形成不透明的多孔状）。这种聚合物在分子水平上，很像烧结玻璃过滤器。大孔型离子交换树脂的孔径从几纳米到几百纳米甚至到微米级，比表面积可达每克几百平方米。在溶胀状态下存在聚合物链间的凝胶孔，小分子可以在凝胶孔内扩散。

凝胶型离子交换树脂又可依据交联点不同分为低交联度（交联度小于8）、标准交联度（交联度等于8）和高交联度（交联度大于8）。大孔型离子交换树脂又可分为一般大孔树脂（交联度等于8）和高大孔树脂（交联度远远大于8）。

凝胶型和大孔型离子交换树脂目前都在广泛使用。凝胶型离子交换树脂的优点是体积交换容量大，生产工艺简单，成本低。其缺点是耐渗透强度差，抗有机污染差。大孔型离子交换树脂的优点是耐渗透强度高，抗有机污染，可交换分子量较大的离子。其缺点是体积交换容量小，生产工艺复杂，成本高，再生费用高。实际应用中，根据不同的用途及要求选择凝

胶型或大孔型离子交换树脂。

③ 根据所带功能基的特性，离子交换树脂可分为阳离子交换树脂、阴离子交换树脂和其他树脂。带有酸性功能基、并能与阳离子进行交换的称为阳离子交换树脂，带有碱性功能基并能与阴离子进行交换的称为阴离子交换树脂。基于功能基上酸、碱有强弱之分，离子交换树脂又可细分为强酸性（—SO_3H）、中强酸（—$PO(OH)_2$）及弱酸性（—COOH）、强碱性（—N^+R_3Cl）、弱碱性（—NH_2，—NRH，—NR_2）离子交换树脂。在强碱性离子交换树脂中将含有（—$N^+(CH_3)_3Cl^-$）的树脂称为强碱Ⅰ型树脂，含有（—$N^+(CH_3)_2(CH_2CH_2OH)Cl^-$）的树脂称为强碱Ⅱ型树脂。带有螯合基、氧化还原基、阴阳两性基的树脂分别称为螯合树脂、氧化还原树脂和两性树脂。上述树脂通常都用酸、碱、盐再生，而弱酸弱碱的两性树脂可用热水再生，故弱酸弱碱的两性树脂又称热再生树脂。

带有同一功能基的离子交换树脂，可因交联度的不同、制孔不同及所带的功能基量的多少，而得到各种牌号不同规格的离子交换树脂产品。

（3）离子交换树脂的命名　离子交换树脂的命名随不同国家、不同厂商而异，没有统一的命名规则。我国的前化学工业部在 1977 年 7 月 1 日制定了《离子交换树脂产品分类、命名及型号》的部颁标准（以下简称《标准》），以便国内外牌号对照时有个参考。

《标准》根据离子交换树脂功能基的性质，将其分为强酸、弱酸、强碱、弱碱、螯合、两性和氧化还原等七类。

《标准》规定：离子交换树脂的全称由分类名称、骨架（或基团）名称和基本名称排列组成。凡分类中属酸性的应在基本名称前加"阳"字；凡分类中属碱性的应在基本名称前加"阴"字；为了区别离子交换树脂产品中同一类中的不同品种，在全称前必须加型号。离子交换树脂的型号由三位阿拉伯数字组成，第一位数字代表产品的分类，第二位数字代表骨架结构，第三位数字为顺序号，用于区别基团、交联剂等的不同，见表 8-1，表 8-2。

凝胶型离子交换树脂，在型号后面用"×"号连接阿拉伯数字表示交联度。对于大孔型离子交换树脂，在型号前加"大"字的汉语拼音首位字母"D"表示，示意如下。

表 8-1　离子交换树脂的种类

分类名称	功　能　基
强酸	磺酸基（—SO_3H）
弱酸	羧酸基（—COOH），磷酸基（—$PO(OH)_2$）等
强碱	季铵基（—$N^+(CH_3)_3Cl^-$），（—$N^+(CH_3)_2(CH_2CH_2OH)Cl^-$）等
弱碱	伯、仲、叔氨基（—NH_2，—NRH，—NR_2）等
螯合	胺羧基（—CH_2—$N(CH_2COOH)_2$，—CH_2—$N(CH_3)C_6H_8(OH)_5$）
两性	强碱-弱酸（—$N^+(CH_3)_3Cl^-$，—COOH）弱碱-弱酸（—NH_2，—COOH）
氧化还原	硫醇基（—CH_2SH），对苯二酚基（—$C_6H_3(OH)_2$）等

表 8-2　离子交换树脂产品及骨架分类代号

代　号	产　品　分　类	代　号	骨　架　分　类
0	强酸性	0	苯乙烯系
1	弱酸性	1	丙烯酸系
2	强碱性	2	酚醛系
3	弱碱性	3	环氧系
4	螯合性	4	乙烯吡啶系
5	两性	5	脲醛系
6	氧化还原	6	氯乙烯系

118

凝胶型离子交换树脂的名称表达式为□□□×□，式中各符号的含义依次为：分类代号，骨架代号，顺序号，联接符号和交联度（％）。

大孔型离子交换树脂的名称表达式为D□□□，式中各符号的含义依次为：大孔型代号，分类代号，骨架代号和顺序号。

8.2.2 离子交换树脂的合成

不管缩聚型还是加聚型，离子交换树脂的合成反应大都是一些经典有机化学反应在高分子中的应用，很少涉及新的有机化学反应。但这并不是说合成离子交换树脂是一件轻而易举的事情。因为实用的离子交换树脂必须具有高力学强度、高交换容量、足够的亲水性、在水中具有足够的凝胶孔或大孔结构、高的热稳定性和化学稳定性、高的机械及渗透稳定性、容易再生及合适的粒度分布。另外还要求合成工艺简单、成本低及环境污染小等。要满足这些要求，可以说合成离子交换树脂是一件很难的事情。合成离子交换树脂涉及的更多的是工艺（技术）问题，而非科学问题。每一个树脂生产厂商为了获得最佳条件而进行改性，这些工艺是严格的商业秘密。这些特殊的生产条件用来改进物理外观、耐用性、孔度、优良的动力学和其他方面的重要性能。

离子交换树脂的发展是以缩聚产品开始的，然后出现了加聚产品。但由于加聚产品的优良性能，其用量很快超过了缩聚产品，而现在使用的离子交换树脂几乎都是加聚产品。只有少数的一些特殊用途仍在使用缩聚型离子树脂。因此下面主要介绍加聚型离子交换树脂的合成，简单介绍缩聚型产品的合成。加聚型离子交换树脂又可分为苯乙烯系、丙烯酸系和其他系列。

8.2.2.1 苯乙烯系离子交换树脂的合成

苯乙烯系离子交换树脂是苯乙烯和二乙烯苯（DVB）在水相中进行悬浮共聚合得到共聚物珠体，然后向共聚体中引入可离子化的基团而合成的。苯乙烯系离子交换树脂的用量占离子交换树脂总用量的95％以上，在离子交换树脂的基础上发展起来的一些其他功能高分子如高分子试剂等也主要以聚苯乙烯为载体。这是因为苯乙烯-二乙烯基苯共聚物作为离子交换树脂的基体有许多优点：苯乙烯单体相对便宜并可大量得到，共聚物具有优良的物理强度，并且不易因氧化、水解或高温而降解，聚合物的芳香环易于许多试剂反应引入功能基。

（1）交联聚苯乙烯珠体的制备　制备交联聚苯乙烯珠体所用的单体为苯乙烯和二乙烯苯。这两种单体在室温下都容易发生自聚，因此在出厂时都加入一定量的阻聚剂（如10～100mg/kg对苯二酚或4-叔丁基邻苯二酚），以免在贮存和运输过程中发生聚合。但在聚合前必须将阻聚剂除去。一般可用稀碱液洗涤的方法，或用OH型强碱性阴离子交换树脂将阻聚剂除去。当阻聚剂的浓度不超过10mg/kg时，不除去阻聚剂对所得到的共聚物制得的离子交换树脂的性能影响不大。

用于制备离子交换树脂的苯乙烯-二乙烯苯共聚物中间体是由自由基悬浮共聚合制得的。含有引发剂的苯乙烯和二乙烯苯混合物悬浮于含有分散剂的水相中，在适当的搅拌下，有机相分散成大小合适的珠体。然后加热到一定的温度，使引发剂分解而引发聚合，得到珠状苯乙烯-二乙烯苯共聚物。聚合完成后，应清洗聚合物珠体以除去黏附的分散剂，然后脱水、干燥。常用的自由基引发剂为过氧化苯甲酰或偶氮二异丁腈。加热到一定温度时，它们分解成自由基而引发聚合。水相中的分散剂或悬浮稳定剂有两种作用：一是降低水相的表面张力，在搅拌作用下单体更易分散成较小的液滴；二是分散剂吸附在所形成的液珠的表面起保护作用，避免液珠在彼此碰撞时合并或黏结。常用的分散剂有：①天然高分子或其衍生物，如明胶、淀粉和甲基纤维素等；②亲水性合成有机高分子，如聚乙烯醇和含羧基聚合物等；③难溶性无机物，如碳酸钙、磷酸钙、滑石粉、硅藻土、膨润土等。

与热塑性材料的生产不同，离子交换剂共聚物珠体的最佳尺寸和最大的均一性必须在聚合过程获得，液滴大小在聚合的第一阶段已确定。液滴大小与反应器和搅拌器的尺寸、搅拌速度、温度、水相与单体混合物的比例、悬浮稳定剂、引发剂和单体的类型及用量有关。Church 和 Shinner 提出了下列三个方程来描述悬浮聚合过程中的液滴大小分布：

$$d_{\min} \propto \frac{1}{\rho_d^{3/8} N^{3/4} d^{1/2}} \propto N^{-3/4} \tag{8-1}$$

$$d_{\max} \propto \left(\frac{\sigma}{\rho_c N^2 d^{4/3}}\right)^{3/5} \propto N^{-6/5} \tag{8-2}$$

$$d'_{\max} \propto \left(\frac{\rho_c}{\rho_d - \rho_c}\right)^3 N^6 d^4 \propto N^6 \tag{8-3}$$

式中，$d_{\min}$ 为液滴稳定存在的最小粒径，再小就会合并；$d_{\max}$ 为液滴稳定存在的最大粒径，再大就会被打碎分散；$d'_{\max}$ 为能保持悬浮的最大粒径，再大就会出现两相分层；ρ_c 和 ρ_d 分别为连续相和分散相的密度；d 为搅拌桨叶直径；σ 为界面张力；N 为搅拌速度。

由这三个方程可以推断各因素对粒径大小及其分布的影响。例如，随着搅拌速度的增大，$d_{\min}$ 和 $d_{\max}$ 都减小，而且逐渐趋近，即粒径分布变窄；当界面张力（与分散剂的种类和用量、聚合温度有关）减小时，$d_{\max}$ 也减小，对 $d_{\min}$ 和 $d'_{\max}$ 则无影响，因此粒径分布也变窄等。

交联剂二乙烯苯在工业上是由二乙苯催化脱氢制得的，它是多组分的混合物。一般含有对位二乙烯苯（p-DVB）、间位二乙烯苯（m-DVB）、乙基苯乙烯和二乙苯等。其中对位二乙烯苯和间位二乙烯苯对交联都有贡献。现在国产的工业二乙烯苯中纯二乙烯苯（对位二乙烯苯和间位二乙烯苯）的含量在 50% 左右。

实例：8% 交联苯乙烯-二乙烯苯共聚物凝胶树脂的制备

在 500mL 三口瓶中依次加入 200mL 蒸馏水、5mL 5% 聚乙烯醇（1788#）水溶液和数滴 1% 亚甲基蓝水溶液。调整搅拌片的位置，使搅拌片的上沿与液面平。开动搅拌并缓慢加热，升温到 40℃ 后停止搅拌。将事先在小烧杯中混合好的溶有 0.4g 过氧化苯甲酰、40g 苯乙烯和 10g DVB（含量约为 40%，DVB 的含量不同时，根据计算确定苯乙烯和 DVB 的比例）的混合物加入三口烧瓶内。开动搅拌，调整搅拌速度使悬浮的液滴大部分在 30~70 目的范围内。然后以 1~2℃/min 的速度升温到 70℃，保持 1h，再升温到 85~87℃ 继续反应直到树脂定形。在此阶段应避免改变搅拌速度或停止搅拌，以防止小球不均匀或发生黏结。然后升温到 95℃ 并保持 4h，停止搅拌。将树脂倒入尼龙纱袋，用开水洗涤若干次，直至洗涤水透明清亮。滤干水后晾干。筛分后得到 8% 交联苯乙烯-二乙烯苯共聚物凝胶树脂。

由上述的悬浮聚合得到的聚合物珠体的大小是很不均匀的。工业上使用的离子交换树脂即使已经过筛分，其均一系数也在 1.6 左右。近年来国外出现了一种均粒树脂，其均一系数小于 1.1。这种树脂的前体苯乙烯-二乙烯苯共聚物珠体是由所谓的喷射法制得的，即单体和引发剂或预聚体通过大小相近的许多毛细管喷射成大小均一的液滴，液滴分散到含有稳定剂的水相中进行悬浮聚合。

二乙烯苯结构对共聚珠体及由其制备的离子交换剂的性能有很大影响。用纯的间位或对位二乙烯苯交联的聚苯乙烯及其磺化产品的性质差别很大，可能与产物的网络结构差异有关。对位二乙烯苯比间位异构体的共聚速率快，所产生的交联共聚物溶胀度小、磺化速度慢、所得离子交换树脂具有较低的选择性。共聚物的网络在大的凝胶结构中有微凝胶结构而且不均匀。间位二乙烯苯与苯乙烯的聚合活性的差异比其对位异构体与苯乙烯的聚合活性的差异小，因此前者所得的共聚物的结构较均匀，由此制得的离子交换树脂的强度和耐渗透性能也较好。

在苯乙烯与二乙烯苯的共聚中加入极性单体如丙烯腈、乙酸乙烯酯等，使苯乙烯与二乙烯苯的聚合活性等更近。如丙烯腈的加入使苯乙烯-二乙烯共聚物的网络结构更均匀，由此制得的离子交换树脂的性能也有所改善。

当在上述的制备苯乙烯-二乙烯苯共聚物的体系中加入与单体互溶、且不参与聚合的惰性化合物时，聚合完成后将此化合物除去，则形成大孔型苯乙烯-二乙烯苯共聚物，这种化合物称作致孔剂。致孔剂应当不溶于或微溶于水，沸点比聚合物温度高。所得到的共聚物及由此共聚物制得的离子交换树脂是不透明或半透明的。

当所用致孔剂不溶解所形成的聚合物时，则称作非良溶剂致孔剂。非良溶剂致孔剂是使用最多的一类致孔剂。在使用非良溶剂致孔剂的聚合体系中，聚合初期体系中形成的聚合物较小，聚合物可溶于由剩余单体和致孔剂组成的混合溶剂中，体系仍为液态均相。随着聚合转化率的提高，体系中聚合物的含量增加，同时形成了网状交联结构。在一定的转化率时，形成的聚合物从液相中沉淀出来而发生相分离。此时的聚合物沉淀被单体溶胀，由于表面张力的作用，溶胀的聚合物沉淀是球形的。随着聚合物转化率的进一步提高，微球不断长大并互相靠拢。由于非良溶剂致孔剂的作用，链间发生高度的缠绕，形成类似烧结玻璃似的结构。聚合完成后，将致孔剂用低沸点溶剂（如乙醇）提取或用水蒸气蒸馏的方法（如致孔剂的沸点不太高的话）将致孔剂提取出去，树脂内微球之间存在空隙。在干态时，此空隙充满空气。

与非良溶剂致孔剂对应的为良溶剂致孔剂，即所用的致孔剂可与单体互溶，并可溶胀所形成的聚合物。苯乙烯与二乙烯苯共聚物的典型的良溶剂致孔剂是甲苯。在良溶剂致孔的共聚体系中，形成的大分子链处于高度溶剂化的伸展状态，分子链间缠绕较少。在提取致孔剂的过程中，伸展的链由于失去溶剂而发生卷曲，因而发生孔塌缩现象。孔塌缩程度依赖于交联度和致孔剂的用量，交联度愈大，孔塌缩程度愈小；致孔剂用量愈大，孔塌缩程度愈大。良溶剂致孔只有交联度较大时，才能形成大孔。与非良溶剂致孔相比，良溶剂致孔形成的大孔树脂具有较小的孔体积和孔径。

也可以使用良溶剂和非良溶剂的混合致孔剂，所形成的大孔树脂的孔结构介于良溶剂和非良溶剂致孔的树脂的孔结构之间。通过调节二者的种类及比例，可在很大的范围内调整树脂的孔结构。

另一类致孔剂为线形聚合物。作为致孔剂的线形聚合物必须可溶于单体，在聚合过程中，单体逐渐转移到共聚物中，线形聚合物由于失去溶剂单体而收缩，在一定转化率时发生相分离。聚合完成后将线形聚合物提取出来，形成大孔径、低表面积的大孔树脂。

实例：6％交联苯乙烯-二乙烯苯共聚物大孔树脂的制备

在 500mL 三口瓶中依次加入 170mL 蒸馏水、0.9g 明胶和数滴 1％亚甲基蓝水溶液。调整搅拌片的位置，使搅拌片的上沿与液面平。开动搅拌并缓慢加热，升温到 40℃，使明胶溶解后停止搅拌。在小烧杯中加入 29.7g 苯乙烯、5.3g DVB（含量约为 40％，DVB 的含量不同时，根据计算确定苯乙烯和 DVB 的比例）、35g 200# 汽油（汽油中芳香烃含量较大时，可用浓硫酸将其洗去再用）和 3.5g 过氧化苯甲酰，搅拌均匀，加入到反应瓶中。开动搅拌，调整搅拌速度使悬浮的液滴大部分在 30～70 目的范围内。然后以 1～2℃/min 的速度升温到 78～80℃，维持此温度直到树脂定形，再维持 2h。升温到 90℃，保持 1h。然后升温到 95℃并保持 4h。停止搅拌，将树脂倒入尼龙纱袋，用开水洗涤若干次，直至洗涤水透明清亮。然后对树脂进行水蒸气蒸馏，直至无油珠蒸出为止。滤去水后晾干，真空干燥。筛分后得到 6％交联苯乙烯-二乙烯苯共聚物大孔树脂。

（2）交联聚苯乙烯的功能基化

① 苯乙烯系强酸性阳离子交换树脂的合成。目前苯乙烯系强酸性阳离子交换树脂是离子交换树脂领域中用途最广的品种。交联聚苯乙烯的磺化可得到硫酸型强酸性阳离子交换树脂，常用的磺化剂是浓硫酸，磺化反应如下式所示。也可以用发烟硫酸、氯磺酸和三氧化硫等作为磺化剂，得到磺化度更高的强酸性阳离子交换树脂。

$$-CH_2-CH- \xrightarrow{H_2SO_4} -CH_2-CH-$$

以硫酸作为磺化剂时，由于硫酸不能溶胀交联聚苯乙烯珠体，磺化反应是非均相的，反应较难进行。因此磺化反应一般在较高的温度下进行。用显微镜可以观察到，磺化反应是由外到内一层一层进行的。磺化后的树脂在硫酸中是可以溶胀的。所以如果采用较短的磺化时间，则可以只在树脂的表层引入磺化基。在磺化中若加入聚苯乙烯的溶胀剂如全氯乙烯、三氯乙烯、二氯甲烷、二氯乙烷或二甲基亚砜等，则不仅可大大加快磺化反应的速度，而且可以使磺化后的树脂表面更加光滑均匀。溶胀的珠体比未预溶胀的相同珠体磺化后交换容量高约 0.1mmol/mL。工业上一般用相当于交联聚苯乙烯树脂质量 0.4 倍的二氯乙烷为溶胀剂。磺化剂硫酸的浓度愈大则磺化速度愈快，磺化度愈高。但硫酸浓度太高时，由于非均相的不均匀磺化及磺化后树脂在硫酸中的高度溶胀性，磺化过程中树脂珠体易开裂。综合考虑磺化速度、磺化度和磺化过程中树脂的开裂难易程度，工业上一般使用 92.5％～93％的硫酸作为磺化剂。磺化完成后剩余的硫酸用水稀释时会大量放热且树脂高度膨胀，树脂珠体极易开裂。为了避免树脂珠体的开裂，可以用较稀的硫酸或浓盐水进行稀释。后一过程虽然需时较长，但费用较低且操作过程简单，工业上多采用此方法。

实例：凝胶型强酸性阳离子交换树脂的制备

将 20g 8％交联苯乙烯-二乙烯苯共聚物凝胶树脂加入到装有搅拌器和回流冷凝管的 250mL 三口烧瓶中，再加入 20g 二氯乙烷。溶胀 10min 后加入 92.5％的硫酸 100g。开动搅拌，1h 内升温到 70℃并维持 1h，再升温到 80℃并维持 6h。然后改成蒸馏装置，搅拌下升温到 110℃，将二氯乙烷蒸出。冷却到室温，用耐酸漏斗过滤。将滤出的硫酸加水稀释使其浓度降低 15％，将树脂小心地倒入其中，搅拌 20min 后过滤。滤出的硫酸取一半加水稀释使其浓度降低 30％，将树脂倒入其中，搅拌 15min 后再过滤。再重复一次此过程，但硫酸浓度降低 40％。然后将树脂加入到 50mL 饱和食盐水中，逐渐加入稀释，同时不断把水倾出，直至洗至中性，得凝胶型 H 型强酸性阳离子交换树脂。在搅拌下向 H 型强酸性阳离子交换树脂中（含适量水）慢慢滴加 2mol/L 氢氧化钠水溶液，直至 pH 值约为 8，得到凝胶型 Na 型强酸性阳离子交换树脂。

除了磺化条件外，苯乙烯-二乙烯苯共聚物的结构对磺化速度和磺化度有很大的影响。交联度愈大则磺化速度和磺化度愈小。交联剂二乙烯苯异构体的组成对磺化速度和磺化度也有很大的影响。用纯的 m-DVB 或 p-DVB 作交联剂时，其共聚物的磺化速度和磺化度较低；而用 m-DVB 和 p-DVB 的混合物或工业二乙烯苯作为交联剂时，其共聚物的磺化速度和磺化度较高，m-DVB 和 p-DVB 的比例为约 7∶3 时得到最大值。大孔苯乙烯-二乙烯苯共聚物比相同交联度的凝胶型共聚物的磺化速度快得多，且前者在磺化及磺化完成后的稀释过程中树脂珠体不易开裂。

② 苯乙烯系强碱性和弱碱性阴离子交换树脂的合成。常用的苯乙烯系强碱性和弱碱性阴离子交换树脂都是由氯甲基化交联聚苯乙烯胺化制得的。氯甲基化交联聚苯乙烯也是许多其他功能高分子材料的前提。对交联聚苯乙烯的氯甲基化，可通过弗里德尔-克拉夫茨烷基化反应很容易地在交联聚苯乙烯的苯环上引入氯甲基，如下式所示：

$$-CH_2-CH- \xrightarrow[ZnCl_2]{ClCH_2OCH_3} -CH_2-CH-$$

氯甲基化试剂包括氯甲醚、二氯甲醚、甲醛水溶液-HCl、多聚甲醛-HCl和甲醛缩二甲醇等。虽然氯甲醚是一种剧毒性物质（工业氯甲醚中含有的少量二氯甲醚为强致癌性物质），但由于其优良的氯甲基化性能及较低的价格，一直作为工业上使用的氯甲基化原料。

由上面的氯甲基化反应式可知，形成的氯甲基苯基仍然是一个活泼的烷基化试剂，可继续与其他苯环发生烷基化反应而形成亚甲基桥。这一副反应会对最后的氯甲基化树脂产生两方面的影响：减小氯甲基化树脂的氯甲基含量；形成附加交联，增加树脂的表观交联度。研究表明，采用活性较低的弗-克反应催化剂 $ZnCl_2$、较低的反应温度（约40℃）和大过量的氯甲醚（氯甲醚既是反应试剂，也是反应的溶剂）时，后交联反应程度较低，得到的树脂的氯甲基含量较高。

氯甲基树脂与叔胺反应形成季铵型强碱性阴离子交换树脂。当叔胺为三甲胺时，则形成所谓的强碱Ⅰ型阴离子交换树脂；当叔胺为 N,N-二甲基乙醇胺时，则形成强碱Ⅱ型阴离子交换树脂。反应方程式如下：

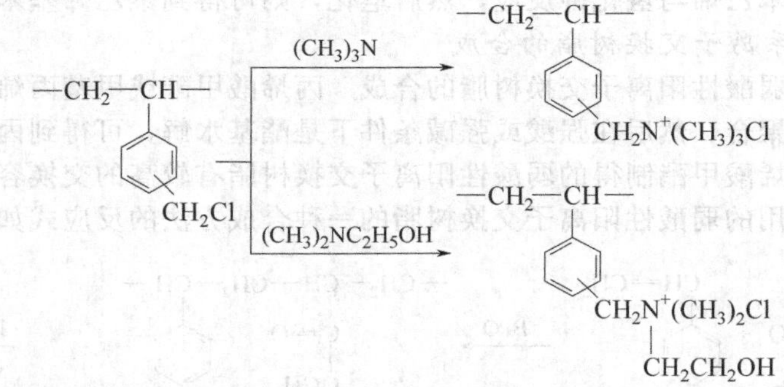

与磺化类似，凝胶型氯甲基化苯乙烯-二乙烯苯共聚物与三甲胺反应时树脂易破裂。加入盐（如氯化钠）可抑制树脂的破裂。工业上常使用上次胺化回收的三甲胺盐酸盐。

实例：大孔强碱性阴离子交换树脂的制备

在装有搅拌器、回流冷凝管和温度计的 500mL 三口瓶中加入 20g 6％交联苯乙烯-二乙烯苯共聚物大孔树脂和 80mL 氯甲醚，室温浸泡 2h。开动搅拌并升温到 30℃，加入 6g 无水氯化锌，30min 后再加入 6g 无水氯化锌。升温到 38℃反应直至树脂的氯含量达到 15％以上，约需 10h。将母液抽滤掉，用乙醇洗涤 3～4 次，抽滤干后加入 18g 三甲胺盐酸盐（含量约 70％），并滴加 8g 二氯乙烷。控制温度在 30℃内，在 3h 内滴加 50mL 20％氢氧化钠水溶液。反应 1h 后再滴加 25mL 20％氢氧化钠水溶液（1h 内加完）。此时溶液的 pH 值应在 12 以上。30℃反应 1h 后用大量水洗涤。滴加 5％盐酸到 pH2～3，用纯水洗到中性后得到大孔强碱性阴离子交换树脂。

当氯甲基树脂与氨、伯胺或仲胺反应时，则分别形成弱碱性的伯胺、仲胺或叔胺阴离子交换树脂。如工业上常用的弱碱性阴离子交换树脂是由如下的反应制得的：

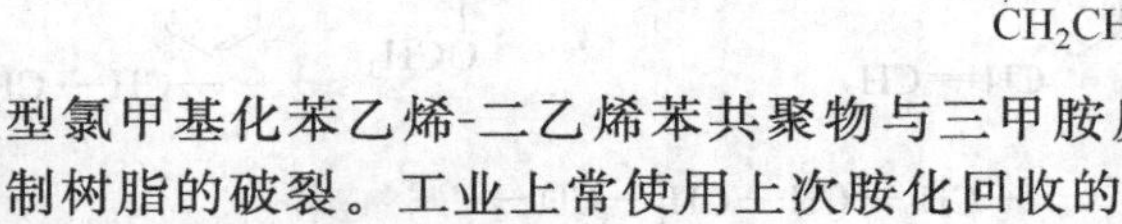

反应过程中形成的叔氨基可能进一步与尚未反应的氯甲基反应，形成季铵基。因此，在反应过程中应使用过量的二甲胺及使用溶胀剂，以减小这个副反应，但由上式反应得到的弱碱性阴离子交换树脂工业品仍然含有少量的季铵基团。同理，由氯甲基树脂与氨或伯胺反应制备的伯胺或仲胺树脂也会含有仲氨或叔氨基团。由氯甲基树脂与六亚甲基四胺（乌洛托品）反应，然后经盐酸水解，可得到含纯伯氨基且交换容量大的弱碱性阴离子交换树脂，这

个方法已得到大规模的工业应用。反应方程式如下：

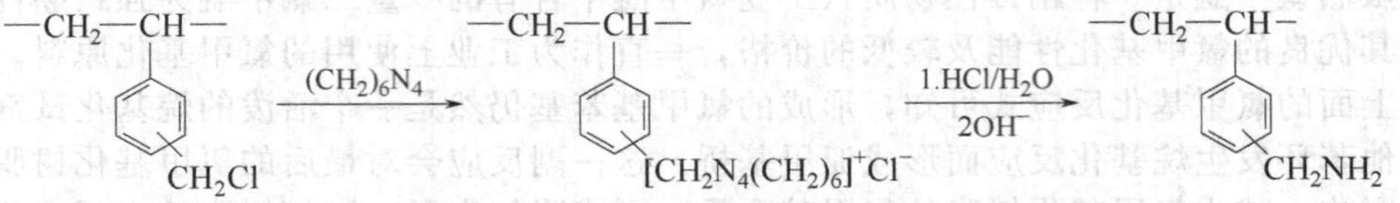

$$—CH_2—CH— \quad \xrightarrow{(CH_2)_6N_4} \quad —CH_2—CH— \quad \xrightarrow[2OH^-]{1.HCl/H_2O} \quad —CH_2—CH—$$

（结构式：苯环上 CH_2Cl → $[CH_2N_4(CH_2)_6]^+Cl^-$ → CH_2NH_2）

③ 苯乙烯系弱碱性阳离子交换树脂的合成。氯甲基化交联聚苯乙烯氧化，可得到聚乙烯基甲酸树脂：

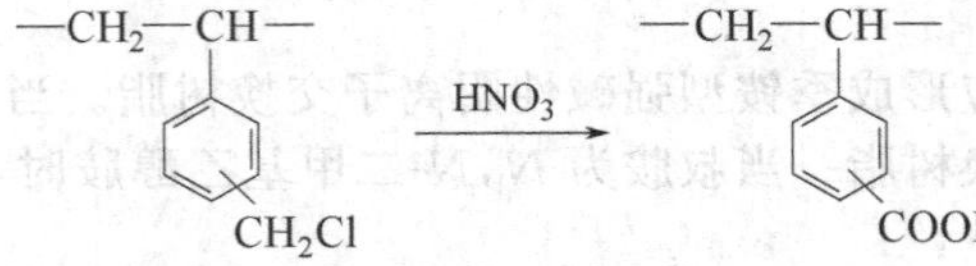

$$—CH_2—CH— \quad \xrightarrow{HNO_3} \quad —CH_2—CH—$$

（结构式：苯环上 CH_2Cl → $COOH$）

氯甲基化交联苯乙烯与氢化钾反应，然后皂化，则可得到聚乙烯基苯乙酸树脂。

8.2.2.2 丙烯酸系离子交换树脂的合成

（1）丙烯酸系弱酸性阳离子交换树脂的合成　丙烯酸甲酯或甲基丙烯酸甲酯与二乙烯苯进行自由基悬浮共聚合，然后在强酸或强碱条件下是酯基水解，可得到丙烯酸系弱酸性阳离子交换树脂。由丙烯酸甲酯制得的弱酸性阳离子交换树脂有较高的交换容量，因此应用也较广。例如工业上常用的弱酸性阳离子交换树脂的一种合成方法的反应式如下：

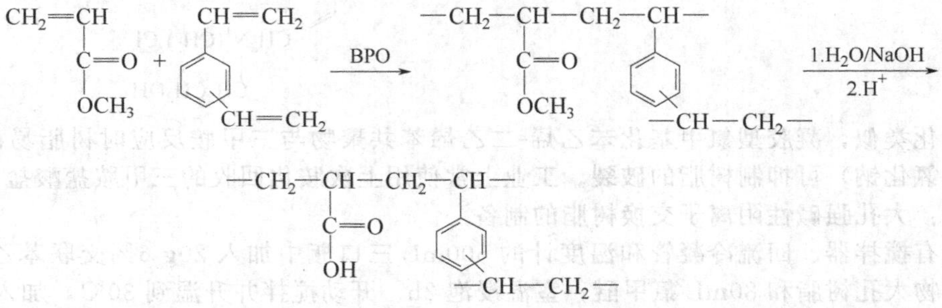

$$CH_2=CH \atop {C=O \atop OCH_3} \ + \ {CH=CH_2 \atop CH=CH_2} \quad \xrightarrow{BPO} \quad —CH_2—CH— \ —CH_2—CH— \atop {C=O \atop OCH_3} \qquad —CH—CH_2— \quad \xrightarrow[2.H^+]{1.H_2O/NaOH}$$

$$—CH_2—CH—CH_2—CH— \atop {C=O \atop OH} \qquad —CH—CH_2—$$

在丙烯酸甲酯与二乙烯苯的自由基共聚中，二乙烯苯的竞聚率比丙烯酸甲酯的大很多，因此形成的共聚物的交联结构是很不均匀的，开始形成的链段的交联密度大，后期形成的链段交联密度小。交联结构的不均匀性造成最后得到的弱酸性阳离子交换树脂的转型（由 H 型转变为 Na 型），体积膨胀率高，力学强度特别是耐渗透强度低，体积交换量低，放置及使用过程中易抱团结块等。为了克服这些缺点，常采用互贯聚合或使用第二交联剂的方法。第二交联剂有双甲基丙烯酸乙二醇酯（EGDM）、甲基丙烯酸烯丙基酯（AMA）、衣康酸双烯丙基酯（DAI）和三聚异氰酸三烯丙基酯（TAIC）等。

如用二乙烯苯和衣康酸双丙基酯作为复合交联剂，与丙烯酸甲酯进行二次互贯共聚，碱性水解后得到性能较好的弱酸性阳离子交换树脂。

当与二乙烯苯共聚时，丙烯酸或甲基丙烯酸的竞聚率比相应的酯的竞聚率更接近于二乙烯苯的竞聚率。因此用丙烯酸或甲基丙基酸与二乙烯苯共聚，得到的共聚物比相应的酯的共聚物的交联结构更均匀。这样经过一步聚合可直接得到交联结构较均匀、性能良好的弱酸性阳离子交换树脂。由于丙烯酸和甲基丙烯酸都是水溶性的，因此在以水为介质的自由基悬浮聚合中，水相中加入高浓度的盐，以减小其水溶性。使用油溶性的引发剂，如过氧化苯甲酰或偶氮二异丁腈，并加入水不溶性的有机物，如甲苯。其作用是：一方面减小丙烯酸或甲基丙烯酸的水溶性；另一方面有机物作为致孔剂，得到的弱酸性阳离子交换树脂是大孔型的。即使采用盐析及加入有机物致孔剂（丙烯酸或甲基丙烯酸），特别是前者，在水相中的溶解度仍较大。但由于是油相中引发，随着聚合转化率的提高，水相中的单体会逐渐转移到聚合物珠体中进行聚合，因此聚合转化率仍较高。

制备丙烯酸系弱酸性阳离子交换树脂的另一常用单体是丙烯腈，因为聚丙烯腈水解后也形成聚丙烯酸。但丙烯腈比常用的交联剂二乙烯苯的聚合活性小得多。二者聚合活性的差别比丙烯酸甲酯与二乙烯苯的聚合活性的差别还要大。因此丙烯腈与二乙烯苯的共聚物的交联结构更不均匀，所制得的弱酸性阳离子交换树脂没有实用价值。如果用与丙烯腈聚合活性相近的交联剂交联，可期望水解后得到性能优良的弱酸性阳离子交换树脂。但到目前为止，还未发现具有这样的性能且廉价的交联剂。如果用一种或几种聚合活性比丙烯腈聚合活性大的交联剂，如二乙烯苯，与一种或几种聚合活性比丙烯腈聚合活性小的交联剂，如衣康酸双烯丙基酯或三聚异氰酸三烯丙基酯等，组成复合交联剂与丙烯腈共聚，则在聚合的前期主要由聚合活性大的交联剂交联，而在聚合的后期主要由聚合活性小的交联剂交联，形成的聚合物有较均匀的结构，水解后得到性能优良的弱酸性阳离子交换树脂。由于丙烯腈比丙烯酸甲酯便宜，而且聚丙烯腈水解后式量增加，而聚丙烯酸甲酯水解后式量减小。因此用丙烯腈为原料比用丙烯酸甲酯制备弱酸性阳离子交换树脂的成本要低得多。

（2）丙烯酸系碱性阴离子交换树脂的合成　聚丙烯酸甲酯与多胺反应，形成含有氨基的弱碱性阴离子交换树脂：

$$\text{—CH}_2\text{—CH—} \quad \xrightarrow{NH_2(CH_2CH_2NH)_nH} \quad \text{—CH}_2\text{—CH—}$$

$$n=2,3,4\cdots$$

上面的反应式中只表明多孔乙烯多胺的一个末端伯胺基与酯基发生反应。实际上多乙烯多胺中的任何一个氨基都有可能与酯基反应。一个多乙烯多胺分子中也有可能多于一个的氨基参与反应，结果产生附加交联。由于附加交联的形成，由丙烯酸甲酯与二乙烯苯形成的共聚物与多乙烯多胺反应，仍可形成力学强度高的弱碱性阴离子交换树脂。

上述的弱碱性阴离子交换树脂含有伯胺基和仲胺基。伯胺基和仲胺基的耐氧化性能比叔胺基的差。为了增加树脂的难氧化性能，可将上述的含伯胺基和仲胺基的树脂用甲醛和甲酸进行甲基化，反应式如下：

$$\text{—CH}_2\text{—CH—} \quad \xrightarrow[HCOOH]{HCHO} \quad \text{—CH}_2\text{—CH—}$$

聚丙烯酸甲酯与 N,N-二甲基-1,3-丙二胺反应，然后用碘甲烷（实验室）或氯甲烷（工业）季铵化，则得到丙烯酸系强碱性阴离子交换树脂。

$$\text{—CH}_2\text{—CH—} \quad \xrightarrow{NH_2(CH_2)_3N(CH_3)_2} \quad \text{—CH}_2\text{—CH—} \quad \xrightarrow{CH_3X} \quad \text{—CH}_2\text{—CH—}$$

$$X = I, Cl$$

与苯乙烯系碱性阴离子交换树脂相比，丙烯酸系碱性阴离子交换树脂具有亲水性高、耐有机污染的优点。丙烯酸系弱碱性阴离子交换树脂还具有交换容量高、力学强度高的优点。丙烯酸系碱性阴离子交换树脂的缺点是耐氧化性能低、酰氨键易水解。因此其应用不如苯乙烯系碱性阴离子交换树脂的应用广泛。

8.2.2.3　缩聚型离子交换树脂的合成

（1）缩聚型强酸阳离子交换树脂的合成　可通过两种方法由苯酚、甲醛和硫酸合成缩聚型强酸性阳离子交换树脂。第一种方法为甲醛与苯酚缩聚，然后用硫酸磺化酚醛缩聚物；第二种方法为先合成苯酚磺酸，接着与甲醛缩聚，反应式如下：

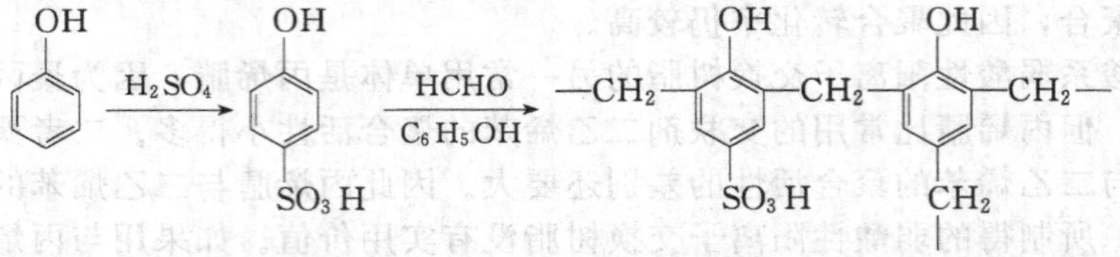

第二种方法更可取。具体合成方法是：将硫酸加到苯酚中，在100℃搅拌4h，生成苯酚磺酸（残留部分苯酚）。将此混合物调至碱性，加入35％甲醛水溶液，于100℃反应5h。再调至酸性后，悬浮到100℃的氯苯中，分散成合适的粒度并维持1h，得到球状树脂。其交换容量可达3mmol/g。

（2）缩聚型弱酸性阳离子交换树脂的合成　酚类如苯酚或间苯二酚与甲醛的缩聚产物因含有非常弱酸性的酚羟基，可作为弱酸性阳离子交换树脂。用含有羧基的酚与甲醛缩聚，则可获得含羧基的缩聚型弱酸性阳离子交换剂。如3,5-二羟基苯甲酸与苯酚和过量的甲醛缩聚，可能的结构为：

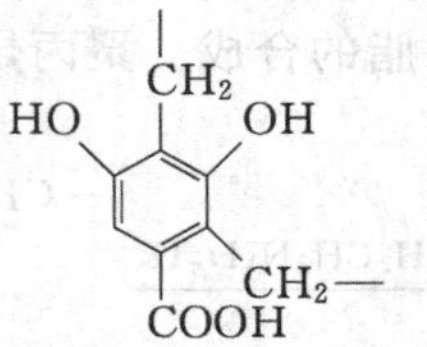

（3）缩聚型弱酸性阳离子交换树脂的合成　最早的阴离子交换树脂是由芳香胺与甲醛缩聚制备的。如以间苯二胺和甲醛为原料可得到如下结构组成的非常弱碱性的阴离子交换树脂：

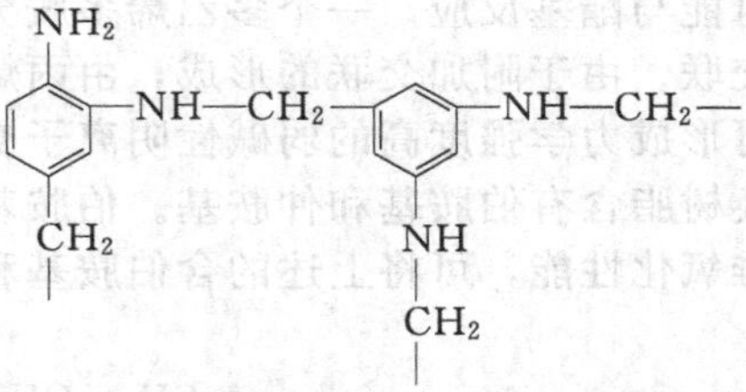

在上述反应中，甲醛既可以与苯环缩合，也可以与氨基缩合。若在上述反应体系中加入多乙烯多胺，则可得到碱性较强的含有脂肪氨基的弱碱性阴离子交换树脂。用苯酚代替间苯二胺，与甲醛和多乙烯多胺缩聚也得到弱碱性阴离子交换树脂。用三聚氰胺和胍与甲醛缩聚，得到交换容量较高的弱碱性阴离子交换树脂。此树脂曾得到广泛的应用。

另一种至今仍在使用的缩聚型阴离子交换树脂是由环氧氯丙烷与多乙烯多胺反应制得的。此类树脂含有弱碱性的伯、仲、叔氨基及强碱性的季铵基，其可能的结构如下：

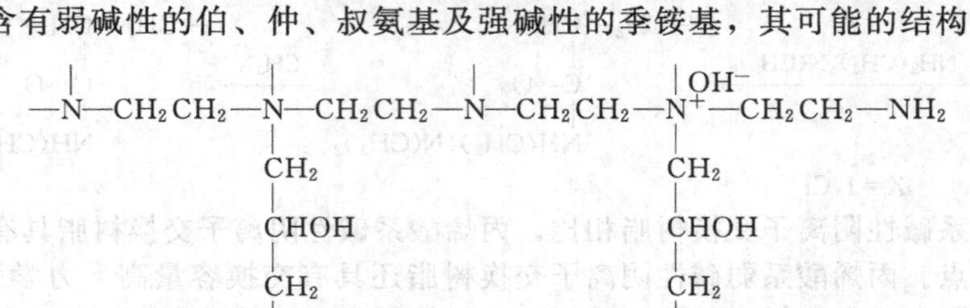

实例：缩聚型弱碱性阳离子交换树脂的制备

在28～30℃下，将3mol环氧氯丙烷滴加入1mol四乙烯五胺的水溶液中，50℃下维持1～1.5h，得到浆液。然后将浆液分散于邻二氯苯和二甲苯的混合液中，加热到100～120℃

并维持 20h，得到交换容量为 9.5mmol/g 或 2.5mmol/mL 的弱碱性阳离子交换树脂。

8.2.3 离子交换树脂的性能

合成离子交换树脂涉及的更多的是工业问题，而非科学问题。即合成离子交换树脂不仅要控制一定的化学组成，或者说不仅要控制一定的离子基团种类，更重要的是必须使所合成的离子交换树脂具有一定的化学及物理结构或性能，才能使其具有实用性。下面介绍一些重要的化学及物理性能参数及部分测定方法。

8.2.3.1 树脂的粒度

目前使用的离子交换树脂基本都是珠状颗粒型。颗粒的大小可用颗粒的直径（粒径）表示，也可以用标准筛"目数"表示。美国标准筛目数与粒径的关系如表 8-3 所示。

表 8-3   美国标准筛目数与粒径之间的关系

目　数	粒径/mm	目　数	粒径/mm	目　数	粒径/mm
10	2.00	50	0.297	120	0.125
16	1.20	60	0.250	140	0.105
20	0.841	70	0.210	200	0.074
30	0.595	80	0.177	400	0.037
40	0.420	100	0.149		

由悬浮聚合得到的离子交换树脂（或离子交换树脂前体）颗粒的大小是不均一的。经过筛分后，选取一定粒径范围的珠体作为成品。我国通用工业离子交换树脂的粒径范围为 0.315～1.2mm。也有粒径范围更小的规格，或者粒径在 0.315～1.2mm 范围以外的规格，以适应不同的用途。

8.2.3.2 树脂的含水量

离子交换树脂的应用绝大部分是在水溶液中进行的。水分子一方面可使树脂上的离子化基团和要交换的化合物分子离子化，以便进行交换；另一方面水使树脂溶胀，使凝胶树脂或大孔树脂的凝胶部分产生凝胶孔，以便离子能以适当的速度在其中扩散。所以离子交换树脂必须含有足够的水分。但如果含水量太大，则会降低离子交换树脂的力学强度和体积交换量。离子交换树脂的含水量一般为 30%～80%，随树脂的种类和用途而变。

对于在 105～110℃下连续干燥而不发生变化的离子交换树脂，可根据国标 GB 5757—86 测定其含水量：将预处理成一定离子形式的离子交换树脂 5～15mL 装入一带玻璃砂芯的离心管内，在 (2000±200)r/min 的转速下离心 5min。取两份各 0.9～1.3g 的样品，在 (105±3)℃下烘 2h，冷却后称重。根据下式计算树脂的含水量（X）：

$$X = \frac{m_2 - m_3}{m_2 - m_1} \times 100\%$$

式中，m_1、m_2 和 m_3 分别为称量瓶、烘干前树脂加称量瓶和烘干后树脂加称量瓶的质量。

由于氢氧型强碱性阴离子交换树脂在 105～110℃下不稳定，因此不能用上述方法测定其含水量。其测定方法是在一含水量测定器（带玻璃砂芯和活塞的玻璃柱）内准确称取约 1g 离心脱水的氢氧型强碱性阴离子交换树脂样品，用 1mol/L HCl 将树脂转成氯型，用无水乙醇洗涤。然后在 (105±3)℃下烘 2h，冷却后称重。根据下式计算树脂的含水量（X）：

$$X = \left\{ 1 - \left[\frac{m_3 - m_1}{m_2 - m_1} - \left(36.5 - \frac{E_2}{E_1} \times 18 \right) \times E_1 \times 10^{-3} \right] \right\} \times 100\%$$

式中，m_1、m_2 和 m_3 分别为含水测定器、烘干前树脂加含水测定器和烘干后树脂加含水测定器的质量，g；E_1 和 E_2 分别为阴离子交换树脂湿基全交换容量和强碱基团交换容量，mmol/g（另测）。

8.2.3.3　树脂的密度

树脂的密度包括表观密度（干态树脂的质量与树脂颗粒本身的体积之比）、骨架密度（干态树脂骨架本身的密度）、湿真密度（湿态树脂的质量与树脂颗粒本身的体积之比）和湿视密度（湿态树脂的质量与树脂本身与其间的空隙所占据的体积之比）。

8.2.3.4　树脂的交换容量

离子交换树脂的交换容量是指单位质量或单位体积树脂在一定条件下表现出可进行离子交换的离子基团的量。树脂的交换容量有时与树脂上所含的离子基团的总量不一致，因为树脂上的离子基团不一定能全部进行离子交换，其可交换的比例与测定条件有关。依测定条件不同，可得到全交换容量、强型交换容量、弱型交换容量和工作交换容量（模拟实际应用条件测得的柱交换容量）等。

(1) 阳离子交换树脂的交换容量　阳离子交换树脂的交换容量测定方法为：准确称取预处理成 H 型的阳离子交换树脂约 1.5g 和 2g 各两份置于三角瓶中。在 1.5g 样品的三角瓶中移入 0.1mol/L NaOH 标准溶液 100.0mL，一定温度下（强酸性阳离子树脂为室温，弱酸性阳离子交换树脂为 60℃）浸泡 2h。从中取出 25.00mL 清液，用 0.1mol/L HCl 标准溶液滴定之。同时进行空白实验。在 2g 样品的三角瓶中移入 0.5mol/L CaCl$_2$ 溶液 100mL，实验浸泡 2h。从中取出 25.00mL 上清液，用 0.1mol/L NaOH 标准溶液滴定之。同时进行空白实验。阳离子交换树脂湿基全交换容量（Q_T'，mmol/mL）为：

$$Q_T' = \frac{4(V_2 - V_1)c_{HCl}}{m_1}$$

式中，V_1 和 V_2 分别为滴定浸泡液及空白液所消耗的 HCl 标准溶液的体积；c_{HCl} 为 HCl 标准溶液的浓度，mol/L；m_1 为树脂样品的质量，g。

阳离子交换树脂全交换容量（Q_T，mmol/g）为：

$$Q_T = \frac{Q_T'}{1-X}$$

式中，X 为含水量。

阳离子交换树脂湿基强酸基团交换量（Q_S'，mmol/g）为：

$$Q_S' = \frac{4(V_3 - V_4)c_{NaOH}}{m_2}$$

式中，V_3 和 V_4 分别为滴定浸泡液及空白液所消耗的 NaOH 标准溶液的体积；c_{NaOH} 为 NaOH 标准溶液的浓度，mol/L；m_2 为树脂样品的质量，g。

阳离子交换树脂强酸基团交换容量（Q_S，mmol/g）为：

$$Q_S = \frac{Q_S'}{1-X}$$

阳离子交换树脂弱酸基团交换容量（Q_W，mmol/g）为：

$$Q_W = Q_T - Q_S$$

对于弱酸性阳离子交换树脂，其弱酸基团交换容量等于全交换容量。

阳离子交换树脂的体积全交换容量（Q_V，mmol/g）为：

$$Q_V = Q_S' d_b$$

式中，d_b 为湿视密度，g/mL。

(2) 阴离子交换树脂的交换容量　阴离子交换树脂的交换容量测定方法为：准确称取两份预处理成 OH 型强碱性阴离子交换树脂约 2.5g 或自由胺型弱碱性阴离子交换树脂约 2g 置于三角瓶中。移入 0.1mol/L HCl 标准溶液 100.0mL，在 40℃下浸泡 2h。从中取出 25.00mL 上清液，用 0.1mol/L NaOH 标准溶液滴定之。另准确称取两份 OH 型强碱性阴离子交换树脂约 2.5g 或自由胺型弱碱性阴离子交换树脂约 10g 置于三角瓶中。移入

0.5mol/L Na_2SO_4 溶液 100mL，室温下浸泡 20min。从中取出 25.00mL 清液，用 0.1mol/L HCl 标准溶液滴定之。阴离子交换树脂交换容量的计算方法与上面介绍的阳离子交换树脂的交换容量的计算方法类似。

8.2.3.5　树脂的离子交换选择性

不同的离子与离子交换树脂的离子交换平衡是不同的，即离子交换树脂对不同离子的选择性不同。一般来说，离子交换树脂对价数较高的离子的选择性较大。对于同价离子，则对离子半径较小的离子的选择性较大。因为离子半径较小的离子，其水合半径较大，与树脂上的反离子基团结合后会使树脂因持水量增加而膨胀，使体系的能量增加。由此也可知，树脂的交联度较大时，则膨胀能也较大，因此选择性较大。在同族同价的金属离子中，原子序数较大的离子其水合半径较小，阳离子交换树脂对其的选择性较大。下面列出一些常用离子交换树脂对一些离子的选择性顺序。

苯乙烯系强酸性阳离子交换树脂：

$Fe^{3+}>Al^{3+}>Ca^{2+}>Na^+$；

$Tl^+>Ag^+>Cs^+>Rb^+>K^+>NH_4^+>Na^+>H^+>Li^+$；

$Ba^{2+}>Pb^{2+}>Sr^{2+}>Ca^{2+}>Ni^{2+}>Cd^{2+}>Cu^{2+}>Co^{2+}>Zn^{2+}>Mg^{2+}>Mn^{2+}$

丙烯酸系弱酸性阳离子交换树脂：

$H^+>Fe^{3+}>Al^{3+}>Ca^{2+}>Mg^{2+}>K^+>Na^+$

苯乙烯系强碱性阴离子交换树脂：

$SO_4^{2-}>NO_3^->Cl^->OH^->F^->HCO_3^->HSiO_3^-$

苯乙烯系弱碱性阴离子交换树脂：

$OH^->SO_4^{2-}>NO_3^->Cl^->HCO_3^->HSiO_3^-$

8.2.3.6　树脂的热稳定性

离子交换树脂的热稳定性决定了树脂可应用的温度上限。一般盐型的稳定性大于自由酸型或碱型的稳定性。H 型苯乙烯系强酸性阳离子交换树脂的最高使用温度为 120℃，Na 型可大 150℃。丙烯酸系弱酸性阳离子交换树脂的热稳定性很高，在 200℃下短时间使用其交换量的下降并不明显。OH 型 I 型和 II 型苯乙烯系强碱性阴离子交换树脂的最高使用温度分别为 60℃和 40℃，Cl 型为 80℃。OH 型丙烯酸系强碱性阴离子交换树脂的最高使用温度为 40℃。自由胺型苯乙烯系弱碱性阴离子交换树脂的最高使用温度为 100℃，丙烯酸系为 60℃。

8.2.3.7　树脂的力学强度

在实际应用中，力学强度是离子交换树脂的一个非常重要的指标，因为它直接影响树脂的使用寿命及其他使用性能。树脂力学强度的表示方法有耐压强度、滚磨强度和渗磨强度。

耐压强度是给一粒树脂施加由小到大的压力，直至破碎。能耐受的最大压力而不破碎即为耐压强度。一般取多粒树脂的耐压强度的平均值。

8.2.3.8　树脂的比表面积、孔容（孔度）、孔径和孔径分布

树脂的比表面积主要指大孔树脂的内表面积。因为相对于大孔树脂的内表面积（1～1000m^2/g 以上），树脂的外表面积（约 0.1m^2/g）是非常小的，且变化不大。树脂的孔容为单位质量树脂的孔体积。孔度为树脂的孔容占树脂总体积的百分比。孔径是把树脂内的孔穴近似看作圆柱形时的直径。如已知某些参数，根据各参数之间的关系可计算得到另一些参数。树脂各参数之间的关系如下：

$$V_P=\frac{1}{\rho_a}-\frac{1}{\rho_T}$$

式中，V_P 为孔容，mL/g；ρ_a、ρ_T 分别为表观密度和骨架密度，g/mL。

$$P = \rho_a V_P = 1 - \frac{\rho_a}{\rho_T}$$

式中，P 为孔度。

$$S = \frac{4 \times 10^4 V_P}{d}$$

式中，S 为比表面积，m^2/g；d 为平均孔径，mm。

8.2.4 离子交换树脂的应用

8.2.4.1 离子交换树脂的作用原理

离子交换树脂的功能基是可离子化的基团，与溶液中的离子可以进行可逆的交换。在一定的条件下树脂上的离子可以交换成另一种离子；在另一种条件下，可以发生逆向交换，使树脂恢复到原来的离子形式。因此离子交换树脂是可以再生而重复使用的。

可逆的离子交换是离子交换树脂重复使用的必要条件。如果离子交换平衡倾向于向应用所需的交换的方向移动，则对应用是有利的，但对树脂的再生是不利的。反之，如果离子交换平衡倾向于向再生所需的交换的方向移动，则对再生是有利的，但对应用是不利的。为了解决这一矛盾，在实际应用中往往采用柱色谱的方式。一个柱色谱相当于许许多多个罐式平衡，使离子交换平衡向所需的方向移动。而且柱色谱方式操作方便，易实现自动化。只在一些特殊情况下采用罐式操作。

离子交换反应发生在树脂内部。即使树脂是高度亲水性的、树脂被水高度溶胀，树脂中的离子交换反应速度还是比一般均相溶液中的离子反应速度要慢得多。离子交换过程大致为：离子由溶液中扩散到树脂表面；穿过树脂表面一层静止的液膜进入树脂内部；在树脂内部扩散到树脂上的离子基团的近旁；与树脂上的离子进行交换；被交换下来的离子按与上述相反的方向扩散到溶液中。研究表明，离子穿过树脂表面液膜进入树脂内部的扩散（膜扩散）和在树脂内部的扩散（粒扩散）是离子交换的限速步骤。膜扩散速度可通过提高釜式交换器的搅拌速度、提高交换温度和增加树脂的表面积（如采用大孔型树脂）来提高；粒扩散速度可通过提高交换温度、减小粒度和增加树脂的表面积来提高。由于膜扩散和粒扩散的限速，即使是在柱色谱交换中，离子交换树脂的工作交换容量总是低于总交换容量，这种差别有时会很大。因为在实际应用中，由于要考虑工作效率，要求较高的运行流速，因而不可能达到完全交换平衡，树脂上总会有一部分没有发生交换的基团存在，特别是靠近树脂中心的部位。

由上面的讨论可知，较小的树脂粒径可提高离子交换速度，因而可提高树脂的工作交换容量。但粒径愈小则色谱柱的压力损失愈大。因此实际应用中必须综合考虑工作交换容量和柱的压力损失来决定树脂的粒径。对于有一定粒度分布的树脂来说，粒径小的那部分树脂决定了柱的压力损失，这部分树脂的工作交换容量也高。而粒径较大的那部分树脂使工作交换容量降低。如果将所有树脂的粒径减小到与最小粒径的那部分树脂的粒径相同，则柱的压力损失不变，但工作交换容量会提高很多。这就是均粒树脂的情况。均粒树脂比普通树脂的工作交换容量高 $10\% \sim 20\%$。

8.2.4.2 离子交换树脂在水处理中的应用

离子交换树脂的应用是从水的纯化开始的，水处理一直是离子交换树脂的最大应用领域。但随着离子交换树脂在其他领域中应用的快速增加，离子交换树脂在水处理中的用量（虽然也在增加）所占的比例在逐渐减小。其比例由最初的 90% 以上减小到目前的 70% 左右。离子交换树脂在水处理中的应用包括天然水的软化、脱盐和废水处理。

（1）水的软化 天然水中往往含有 Ca^{2+}、Mg^{2+} 等离子，这样的水在锅炉中加热时会在锅炉壁上生成碳酸钙、硫酸钙、硅酸钙和氢氧化镁等沉积物水垢。因此含 Ca^{2+}、Mg^{2+} 等离子的水被称作硬水。水垢的形成不仅使锅炉壁的传热性降低，增加能耗，更严重的是由造成锅炉爆炸的危险。因此低、中压锅炉用水必须除去其中的 Ca^{2+}、Mg^{2+} 等离子，这称作水的软化。水的软化的常用方法是离子交换树脂法。离子交换树脂法软化水又可分为许多类型，下面介绍常用的几种方法。

① Na 型阳离子交换树脂软水法。当原水通过 Na 型阳离子交换树脂柱时，水中的 Ca^{2+}、Mg^{2+} 等离子与树脂上的 Na^+ 进行交换而保留在树脂上，从而将 Ca^{2+}、Mg^{2+} 等离子从水中除去，使水得到软化。其交换过程可用下式表示：

$$RSO_3^-Na^+ + \begin{Bmatrix} Ca^{2+} \\ \\ Mg^{2+} \end{Bmatrix} \begin{Bmatrix} 2HCO_3^- \\ SO_4^{2-} \\ 2Cl^- \end{Bmatrix} \Longrightarrow 2RSO_3^- \begin{Bmatrix} Ca^{2+} \\ \\ Mg^{2+} \end{Bmatrix} + \begin{Bmatrix} 2NaHCO_3 \\ Na_2SO_4 \\ 2NaCl \end{Bmatrix}$$

原水流经 Na 型阳离子交换树脂柱后，其硬度大大降低或基本消除，出水残留硬度可降至 0.03mmol/L。水的碱度（HCO_3^-）基本不变。水的含盐量稍有增加，因为 1mmol 的 Ca^{2+} 交换成 2mmol 的 Na^+ 后，水中盐的含量增加了 2.96mg；1mmol 的 Mg^{2+} 交换成的 Na^+ 后，水中盐的含量增加了 10.84mg。

当上述软化过程的出水硬度超过一定的值后，则树脂必须再生。一般用 8%～10% 的工业食盐水使树脂再生，食盐水中的 Na^+ 将树脂上的 Ca^{2+} 和 Mg^{2+} 通过离子交换而置换下来，再生剂比耗（再生 1mol 交换基团所消耗的再生剂物质的量）约为 2mol。

本法适用于低硬度（＜5mmol/L）和低碱度（＜2mmol/L）的原水的软化。其优点是设备和操作简单，再生容易。实际使用中 Na 型阳离子交换软化系统有两种形式：单级（单柱）Na 型阳离子交换软化系统和双级（双柱串联）Na 型阳离子交换软化系统。前者的出水残余硬度＜0.03mmol/L，适用于低压锅炉的补给水；后者的出水残余硬度＜5.0μmol/L，适用于中压锅炉的补给水。

对于高硬度和高碱度的原水，若单独进行 Na 型阳离子交换软化处理，所得软化水中含盐量和碱度都较高。含碱度高的软水进入锅炉内，在高温高压下碳酸氢盐被浓缩并发生分解和水解反应，致使苛性碱浓度大大增加，其反应如下：

$$2NaHCO_3 \longrightarrow Na_2CO_3 + H_2O + CO_2$$
$$Na_2CO_3 + H_2O \longrightarrow 2NaOH + CO_2$$

这种情况不仅危及锅炉的安全运行，造成锅水系统的碱腐蚀，恶化蒸汽品质，增大排污率。而且由于蒸汽中 CO_2 含量的增加，会造成蒸汽和冷凝水系统的酸腐蚀。所以，当原水的碱度高于 2mmol/L 时，需采用 Na 型阳离子交换与脱碱的联合水处理。如软化水中加适量的硫酸中和，或原水先加石灰沉淀，然后再用软化处理。前者只能降低软化水的碱度，对含盐量影响不大。也可采用 H-Na 离子交换处理法，如下所述。

② 强酸性 H-Na 离子交换软化和脱碱系统。含盐原水经过 H 型强酸性阳离子交换树脂时发生如下交换反应：

$$RSO_3^-H^+ + \begin{Bmatrix} Ca^{2+} \\ Mg^{2+} \\ \\ 2Na^+ \end{Bmatrix} \begin{Bmatrix} 2HCO_3^- \\ SO_4^{2-} \\ 2Cl^- \end{Bmatrix} \Longrightarrow 2RSO_3^- \begin{Bmatrix} Ca^{2+} \\ Mg^{2+} \\ \\ 2Na^+ \end{Bmatrix} + \begin{Bmatrix} 2H_2O + CO_2 \\ Na_2SO_4 \\ 2HCl \end{Bmatrix}$$

原水经过 H 型强酸性阳离子交换树脂后，出水含有游离酸，因此不能作为锅炉补给水。如果将经过 H 型强酸性阳离子交换树脂的酸性出水与经过 Na 型阳离子交换树脂的碱型出水混合，则发生如下的中和反应：

$$HCl + NaHCO_3 \longrightarrow NaCl + H_2O + CO_2$$

$$H_2SO_4 + NaHCO_3 \longrightarrow Na_2SO_4 + H_2O + CO_2$$

中和后产生的 CO_2 可用除二氧化碳器（简称除碳器）除去，这样既降低了碱度，又可除去硬度，且使水的含盐量有所降低。这就是强酸性 H-Na 离子交换软化和脱碱联合水处理系统的原理。这种方法在实际应用中有两种形式：强酸性 H-Na 并联离子交换软化和脱碱系统及强酸性 H-Na 串联离子交换软化和脱碱系统。

在 H 型阳离子交换过程中，当出水中的 Na^+ 的浓度超过一定的值之后，则树脂已失效，需要再生。强酸性阳离子交换树脂用盐酸或硫酸再生。用盐酸再生时，盐酸的浓度为 3%～4%，再生剂比耗为：顺流≥2 逆（对）流 1.4～1.5。用硫酸再生时，必须防止在树脂层中产生 $CaSO_4$ 沉淀，因此，根据原水中 Ca^{2+} 的含量，对硫酸的浓度进行控制。一般采用两步再生法：第一步硫酸浓度为 1%，用量约占总量的 35%；第二步硫酸浓度为 2%～4.5%（进水中钙硬度与总硬度的比值愈大，则硫酸浓度愈大）。再生剂比耗为：顺流 2～3，逆（对）流<1.9。

并联离子交换软化和脱碱系统的原理为：进水一部分流经 Na 型阳离子交换器，一部分流经 H 型离子交换器，这两部分水汇合进入除碳器，排出 CO_2 后的软水储存在水箱中。根据进水质和储水的碱度要求（一般锅炉进水要求微碱性）来调整流经两个不同离子交换器的水量比例。

$$X_{Na} = \frac{S + A_{残留}}{S + A} \times 100\%$$

式中，X_{Na} 为进入 Na 型阳离子交换器的水量占总水量的百分数；$A_{残留}$ 和 A 分别为最后出水和原水的碱度，mmol/L；S 为原水的酸度，mmol/L，与原水中的 SO_4^{2-}、Cl^- 和 NO_3^- 等的总量相当。

并联系统的特点是：H 型阳离子交换器以控制出水漏 Na^+ 为运行终点；出水碱度低，水的残留碱度可降至 0.5mmol/L 左右，且可随水原质变化而随时间调整；设备费用低，投资少。其缺点是再生剂消耗量大，这是因为交换器工作为一级软化之故；运行控制要求严格，以控制出水有一定的碱度；H 型离子交换器及再生设备均需耐酸。

强酸性 H-Na 串联离子交换软化和脱碱系统的原理是：进水也是分成两部分，一部分原水进入 H 型离子交换器，其出水直接与另一部分原水混合，经 H 型离子交换器后出水的酸度与原水中的碱度发生中和反应，所产生的 CO_2 由除碳器除去，再经 Na 型离子交换器，除去未经 H 型离子交换器的那部分原水中的硬度，其出水即为除硬脱碱了的软化水。

强酸性 H-Na 串联离子交换软化和脱碱系统中，一定要先脱除 CO_2 后，再经 Na 型离子交换器。否则，含有大量 CO_2 的水通过 Na 型离子交换器时，使水中又重新出现碱度，其反应为：

$$RNa + H_2CO_3 \rightleftharpoons RH + NaHCO_3$$

根据进水水质和出水的碱度要求，未经 H 型离子交换器的水量比例的计算方法与强酸性 H-Na 并离子交换软化和脱碱系统中进入 Na 型离子交换器的水量比例的计算方法相同。

串联系统的特点是：最后 Na 离子交换后的水不会呈酸性；运行控制容易；H 型离子交换器的交换能力可以得到充分利用，甚至可以运行到 H 型离子交换器的出水的残留硬度达到一定值（如 1mmol/L）。其缺点是：该系统相当于二级软化处理，全部水都需经过 Na 型离子交换器处理，故需设备容量大，投资费用较高；处理后出水硬度要高于并联系统。

③ H 型弱酸性阳离子交换树脂的 H-Na 离子交换。本系统是由 H 型弱酸性阳离子交换树脂柱和 Na 型强酸性阳离子交换树脂柱串联组成。H 型弱酸性阳离子交换树脂不能分解中性盐，只能中和水中的碱。原水经过 H 型弱酸性阳离子交换树脂柱时，与水中的暂时硬度发生如下交换反应：

$$2RCOOH + M(CO_3)_2 \longrightarrow (RCOO)_2M + 2H_2O + 2CO_2$$

式中，M 为 Ca 或 Mg。若进水的碱度大于硬度，即有 $NaHCO_3$ 存在时，也可以将其除去。

$$2RCOOH + NaHCO_3 \longrightarrow RCOONa + H_2O + CO_2$$

生成的 CO_2 由脱碳器除去。由于弱酸性阳离子交换树脂对 Ca^{2+}、Mg^{2+} 比对 Na^+ 的选择性高，在运行后期，原来已吸着的大部分 Na^+ 又将被 Ca^{2+}、Mg^{2+} 置换到水中，其反应式为：

$$2RCOONa + M^{2+} \longrightarrow (RCOO)_2M + 2Na^+$$

由 H 型弱酸性阳离子交换树脂柱流出的水经过 Na 型强酸性阳离子交换树脂柱，将其中的非碳酸盐硬度除去。

弱酸性阳离子交换树脂一般用盐酸再生，再生剂比耗为 $1.05 \sim 1.2$。

本系统的特点是：H 型弱酸性阳离子交换树脂交换容量大，再生容易；特别适合于高碱度原水的软化；与强酸性 H-Na 串联系统相比，可省去配水及混合水装置，故设备简单；H 型弱酸性阳离子交换树脂交换后出水不会呈酸性，操作运行简单安全。其缺点是 H 型弱酸性阳离子交换树脂较贵，初始投资较大。

（2）水的脱盐　随着锅炉参数的提高，若使用软化水会使锅炉的过热器和汽轮机部分积盐，发生危险。其蒸汽的品质也达不到某些用汽的要求。因此，高、中压锅炉的补给水必须进行脱盐纯化。另外，脱盐水在其他行业也有广泛的用途。目前，水的脱盐纯化主要是由离子交换法完成的。离子交换脱盐法也称化学脱盐法，这是相对于蒸馏脱盐法和膜分离脱盐法而言的。

离子交换脱盐法的基本原理是：含盐原水经过 H 型强酸性阳离子交换器时，水中的阳离子与树脂上的 H^+ 交换，阳离子吸着在树脂上，出水呈酸性，形成的 CO_2 由除碳器除去。酸性水经过 OH 型强碱性阴离子交换器，发生中和反应，将水中的阴离子吸着于树脂上，从而将水中的盐除去。反应式如下：

$$2RSO_3^-\,H^+ + \begin{Bmatrix} Ca^{2+} \\ Mg^{2+} \\ 2Na^+ \end{Bmatrix} \begin{Bmatrix} 2HCO_3^- \\ SO_4^{2-} \\ 2Cl^- \\ 2HSiO_3^- \end{Bmatrix} \Longrightarrow 2RSO_3^- \begin{Bmatrix} Ca^{2+} \\ Mg^{2+} \\ 2Na^+ \end{Bmatrix} + \begin{Bmatrix} 2H_2O+CO_2 \\ H_2SO_4 \\ 2HCl \\ 2H_2SiO_3 \end{Bmatrix}$$

$$2RN^+OH^- + \begin{Bmatrix} H_2SO_4 \\ 2HCl \\ 2H_2SiO_3 \end{Bmatrix} \longrightarrow 2RN^+ \begin{Bmatrix} SO_4^{2-} \\ 2Cl^- \\ 2HSiO_3^- \end{Bmatrix} + 2H_2O$$

当强酸性阳离子交换器漏 Na^+ 时，表明阳离子交换树脂已失效，需要再生。当强碱型阴离子交换器漏硅时，表明阴离子交换树脂已失效。强碱性阴离子交换树脂用 $2\% \sim 4\%$ 的氢氧化钠再生，再生剂比耗为：顺流 2～3，逆（对）流 1.5～1.6。

由 H 型强酸性阳离子交换器（阳离子交换单元）、除碳器（除碳单元）和 OH 型强碱性阴离子交换器（阴离子交换单元）串联，得到最简单的脱盐系统，称作一级复床离子交换脱盐处理系统。一级复床离子交换脱盐处理系统的出水水质为：电导率<10μS/cm，硅酸含量<100μg/L，pH 值 8～9.5。

当原水中碱度较大时，可在 H 型强酸性阳离子交换器前加 H 型弱酸阳离子交换器，原水经过时将其中的 HCO_3^- 去掉。因为弱酸性阳离子交换树脂较强酸性阳离子交换树脂的交换容量大，再生也容易，而且可利用再生强酸性阳离子交换树脂的排出液作为弱酸性阳离子交换树脂的再生剂。所以弱酸性阳离子交换树脂与强酸性阳离子交换树脂配合使用可以增加效率，减小再生剂的用量。

上述的有 H 型强酸性阳离子交换器的出水为酸性水，其中的强酸 HCl 和 H_2SO_4 用弱碱性阴离子交换树脂也能除去。与强碱性阴离子交换树脂相比，弱碱性阴离子交换树脂又交换容量大和再生容易（再生剂比耗为 1.1～1.2）的优点，而且其再生剂可用由再生强碱性阴离子交换树脂的排出液。单弱碱性阴离子交换树脂不能出去硅酸。如果在强碱性阴离子交换器前加一弱碱性阴离子交换器，则更合理，更经济。

一级复床离子交换脱盐处理系统虽然可将水中的大部分盐去掉，但出水电导率仍较高，即水中仍然含有一定量的电解质，出水的 pH 值较高。这主要是因为当含盐水经过强酸性阳离子交换树脂时，离子交换是可逆的，虽然色谱柱形式使上面提到的 H 型强酸性阳离子交换树脂与水中的阳离子的交换平衡向右移动，但出水总会含有一定量的阳离子。经过 OH 型强碱性阴离子交换树脂后，称为氢氧化物，使最后出水含有一定量的离子并显碱性。而且强碱性阴离子交换树脂的稳定性较差，使用过程中会分解出微量的胺类，也会给出水增加杂质。为了得到纯度更高的水，可以串联两个或多个一级复床离子交换脱盐处理系统，但这样设备就比较复杂了。解决这个问题的另一种方法是使用混合床（简称混床）离子交换脱盐处理系统，即将一定比例的 H 型强酸性阳离子交换树脂和 OH 型强碱性阴离子交换树脂混合后填装于同一交换器内。水中的阳离子与 H 型强酸性阳离子交换树脂交换后形成的 H^+ 与水中的阴离子与 OH 型强碱性阴离子交换树脂交换后形成的 OH^- 结合形成水，使交换过程中 H^+ 和 OH^- 的浓度始终保持很低的值，使交换完全。由树脂分解出的有机酸或有机碱液分别被阴树脂或阳树脂吸附。一个混床离子交换脱盐处理系统相当于许许多多个一级复床离子交换脱盐处理系统，大大提高了出水水质。混床离子交换脱盐处理系统的出水水质为：电导率<0.2μS/cm，硅酸含量<20μg/L，pH 值 7.0±0.2。

混床树脂失效后，利用其 H 型强酸阳离子交换树脂和 OH 型强碱型离子交换树脂湿真密度的不同，用水力反洗法将两种树脂分层，然后分别用酸和碱进行再生。再用压缩空气将两种树脂混合，即可投入运行。

在实际应用中，根据原水水质和储水水质的要求，可以将化学脱盐系统中各单元进行组合，组合成各种离子交换脱盐水处理系统，如上面提到的一级复床离子交换脱盐处理系统。常用的固定床离子交换脱盐系统及出水水质和使用的情况见表 8-4。

（3）废水处理　将废水中对对环境有害的物质去除，并回收利用，一直是离子交换树脂的重要应用领域之一。用离子交换树脂可从废水中取出的有害物质包括重金属离子、有机酸或碱和某些无机阴离子等。

强酸性阳离子交换树脂对高价金属离子的选择性比低价金属离子及 H^+ 高，因此它能从含有较大量碱金属离子的中性及酸性水溶液中选择性地吸着重金属离子。强酸型阳离子交换树脂既可以采用 H 型也可以采用 Na 型，采用 Na 型的情况更多。如用强酸性阳离子交换树脂处理含 Ni^{2+}、Cr^{3+}、Hg^{2+} 或 Cu^{2+} 等离子的废水。树脂失效后可用酸如硫酸（H 型的情况）或盐如硫酸钠（Na 型情况）再生。

表 8-4 常用固定床离子交换脱盐系统

序号	系 统	出水质量		使用情况	备 注
		电导率(25℃)/(μS/cm)	SiO₂/(mg/L)		
1	H—D—OH	<10	<0.1	中压锅炉补给水	当进水碱度<0.5mmol/L 或预处理时可考虑省去除碳器
2	H—D—OH—H/OH	<0.2	<0.02	高压及以上及汽包锅炉和直流炉	
3	Hw—H—D—OH	<10	<0.1	①同本表1系统 ②碱度较高,过剩碱度较低 ③酸耗低	当采用阳双层(双室)床时,进水的硬度与碱度的比值为1~1.5为宜,阳离子交换树脂串联再生
4	Hw—H—D—OH/OH	<0.2	<0.02	同本表序号2、3系统	同本表序号3系统
5	H—D—OH—H—OH	<1	<0.02	适用于高含盐量水	①阳、阴离子交换器分别串联再生 ②一级强碱性阴离子交换器可选用Ⅱ型树脂
6	H—D—OH—H/OH	<0.2	<0.02	同本表序号2、5系统	同本表序号5系统
7	H—OHw—D—OH	<10	<0.1	①同本表1系统 ②进水中有机物与强酸阴离子含量高时	阴离子交换器串联再生
8	H—OHw—D—OH	<1	<0.02	进水中强酸阴离子含量高且SiO₂含量低	
9	H—OHw—D—OH—H/OH	<0.2	<0.02	同本表序号2、7系统	同本表序号7系统
10	Hw—H—H—OHw—OH	<10	<0.1	进水碱度高,强酸阴离子含量高	条件适合时,可采用双层(双室)床,阳、阴离子交换器分别串联再生
11	Hw—H—H—OHw—OH—H/OH	<0.2	<0.02	同本表序号2、10系统	

注：1. 表中所列均为顺流再生设备，当采用对流再生设备时，出水质量比表中所列的数据要高。

2. 离子交换树脂可根据进水有机物情况含量选用凝胶型或大孔型树脂。

3. 表中符号：H—强酸性阳离子交换器；Hw—弱酸性阳离子交换器；OH—强碱性阴离子交换器；OHw—弱碱性阴离子交换器；D—除 CO₂ 器；H/OH—阳、阴混合离子交换器。

弱酸性阳离子交换树脂对高价金属离子与碱金属离子的选择性的差异有时更大，其 Na 型形式也可以从废水中除去重金属离子，而且用酸再生很容易。如 D152 大孔弱酸性阳离子交换树脂处理硬脂酸铅生产厂排处的含 Pd^{2+} 35～100mg/L 的废水，可将 Pd^{2+} 含量降至 0.2mg/L。但弱酸性阳离子交换树脂的交换速度较慢。

在配位性较大的阴离子（如 Cl^-）存在下，某些重金属离子往往以络阴离子的形式存在。在这种情况下，可用碱性阴离子交换树脂去除这些络阴离子。如用 Cl 型强碱性阴离子交换树脂去除废水中的 $[HgCl_4]^{2-}$、$[Ni(CN)_4]^{2-}$、$[Cu(CN)_4]^{2-}$ 等。

离子交换树脂处理含重金属离子及有害无机离子废水归纳在表 8-5 中。

含有机酸或碱的废水可分别用阴离子交换树脂或阳离子交换树脂处理。由于有机酸或碱都有一定的疏水性，吸着于阴离子交换树脂或阳离子交换树脂上后，除了离子的静电引力外，其疏水基团部分往往与树脂上的有机骨架部分存在疏水作用力，特别是使用苯乙烯系树脂时，疏水作用力会很大。作用力大对于树脂从水中去除有机酸或碱是有利的，但失效后的树脂的再生有时很困难。如用 OH 型强碱性阴离子交换树脂很容易从废水中除去酚类化合物，但吸着酚类化合物后的树脂很难再生。用弱型树脂，则再生要容易得多。如用 D301 弱碱性阴离子交换树脂处理含酚废水，用 2%氢氧化钠的甲醇溶液再生，效果甚佳。用丙烯酸系弱碱性阴离子交换树脂处理含对硝基苯酚的废水，用氢氧化钠溶液再生。用弱碱性阴离子

表 8-5　离子交换树脂处理含重金属离子及有害无机离子废水

废水种类	废水组成	树脂类型	处理液成分	再生剂	再生液处理和回收
食盐电解工业含汞废水	$Hg5\sim100mg/L$，Ca、$Na10\sim20g/L$，$pH1\sim3$	Cl 型大孔强碱性树脂	$Hg<0.02mg/L$ 无害排放	33％HCl 或氨水	中和回收汞
氯乙烯合成含汞废水	$HgCl_2$ 100mg/L，HCl16％	Cl 型强碱性树脂	$Hg<0.01mg/L$ 无害排放	33％HCl	浓缩回收 $HgCl_2$
铬冷却废水	$Cr^{6+}1\sim10mg/L$	SO_4^{2-} 弱碱性树脂	$Cr<0.05mg/L$ 无害排放	NaOH 和 H_2SO_4	以铬酸钠回收
铬洗涤废水	CrO_3 120mg/L，$pH3\sim4$	Cl 型大孔强碱性树脂	$Cr<0.05mg/L$ 无害排放	10％NaCl 1％NaOH	还原中和后回收
镀铬浴含铬废水再生	Cr^{3+}，CrO_3，Fe^{3+}，Cu^{2+}，H_2SO_4	H 型大孔强酸性树脂	除去 Fe^{3+} 后循环使用	H_2SO_4	中和后析出金属
铜线表面处理废水	$CuSO_4$ 100mg/L，H_2SO_4 300mg/L	H 型强酸性树脂	不含 Cu，中和后处理排放	20％H_2SO_4	铜、硫酸回收
铜氨人造丝工厂的废水	$Cu30\sim40mg/L$，$(NH_4)_2SO_4$ $700\sim800mg/L$	NH_4^+ 型强酸性树脂	$Cu<0.1mg/L$	6％H_2SO_4 废液和 NH_3	铜回收
中性含铜废水		NH_4^+ 型弱酸性树脂	$Cu<0.1mg/L$	5％～7％$(NH_4)_2SO_4$	铜回收
镀镍废水和精炼镍的中和沉淀处理废水	$Ni100\sim200mg/L$	Na 型弱酸性树脂	不含 Ni	8％HCl，预处理可用 $NaCO_3$ 或 NaOH	浓缩几十至 100 倍后中和回收$Ni(OH)_2$
含镉、锌废水	Cd^{2+}，Zn^{2+}	Na 或 H 型强酸性树脂	除去 99.5％	NaCl，HCl，Na_2SO_4	氨中和，以氢氧化物回收
含四乙基铅废水	$(C_2H_5)_4Pb$	H 型大孔强酸性树脂	除去 99.5％	NaOH，预处理用 HCl	用氯氧化分解变成无机铅回收
含氰废水	CN 100mg/L	OH 型强碱性树脂		NaOH	氧化分解无害排放
磷矿石焙烧废气废水	$HF\ 200\sim300mg/L$，H_2SO_4，$NaSiO_3$	强酸性树脂加弱碱性树脂	消石灰，回收 CaF_2，MgF_2	氨水	废去
洗钢板废水	Fe160mg/L，HCl $15\sim30mg/L$	强酸性树脂	$Fe<1mg/L$ 循环使用	H_2O	中和沉淀金属
不锈钢板表面处理废水	Fe^{3+}，Cu^{2+}，Ni^{2+}，HNO_3，HF	弱酸性树脂	除去 Fe、Cu、Ni 后再使用		
放射性废水	各种离子	强酸性树脂加强碱性树脂	放射能率< $10^{-3}\mu C/mL$	HCl，H_2SO_4，NaOH	浓缩、固化废去

交换树脂处理生产 β-萘磺酸排出的废水，用氢氧化钠溶液再生，回收的 β-萘磺酸的价值高于废水处理过程的费用。同理，用阳离子交换树脂可以处理含有机胺的废水。

8.2.4.3　离子交换树脂在食品工业中的应用

近年来离子交换树脂在食品工业中的用量增加很快，主要包括某些食品及食品添加剂的提纯分离、脱色脱盐、果汁脱酸脱涩等。

在食品及食品添加剂的生产过程中，往往存在色素。这些色素大多是离子型化合物，可用离子交换树脂进行脱色。甜叶菊糖苷脱色、味精脱色、甘蔗脱色、酶法生产葡萄糖的脱色等都可用离子交换树脂。如用 Cl 型强碱性阴离子交换树脂在 $70\sim75℃$ 使蔗糖糖浆脱色，同时也除去了糖浆中的硫酸根和磷酸根。被色素饱和的树脂可用廉价的食盐溶液（约 10％）再生。用 Amberlite IRA401S 对使蔗糖糖浆脱色的平均费用仅 2.6 美分/100lb

糖(1lb＝0.453kg)。

用 Na 型强酸性阳离子交换树脂除去蔗糖中的 Ca^{2+}，避免浓缩过程中结垢。用 H 型强酸性阳离子交换树脂和 OH 型弱碱性交换树脂组成的复床去除甜菜糖糖浆中的盐分，并可去除色素、含氮有机化合物和非糖有机物等。甜菜糖液经过一个典型的去离子体系处理前后的组成变化如表 8-6 所示。

表 8-6 甜菜糖液经离子交换复床处理前后的组成变化

项 目	流入液	流出液	项 目	流入液	流出液
糖度/(°)	14.6	13.0	总阳离子量/(mol/L)	47.0	1.9
纯度/%	91.6	99.3	总阴离子量/(mol/L)	38.0	1.4
pH 值	8.7	8.1	氨基酸/(mol/L)	12.2	0.1
色度/(°)	3.5	0.2	甜菜碱/(mol/L)	14.0	1.5
转化率/%	0.2	0.27			

当食品及食品添加剂本身是离子型化合物时，则可通过离子交换用离子交换树脂进行分离纯化。如通过法酵法制备味精、柠檬酸、酒石酸、赖氨酸等时，都要用到离子交换树脂。

8.2.4.4 离子交换树脂作为催化剂

H 型强酸性阳离子交换树脂和 OH 型强碱性阴离子交换树脂为固体强酸和强碱，其酸性和碱性分别与无机强酸如硫酸的酸性和无机强碱如氢氧化钠的碱性相当，因此可以代替无机强酸和无机强碱作为酸、碱催化剂。使用离子交换树脂作为酸、碱催化剂的优点有：避免了无机强酸、强碱对设备的腐蚀；催化反应完成后，通过简单的过滤即可将树脂与产物分离，避免了从产物中去除无机酸、碱的麻烦的过程；避免了废酸、碱对环境的污染；H 型强酸性阳离子交换树脂作为催化剂时，避免了使用浓硫酸时的强氧化性、脱水性和磺化性引起的不必要的副反应；另外，由于离子交换树脂的高分子效应，通过调整树脂的结构，有时树脂催化的选择性和产率会更高。离子交换树脂作为催化剂缺点是：树脂的热稳定性较低，限制了其高温下的应用；价格较昂贵，一次性投资较大。

H 型强酸性阳离子交换树脂催化甲醇与异丁烯合成甲基叔丁基醚是最典型的应用之一。甲基叔丁基醚是无铅汽油提高辛烷值的添加剂，用量很大，而且随着世界范围内无铅汽油的推广使用，用量会愈来愈大。某些专用 H 型大孔强酸性阳离子交换树脂催化甲醇与异丁烯合成甲基叔丁基醚的选择性和收率大大高于硫酸催化的选择性和收率。

H 型强酸性阳离子交换树脂还用于催化酯的水解、糖水解、蛋白质的水解、烯烃水合制醇、酯化反应等。

OH 型强碱性阴离子交换树脂还用于催化 Michael 加成反应、缩合反应、酯的水解等。

8.2.4.5 离子交换树脂在制药行业的应用

离子交换树脂在制药行业的应用与在食品工业中的应用类似，可离子化的药品通过离子交换进行提纯分离，去除可离子化的色素、盐等杂质。最典型的应用是抗生素的分离纯化。

大部分抗生素是由发酵法生产的，在发酵液中，抗生素的浓度很低，而且含有色素、盐等杂质。通过离子交换，可得到高收率、高纯度的抗生素。如链霉菌素的生产中使用弱酸性阳离子交换树脂使其浓缩、纯化，再用伯胺型树脂进行最后的纯化，工艺简单，产品纯度高。表 8-7 为离子交换树脂提取纯化抗生素的一些实例。

另外，离子交换树脂在天然产物如生物碱的提取、氨基酸分离、多糖等的分离纯化中都有应用。

表 8-7　提取纯化抗生素所需要的离子交换树脂

抗 生 素	树脂类型	抗 生 素	树脂类型	抗 生 素	树脂类型
碳霉素	弱酸树脂	巴龙霉素	弱酸树脂	土霉素	强碱树脂
金霉素	弱酸树脂	先锋霉素	弱酸树脂	肉瘤霉素	强碱树脂(Cl^-)
卡那霉素	弱酸树脂	满霉素	弱酸树脂	春雷霉素	弱酸树脂
丁胺卡那霉素	弱酸树脂	肉桂霉素	弱酸树脂	结核霉素	强酸树脂
新霉素	弱酸树脂	争光霉素	弱酸树脂	夹竹桃霉素	强酸树脂(Na^+)
黏杆霉素	弱酸树脂	链霉素	弱酸树脂	红霉素	强酸树脂(Na^+)
杆菌肽	弱酸树脂	庆大霉素	弱酸树脂	卷曲霉素	强酸树脂
万古霉素	弱酸树脂	先锋霉素 G	弱碱树脂	抗生素 8510	强酸树脂(NH_4^+)
瑞斯托菌素	弱酸树脂	新生霉素	强碱树脂		

8.2.4.6　离子交换树脂在其他方面的应用

离子交换树脂还应用与稀土元素的分离、湿法冶金、碘的提取精制、金属离子痕量分析等许多化学品的纯化。

8.3　高分子螯合剂

高分子螯合剂通常也称为螯合树脂，是一类重要的功能高分子。其特征为高分子骨架上连接有能够对金属离子进行配位的螯合功能基，对多种金属离子具有选择性螯合作用，因此这类吸附树脂对各种金属离子有浓缩和富集作用。这种树脂可以广泛用于分析检测、污染治理、环境保护和工业生产。此外，当螯合树脂与特定金属离子螯合之后，形成的高分子配合物还会出现许多有用的物理化学新性质，被广泛作为催化剂、光敏材料和抗静电剂。在本节中主要介绍作为吸附剂使用的各种高分子螯合剂。

目前作为吸附剂使用的高分子螯合剂主要分成两类：一类是合成型高分子螯合树脂，另一类是天然高分子螯合剂。后者包括纤维素、海藻酸、甲壳素衍生物等。从结构来分，合成高分子螯合剂也可以分成两大类：一类是螯合基团作为侧基连接于高分子骨架，另一类的螯合基因处在高分子骨架的主链上。这两种类型的树脂在功能上是不同的，具有螯合功能的高分子需要满足两方面的要求，首先是要含有配位基因，其次是配位基因在高分子骨架上排布合理，以保证螯合过程对空间构型的要求。高分子螯合剂的制备主要有两类合成路线：一是首先制备含有螯合基团的单体，再通过均聚、共聚、缩聚等聚合方法高分子化；另一种方法是利用接枝等高分子化学反应将螯合基团引入天然或者合成高分子骨架构成高分子螯合剂。上述两种制备方法各有长处，都获得了广泛应用。

螯合基团是一类含有多个配位原子的功能基因，目前最常见的配位原子是具有给电子性质的第五族到第七族元素，主要为 O、N、S、P、As、Se 等。含有上述配位原子的配位基团列于表 8-8。

高分子螯合剂的种类繁多，具有配位原子只是形成螯合物的条件之一，能否作为高分子螯合剂还需要其他结构条件做保证。下面根据配位原子分类，介绍各种高分子螯合树脂的合成方法、结构与性能、实际应用等内容。

8.3.1　氧为配位原子的高分子螯合剂

氧是最常见的配位原子，有 6 个外层电子，在通常情况下以两个外层电子与其他原子成键，另外 4 个构成两个孤对电子，这两个孤对电子可以单独形成配位键。氧原子存在于多种类型的配位基团内，是目前最常见的高分子配位基团。根据所含有配位基团不同进行分类，作为以氧为配位原子的高分子螯合剂主要有以下几类。

表 8-8　主要配位原子和含有这些原子的配位基团

配位原子	配位基团和相应化合物名称
氧原子	—OH(醇、酚)，—O—(醚、冠醚)，—CO—(醛、酮、醌)，—COOH(羧酸)，—COOR(酯、盐)，—NO(亚硝基)，—NO$_2$(硝基)，SO$_3$H(磺酸基)，—PHO(OH)，—PO(OH)$_2$，—AsO(OH)$_2$
氮原子	—NH$_2$，＼NH，—N＜，C＝NH(亚胺)，C＝NH—R(席夫碱)，C＝NH—OH(肟)，—CONH$_2$(酰胺)，—CONH—OH(羟肟酸)，—CONHNH$_2$(肼)，—N＝N—(偶氮)，含氮杂环
硫原子	—SH(硫醇、硫酚)，—S—(硫醚)，C＝S(硫醛、硫酮)，—COSH(硫代羧酸)，—CSSH(二硫代羧酸)，—CSNH$_2$(硫代酰胺)，—SCN(硫氰)，—CS—S—S—CS—
磷原子	P—(一烷基、二烷基、三烷基或芳香基膦)
砷原子	As—(一烷基、二烷基、三烷基或芳香基胂)
硒原子	—SeH(硒醇、硒酚)，—CSeSeH(二硒代羧酸)，C＝Se(硒羰基化合物)

8.3.1.1　醇类螯合树脂

最常见的醇类高分子螯合树脂为聚乙烯醇，其结构为在饱和碳链上每间隔一个碳原子连接一个羟基作为配位基，一般两个相邻的羟基与同一个中心离子配位，这样形成配位键后与中心离子会形成一个六元环稳定结构。由于高分子骨架的柔性和自由旋转特性，骨架上的配位原子空间适应性比较强，能与 Cu^{2+}、Ni^{2+}、Co^{3+}、Co^{2+}、Fe^{3+}、Mn^{2+}、Ti^{3+}、Zn^{2+} 等多种离子形成高分子螯合物，其中二价铜的螯合物最稳定。生成螯合物后，高分子螯合树脂的许多性能会发生变化。以二价铜的聚乙烯醇螯合物为例，首先，由于螯合过程有大量质子释放，因此溶液体系的 pH 值会有较大幅度下降，原来中性的溶液会呈现酸性。其次，分子内络合物的形成会使溶液体系的比黏度大幅度下降，这是由于聚合物链在形成螯合物时发生收缩所致。由于同样原因，二价铜与聚乙烯醇生成高分子螯合物后的体积收缩现象最引人注意。当聚乙烯醇薄膜放入含有 $Cu_3(PO_4)_2$ 等含有二价铜离子的水溶液中后，聚乙烯醇膜会发生较大幅度的收缩，收缩力甚至可以将膜下连着的重物提起，这实际上是发生了化学能与机械能的转化。据认为，这是由于聚乙烯酸上的羟基与二价铜离子发生了如下络合反应，造成聚合物分子内收缩的结果。

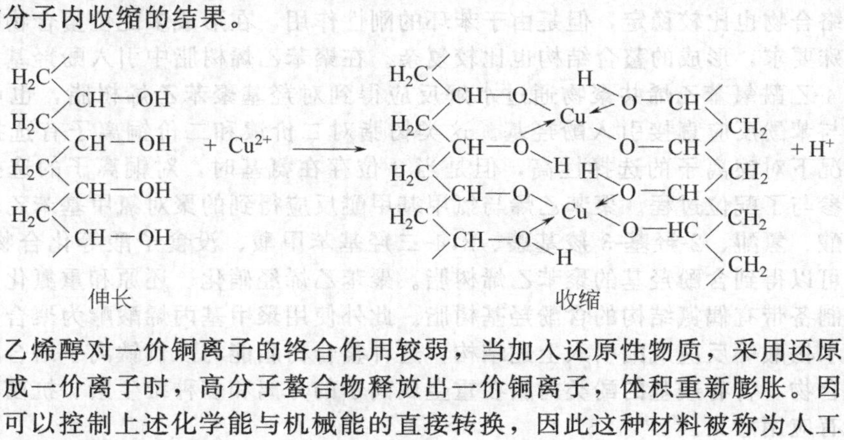

伸长　　　　　　　　　　　　　　　　收缩

由于聚乙烯醇对一价铜离子的络合作用较弱，当加入还原性物质，采用还原反应将二价铜离子还原成一价离子时，高分子螯合物释放出一价铜离子，体积重新膨胀。因此，通过氧化还原反应可以控制上述化学能与机械能的直接转换，因此这种材料被称为人工肌肉。其伸长和收缩率可达 30％左右。

8.3.1.2　β-二酮螯合树脂

β-二酮结构是指两个碳基之间间隔一个饱和碳原子的化学结构，其中羰基氧作为配位原子。β-二酮结构是重要的多配位基团，其中配位原子之间有三个碳原子间隔，因此在形成络合物时也能构成六元环结构，环内张力较小。环内双键的存在使形成的螯合物更稳定。在这类螯合树脂中 β-二酮结构可以存在于高分子骨架的主链上，或者侧链上；侧链上最常见的此类结构为乙酰乙酸酯，由于 α-H 的活泼性，可以发生烯醇化，因此化学性质比较活泼。这种高分子螯合树脂可以由甲基丙烯酰丙酮单体聚合而成，也可以与苯乙烯，或者甲基丙烯酸甲酯共聚生成共聚型螯合树脂。其合成反应如下：

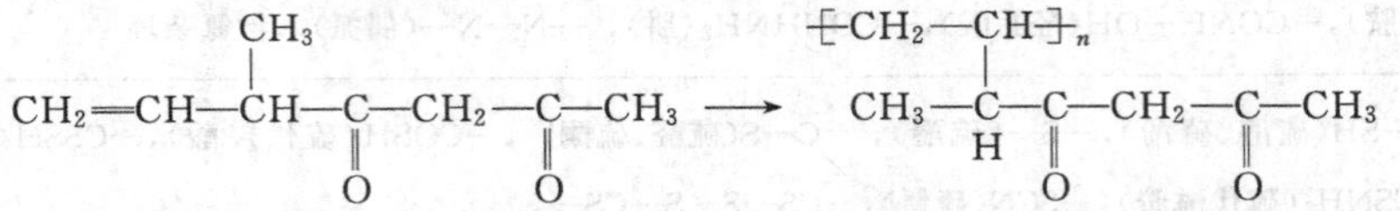

$$CH_2=CH-CH-CH_2-C-CH_3 \longrightarrow CH_3-CH-C-CH_2-C-CH_3$$

该螯合树脂可以与二价铜离子络合形成稳定的螯合物。该螯合树脂除了可用于铜离子的吸附富集外，生成的络合物还可以作为催化剂催化过氧化氢分解反应，其催化活性高于小分子乙酸丙酮螯合物。

β-酮酸酯也具有 β-二酮相似的结构，其络合性质也基本相同。但是可以直接利用聚乙烯醇为原料，通过接枝反应制备，生成的是比较典型的侧链 β-二酮型的高分子螯合剂，最常见的制法是用聚乙烯醇与乙烯酮在二甲基甲酸胺中进行接枝反应。用小分子 β-酮酸酯与聚乙烯醇进行酯交换反应也可以得到同类的高分子螯合剂。其反应式如下：

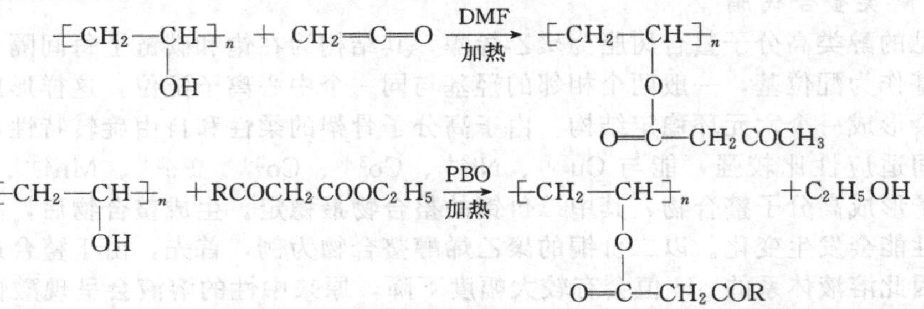

$$[CH_2-CH]_n + CH_2=C=O \xrightarrow[\text{加热}]{DMF} [CH_2-CH]_n$$

$$[CH_2-CH]_n + RCOCH_2COOC_2H_5 \xrightarrow[\text{加热}]{PBO} [CH_2-CH]_n + C_2H_5OH$$

这一类树脂对三价铁离子有较好的络合作用，并生成红色的高分子络合物，也可以与三价铝络合制备高分子螯合型交联涂料。

8.3.1.3 酚类螯合树脂

与醇羟基相比，苯环上的酚羟基其孤对电子与苯环共轭，酸性较强，在碱性条件下容易发生离子化。含有酚羟基的聚合物较多，包括聚苯乙烯类和环氧类树脂等。酚羟基作为配位基团形成的络合物也比较稳定，但是由于苯环的刚性作用，在形成多配位螯合物时对聚合物的结构有特殊要求，形成的螯合结构也比较复杂。在聚苯乙烯树脂中引入酚羟基的方式有多种，可以由4-乙酰氧苯乙烯共聚物通过水解反应得到对羟基聚苯乙烯树脂，也可以由聚氯乙烯为原料与苯酚反应直接引入酚羟基。这类树脂对二价镍和二价铜离子有选择性络合作用。多数情况下对镍离子的选择性高，但是当3-位存在氨基时，对铜离子的选择性高，原因是氮原子参与了配位过程。聚苯乙烯与氯甲基甲醚反应得到的聚对氯甲基苯乙烯与含有酸羟基的水杨酸、氢醌、2-羟基-3 羧基萘、2,4-二羟基苯甲酸、没食子酸等化合物进行弗-克反应，同样可以得到含酚羟基的聚苯乙烯树脂。聚苯乙烯经硝化、还原和重氮化后再与水杨酸反应可以制备带有偶氮结构的含酚羟基树脂。此外使用聚甲基丙烯酸酯为聚合物骨架，也可以通过与水杨酸等反应成酯引入上述结构。这种螯合树脂能与三价铁离子络合，生成红棕色高分子络合物。含有羧基的酚类树脂在重金属离子的分离和多种维生素、抗菌素的选择性吸附方面具有应用意义。

8.3.1.4 羧酸型螯合树脂

羧基中含有两种氧原子，一个处在羟基上，另外一个处在羧基上，两种氧原子在配位反应时作用不同，羟基氧往往以氧负离子形式参与配位。含有羧基的高分子螯合树脂最常见的有聚甲基丙烯酸、聚丙烯酸和聚顺丁烯二酸等。由于独立羧酸两个氧原子同时配位时不能形成六元环稳定结构，所以羧基配位体有时需要与其他配位体协同作用才能生成稳定的螯合物。采用共聚反应引入其他类型的配位体是常采用的方法，比如，顺丁烯二酸与噻吩共聚，甲基丙烯酸与呋喃共聚等。聚甲基丙烯酸和聚丙烯酸与二价阳离子络合时其配合物的生成常数按 $Fe^{2+}>Cu^{2+}>Cd^{2+}>Zn^{2+}>Ni^{2+}>Co^{2+}>Mg^{2+}$ 顺序递增。在一定 pH 值范围内，络合一个二价金属离子需要两个羧基作为配体。研究结果表明，聚合物的立体结构对离子络合的选择性有一定影响，间同立构的聚甲基丙烯酸对二价镁离子有较强结合力。据此，可以设计合成具有特殊选择性的螯合树脂。

8.3.1.5 冠醚型螯合树脂

冠醚是含有配位原子的大环化合物，是目前非常引人注目的配位结构。其配位原子相隔两个碳原子均匀分布在大环状化合物内。虽然配位原子可以为氧、氮、硫中的任何一种，但目前使用的研究最多的仍然是含氧大环。因为氧原子在环中以醚键连接，而分子结构在形状上类似于皇冠，因此统称为冠醚。冠醚最显著的特征是可以络合碱金属和碱土金属离子，而这些离子往往是非常难以被其他类型的络合剂络合的。经过高分子化后的冠醚型螯合树脂在应用方面具有许多小分子冠醚所不具备的特征。其中最显著的特点是作为固相吸附剂富集碱金属离子。冠醚本身的合成一般比较复杂，虽然冠醚型螯合试剂的制备可以从小分子冠醚出发，在大环上引入可聚合基团，然后通过聚合反应实现高分子化。但是多数情况下仍然以通过接枝反应制备高分子冠醚较为常见。

从结构上分析，冠醚的结构可以处在侧链上，也可以作为聚合物主链的一部分。前者的高分子骨架多为聚乙烯或聚苯乙烯。有时为了降低其溶解性能，需要进行适度交联。后者多采用小分子冠醚单体与其他单体通过共聚方法获得。高分子冠醚的络合性能主要取决于环的大小和结构，只有体积大小与冠醚相适应的金属离子才能被络合，因此选择性好。冠醚多由 $12\sim30$ 个原子连接构成，配位氧原子分别为 $4\sim10$ 个。适用于不同金属离子的配位数。图 8-1 给出了几种常见的冠醚型螯合树脂。

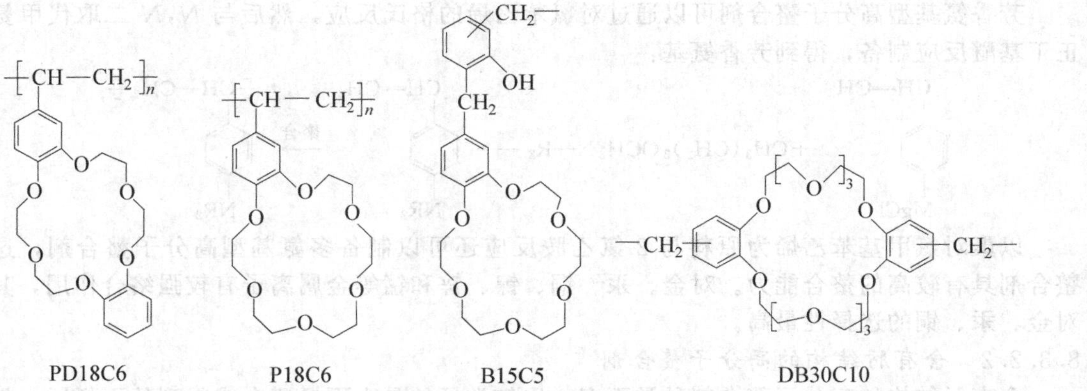

图 8-1 常见冠醚型螯合树脂结构

冠醚在主链上的螯合树脂在制法上有些不同，其中苯并冠醚与苯酚和甲醛缩聚可以实现小分子冠醚的高分子化。当使用二苯并冠醚时，缩合的结果是使冠醚结构进入聚合物主链，生成主链型冠醚。高分子化的冠醚螯合树脂除作为普通吸附材料用于某些金属离子的富集与分离过程之外，还有以下几个方面的实际应用。

① 作为电极表面修饰材料，利用其选择性络合作用，用于制作离子选择性电极。这种离子选择性电极对碱金属和碱土金属离子有较高的灵敏度和吸附选择性。

② 作为液相色谱分析用固定相，在离子色谱中利用冠醚偶合树脂对不同离子的区分作

用，用来分离碱金属和碱土金属离子。

8.3.2 氮为配位原子的高分子螯合剂

氮原子在螯合树脂中是重要性仅次于氧原子配位原子。其外层电子数为 5 个，通常情况下其中 3 个与其他原子成键，另两个电子构成一个孤对电子作为配位电子。配位原子为氮的高分子螯合剂主要是含有胺、肟、席夫碱、羟肟酸、酰肼、草酸胺、氨基醇、氨基酚、氨基酸、氨基多羟酸、偶氮和各种杂环等结构的高分子，其种类繁多，多数是与结构中的氧原子共同作为配位原子，现就部分较为常见的含氮螯合树脂进行介绍。

8.3.2.1 含有氨基的高分子螯合剂

配位原子以氨基形式出现的聚合物包括脂肪胺和芳香胺，其中脂肪胺的碱性较强。含有游离氨基的单体不能直接进行聚合反应，必须进行保护。带有聚乙烯骨架的脂肪胺可以由乙酰胺基乙烯通过聚合、水解等反应过程制备。也可以通过采用苯二甲酸保护氨基，然后与其他单体进行共聚，得到的酯型树脂水解释放出氨基。其反应过程分别用下式表示：

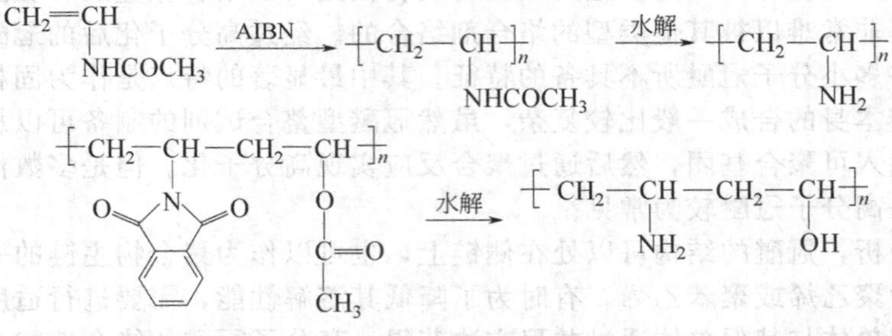

由于饱和碳链的柔软性好，在螯合反应中脂肪胺型螯合树脂在空间取向和占位方面具有优势，适用于多种金属离子的吸附和富集。对碱金属和碱土金属离子几乎没有络合能力，因此碱金属和碱土金属几乎不干扰络合过程，因此，这一类吸附树脂更适合于对海水中重金属离子的富集和分析过程。

芳香氨基型高分子螯合剂可以通过对氯苯乙烯的格氏反应，然后与 N,N-二取代甲氨基正丁基醚反应制备，得到芳香氨基：

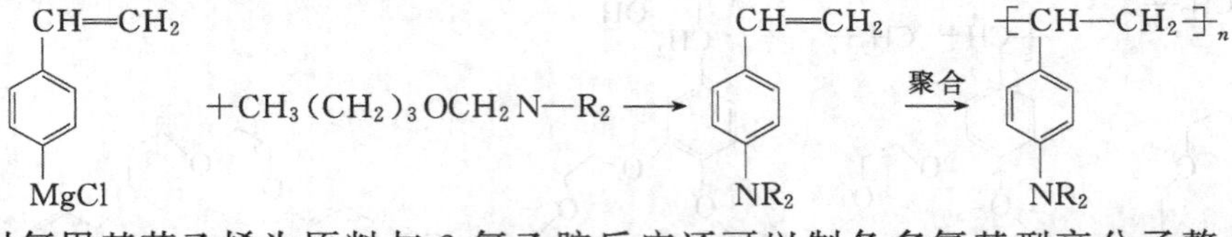

以聚对氯甲基苯乙烯为原料与 2-氯乙胺反应还可以制备多氨基型高分子螯合剂，这种螯合剂具有较高的螯合能力。对金、汞、铜、镍、锌和锰等金属离子有较强络合作用，其中对金、汞、铜的选择性最高。

8.3.2.2 含有肟结构的高分子螯合剂

含有肟结构的高分子螯合剂种类不多，比较常见的是由丙烯醛合成得到的丙烯肟，经聚合后制备得到侧链含肟结构的高分子螯合剂。邻-2-溴丙酰基苯酚与聚苯乙烯反应可以得到带有芳香酮结构的高分子，经与羟氨反应肟化后得到聚芳香肟型高分子螯合剂。由乙烯与一氧化碳的共聚物出发，可以得到邻位双肟螯合剂。这种螯合剂可以与铁、钴、镍等离子络合。除此之外，得到的螯合物还可以吸附一氧化碳和氧气等气体。实际上含有肟结构的螯合剂，其络合作用是由结构中氮原子与氧原子共同作为配位原子完成的。

8.3.2.3 席夫碱类高分子螯合剂

有以下结构的主链型席夫碱树脂结构中含有两个相隔两个碳原子的 —N＝CH— 基团和两个邻位羟基，可以单独与金属离子形成四配位的螯合物，含有席夫碱结构的高分子螯合物具有良好的络合作用和热稳定性。主链席夫碱类螯合树脂的制备方法可以从芳香醛开始，与邻苯二胺反应脱水，生成碳氮双键，其反应过程如下：

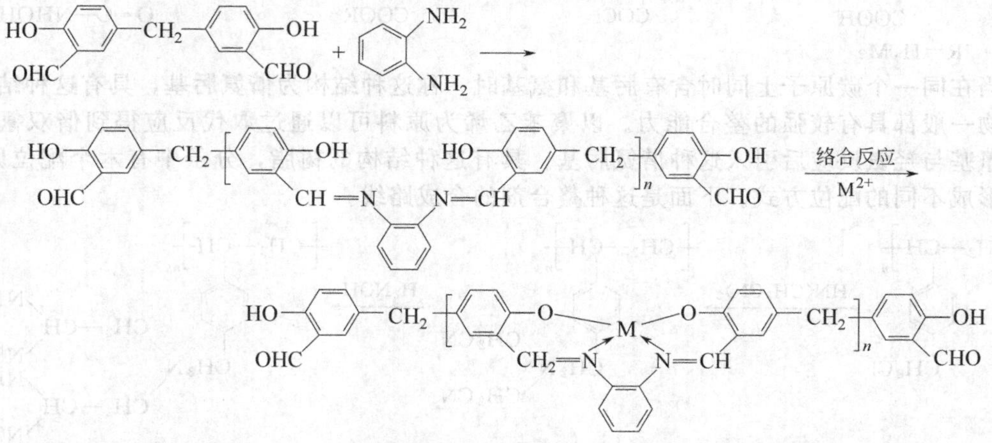

这类高分子螯合剂的二价金属螯合物以镍离子稳定性最高，依次为 $Cd^{2+}>Cu^{2+}>Zn^{2+}>CO^{2+}>Fe^{2+}$。与三价金属离子 Fe^{3+}、Co^{3+}、Al^{3+}、Cr^{3+} 等的螯合物也有良好的热稳定性。

　　侧链上具有席夫碱结构的高分子螯合剂，其骨架多为聚乙烯型，以聚乙烯胺与水杨醛衍生物通过缩合反应可以得到侧链型高分子席夫碱。这种高分子螯合剂易于与过渡金属形成稳定的络合物。

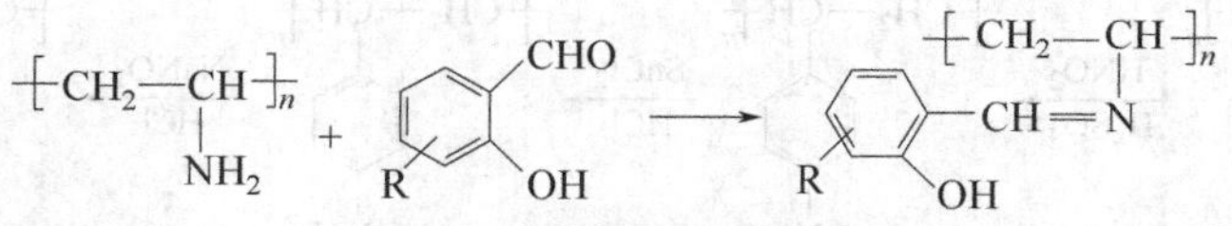

　　当分子结构中不含酚羟基时，主要依靠氮原子起络合作用。这种类型的高分子螯合剂可以由聚对-2,2-二氰基乙基苯乙烯为原料，经氢化铝锂还原将氰基还原成胺，然后与醛进行肟化后得到。这种树脂对二价铜和钴离子有较强的络合作用。

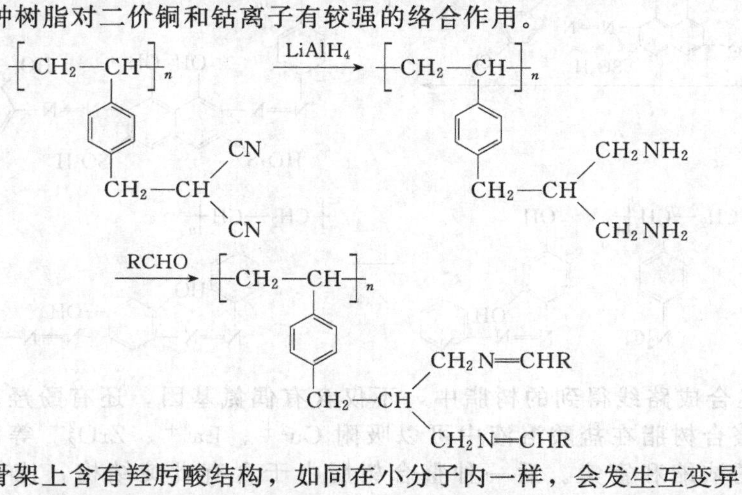

　　如果高分子骨架上含有羟肟酸结构，如同在小分子内一样，会发生互变异构现象。其中酮式异构易与金属离子形成螯合物。这种高分子螯合剂可以与 Fe^{2+}、MoO_2^{2+}、Ti^{4+}、Hg^{2+}、Cu^{2+}、UO_2^{2+}、Ce^{4+}、Ag^+、Ca^{2+} 等离子络合。该树脂与 VO_2^+、Fe^{3+} 的螯合物其特征颜色分别为深紫色和紫红色。其制备过程以聚甲基丙烯酸，或者聚丙烯酸衍生物为原料与羟氨反应可以得到。

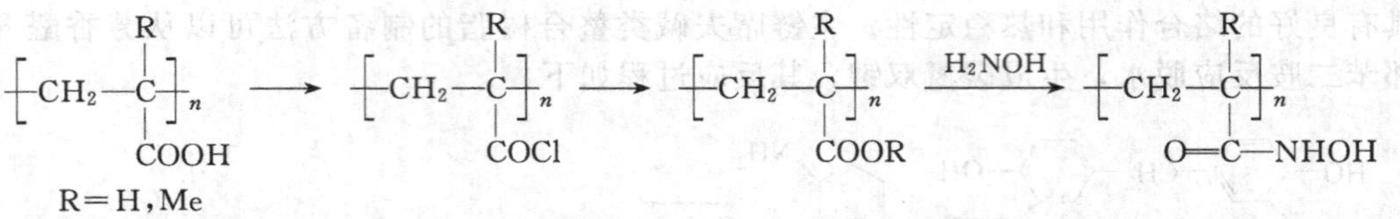

$$\begin{array}{c}\left[CH_2-\overset{R}{\underset{COOH}{C}}\right]_n \longrightarrow \left[CH_2-\overset{R}{\underset{COCl}{C}}\right]_n \longrightarrow \left[CH_2-\overset{R}{\underset{COOR}{C}}\right]_n \xrightarrow{H_2NOH} \left[CH_2-\overset{R}{\underset{O=C-NHOH}{C}}\right]_n\end{array}$$

R＝H,Me

当在同一个碳原子上同时含有肟基和氨基时，称这种结构为偕氨肟基，具有这种结构的聚合物一般都具有较强的螯合能力。以聚苯乙烯为原料可以通过取代反应得到偕双氰基树脂，氰基与羟氨反应后引入这种偕氨肟基。具有这种结构的树脂，分子中有六个配位原子，可以形成不同的配位方式。下面是这种螯合剂的合成路线。

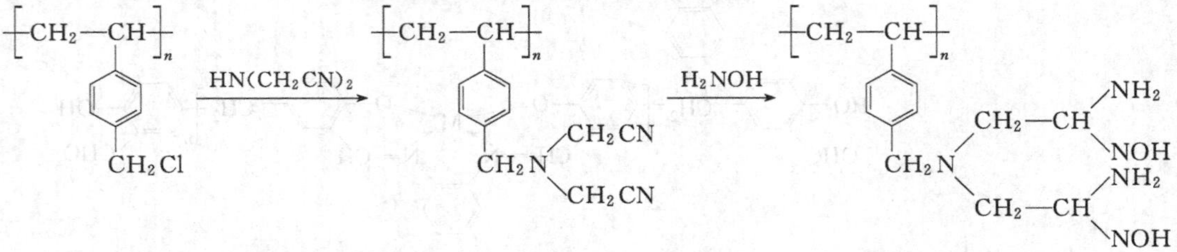

$$\text{结构式} \xrightarrow{HN(CH_2CN)_2} \text{结构式} \xrightarrow{H_2NOH} \text{结构式}$$

8.3.2.4 高分子偶氮型螯合树脂

含有偶氮基的化合物其结构中的氮原子不仅具有较强的配位能力，并且有鲜明的颜色，高分子化后也是一类重要的螯合树脂。这类高分子螯合剂可以通过对聚苯乙烯中苯环的硝化反应引入硝基，然后还原成芳香氨基。其芳香氨基经重氮化后再与含有偶氮基团的酸性化合物反应引入双偶氮基团。

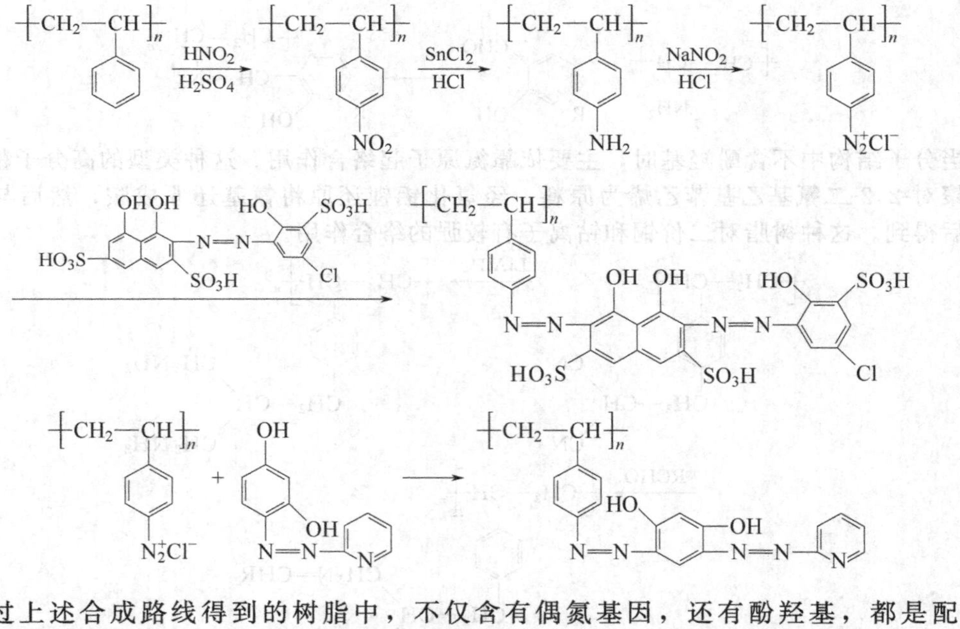

$$\text{结构式} \xrightarrow[H_2SO_4]{HNO_2} \text{结构式} \xrightarrow[HCl]{SnCl_2} \text{结构式} \xrightarrow[HCl]{NaNO_2} \text{结构式}$$

通过上述合成路线得到的树脂中，不仅含有偶氮基因，还有酚羟基，都是配位基团。前一种螯合树脂在盐酸溶液中可以吸附 Cu^{2+}、La^{3+}、ZrO_2^{2+} 等离子，一般多用于稀土元素的浓缩和富集。后一种螯合树脂由于含有吡啶结构，比前一种螯合物多了一个配位原子，因此螯合特性有所不同，对各种金属离子的吸附容量按下列顺序递减：$Fe^{3+} > VO_2^+ > Cu^{2+} > Zn^{2+} > Co^{2+} > Al^{3+} > Ni^{2+} > UO_2^{2+} > ZrO_2^{2+}$。除此之外，以聚对氯甲基苯乙烯为原料与含有氨基的偶氮化合物反应也可以得到含有偶氮基团的高分子螯合剂。

144

8.3.2.5 含有氮杂环结构的高分子螯合剂

当氮原子处在杂环上时也表现出较强的配位能力。含氮杂环的种类较多，根据氮原子所在杂环的大小，大体上可以分为五元杂环、六元杂环和大环型杂环。五元含氮杂环包括含有一个氮原子的吡咯、卟啉、吡咯酮等，含有一个以上氮原子的咪唑、吡唑、三唑、苯并咪唑和嘌呤等。六元含氮杂环主要为含有吡啶、喹啉、咯嗪等结构的杂环化合物。常见的大环型含氮杂环有考啉环和卟啉环，都是著名的螯合试剂。含有这些结构的螯合树脂，其合成方法主要通过在杂环化合物中引入端基双键、吡咯或者环氧基等可聚合基团，然后再通过均聚或者共聚反应高分子化。

含氮杂环型螯合剂是比较特殊的一类高分子吸附剂，其络合性质与生物体内发生的三磷酸腺苷、二磷酸腺苷、核糖核酸、脱氧核糖核酸等与金属离子的络合过程相类似，多具有较强的生理活性。此外这类高分子螯合物与不同阳离子络合时有较鲜明的颜色变化，经常作为比色分析用显色剂，用于分析金属离子。对于含有卟啉和肽腈等大环型螯合结构的络合物可以作为电子接受体，参与电子转移过程。钌的高分子联吡啶络合物是光能转化成化学能（分解水，放出氢和氧）和光能转换成电能（有机光电池）等过程研究的重要原料。以这些高分子材料制成表面修饰电极，在分析化学、电催化反应、有机电子器件制备研究方面已经成为世界性热点。

8.3.3 硫为配位原子的高分子螯合剂

硫原子具有与氧原子相同的外层电子结构，也具有配位功能。最常见的含硫原子的化学结构为硫醚和硫醇，聚乙烯硫醇和对巯甲基聚苯乙烯具有定量吸附二价汞离子的能力。吸附是可逆的，可以用1,2-二巯基丙烷的氨水溶液将吸附的汞离子洗脱，高分子螯合剂被再生。这类树脂的过渡金属螯合物多数呈现一定的催化活性。具有氨二硫代羧酸结构的化合物对重金属具有良好的络合能力，含有这种结构的高分子螯合剂可以从海水中捕集多种痕量级浓度的重金属离子。其制备方法通常以聚亚乙二基亚胺为原料，通过与二硫化碳反应引入这种氨二硫代羧酸结构。由于线性聚合的这类高分子螯合剂是水溶性的，为了方便使用，在引入氨二硫代羧酸结构之前需要先进行交联反应，生成不溶性网状结构。可用的交联剂有1,2-二溴乙烷、甲苯二异氰酸酯等。

以聚苯乙烯为骨架的氨二硫代羧酸型高分子螯合剂也有报道。当分子中含有硫脲结构时，其中所含的硫原子也具有配位能力。但是其络合功能往往需要与相邻的氮原子共同作为配位原子发挥络合作用。除此之外，当聚合物中含有亚硫酸结构时，往往也具有一定螯合能力，也可以构成高分子螯合剂。

8.3.4 其他原子为配位原子的高分子螯合剂

除了上面提到的氧、氮、硫等原子外，在有机聚合物中常见的具有配位功能的原子还有磷和砷。主要为高分子膦酸和胂酸。这种络合剂虽然在使用的广泛程度上不如上述几种螯合树脂，但是在生物活动研究中具有较重要的意义。带有聚丙烯酸骨架的高分子膦酸可以由丙烯酸与乙烯膦酸二乙酯共聚得到线性聚合膦酸。为了得到理想的空间构型，交联前先与Cu^{2+}络合，使高分子链的构象处在最佳状态，然后用亚甲基双丙烯酸胺交联使构象固化。将铜离子脱除后即可得到具有较高吸附容量的膦酸型螯合树脂，采用这种预先络合方法制备高分子螯合物的过程被称为铸型交联法。乙二胺、三乙烯四胺或者多乙烯多胺与氯甲基膦酸反应，再经三羟基苯酚或环氧氯丙烷交联也可以得到具有聚多胺型骨架的高分子膦酸，这种高分子螯合剂对二价金属离子有较好的选择性。而以聚苯乙烯为骨架的高分子膦酸对U、Mo、W、Zr、V、稀土金属，以及某些二价和三价金属离子具有较高的吸附性。利用其吸附作用，可以用中子活化法测定金属铀中残存的杂质La、Yb、Ho、Sm、Dy、Eu、Gd元素；金属钼中的杂质Mn、Zn、Cu、Fe、Ga、Co等；金属锆中所含的Mo、W等。含有砷元素的高分子胂酸多采用聚苯乙烯为其骨架，胂酸结构直接引入聚合物骨架中的苯环上。其对金属离子的吸附作用与溶液的酸度有密切关系，但是选择性较差。在强酸性条件下对金属离子的吸附选择性按照 $Zr^{4+} > Hf^{4+} > La^{3+} > UO_2^{2+} > Bi^{3+} > Cu^{2+}$ 顺序递减。

8.4　高分子吸附剂

高分子吸附剂俗称吸附树脂，是指一类多孔性的、高度交联的高分子高聚物。这类高分子材料具有较大的比表面积和适当的孔径，可从气相或溶液中吸附某些物质。高分子吸附剂是吸附剂中品种最多、应用最晚的一类。1980 年以后，我国才开始有工业规模的生产和应用。现在高分子吸附剂的应用已遍及许多领域，有的工厂中高分子吸附剂的用量多达几十立方米。高分子吸附剂主要用于在色谱分离中作为担体和固定相，以及环境保护中作为污染物富集材料，动植物中有效成分的分离提取与纯化过程。高分子吸附剂在各个领域的应用已经形成一种独特的吸附分离技术。由于高分子吸附剂在结构上的多样性，可以根据实际用途进行选择或设计，制造许多有针对性用途的特殊品种。这是其他吸附剂所不及的。也正是由于这个原因，高分子吸附剂仍在继续发展，新品种、新用途不断出现。

高分子吸附剂品种较多，根据极性大小，可以分成非极性、弱极性、中等极性和强极性四种吸附树脂。①非极性高分子吸附剂：一般是指电荷分别均匀，在分子水平上不存在正负电荷相对集中的极性基团的树脂。如二乙烯基苯（DVB）聚合而成的吸附树脂 Amberlite XAD-4（美国）、X-5（中国）等。②弱极性高分子吸附剂：此类树脂内存在像酯基一类的极性基团，具有一定的极性。例如美国的 Amberlite XAD-6、XAD-7、XAD-8 和南开大学的 AB-8 等。③中等极性高分子吸附剂：此类吸附树脂具有酰氨、亚砜、氰等基团，这些基团的极性大于酯基。④强极性高分子吸附剂：此类吸附剂含有极性极强的极性基团，如吡啶基、氨基等。一些代表性的吸附树脂的性能指标见表 8-9。

表 8-9　一些代表性的吸附树脂

	牌　　号	生 产 厂	结　　构	比表面积/(m²/g)	孔径/nm
非极性	Amberlite XAD-2	罗姆-哈斯(美)	PS	330	4.0
	Amberlite XAD-3	罗姆-哈斯(美)	PS	526	4.4
	Amberlite XAD-4	罗姆-哈斯(美)	PS	750	5.0
	X-5	南开大学	PS	550	
	H-103	南开大学	PS	1000	
弱极性	Amberlite XAD-6	罗姆-哈斯(美)	—COOR—	498	6.3
	Amberlite XAD-7	罗姆-哈斯(美)	—COOR—	450	8.0
	Amberlite XAD-8	罗姆-哈斯(美)	—COOR—	140	25.0
中等极性	Amberlite XAD-9	罗姆-哈斯(美)	—SO—	250	8.0
	Amberlite XAD-10	罗姆-哈斯(美)	—CONH—	69	35.2
	ADS-15	南开大学	—HN—CO—NH—		
强极性	Amberlite XAD-11	罗姆-哈斯(美)	氧化氮类	170	21.0
	Amberlite XAD-12	罗姆-哈斯(美)	氧化氮类	25	130.0
	ADS-7	南开大学	NRn	200	

由于构成非离子型吸附的原料多样，结构纷繁，导致这种树脂种类繁多，性能多样。按照聚合物骨架的类型来划分，主要包括聚苯乙烯型、聚丙烯酸型以及其他类树脂。根据聚合物骨架进行分类有利于从制备角度进行研究。下面根据聚合物骨架的分类，分别介绍主要吸附树脂的合成方法、物理化学性质，以及应用方面的内容。

8.4.1　聚苯乙烯-二乙烯苯交联吸附树脂

聚苯乙烯类树脂是以苯乙烯为主料，二乙烯苯为交联剂制备的聚合物，包括苯乙烯均聚物和以苯乙烯为主要成分的共聚物。聚苯乙烯是最早工业化的塑料品种之一，在产量上仅次于聚乙烯和聚氯乙烯，是吸附性树脂的主要骨架材料。其原因是苯环上比较容易引入各种化学基团，便于改性。作为吸附性树脂使用，为了降低溶解性，提高力学强度和空隙率，在聚苯乙烯链之间进行一定程度的交联是必要的。1959 年，美国的 J A Oline 发明了用悬浮聚合法制备苯乙烯和二乙烯基苯多孔性交联聚合物的方法。从那时起，这种多孔性合成吸附剂获得了极快发展，出现了众多以苯乙烯和二乙烯基苯交联共聚物为骨架的吸附树脂。由于这种树脂具有硅胶、活性炭、沸石等无机吸附材料的多孔性和表面吸附性，连同其他合成多孔性非离子树脂一起，被统称为合成吸附剂。

8.4.1.1 聚苯乙烯型吸附树脂的结构特点与性质

聚苯乙烯型吸附树脂是吸附型树脂中使用最多的聚合物骨架，几乎 80％以上的非离子型吸附用树脂的骨架是由聚苯乙烯型树脂构成的。另外大多数离子交换树脂也采用这种树脂作为离子基团的高分子载体。因为其单体苯乙烯可以由石油化工和煤化工大量制备，因此成本较低。在聚合物骨架中苯环为化学性质比较活泼部分，通过适当化学反应可以引入各种极性不同的化学基团和离子型基团，从而改变吸附树脂的极性特征和离子状态，制成用途不同的吸附树脂，以适应不同的应用需求。聚苯乙烯树脂的主要缺点在于力学强度不高，质硬且脆，抗冲击性和耐热性能较差。聚苯乙烯型吸附树脂的其他结构和性能特征主要有以下几个方面。

（1）树脂的微观结构　聚苯乙烯树脂作为吸附剂使用常需要一定的微观结构要求，微观结构的形成要使用一定量交联剂使其交联成三维网状结构，以降低在溶液中的溶解性能，同时在溶胀状态下提供适当的孔径和孔隙率。形成网状结构的前提是单体中必须有"剩余"可聚合基因，在形成的线性聚合物链上提供交联的活性反应点。聚苯乙烯树脂中使用最多的交联剂为二乙烯基苯。二乙烯基苯具有两个双键，当与苯乙烯进行共聚反应时除了形成线性聚合物之外，剩余的双键可以作为进一步聚合的活性点，与苯乙烯单体继续共聚形成网状结构。苯乙烯与不同比例的二乙烯苯共聚，可以得到几乎任意交联度的网状树脂。一般来说，交联度低，树脂溶胀后形成的孔径较大，可以吸附较大体积的分子，同时单位质量树脂的吸附量也增大，但是树脂的体积密度和力学强度下降。相反，增大共聚单体中二乙烯苯的比例，得到的树脂交联度增大，力学强度增加，但是溶胀程度下降，会造成吸附量相应下降。

在水溶液中用悬浮共聚法制备得到的聚苯乙烯型吸附树脂外观多为白色或浅黄色，为不同直径的球状颗粒。相对密度比水稍大，颗粒内部具有孔径为几至几百纳米的细孔，比表面积一般可达每克数百平方米以上。根据其生产工艺和使用要求不同，主要有微孔型（凝胶型）和大孔型两种类型。其中微孔型吸附树脂在非溶胀条件下孔径小、孔隙少，不能作为吸附剂，主要在溶胀条件下使用。在实际应用过程中，凝胶型树脂的体积密度可以分别采用干密度或湿密度表示，应该注意区分，其孔径大小和孔隙率与所用溶剂有关。大孔型吸附树脂在非溶胀条件下也具有足够的孔隙率和活性表面，可以在非溶胀和溶胀两种条件下使用，但是以前者为主。此外，由于聚苯乙烯型吸附树脂均已交联构成三维网状结构，所以它不能以分子分散态被水以及有机溶剂溶解，仅能被某些溶剂溶胀，溶胀程度与吸附树脂的内部结构、所带基团和溶剂的种类有关。交联聚苯乙烯是热固性树脂，即使通过加热也不熔融。

（2）树脂的宏观结构　除了微观结构之外，聚苯乙烯吸附树脂的宏观结构也是衡量吸附树脂性能和区分其应用领域的重要参数。通过改变聚合方法和工艺条件，调节交联剂的使用量，可以分别得到凝胶型、大孔型树脂，必要时也能生产出大网络型和米花型树脂。使用不同种类成孔剂可以得到不同孔径大小、不同孔径分布、不同比表面积和不同孔隙率的商品吸附树脂。常见的成孔剂包括汽油、醇类、低分子量聚苯乙烯和可溶性聚合物等。为了获得不同孔径参数的树脂，需要严格控制成孔剂的使用量和生产工艺，孔径的分布范围已经成为吸附树脂质量的重要衡量指标之一。在实际应用中对商品吸附树脂的粒径和外观形状往往有一定要求，比如当作为色谱固定相使用时需要较小粒径和比较规则的外形，在水的离子交换等其他场合可能需要粒径比较大的树脂和无定形结构。生产时通过控制搅拌速度和聚合反应速度可以得到不同粒径产品。规整的外形一般需要经过后期加工，或者采用特殊的生产工艺。

（3）树脂的极性特征　以聚苯乙烯和二乙烯苯共聚得到的未经结构改造的吸附树脂为非极性吸附剂，主要用于水溶液或空气中有机成分的吸附与富集。其吸附机理主要是通过被吸附物质的疏水基与吸附剂的疏水表面相互作用产生吸附作用。当被吸附物质的极性增加时，吸附能力下降，因此，这种树脂对被吸附物质的吸附作用按照下列顺序递减：非极性物质＞弱极性物质＞中等极性物质＞强极性物质。当在树脂中的苯环上引入极性基团时可以改变树脂的吸附性能，得到中等极性和强极性吸附树脂。强极性吸附树脂主要用于在非极性溶剂中吸附极性较强的化合物，其吸附顺序与上述非极性树脂正好相反，其吸附机理是通过被吸附基团的亲水基因与树脂上极性基团相互作用产生吸附作用。中等极性的吸附树脂在两种条件下都可以使用，但是作用机理各不相同，吸附作用的强弱次序在不同介质中正好相反。非离子型树脂对离子型物质的吸附性不好，例如，当被吸附的物质中含有酸性或碱性基团（有机酸或有机碱）时，树脂的吸附能力将受到介质酸碱度的影响，树脂仅在不引起这些基因解离的 pH 值范围内可以保持较好的吸附效果，其原因就在于此。

（4）被吸附物质的脱附过程　与活性炭等无机吸附剂不同，聚苯乙烯型吸附树脂属于可逆性吸附剂，即被吸附的物质可以通过适当方法从吸附剂上 100％ 脱除，以使吸附剂再生回收和收集被吸附物质。脱吸附过程主要有热脱附法和溶剂脱附法。使用热脱附法，通过提高吸附剂温度以降低吸附剂的吸附容量和吸附力，释放出被吸附物质。使用溶剂脱附法，使用对吸附剂有更强作用力的低沸点溶剂洗脱，通过竞争性吸附将被吸附物质顶替下来，吸附的溶剂用蒸发法除去，使吸附剂得到再生。除此之外，当被吸附物质含有可解离基团，或者极性较强时，可以改变脱附溶剂的 pH 值，用酸性或碱性溶液洗脱，可以提高脱附效果。也可以利用盐效应进行洗脱。如果被吸附物质是挥发性的，也可以用通入水蒸气法来带出吸附物质，达到洗脱目的。经过脱吸附过程之后，吸附树脂一般经过清洗和干燥步骤之后，可以基本恢复到原来的吸附性能。

（5）吸附树脂的溶胀剂和使用介质　多数聚苯乙烯型吸附树脂可以在溶胀条件下使用，溶胀剂的选择需要根据树脂的结构和极性大小为选择条件。对于非极性吸附树脂，比较常用的溶胀剂为甲苯等具有芳香性结构的溶剂，溶胀能力比较强。随着树脂极性的增大，所用溶胀剂的极性也应相应增大。当然，除了考虑极性要求之外；溶胀剂的选择还要根据与被分离物质作用、溶剂的毒性和溶剂沸点等其他因素综合考虑。大孔型聚苯乙烯吸附树脂可以在非溶胀条件下使用，往往不需要考虑溶胀的问题。这时其孔径大小和孔结构完全取决于树脂的物理状态和宏观结构，与所用溶剂体系无关（指非溶胀体系）。对大多数聚苯乙烯型交联树脂来说，非溶胀溶剂多为低级醇，或者非极性的脂肪烃。

从前面的分析过程我们知道，吸附过程实质上是吸附剂与被吸附物质，吸附剂与分散介质、分散介质与被吸附物质之间相互作用力的竞争过程。选择使用介质，即被吸附物质的分散介质必须考虑上述竞争性带来的问题。比如水等强极性介质对于吸附非极性物质有利，石油醚等非极性介质对于吸附极性物质有利。同时，使用介质的选择还要考虑对吸附剂的影响，因为有些溶剂可能对吸附树脂有破坏性或溶解性。由于在实际使用过程中溶胀剂和使用介质是同一种物质，因此，上述分析过程中对溶胀剂和使用介质的要求都必须一并考虑，这样才能获得理想的结果。

8.4.1.2　聚苯乙烯型吸附树脂的合成方法

聚苯乙烯树脂的合成方法比较简单，苯乙烯单体可以通过热引发、光引发或者其他引发剂引发下发生自由基聚合反应。加入二乙烯苯之后，可以发生交联共聚反应，由于二乙烯基苯具有双乙烯基，可以使生成的共聚物链发生分支并交联成为具有三维结构的网状大分子。

调节二乙烯苯与苯乙烯的比例，可以得到不同交联度的聚合物。采用的聚合工艺不同，可以得到不同结构的吸附树脂。实际生产过程中多采用自由基聚合机理的悬浮共聚法，这样可以直接制备多孔性颗粒状树脂。控制聚合反应条件，如温度、溶剂、成孔剂等，可以得到前述的不同物理结构的树脂。当加入的成孔剂对树脂没有溶胀作用时，聚合得到的树脂多具有较大的孔隙率和孔径，但是比表面积较小。反之，聚合时加入具有溶胀能力的成孔剂，得到孔径较小，比表面积较大的吸附树脂。成孔剂的加入量对孔隙率等吸附树脂的宏观特征具有决定性影响，是必须认真考虑的因素之一。

为了得到不同性能的吸附树脂，对树脂骨架进行必要的结构改造，引入各种性能的官能团是必要的。在聚苯乙烯结构中苯环是比较活泼的部分，可以发生多种化学反应。利用这些反应可以引入不同极性和结构的官能团，从而改变树脂的物理化学性能。比如，利用聚苯乙烯的苯环的硝化反应可以引入硝基，硝基经还原可以得到氨基取代聚苯乙烯，其中的氨基可以同酰氯、酸酐、活性酯等反应生成酰氨键引入各种不同基团。其反应过程如下：

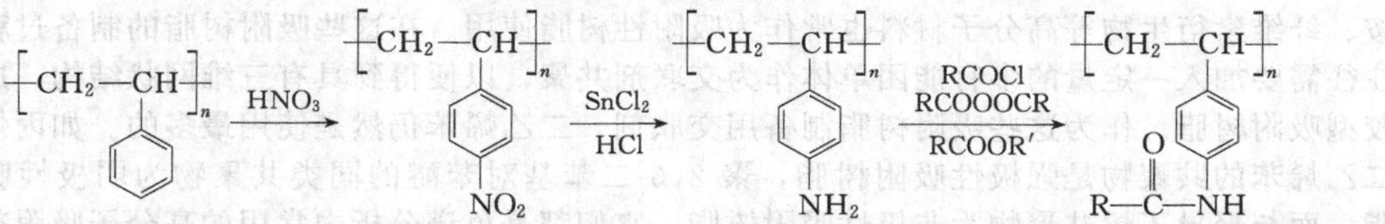

聚苯乙烯树脂与氯甲基甲醚反应可以得到重要的功能高分子合成原料——对氯甲基聚苯乙烯。其中苄基氯非常活泼，是进一步反应的活性点。对氯甲基聚苯乙烯与含有羧基或者羟基的芳香化合物反应，可以使芳环直接与苄基以碳—碳键相连。比如与水杨酸，或者苯酚类化合物反应，可以进一步引入亲水性基团羧基和酚羟基。与其他具有活泼氢的化合物也能进行类似的反应。当对氯甲基聚苯乙烯与含氮杂环和胺类化合物反应时，能与反应基团之间生成碳—氮键，引入的基团具有碱性。

采用上述聚合物作为原料进行结构改造引入官能团的办法虽然具有方法简便，材料易得的特点，但是反应后官能团在树脂内部分布不均，多集中在树脂的表层。为了能在表层以下进行反应，进行引入官能团反应时需要在反应体系中加入惰性溶胀剂，以提供内部反应的动力学条件。此外引入官能团之后，吸附树脂的力学性能可能会发生一定变化，应当予以注意。

目前已经有大量不同极性，不同用途的聚苯乙烯型商品吸附剂出售，虽然使用的商品名称各不相同，但是其结构和性能有许多是类似的。

8.4.2 聚甲基丙烯酸-双甲基丙烯酸乙二酯交联体吸附树脂

除了聚苯乙烯型吸附树脂之外，聚甲基丙烯酸酯与双甲基丙烯酸乙二酯共聚物是仅次于上述树脂的重要合成高分子吸附剂，由于其分子骨架中已经包含酯键，因此属于中等极性吸附剂。经过结构改造引入羟基性基团的该类树脂也可以作为强极性吸附剂。这种吸附性树脂以甲基丙烯酸甲酯为主要原料，通过悬浮聚合而成：

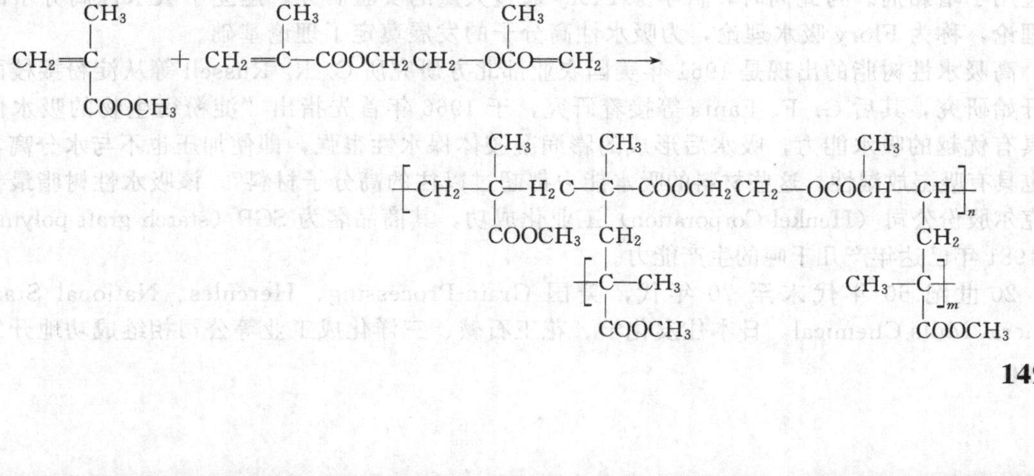

聚合过程中交联剂一般采用具有类似结构的双甲基丙烯酸乙二酯，交联剂的使用量同样应当根据吸附树脂交联度的要求进行选择。一般聚甲基丙烯酸甲酯型吸附树脂不需引入其他官能团调节吸附剂的极性。通过上述方法直接制备的树脂为中等极性的吸附剂，具有较好的耐热性能，软化点在150℃以上。由于聚甲基丙烯酸甲酯型吸附剂极性适中，与被吸附物质中的疏水基团和亲水基团都可以发生作用，因此能从水溶液中吸附亲脂性物质，也可以在有机溶液中吸附亲水性物质。也可以引入极性较强的基团来改变其性质，制备强极性吸附树脂。比如通过水解方法使树脂中的酯键断裂，释放出游离羧基是提高极性的主要方法之一。

与聚苯乙烯型吸附树脂一样，也可以将聚甲基丙烯酸甲酯型吸附树脂做成凝胶型和大孔型两种结构，分别适用于溶胀体系和非溶胀体系。具有类似结构的吸附树脂除了聚甲基丙烯酸甲酯之外，还有聚丙烯酸甲酯交联树脂和聚丙烯酸丁酯交联树脂等，都已经有商品出售。

8.4.3 其他类型的高分子吸附树脂

除了上述两大类吸附树脂最为常见之外，聚乙烯醇、聚丙烯酰胺、聚酰胺、聚乙烯亚胺、纤维素衍生物等高分子材料也常作为吸附性树脂使用。在这些吸附树脂的制备过程中也往往需要加入一定量的多官能团单体作为交联剂共聚，以便得到具有三维网状结构，成为凝胶型吸附树脂。作为这些吸附树脂制备用交联剂，二乙烯苯仍然是使用最多的。如丙烯腈与二乙烯苯的共聚物是强极性吸附树脂，聚 2,6-二苯基对苯醚的同类共聚物为弱极性吸附树脂，而与聚异丁烯共聚物为非极性吸附树脂。它们都是色谱分析中常用的高分子吸附剂。根据这些聚合物的骨架特征和取代基团的性质不同，上述吸附树脂的吸附性能和应用领域也不尽相同。经碳化处理的聚偏氯乙烯，由于脱氯化氢之后形成梯形聚合物，所以耐高温性能特别出色，可以在高于500℃以上使用，主要用于吸附永久性气体和低级烷烃。

8.5 高吸水性高分子材料

8.5.1 概述

高吸水性高分子材料主要指高吸水性树脂（super absorbent resin or super absorbent polymer），又称为超强吸水剂，是指吸水能力特别强的高分子物质。其吸水量为自身的几十倍乃至几千倍。高吸水性树脂不但吸水能力强，而且保水能力非常高。吸水后，无论加多大压力也不脱水，因此又称高保水剂。高吸水性树脂吸水后形成水凝胶，具有弹性凝胶的基本性能，也称为高弹性水凝胶。

20世纪50年代以前人们使用的吸水性材料主要为天然物质和无机物。例如天然纤维、天然蛋白质、多糖类以及氧化钙、硅胶、氯化钙、磷酸、硫酸等。这些物质由于吸水能力低，保水性差，远远满足不了人们的需要。

20世纪50年代，Goodrich 公司开发了交联聚丙烯酸的生成技术，使得吸水性高分子物质应用于增黏剂。与此同时，科学家 Flory 通过大量的实验研究，建立了吸水性高分子的吸水理论，称为 Flory 吸水理论，为吸水性高分子的发展奠定了理论基础。

高吸水性树脂的出现是 1961 年美国农业部北方研究所 C. R. Russell 等从淀粉接枝丙烯腈开始研究，其后 G. F. Fanta 等接着研究，于 1966 年首先指出"淀粉衍生物的吸水性树脂具有优越的吸水能力，吸水后形成的膨润凝胶体保水性很强，即使加压也不与水分离，甚至也具有吸湿放湿性，这些材料的吸水能力都超过以往的高分子材料"。该吸水性树脂最初在亨克尔股份公司（Henkel Corporation）工业化成功，其商品名为 SGP（starch graft polymer），至 1981 年已达年产几千吨的生产能力。

20 世纪 60 年代末至 70 年代，美国 Grain-Processing、Hercules、National Starch、General Mills Chemical，日本住友化学、花王石碱、三洋化成工业等公司相继成功地开发了

高吸水性树脂。此后，德国、法国等对高吸水性树脂的品种、制造方法、性能和应用领域等方面进行了大量的研究工作，取得了显著成果。其中成效最大的是美国和日本，其次是德国和法国等。至 1995 年国外研究和生产高吸水性树脂的公司约有 50 家，各公司采用不同的原料和工艺进行研究和生产，相互之间的竞争十分激烈。高吸水性树脂的主要生产公司见表 8-10。目前高吸水性树脂已经开发出淀粉衍生物系列、纤维素衍生物系列、甲壳质衍生物系列、聚丙烯酸系列和聚乙烯醇系列等。近年来各国都在研究和开发方面投入大量人力和物力，在科研和生产方面都取得了快速发展，到 2000 年止，全世界的年产量已经超过百万吨。

表 8-10　生产及研究高吸水性树脂的公司与厂家 (1995 年)

	公司或厂家名称	制品组成	制品形态	生产能力/(t/a)
日本	荒川化学工业	聚丙烯酸盐	粉末状	
	花王石碱	聚丙烯酸盐	粉末状	
	クテレ	异丁烯/马来酸盐共聚物	粉末状	
	三洋化成工业	淀粉/丙烯酸盐接枝共聚物	粉末状	4.7 万
	三洋化成工业	聚丙烯酸盐	粉末状	
	住友化学工业	醋酸乙烯/丙烯酸酯共聚物	粉末状	
	住友精化	聚丙烯酸盐	粉末状	2.2 万
	东亚合成化学工业	聚丙烯酸盐	粉末状	
	东洋纺	聚丙烯腈纤维表层加水分解物	纤维状	
	日本合成化学工业	聚丙烯酸盐	粉末状	
	日本合成化学工业	聚乙烯醇	粒状	
	日本触媒	聚丙烯酸盐	粉末状	8 万
	三井サイアナミッド	聚丙烯酸盐	分散液	
	三菱油化	聚丙烯酸盐	粉末状	
	制铁化学	聚丙烯酸盐	粉末状	
	可乐丽	聚乙烯醇/马来亚酸酐接枝共聚物		
	明成化学	聚环氧乙烷		
	日澱化学	淀粉/丙烯腈接枝共聚物水解		
	超吸附剂	淀粉/丙烯腈接枝共聚物水解		
	日本エケステン	丙烯纤维内芯/丙烯酸盐外层复合物		
	ハーキマレス	羧甲基纤维素交联物		
	ヘソケレ日本	淀粉/丙烯腈接枝共聚物水解		
美国	Dow Chemical	聚丙烯酸盐	粉末状	
	Grain Processing	淀粉/丙烯腈接枝共聚物水解	粉末状	
	Hoechst Celanese	淀粉/丙烯酸接枝共聚物	粉末状	
	Hoechst Celanese	CMC		
	NA Industry	聚丙烯酸盐	粉末状	
	Nalco Chemical	聚丙烯酸盐	粉末状	
	Henkel	淀粉/丙烯腈接枝共聚物水解	粉末状	
	Hercules	CMC		

公司或厂家名称		制 品 组 成	制品形态	生产能力/(t/a)
美 国	National Starch	聚丙烯酸盐	粉末状	
	Buckeye Cellulose	CMC		
	UCC	聚环氧乙烷		
	Super Absorbent	淀粉/丙烯腈接枝共聚物水解	粉末状	
	Chemical	聚丙烯酸盐	粉末状	
欧 洲	Allied Colloids	聚丙烯酸盐	粉末状	
	Allied Colloids	聚丙烯酸盐	纤维状	
	BASF	聚丙烯酸盐	粉末状	1.2万
	Hoechst AG	淀粉/丙烯酸接枝共聚物	粉末状	
	Norsolor	聚丙烯酸盐	粉末状	
	Stockhausen	聚丙烯酸盐	粉末状	
	CECA	藻酸盐		
	Enka	CMC		
	Unilever	淀粉/丙烯腈接枝共聚物水解	粉末状	
	SAFAM		颗粒状	

高吸水性树脂早期的应用集中在农业方面,例如土壤保水、苗木培育及输送、育种等方面,后来用途扩展到卫生领域,例如一次性餐巾、止血塞子、卫生巾、褪褓、抹布、毛巾纸等。近年来,高吸水性树脂已用作油水分离剂、重金属离子吸附剂、建材中的结露防止剂、防雾剂、壁纸、包装材料、食品保鲜剂、湿度调节剂等。高吸水性树脂也可用作人工肾脏的过滤材料、软接触眼镜、人工水晶体、人工肌肉等人工器官。

8.5.1.1 高吸水性树脂的分类

高吸水性树脂从其原料角度出发主要分为两类,即天然高分子改性高吸水性树脂和全合成高吸水性树脂。前者是指对淀粉、纤维素、甲壳质等天然高分子进行结构改造得到的高吸水性材料。其特点是生产成本低、材料来源广泛、吸水能力强,而且产品具有生物降解性,不造成二次环境污染,适合作为一次性使用产品,但是产品的力学强度低,热稳定性差,特别是吸水后的性能较差,不能应用到诸如吸水性纤维、织物、薄膜等场合。淀粉和纤维素是具有多糖结构的高聚物,最显著的特点是分子中具有大量羟基作为亲水基因,经过结构改造后还可以引入大量离子化基团。后者主要指对丙烯酸或丙烯腈等人工合成水溶性聚合物进行交联改造,使其具有高吸水树脂的性质。特点是结构清晰、质量稳定、可以进行大工业化生产,特别是吸水后的力学强度较高,热稳定性好。但是生产成本较高,而吸水率偏低。目前常见的合成高吸水树脂类主要有聚丙烯酸体系、聚丙烯腈体系、聚丙烯酰胺体系和改性聚乙烯醇等。在结构上多以羧酸盐基因作为亲水官能团,聚合物具有离子性质,吸水能力受水中盐浓度的影响较大。以羟基、醚基、氨基等作为亲水官能团的树脂属于非离子型,吸水能力基本不受盐浓度的影响,但其吸水性能较离子型低很多。

从材料的外形结构上来说,目前已经有粉末型、颗粒型、薄膜型、纤维型等产品,其中纤维型和薄膜型材料具有使用方便,便于在特殊场合使用的特点。

8.5.1.2 高吸水性树脂的结构特点

高吸水性高分子材料能够吸收高于自身质量数百倍,甚至上千倍的水分,其结构特征起到了决定性的作用。作为高吸水性树脂从结构上来说主要具有以下特点。

① 分子中具有强亲水性基团，如羟基，羧基等。这类聚合物分子都能够与水分子形成氢键，因此对水有很高的亲和性，与水接触后可以迅速吸水从而溶胀。

② 树脂具有交联型结构，这样才能在与水相互作用时不被溶解成溶液。事实上用于制备高吸水性树脂的原料多是水溶性的线性聚合物，如果不经过交联处理，吸水后将部分成为流动性的水溶液，或者形成流动性糊状物，达不到保水的目的。而经过适度交联后，吸水后树脂仅能够迅速溶胀，不能溶解。由于水被包裹在呈凝胶状的分子网络内部，在液体表面张力的作用下不易流失与挥发。

③ 聚合物内部应该具有浓度较高的离子性基团，大量离子性基团的存在可以保证体系内部具有较高的离子浓度，从而在体系内外形成较高的指向体系内部的渗透压，在此渗透压作用下，环境中的水具有向体系内部扩散的趋势，因此，较高的离子性基团浓度将保证吸水能力的提高。

④ 聚合物应该具有较高的分子量，分子量增加，吸水后的力学强度增加，同时吸水能力也提高。

8.5.1.3 高吸水性树脂的吸水过程

高吸水性树脂之所以能够吸收大量水分而不流失主要是基于材料亲水性、溶胀性和保水性等性质的综合体现。目前具有较高吸水能力的高吸水性树脂均含有强亲水性基因并具有比较高的离子浓度，而且经过一定程度的交联。其吸水过程主要经过以下几个步骤。

① 首先由于树脂内亲水性基团的作用，水作为溶胀剂将树脂溶胀，并且在树脂溶胀体系与水之间形成一个界面，这一过程与其他交联高分子的溶胀过程相似。

② 进入体系内部的水将树脂的可解离基团水解离子化，产生的离子（主要是可移动的反离子）使体系内部水溶液的离子浓度提高，这样在体系内外由于离子浓度差别产生渗透压，此时，渗透压的作用促使更多的水分子通过界面进入体系内部。由于聚合物链上离子基团对可移动反离子的静电吸引作用，这些反离子并不易于通过扩散转移到体系外部，因此，渗透压得以保持。

③ 一方面随着大量水分子进入体系内部，聚合物溶胀程度不断扩大，呈现被溶解趋势；另一方面，交联聚合物网络的内聚力促使体系收缩，这种内聚力与渗透压达到平衡时水将不再进入体系内部，吸水能力达到最大化。水的表面张力和聚合物网络结构共同作用，吸水后体系形成类似凝胶状结构，吸收的水分呈固化状态，即使在轻微受压时吸收的水分也不易流失。在这一点上与常规吸水材料明显不同。

达到平衡时的吸水量被称为最大吸水量。为了便于测量，有时也用24h吸水量来代替最大吸水量，用来衡量树脂的吸水能力。单位时间进入体系内部的水量被称为吸水速度，是衡量吸水树脂工作效率的指标。

8.5.1.4 影响高吸水性树脂性能的因素

科学家 Flory 深入研究高分子在水中的膨胀后提出了公式（8-4）。

式中的分子第一项表示渗透压，第二项表示和水的亲和力，是增加吸水能力的部分；式中的分母表示交联密度，如果降低交联密度，吸水倍率就提高。对于非电解质的吸水性树脂而言，没有式中第一项，所以比电解质吸水剂的吸水能力差，不具有超强吸水性。

$$Q^{\frac{5}{3}} = \frac{\left[\dfrac{i}{2 \times V_u S^{\frac{1}{2}}}\right]^2 + \dfrac{\left(\dfrac{1}{2} - x_1\right)}{V_1}}{\dfrac{V_e}{V_0}} \tag{8-4}$$

式中，Q 为吸水倍率（树脂吸水后质量/吸水前质量），$\dfrac{i}{V_u}$ 为连接在高分子电解质上的电荷浓度；S 为外部溶液电解质的离子强度；$\dfrac{\frac{1}{2}-x_1}{V_1}$ 为高分子电解质与水的亲和力；$\dfrac{V_e}{V_0}$ 为交联密度。

处于吸水状态的超强吸水性树脂，显示橡胶的弹性行为，其刚性率 G 与交联密度成正比，见式（8-5）。

$$G=RT \cdot \dfrac{V_e}{V_0} \tag{8-5}$$

显然高吸水性树脂的交联密度越大，力学强度越高，但吸水倍率降低，所以需根据应用要求选择适当的交联密度。

从上述分析可以看出，影响树脂吸水性能的因素主要有大分子结构和外部环境条件两个方面，具体分析如下。

（1）聚合物化学结构的影响　高吸水性树脂具有强亲水性和可离子化基团等化学结构是高吸水的重要前提条件。作为高吸水性树脂，结构中含有亲水性基因是首要条件，只有含有强亲水性基因才能使水与聚合物分子间的相互作用大于聚合物分子间的相互作用，使聚合物容易吸收水分而被水溶胀。多数高吸水性树脂在结构内部都含有大量的羟基和羧基等亲水性基团就是基于上述理由。第二个结构因素是分子内要含有大量可离子化的基团，从而在溶胀后可以提供较大渗透压，这也是制备高吸水量树脂的必备条件。以纤维素类高吸水性树脂为例，经过碱性处理后可以使大量羟基和衍生化后引入的羧基离子化就是出于上述目的。

（2）聚合物链段结构的影响　适度交联结构是高吸水性树脂的第二个必要条件。所有的高吸水性树脂都是由线性水溶性聚合物经过适度交联制备的。交联主要起两方面的作用，首先是保证聚合物不被水所溶解，其次是为保持吸收的水分提供封闭条件，并为溶胀后的水凝胶提供一定力学强度。一般来说，交联度越高，力学强度越好。但是，在一定范围内，高交联度将限制溶胀程度，即交联度与最大吸水量成反比。如何平衡强度和吸水量两个因素是目前考虑交联度的主要目的。

（3）外部影响因素　对于高吸水性树脂性能的外部影响因素主要是水溶液的组成和温度、压力等。水的组成中最重要的是盐的浓度，因为从上面分析中我们已经知道，最大吸水量是聚合物网络内聚力与体系内外渗透压之间平衡的结果。水中如果存在盐成分，盐浓度将直接降低渗透压差，导致最大吸水量下降。盐浓度越高，最大吸水量下降越大。此外，由于某些高吸水性树脂易于水解，因此，考虑到树脂的稳定性，水溶液的酸碱度也是重要的影响因素。温度和压力对吸水指标的影响是可以预见的，因为外界压力将直接叠加到聚合物网络内聚力上，压力增加显然对最大吸水量不利。环境温度会影响水的表面张力，将对树脂的保水能力产生影响。

8.5.2　高吸水性树脂的制备方法

8.5.2.1　淀粉与纤维素型高吸水树脂的制备

淀粉型高吸水性树脂是较早开发的产品，是以淀粉为主要原料，经过糊化和适当接枝衍生化，在分子内引入羧基作为离子化基团，并适度交联形成网状结构构成。淀粉是由葡萄糖键构成的大分子，分子中的羟基离子化程度不够，需要做衍生化处理引入羧基。当前主要衍生化手段是与丙烯腈或丙烯酸衍生物进行接枝共聚，将其所带羧基引入。采用丙烯腈作为接枝改性剂的制备工艺是首先将淀粉加水配制成一定浓度的淀粉糊，然后在 90～95℃进行糊化处理，提高水溶性；在 30℃下加入丙烯腈单体、引发剂等进行接枝共聚反应，得到的聚合物用 KOH 或 NaOH 溶液皂化反应，最后用甲醇沉淀即得色泽淡黄的高吸水树脂。其反应过程如下：

154

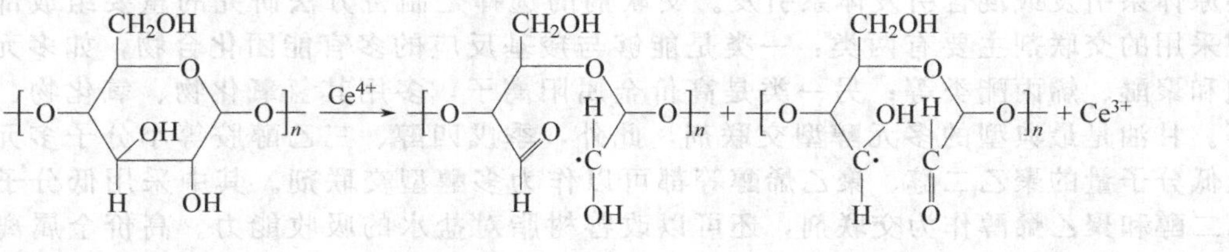

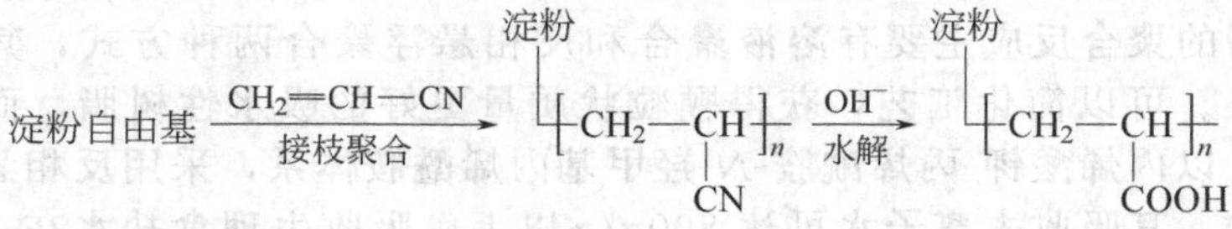

淀粉 $\xrightarrow{Ce^{4+}}$ 淀粉自由基 $+Ce^{3+}$

淀粉自由基 $\xrightarrow[\text{接枝聚合}]{CH_2\!=\!CH\!-\!CN}$ $\left[CH_2\!-\!\underset{CN}{CH}\right]_n$ $\xrightarrow[\text{水解}]{OH^-}$ $\left[CH_2\!-\!\underset{COOH}{CH}\right]_n$

引发体系最常用的是铈离子引发体系，引发为氧化还原反应过程。其反应机理首先是 Ce^{4+} 与淀粉配位，使淀粉链上的葡萄糖环 2,3 位置两个碳上的一个羟基被氧化，碳键断裂，而另一未被氧化的羟基碳则成为自由基，引发丙烯腈单体进行聚合，生成淀粉—CN 的接枝物，再加碱使 CN 水解成—$CONH_2$、—COOH 和—COOM（M 表示碱金属离了）等亲水基团。铈离子引发接枝效率高，是目前使用最多的引发体系。除了铈离子外，常用的还有锰离子引发体系、硫酸亚铁-双氧水引发体系等，与铈离子引发剂一样同属氧化还原引发体系。丙烯腈改性得到的吸水性树脂最大吸水量在 $600\sim1000g/g$ 之间，但是长期保水能力较差。

如果用丙烯酸或丙烯酸钠代替丙烯腈在催化剂作用下进行接枝反应，可以直接得到含有大量羧基的聚合物，免去水解步骤。环氧氯丙烷或者氯化钙是常用的交联剂。

纤维素具有与淀粉相类似的分子结构，其基本制备原则是先将丙烯腈分散在纤维素的浆液中，在铈盐的作用下进行接枝共聚，然后在强碱的作用下水解皂化得到高吸水树脂。由于丙烯腈分散在层状纤维素浆液中进行接枝共聚反应，因此可以制备片状的产品。除丙烯腈外，还可以使用丙烯酰胺、丙烯酸等单体。将纤维素羧甲基化制备的羧甲基纤维素，经过适当交联也可以得到具有类似功能的吸水性高分子材料。其具体制法是将纤维素与氢氧化钠水溶液反应制备纤维素钠，然后与氯乙酸钠反应，引入羧甲基。再经过中和、洗涤、脱盐和干燥，即可得到羧甲基纤维素。羧甲基纤维素型吸水树脂一般为白色粉末，易溶于水形成高黏度透明胶状溶体。使用时需要有支撑材料，多用于制造尿不湿。一般来讲，纤维素接枝共聚物其吸水能力较淀粉共聚物要低得多，但是纤维素形态的吸水材料有其独特的用途，可制成高吸水织物。与合成纤维混纺，能改善最终产品的吸水性能，这是淀粉型吸水树脂所不能取代的。

在纤维素分子中引入羟基异丙基，可以得到另一种高分子吸水剂——羟丙基甲基纤维素。除此之外，交联甲基纤维素和羟乙基纤维素等也具有较强的吸水功能。

8.5.2.2 壳聚糖型高吸水性树脂

壳聚糖是甲壳质的水溶性改性产物，甲壳质和壳聚糖都具有和纤维素、淀粉极相似的结构，仅仅是糖环上的第二位碳原子所带的取代基为酰氨基或氨基。在数量和分布上甲壳质是自然界中仅次于纤维素的天然高分子化合物，但是作为高吸水性吸附剂的制备原料还比较少见。壳聚糖通过与丙烯腈接枝共聚改造，皂化后得到淡黄色吸水性树脂，反应在 5% 乙酸水溶液中进行，水解和皂化用 20% 的氢氧化钠溶液。

8.5.2.3 聚丙烯酸型高吸水性树脂

聚丙烯酸型高吸水性树脂是最重要的全合成型高吸水树脂，目前用于个人卫生用品的大部分高吸水树脂是丙烯酸类高吸水聚合物。作为高吸水性树脂的聚丙烯酸主要为丙烯酸、丙烯酸钠或钾和交联剂的三元共聚物。通常聚合反应由热分解引发剂引发、氧化还原体系引发或混合引发体系引发。交联剂的选择是制备方法研究的重要组成部分。目前采用的交联剂主要有两类：一类是能够与羧基反应的多官能团化合物，如多元醇、不饱和聚醚、烯丙酯类等；另一类是高价金属阳离子，多用其氢氧化物、氧化物、无机盐等。甘油是最典型的多元醇型交联剂，此外，季戊四醇、三乙醇胺等小分子多元醇，以及低分子量的聚乙二醇、聚乙烯醇等都可以作为多醇型交联剂。其中采用低分子量的聚乙二醇和聚乙烯醇作为交联剂，还可以改善树脂对盐水的吸收能力。高价金属离子交联剂最常用的是 Ca^{2+}、Zn^{2+}、Fe^{2+}、Cu^{2+} 等，交联机理是与羧基中的氧原子形成配位键，一个中心离子可与四个羧基反应，生成四配位的螯合物，达到交联聚丙烯酸线性聚合物的目的。目前采用的聚合反应主要有溶液聚合和反相悬浮聚合两种方式，其中反相悬浮聚合具有一定优势。可以简化工艺，获得颗粒状质量更好的吸水性树脂，而溶液聚合只能获得块状产品。以丙烯酸钾-丙烯酰胺-N-羟甲基丙烯酰胺体系，采用反相悬浮聚合法制备高吸水性共聚物，其吸收去离子水可达 800g/g 以上，吸收生理食盐水在 100g/g 以上。溶液聚合的方法是以丙烯酸为原料，在碱性水溶液中进行溶液聚合，过硫酸钾为引发剂，反应温度控制在 100℃ 以下反应约 0.5h。得到的产品为白色粉末。其吸水量与交联度和交联方式关系密切，是影响产品质量的关键因素。交联剂常用 N,N-亚甲基双丙烯酰胺，经过皂化提高离子化度即可得到高吸水树脂。

这类高吸水性树脂的吸水能力不仅与淀粉等天然高分子接枝共聚物的相当，而且由于它们的分子结构中不存在多糖类单元，所以产品不受细菌影响，不易腐败，同时还能改善制成薄膜状吸水材料时的结构强度。同样因为不能被生物降解，这种材料在农业上使用时应该慎重。聚甲基丙烯酸是重要的工业原料，经过适度交联和皂化后，可以得到高吸水性树脂。

8.5.2.4　聚乙烯醇型高分子吸水剂

聚乙烯醇是亲水性较强的聚合物，经过适度交联可以作为高吸水性树脂使用，其最鲜明的特点是吸水能力基本不受水溶液中盐浓度的影响。但是单独使用吸水能力有限，与丙烯酸的共聚物具有较好的吸水功能。乙烯醇与马来酸酐共聚，也可以得到类似聚合物。这类聚合物的主要特点是不仅可以大量吸收水分，而且对乙醇也有较强的吸收能力。

8.5.2.5　复合型高吸水材料的制备

目前高吸水材料的研究不仅限于开发新型高吸水材料方面，从扩大应用领域的目标出发，人们的注意力正在转向复合化、功能化方向。开发高吸水纤维、吸水性无纺布、吸水性塑料与遇水膨胀橡胶等已经成为研究新方向。目前已经在以下几个领域获得进展。

（1）高吸水性纤维　高吸水性纤维目前多为共聚物纤维，由聚丙烯酸钠盐可以直接纺丝成吸水性纤维，也可利用纤维与树脂复合，通过纤维表面与吸水树脂进行化学反应或黏附制造吸水纤维，其中黏胶纤维、纤维素纤维、聚氨酯纤维、聚酯等可以作为原丝使用。例如，丙烯酸-丙烯酰胺-聚乙烯醇体系共聚共混物，加入一定量的 PVA 即具备溶液纺丝的性能，当 PVA 含量为 15％时纤维的吸水倍率达 298 倍，吸盐水倍率也达 57 倍。

（2）吸水性非织造布　高吸水性非织造布主要作为一次性用品，多用于医疗卫生领域。可采用两种途径进行加工。①直接将无纺布等纤维基材浸渍在聚合单体水溶液后进行聚合。单体溶液组成按照吸水性树脂聚合要求配制，然后用微波辐照引发聚合反应，生成表面吸水层的纤维复合体，所得复合体吸水率高，能稳固地附着在基材上不脱落。②将吸水树脂半成品浆液涂布到纤维基材上后再交联，这种方法制得的吸水性材料吸水速率要比颗粒状吸水树脂快的多。

（3）吸水性塑料或橡胶　将高吸水性树脂与塑料或橡胶进行复合可以得到吸水性工程材料。例如将吸水树脂与橡胶复合可以得到水胀橡胶，作为水密封材料应用于工程变形缝、施工缝、各种管道接头、水坝等密封止水。遇水膨胀橡胶是一种弹性密封和遇水膨胀双重作用的功能弹性体。与塑料复合，可以制成性能优良的擦拭材料。

156

8.5.3　高吸水性树脂的应用

（1）在农业方面的应用　由于高吸水性树脂可以吸收自身质量几百倍至上千倍的水分，因此是一种优秀的农用保水剂。而且吸水具有可逆性，施用在土壤中时吸收的水分可以被植物吸收利用，并且在作物根系周围形成一个局部湿润环境，对作物来说具有微型水源的作用。高吸水性树脂吸收水分后，可以将水分逐渐地提供给植物，可以有效防止水分的渗漏和挥发，提高水的利用效率，达到保墒抗旱的目的。实验结果表明，当在土壤中添加 0.5％的高吸水树脂，土壤水分的保持时间可以延长 40 天。$1m^2$ 的农田中只要加入 500g 的高吸水树脂，以种植蔬菜为例，可以节约用水 50％以上。在园艺方面，采用高吸水性树脂作为保水剂可以提高干旱地区树木的成活率。在沙漠和荒漠中进行绿化，高吸水性树脂将能够发挥非常重要的作用。

作为农用保水剂，高吸水性树脂的施用方法主要有浸种、种子包衣、苗土填加、移栽植物的浸根、制成水凝胶与种子一间播种等方法，都能取得很好的效果。

（2）在建筑和环保方面的应用　将高吸水性树脂与其他高分子材料混合后，可以加工成止水带，在土建工程中是理想的止水材料。利用其吸水膨胀性能，添加到其他建筑材料中，可以作为水密封材料，用于堵漏。还可以作为土建用的固化剂、速凝剂和结露防止剂等。在环境保护方面，加入高吸水性树脂可以使污水固化，便于运输和处理，适用于工业重度污水的处理。

（3）在卫生用品制造方面的应用　高吸水性树脂可以制造妇女卫生巾、儿童的一次性尿布、医用外伤护理材料等。这是高吸水性树脂最早开发的应用领域，也是目前高吸水性树脂使用量最大的领域，约占高吸水性树脂使用量的一半以上。采用高吸水性树脂以后，可以将卫生巾做得更薄，保水效果更好，提高运动自由度和着装感。由于水失去流动性，做成的纸尿裤也更为舒适。将高吸水性树脂作为载体与药物和水配成消炎、止痛用敷贴制剂，药物可以缓慢释放，并且对皮肤有润湿作用，提高治疗效果。

（4）在其他方面的应用　高吸水性树脂还可以作为油类、有机溶剂的脱水剂，脱水后的吸水凝胶可以用简单的方法分离，也可以作为化工、纺织、印染行业使用的增稠剂，用于水溶性涂料和助剂的增稠。在轻工业和食品行业作为保鲜材料，例如用活性炭和高吸水性树脂渗入无纺布或纸中，做成保鲜袋，既能吸收食物中放出的有害物质，又能调节环境温度，从而起到对蔬菜、水果的保鲜效果。在吸水性材料中加入抗菌成分可制得吸水性医用抗菌纤维。加入芳香性物质的吸水性凝胶可以制备持久释放出香味的空气清新材料。

第 9 章　膜型高分子

9.1　概论

9.1.1　膜的概念与特点

高分子功能膜是一种二维的功能材料，是精细高分子化学品的重要组成部分。在一个流体相内或两个流体相之间有一薄层凝聚相物质把流体相隔开来成为两部分，这一凝聚相物质就是膜。这种凝聚相物质可以是固态的，也可以是液态的。被膜隔开的流体相物质则可以是液态的，也可以是气态的。膜至少有两个界面，膜通过这两个界面分别与被膜分开于两侧的流体物质相互接触，膜可以是完全透过性的，也可以是半透过性的，但不应是完全不透过性的。

膜分离过程的特点是以具有选择透过性的膜作为组分分离的手段。使用对所处理的均一物系中的组分具有选择透过性的膜，就可以实现混合物的组分分离。膜分离过程的推动力有浓度差、压力差、分压差和电位差。膜分离过程可以概述为以下三种形式：①渗析式膜分离，料液中的某些溶质或离子在浓度差、电位差的推动下，透过膜进入接受液中，从而被分离出去，属于渗析式膜分离；②过滤式膜分离，由于组分分子的大小和性质有别，它们透过膜的速率有差别，因而透过部分和留下部分的组成不同，实现组分的分离，属于过滤式膜分离的操作有超滤、微滤、反渗透和气体渗透等；③液膜分离，液膜必须与料液和接受液互不混溶，液液两相间的传质分离操作类似于萃取和反萃取，溶质从料液进入液膜相当于萃取，溶质再从液膜进入接受液相当于反萃取。

膜分离过程没有相的变化（渗透蒸发膜分离过程除外），它不需要使液体沸腾，也不需要使气体液化，化学品消耗少，因而是一种低能耗、低成本的分离技术；膜分离过程一般在常温下进行，因而对需避免高温进行分级、浓缩与富集的物质，例如果汁、药品等，显示出其独特的优点。膜分离装置简单、操作容易、制造方便，因而膜分离技术应用范围广，对无机物、有机物及生物制品均可选用，并且不产生二次污染。近年来高分子科学迅速发展，为膜材料的研究开发提供了良好的条件，促使膜分离技术不断发展。

9.1.2　膜分离技术的发展简史

膜分离是利用薄膜对混合物组分的选择性透过性能使混合物分离的过程。人们很早就认识到固体薄膜能选择性地使某些组分透过。1748 年，Nelkt 发现水能自发地扩散到装有酒精溶液的猪膀胱内，这一发现可以说是开创了膜渗透的研究。19 世纪，人们对溶剂的渗透现象已有了明确的认识，发现了天然橡胶对某些气体的不同渗透率，并提出利用多孔膜分离气体混合物的思路。1855 年，Fick 用陶瓷管浸入硝酸纤维素乙醚溶液中制备了囊袋型"超滤"半渗透膜，用以透析生物学流体溶液。1907 年，Bechhold 发表了第一篇系统研究滤膜性质的报告，指出滤膜孔径可以用改变火棉胶（硝酸纤维素）溶液的浓度来控制，从而可制出不同孔径系列的膜，并列出了相应的过滤颗粒物质梯级表。1918 年，Zsigmondy 等人提出了商品规模生产硝酸纤维素微孔滤膜的方法，并于 1921 年获得了专利。1931 年，Elford 报道发表了一个新的适于微生物应用的火棉胶滤膜系列，并用它来分离和富集微生物和极细粒子。20世纪40年代出现了基于渗析原理的人工肾。20世纪50年代初，Juda研制成功了离子交换膜，电渗析获得了工业应用。1960年，Leob和Sourirajan研制成功醋酸纤维素非对称膜，60年代末又研制成功中空醋酸纤维素膜，这在膜分离技术的发展中是两个重要的突破，对膜分离技术的发展起了重要的推动作用，使反渗透、超滤和气体分离进入实用阶段。

具有分离选择性的人造液膜是Martin在20世纪60年代初研究反渗透时发现的，这种液膜是覆盖在固体膜之上的，为支撑液膜。20世纪60年代中期，美籍华人黎念之博士在测定表面张力时观察到含有表面活性剂的水和油能形成界面膜，从而发现了不带有固膜支撑的新型液膜，并于1968年获得纯粹液膜的第一项专利。20世纪70年代初，Cussler又研制成功含流动载体的液膜，使液膜分离技术具有更高的选择性。同时某些新的膜过程，如膜萃取、膜分相、渗透汽化、膜蒸馏等的研究也在广泛开展。

9.1.3 膜分离原理

膜分离过程（membrane separation process）依所用分离膜是多孔膜（porous membrane）和致密膜（dense membrane）而分为两大类：多孔膜主要用于混合物水溶液的分离，如渗析（dialysis，D）、微滤（microfiltration，MF）、超滤（ultrafiltration，UF）、纳滤（nanofiltration，NF）和亲和膜（affinity membrane，AFM）等；致密膜用于电渗析（electrodialysis，ED）、反渗透（reverse osmosis，RO）、气体分离（gas separation，GS）、渗透汽化（pervaporation，PV）、蒸气渗透（vapor permeation，VP）等过程。

（1）多孔膜的分离机理　多孔膜的分离机理主要是筛分原理，依膜表面平均孔径的大小而区分为微滤（$0.1\sim10\mu m$）、超滤（$2\sim100nm$）、纳滤（$0.5\sim5nm$），以截留水和非水溶液中不同尺寸的溶质分子。

多孔膜表面的孔径有一定的分布，其分布宽度与制膜技术有关而成为分离膜质量的一个重要标志。一般来说，分离膜的平均孔径要大于被截留的溶质分子的尺寸。这是由于亲水性的多孔膜表面吸附有活性的、相对较小的水分子层而使有效孔径变小，孔径愈小这种效应愈显著。

表面荷电的多孔膜可以在表面吸附一层以上的对离子，因而荷电膜的有效孔径比一般多孔膜更小。相同标称孔径的膜，荷电膜的水通量比一般多孔膜大得多。

（2）致密膜的分离机理　在膜分离技术中通常将孔径小于1nm的膜称为致密膜。致密膜的分离或传质机理不同于多孔膜的筛分机理，而是溶解-扩散机理。即在膜上游的溶质（溶液中）分子或气体分子（吸附）溶解于高分子膜界面，按扩散定律通过膜层，在下游界面脱溶。

溶解速率取决于该温度下小分子在膜中的溶解度，而扩散速率则按Fick扩散定律进行。根据Fick扩散定律，液体或气体分子定向扩散通量与浓度梯度成正比。

一般认为，小分子在聚合物中的扩散是由高聚物分子链段热运动的构象变化引起所含自由体积在各瞬间的变化而跳跃式进行的，因而小分子在橡胶态中的扩散速率比在玻璃态中的扩散速率快，自由体积愈大扩散速率愈快，升高温度可以增加分子链段的运动而加速扩散速率，但相应不同小分子的选择透过性则随之降低。

9.2　分离膜的制备方法

9.2.1 多孔膜的制备

（1）相转换法（phase inversion）　相转换法是经典的制备不对称膜的方法。1950年Loeb和Sourirajin用乙酸纤维素溶液首先制得不对称膜，并成为第一张有实用价值的商业用膜（RO，UF，MF）。20世纪70年代用本法制备出聚砜膜（UF和MF）。20世纪80年代制备了聚丙烯腈膜（UF和MF）。这三种膜现已成为最重要的商品多孔不对称膜。聚偏氟乙烯膜也用此法制备，但生产规模较小。

膜的分离性能主要取决于不对称膜的皮层结构，而起支撑作用的不对称膜底层的多孔结构依所用聚合物溶剂及非溶剂不同大致可分为海绵状孔和指（针）状孔两大类。关于如何控制得到所需的孔结构一直是近30年来膜科学工作者研究的热点。经荷兰Twente大学Smolders、Strathman学派以及美国Koros学派的长期研究，从高分子/溶剂/沉淀剂三元体系相图，区分出溶液的亚稳态和不稳态（以双节线Binodule和旋节线SPinodule划分），并在分相成浓相和稀相时区分出瞬时分相和延迟分相，浓相逐步达到其玻璃化温度时固化，而稀相则逐步转化为孔。

（2）粉末烧结法　粉末烧结法是模仿陶瓷或烧结玻璃等加工制备无机膜的方法将高密度聚乙烯粉末或聚丙烯粉末筛分出一定目度范围的粉末，经高压压制成不同厚度的板材或管材，在略低于熔点的温度烧结成型，制得产品的孔径在微米级，质轻，大都用作复合膜的机械支撑材料。近年来有以超高分子量聚乙烯代替高密度聚乙烯的趋势。超细纤维网压成毡，用适当的黏合剂或热压也可得到类似的多孔柔性板材，如聚四氟乙烯和聚丙烯，平均孔径也是 $0.1\sim1\mu m$。

（3）拉伸致孔法　低密度聚乙烯和聚丙烯等室温下无溶剂可溶的材料无法用相转移法制膜。但这类材料的薄膜在室温下拉伸时，其无定形区在拉伸方向上可出现狭缝状细孔（长宽比约为 10：1），再在较高温度下定形，即可得到对称性多孔膜，可制备成平膜（Celgard 2400）（厚 $25\mu m$，宽 $30cm$）或中孔纤维膜。中国科学院化学研究所用双向拉伸 γ-聚丙烯的方法得到各向同性的聚丙烯多孔膜，孔为圆到椭圆形。

聚四氟乙烯（不溶于溶剂）多孔膜也可用类似方法制备。

（4）热致相分离法（thermally-induced phase separation，TIPS）　聚烯烃（聚乙烯、聚丙烯、聚4-甲基-1-戊烯）溶于高温溶剂，在纺中空纤维或制膜过程中冷却时发生相分离形成多孔膜，再除去溶剂后得到多孔不对称膜。此法20世纪80年代末即已成功，但至今尚未见有规模商业生产的报道。

（5）核径迹法（nuclear tract）　聚碳酸酯等高分子膜在高能粒子流（质子、中子等）辐射下，粒子经过的径迹经碱液刻蚀后可生成孔径非常单一的多孔膜，膜孔呈贯穿圆柱状，孔径分布可控，且分布极窄，在许多特殊要求窄孔径分布的情况下是不可取代的膜材料，但开孔率较低，因而单位面积的水通量较小。国内清华大学已有产品。

（6）铝阳极氧化多孔氧化铝膜（anopore）　铝板用作电池的阳极时，在电场作用下阳极氧化生成 Al_2O_3，Al_2O_3 膜上生成排列非常整齐的孔，其孔径和孔间距可以由电解液（不同的酸如硫酸、磷酸等）组成、所加直流电压大小等控制。还可先在高电压下生成大贯穿孔的 Al_2O_3 膜，长至所需厚度时再降低电压以生成小孔 Al_2O_3 膜，从而实现了制备不对称的 Al_2O_3 膜。这种多孔氧化铝膜在医疗上用于注射液的脱除细菌和尘埃，已得到广泛的应用。

9.2.2　致密膜的制备

（1）溶剂涂层挥发法　将高分子铸膜液刮涂在玻璃或不锈钢带表面，在室温下挥发至指触干，再转移到烘箱或真空烘箱中干燥；或利用二元组分的溶剂，一是低沸点良溶剂，另一组分为高沸点不良溶剂，刮涂后随低沸点溶剂的挥发而分相。要得到较薄的致密膜，可采用旋转平台方法（spinning coating）制备厚度小于 $1\mu m$ 的薄膜。

（2）水面扩展挥发法　更薄的均质膜则利用水面扩展法，待溶剂挥发，聚合物膜即浮于水表面。此法制备的膜厚度可达 20nm。也可用两层（或多层）叠合以避开针孔。

9.2.3　复合膜的制备

（1）支撑膜（一般为超滤不对称膜）加涂层　例如气体分离用聚砜中空纤维膜，用硅橡胶表面涂层以堵塞缺陷。

（2）支撑膜加水面扩展连续超薄膜 例如以拉伸法制得的聚丙烯做滤膜上连续复合硅橡胶或聚甲基-1-戊烯（PMP）超薄膜用于氧氮分离。这类复合技术难度较大，只能以中试规模生产宽 30cm 以下的复合膜。

（3）界面缩聚法原位（in situ）制备复合膜 聚砜支撑膜（可用无纺布增强）经单面浸涂芳香二胺水溶液，再与芳香三酰氯的烃溶液接触，即可原位生成交联聚酰胺超薄层与底膜较牢地结合成复合逆渗透膜，Filmtech（现属 Dow）、Fluid System（现属 Koch）、Hydranautics（现属日东电工）、日东电工、东丽等公司均已实现大规模的连续生产线，年产值已接近 10 亿美元。

9.2.4 液体膜和动态液体膜的制备

处在液体和气体，或者液体和液体的相界面具有半透过性质的膜成为液体膜，液体膜还可以再分成乳化型液体膜和有支撑型液体膜两种。在分离过程中，在过滤材料表面上与分离过程同时产生的膜称为动态分离膜。

（1）乳化型液体膜 乳化液体膜实质上是一种带孔的微胶囊膜，与微胶囊的功能截然不同。由于分离膜在形成过程中必须加入乳化剂和稳定剂，因此也称液体表面活性剂膜。乳化型液体膜的形成必须具备如下条件。

① 两种不混溶的液体能形成一定结构的乳液（水包油或油包水）；

② 乳化后形成的胶囊在第三相中也要具有稳定性；

③ 形成的膜液体与制备和使用中采用的也均不混溶。

当第三连续相为水时形成油包水型；第三连续相为油时形成水包油型，而胶囊的外膜即为乳化型液体膜，膜的分离过程是胶囊内外物质透过膜进行物质的传递过程。

（2）支撑型液体膜 支撑型液体膜是在多孔型固体支撑物上形成的一液体膜，实际应用时一般支撑物为多孔材料或密度膜（致密膜）。其功能是液体膜和固体膜的复合作用，可改变分离膜的透过性和选择性。与乳化型液体膜类似，形成液体膜的材料必须加入具有两亲性分子，这样亲水性一端伸向水相，另一端则吸附在固体分离膜层，其主要的应用实例是超细滤膜对水溶液的脱盐。

制备支撑型液体膜的方法是：将具有两亲性物质的溶液涂布于固体膜上，溶剂挥发后即可在固体膜表面上形成支撑型液体膜，对于水溶液脱盐，液体膜的水透过性随两亲分子的亲水亲油平衡值（HLB）决定，HLB 值越大，亲水性越强，水透过率越高。

与固体膜相比，固化液体膜的有时在于它具有良好的扩散性和溶解性，因此其选择性好。

（3）动态形成液体膜 动态形成液体膜是在分离过程中在固体多孔材料表面形成的液体分离膜，膜的制备是将成膜材料直接加入被分离的溶液中，在过滤时成膜材料由于不能通过固体多孔材料，在多孔材料与分离的溶液的界面形成的液体分离膜。

动态液体膜除具有支撑型液体分离膜的优点和分离功能外，还具有制备简单，膜易清洗掉的特点。动态液体膜的制备方法是将两亲性化合物直接加入被分离的溶液中，如在脱盐时，只需在盐溶液中加入微量的聚氧乙烯甲醚，就可在超细滤膜上形成动态液体膜。因此两亲性化合物聚氧乙烯甲醚的加入改变了水的透过性，大大提高了脱盐效率。

9.3 膜分离过程

9.3.1 透析和电渗析

（1）透析 最早发明的膜分离过程是透析。所用半透膜从无孔（孔径 1nm 以下）到

0.2μm 左右。透析的驱动力是浓度差，大分子被半透膜截留，小分子由浓侧透向淡侧直至平衡，由下游侧流动的方法使分离过程完成。此法效率较低，速度慢，处理量小，一般只在实验室应用，直到制备出透析用人工肾。用人工肾清除血液中的尿素和其他小分子有毒物质，现已成为医院外科常规治疗方法。人工肾用膜材料过去局限于再生纤维素膜（如铜胺纤维素膜和水解乙酸纤维素膜），近年来用其他膜材料制备的人工肾不断涌现，如丙烯酸酯类、聚砜、聚丙烯腈、聚苯醚（PPO）等。国内也已试制出人工肾，但各大医院所用人工肾仍依赖进口。

（2）电渗析　正负离子在电场驱动下分别向与之对应的电极迁移，速度快，加入由阴阳离子交换膜组成的膜对，即可使离子通过交换膜而实现溶液中离子的脱除。电渗析法适用于苦咸水的淡化和从浓盐水制盐；也可用阴离子交换膜除去果汁（如橙汁）中的有机酸以改进其风味；还可从废酸洗液中回收酸，从而减少环境污染。用于海水淡化的能耗高于逆渗透法。在电渗析过程中高价阳离子不断沉积在膜表面而使离子交换膜性能劣化。20 世纪 80 年代发现，将正负极倒转即可除去已沉积在膜上的高价离子，于是电渗析装置大多改装为倒极电渗析（electrodialysis reversal，EDR）。我国的电渗析装置主要由国家海洋局杭州水处理技术开发中心提供，现有 200m³/d 规模的海水淡化装置在运行。

（3）利用偶极膜的电渗析过程　将阳离子膜与阴离子膜复合或在膜的两侧分别引入阴阳离子交换基团即可得到偶极膜（dipolar membrane）。偶极膜中的水分子在直流电场中被电解生成 H^+ 及 OH^- 分别向阴、阳极迁移。如将偶极膜置于离子交换膜对中，可实现 Na_2SO_4 等盐类的电解而制得 H_2SO_4 和 NaOH。所得到的酸碱浓度不高，且含有一些盐，但足以用于离子交换柱中树脂的再生。近年来又将离子交换树脂与电渗析过程相结合而实现了连续去离子技术（continuous deionization，CDI），且不断改进提高水的电阻（达到 18MΩ·cm）和处理量。最近报道的 CDI 装置出水量已可达 250～350L/min。

（4）燃料电池用膜　全氟磺酸膜（Nafion）以化学稳定性著称，是惟一能同时耐 40% NaOH 和 100℃ 的离子交换膜而被广泛应用于食盐水电解制备氯碱的电解池隔膜。

燃料电池是将化学能转变为电能效率最高的能源，可能成为 21 世纪的主要能源方式之一。经多年研制，Nafion 膜已被证明是氢氧燃料电池的实用性质子交换膜，并已有燃料电池样机在运行。但 Nafion 膜价格昂贵（70 美元/m²），近年来正在加速开发磺化芳杂环高分子膜用于氢氧燃料电池的研究，以期降低燃料电池的成本。

氢的储存需要高压或用中压加吸氢材料。在用于电动车方面还存在设备过于庞大的问题，故研究人员认为甲醇/氧电池颇有实用前景。但 Nafion 膜的甲醇渗透速率太大，近年美国 Case Western Reserve 大学 Savinelle 学派发现用磷酸掺杂的聚苯并咪唑质子交换膜用于甲醇/氧燃料有以下优点：①离子电导率高，可在无水条件下导电；②PBI 膜的电致渗透（Electro-osmosils）极低；③气体透过率小；④甲醇渗透率低；⑤高温（200℃）下机械性能好，耐热耐氧化。

9.3.2　微滤、超滤和纳滤

微滤、超滤和纳滤均使用多孔膜。利用筛分原理，以孔径范围将滤膜划分为微滤膜（0.1～10μm）、超滤膜（2～100nm，分子量切割范围 MW1000～1000000）、纳滤膜（0.5～5nm）。

（1）微滤　微滤的应用主要在除菌，因而在饮用水处理、食品和医药卫生工业中广泛应用。微滤膜在用于果汁澄清及含胶质废水处理（如从亚硫酸纸浆中回收木质素磺酸钠）时极易堵塞，需要频繁回洗；采用聚四氟乙烯微滤膜时，由于堵塞层与 PTFE 的黏附力较低，可以很方便地用压缩空气反吹清除。

微滤膜除用于处理液体和溶液外也用于气体的净化，如聚偏氟乙烯微滤膜大量用于生物工程发酵罐内和医院病室内空气的除尘、除菌，以及含粉尘气体（包括烟道气）的除尘，近年来又广泛使用荷电微滤膜进一步提高除尘除菌效率。

（2）超滤　早期的超滤膜主要用纤维素酯类（如乙酸纤维素）。聚砜不对称超滤膜的化学性能更稳定，膜强度更高，故已发展成为产量最大的超滤膜材料。近10年来聚丙烯腈的超滤膜也日趋重要。乙酸纤维素、聚砜和聚丙烯腈三者是现今主要的通用超滤膜材料，国内也均有生产。中国科学院广州化学所曾开发氰乙基代乙酸纤维素超滤膜，能抗霉菌。

超滤膜材料（和微滤膜一样）存在两个缺点：一是耐温性不够，不能在130℃进行蒸汽杀菌或消毒；二是膜易被高分子溶质（尤其是蛋白质）污塞（fouling）。针对前一问题发展了聚芳醚砜超滤膜 DUS-40（ICI 的 PES）和聚偏氟乙烯（PDFE）的超滤膜，但成本较贵，限制了其应用。最近用不同磺化度的磺化聚砜将磺化基团转换为磺酸钠盐，其 T_g 即大大增加，可耐蒸汽消毒。为减少超滤膜的污塞，原来预测用含氟材料或聚烯烃等表面张力较小的材料可解决污塞问题。但蛋白质在各种材料超滤膜表面吸附的系统研究表明，蛋白质在聚烯烃和聚偏氟乙烯等表面吸附的量并不小于聚砜等膜，相反在亲水膜表面（如再生纤维素）的吸附却是最低。针对这些结果，乙酸纤维素超滤膜水解后的再生纤维素超滤膜已得到广泛应用。纺织工业中近年发展的新纤维素纤维（从纤维素的 N-甲基吗啉氮氧化物真溶液纺丝而得，现已达年产 80 000t 规模）提示，从此溶液可得到高强度、亲水、不易被蛋白质污塞的超滤、微滤纤维素膜（平膜和中空纤维膜），其中在纤维素溶液中添加抗氧剂是关键问题，以避免制膜过程中纤维素的氧化降解。国内有关膜防污塞和清洗的系统工作主要在中国科学院生态环境中心进行。

（3）纳滤　最初的纳滤膜制备方法同逆渗透膜，实质上是用脱盐截留率较低的芳香聚酰胺逆渗透膜（等外品），用于染料等中等分子量的物质（分子量为 500）的截留而容许盐和水通过。由于一方面纳滤膜的水通量远大于逆渗透膜，而纳滤所用压力也较低（1～2.5MPa）；另一方面在无机盐类和有机中等分子量物质的分离以及一价阳、阴离子和多价阳、阴离子分离的需求，促进了纳滤的发展，陆续涌现出其他膜材料的纳滤膜而成为膜分离过程热点之一。

纳滤技术的发展提供了硬水软化的新途径，特别是能除去易在 RO 膜表面积聚的可溶性 SiO_2 和腐殖酸，促进了海水淡化过程的改革，大大简化了其前处理过程。现行工艺路线是：

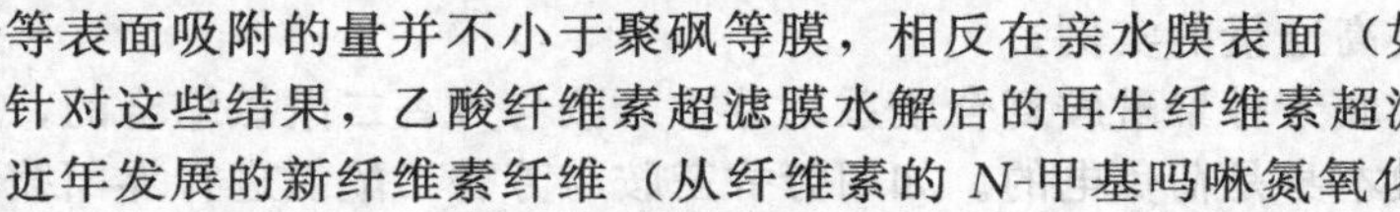

海水 → 过滤 → 沉降 → 钠离子交换过去除高价阳离子 → 逆渗透 → 浓水
逆渗透 → 淡水

建议的新工艺路线是：

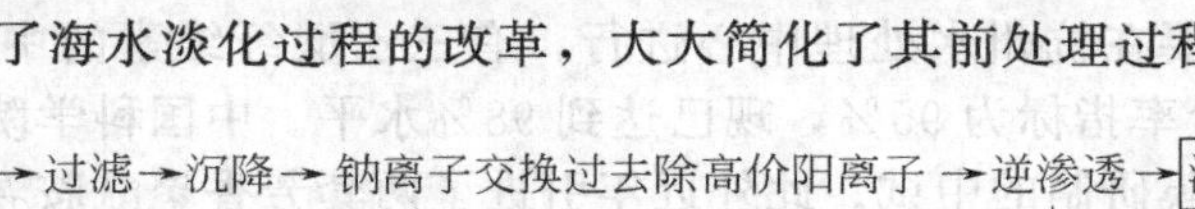

海水 → 过滤 → 沉降 → 纳滤 → 逆渗透 → 浓水 → 闪蒸 → 淡水
纳滤 → 淡水
闪蒸 → 盐

利用纳滤技术从非水溶液分离溶质和溶剂有重大经济价值。例如食用油现普遍采用己烷或（芳烃）抽余油（主成分为 C_7 烷烃）萃取再回收溶剂的工艺，处理量大，容易因泄漏而引起火灾。如用聚酰亚胺类纳滤膜（耐烃类）可将萃取液中大部分己烷（烷烃类）回收再用于萃取，从而大大减少蒸发回收溶剂的处理量。如果进一步与非水超滤相结合除去纳滤膜处理后食用油溶液中的蛋白质和色素，再回收全部溶剂，即可得到精制的食用油（色拉油）。与现行食用油加工厂的经浓酸、浓碱洗涤、水洗、脱水工艺路线相比，可大大降低食用油加工厂的环境污染问题。

中国现在进行纳滤研究的单位很多，大多处在实验室研究阶段。国家海洋局杭州水处理技术开发中心已有初步成果。

9.3.3 逆渗透

Loeb 和 Sourirajin 最初制备的逆渗透用乙酸纤维素不对称膜用于海水淡化过程，其脱盐率在 95% 以下，故海水经一级逆渗透不能达到饮用水要求，而两级逆渗透则设备装置复杂，经济性差，而且由于乙酸纤维素的抗蠕变性能差，导致逆渗透的压实现象很严重，使用过程中水通量逐渐下降。故现今除三乙酸纤维中空纤维型逆渗透组件尚有部分生产外，逆渗透组件的市场均已被用界面缩聚原位制备的交联芳香聚酰胺复合膜卷式组件所占领，技术已比较成熟，各生产厂的组件水平脱盐率已达 99.5%～99.8%，产水量 15m³/d（8in 组件）均已接近极限值。

日东电工开发了一类皮层起伏度很大的聚酰胺 RO 膜（一般皮层厚度为 55nm，而这种膜的皮层厚度增加到 1～10μm），膜水界面的表面积成倍增加。其水通量比传统的逆渗透膜提高了一倍以上（从 15m³/d 增至 30～37m³/d）。这是针对 RO 膜的溶解扩散传质机理，由增加溶解速率来提高通量的实例。

现在应用的交联芳香聚酰胺复合膜系用芳香二胺与芳香二酰氯缩合的，未反应的酰氯基水解成羧酸因而膜本身是荷负电的。如用芳香三胺与芳香二酰氯进行界面缩聚反应，并进一步使未参与反应的氨基季铵化，则可得荷正电的逆渗透膜。实验表明，荷正电的逆渗透膜其水通量比荷负电的逆渗透膜为高，这可能与荷正电荷 RO 膜排斥钠阳离子有关。

RO 膜的发展有向小批量、多品种、针对不同应用领域发展的趋势，如表面不荷电的中性 RO 膜用于含洗涤剂（表面活性剂）废水处理；低脱盐率（90%）小组件（$\phi 5 \times 30cm$）用于从水道水制取无菌饮用水；海水淡化技术中以逆渗透法能耗为最低（与电渗析和闪蒸等方法比较）；但由于 RO 须在高压下运行，每生产 1m³ 淡化水用于加压海水至 8～10MPa 所耗电量约为 20kW·h。将从逆渗透器出来的浓水余压加压进入的水，可部分节约用于加压的电能（7kW·h/m³，合成本 3 美元/m³）。不久以前开发了用精密陶瓷制造的"压力交换器"（pressure exchanger），其核心部件为精密陶瓷的转子，以水为润滑剂，可将高压水流能量的 90% 以上交换给进入的低压水，从而使电耗降至 2.8kW·h/m³ 水，并实现了 <1 美元/m³ 的目标，这在逆渗透中是一个重大的突破。

我国的逆渗透主要在杭州水处理中心进行，有三乙酸纤维素的中空纤维组件和卷式组件，"八五"攻关脱盐率指标为 95%，现已达到 98% 水平。中国科学院长春应用化学研究所正在进行耐氯逆渗透膜研制的中试。此外近年引进了两套芳香聚酰胺卷式逆渗透组件的生产线（兴城及锡山）。

9.3.4 气体分离

气体分离膜的渗透机理是溶解-扩散-脱溶，驱动力是压差。气体混合物的分离迄今得到实际应用的主要是利用气体在高分子膜材料中的扩散速率不同，如氢/氮分离、氧/氮分离、CO_2/CH_4 分离、H_2O/CH_4 分离均已实现较大规模的工业生产。近年来利用气体在膜材料中溶解度的不同，实现分离的工作已日益受到重视，如挥发性有机物（VOC）的分离。

9.3.4.1 基于扩散速率的气体分离

气体分离的首例工业应用是 Prism 气体分离器，用于合成氨厂尾气的氢回收，从此开始了膜法气体分离的高速发展。石油炼厂气中氢的回收也已实用化。随着富氮技术实用化（一级可达 95%～99%，更高纯度需要用二级富氮），近年已开发出一级富氮再经加入氢气，通过催化氧化将剩余氧转化为水，再脱水而得到高纯氮（氧含量 0.1%～0.01%），已经成为实验室用高纯氮的标准设备。天然气的膜法脱除 CO_2 及水分也已得到应用。含硫（H_2S）量较高的天然气则先经催化脱硫，在天然气管道输送方面有重要应用意义。空气的除湿地已得到广泛应用（露点可达 -40℃）。

膜法富氧因受到变压吸附法（pressure swing adsorption，PSA）的竞争，应用领域有限。膜法富氧用于燃烧，在我国玻璃窑炉上取得好的经济和环保效益。在柴油机上的初期应用研究表明，能节约燃料，残炭减少 20％～60％，但氮氧化物则增加。最近有研究报道，改进燃烧方式后，残炭和氮氧化物可同时降低（NO_2 下降 15％～40％）。预计首先将在柴油机车上进行应用试验。

无机复合氧化物膜（如 Ca-Y-Zr 氧化物）在高温下可选择通过空气中的氧，其机理与氢通过金属钯相似；氧分子在 900℃ 的膜表面分解成氧离子溶入无机膜中，在下游侧复合成氧分子释出，得到纯氧。现已成为国内外研制热点，其中 APCI 公司（Air Products and Chemicals Inc）相对领先，已投资 2500 万美元进行中试。预计此法比传统的空气低温分馏法可降低成本 2/3。

我国已成功地掌握了类似 Prism 气体分离器的整套技术（中国科学院大连化学物理研究所），并已提供多套装置用于合成氨厂尾气氢回收和石油炼厂气的氢回收。由中国科学院应用发展局组织有关研究所进行的燃烧用富氧装置、富氮装置和气体除湿装置均已有成果和部分产品。

9.3.4.2　基于溶解度的气体分离

在加压下不凝聚的气体氢、氧、氮等在高分子膜中的溶解度相似，所以透过速率主要取决于扩散速率，它与气体分子尺寸有关。在研究各种膜材料对 N_2 和 CH_4 的透过速率时发现，对聚砜膜 N_2 的透过速率大于 CH_4 的透过速率，而对硅橡胶膜则相反。丁烷的透过速率比 CH_4 还大。这只能用 C_1～C_4 烃类在膜中的溶解度大来解释，而硅橡胶则是从空气中回收挥发性有机蒸气（VOC）的第一个材料，还可以从天然气甚至氢中回收 C_3、C_4 气体。

增田和东村等合成的聚三甲基硅基丙炔（PTMSP）是气体透过速率最大的膜材料（比硅橡胶高一个数量级），用于 VOC 的分离效果更佳。近年又有聚二苯基乙炔衍生物、聚 4-甲基戊炔等类似材料出现。这类材料普遍存在物理老化问题：它们的自由体积（高达 30％）随时间会下降，导致气体透过率成倍下降。深入研究解决此问题将会促进这类材料的实际应用。

9.3.5　渗透汽化

渗透汽化是较新的膜分离过程，与气体分离相似，其分离机理也是溶解-扩散-脱溶。但上游的被分离物质是以液相（而不是气相）与分离膜接触，上下游的压力差是通过下游侧减压或气体吹扫而实现的。渗透汽化的首例工业应用是乙醇脱水制备无水乙醇。20 世纪 80 年代末即已有数十套装置，分离膜为交联改性的聚乙烯醇（GFT 膜），最大装置达 4 万吨/年。异丙醇脱水也有应用，从汽油抗震添加剂 MTBE 等醚类分离未反应的甲醇也已实用化。中国科学院化学研究所和生态环境中心试制成了水平与 GFT 膜类似的中试装置。清华大学成功地将渗透汽化用于苯乙烯和丁苯溶液聚合所用溶剂苯的脱水以取代传统的分子筛脱水。

无机硅氧化物（silicalite）填充的硅橡胶膜表现出良好的渗透汽化性能，而表面生长 silicalite 晶体的无机复合膜性能优于有机膜，日本已进行中试规模的开发。

近年来将渗透汽化膜与酯化反应相结合，可以选择性地将酯化反应生成的水除去而截留未反应的醇。美国 Argonne National Laboratory 在开发从碳水化合物加氨发酵生成乳酸胺的过程中，将粗乳酸胺进行催化热裂解同时加乙醇或甲醇，用渗透汽化法将气态胺和酯化时生成的水分离出，回到发酵罐回用。液态即为乳酸乙酯或甲酯，它们都是极好的溶剂，无毒、可生物降解、不污染环境、沸点和挥发性适当。过去因成本高而难以与卤代烃等溶剂竞争，用此一步法新工艺后，预计成本将可从 4.4 美元/kg 降到 1.87 美元/kg（低于卤代烷），因而可以代替现用有毒溶剂的 80％以上。

9.3.6　蒸气渗透

蒸气渗透与渗透汽化的不同之处是将被分离混合物加温汽化，将气态混合物引入处在较高温度的气体分离器而达到分离的目的，因而它也是一种气体分离。渗透汽化的运行能耗较低，处理量较高，但设备投资较大，特别是现在所用的设备还是板框式的，耗用大量不锈钢材的框架，而卷式渗透汽化组件还处在开发阶段。蒸气渗透虽然能耗较大，但设备简单，如与分馏过程相结合，则不需另耗能源。例如从生物发酵器出来的稀乙醇溶液（10%左右）经分馏塔浓缩到 80%～90%乙醇，即可用蒸气渗透装置进一步得到无水乙醇。特别是近年随着基于溶解度的气体分离技术的发展，将会有更多的 $C_4 \sim C_8$ 烃类和芳烃的分离采用蒸气渗透技术。

9.3.7 亲和膜

随着生物工程技术的发展，其下游产品的分离提纯愈见重要。生物化学中利用亲和色谱方法进行分析和分离。它的原理是基于被分离物质（如氨基酸、蛋白质等）与含有亲和基团的树脂（柱）选择吸附。亲和色谱只能限于分离少量纯物质，难以大规模制备。随着膜技术的发展，利用含亲和基团的亲和膜（一般是微滤膜）分四步即可分离出较纯的物质，即：①亲和吸附；②洗涤；③脱附；④浓缩——用纳滤、超滤或逆渗透。

也可以用超滤亲和纯化的方法进行分离，即用含亲和基团的大分子与需分离的底物亲和生成复合物，用超滤膜将大分子复合物分离并洗涤，再用含亲和基小分子解离，产物经浓缩纯化，含亲和基团的大分子再生复用。

对具有生理活性的手性化合物药物也可用上述两种方法分离。药物的合成步骤较多，总收率很低，最终产物因是外消旋体，只有一半是有效药物，因此另一半手性化合物的分离再用，有重要的经济意义。现有大规模生产的药物，每一种手性药物的分离再用，将有上亿美元的经济效益。所以手性药物的膜法分离纯化已成为当前重要研制热点。

9.4 膜过程和其他化工分离过程的联用

膜过程初期的应用往往只利用一种膜分离过程以解决实际问题，如水和食品医药工业中除菌用微滤，分离水中高分子物质用超滤，海水淡化用逆渗析。

利用多种膜过程联合解决实际应用中的问题称为集成膜过程（integrated membrane process）。膜过程和其他化工过程的联合也叫杂化膜过程（hybrid membrane process），它代表了膜过程应用发展的新趋势，不是单纯地去取代旧的化工过程，而是与其他化工过程联合，各尽所长，发挥综合优势。

（1）膜萃取　在一般液-液萃取过程中需要搅拌使液滴分散，增加萃取界面面积，这就增加了动力消耗。如在多孔膜两侧流过被萃取相和萃取相，则可以通过微孔进行萃取；如果将萃取相固定在多孔膜中，一侧流过被萃取相，另一侧流过反萃相，则萃取和反萃将可同时连续进行。清华大学已在进行相关工作。

（2）膜蒸馏　用憎水多孔膜分隔水溶液，以温差作为驱动力，可使水分子不透过膜而水蒸气分子能在蒸气压差驱动下透过膜冷凝而达到蒸馏的目的。蒸馏不必在水的沸点进行，因而可以利用太阳能、温泉、锅炉和柴油机等的冷却用水等热源，达到从海水或苦咸水制取蒸馏水的目的。如同时在下游侧减压，则为减压膜蒸馏，可以提高产水速率。减压膜蒸馏也用于果汁等的浓缩，避免高温浓缩时风味的变劣。

渗透蒸馏（osmotic distilllation）已实用于果汁的浓缩。果汁中的水分在蒸气压差驱动下透过憎水膜而被下游侧的浓盐水吸收，它也被称作膜吸收，实质上是膜蒸馏的一种。果汁不会因受热而影响香味和风味。如加热果汁到一定温度（保持果汁风味不变）以增加蒸气压差和透过速率，则为渗透膜蒸馏。

透过多孔膜的如不是水分子而是氨、二氧化碳等小分子，被下游侧的水、稀酸、稀碱所吸收，称为膜吸收过程，也属于膜蒸馏的范畴。

中国有关膜蒸馏的工作主要在中国科学院长春应用化学研究所和清华大学进行。

（3）膜反应器　在膜反应器中将分离与反应相结合，通过在反应的同时将反应产物或产物之一分离出去，即可影响反应的平衡向产物方面移动，从而增加反应的单程收率。这在异相催化反应中尤其有重大意义。例如环己烷脱氢的热力学平衡转化率为18.9%，而在钯膜反应器中转化率接近100%；维生素K_4的转化率可从80%提高到95%；乙苯脱氢制苯乙烯，如将反应区生成的氢分出，单程转化率可从92%增加到97%；酯化反应与渗透汽化去水相结合，酯化反应极易100%完成而不需要用醇共沸蒸馏将反应水带走。国内进行研究和中试工作的是中国科学院大连化学物理研究所。

（4）酶膜反应器　酶是可在室温进行化学反应的生物催化剂。生物工程中均以酶制剂或其载体（微生物或其尸体）作为催化剂。酶制剂较昂贵，使用后必须回收。过去用固相化酶将酶固定在树脂上作为反应柱，技术复杂。酶反应器将酶置在多孔中空纤维膜之间，反应底物流经膜，反应产物再经过微孔膜为成品。

中国科学院大连化学物理研究所是进行此项研究开发的领先单位。

9.5　膜分离过程的应用

（1）水资源再利用　随着生活水平的提高，人均耗水量也不断上升。所有大城市几乎都面临水荒问题。除节约用水的措施外，水资源的再利用是重要措施。RO海水脱盐制水在1988年全球的总能力已超$10^7 m^3/d$。苦咸水的淡化以低压逆渗透和EDR法为主。工业用水和生活用水的再利用也可用UF、NF来解决。日本大型高层建筑均配备水再利用的装置，夹带固体杂质较多的还需要有沉降絮凝等辅助设备。

（2）环境保护　废水处理——各种工业废水用膜法处理的同时，可收到回收有用物质和使排放污水达标的双重作用。电影照相工业废显影液的回用、纺织工业中纤维用乳化油剂的回收、聚乙烯醇退浆水处理及印染废水中染料回用、汽车工业中电泳漆的回收、电镀工业含铬废水处理、造纸工业黑液处理、机械工业切割用乳化油剂回收、石油工业含油废水处理等，都是UF和RO膜过程的用武之地。城市污水的三级处理采用水池曝晒、生物反应器和微滤。

废气处理——CO_2的回收和脱除，采用气体分离膜和有机胺吸收相结合的过程。合成氨厂弛放气和石油炼厂弛放气（原由点天灯或送入锅炉作燃料）中氢的回收已取得很大经济效益。汽油等油品储罐含烃空气排放时烃的回收已获成功。H_2S、SO_2等酸性气体的膜法回收和处理现仍处于攻关阶段。

（3）微电子工业　超纯水和超纯气体是提高微电子器件成品率的关键所在。水道水需经逆渗透（或电渗析）、离子交换和超滤使金属离子降至百万分之一级，电阻率达$18M\Omega \cdot cm$，空气的洁净度由PVDF荷电微滤膜控制到1000级以下。

（4）化学工业　氯碱工业均已换代到膜法电解池。所用全氟磺酸膜和羧酸膜的生产为美、日等国垄断，我国虽已攻关多年，现仍依赖进口。

膜法富氮作为中小型使用方便的氮源，可用于化学工业（和石化工业）易燃易爆储罐和输送管道的覆盖气体。渗透汽化作为有机液体的分离手段有望在今后10年内得到蓬勃发展，届时蒸馏分离等传统化工分离过程将被逐步取代。

（5）食品工业及医药工业　工业发达导致的水质下降使人们对饮用水的要求愈来愈高，家用净水器（超滤加活性炭吸附）有着广阔的市场。瓶装饮用水的习俗已从矿泉水转向蒸馏水、太空水（均系经RO过滤的纯水），软饮料装瓶前大都已经微滤除菌，生啤酒（扎啤）和低度酒（如干葡萄酒等）经微滤除菌，可延长其保质期。

乳清中优质水溶性蛋白质的超滤回收是乳制品厂的一大附加产品。我国豆腐水中水溶性优质蛋白质的回收利用亟待开发。

果汁的浓缩（尤其是我国的一些名贵水果品种）和名茶汁的浓缩是食品工业的重要方面，除传统的逆渗透和纳滤技术外，膜蒸馏和渗透膜蒸馏将占一定比例。

（6）生物工程 原来分离膜（UF）只用于生物工程中酶的回收使用和下游产物的分离。膜酶反应器的出现使酶（或微生物）限制在中空纤维组件的纤维间的腔中，底物从纤维内经膜进入，产物经膜由纤维中间输出，大大提高了酶的活力和寿命。此装置也可用于细胞和单克隆体的培养。

9.6 高分子分离膜科学与技术展望

（1）分离膜材料

① 有机分离膜材料已比较成熟，近期研究开发重点有如下几方面：高选择性氧/氮分离膜，（$\alpha O/N = 10 \sim 12$ 以上）可同时利用富氧和富氮气流；聚醚砜（酮）、聚苯醚（PPO）磺酸盐类高效除湿膜（$\alpha = 10^3 \sim 10^5$）用于天然气管道输送前的除湿，可大幅度减少天然气的透过损耗；耐高温蒸汽（130℃）、杀菌、耐污塞、易清洗微滤超滤膜材料；高湿强耐蛋白质污塞新纤维素纤维（Lyocell）微滤超滤膜的研制及改性。

② 无机-有机杂化膜和耐高温无机分离膜。这些膜将得到长足发展：从液态金属中滤除金属氧化物用陶瓷微滤膜，提高铸件质量；有机硅-氧化铝杂化膜用于渗透汽化和气体分离等；人工 Zeolite 膜用于渗透汽化；无机混合氧化物膜用于高温下从空气制备氧，取代传统的低温空气分馏法。

（2）膜分离过程 PVGS 的应用将继续以较高的速度发展。

纳滤的应用是目前开发热点，在有机物和无机盐类的分离、小分子有机物和中等大小分子有机物的分离方面有很好的前景。

亲和膜在分离生物工程下游产品方面将发挥越来越重要的作用。

开展对多孔不对称微滤超滤膜的防污塞及清洗所用的助剂研究。

（3）膜分离过程的进一步节能技术

① 逆渗透技术中使用精密陶瓷加工的转子的"压力交换器"可节能 2/3，从而使水的成本降到 1.00 美元/t 以下。

② 乙烯和丙烯的分离提纯用低温分馏与载体膜分离相结合，可大大节约冷冻的能耗。

（4）其他 膜技术的应用，从单一膜过程的应用到集成膜过程到和其他化工分离过程连用。近年更有与国民经济中重大综合项目相结合，协同解决攻关难题的趋势。

① 人造卫星及平流层飞行器用高光电转化效率无定形硅柔性薄膜太阳能电池的研制与开发。

② 低成本轻质氢/氧燃料电池及甲醇/氧燃料电池用质子交换膜及燃料电池用储氢膜。

③ 车（机车、卡车）载燃油富氧助燃用高效紧凑型可移动氧源。

④ 电动车和电助动车用高容量、轻质、快速充放电蓄电池。

⑤ 手性有机化合物和手性药物的手性膜及亲和膜分离纯化。

⑥ 无毒、不污染环境、微生物可降解的乳酸酯类通用溶剂的低成本新工艺的开发，以取代现用的卤代烃和芳烃溶剂。

⑦ 废硅片抛光磨料的回收再利用。

第 **10** 章 反应型高分子

10.1 概论

反应型功能高分子材料包括高分子试剂和高分子催化剂，主要用于化学合成和化学反应，有时也利用其反应活性制备化学敏感器和生物敏感器。

高分子化学反应试剂和高分子催化剂的研究和发展是在小分子化学反应试剂和催化剂的基础上，通过高分子化过程，使其分子量增加，溶解度减小，获得聚合物的某些优良性质。在高分子化过程中，人们希望得到的高分子化学反应试剂和催化剂能够保持或基本保持其小分子试剂的反应性能或催化性能。其基本目的是将某些均相反应转化成多相反应，简化分离纯化等后处理过程；或者借此提高试剂的稳定性和易处理性。

随着人们对多相反应和高分子反应机理认识的深入，目前高分子试剂和高分子催化剂的研制，已经成为一个专门的研究领域。化学反应高分子骨架和邻近基团的参与，使有些高分子反应试剂和催化剂表现出许多在高分子化之前没有的反应性能或催化活性；表现出所谓的无限稀释效应、立体选择效应、邻位协同效应等由于高分子骨架的参与而产生的特殊性能。在化学合成反应研究中开辟一个全新的领域，使高分子试剂和高分子催化剂在功能上已经大大超过小分子试剂。反应型高分子试剂的不溶性、多孔性、高选择性和化学稳定性等性质，大大改进了化学反应的工艺过程；高分子试剂和高分子催化剂的可回收再利用性质也符合绿色化学的宗旨，使其获得了迅速发展和应用。在高分子试剂和高分子催化剂研制基础上发展起来的固相合成法和固化酶技术是反应型功能高分子材料研究的重要突破，对有机合成方法等基础性研究和改进化学工艺流程做出了巨大贡献。

10.1.1 高分子试剂与催化剂的概念

（1）高分子化学反应试剂 化学反应试剂是一类自身的化学反应性很强，能和特定的化学物质发生特定化学反应的化学物质。它直接参与合成反应，并在反应中消耗掉自身。比如，常见的能形成碳—碳键的烷基化试剂——格氏试剂、能与化合物中羟基和氨基反应形成酯和酰胺的酰基化试剂等就属于化学试剂。小分子试剂经过高分子化，在某些聚合物骨架上引入反应活性基团，得到的具有化学试剂功能的高分子化合物被称为高分子化学反应试剂。利用高分子化学试剂在反应体系中的不溶性、立体选择性和良好的稳定性，可以在多种化学反应中获得特殊应用，也可以作为化学反应载体，用于固相合成反应。

（2）高分子化学反应催化剂 催化剂是一类特殊物质，它虽然参与化学反应，但是其自身在反应前后并没有发生变化（虽然在反应过程中有变化发生）。它的功能在于能几十倍、几百倍地增加化学反应速度，在化学反应中起促进反应进行的作用。常用催化剂多为酸或碱性物质（用于酸碱催化），或者为金属或金属络合物。通过聚合、接枝等方法将小分子催化剂高分子化，使具有催化活性的化学结构与高分子骨架相结合，得到具有催化活性的高分子材料称为高分子化学反应催化剂。同高分子化学反应试剂一样，高分子催化剂可以用于多相催化反应，同时具有许多同类小分子催化剂所不具备的性质。作为一种特殊催化剂，酶通过固化过程可以得到固化酶，成为一类专一性多相催化剂。

10.1.2 高分子化学试剂和高分子催化剂的应用特点

高分子试剂和高分子催化剂的应用可以改进化学反应工艺过程、提高生产效率和经济效益、发展高选择性合成方法、消除或减少对环境的污染和探索新的合成路线等。与小分子化学试剂和催化剂相比，高分子化后的优点如下。

(1) 简化操作过程 一般来说，经过高分子化后可以得到的高分子反应试剂和催化剂在反应体系中仅能溶胀，而不能溶解；这样在化学反应完成之后，可以借助简单的过滤方法使之与小分子原料和产物相互分离，从而简化操作过程，提高产品纯度。同时高分子催化剂的使用可以使均相反应转变成多相反应，间断合成转变成连续合成工艺，都会简化工艺流程。

(2) 有利于贵重试剂和催化剂的回收和再生 利用高分子反应试剂和催化剂的可回收性和可再生性，可以将某些贵重的催化剂和反应试剂高分子化后使用，以便于回收再用，达到降低成本和减少环境污染的目的。这一技术对开发贵金属络合催化剂和催化专一性极强的酶催化剂（固化酶），以及采用易对环境产生污染的试剂具有特别重大意义。

(3) 可以提高试剂的稳定性和安全性 高分子骨架的引入可以增加某些不易处理和储存试剂的稳定性，增加安全性，如小分子过氧酸经过高分子化后稳定性大大增加。分子量增加后挥发性的减小，也在一定程度上减小易燃易爆试剂的安全性。挥发性减小还可以消除某些试剂的不良气味，净化工作环境。

(4) 固相合成工艺可以提高化学反应的机械化和自动化程度 利用高分子载体连接多官能团反应试剂（如氨基酸）的一端，使反应只在试剂的另一端进行，这样可以实现定向连续合成。反应产物连接在固体载体上不仅使之易于分离和纯化，同时有利于实现化学反应的机械化和自动化。

(5) 提高化学反应的选择性 利用高分子载体的空间立体效应，可以实现"模板反应(template reaction)"。这种具有独特空间结构的高分子试剂，是利用了它的高分子效应和微环境效应，可以实现立体选择合成。在高分子骨架上引入特定光学结构，可以完成某些光学异构体的合成和拆分。

(6) 可以提供在均相反应条件下难以达到的反应环境 将某些反应活性结构有一定间隔地连接在刚性高分子骨架上，使其相互之间难于接触，可以实现常规有机反应中难于达到的"无限稀释"条件。这种利用高分子反应试剂中官能团相互间的难解近性和反应活性中心之间的隔离性，可以避免在化学反应中的试剂"自反应"现象，从而避免或减少副反应的发生。同时，将反应活性中心置于高分子骨架上特定官能团附近，可以利用其产生的邻位协同效应，加快反应速度、提高产物收率和反应的选择性。

当然，化学试剂和催化剂在引入高分子骨架后，在带来上述优点的同时，也会带来下列不利之处。

① 增加试剂生产的成本。在试剂生产中高分子骨架的引入和高分子化过程都会使高分子化学试剂和催化剂的生产成本提高。比较复杂的制备工艺也是成本增加的因素之一。

② 降低化学反应速度。由于高分子骨架的立体阻碍和多相反应的特点，与相应的小分子试剂相比，由高分子化学试剂进行的化学反应，其反应速度一般比较慢。

③ 有机高分子载体的耐热性较差，在高温下的反应不适用。

10.2 高分子试剂

高分子试剂在有机合成中的应用开始于 1963 年 R. B. Merrifield 发明的固相肽合成法。1984 年 Merrifield 因此获得了诺贝尔化学奖。从 20 世纪 70 年代起，在普通有机合成领域广泛开展了使用高分子试剂的研究。20 世纪 80 年代末，在固相有机合成基础上发展起来的组合化学技术的开发和应用，开辟了新药开发的全新途径。

高分子试剂主要通过聚合物载体的功能化或小分子试剂的高分子化的方法来制备，除了必须保持原有试剂的反应性能，不因高分子化而改变其反应能力之外，同时还应具有一些我们所期待的新的性能。高分子试剂参与的化学反应路线如图 10-1 所示。

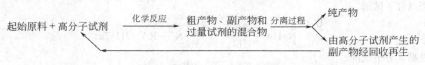

图 10-1 有高分子试剂参与的化学反应示意图

从图 10-1 中可以看出，有高分子试剂参与的化学反应，其反应过程与一般化学反应基本相同。但是与常规试剂参与的化学反应相比，高分子反应试剂最重要的特征有两点：一是可以简化分离过程（一般经过简单过滤即可）；二是高分子试剂可以回收，经再生重新使用。

10.2.1 高分子氧化还原试剂

在化学反应中反应物之间有电子转移过程发生，这种反应前后反应物中某些原子价态发生变化的反应称为氧化还原反应。其中主反应物失去电子的反应称为氧化反应，主反应物得到电子的反应称为还原反应。相应地，能促使并参与氧化反应发生的试剂称为氧化反应试剂（在反应中自身被还原），能促使还原反应发生的试剂称为还原反应试剂（在反应中自身被氧化）。还有一些试剂在不同的场合既可以作为氧化反应试剂，也可以作为还原反应试剂，具体反应依反应对象不同，电子的转移方向也不同。这种既可以进行氧化反应，也可以进行还原反应的试剂称为氧化还原试剂。经高分子化的这三类试剂分别构成高分子氧化试剂、高分子还原试剂和高分子氧化还原试剂。

10.2.1.1 氧化还原型高分子试剂

这是一类既有氧化作用，又有还原功能，自身具有可逆氧化还原特性的一类高分子化学反应试剂。特点是能够在不同情况下表现出不同反应活性。经过氧化或还原反应后，试剂易于根据其氧化还原反应的可逆性将试剂再生使用。根据这一类高分子反应试剂分子结构中活性中心的结构特征，最常见的该类高分子氧化还原试剂可以分成以下 5 种结构类型，即含醌式结构的高分子试剂、含硫醇结构高分子试剂、含吡啶结构高分子试剂、含二茂铁结构高分子试剂和含多核杂环芳烃结构高分子试剂。图 10-2 中给出了上述 5 种高分子试剂的母核结构和典型的氧化还原反应。

这 5 类高分子试剂在结构上都由多个可逆氧化还原中心与高分子骨架相连，都是比较温和的氧化还原试剂，常用于有机化学反应中的选择性氧化反应或还原反应。在化学反应中氧化还原活性中心与起始反应物发生反应，是试剂的主要活性成分，而聚合物骨架在试剂中一般只起对活性中心的担载作用。

（1）氧化还原型高分子反应试剂的制备方法 高分子氧化还原试剂的制备基本可以分为两大类。一是从合成具有氧化还原活性的单体出发，首先制备含有氧化还原活性中心结构，同时具有可聚合基团的活性单体；再利用聚合反应将单体制备成高分子反应试剂。第二种方法是以某种商品聚合物为载体，利用特定化学反应，将具有氧化还原反应活性中心结构的小分子试剂接枝到聚合物骨架上，构成具有同样氧化还原反应活性的高分子反应试剂。用这两种方法得到的高分子氧化还原试剂在结构上有所不同。前一种方法得到的试剂其氧化还原活性中心在整个聚合物中分布均匀，活性中心的密度较大，但是形成的高分子试剂的力学强度受聚合单体的影响较大，难以得到保障。用后一种方法得到的高分子试剂其氧化还原活性中心一般主要分布在聚合物表面和浅层，活性点担载量较小，试剂的使用寿命受到一定的限制，但是其力学强度受活性中心的影响不大。下面是典型的制备实例。

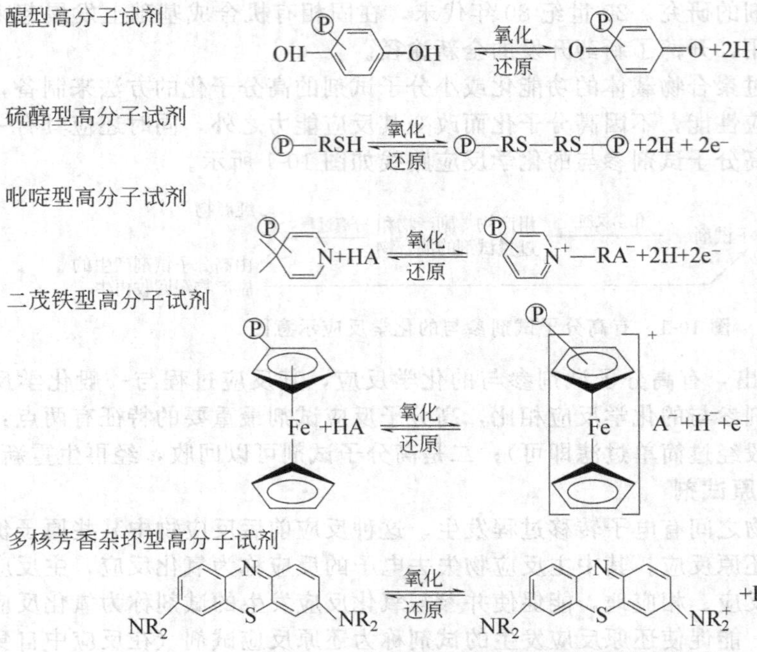

醌型高分子试剂

$$OH\text{—}⟨P⟩\text{—}OH \underset{\text{还原}}{\overset{\text{氧化}}{\rightleftharpoons}} O=⟨P⟩=O +2H^+ + 2e^-$$

硫醇型高分子试剂

$$⟨P⟩\text{—}RSH \underset{\text{还原}}{\overset{\text{氧化}}{\rightleftharpoons}} ⟨P⟩\text{—}RS\text{—}SR\text{—}⟨P⟩ +2H^+ + 2e^-$$

吡啶型高分子试剂

$$N+HA \underset{\text{还原}}{\overset{\text{氧化}}{\rightleftharpoons}} N^+\text{—}RA^- +2H^+ + 2e^-$$

二茂铁型高分子试剂

$$Fe+HA \underset{\text{还原}}{\overset{\text{氧化}}{\rightleftharpoons}} [Fe]^+ A^- + H^+ + e^-$$

多核芳香杂环型高分子试剂

$$NR_2 \cdots NR_2 \underset{\text{还原}}{\overset{\text{氧化}}{\rightleftharpoons}} NR_2 \cdots NR_2^+ + H^+ + e^-$$

图 10-2　典型高分子氧化还原试剂及其反应

① 醌型氧化还原高分子反应试剂的合成路线。醌型氧化还原高分子反应试剂的制备过程是以溴取代的二氢醌为起始原料，经与乙基乙烯基醚反应，对酚羟基进行保护，形成酚醚。再在强碱正丁基锂作用下，在溴取代位置形成正碳离子；正碳离子与环氧乙烷反应得到羟乙基取代物；羟乙基在碱性溶液中发生脱水反应，得到可聚合基团——乙烯基，再经聚合反应生成聚乙烯类高分子骨架。脱去保护基团便取得具有与常规醌型氧化还原试剂同样性能的高分子反应试剂。采用上述工艺路线制备醌型氧化还原试剂应注意以下几点。

a. 为了保证试剂的良好稳定性，苯环上的氢原子应由其他原子或基团所取代。当苯环上有未被取代的氢原子，试剂处在醌型氧化态时，易于受自由基的攻击，引起交联反应，从而降低高分子试剂氧化还原反应的可逆性。

b. 生成的聚合物中，氧化还原中心之间若能被有效的分隔开，减少相互间的作用，可以降低其氧化还原半波电位的范围（宽度），从而提高试剂的反应选择性。这可以通过在聚合反应中加入适量其他单体，进行共聚来实现。

c. 为了改变试剂的选择性（即氧化还原电位），可以通过改变苯环上的取代基来达到目的，因为取代基的电负性或空间构型可以改变醌型试剂得失电子的难易，从而改变其氧化还原电位。

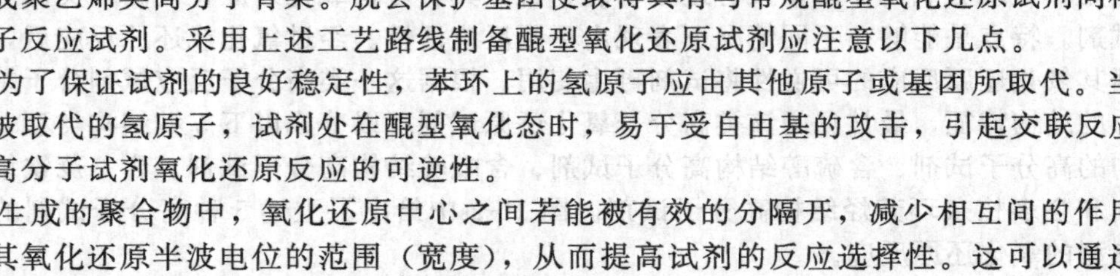

d. 制备具有低交联度的大网络型、高孔隙度的高分子反应试剂，增大试剂的比表面积和通透性，有利于氧化还原反应的进行。这一目的可以通过控制交联剂的加入量来实现。

e. 生成的高分子试剂在反应体系中最好应具有良好的可润湿性和可溶胀性，使其有利于反应的进行。在聚合物结构中引入磺酸基或季铵盐基团可以提高生成聚合物的可润湿性。

② 硫醇型氧化还原高分子反应试剂的制备。硫醇型高分子化学反应试剂的合成路线有两条：一条是以聚氯甲基苯乙烯为原料，与硫氢酸钠发生亲核取代反应，直接生成含有硫醇基团的聚苯乙烯聚合物；第二种方法是首先合成含有巯基的可聚合单体，对巯基苯乙烯，用乙酰化反应来保护巯基，再以此为原料，以双偶氮二异丁腈（AIBN）为引发剂，引发聚合反应制备聚合物，经水解脱保护后得到硫酚类高分子试剂。

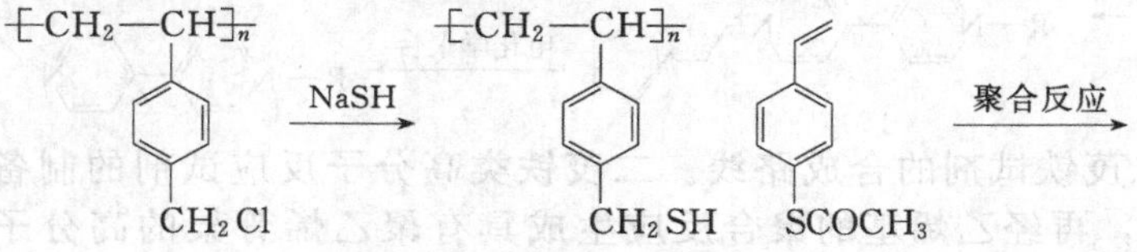

方法 1

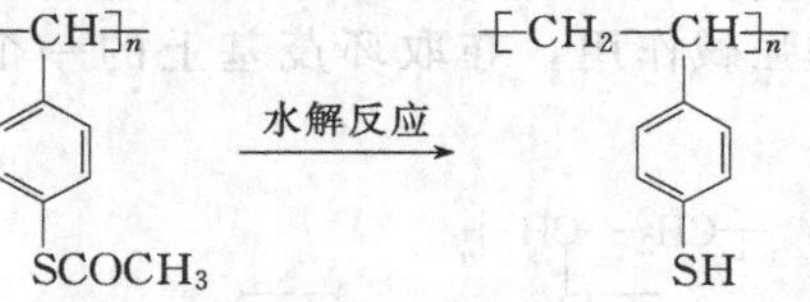

方法 2

其他方法还包括以聚苯乙烯的重氮盐为原料，与 $C_2H_5OCSSNa$ 反应，经水解制取硫酚类高分子化学反应试剂。或以聚苯乙烯为原料经磺酰化后，再经还原反应制备硫酚类高分子试剂。硫醇型高分子试剂中硫醇基团比硫酚（与苯环直接相连）基团容易氧化，而高分子型硫醇又比低分子型容易氧化。

③ 吡啶类氧化还原型高分子试剂——聚合型烟酰胺的制备。与前两种试剂的制备过程相类似，吡啶类高分子试剂的制备也可以分成两类，即分别由聚合物为起始原料和以功能型单体合成为出发点两种制备方法。其中以第二种方法较为常见。聚合型烟酰胺的合成常常以对氯甲基苯乙烯为起始原料，与苄基氯与烟酰胺上的芳香氮原子直接反应，生成带有吡啶反应活性基团的单体。这种活性单体可以通过多种聚合反应生成高分子反应试剂。

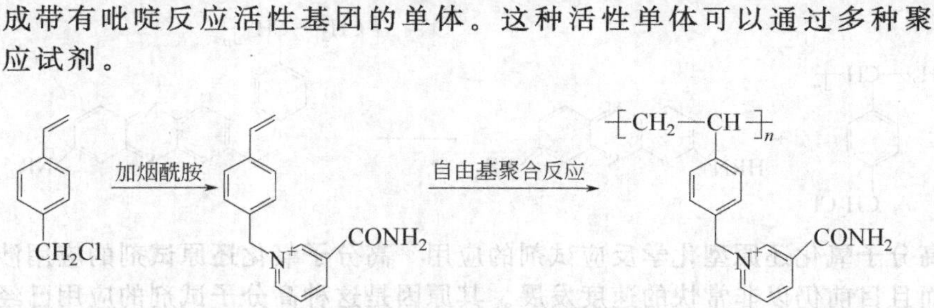

含有联吡啶结构的高分子氧化还原试剂还可以通过引入吡咯基团后，再进行电氧化聚合反应制备，得到的高分子试剂直接附着在电极表面。其中可氧化电聚合的吡咯基团是以 2,5-二甲氧基四氢呋喃和 2-溴乙胺盐酸盐为原料，在醋酸和醋酸钠的溶液中经开环、缩合、脱甲醇等多步反应生成的。当其中的溴乙基再与 4,4′-联吡啶中的氮杂原子发生取代反应，季铵化后成为含有联吡啶氧化还原结构的单体化合物。与直接采用吡咯为原料，通过对氮原子的亲核取代反应制备 N-(2-溴乙基)吡咯的方法相比，反应条件比较温和，反应步骤较少。得到的 N 取代吡咯五元杂环具有电化学聚合能力，通

过电化学聚合可以得到带有共轭结构的聚吡咯骨架。这一高分子化过程在电解池中进行。含有联吡啶的单体化合物在有机电解液中，在 1.3 V（饱和干汞电极为参考电极）电压下发生电化学聚合，反应过后，在工作电极表面即可得到具有氧化还原能力的联吡啶盐型高分子反应试剂。

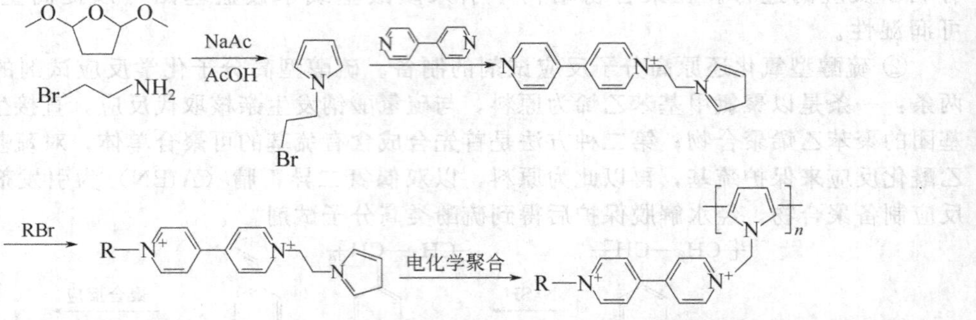

④ 聚合型二茂铁试剂的合成路线。二茂铁类高分子反应试剂的制备可以先从合成乙烯基二茂铁入手，再经乙烯基的聚合反应生成具有聚乙烯骨架的高分子试剂。或者由聚苯乙烯重氮盐与二茂铁直接反应，生成有聚苯乙烯结构骨架的聚合二茂铁试剂。也有人将二茂铁试剂与正丁基锂强碱作用，夺取环茂基上的一个氢原子，直接交联生成聚合型二茂铁试剂。

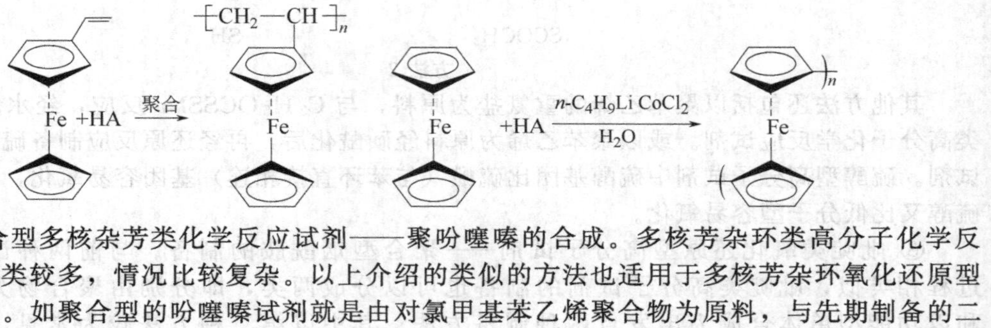

⑤ 聚合型多核杂芳类化学反应试剂——聚吩噻嗪的合成。多核芳杂环类高分子化学反应试剂的种类较多，情况比较复杂。以上介绍的类似的方法也适用于多核芳杂环氧化还原型试剂的合成。如聚合型的吩噻嗪试剂就是由对氯甲基苯乙烯聚合物为原料，与先期制备的二氨基吩噻嗪反应制得的。

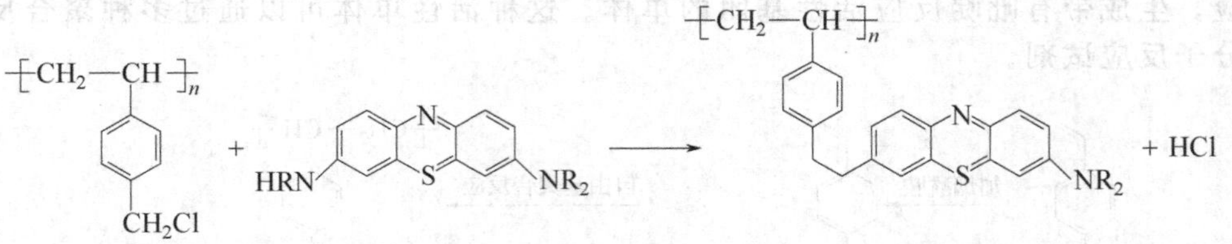

（2）高分子氧化还原型化学反应试剂的应用　高分子氧化还原试剂的应用涉及的范围非常广泛，而且目前仍以非常快的速度发展。其原因是这种高分子试剂的应用已经超过了化学合成的范畴。它们的应用情况在此仅以少量事例加以概括。下面给出了高分子醌试剂在合成反应中的应用。

醌型高分子化学反应试剂在不同条件下可以使不同有机化合物氧化脱氢，生成不饱和键。例如，在催化剂存在下，高分子醌试剂可以使均二苯肼氧化脱氢生成偶氮苯，也可以使 α-氨基酸发生氧化型 Strecker 降解反应，生成小分子醛、氨和二氧化碳气体。醌型高分子试剂在工业上更重要的应用是与二氯化钯催化剂组成一个反应体系，连续以廉价石油工业原料乙烯制取在化工上有重要意义的乙醛。反应过后在氧气参与下，高分子试剂可以通过氧化

174

反应再生。由此反应原理为基础的反应装置可以连续制备乙醛，而高分子试剂和催化剂基本上不被消耗，从这个特点上来说高分子醌试剂此时更像催化剂的作用。类似的醌型高分子氧化还原反应试剂还可以与碳酸钠和氢氧化钠配成水溶液，将通入的硫化氢气体氧化成固体硫磺，从而在环保方面得到应用。

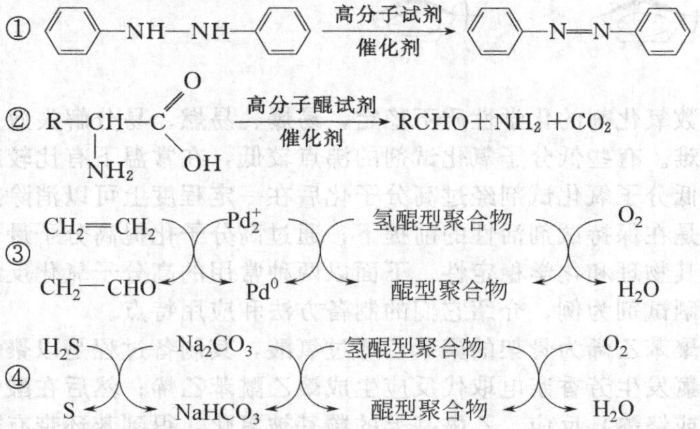

① C_6H_5—NH—NH—C_6H_5 $\xrightarrow[\text{催化剂}]{\text{高分子试剂}}$ C_6H_5—N=N—C_6H_5

② R—CH—C(=O)OH (NH₂) $\xrightarrow[\text{催化剂}]{\text{高分子醌试剂}}$ $RCHO + NH_2 + CO_2$

③ $CH_2=CH_2$ / $CH_2—CHO$ — Pd_2^+ / Pd^0 — 氢醌型聚合物 / 醌型聚合物 — O_2 / H_2O

④ H_2S / S — Na_2CO_3 / $NaHCO_3$ — 氢醌型聚合物 / 醌型聚合物 — O_2 / H_2O

醌型氧化还原高分子反应试剂还有其他一些用途，如作为细菌培养时的氧气吸收剂，化学品储存和化学反应中的阻聚剂，彩色照相中使用的还原剂，以及氧化还原试纸等。

硫醇类高分子试剂可以有效地使二硫化物和蛋白质的—S—S—键断裂，还原成巯基，而高分子试剂中的巯基则转变为—S—S—基团。

硫醇高分子试剂 + R_1—S—S—R_2 $\longrightarrow$ $R_1SH + R_2SH$

烟酰胺是乙醇脱氢酶（ADH）辅酶（NDA）的活性结构中心，其在生命过程中的氧化还原反应中起着重要作用。其氧化还原反应是二电子型的，反应机理如下式所示：

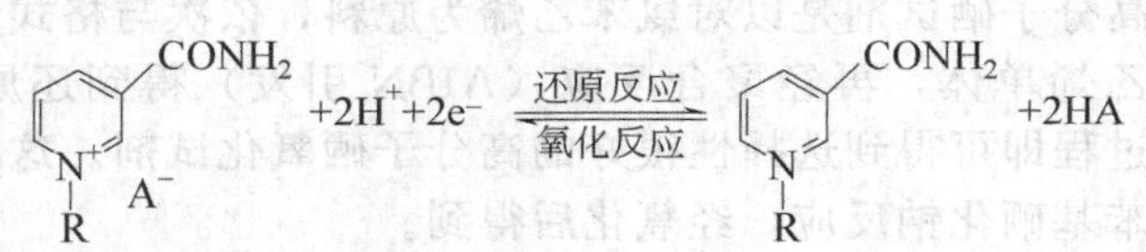

（烟酰胺结构，CONH₂，N⁺，A⁻，R） $+2H^+ + 2e^-$ $\xrightarrow[\text{氧化反应}]{\text{还原反应}}$ （烟酰胺结构，CONH₂，N，R） $+2HA$

具有烟酰胺结构的高分子试剂的研究主要是关于生物体内的氧化还原反应过程，以其为材料制备的聚合物修饰电极可以用到生物化学研究领域。具有联吡啶结构的高分子试剂常以双盐的形式存在，其单电子还原产物具有极强的光吸收能力，其最大吸收峰 λ_{max} 约为 600nm。这一还原过程在电压或光的作用下，或与还原试剂接触很容易完成。还原产物为颜色极深的单阳离子自由基结构，呈现出很鲜明的颜色反应。单阳离子自由基在空气中，特别是在水中可以被氧气慢慢氧化成原来的联吡啶双盐结构而退色。因此，该类物质还具有光致氧化还原变色性能和感湿性。但是在无氧条件下，深色还原产物非常稳定。当该类高分子氧化还原试剂被固化到电极表面，用不同电压控制其氧化还原状态，可以使其成为新型的光电显色材料。最近发现，将联吡啶盐活性中心与吡咯通过适当的碳链相连，经电化学聚合反应，可以在工作电极表面生成含有联吡啶结构的聚合物膜。这种膜不仅具有良好的光电显色性能，而且在特定的电极电位范围内表现出导体的性质。具有烟酰胺和联吡啶结构的高分子试剂不仅作为常规的氧化还原试剂，同时也都是重要的电子转移催化剂（electron transfer catalyst）或称为聚合物电子载体（polymeric electron carrier），在研究某些反应动力学和反应机理方面有重要用途。

二茂铁高分子试剂可以与四价砷，对苯醌和稀硝酸等发生反应，可逆地被氧化成三价的二茂铁离子。这种铁离子可以再被三价钛或抗坏血酸所还原。伴随着氧化还原反应的进行，高分子试剂的颜色也随之发生变化。

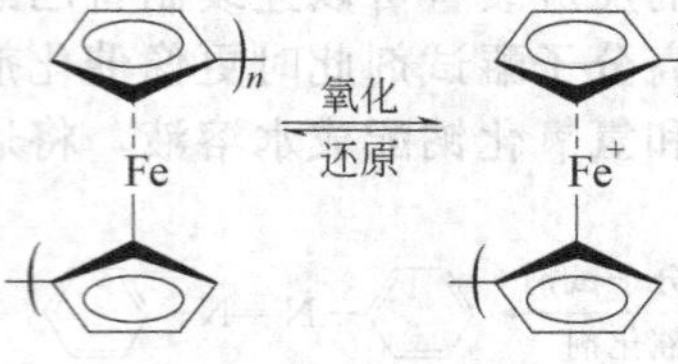

10.2.1.2 高分子氧化试剂

由于氧化剂的自身特点，多数氧化剂的化学性质不稳定，易爆、易燃、易分解失效。因此造成储存、运输和使用上的困难。有些低分子氧化试剂的沸点较低，在常温下有比较难闻的气味，恶化工作环境。而这些低分子氧化试剂经过高分子化后在一定程度上可以消除或减弱这些缺点。氧化剂的高分子化是在保持试剂活性的前提下，通过高分子化提高分子量，减低试剂的挥发性和敏感度，增加其物理和化学稳定性。下面以两种常用的高分子氧化反应试剂，高分子过氧酸试剂和高分子硒试剂为例，介绍它们的制备方法和应用特点。

高分子过氧酸最常见的是以聚苯乙烯为骨架的聚苯乙烯过氧酸，其制备过程是以聚合好的聚苯乙烯树脂为原料，与乙酰氯发生芳香亲电取代反应生成聚乙酰苯乙烯；然后在酸性条件下经与无机氧化剂（高锰酸钾或铬酸）反应，乙酰基上的羰基被氧化，得到苯环带有羧基的聚苯乙烯氧化剂中间体。最后在甲基磺酸的参与下，与70％双氧水反应生成过氧键，得到聚苯乙烯型高分子氧化试剂。

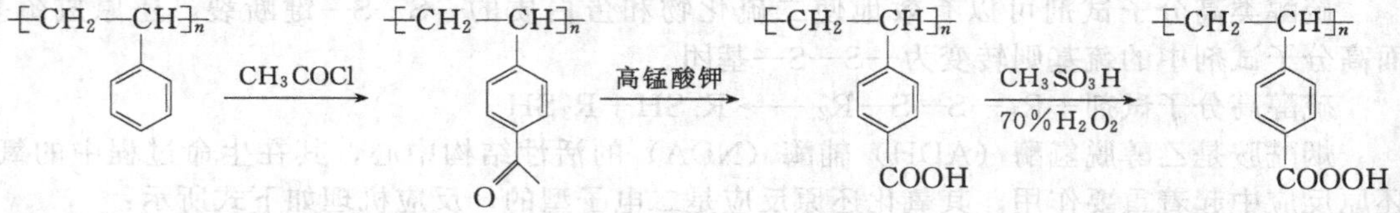

聚对氯苯乙烯型高分子硒试剂是以对氯苯乙烯为原料，依次与格式试剂和硒反应，经酸性水解生成含硒的苯乙烯单体，再经聚合反应（AIBN 引发）得到还原型高分子有机硒试剂。此试剂再经氧化过程即可得到选择性很好的高分子硒氧化试剂。这种试剂也可以以聚对溴苯乙烯为原料，与苯基硒化钠反应，经氧化后得到。

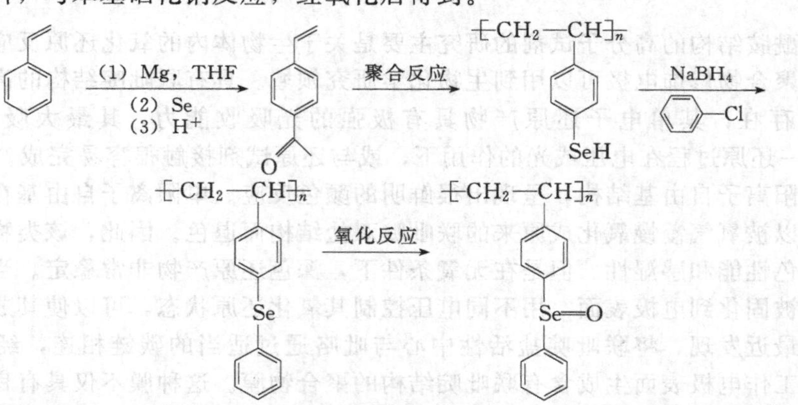

过氧酸与常规羧酸相比，羧基中多含一个氧原子构成过氧键。过氧基团不稳定，易与其他化合物发生氧化失掉一个氧原子，自身转变成普通羧酸。低分子过氧酸极不稳定，在使用和储存的过程中容易发生爆炸或燃烧。而高分子化的过氧酸则克服了上述缺点。如用上法合成的高分子过氧酸，稳定性好，不会爆炸，在 20℃以下可以保存 70d，−20℃时可以保持 7个月无显著变化。高分子过氧酸可以使烯烃氧化成环氧化合物（采用芳香骨架型过氧酸）或邻二羟基化合物（采用脂肪骨架过氧酸），而这一反应过程在有机合成，精细化工和石油化工生产中是一个重要的合成手段。

176

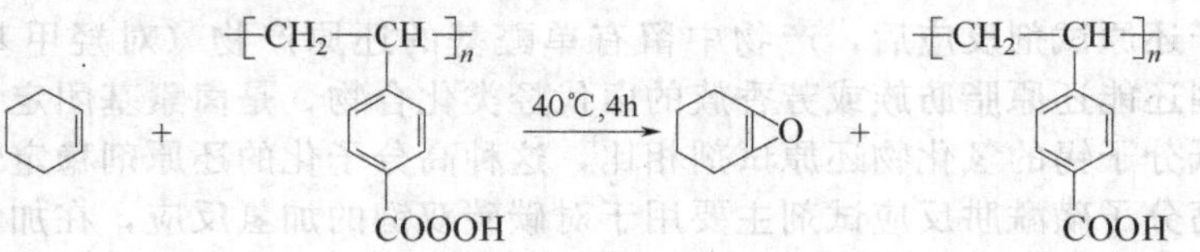

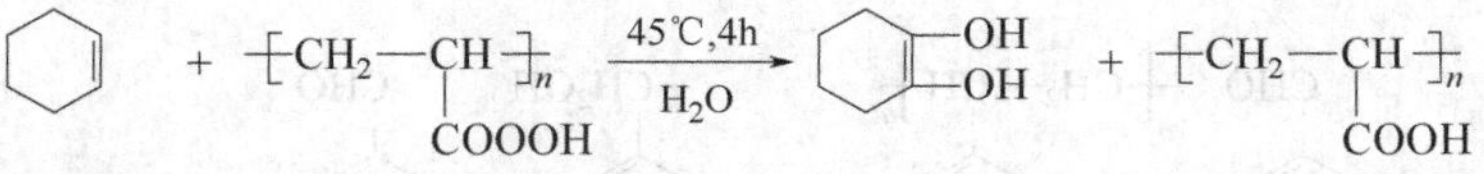

$$\text{环己烯} + \underset{\underset{COOOH}{|}}{+CH_2-CH+_n} \xrightarrow{40\text{℃},4h} \text{环氧} + \underset{\underset{COOH}{|}}{+CH_2-CH+_n}$$

$$\text{环己烯} + \underset{\underset{COOOH}{|}}{+CH_2-CH+_n} \xrightarrow[H_2O]{45\text{℃},4h} \underset{OH}{\overset{OH}{|}} + \underset{\underset{COOH}{|}}{+CH_2-CH+_n}$$

高分子硒试剂是一类最新发展起来的高分子氧化试剂，它不仅消除了低分子有机硒化合物令人讨厌的毒性和气味，而且还具有良好的选择氧化性。这种高分子氧化试剂可以选择性地将烯烃氧化成为邻二羟基化合物，或者将环外甲基氧化成醛。特别是后者，要使氧化反应既不停止在醇的阶段，又不能继续氧化成酸，而是以氧化性和还原性都很强的醛为主产物，是有机合成中致力解决的难题之一。

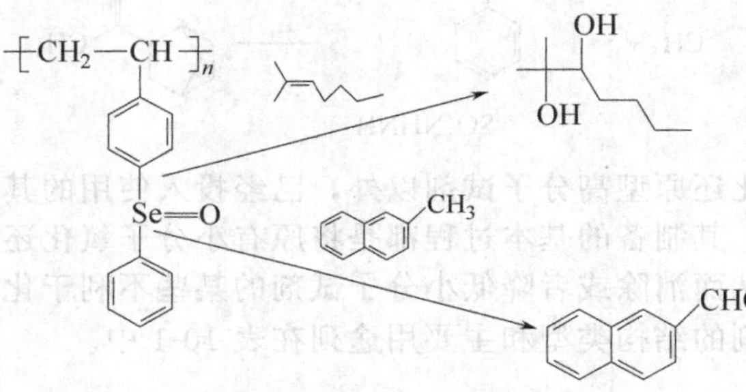

10.2.1.3 高分子还原试剂

与高分子氧化剂类似，高分子还原反应试剂是一类主要以小分子还原剂（包括无机试剂和有机试剂），经高分子化之后得到的仍保持有还原特性的高分子试剂。如同前两种高分子反应试剂一样，这种高分子也具有同类型低分子试剂所不具备的诸如稳定性好、选择性高、可再生性等一些优点。这种试剂在有机合成和化学工业中很有发展前途。

(1) 高分子还原试剂的合成方法　高分子锡还原试剂的合成方法是以聚苯乙烯为原料，经与锂试剂（正丁基锂）反应，生成聚苯乙烯的金属锂化合物；再经格氏化反应，将丁基二氯化锡基团接于苯环，最后与氢化铝锂还原剂反应，得到高分子化的硒还原试剂。

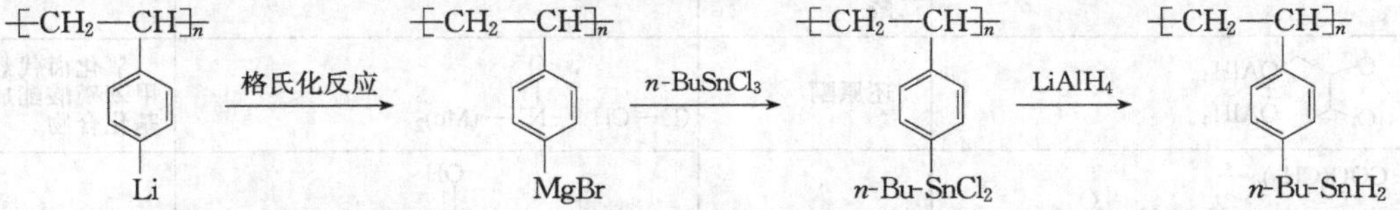

$$\underset{\underset{Li}{|}}{+CH_2-CH+_n} \xrightarrow{\text{格氏化反应}} \underset{\underset{MgBr}{|}}{+CH_2-CH+_n} \xrightarrow{n\text{-BuSnCl}_3} \underset{\underset{n\text{-Bu-SnCl}_2}{|}}{+CH_2-CH+_n} \xrightarrow{\text{LiAlH}_4} \underset{\underset{n\text{-Bu-SnH}_2}{|}}{+CH_2-CH+_n}$$

另外一种高分子还原反应试剂——聚苯乙烯磺酰肼也可以以聚苯乙烯为原料，经磺酰化反应得到对磺酰氯苯乙烯中间产物；再与肼反应，得到有良好还原反应特性的磺酰肼高分子试剂。

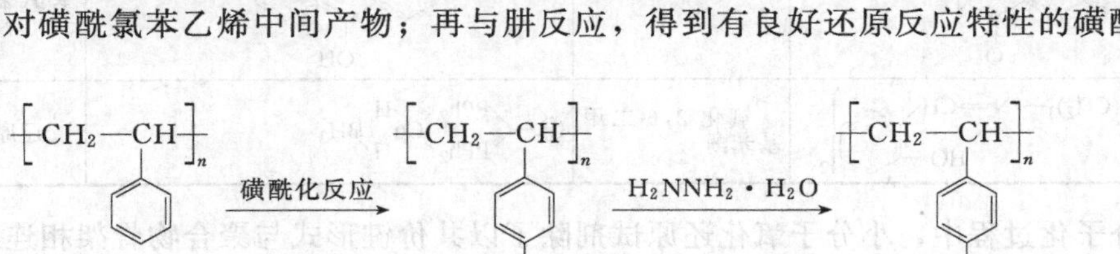

$$\underset{}{+CH_2-CH+_n} \xrightarrow{\text{磺酰化反应}} \underset{\underset{SO_2Cl}{|}}{+CH_2-CH+_n} \xrightarrow{H_2NNH_2\cdot H_2O} \underset{\underset{SO_2NHNH_2}{|}}{+CH_2-CH+_n}$$

(2) 高分子还原试剂的特点和应用　高分子锡还原试剂可以将苯甲醛、苯甲酮和叔丁基苯甲酮等邻位具有能稳定正碳离子基团的含羰基化合物还原成相应的醇类化合物，并具有良

177

好的反应收率。特别是对此类化合物中的二元醛有良好的单官能团还原选择性。如对苯二甲醛经与此高分子还原试剂反应后，产物中留有单醛基的还原产物（对羟甲基苯甲醛）占到86%。该还原剂还能还原脂肪族或芳香族的卤代烃类化合物，是卤素基团定量地转变成氢原子。与相应的低分子锡的氢化物还原试剂相比，这种高分子化的还原剂稳定性更好，且无气味，低毒性。高分子磺酰肼反应试剂主要用于对碳碳双键的加氢反应，在加氢反应过程中对同为不饱和双键的羰基没有影响，是一种选择还原剂。

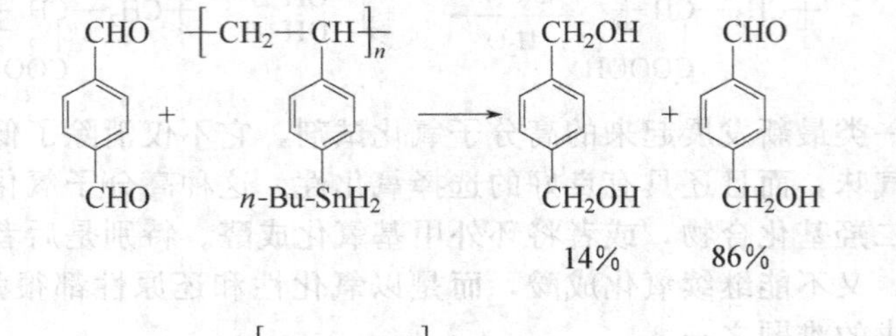

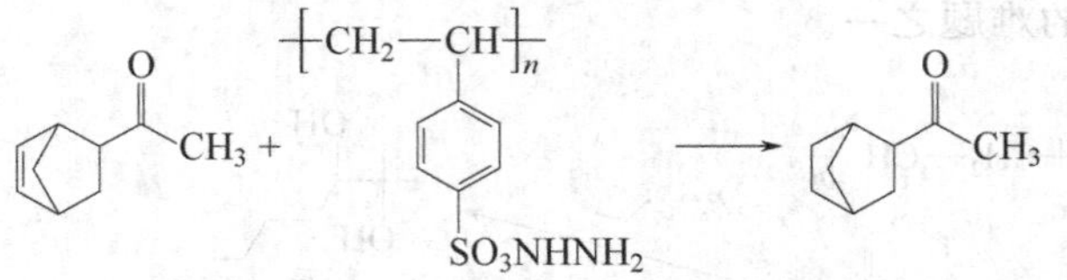

除了上述列举的氧化还原型高分子试剂以外，已经投入使用的其他类型的高分子氧化还原试剂还有数十种之多。其制备的基本过程都是将原有小分子氧化还原试剂通过高分子化过程形成大分子化合物，从而消除或者降低小分子试剂的某些不利于化学反应的缺点。其他类型的高分子氧化还原试剂的结构类型和主要用途列在表 10-1 中。

表 10-1　高分子氧化还原试剂

高分子试剂结构	试剂主要用途	高分子试剂结构	试剂主要用途
Ⓟ—CH₂—N⁺—MeBH₄⁻	将羰基化合物还原成醇	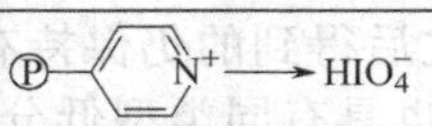 Ⓟ—⟨N⁺⟩→HIO₄⁻	氧化各种芳香和饱和多元醇
Ⓟ—(CH₂)ₘSMe ⟶ BH₃	还原酮	Ⓟ—(CH₂)ₘCO ⟶ NClR	氧化醇
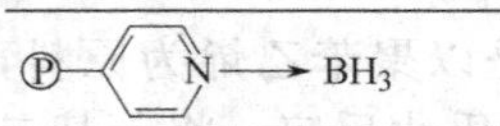 Ⓟ—⟨N⟩ ⟶ BH₃	还原羰基化合物	—[CO—R—CO—NCl—(CH₂)₆—NCl]ₙ—	氧化醇和硫醚
Ⓟ—Sn(n-Bu)H₂	还原羰基化合物，选择性还原二醛	Ⓟ—Sn(n-Bu)H₂	还原酮
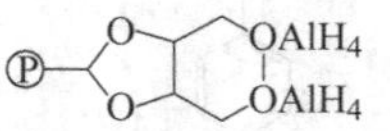 Ⓟ—⟨OAlH₄ / OAlH₄⟩	还原酮	Ⓟ—CH₂—N⁺—(Me)₂ (O⁻)	氧化卤代烃和甲苯磺酸酯成羰基化合物
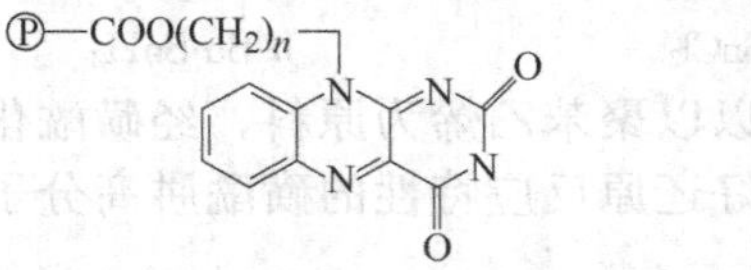 Ⓟ—COO(CH₂)ₙ⟨⟩	扁桃酸酯脱氢	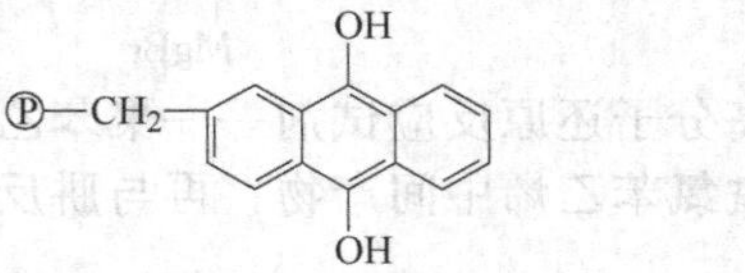 Ⓟ—CH₂⟨OH...OH⟩	醌还原成对二羟基苯
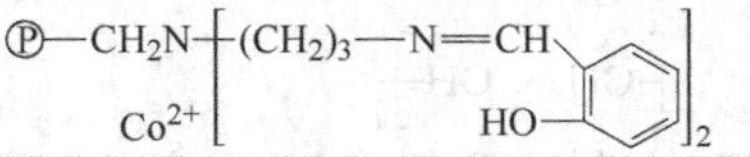 Ⓟ—CH₂N—[(CH₂)₃—N=CH—⟨HO⟩₂] Co²⁺	氧化 2,6-二甲基苯酚	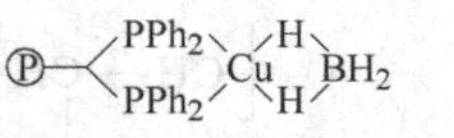 Ⓟ—CH⟨PPh₂ / PPh₂⟩Cu⟨H / H⟩BH₂	还原酰卤成醛

在高分子化过程中，小分子氧化还原试剂除了以共价键形式与聚合物骨架相连之外，还可以以其他方式实现高分子化。这些方法包括小分子试剂通过离子键，或者配位键与聚合物作用，将其与聚合物结合在一起。比如聚乙烯吡啶树脂可以与 BH₃ 络合形成高分子还原剂，用于将活性苯甲醛和二苯酮等还原成相应的醇。强碱型离子交换树脂与硼氢化钠作用，利用

178

离子交换过程，可以制备具有硼氢化季铵盐结构的高分子还原试剂。除此之外，弱碱性阴离子交换树脂与 $H_3PO_2^-$、SO_2^{2-}、$S_2O_3^{2-}$、$S_2O_4^{2-}$ 等还原性阴离子作用，可以生成具有不同还原能力的高分子试剂。采用强酸型阳离子交换树脂与各种氧化还原型阳离子反应，可以生成具有不同氧化还原能力的高分子试剂。相对来说，这种高分子化方法制备得到的高分子试剂虽然在稳定性方面稍差一些，但是制备方法相对简单，回收和再生容易，因此也具有良好发展前途。以无机和有机吸附剂作为载体，利用吸附作用也可以实现小分子氧化还原试剂的高分子化。例如，三氧化二铝可以吸附硼氢化钠作为还原剂，用于将各种醛酮还原成醇。三氧化二铝吸附异丙醇之后，可以使醛和酮进行 Meerwein-Pondorf-Verley 还原反应，得到相应的醇。这种类型的高分子试剂在使用时应特别注意反应条件对试剂稳定性的影响。

10.2.2 高分子卤代试剂

卤化反应是有机合成和石油化工中常见反应之一，包括卤元素的取代反应和加成反应，用于该类反应的化学试剂称为卤代试剂。在这类反应中，要求卤代试剂能够将卤素原子按照一定要求有选择性地转递给反应物的特定部位。其重要的反应产物为卤代烃，是重要的化工原料和反应中间体，常用的卤化试剂挥发性和腐蚀性较强，容易恶化工作环境并腐蚀设备。高分子化后的卤代试剂除了克服上述缺点之外，还可以简化反应过程和分离步骤。卤代试剂中高分子骨架的空间和立体效应也使其具有更好的反应选择性，因而它们在有机合成反应中获得了日益广泛的应用。目前常见高分子卤代试剂主要有二卤化磷型、N-卤代酰亚胺型、三价碘型三种类型。

（1）高分子卤代试剂的合成方法　有三苯基化磷结构的化合物经常作为化学试剂或催化剂的母体，其中含有三苯基二氯化磷结构的高分子可以作为卤代试剂。这种卤代试剂的合成有两条路线可供选择，一种是以对溴苯乙烯为起始物，经聚合反应生成带有溴苯结构的聚苯乙烯聚合物；在强碱正丁基锂的辅助作用下，在溴原子取代位置与二苯基氯化磷发生取代反应，生成高分子卤化试剂的前体——三苯基磷聚合物。这种结构的产物与某些金属反应生成的络合物是一种优良的高分子催化剂。三苯基磷聚合物再与过氧酸反应，生成的含有羰基的五价磷化合物与光气反应，即可得到高分子氯代试剂——三苯基二氯化磷聚合物。

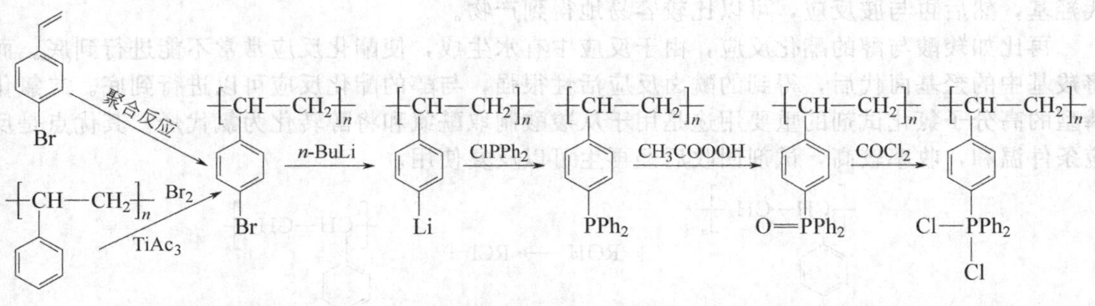

由第二条路线制备这种卤代试剂是以聚苯乙烯为原料，在乙酸钛催化下与溴水反应制备聚对溴苯乙烯，再用以上方法合成高分子氯代试剂。

N-卤代酰亚胺是一种优良的卤代试剂，特别是在溴代和碘代反应中应用较多，其中溴代试剂简称 NBS。N-卤代酰亚胺的高分子化过程比较简单，带有双键的五元环酰亚胺本身有聚合能力，为了有利于聚合反应的进行和提高高分子试剂的整体性能，通常采用酰亚胺与苯乙烯共聚来实现该试剂的高分子化，得到的共聚物再与溴水在碱性条件下反应，使溴原子取代酰亚胺氮原子上的氢原子，使其成为具有溴代反应能力的高分子试剂。另外一种合成路线是由也具有聚合能力的丁烯内二酸酐构成的五元环与苯乙烯共聚，生成的聚合物与羟胺反应，将五元环中的氧原子由氮原子替换，得到高分子卤代试剂的中间体——聚酰亚胺，N-基卤代后成为高分子卤代试剂。

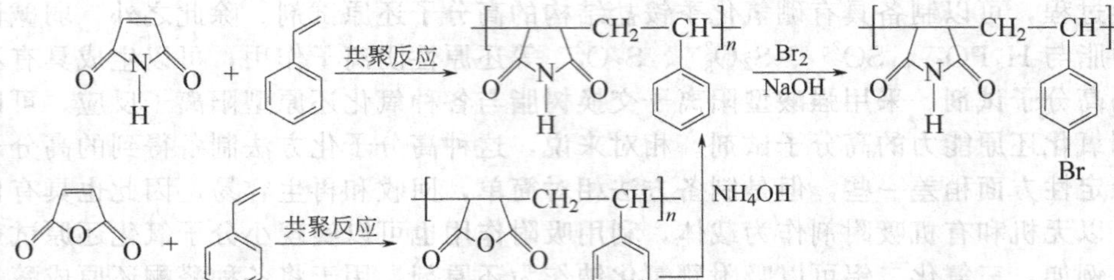

氯和氟等体积比较小的卤族元素的卤代反应用上述试剂常常得不到理想结果，需要用到另外一种卤代试剂——三价碘高分子卤代试剂。这种试剂的合成也可以直接从聚苯乙烯开始，在碘酸、硫酸、硝基苯的共同作用下，在聚苯乙烯中的苯环上发生碘代反应；此后苯环上生成的碘原子与氯或氟化合物进行氧化取代反应得到碘原子上带有氯或氟的三价碘高分子试剂。

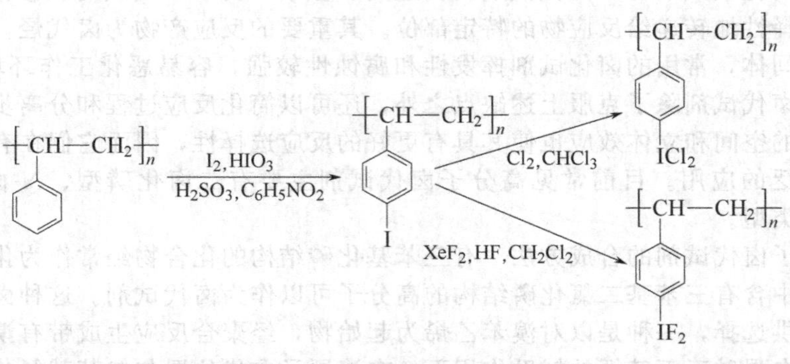

（2）高分子卤代试剂的特点和应用　卤代反应在有机合成方法中占有重要地位。很多卤代产物是重要的化工产品，如氟里昂制冷剂和六氯苯农药等。但是更多的应用是作为化学反应中间体和化学反应试剂，在制药工业和精细化工工业中使用广泛。这方面的例子很多，如高级醇中的羟基不很活泼，从醇制备胺常常要先制备反应活性较强的卤代烃，有卤素原子替代羟基，然后再与胺反应，可以比较容易地得到产物。

再比如羧酸与醇的酯化反应，由于反应中有水生成，使酯化反应常常不能进行到底。而将羧基中的羟基卤代后，得到的酰卤反应活性很强，与醇的酯化反应可以进行到底。二氯化磷型的高分子氯化试剂的重要用途是用于从羧酸制取酰氯和将醇转化为氯代烃。其优点是反应条件温和，收率较高，试剂回收后经再生可以反复使用。

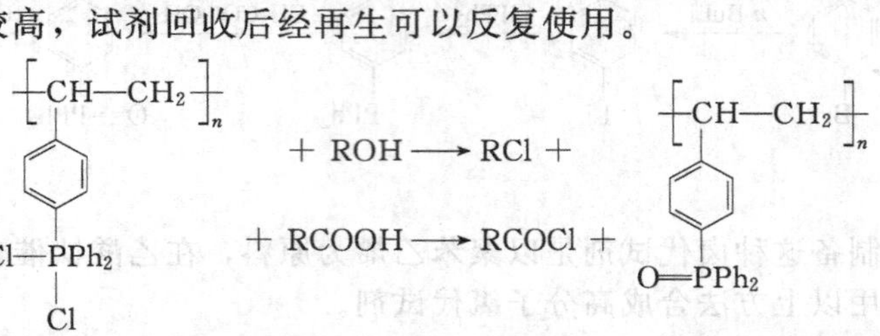

在溴元素的取代或加成反应中经常用到 N-溴代酰亚胺（NBS）反应试剂，该试剂与其他卤代试剂不同，在反应过程中不产生卤化氢气体，因而保护了环境；反应后溶液的酸度亦不发生变化，反应易于进行到底。高分子化的 NBS 不仅可以对羟基等基团进行溴代反应，而且对其他活泼氢也可以进行溴代反应。

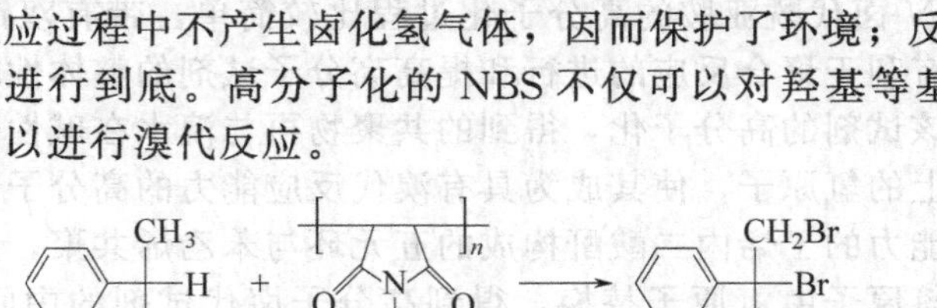

180

对不饱和烃的加成反应是高分子 N-卤代酰亚胺试剂的另一种应用，产物为饱和双取代卤代烃。总体来讲，与小分子同类试剂相比，经过高分子化的 NBS 试剂的转化率有所降低，原因可能是高分子骨架对小分子试剂有屏蔽作用。但是经过高分子化后 NBS 试剂的选择性有所提高。

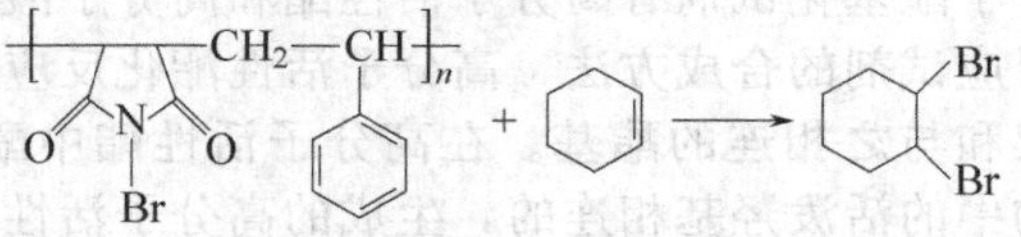

三价碘型高分子卤代试剂主要用于氟代和氯代反应，也用于上述两种元素的加成反应。在卤代反应中氯代和氟代反应是比较困难的，反应过程不容易控制，选择性也较低。采用三价碘高分子卤代试剂可以在一定程度上克服上述困难。但是应当指出，当采用三价碘高分子氟化剂进行氟的双键加成反应时，常常伴有重排反应发生，得到的产物常为偕二氟化合物，应当给予注意。

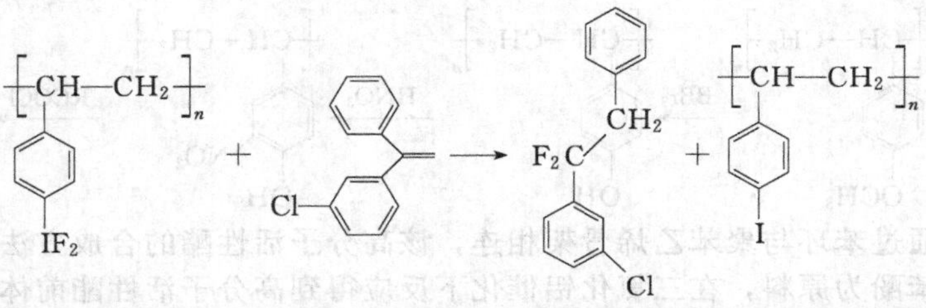

除了上面给出常见的三种卤代试剂以外，其他种类的高分子卤代试剂还有很多，这些试剂的化学结构和用途见表 10-2。

表 10-2　高分子卤代试剂

高分子卤代试剂的结构	高分子卤代试剂的用途
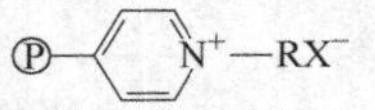 ℗—〈N〉⁺—RX⁻　R=H,Me；X=Br₃	酮和烯烃溴化
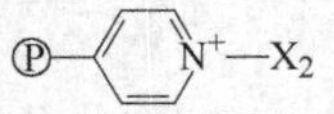 ℗—〈N〉⁺—X₂　X=Br,Cl,I	烷基苯卤代和烯烃加成
℗—CH₂—NH₂⁺—(Me)₃X₃⁻　X=Br	羰基化合物的 α 溴代和不饱和烃加成
℗—CPh=N—Br	烯丙基溴化
℗—CH₂—NR₂(PCl₅,PBr₃)	将酸转化成酰卤,将醇转化成卤代烃
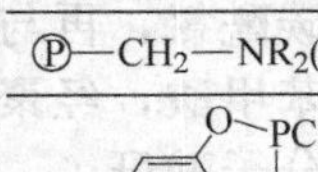 ℗—〈O—PCl₃—O〉	将酸转化成酰氯,将苯乙酮转化成 α 氯代苯乙烯
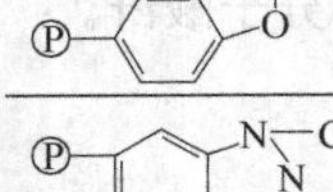 ℗—〈N—Cl〉	用于芳香化合物的氯化反应
℗—CONRCl	氯化试剂

10.2.3　高分子酰基化试剂

酰基化反应是有机反应中的另一种重要反应类型，主要指对有机化合物中氨基、羧基和羟基的酰化反应，分别生成酰胺、酸酐和酯类化合物。酰基化反应广泛用于有机合成中的活泼官能团的保护；在肽的合成、药物合成方面都是极重要的反应步骤。化合物中的极性基团通过酯化反应，可以改变化合物的极性，增加其脂溶性和挥发性，因此常用于天然产物中有效成分的分离提取过程，特别是极性产物的气相色谱分析。由于这一类反应常常是可逆的，为了使反应进行的完全，往往要求加入的试剂过量，这样反应过后过量的试剂和反应产物的分离就成了合成反应中比较耗时的步骤。在这方面，经过高分子化的酰基化试剂由于其在反应体系中的难溶性，使其在反应后的分离过程中具有明显的优势。从节约成本上考虑，高分子反应试剂的可再生性也给有机化学家以更广阔的试剂选择范围，因为可以考虑使用更加昂贵，但更加有效的反应试剂。目前常用的小分子酰基化反应试剂中大部分可以实现高分子化，其中应用较多的高分子酰基化试剂有高分子活性酯和高分子酸酐。

（1）高分子酰基化反应试剂的合成方法　高分子活性酯化反应试剂在结构上可以清楚地分成两部分，高分子骨架和与之相连的酯基。在高分子活性酯中酰基 RCO— 是通过共价键以活性酯的形式与聚合物中的活泼羟基相连的，生成的高分子活性酯有很高的反应活性，可以与有亲核特性的化合物发生酰基化反应，将酰基转递给反应物。高分子活性酯的合成可以从可聚合单体合成开始，在苯环上引入双键。然后将得到的对甲氧基苯乙烯与二乙烯（交联剂）共聚。共聚反应产生的交联型聚合物经三溴化硼脱保护，将甲基醚转变成活性酚羟基；再经硝酸硝化以增强酚羟基的活性，即可得到制备高分子活性酯的前体——间硝基对羟基聚苯乙烯。该化合物与酰卤反应，即产生有很强酰基化能力的高分子活性酯反应试剂。

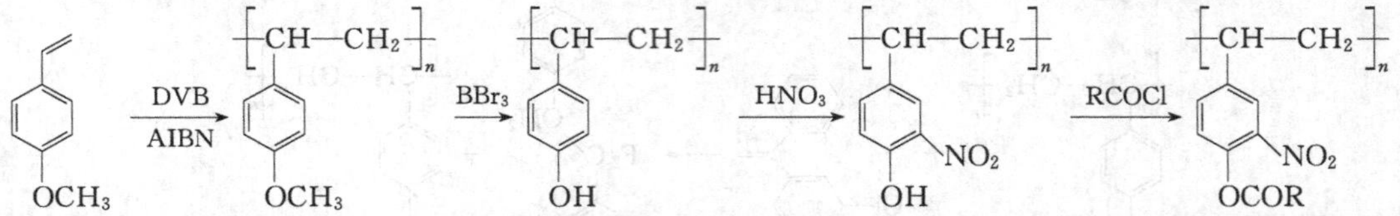

另一种酯键通过苯环与聚苯乙烯骨架相连，该高分子活性酯的合成方法采用聚苯乙烯和对氯甲基邻硝基苯酚为原料，在三氯化铝催化下反应得到高分子活性酯前体。其活性中心与聚苯乙烯骨架之间通过柔性亚甲基相连，可以降低聚合物骨架对活性点的干扰。

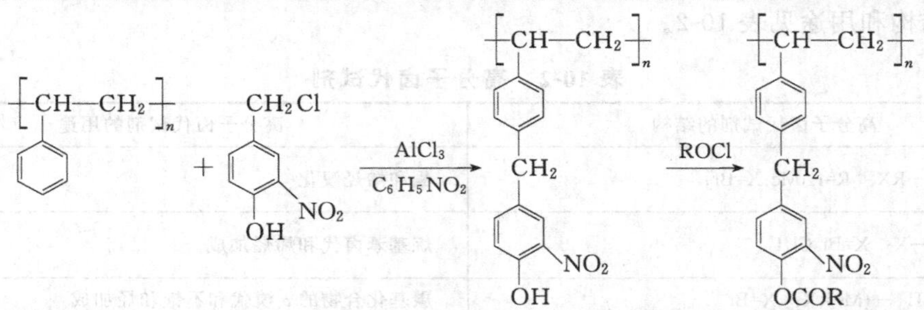

除了活性酯以外，高分子化的酸酐也是一种很强的酰基化试剂，酸酐型的高分子酰基化试剂的合成也可以采用聚对羟甲基苯乙烯为原料与光气反应生成反应性很强的碳酰氯，再与适当的羧酸反应得到预期的高分子酸酐型酰基化试剂。或者首先合成对乙烯基苯甲酸，经聚合反应生成的聚合物与乙二酰氯反应制备聚合型酰氯，再与苯甲酸反应得到高分子酸酐。

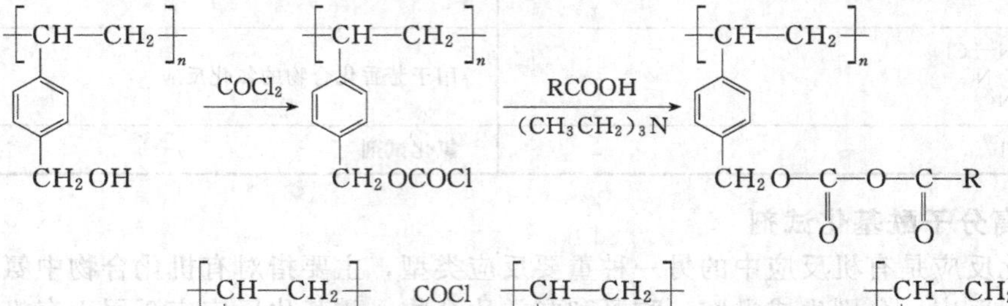

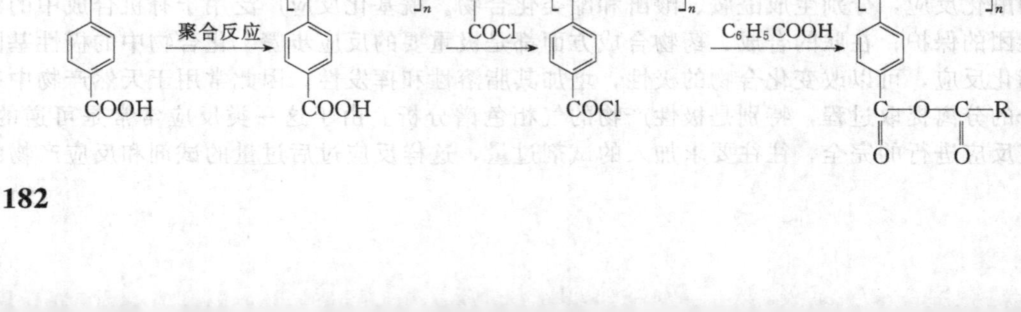

182

（2）高分子酰基化试剂的应用　高分子活性酯酰基化试剂主要用于肽的合成，高分子活性酯可以将溶液合成转变为固相合成，从而大大提高合成的效率。在高分子活性酯参与的肽合成反应之中，首先活性酯前体与肽序列中的第一个氨基酸反应生成活性酯，再与羧基受保护的第二氨基酸反应，使两个氨基酸按预定顺序联结，形成肽键。完成预定序列的肽合成后，水解酯键，分别得到合成肽和高分子活性酯前体。为了提高收率，活性酯的用量是大大过量的，反应过后多余的高分子试剂用比较简单的过滤方法即可分离，试剂的回收、再生容易，可重复使用，反应选择性好。

含有酸酐结构的高分子酰基化试剂可以使含有硫和氮原子的杂环化合物上的氨基酰基化，而对化合物结构中的其他部分没有影响。这种试剂在药物合成已经得到应用。如经酰基化后对头孢菌素中的氨基进行保护，可以得到长效型抗菌药物。

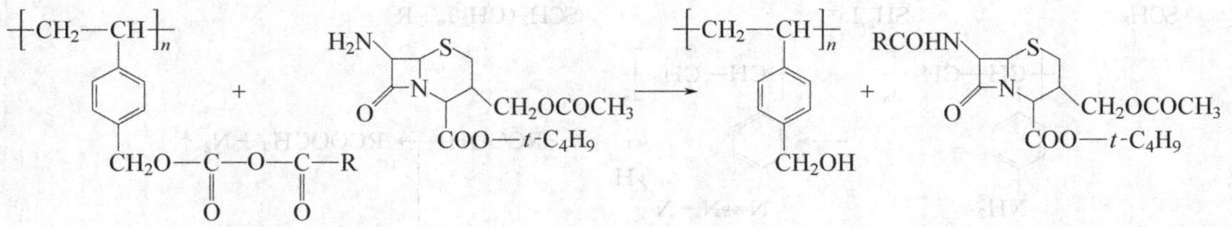

除了以上介绍的两种高分子酰基化试剂之外，还有其他种类的高分子酰基化试剂在实践中获得应用。在表 10-3 中列出了这些高分子试剂的结构类型和主要用途。

表 10-3　高分子酰基化试剂

高分子酰基化试剂	高分子酰基化试剂的主要用途
Ⓟ—CH₂OCO—O—CO—R	将胺转换成酰胺，醇转换成酯
Ⓟ—CH₂OCO—O—CO—R	将胺转换成酰胺，酸转换成酯酐
Ⓟ—N=N—NHR	将酸转换成酯
Ⓟ—SO₂OCOCH₃	醇或酚的酰化
Ⓟ—CH₂NHCO(CH₂)₄ SR SR	胺的酰化
Ⓟ—CONHCH₂CH₂SCOR	胺的酰化
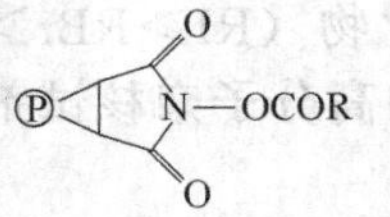 Ⓟ N—OCOR	用于肽的合成
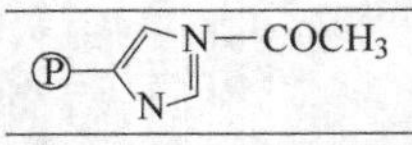 Ⓟ N—COCH₃	胺和醇的酰化
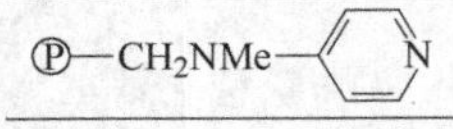 Ⓟ—CH₂NMe N	醇的酰化
Ⓟ—CONH—O—COR	用于肽的合成
Ⓟ—COOCH₂CHOHCH₂O—Z—R	用于肽的合成（Z=CO,NH）

10.2.4　高分子烷基化试剂

烷基化反应在合成反应中主要用于碳—碳键的形成，用以增长碳骨架。在烷基化反应中高分子烷基化试剂也已经获得应用。在反应中高分子烷基化试剂提供含有单碳原子的基团，如甲基或氰基等。高分子烷基化试剂的种类比较多，主要包括高分子金属有机试剂、高分子金属络合物和有叠氮结构的高分子烷基化试剂。高分子烷基化反应试剂的制备方法有多种，基本上包括从单体合成开始的功能小分子聚合法和利用高分子接枝反应的高分子功能化两种制备路线。

　　高分子烷基化试剂在有机合成中的应用比较普遍，如硫甲基锂型高分子烷基化试剂可用于碘代烷和二碘代烷的同系列化反应，用以增长碘化物中的碳链长度，可以得到较好的收率。反应后回收的烷基化试剂与丁基锂反应再生后可以重复使用。带有叠氮结构的高分子烷基化试剂与羧酸反应可以制备相应的酯，副产物氮气在反应中自动除去，使反应很容易进行到底。本反应已经不属于碳—碳键的形成反应。

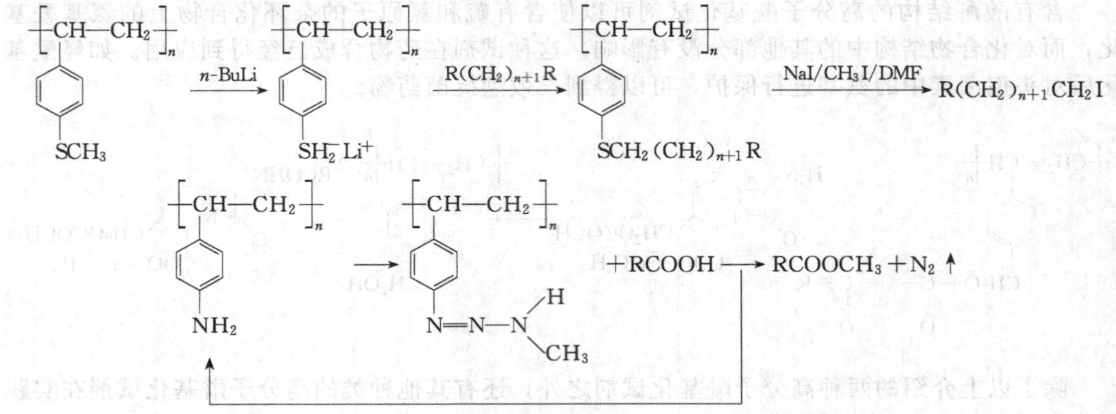

10.2.5　高分子亲核试剂

　　亲核反应是指在化学反应中试剂的多电部位（邻近有给电子基团）进攻反应物的缺电子部位（邻近有吸电子基团）的化学反应。亲核试剂多为阴离子或者带有孤对电子和多电基团的化合物。许多高分子化的亲核试剂是用离子交换树脂作为阴离子型亲核试剂的载体，高分子载体与亲核试剂之间以离子键结合。多种商品化的强碱型阴离子交换树脂经相应的阴离子亲核试剂溶液处理，以静电引力担载阴离子试剂，都可以作为高分子亲核试剂。高分子亲核试剂多与含有电负性基团的化合物反应，如卤代烃中卤素原子的电负性使得相邻的碳原子上的电子云部分地转移到卤元素一侧，使该碳原子易受亲核试剂的攻击。带有氰负离子的高分子亲核试剂在一定的有机溶剂中与卤代烃一起搅拌加热，可以得到多一个碳原子的腈化物（氰基被转递到反应物碳链上），完成亲核反应。一般来说，在此类反应中卤代烃的分子体积越小，收率越高。对不同的卤素取代物，碘化物的收率高于溴化物和氯化物（RI＞RBr＞RCl），氟化物不反应。阴离子交换树脂由含有 OCN⁻ 的溶液处理，得到的高分子亲核试剂可以与卤代烃反应制备脲的衍生物，其反应规律与上述机理相同。

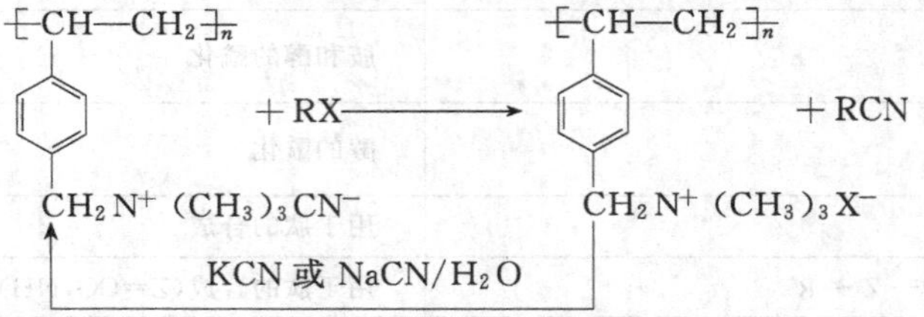

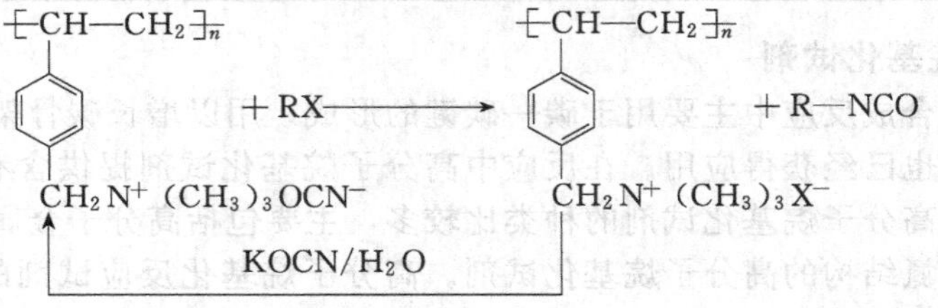

184

除了以上介绍的高分子试剂以外，其他类型的高分子试剂还包括高分子缩合试剂、高分子磷试剂、高分子基团保护试剂和高分子偶氮转递试剂。它们的制备方法与前面介绍的方法有类似的规律，其应用范围也呈日趋扩大之势。其中高分子偶氮试剂的最大特点是没有低分子同类试剂的爆炸性，使用安全，反应后的处理比较简单，是优良的偶氮化试剂。

$$\begin{array}{ccc} \text{—[CH—CH}_2\text{]}_n\text{—} & \xrightarrow{\text{ClSO}_3\text{H/CCl}_4} & \text{—[CH—CH}_2\text{]}_n\text{—} \\ | & & | \\ \text{C}_6\text{H}_5 & & \text{C}_6\text{H}_4\text{—SO}_2\text{Cl} \end{array} \xrightarrow[\text{O}\!\!-\!\!\text{O}]{\text{NaN}_3, \text{H}_2\text{O}, \text{EtOH}}$$

$$\begin{array}{ccc} \text{—[CH—CH}_2\text{]}_n\text{—} & \xrightarrow[\substack{\text{(C}_2\text{H}_5\text{)}_3\text{N}}]{\text{R—CO—CH}_2\text{—CO—R}'} & \text{—[CH—CH}_2\text{]}_n\text{—} \\ | & & | \\ \text{C}_6\text{H}_4\text{—SO}_2\text{N}_3 & & \text{C}_6\text{H}_4\text{—SO}_2\text{NH}_2 \end{array} + \begin{array}{c} \text{R—COC—COR} \\ \| \\ \text{N}^+ \\ \| \\ \text{N}^- \end{array}$$

高分子化学反应试剂的种类还有许多种，它们的应用范围几乎涉及有机化学反应的所有类型，目前高分子化学反应试剂仍以非常快的速度发展。每年都有大量的文献报道，商品化的高分子试剂也以空前的速度不断涌现。

10.3　在高分子载体上的固相合成

10.3.1　固相合成法概述

　　1963 年，Merrifield 报道了在高分子载体上利用高分子反应合成肽的固相合成法（solid phase synthesis），从而为有机合成史揭开了新的一页。很久以来，生命的基础——蛋白质的子结构——肽的合成一直是最具有挑战性的合成课题。最初合成一种叫做舒缓激肽的有生物活性的九肽化合物，采用常规的液相合成法，一般需要整整一年的时间才能完成。而 Merrifield 用他发明的固相合成法合成同样的化合物仅仅用了 8 天时间。因此固相合成法以其特有的快捷、简便、收率高而引起人们极大兴趣和关注。目前这种固相合成方法已经广泛应用于多肽、寡核苷酸、寡糖等生物活性大分子的合成研究。最近某些难以用普通方法合成的大环化合物，以及光学异构体的定向合成等也通过固相有机合成方法得到解决或改善，极大地推动了合成化学研究的进展。目前组合化学发展迅速，广泛应用于药物筛选过程。有机固相合成法是组合化学中的重要基石之一，多数组合化学合成是基于固相合成技术。此外，固相合成法在特殊有机合成方面也获得了快速发展。固相合成法发明至今，虽仅短短的三十几年，但已成为化学、药学、免疫学、生物学和生理学等领域不可缺少的工具和方法。

　　应当特别指出，这种不同于常规的合成方法给合成工作的自动化打下了坚实的基础，在有机化学研究领域具有划时代意义。用电子计算机控制的固相自动合成仪的问世首次实现了合成反应的自动化。利用这种电脑控制的合成仪，人们已经合成出了 124 肽（即含有 124 个氨基酸序列）——核糖核酸酶 A（Ribonneclease A）。这一合成过程包括 369 次化学反应，11931 次操作步骤。如果采用常规方法，完成这样的合成任务是难以想象的。

　　固相合成采用在反应体系中不会溶解的高分子载体，这种载体也是一种特殊的高分子试剂。与常规的高分子反应试剂不同的是整个固相反应过程自始自终在高分子骨架上进行，在整个多步合成反应过程中，中间产物始终与高分子载体相连接。高分子载体上的活性基团往往只参与第一步反应和最后一步反应；在其余反应过程中只对中间产物，而不是反应试剂起担载作用和官能团保护作用。在固相合成中，首先含有双功能团或多功能团的低分子有机化合物通过与高分子试剂反应，以共价键的形式与高分子骨架相结合。这种一端与高分子骨架相接，另一端的功能团处在游离状态的中间产物能与其他小分子试剂在高分子骨架上进行单步或多步反应。反应过程中过量使用的小分子试剂和低分子副产物用简单的过滤法除去，再进行下一步反应，直到预定的产物在高分子载体上完全形成。最后将合成好的化合物从载体上脱下即完成固相合成任务。在下图中给出最简单的固相合成示意图。

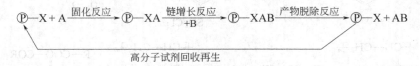

图中ⓟ表示高分子固相合成试剂，X表示连接官能团

根据上述介绍我们可以看出，固相合成用的高分子试剂必须具备以下两种结构：即对有机合成反应起担载作用、在反应体系中不溶解的载体和起连接反应性小分子和高分子载体并能够用适当化学方法断键的连接结构两部分。根据固相合成的特点，对这两部分结构具有以下特殊要求。

10.3.1.1　载体

作为固相合成中的载体需要具备下列条件。

① 要求载体在反应体系中（包括溶剂和试剂）不溶解，保证合成反应在固相中进行。只有在固相中进行的反应才可以简化合成过程。

② 要求载体具有高比表面积或者在溶剂中有一定溶胀性，前者要求固体的粒度要小，或者为多孔性；后者要求构成载体的骨架有一定亲溶剂性质，并需要适度交联。这样能够保证固相反应可以拥有适当的反应速度。

③ 要求载体能高度功能化，其功能基在载体中的分布尽可能均匀，因此在载体的骨架上应该具有一定反应活性的官能团，以利于反应性小分子的固化和合成反应效率的提高。

④ 要求载体可以用相对简单的方法再生重复使用。为了降低合成反应成本，提高材料的利用率，载体的重复使用是必要的，也是绿色化学的要求。

固相有机合成用的载体多数采用聚苯乙烯及二乙烯基苯和苯乙烯的共聚物，以及它们的衍生物，如氯甲基树脂、聚丙烯酰胺（PAM）树脂和氨基树脂等。最近采用聚酯等其他类型聚合物作为载体也呈现增长趋势。提高载体的稳定性、增加功能团活性和扩大适用化学反应范围是新型载体开发的重点。从基本原理上来讲，前面章节中介绍过的高分子化方法也适用于固相合成中高分子载体的制备过程，因此在这一节中不再专门介绍高分子载体的合成方法，只介绍一些固相合成中的常用方法和应用实例。

10.3.1.2　连接结构

连接结构的主要功能首先是能够与参与反应的小分子发生化学反应，并在两者间生成具有一定稳定性要求的化学键，要保证在随后的合成反应中该键不断裂，在整个合成过程中十分稳定。其次，生成的连接键要有一定的化学活性，能够采用特定的方法使其断裂，又不破坏反应产物的结构，保证固相合成反应后可以定量地切割下反应产物。

连接结构需要根据固相合成的对象进行选择，即应该根据合成对象中需要固化官能团的种类选择连接官能团的种类。由于目前固相合成主要用于多肽、寡核苷酸和寡糖的合成，因此连接用官能团主要为活性酯、酸酐、酰卤、羟基、氨基等。此外用于其他有机合成反应的连接分子还有一些双官能团化合物。含有的官能团有氨基、羟基、巯基、溴、羧基、醛基等。双官能团连接分子通常可以分为对称的和不对称两种。常用的对称双官能团化合物有1,10-癸二醇，1,8-辛二胺、邻或对苯二甲醛、癸二酸及钾盐或其酰氯、对苯二酚和对苯二胺等；不对称的双官能团化合物有溴乙酰溴、溴乙酸、甘氨酸和其他氨基酸等。某些多官能团化合物如甘油等也曾被用作连接分子。连接结构中除了官能团起比较重要作用之外，其长短和链结构也对固相合成有一定影响。特别是对反应速度和反应的选择性影响较大。一般来说，链比较长有利于反应的进行。当连接官能团附近具有特定官能团时常会发生邻位效应。

10.3.1.3 固相合成的应用领域

固相合成的最早应用是用来合成天然大分子多肽。肽是由多种氨基酸相互之间进行缩合反应形成酰胺键（肽键）。肽的合成采用的反应类型不多，但是由于官能团之间相互影响，加上中间产物和试剂结构类似，选择反应和分离条件困难，产率不高。应用固相合成由于简化了分离过程（过滤），并可以使用大大过量的小分子试剂，合成过程大幅度简化，合成产率相应提高。与多肽有类似结构的天然大分子如寡糖和寡核苷酸也适合采用固相合成制备。此外，非天然的类似化合物，如类肽、聚砜、聚脲等的合成采用固相合成也有一定优势。最近，有些采用通常合成方法难以得到的化合物也通过固相合成获得成功，如某些产率非常低的合成反应和光学异构体的合成等。在组合化学中，利用固相载体的担载作用，可以大大提高合成效率，已经成为药物筛选的重要手段之一。生物芯片技术也是固相合成的一个重要应用领域。

10.3.2 多肽的固相合成

多肽合成的重要性在于蛋白质和核酸是两类决定生命现象的主要物质。而蛋白质是由以氨基酸为基本单元，按照一定次序连接而成的肽构成的，人工合成蛋白质必须以肽的合成为起点。肽合成的难度在于构成肽的结构单元——氨基酸，有两个活性官能团，即氨基和羧基。在肽合成中二者相互反应，形成酰胺键（肽键）。在正常反应条件下同一分子中的两个官能团都有参与反应的能力，使合成反应变的异常复杂。处理不好，合成反应不能按照预定的方向进行，在得到的产物结构中氨基酸的预定序列也就无法保证，也就是说在反应中两个氨基酸头尾连接方向难以控制。因此在合成肽的每一步反应过程中，对氨基酸或合成中间体的肽链中不希望参与反应的一端都要进行保护，使反应只在另一端的官能团上进行。这样保护、反应、脱保护，不断重复上述反应以加长肽链，再加上产物与原料繁琐的分离过程使肽的合成变得非常复杂。用常规的液相合成法合成肽，虽然有中间产物易分离，因而产品的纯度比较高，适合进行结构测定的优点；但是随着肽链的增长，肽的溶解度逐渐降低。这一方面造成肽链上羧基和氨基反应活性的降低，使收率显著下降。另一方面，产物的分离和纯化同样变得越来越困难。常规液相合成法在合成长链肽时所面临的困境，是推动人们寻找新的合成方法的主要动力之一。Merrifield 创立的固相合成法在很大程度上解决了上面提到的难题。

在肽的固相合成中最常用的载体是氯甲基苯乙烯和二乙烯基苯的共聚物，以及它们的衍生物，具有良好的力学性能和理想的活性基团是它的主要优点。在此高分子载体上用固相法合成肽的基本步骤如下。首先氨基得到保护的氨基酸与高分子载体（高分子酰氯试剂）反应，分子间脱氯化氢。产物以酯键的形式与载体相连接，在载体上构成一个反应增长点。然后在保证生成的酯键不断裂的条件下进行脱氨基保护反应，一般是条件温和的酸性水解反应，脱保护的氨基作为进一步反应的官能团。第三步是取另外一个氨基受到保护的氨基酸与载体上的氨基发生酰化反应，或者通过与活性酯的酯交换反应形成酰胺键。反复重复第二和第三步反应，直到所需要序列的肽链逐步完成。最后用适宜的酸（氢溴酸和醋酸的混合液或者用三氟醋酸及氢氟酸）水解解除端基保护，并使载体和肽之间的酯键断裂制得预期序列的多肽。

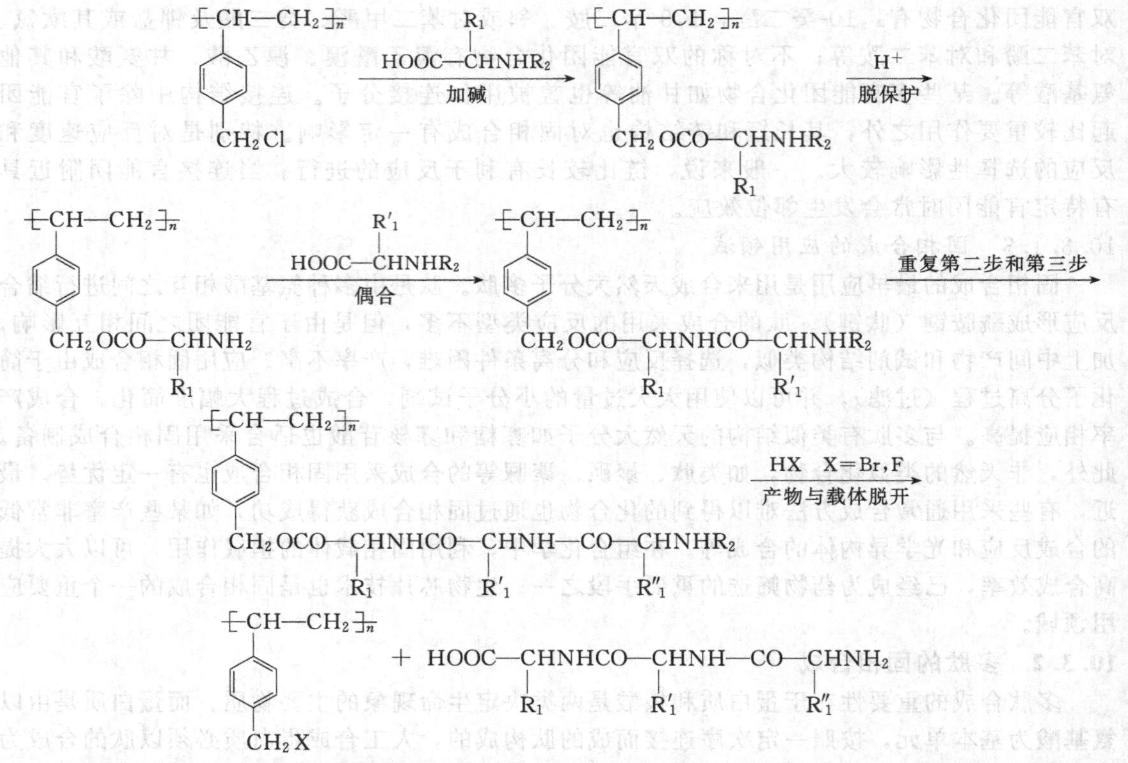

$$\left[CH-CH_2\right]_n \quad \xrightarrow[\text{加碱}]{HOOC—CHNHR_2 \atop R_1} \quad \left[CH-CH_2\right]_n \quad \xrightarrow[\text{脱保护}]{H^+}$$

（苯环 CH$_2$Cl）→（苯环 CH$_2$OCO—CHNHR$_2$，R$_1$）

$$\left[CH-CH_2\right]_n \quad \xrightarrow[\text{偶合}]{HOOC—CHNHR_2 \atop R'_1} \quad \left[CH-CH_2\right]_n \quad \xrightarrow{\text{重复第二步和第三步}}$$

（苯环 CH$_2$OCO—CHNH$_2$，R$_1$）→（苯环 CH$_2$OCO—CHNHCO—CHNHR$_2$，R$_1$ R'$_1$）

$$\left[CH-CH_2\right]_n \quad \xrightarrow[\text{产物与载体脱开}]{HX \quad X=Br,F}$$

（苯环 CH$_2$OCO—CHNHCO—CHNH—CO—CHNHR$_2$，R$_1$ R'$_1$ R''$_1$）

$$\left[CH-CH_2\right]_n$$ （苯环 CH$_2$X）
$+$ HOOC—CHNHCO—CHNH—CO—CHNH$_2$（R$_1$ R'$_1$ R''$_1$）

　　除了上面提到的对氯甲基共聚物可以作为肽的固相合成的载体之外，还有其他一些聚合物带有类似活性基团，但在结构上有些差异，也可以作为固相合成载体。下面给出部分常用固相合成载体，其中括号中大写字母 P 代表聚合物骨架（见表 10-4）。

表 10-4　常见的用于肽合成的固相合成载体

(1) Ⓟ—⟨苯环⟩—CH$_2$Cl	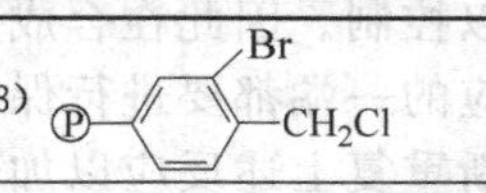 (3) Ⓟ—⟨苯环，Br⟩—CH$_2$Cl
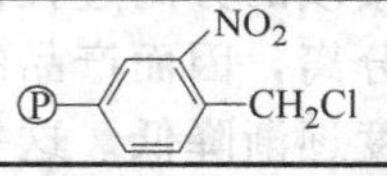 (2) Ⓟ—⟨苯环，NO$_2$⟩—CH$_2$Cl	(4) 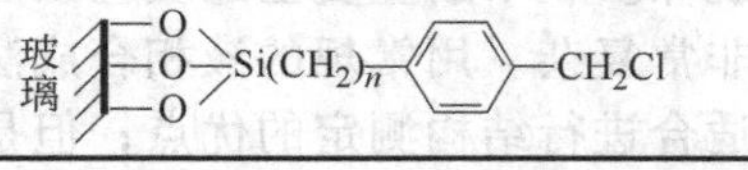 玻璃—O—Si(CH$_2$)$_n$—⟨苯环⟩—CH$_2$Cl

　　这些载体在与第一个氨基酸反应形成的固化键（该氨基酸从此在反应体系中不溶，直到从载体上脱下为止，因此此键称固化键）都是苄酯键。而形成苄酯键时用以作为催化剂和中和所生成的盐酸的试剂一般都用有机碱，这样可以保证不发生重排等副反应。完成肽链增长后，用脱固化试剂将产物肽与高分子载体分离。在多肽的固相合成中需要使用两种脱除试剂，一种是氨基酸保护基团的脱除试剂，用于氨基酸中氨基或羧基的脱保护，要求对保护基团的脱除要完全，同时又不能造成已经形成的肽键和固化键的断裂。第二种脱除试剂用于断开固化键。同样，在断开固化键的同时不能影响形成的肽键的稳定。固化键（苄酯键）断开采用的试剂对以上所述载体都可以用氢溴酸和醋酸的混合溶液。氨基酸中氨基的保护基常用叔丁氧基羧基，脱除时采用盐酸和醋酸混合物，在此条件下不影响形成的肽键和苄酯键。

　　用固相合成法合成多肽时，由于是在最后一步反应时才把合成好的肽从载体上脱下来，在此之前的反应中间环节，只需将不溶解的载体及其固化的反应物滤出洗净即可达到纯化的目的，因此在合成的全过程中不需要再精制和提纯。但是为了使每一步反应都能定量进行，以保证生成的肽的序列不发生错误。因此在反应中氨基酸等反应试剂都是大大过量的，反应过后过量的试剂可以回收再用。

188

加压素（vasopressin）是脑垂体后叶分泌的一种九肽。本品临床上主要用于治疗小便失禁和脑下垂体激素分泌不足引起的尿崩症、小儿遗尿和糖尿病人的多尿症。加压素的一级结构为 Cys-Tyr-PHe-Gln-Asn-Cys-Pro-Arg-Gly，各符号代表的氨基酸名称与结构见表 10-5。

表 10-5　加压素中氨基酸的名称与结构

符号	氨基酸的名称	氨基酸的结构
Cys	半胱氨酸	$\underset{\text{HS—CH}_2\text{—CHCOOH}}{\overset{\overset{\displaystyle NH_2}{\shortmid}}{}}$
Tyr	酪氨酸	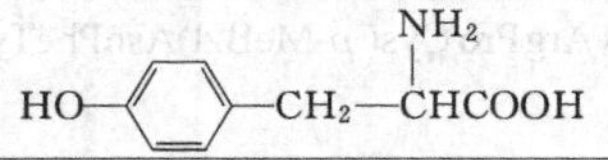 HO—〈苯环〉—CH$_2$—CHCOOH，CH 上接 NH$_2$
PHe	苯丙氨酸	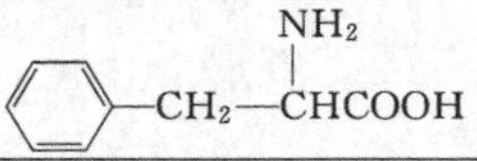 〈苯环〉—CH$_2$—CHCOOH，CH 上接 NH$_2$
Gln	谷酰胺	H$_2$NCOCH$_2$CH$_2$—CHCOOH，CH 上接 NH$_2$
Asn	天门冬酰胺	H$_2$NCOCH$_2$—CHCOOH，CH 上接 NH$_2$
Pro	脯氨酸	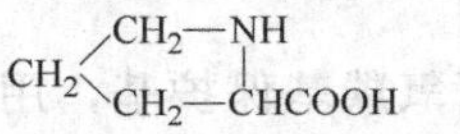 CH$_2$—NH 及 CH$_2$—CHCOOH 构成环
Arg	精氨酸	H$_2$N—C(=NH)—NH—CH$_2$CH$_2$CH$_2$—CHCOOH，CH 上接 NH$_2$
Gly	甘氨酸	CH$_2$COOH，CH$_2$ 上接 NH$_2$

该肽的首次合成在 1970 年，后来周逸明等对其进行了改进，改进后合成步骤如下：

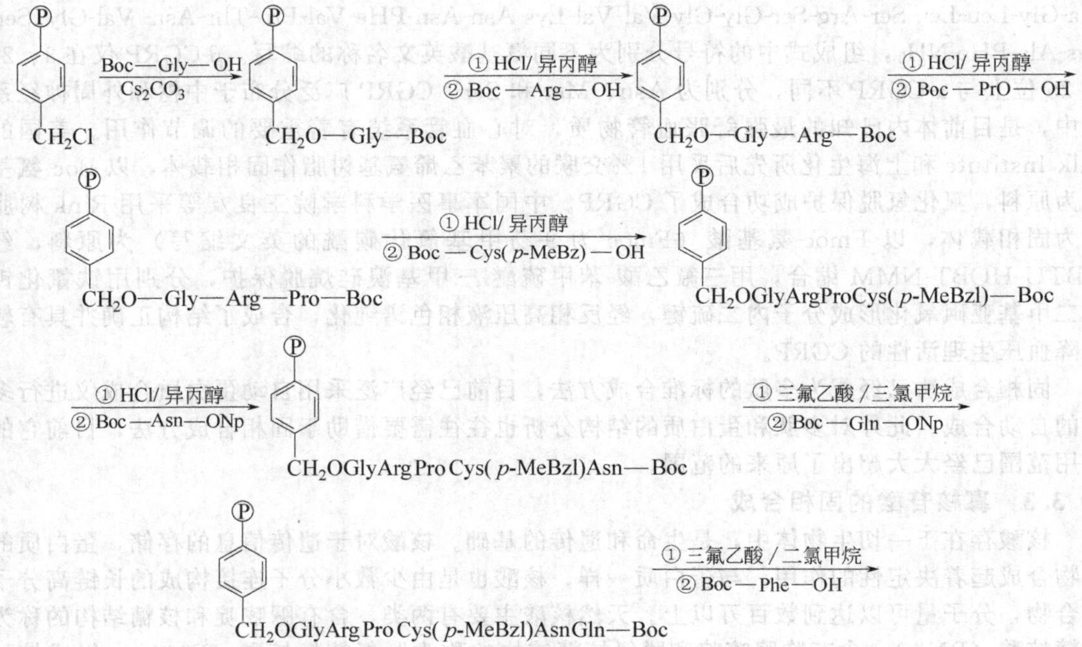

189

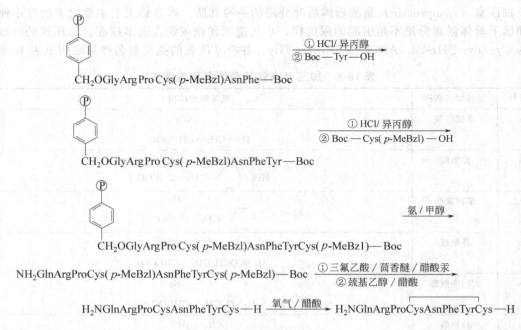

反应式中 Boc 为叔丁氧羰基保护基，用于保护氨基；p-MeBzl 为对甲氧基苄基保护基，用于保护半胱氨酸羟基侧基，ONp 为对硝基苯酯保护基，用于羧基保护。除了最后一步氧化反应之外，所有反应过程均是固相合成，反应产物经过洗涤/过滤纯化，大大加快了合成进程。反应中脱 Boc 保护采用三氟乙酸和盐酸的酸性水解，断开固化键采用氨水解，脱 p-MeBzl 保护用醋酸汞。本方法操作简便，产率提高。

降钙素基因相关肽（calcitonin gene related peptide，CGRP）是应用基因工程发现的一种生物多肽。CGRP 由 37 个氨基酸残基组成，在第 2 位和第 7 位有一对二硫键。人的 CGRP 有 α 和 β 两种形式，α-CGRP 的一级结构组成为，Ala-Cys-Asp-Thr-Ala-Thr-Cys-Val-Thr-His-Arg-Leu-Ala-Gly-Leu-Leu-Ser-Arg-Ser-Gly-Gly-Val-Val-Lys-Asn-Asn-PHe-Val-Pro-Thr-Asn- Val-Gly- Ser-Lys-Ala-PHe-NH_2，组成式中的符号分别为不同氨基酸英文名称的缩写。β-CGRP 仅在 3、22 和 25 位上与 α-CGRP 不同，分别为 Asn、Met 和 Ser。CGRP 广泛分布于中枢和外周神经系统中，是目前体内已知的最强舒张血管物质，对心血管系统有着重要的调节作用。美国的 Salk Institute 和上海生化所先后采用 1% 交联的聚苯乙烯氨基树脂作固相载体，以 Boc-氨基酸为原料，氟化氢脱保护成功合成了 CGRP。中国军事医学科学院王良友等采用 Rink 树脂作为固相载体，以 Fmoc-氨基酸（Fmoc 为 9-芴甲基氧化碳酰的英文缩写）为原料，经 HBTU-HOBT-NMM 缩合，用三氟乙酸-苯甲硫醚-三甲基溴硅烷脱保护，分别用铁氰化钾和二甲基亚砜氧化形成分子内二硫键，经反相高压液相色谱纯化，合成了结构正确并具有较强降血压生理活性的 CGRP。

固相合成法已经成为多肽的标准合成方法，目前已经广泛采用自动蛋白质合成仪进行多肽的自动合成。此外对多肽和蛋白质的结构分析也往往需要借助于固相合成方法，目前它的应用范围已经大大超出了原来的范围。

10.3.3　寡核苷酸的固相合成

核酸存在于一切生物体中，是生命和遗传的基础。核酸对于遗传信息的存储，蛋白质的生物合成起着决定性的作用。与蛋白质一样，核酸也是由少数小分子连接构成的长链高分子化合物，分子量可以达到数百万以上。天然核酸主要有两类，含有脲嘧啶和核糖结构的称为核糖核酸（RNA）；含有胸腺嘧啶和脱氧核糖结构的称为脱氧核糖核酸（DNA）。组成核酸的单体是核苷酸。核酸经过酶水解或者弱碱水解就可以得到单体核苷酸。核苷酸一般由三部分性质不同的结构组成，分别为磷酸基、戊糖基和碱基。后两者结合在一起也称为核苷。通常核酸经过充分水解后可以得到磷酸与核苷，或者磷酸、核糖（脱氧核糖）和杂环碱。所有核酸都是由上述三种物质，即磷酸、戊糖（核糖、脱氧核糖）、碱基（腺嘌呤、鸟嘌呤、胞嘧啶、脲嘧啶和胸腺嘧啶）构成，其相应结构见图 10-3。

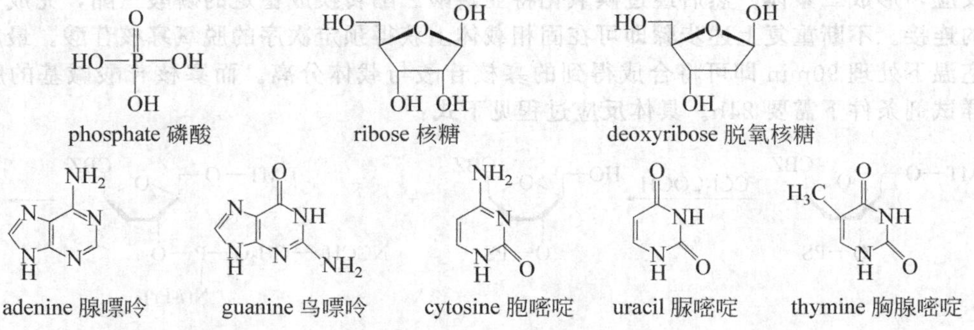

phosphate 磷酸　　　　ribose 核糖　　　　deoxyribose 脱氧核糖

adenine 腺嘌呤　　guanine 鸟嘌呤　　cytosine 胞嘧啶　　uracil 脲嘧啶　　thymine 胸腺嘧啶

图 10-3　构成核酸的子结构

核苷酸一般由碱基杂环内的饱和氮原子与核糖 1 位上的羟基反应脱水相连接，磷酸与核糖 5 位上的羟基反应脱水形成酯键。核苷酸之间则通过磷酸与另一个核苷酸糖上 3 位羟基反应形成二酯键连接。当多个核苷酸以一定顺序连接构成短链核酸，则一般称为寡核苷酸（见图 10-4）。寡核苷酸的合成在研究生命过程和医药开发方面具有重要意义。

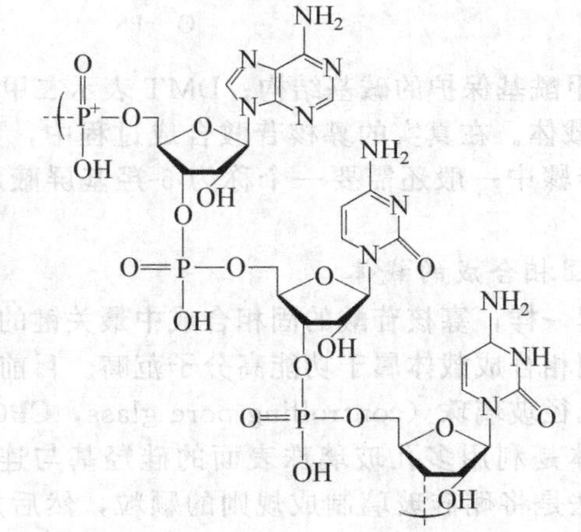

图 10-4　寡核苷酸典型结构

10.3.3.1　寡核苷酸固相合成过程

与多肽的合成一样，核酸的化学合成也是一个多活泼官能团单体的多步连续缩合反应。但是由于组成核酸的小分子的多样性，其合成难度一般也比多肽合成的难度大，需要考虑的因素也大大增加。核苷酸单体由碱基、核糖和磷酸 3 部分组成，碱基上的氨基、糖环上的羟基和磷酸部分中的磷氧键都是亲核进攻的目标。为了反应能够按照预定方向进行，需要对上述部位进行保护，因此保护剂的开发是寡核苷酸合成研究的重要内容。寡核苷酸的合成也有常规液相合成法和在高分子载体上进行的固相合成法两种。其中固相合成法由于具有方便、快速的优点，逐步成为寡核苷酸的主要合成方法。

寡核苷酸的固相合成过程是将部分官能团受保护的上述单体顺序地通过固相反应链接到

与固相载体相连接的核苷酸链上，液相中过量的反应试剂及副产物则通过冲洗和过滤，即可方便除去达到纯化目的，大大提高了合成效率。以去氧核糖核酸为例，寡核苷酸固相合成的典型过程如下：首先是将处在寡核苷酸端点位置的核苷（5 位羟基和碱基氮加保护）通过糖的 3 位与固相载体连接形成反应起始点，然后在酸性条件下脱羟基保护。对于二甲氧基三苯甲烷保护基可以用二氯或三氯乙酸脱保护。经过活化处理的核苷酸单体与糖基 5-羟基发生偶联反应，形成二聚体。然后经过碘氧化将亚磷酸三酯转换成稳定的磷酸三酯，完成一个核苷酸的连接。不断重复上述步骤即可在固相载体上获得预定次序的脱氧寡核苷酸。最后用羟胺在室温下处理 90min 即可将合成得到的寡核苷酸与载体分离。而寡核苷酸碱基的脱保护在同样试剂条件下需要 24h。具体反应过程见下式：

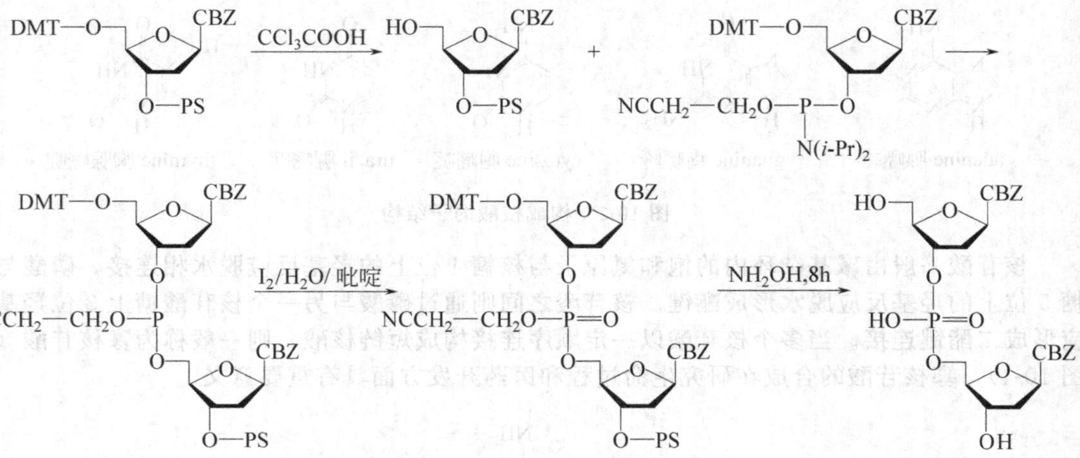

反应式中 CBZ 表示苯甲酰基保护的碱基结构；DMT 表示二甲氧基三苯甲烷羟基保护基结构；PS 表示高分子固相载体。在真实的寡核苷酸合成过程中，为了消除未反应 5-羟基对产物纯度的影响，在反应步骤中一般还需要一个称为 5-羟基屏蔽反应步骤，一般是用乙酸酐将 5-羟基酯化封闭。

10.3.3.2 用于寡核苷酸固相合成的载体

与多肽的固相合成过程一样，寡核苷酸的固相合成中最关键的部分是固相合成载体、保护基团和剪切试剂。其中固相合成载体属于功能高分子范畴。目前，在寡核苷酸固相合成中应用最广泛的载体是可控孔径玻璃珠（controlling pore glass，CPG）和聚苯乙烯（polystyrene，PS）两类。CGP 载体是利用多孔玻璃珠表面的硅羟基与连接体相连，力学强度好，形状规则。CPG 的制备方法是将硼硅玻璃制成规则的颗粒，然后加热溶解除去硼化物，留下孔径一致的多孔性氧化硅玻璃载体。CPG 根据有无键合有机连接体，可以分成无键合裸 CPG 载体和连接有机修饰层的键合 CPG 载体。CPG 除了用于固相合成之外，还在色谱分析、酶反应器等场合广泛作为固定相和载体。PS 载体是与多肽合成用固相载体相类似的载体，技术成熟，适用范围广（见表 10-6）。

寡核苷酸合成用 CPG 载体分成专用载体和通用型载体两种。专用载体是载体上已经连接有特定核苷酸单体作为寡核苷酸合成的起点，因此只能用于特定端基的寡核苷酸。通用型载体一般是用无碱基的缩水糖环（二羟基吡喃）作为连接体预先与 CPG 载体连接，然后在连接体上再进行寡核苷酸的固相合成，因此适用于多种寡核苷酸的合成（见表 10-7）。在合成时，按照标准程序，先脱除接头部分的保护基，释放出活性 5′-羟基作为合成的起始位点，随后顺序添加所需碱基。这种连接方法在核酸合成条件下很稳定。合成结束后可以用浓氨水切割，实现与载体分离。由于连接体保留在 3′-羟基位置，需要用 LiCl 溶液将其从寡核苷酸链上切除，生成羟基游离的目标寡核苷酸和一个环状的磷酸二酯。

表 10-6　用于寡核苷酸固相合成的常见聚苯乙烯型载体

载 体 结 构	适用范围	载 体 结 构	适用范围
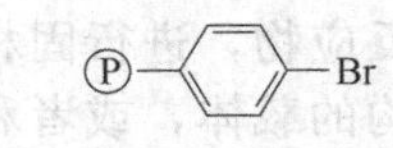 PS—Aryl—Br	适用于多种连接体	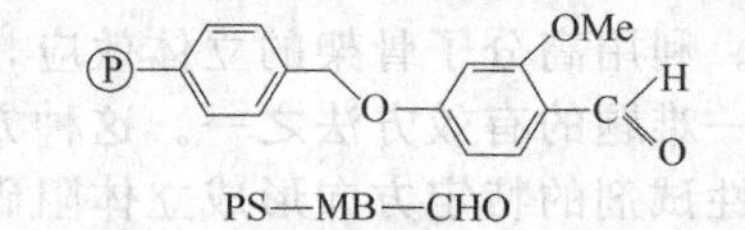 PS—MB—CHO	连接胺、酰胺、磺酰胺、脲、杂环类
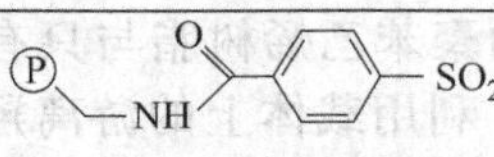 PS—AS—SO₂NH₂ ($PS—AS—SO_2NH_2$)	与酸连接	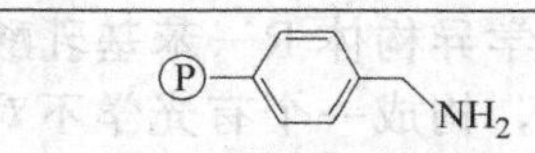 PS—NH₂ ($PS—NH_2$)	连接酰氯、磺酰氯、异氰酸等
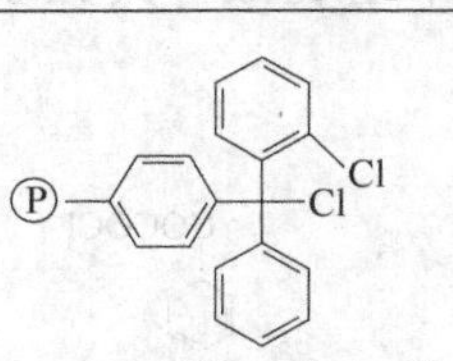 PS—Chlorotrityl—Cl	与羧酸、胺、醇、咪唑和酚类连接	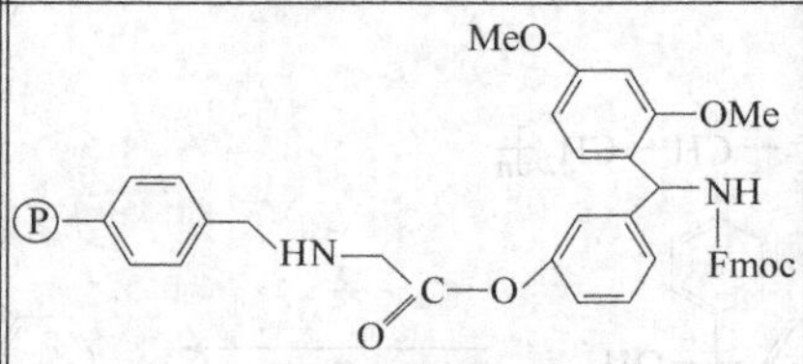 PS-Rink-NH-Fmoc	连接酸、醛、磺酰氯等
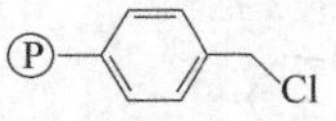 PS—Cl	连接酸和仲胺	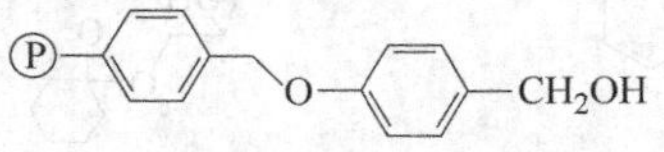 PS—Wang	连接酸、胺和酚类
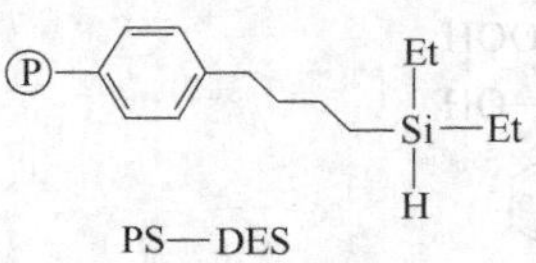 PS—DES	连接醇、羧酸和芳香化合物	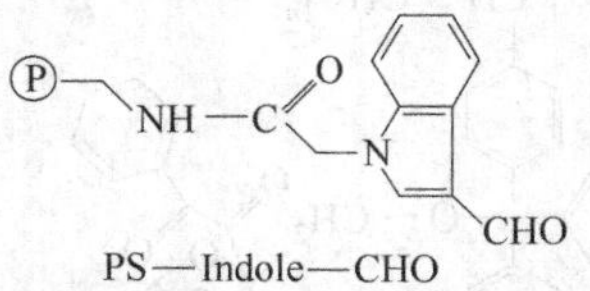 PS—Indole—CHO	连接胺类

表 10-7　用于寡核苷酸固相合成的常见 CPG 型载体

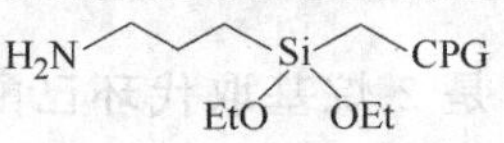 Aminopropyl-CPG	Aminopropyl-CPG
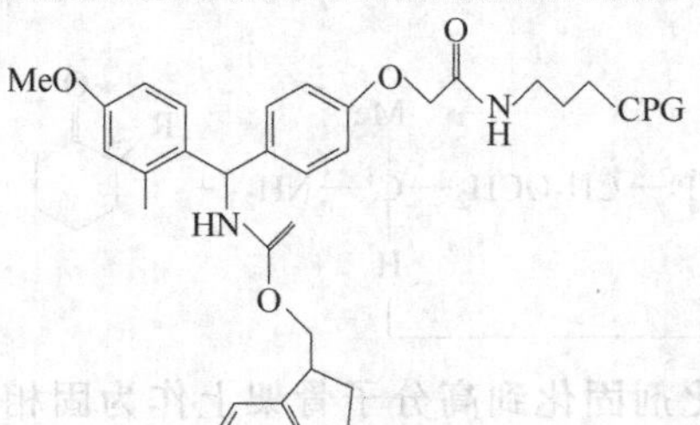 Fmoc-LinkerAm-CPG	Fmoc-LinkerAm-CPG

寡核苷酸的化学合成在过去 10 年中实现了自动化，目前已经有 DNA 合成仪商品出售。

10.3.4　固相合成法在不对称合成中的应用

由于在有机分子结构中碳原子的 4 个键呈正四面体结构，如果在碳原子上连接的 4 个基团各不相同，将依据其空间结构的差异形成两种外观一样，组成相同，但不能完全重合的分子结构，称为手性结构。有这种特征的分子对，其旋光性质不同，称为旋光异构体。由于其结构、组成、基团完全相同，因此这种旋光异构体在物理和化学性质上完全不可区分，但是在生物体内表现出的生物活性常常完全不同。由于其物理化学性质上的极端相似性，因此合成和分离指定的光学异构体是一个难于解决又必须解决的任务，是有机合成领域一个具有挑战性的研究领域。用常规的液相合成法合成光学活性化合物总是得到两种光学异构体的1:1混合物，由于旋光度等于零，称为外消旋体，这是因为在反应中，化学试剂无法区分两种光学异构体。不对称合成是指在一定反应条件下，反应环境和体系对光学异构体的生成有区分作用，得到的产物中两种光学异构体的比例不是1:1，这样可以得到某一种光学异构体占优的化学产品。利用高分子骨架的立体效应，在骨架上连接前手性反应物，进行固相不对称合成是解决这一难题的有效方法之一。这种方法是利用含有手性结构的载体，或者利用高分子骨架在前手性试剂的特定方向形成立体阻碍而产生立体选择性。如利用含有手性糖的交联聚合物为载体合成光学异构体 R—苯基乳酸，方法是用三苯甲醇的聚苯乙烯树脂与只有一个游离羟基的戊糖结合，构成一个有光学不对称结构的聚合物载体。利用载体上的游离羟基和手性结构，通过两步合成即可得到 R 型光学异构体占多数的苯基乳酸，其光学产率大于58%。

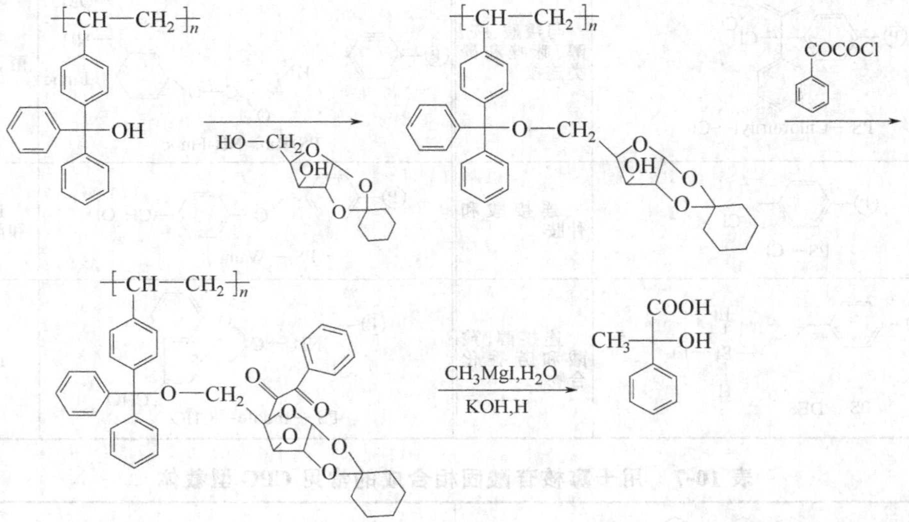

另外一个利用光活性载体进行固相不对称合成的例子是 2-烷基取代环己酮手性异构体的合成，其反应过程如下式所示：

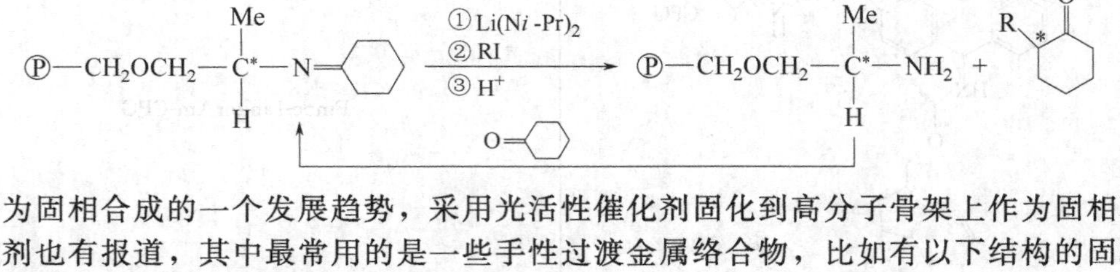

作为固相合成的一个发展趋势，采用光活性催化剂固化到高分子骨架上作为固相不对称合成试剂也有报道，其中最常用的是一些手性过渡金属络合物，比如有以下结构的固相合成试剂可以氢化制备具有光学活性的烃类。

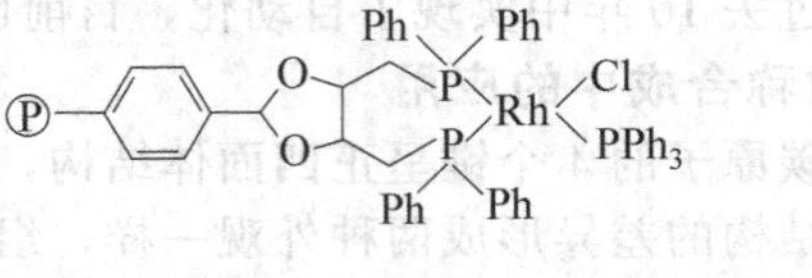

聚合物手性相转移催化剂是另外一种发展很快的不对称固相合成试剂，已经在许多亲核取代反应中获得成功。虽然以目前的技术水平，光学不对称固相合成的选择性还不高，但是近年来以固相光学不对称合成解决光学产物制备问题的报道有增加的趋势。其他类型的聚合物不对称试剂和它们的主要用途列于表 10-8 中。

194

表 10-8 常用的固相不对称试剂及主要用途

高分子手性试剂	主要用途
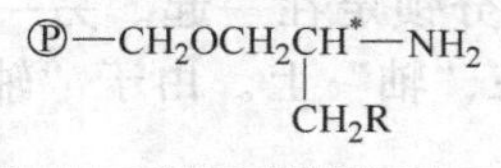 ℗—$CH_2OCH_2CH^*$—NH_2 R=H,Me,Ph CH_2R	2-烷基环己酮光学异构体合成
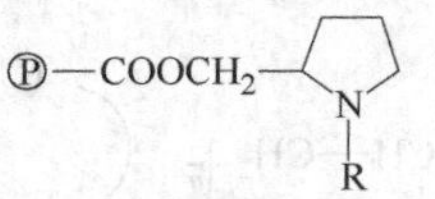 ℗—COOCH$_2$ (吡咯烷) R=Me,PhCH$_2$	烯酮的甲醇不对称还原
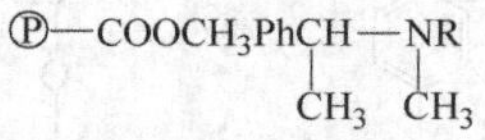 ℗—COOCH$_3$PhCH—NR CH$_3$ CH$_3$	烯酮的甲醇不对称还原
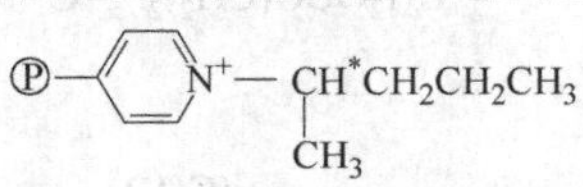 ℗—(吡啶)N$^+$—$CH^*CH_2CH_2CH_3$ CH$_3$	苯己腈的不对称乙酰化
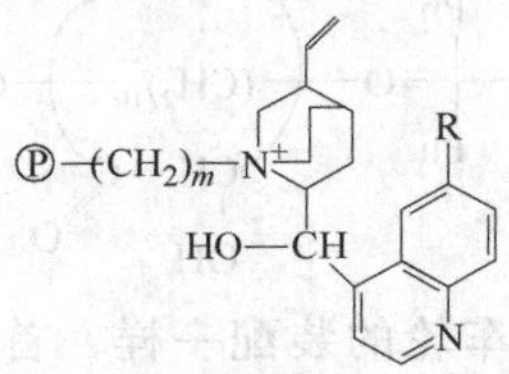 ℗—(CH$_2$)$_m$N$^+$ ... HO—CH ... R ... N	查耳酮(苯丙烯酰苯)的不对称环氧化反应
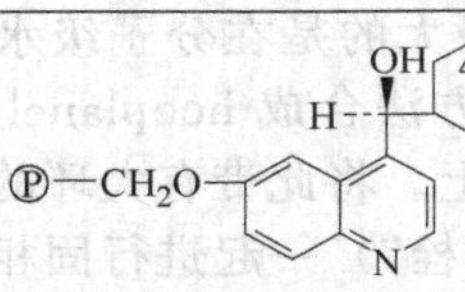 ℗—CH$_2$O— ... OH ... H— ... N ... R	不对称 Michael 反应
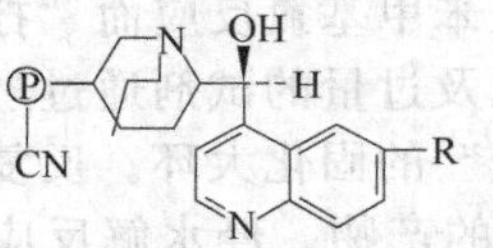 ℗— ... CN ... OH ... H ... R ... N	不对称加成反应
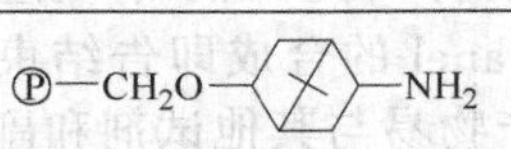 ℗—CH$_2$O—(金刚烷)—NH$_2$	2-烷基环己酮不对称合成
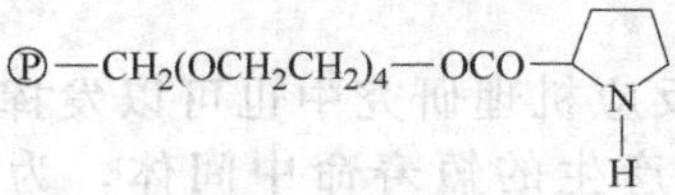 ℗—CH$_2$(OCH$_2$CH$_2$)$_4$—OCO—(吡咯烷)N H	酮的不对称还原
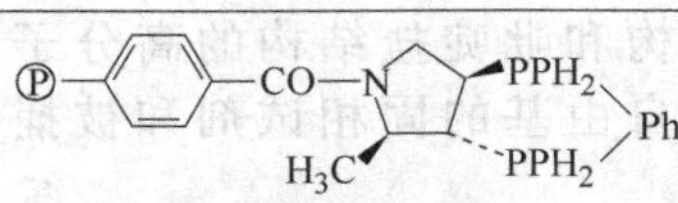 ℗— —CO—N PPH$_2$ PhCl H$_3$C PPH$_2$	α,β 不饱和衍生物的不对称氢化

10.3.5 固相合成法在其他有机合成中的应用

除了合成肽、寡核苷酸、寡糖以及某些光学异构体外，固相合成法在其他有机化合物的合成中也得到了十分广泛的应用。这些应用如果按照反应的种类划分，包括烷基化、酰基化、对称双功能基的单基团保护、不饱和羟基酮的合成等。特别是对一类在化学和数学上都有重要意义的称为 hooplanes 的化合物，固相合成法的贡献更大。hooplanes 也有人称其为轮烷（rotaxanes），是一种结构很特殊的物质，通常为两个或多个分子，或者分子本身相套结在一起，形成非常特殊的轮形结构。从拓扑学的观点，这种化合物的合成是非常困难的，甚至拿到仅分析用的微量产品都非常难。利用固相合成法分离相对容易，试剂可以回收等优点，是解决上述合成困难的有效方法之一。下面介绍的是其中的一种，名称为 hooplanel 化

195

合物的固相合成法。

Hooplanel 的结构由两部分组成。一是由一个十个碳原子组成的饱和碳链构成的"轴"，"轴"两端通过醚键与大体积的三苯基甲基相连接，与轮子部分锁定在一起。另一部分由一个三十个碳原子构成的大环构成，大环如同"车轮"一样套在"轴"上。由于"轴"两端大体积的三苯甲基的存在，两个分子无法脱开而结合成一体。

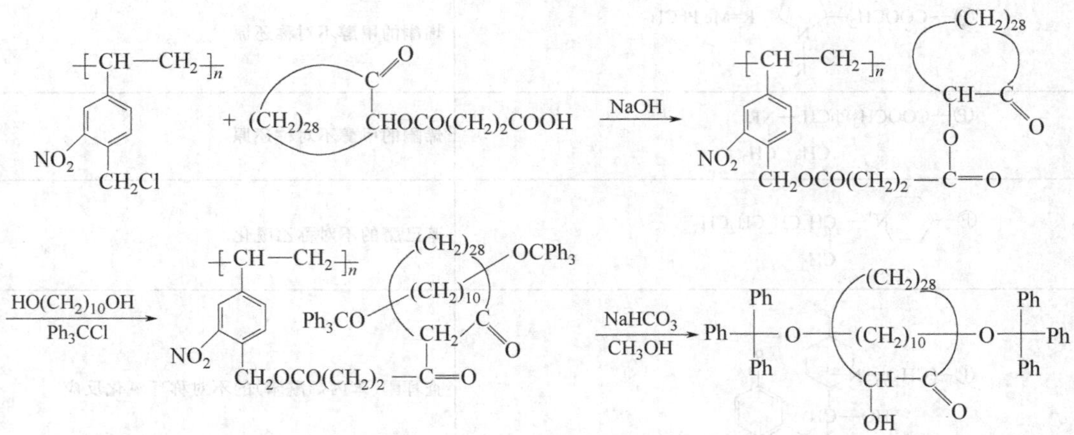

要组成如此结构的化合物，hooplanel 的合成也必须如同车轮的装配一样，首先要在大环中插入"车轴"，再拧紧"螺栓"——三苯甲基。其中难度最大的是在分子级水平下，在"车轮"中插入"车轴"。Hooplanel 合成过程首先以常规合成方法合成 hooplanel 中的大环结构部分，然后将此大环结构通过酯键临时固定到高分子载体上。将此带有大环的高分子载体在适宜的反应条件下与癸二醇（"车轴"）和三苯甲基氯（"螺栓"）一起进行固相反应，按概率推算至少应有部分癸二醇插入大环中，并在插入期间与三苯甲基氯反应而"拧紧螺栓"，得到预期产物。没有插入大环而又套上"螺栓"的副产物，以及过量的试剂通过过滤和清洗除去，高分子载体上只留下套在一起的产品和仍在"守株待兔"的固化大环。反复重复以上反应过程（＞70次），理论上即可产生一定量的固化在载体上的产物。经水解反应将产物与聚合物载体分离；再经纯化除去未反应的大环化合物，hooplanel 的合成即告结束。由此可见，在单元反应产率很低的合成中采用固相合成法，利用其产物易与其他试剂和副产物分离的特点，可以完成用其他方法难以奏效的合成任务。

固相合成试剂不仅普遍用于合成反应，而且在反应机理研究中也可以发挥作用，比如，固相合成试剂可以用来检测和捕捉化学反应中产生的短寿命中间体，为反应机理研究提供证据。例如，聚合物骨架上含有烟酰胺结构和吡啶盐结构的高分子试剂可以捕捉四氧嘧啶和茚三酮型自由基中间体。能够捕捉自由基的固相试剂和被捕捉的自由基列于表 10-9 中。

表 10-9　可以捕捉自由基的固相试剂和被捕捉的自由基

固相试剂	被捕捉的自由基类型	固相试剂	被捕捉的自由基类型
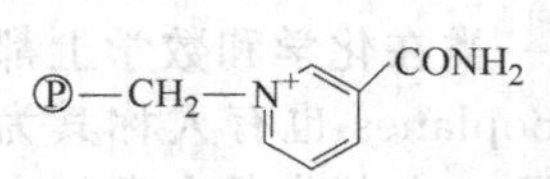	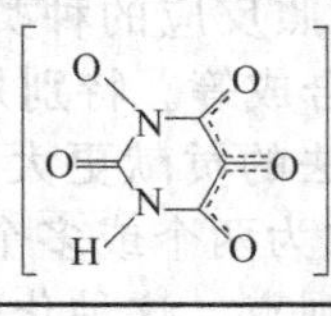	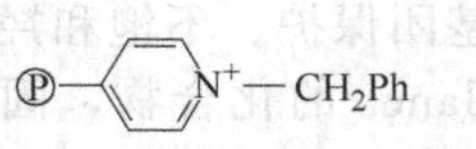	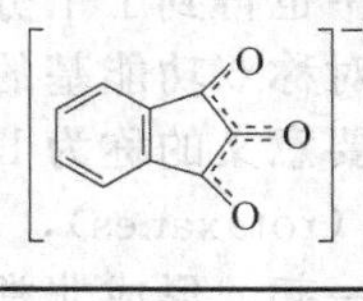

10.3.6　固相组合合成

组合化学是一门新的合成技术，它打破了传统合成化学的观念，不再以单个化合物为目标逐个合成，而是采用相似的反应条件一次性同步合成成千上万种结构不同的分子，即合成一个化合物库，然后进行生物活性的测定，从而寻找或优化特定化合物。组合化学以固相合成为基础，并且随着固相合成技术的进步而得到迅速发展。

固相组合合成的方法主要有两种，为平行合成法和混合-等分法。平行合成法是指在不同的反应器内分别合成单个产物。平行进行的各个反应可以利用相似或相近的反应条件，在每个反应器内的最终产物都是单一的化合物。从某种意义上讲，在不同的反应器内平行合成许多单个化合物是建立化合物库最直接的方法。由于最终的产物互不干扰，因此可以采用常规的分析方法确定化合物的结构和性质。此外，对库中的化合物的生物活性可以进行直接检测和筛选。平行合成法应用比较广泛，其优点是合成的目标分子结构确定，缺点是重复操作过多。混合-等分法以三种结构单元为例进行说明，见图10-5。首先将树脂分成三份，分别与结构单元 X，Y，Z 偶联，然后混合，之后再平均分成三份，每份分别与 X，Y，Z 偶联，然后再混合。如此反复进行，混合-均分-偶联，直到合成完毕。由图可见，由三种结构单元经过三次混合、均分、偶联，最后得到 27 个产物。由混分法得到的化合物的数目为 $N = n_1 \times n_2 \times \cdots \times n_m$，其中 n 是每步合成反应中结构单元的数目，m 是引入新的结构单元的反应步骤的数目。这种方法的优点是可以实现等摩尔地合成大量产物。

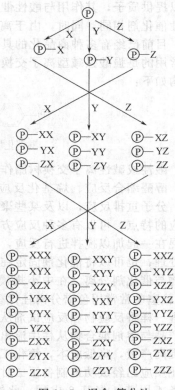

图 10-5　混合-等分法

10.4　高分子催化剂

将催化活性物种（通常是金属离子、络合物等）以物理方式（吸附、包埋）或化学键合作用（离子键、共价键）固定化于线型或交联聚合物载体上所得到的具有催化功能的高分子材料（颗粒、粉末、块状体、纤维、薄膜等）称为高分子负载金属或金属络合物催化剂，简称高分子催化剂。

高分子催化剂的研究起步于 20 世纪 60 年代末期，当时均相络合物催化已经取得了及其引人瞩目的成就。具有高度催化活性、催化选择性和极温和反应条件的 Wilkinson 络合物类均相催化剂在引起化学家青睐的同时如何克服其缺点（价格昂贵、容易流失、与产物及反应物的分离比较困难、稳定性差及对设备有一定的腐蚀等）也成了迫切希望解决的问题。受 Merrifield 固相肽合成的启发，20 世纪 60 年代末有机聚合物（聚苯乙烯磺酸）负载的络合物催化剂（$[Pt(NH_3)_4]^{2+}$）终于问世。在其后 30 多年的时间里已经设计和合成了为数众多的不同结构和不同用途的高分子催化剂，其中有许多无论在催化活性还是催化选择性方面均大大超过对应均相络合物催化剂。在这方面最成功的例证是用于酸碱催化反应的离子交换树脂催化剂、聚合物相转移催化剂和用于加氢和氧化等催化反应的高分子过渡金属络合物催化剂。生物催化剂——固化酶从原理上讲也属于这一类。

10.4.1　高分子酸碱催化剂

小分子酸碱催化剂多半可以由阳离子或阴离子交换树脂所替代，原因是阳离子交换树脂可以提供质子，其作用与酸性催化剂相同；阴离子交换树脂可以提供氢氧根离子，其作用与碱性催化剂相同。同时，由于离子交换树脂的不溶性，可使原来的均相反应转变成多相反应。目前已经有多种商品化的具有不同酸碱强度的离子交换树脂作为酸碱催化剂使用，其中最常用的是强酸强碱型离子交换树脂。最常见的聚苯乙烯型酸碱催化用离子交换树脂其分子结构如下：

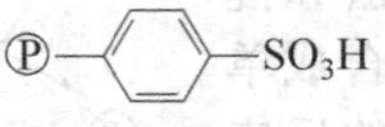

酸催化用树脂 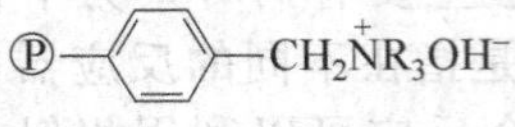　　　　　　　　　碱催化用树脂

　　酸性或碱性离子交换树脂作为酸、碱催化剂适用的常见反应类型包括以下几种：酯化反应、醇醛缩合反应、烷基化反应、脱水反应、环氧化反应、水解反应、环合反应、加成反应、分子重排反应，以及某些聚合反应等。采用高分子催化剂进行多相催化反应由于其多相反应的特点，可以有多种反应方式可供选择：既可以像普通反应一样将催化剂与其他反应试剂混在一起加以搅拌进行反应，反应后得到的反应混合物经过过滤等简单纯化分离过程进行后处理；也可以将催化剂固定在反应床上进行反应，反应物作为流体通过反应床，产物随流出物与催化剂分离。在中小规模合成反应中也可以采用第三种方法，即将反应器制成柱状（实验室中常用用色谱分离柱代替），催化剂作为填料填入反应柱中，反应时如同柱色谱分离过程一样将反应物和反应试剂从柱顶端加入，在一定溶剂冲洗下通过填有催化剂的反应柱；当产品与溶剂混合物从柱中流出后反应即已完成。这种反应装置可以连续进行反应，在工业上提高产量，降低成本，简化工艺。在强酸性阳离子交换树脂的催化下，用类似的方法通过酯化反应已经成功地制备了二甘醇与月桂酸、油酸、硬脂酸的单酯化合物。以丙酮为原料，制备 4-甲基-4-羟基-2-戊酮。此外通过经 Amberlite 离子交换树脂催化的缩合反应可以从丁醛制备 α-乙基-β-羟基己醛。由间苯二酚和乙酰乙酸乙酯合成天然产物 4-甲基-5-羟基香豆素等。

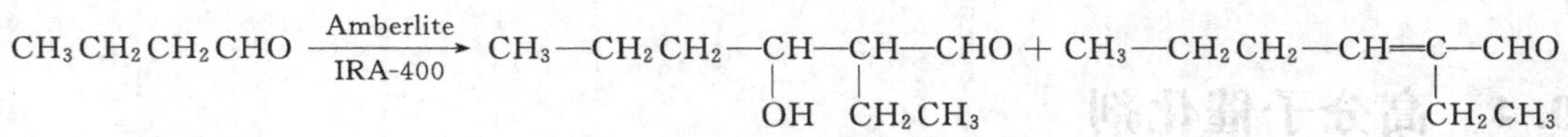

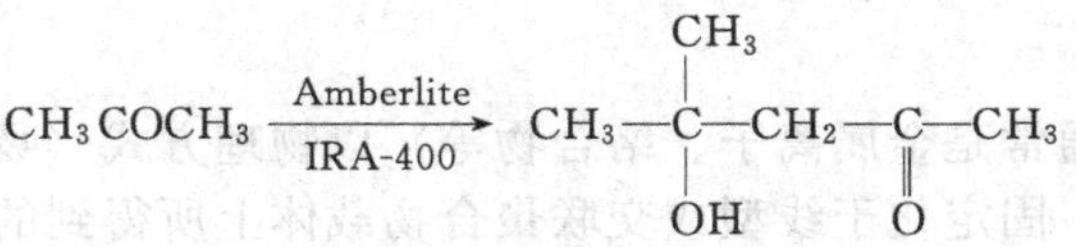

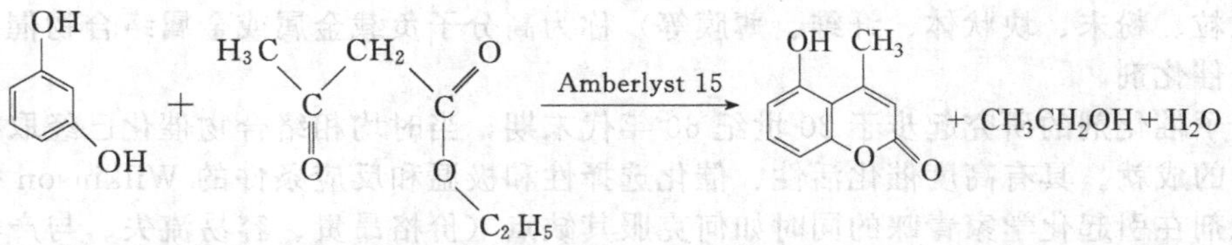

　　高分子酸碱催化剂的制备多数是以苯乙烯为主要原料，二乙烯苯作为交联剂，通过乳液等聚合方法形成多孔性交联聚苯乙烯颗粒。通过控制交联剂的使用量和反应条件达到控制孔径和比表面积的目的。得到的交联树脂在溶剂中一般只能溶胀，不能溶解。然后再通过不同高分子反应，在苯环上引入强酸性基团——磺酸基，或者强碱性基团——季铵基，分别构成阳离子交换树脂（酸性催化剂）和阴离子交换树脂（碱性催化剂）。阴、阳离子交换树脂的详细制备方法将见吸附性高分子章节。

10.4.2　高分子金属络合物催化剂

　　许多金属、金属氧化物、金属配合物在有机合成和化学工业中均可作为催化剂。金属和金属氧化物在多数溶剂中不溶解，一般为天然多相催化剂。而金属配合物催化剂由于其易溶性常常与反应体系成为均相，多数只能作为均相反应的催化剂。金属络合物催化剂经过高分子化后溶解度会大大下降，可以改造成为多相催化剂。

目前使用高分子金属络合催化剂越来越普遍，高分子络合催化剂的制备也成为热点之一。制备高分子金属络合物催化剂最关键的步骤是在高分子骨架上引入配位基团和在金属离子之间进行络合反应。最常见的方法是通过共价键使金属络合物中的配位体与高分子骨架相连接，构成的高分子配位体再与金属离子进行络合反应形成高分子金属络合物。根据分子轨道理论和配位化学规则，作为金属配合物的配位体，在分子中应具有以下两类结构之一：一类是分子结构中含有 P、S、O、N 等可以提供未成键电子的所谓配位原子，含有这类结构的化合物种类繁多，比较常见的如 EDTA、胺类、醚类及杂环类化合物等；另一类是分子结构中具有离域性强的 π 电子体系，如芳香族化合物和环戊二烯等均是常见配位体。小分子配位体的高分子化是制备高分子金属络合物催化剂的主要工作。如同高分子反应试剂的高分子化过程一样，高分子配位体的合成方法主要分成以下几类：①利用聚合物和配位基上的某些基团反应，将配位体直接键合到聚合物载体上，制备高分子配位体；②首先合成具有可聚合官能团的配位体单体（功能性单体），然后在适当条件下完成聚合反应；③合成得到的配位体单体也可以先与金属离子络合，生成络合物型单体后再进行聚合反应，完成高分子化过程。

一般后一种方法较少使用，因为形成的络合单体常会影响聚合反应，甚至发生严重副反应，使聚合过程失败。此外，某些无机材料，如硅胶，也可以作为固化催化剂的载体。

作为多相催化剂，高分子化的金属络合物催化剂可用于烯烃的加氢、氧化、环氧化、不对称加成、异构化、羰基化、烷基化、聚合等反应中。下面给出几种主要高分子催化剂的制备过程和实际应用。

10.4.2.1 加氢反应催化剂

烯烃、芳香烃、硝基化合物、醛酮等带有不饱和键的化合物都可以在金属络合物催化剂存在下进行加氢反应。其中铑的高分子络合物是经常采用的催化剂之一。这一催化剂可以由下述方法制备：即以聚对氯甲基苯乙烯为高分子骨架原料，经与二苯基磷锂反应得到有络合能力的二苯基磷型高分子配合物，再与 RhCl（PPH$_3$）$_3$ 反应，磷与铑离子络合即得到有催化活性的铑离子高分子络合物。

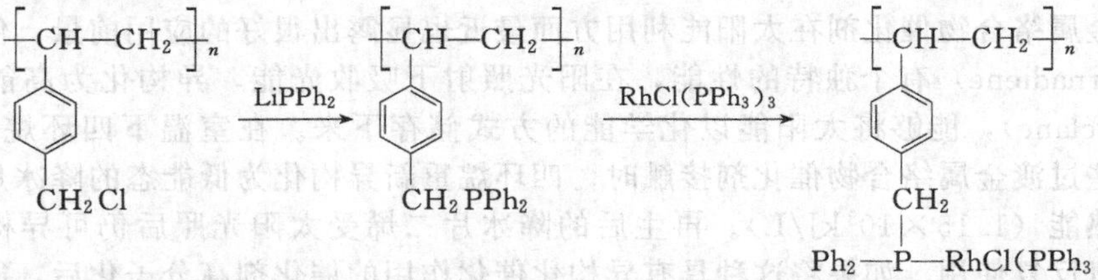

经此催化剂催化，烯烃在室温下，氢气压力只有 1MPa 的温和条件下即可进行加氢反应。与相应的低分子催化剂相比降低了氧敏感性和腐蚀性，反应物可以在空气中储存和处理，由于有高分子效应的存在，加氢反应有明显的选择性，即小分子反应快于大分子。此外，用类似方法制备的钯的高分子络合物也是一种性能优良的加氢催化剂。

另外一个高分子加氢催化剂是高分子二茂钛络合物。其制备过程如下：

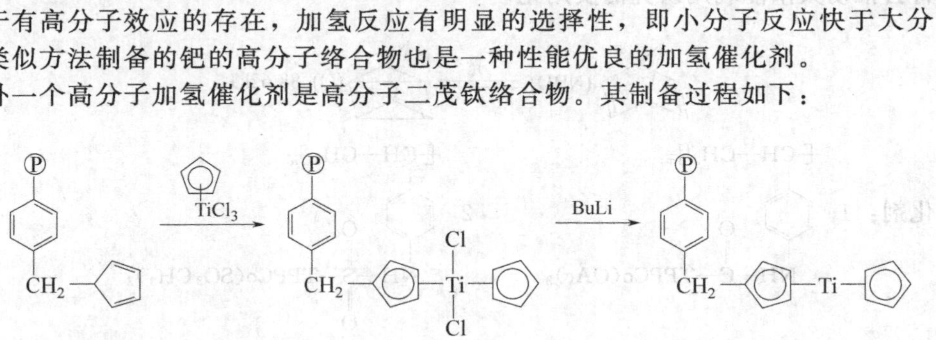

高分子化后的二茂钛络合物从可溶性均相加氢催化剂转变成不溶性多相加氢催化剂，性能有较大改进，不仅使催化剂的回收和产品的纯化变得容易，而且由于聚合物刚性骨架的分隔作用，克服了均相催化剂易生成二聚物而失效的弊病。除了铑和钛络合物之外，钯和铂的高分子络合物也是常用的加氢催化剂。

烯烃的羰基化反应是在工业上有重要意义的单元反应，在加氢催化剂作用下，烯烃与二氧化碳和氢气反应，直接生成多一个碳原子的醛类化合物。钴或铑的高分子羰基络合物在这种加氢催化剂中是比较典型的。烯烃、一氧化碳和氢气都是价廉易得的化工原料，而醛则是重要的化工产品。

$$R\text{—}CH\text{=}CH_2 + CO + H_2 \xrightarrow{\text{加氢催化剂}} R\text{—}CH_2CH_2CHO + R\text{—}\underset{\displaystyle CHO}{\underset{|}{CH}}\text{—}CH_3$$

10.4.2.2 *以硅胶为载体的高分子金属络合物催化剂*

在金属络合物催化剂的高分子化过程中使用最多的载体是有机聚合物。但是有些无机大分子也可以担当此项任务，其中使用最多的是硅胶。硅胶表面的硅羟基是键合反应的活性点，有多种官能团可以与硅羟基反应生成酯键，或者醚键。此外硅胶微粒经三乙氧基硅丙硫醇处理，在其表面键合一层含巯基配位体；配位体与铂等金属反应形成高分子催化剂。这种铂的络合物有催化氢硅加成作用。比如在该催化剂作用下，三乙氧基硅烷与1-己烯加成，可以得到正己基三乙氧基硅烷。催化剂的稳定性很好，可以反复使用。以硅胶作为催化剂载体具有材料价格低廉、比表面积大、力学强度较好的特点。下面给出了这种高分子络合催化剂的合成方法之一。

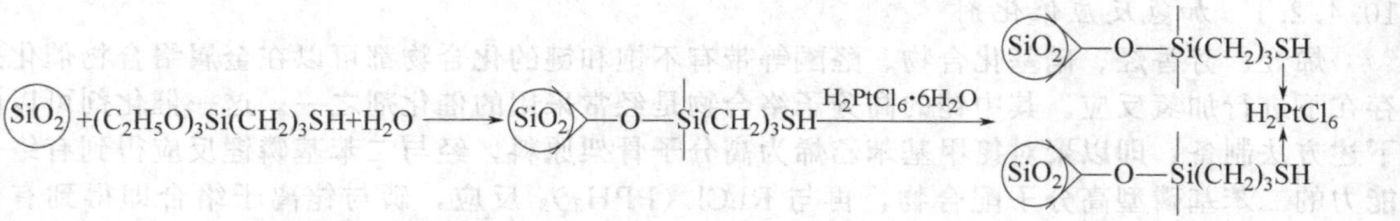

SiO2
+(C2H5O)3Si(CH2)3SH+H2O
O—Si(CH2)3SH
H2PtCl6·6H2O
H2PtCl6

10.4.2.3 *高分子金属络合物催化剂在太阳能利用领域的应用*

高分子金属络合物催化剂在太阳能利用方面最近也显露出很好的应用前景。例如降冰片二烯（norbornadiene）有个独特的性能，在阳光照射下吸收光能，异构化为高能态的四环烷（quadricyclane），能够将太阳能以化学能的方式储存下来。在室温下四环烷是稳定的，但是在与一些过渡金属络合物催化剂接触时，四环烷重新异构化为低能态的降冰片二烯，同时放出大量热能（1.15×10^3 kJ/L）。再生后的降冰片二烯受太阳光照后仍可异构化为四环烷，因此可以反复使用。如果将这种具有异构化催化作用的催化剂高分子化后，能量转换过程将更加容易控制，使用方便，而且过渡金属络合物催化剂的效能更好。这种高分子催化剂的发展将会推动太阳能利用研究的实用化。

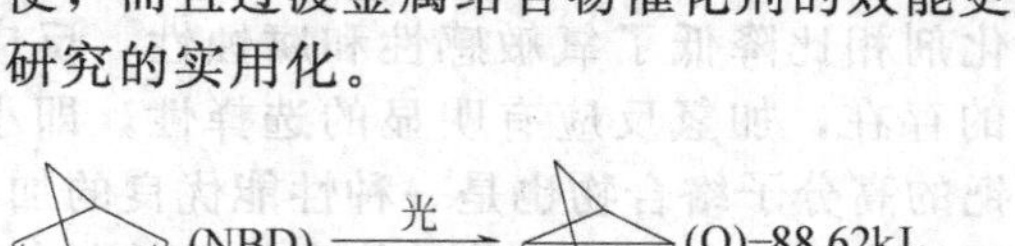

(NBD)
光
(Q)−88.62kJ

催化剂：1

CH—CH2
n
O
NH—C—TPPCo(OAc)3

2

CH—CH2
n
O
NH—S—TPPCo(SO3CH3)3
O

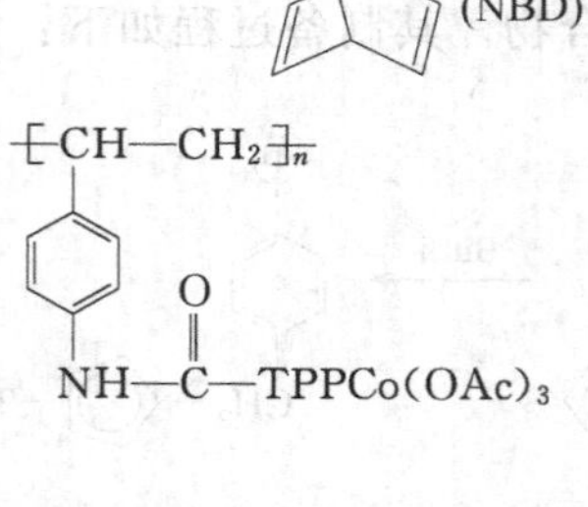

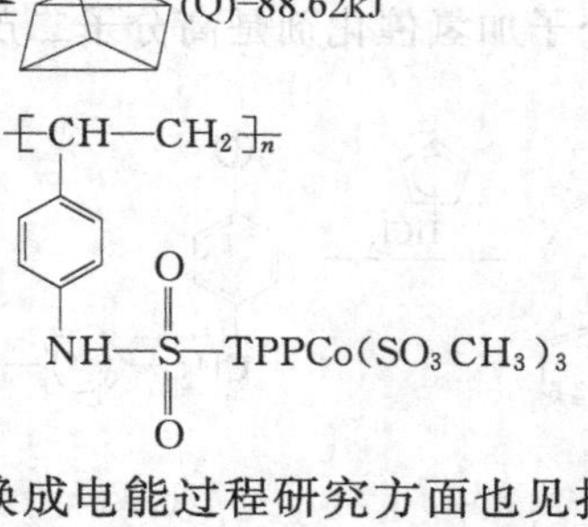

高分子化的金属络合物催化剂在太阳能转换成电能过程研究方面也见报道。它是利用带

有吡咯基的联吡啶作为配位体单体，与钌金属离子络合，再用电化学聚合法在电极表面形成光敏感催化层。当电极表面由不同氧化还原电位的聚合物形成多层修饰时，如果结构安排得当，可以在电极之间得到光电流。

高分子过渡金属络合物催化剂与同类型的小分子均相催化剂相比，具有如下特点。①降低催化剂使用成本。由于高分子骨架的引入，使得反应中催化剂的损失降到最低。②选择性增强。高分子骨架改变反应点的立体环境，使高分子催化剂的立体选择性发生变化，因此可以增强反应的选择性。③增加催化性能。在同一个聚合物骨架上有可能同时连接两种不同功能的催化剂，使得多步催化反应有可能在同一个催化剂上完成。

10.4.3 高分子相转移催化剂

在化学反应中如果在同一反应体系中两种反应物的极性差别较大，必须分别溶解在两种溶液中，而这两种液体又互不相溶，那么发生在两液相之间的反应，其反应速率一般是很小的。因为在每一相中总有一种反应物的浓度是相当低的，造成两种分子碰撞概率很低。而这种碰撞对于化学反应是必须的过程。在这种情况下，反应主要发生在两相的界面上。要增加反应速度虽然可以采用增加搅拌速度以增大两相的接触面积，提高界面反应比例。然而这种方法的作用都是相当有限的。也可以使用非质子极性溶剂增加对离子型化合物的溶解度，如二甲基亚砜（DMSO）、二甲基甲酰胺（DMF）、乙腈和六甲基磷酰胺（HMPA）等。除了上述溶剂比较昂贵之外，它们的高沸点造成的难以蒸除，溶剂污染也是应用方面的一大障碍。

在这方面近年来迅速发展的相转移催化反应是比较理想的解决办法。相转移催化剂一般是指在反应中能与阴离子形成离子对，或者与阳离子形成络合物，从而增加这些离子型化合物在有机相中的溶解度的物质。这类物质主要包括亲脂性有机离子化合物（季铵盐和磷鎓盐）和非离子型的冠醚类化合物。一般认为相转移有如下反应过程：

$$
\begin{array}{ccc}
\text{有机相} & Q^+Y^- + R\text{—}X \longrightarrow R\text{—}Y + Q^+X^- \\
\text{水相} & Q^+Y^- + M^+X^- \rightleftharpoons M^+Y^- + Q^+X^-
\end{array}
$$

图中 Q^+Y^- 和 Q^+X^- 分别表示相转移催化剂形成的离子对，承担反应中离子在两相之间的传递和离子交换作用。冠醚类相转移催化剂借助与阳离子间的螯合作用完成上述过程。

相转移催化剂也有小分子和高分子两类。与小分子相转移催化剂相比，高分子相转移催化剂不污染反应物和产物，催化剂的回收比较容易，因此可以采用比较昂贵的催化剂；同时还可以降低小分子冠醚类化合物的毒性，减少对环境的污染。总体来讲，磷鎓离子相转移催化剂的稳定性和催化活性都要比相应季铵盐型催化剂要好，而聚合物键合的高分子冠醚相转移催化剂的催化活性最高。这是得益于阳离子被络合之后，增强了阴离子的亲核反应能力。比较有代表性的各种高分子相转移催化剂的结构和主要用途列于表 10-10 中。

10.4.4 其他种类的高分子催化剂

随着高分子催化剂研究的不断深入，新型高分子催化剂不断涌现，目前常见的除了上述三种高分子催化剂之外还包括以下几种。

10.4.4.1 高分子路易斯酸和过酸催化剂

能够得到电子的化合物称为路易斯酸，将小分子路易斯酸接入高分子骨架即成高分子路易斯酸。与小分子同类物相比，高分子路易斯酸作为催化剂稳定性较好，不易被水解破坏。原因是憎水性高分子骨架降低了水的攻击力；采用高分子路易斯酸催化剂还可以降低生成较高分子化合物的竞争性副反应。高分子三氯化铝是代表性的路易斯酸催化剂，可以有效地催化成醚、酯和醛的合成反应。当在含有强酸性基团的阳离子交换树脂中再引入路易斯酸时，

表 10-10　高分子相转移催化剂结构和主要用途

高分子相转移催化剂[①]	主要应用 RX＋Y ⟶ RZ
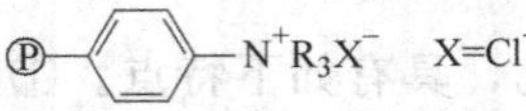 Ⓟ—⟨benzene⟩—N⁺R₃X⁻　X=Cl⁻,Br⁻,F⁻,I⁻	Y=Cl⁻,Br⁻,F⁻,I⁻
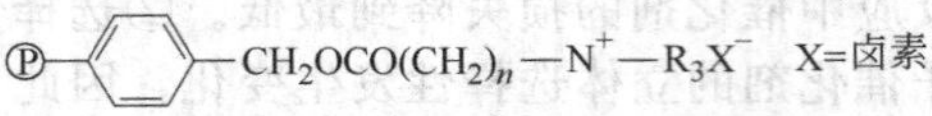 Ⓟ—⟨benzene⟩—CH₂OCO(CH₂)ₙ—N⁺—R₃X⁻　X=卤素负离子	Y=Cl⁻,I⁻
Ⓢⁱ—(CH₂)ₙ—N⁺—R₃X⁻　n=2,3,6;R=H,Me,Et,n-Bu,n-Oct,n-C₁₆H₃₃	Y=AcO⁻
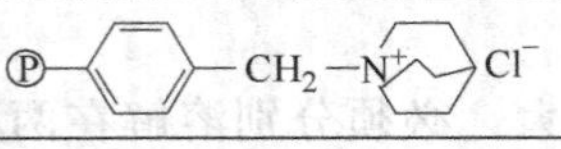 Ⓟ—⟨benzene⟩—CH₂—N⁺⟨ring⟩ Cl⁻	Y=Ph—CH⁻,—CN
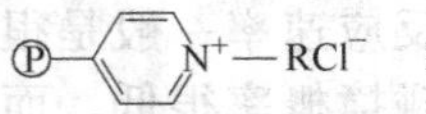 Ⓟ—⟨benzene⟩—N⁺—RCl⁻　R=H,n-Bu,PhCH₂,CH₂CHMeEt	Y=PhO⁻
©—O—Si(OMe)₂—(CH₂)₃—N⁺Bu₃Cl⁻	Y=I⁻,CN⁻,还原
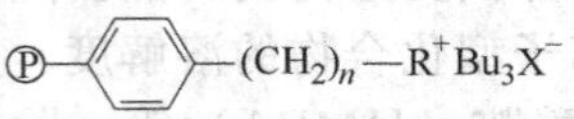 Ⓟ—⟨benzene⟩—(CH₂)ₙ—R⁺Bu₃X⁻	Y=CN⁻,ArO⁻,Cl⁻,I⁻,AcO⁻,Ars⁻,ArCHCOMe⁻,N₃⁻,SCN⁻
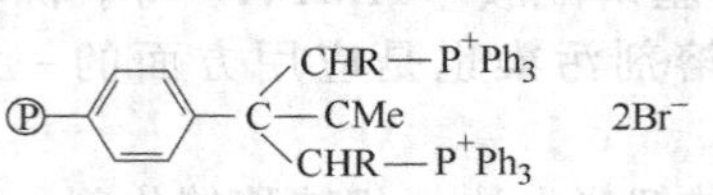 Ⓟ—⟨benzene⟩—CH—C(—CMe)(CHR—P⁺Ph₃)(CHR—P⁺Ph₃)　2Br⁻	Y=PhS⁻,PhO⁻
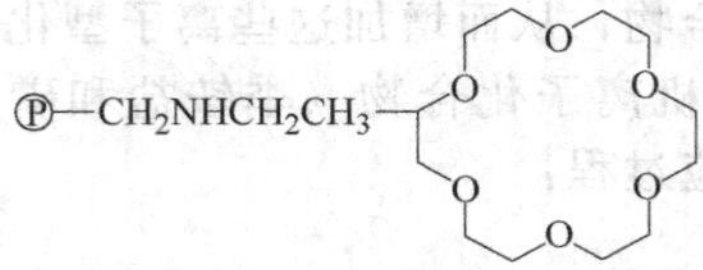 Ⓟ—CH₂NHCH₂CH₃ ⟨crown ether⟩	Y=CN⁻
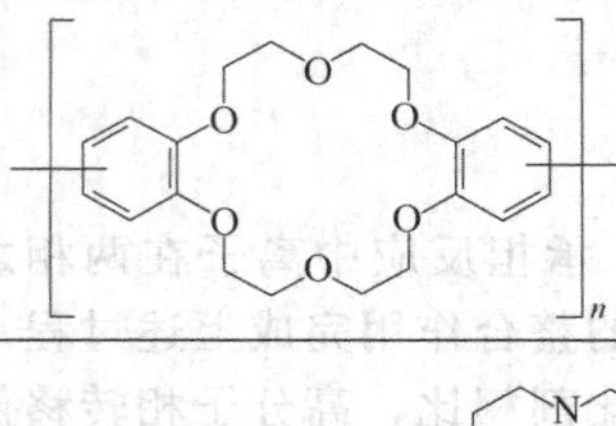 [⟨dibenzo crown ether⟩]ₙ	Y=I⁻,CN⁻,PhO⁻
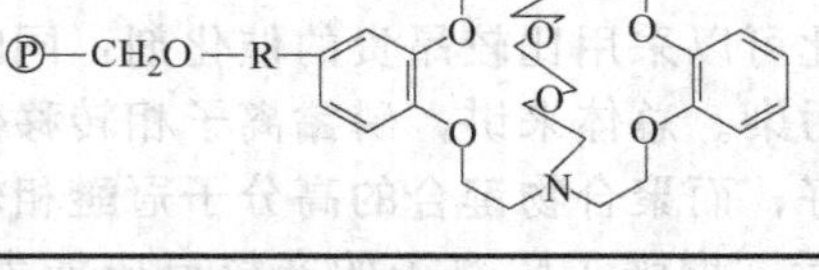 Ⓟ—CH₂O—R—⟨benzo cryptand⟩	

① ©—纤维素，Ⓢⁱ—石英。

树脂的给质子功能将大大增强，成为高分子过酸。例如，三氯化铝与磺酸基离子交换树脂反应，即可得到酸性很强的高分子过酸。这种过酸甚至可以使中性石蜡油质子化。但是这种高分子的过酸稳定性还比较差。一种更稳定，酸性更强的高分子过酸是由全氟化的磺酸基树脂与三氯化铝反应制备的。其结构如下：

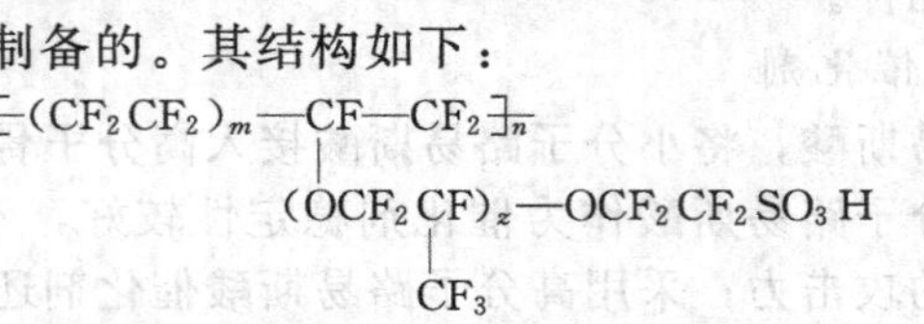

$$+(CF_2CF_2)_m—CF—CF_2+_n$$
$$(OCF_2CF)_z—OCF_2CF_2SO_3H$$
$$CF_3$$

$m=5\sim13,n=1000$
$z=1,2,3\cdots$

10.4.4.2　聚合物脱氢和脱羧基催化剂

阻胺酸的嘧啶基是多种脱氢酶的活性点，因此含有类似结构的聚合物也可以作为脱氧高

202

分子催化剂用于催化酯和酰胺的氢化反应。有些高分子表面活性剂（聚皂）能够催化脱羧基反应。这类催化剂包括季铵化的聚乙胺、聚合型冠醚、聚乙二醇和聚乙烯基吡咯酮等，均是有效的高分子脱羧基试剂。

10.4.4.3 聚合物型 pH 指示剂和聚合型引发剂

将偶氮类结构连接到高分子骨架上，当遇到酸或碱性物质时发生反应而产生颜色变化，因此可以制成聚合物型 pH 指示剂。这种指示剂具有稳定性好、寿命长、不怕微生物攻击和不污染被测溶液的特点。典型结构如下：

$$
\text{P}-COO-\text{\char"25CB}-N=N-N\begin{smallmatrix} CH_2 \\ CH_2 \end{smallmatrix} \qquad \text{P}-(CH_2)_3NHCO-\text{\char"25CB}-N=N-R
$$

同样，将过氧或者偶氮等具有引发聚合反应功能的分子结构高分子化，可以得到聚合型引发剂。这类引发剂可用来催化聚合物的接枝反应。过渡金属卤化物高分子化后得到的聚合物引发剂可以引发含有端双键的单体聚合，生成接枝或者嵌段聚合物。

10.5 酶的固化及其应用

酶是一类分子量适中的蛋白质，存在于所有活细胞中。如同在前面固相肽合成中介绍的，它是由各种氨基酸按不同次序连接而成的高分子化合物。在生命过程的化学反应中作为天然催化剂，在生物体内进行的化学反应，几乎全部是由酶催化的。与常规催化剂相比，酶作为催化剂最大的特点是催化效率高，选择性极好，大多数情况下是专一性催化。许多在工业上需要高温高压才能进行的反应，在生物体内由酶催化只需常温常压条件即可进行。酶催化剂的缺点在于酶的稳定性不好，很容易变性失活。此外大多数酸是水溶性的，在水性介质中为均相催化剂，反应后的分离、纯化和回收有一定困难。酶的这一性质大大限制了它在工业上的直接应用，因为在酶促反应之后要在不使酶变性的条件下回收酶是相当困难和复杂的。

酶的这种不易分离性质在应用时不仅浪费了贵重的酶，而且还增加了污染产品的机会。这一缺点不能不说对酶催化剂的推广应用形成一大阻碍。从 20 世纪 50 年代起，人们开始研究用各种各样方法在不减少或少减少酶的活性的前提下使酶成为不溶于水的所谓"固化酶"（lmmobilzed enzyme），并且已经取得了很大成功，开拓了酶在有机合成等各个领域里的应用范围。这一技术首先解决了反应后酶的回收和防止酶污染产品的问题。其次，酶的固化在一定程度上提高了酶的稳定性和适应反应条件的能力。酶的固化还使均相反应转变成多相反应，简化了反应步骤，使酶促反应可以实现连续化、自动化，为制造"生物反应器"（bio-reactor）打下基础。由于酶的固化也采用了一些功能化和高分子化方法，因此也属于功能高分子材料范畴。下面主要介绍与这一技术有关的酶固化方法和在工业上的应用例证。

10.5.1 固化酶的制备方法

酶的固化主要目的是改变其水溶性。可用的固化方法有许多种，但是与前面介绍的高分子化学反应试剂和催化剂的高分子化过程相比也有所不同，这是由于酶自身的特点所决定的。酶的固化过程主要应满足以下几点要求。

① 固化后酶催化剂不应溶于水或化学反应中使用的其他反应介质，以保证酶催化剂的分离和回收的简单性。这是酶固化过程的基本目的和要求。在酶分子之间进行交联或者使用聚合物网络进行包裹是达到这一目的的首选方法。

② 固化过程应不影响或少影响酶的活性。所有会使蛋白质变性或影响酶活性的方法均不宜采用，这是从应用角度选择固化方法和反应条件时必须考虑的重要因素之一。任何高

温、高压，或者有强酸、强碱参与的反应都应避免。

③ 固化方法的选择应考虑到酶自身的特点和结构，不要引入多余化学结构而影响酶的性质，尽可能利用酶结构中各种非催化活性官能团进行固化反应。

④ 作为酶固化的载体应有一定的力学强度和化学稳定性，以适应反应工艺要求和有一定的使用寿命，保证不对或少对酶促反应产生不利影响。

从以上这些要求考虑，我们前面曾经讲到的多数高分子化方法均不能满足酶在固化过程中的苛刻条件。只有少数在温和条件下可以进行的固化方法可以满足基本要求而能被采用。从固化方法的原理划分，酶的固化方法可以分成化学法和物理法两种。化学法如同制备高分子反应试剂一样是通过化学反应生成化学键将酶连接到一定载体上；或者采用交联剂通过与酶表面的基团将酶交联起来，构成分子量更大的蛋白分子使其溶解性降低，成为不溶性的固化酶。物理法包括包埋法和微胶囊法等。这两种方法是使酶被包埋或用微胶囊包裹起来，使其不能在溶剂中自由扩散。但是被催化的小分子反应物和产物应当可以自由通过包埋物或胶囊外层，使之与酶催化剂接触。

10.5.1.1 化学键合酶固化方法

通过化学键将酶键合到高分子载体上是酶固化方法的一种。可供选用的聚合物载体可以是人工合成的，或是天然的有机高分子化合物。有些情况下也可以为无机高分子材料。对载体的要求除了不溶于反应溶剂等基本条件外，还要求载体分子结构中含有一定的亲水性基团，以保证有一定的润湿性。由于酶促反应多数在水相中进行，好的润湿性可以保证反应物与酶的良好接触。同时高分子载体的存在不能影响酶的活性。对键合反应的要求是反应条件必须温和，不能使用强酸、强碱和某些有机溶剂，反应的温度也有一定限制。因而要求高分子载体应带有活性较强的反应基团，如重氮盐、酰氯、醛、活性酯等高活性基团，以保证后续的键合反应能在温和的条件下进行。下面给出一些有代表性的固化反应，以及通过化学键固化酶的实例。

最常用的用于酶固化的聚合物载体骨架为聚苯乙烯，在其苯环上引入重氮盐基团，利用在重氮盐基团上的键合反应，比如与酶蛋白质中酪氨酸中的苯酚基，或者与组氨酸的咪唑基进行偶联反应，可以在高分子载体上连结淀粉糖化酶、胃蛋白酶和核精核酸酶等形成固化酶催化剂。采用这种方法得到的固化酶稳定性比较好。

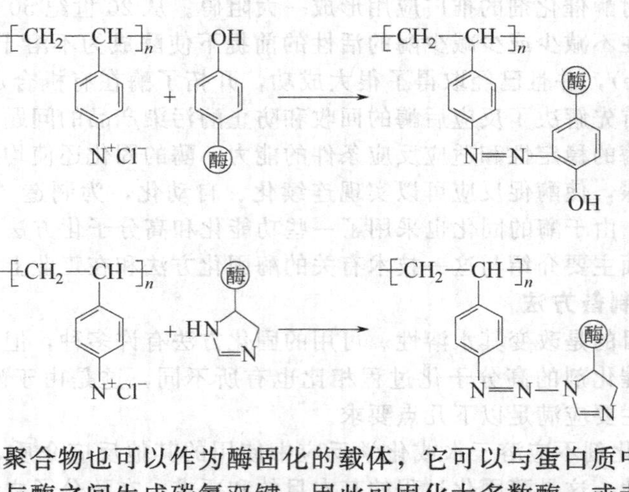

含有缩醛结构的聚合物也可以作为酶固化的载体，它可以与蛋白质中广泛存在的氨基发生缩合反应，在载体与酶之间生成碳氮双键，因此可固化大多数酶。或者在聚合物骨架中引入内酸酐基团，利用内酰胺化反应与酶中氨基相连也是一种制备酶固化载体的方法。内酸酐基团与酶蛋白质中的氨基反应，很容易形成稳定的内酰胺键而实现酶的固化。上述两种固化反应的过程如下：

204

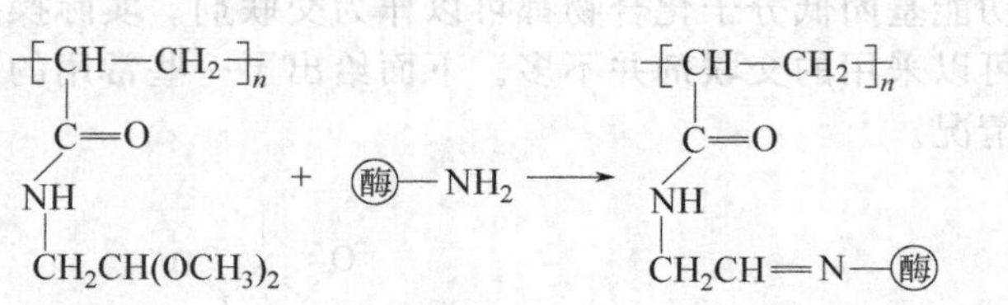

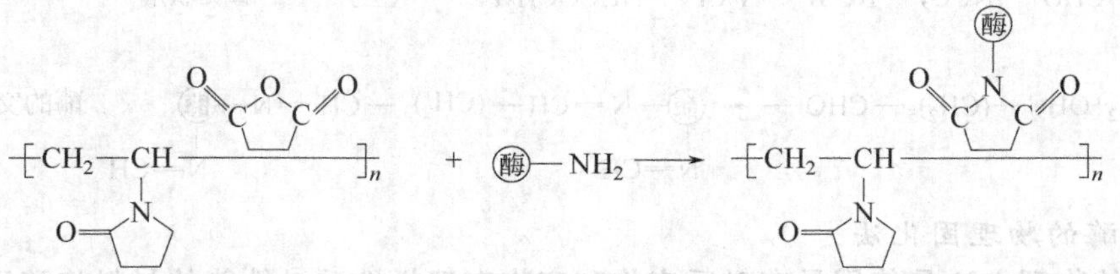

除此之外，一些聚酰胺或多肽高分子化合物经过活化预处理后也可以作为载体与酶结合形成不溶性的固定化酶。例如尼龙经过酸处理后，在其表面出现羧基，或经其他方法处理形成亚胺酸酯基，这些活性基均可与酶中的游离氨基直接结合，使酶在这些聚合物上得到固定化。

除了有机高分子可以作为酶固化的载体之外，一些无机材料也可以作为固化酶载体的选择材料，它们多为多孔性玻璃或硅胶，表面具有活性羟基。但是这些羟基的活性不够，很难用来直接固化酶，需要借这些羟基引入活性更强的基团。比如，α-氨丙基三乙氧基硅丙胺与硅胶表面的羟基反应，同以在硅胶载体中引入活性较强的氨基。此氨基在缩合剂二环己基碳二亚胺（DCC）催化下与酶中的羧基反应在二者之间形成酰氨键，或者在氨基的基础上再引入芳香族氨基，经重氮化后通过偶联反应固定酶，其反应过程如下：

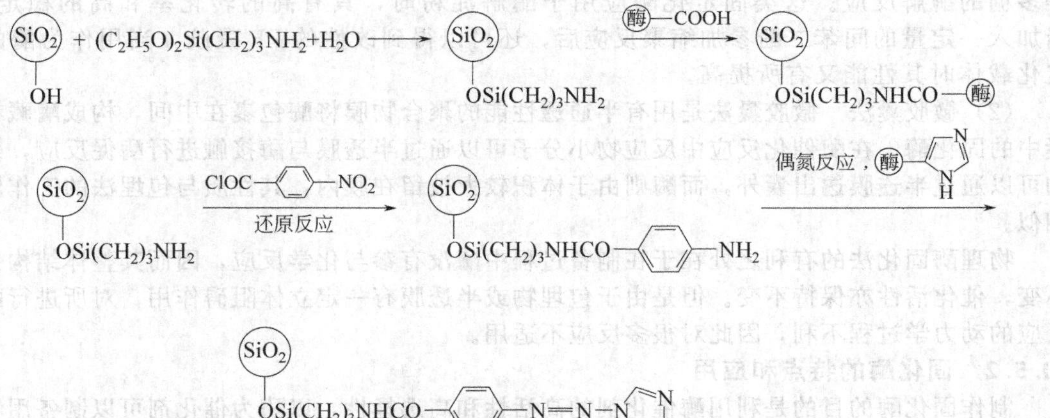

也有人选用离子交换树脂作为固化酶的载体，其中阳离子交换树脂可与酶中的氨基相结合，阴离子交换树脂与酶中的羧基相结合而实现酶的固化。此方法操作简单，反应条件温和，对酶活性影响不大。缺点是离子交换树脂与酶的结合力较弱，且易受反应溶液中酸碱度的影响，因此形成的固化酶的稳定性较差。

10.5.1.2 化学交联酶固化法

交联法是化学酶固化的另一种常用方法。这种方法是利用一些带有双端基官能团的化学交联剂，通过与酶蛋白中固有的活性基团进行化学反应，生成共价键将各个酶单体连接起来，形成不溶性链状或网状结构，从而将酶固化。从理论上讲，任何具有能与酶中活性基团反应，实现交联的双功能基团低分子化合物都可以作为交联剂。实际操作上由于保持酶活性对反应条件的限制，可以采用的交联剂并不多。下面给出了一些常用的可用于酶交联固化的交联剂和它们的使用情况。

$$X—(CH_2)_n—X$$

$$X=—CHO,—NCO,—NCS,—N_2^+Cl^-,—NHCOCH_2I,$$ 酶交联剂

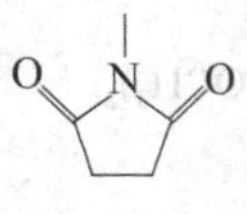

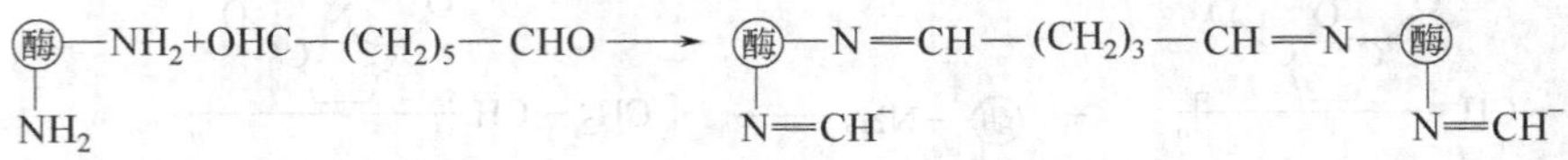

酶—NH_2+OHC—$(CH_2)_5$—CHO ⟶ 酶—N＝CH—$(CH_2)_3$—CH＝N—酶   酶的交联反应

10.5.1.3 酶的物理固化法

酶固化的物理方法是使用具有对反应物和产物有选择性透过性能的材料将酶固定，使参与反应的小分子透过，而属于大分子的酶得到固定的方法。物理固化方法主要有两种，一种是包埋法，另一种是微胶囊法。

（1）包埋法　包埋法的制备过程是将酶溶解在含有合成载体的单体溶液中。在此均相体系中进行合成载体的聚合反应，聚合反应进行过程中使溶液中的酶被包埋在反应形成的聚合物网络之中，不能自由扩散，从而达到酶固化的目的。此法要求形成的聚合物网络在溶胀条件下要允许反应物和生成物小分子通过。例如以苯酚类（如对苯二酚）和甲醛经缩聚而成的新一类凝胶状树脂（phenolic-formaldehyde resin，PF 凝胶）即属于此类高分子材料。此类凝胶价廉并易于制备，疏松多孔、无毒、不溶于水，而且具有极强的亲水性，不溶于有机溶剂，有较好的力学强度。作为载体它能简单、快速、有效地对多种酶和蛋白质加以固定，对蛋白质有很高的结合量。当与淀粉酶等结合时，可用于淀粉等多糖的酶解反应。这类固定化酶应用于酶解淀粉时，具有高的转化率和高的稳定性。当加入一定量的间苯二酚参加缩聚反应后，还可以得到改性的 PF 凝胶，当用作为酶的固定化载体时其性能又有所提高。

（2）微胶囊法　微胶囊法是用有半通透性能的聚合物膜将酶包裹在中间，构成酶藏在微囊中的固化酶。在酶催化反应中反应物小分子可以通过半透膜与酶接触进行酶促反应，生成物可以通过半透膜逸出囊外，而酶则由于体积较大被留在膜内，其性质与包埋法的工作原理相似。

物理酶固化法的有利之处在于在制备过程中酶没有参与化学反应，因而其整体结构保持不变，催化活性亦保持不变。但是由于包埋物或半透膜有一定立体阻碍作用，对所进行酶促反应的动力学过程不利，因此对很多反应不适用。

10.5.2 固化酶的特点和应用

制作固化酶的目的是利用酶催化剂的高活性和高选择性，以酶为催化剂可以制备用常规方法难以或不能合成的有机化学产品。因此在酶的固化研究中人们最关心的有两方面：一是酶经过固化后能否保持高活性和高选择性；二是通过酶的固化能否使其扩大使用范围、简化操作、降低成本。很显然，第一条是最重要的。固定化后酶的活性取决于酶本身原有的活性和固化时采用的方式方法，以及所用载体的化学结构和物理形态。应该说多数酶经过固化后其活性或多或少都有所降低，这是由于酶在固化过程中，活性酶中一部分氨基酸的氨基或羧基参与固化而使酶的结构在一定程度上受到破坏，因此在固化过程中酶蛋白的高次结构也会有所变化。酶固化后形成的高分子效应对酶的选择性也会有一定程度的影响。这也是虽然固化酶有许多优点，但是在工业上的广泛应用仍受到许多限制的原因之一。但是可以相信，随着固化方法的不断改进，固化酶将会受到越来越广泛的重视和应用。下面是固化酶的一些应用实例。

206

10.5.2.1 光学纯氨基酸的合成

众所周知，光学异构体的合成是有机合成研究中的最具挑战性的课题，主要难点在于缺少专一性催化剂。而利用酶催化的专一性用于光学异构体的合成是一条有效解决途径。比如合成 L-蛋氨酸，采用常规方法合成将仅能获得外消旋体产物，而采用从 Aspergillus aryzae 菌中提取的酰化氨基酸水解酶（amino acylase）作为催化剂，将此酶用物理吸附的方法固化在 N,N-二乙基氨乙基葡聚糖（DEAE-SepHadex）树脂上，再将这种固化有酶催化剂的树脂装入反应柱中使 N-乙酸基-D,L-蛋氨酸外消旋体通过反应柱进行脱乙酰基反应，在柱的出口处将得到光学纯的 L-蛋氨酸。而且该反应柱可以连续反复使用。

10.5.2.2 6-氨基青霉素酸的合成

6-氨基青霉素酸是生产许多种青霉素产品的主要原料，有多种制备方法。其中固化酶法是将青霉素酰胺酶（penicilline amidase）接枝到经过活化处理的 N,N-二乙基氨乙基纤维素上，以此为固相催化剂分解原料苄基青霉素，产物即为 6-氨基青霉素酸。在反应条件下分子结构中张力很大的四元环和五元环未受影响。经固化后酶的稳定性增加。由此固化酶装填的反应柱连续使用 11 周而未见活性降低。这是用常规方法所不能比拟的。而且比传统的微生物法生产的产品纯度更高，质量更好。

青霉素 G   固化酶   6- 氨基青霉素

此外，抗病毒感染极为有效的干扰素诱导剂（interferoninducer）也可以由此种方法生产。固化酶在其他有机合成领域的应用还有很多，并且有继续发展的趋势。

10.5.2.3 固化酶在分析化学和化学敏感器制作方面的应用

固化酶在临床医学和化学分析方面也有广泛应用，酶电极就是其中一种。将活性酶用特殊方法固化到电极表面就构成了酶电极，也有人称其为酶修饰电极。固化酶由于其不溶性质，在酶修饰电极制备方面具有优势。用酶电极可以测定极微量的某些特定物质，不仅灵敏度高，而且选择性好。它的最大优势在于酶电极可以做得非常小，甚至小到可以插入某些细胞内测定细胞液的组成，因此在生物学研究和临床医学研究方面意义重大。电极表面的酶修饰方法多种多样，包埋法是其中比较简便的一种。比如，将葡萄糖氧化酶用交联聚丙烯酰胺包埋在高灵敏度氧选择电极表面，形成厚度仅为微米数量级的表面修饰层。该酶修饰电极可以定量测定体液中的葡萄糖。固化酶与生物传感技术结合制成的乳酸盐分析仪具有快速、准确、自动化、微量取血等四大优点，使用乳酸盐分析仪测定血乳酸已有报道。方法是乳酸电极表面覆盖一片含三层固化酶的膜，外层为聚碳酸膜，内层为醋酸纤维素膜，中层为乳酸盐氧化酶，它经表面处理技术被均匀地固定在两片不同的薄膜之间，起保护电极、限制扩散通路的作用。血中乳酸盐在渗透过外层膜后即被氧化为过氧化氢，透过内层由铂金电极检定其含量。讯号经微机处理为乳酸盐浓度，直接显示或打印，或输送到电脑中作进一步分析。

$$L-乳酸 + O_2 + 乳酸盐氧化酶 \longrightarrow H_2O_2 + 丙酮酸$$

$$H_2O_2 \xrightarrow{\text{铂电极}} O_2 + 2H^- + 2e^-$$

此外，固定化酶还可以与安培检流计配合，应用于啤酒中亚硫酸盐和磷酸盐的检测。

当然，固化酶法也有其不足之处，除了前面提到的几点之外，制备技术要求高，制备成本昂贵也限制了固化酶法在工业上的大规模应用。寻找廉价的载体，研究更简单的固化方法，将是下一步研究的主要目标。

第11章 光敏型高分子

11.1 概述

光敏高分子材料是指在光的作用下能够表现出特殊性能的聚合物，是功能高分子材料中的重要一类，包括的范围很广，如光致抗蚀剂、高分子光敏剂、光致变色高分子、光导电高分子、光导高分子、高分子光稳定剂和高分子光电子器件等功能材料。本章将对光敏高分子材料的作用机理、研究方法、制备技术和实际应用等方面的内容进行讨论。

11.1.1 高分子光物理和光化学原理

光（包括可见光、紫外光和红外光）是光敏高分子材料研究的主要对象，因为光敏高分子材料各种功能的发挥都与光的参与有关。从光化学和光物理原理可知，包括高分子在内的许多物质吸收光子以后，可以从基态跃迁到激发态，处在激发态的分子容易发生各种变化，这种变化可以是化学的，如光聚合反应或者光降解反应，我们称研究这种现象的科学为光化学。变化也可以是物理的，如光致发光或者光导电现象，我们称研究这种现象的科学为光物理。研究在高分子中发生的这些过程的科学我们分别称其为高分子光化学和高分子光物理。

11.1.1.1 光吸收和分子的激发态

光是一种特殊物质，具有波粒二相性。同时光具有能量，是地球上生物赖以生存的基础。其能量表达式为：

$$E = h\nu = \frac{hc}{\lambda}$$

式中，E 为能量；h 是 Plank 常数；ν 是光的振动频率；λ 为光的波长；c 为光在真空中传播速度。由此可以看出，不同波长的光具有不同能量。当光照到物质表面时，其能量可能被物质吸收，在物质内部消耗或转化，也可能发生透过或者反射，在物质内部不发生实质性变化。物质对光的吸收程度可以用 Beer-Lambert 公式表示：

$$I = I_0 10^{\alpha l} \text{ 或 } \lg\frac{I}{I_0} = \varepsilon c l$$

式中，I_0 为入射光强度；I 为透射光强度；c 为分子浓度；l 为光程长度；ε 为摩尔消光系数（亦称摩尔吸光系数），表示该种物质对光的吸收能力。

光的吸收需要一定的分子结构条件，分子中对光敏感，能吸收紫外和可见光的部分被称为发色团。当光子被分子的发色团吸收后，光子能量转移到分子内部，引起分子电子结构改变，外层电子可以从低能态跃迁到高能态，此时我们称分子处于激发态，激发态分子具有的能量称为激发能。激发态的产生与光子能量和光敏材料分子结构有对应关系。只有满足特定条件激发态才会产生。激发态是一种不稳定状态，很容易继续发生化学或者物理变化。同时，处在激发态的分子其物理和化学性质与处在基态时也有不同。

11.1.1.2 激发能的耗散

分子吸收光子后从基态跃迁到激发态，获得的激发能有三种可能的转化方式，即：①发生光化学反应；②以发射光的形式耗散能量；③通过其他方式转化成势能。后两种方式称激发能的耗散。激发能耗散的方式有许多种，它们遵循Jablonsky光能耗散图（见图11-1）。

图11-1中符号abs表示光吸收过程，吸收光后电子跃迁到激发态。f_1为荧光过程，吸收的能量以荧光发射方式耗散，激发态电子回到基态。vr为振动弛豫，ic为热能耗散，通过分子间的热碰撞过程失去能量回到基态。isc为级间窜跃，此时表示单线激发态电子转移到三线激发态，pHos为磷光过程，电子从三线激发态回到基态，能量以磷光发射形式耗散。S表示单线态，T表示三线态。

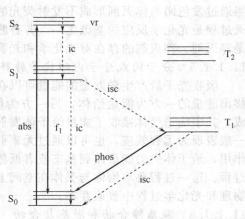

图 11-1　Jablonsky 光能耗散图

11.1.1.3　光量子效率

物质分子在吸收光后跃迁至激发单线态后，从激发态开始的转变过程有多种，光量子效率被用来描述荧光过程或磷光过程中光能利用率，其定义为物质分子每吸收单位光强度后，发出的荧光强度与入射光强度的比值称为荧光效率；发出的磷光强度与入射光强度的比值称为磷光量子效率：

$$\Phi = \frac{荧光强度}{入射光强度} = \frac{F}{q} \cdot A$$

式中，Φ为荧光量子效率；F为荧光强度；q为光源在激发波长处输出的光强度；A为分子在该波长处的吸光度。

量子效率与分子的结构关系密切。饱和烃类化合物中σ电子跃迁需要较高的能量，消光系数小，因此很少有荧光现象。脂肪族羰基化合物具有能量较低的n-π跃迁，有时偶尔能够在紫外区和可见光区发现荧光发射现象。但是大多数这类分子的荧光量子效率较低，因此观察不到荧光现象。而另外一些分子，如具有共轭结构的分子体系，特别是许多芳香族化合物其量子效率较高，多数大于0.1，可以比较容易地观察到荧光现象，因此多为荧光物质。对于磷光过程可以用类似的表达式表达。磷光物质一般要求具有稳定的三线激发态，芳香性醛酮多有磷光性质。表11-1为芳香族化合物的荧光量子效率。

表 11-1　芳香族化合物的荧光量子效率

化 合 物	Φ值	入射光波长/nm	发射光波长/nm	发射光色调
苯	0.11	205	278	紫外
萘	0.29	286	321	紫外
蒽	0.46	365	400	蓝
并四苯	0.60	390	480	绿
并五苯	0.52	580	640	红

化合物中的取代基对量子效率有一定影响，卤素取代基可以降低荧光量子效率，使磷光量子效率增加，原因在于这类取代基增加了级间窜跃效率。对于芳香类化合物，邻、对位取代基倾向于提高荧光的量子效率，间位取代基多降低化合物的荧光强度。化合物的浓度对量子效率也有一定影响，在一定范围内荧光强度随着浓度的增加而增加，但是当浓度达到一定值时荧光强度将出现最大值，然后有所下降，其原因是溶质对产生的荧光有再吸收作用。

11.1.1.4　激发态的猝灭

能够使激发态分子以非光形式衰减到基态或者低能态的过程叫激发态的猝灭，猝灭过程通常表现出光量子效率降低，荧光强度下降，甚至消失。根据猝灭的机理不同，猝灭过程可以分成动态猝灭和静态猝灭两种。当通过猝灭剂和发色团碰撞引起猝灭时，称为动态猝灭；

当通过发色团与猝灭剂形成不发射荧光的基态复合物导致猝灭时称这一过程为静态猝灭。猝灭过程是光化学反应的基础之一，芳香胺和脂肪胺是常见的有效猝灭剂，空气中的氧分子也是猝灭剂。猝灭剂的存在对光化学和光物理过程都有重要影响。

11.1.1.5　分子间或分子内的能量转移过程

吸收光子后产生激发态的能量可以在不同分子或者同一分子的不同发色团之间转移，转移出能量的一方为能量给体，另一方为能量受体。能量转移可以通过辐射能量转移机理完成，其中能量受体接收了能量给予体发射出的光子而成为激发态，能量给予体则回到基态，一般表现为远程效应。也可以通过无辐射能量转移机理完成，能量给体和能量受体直接发生作用，给予体失去能量回到基态或者低能态，受体接受能量而跃迁到高能态，完成能量转移过程。这一过程要求给体与受体在空间上要互相接近，因此是一个邻近效应。能量转移在光物理和光化学过程中普遍存在。

11.1.1.6　激基缔合物和激基复合物

当处在激发态的分子和同种处于基态的分子相互作用，生成的分子对被称为激基缔合物。而当处在激发态的物质同另一种处在基态的物质发生相互作用，生成的物质被称为激基复合物。激基缔合物也可以发生在分子内部，即处在激发态的发色团和同一分子上的邻近发色团形成激基缔合物，或者与结构上不相邻的发色团，但是由于分子链的折叠作用而处在其附近的发色团形成激基缔合物。这一现象在功能高分子中比较普遍。

11.1.1.7　光引发剂和光敏剂

光引发剂和光敏剂在光化学反应中经常用到，二者均能促进光化学反应的进行。二者不同点在于光引发剂吸收光能后跃迁到激发态，当激发态能量高于分子键断裂能量时，断键产生自由基，光引发剂被消耗。而光敏剂吸收光能后跃迁到激发态，然后发生分子内或分子间能量转移，将能量传递给另一个分子，光敏剂回到基态。光敏剂的作用类似于化学反应的催化剂。

11.1.2　高分子光化学反应类型

与高分子光敏材料密切相关的光化学反应包括光交联（或光聚合）反应、光降解反应和光异构化反应。上述反应都是在分子吸收光能后发生能量转移，进而发生化学反应。不同点在于光交联反应产物是生成分子量更大的聚合物，溶解度降低；光降解反应是生成小分子产物，溶解度增大；光异构化反应产物的分子量不变，但结构发生变化，使光吸收等性质改变。利用上述光化学反应性质可以制成许多在工业上有重要意义的功能材料。

11.1.2.1　光交联（光聚合）反应

光交联（或光聚合）反应是指化合物由于吸收了光能而发生化学反应，引起产物分子量增加的过程，此时反应物是小分子单体，或者分子量较低的低聚物。当反应物为线性聚合物时，光化学反应的结果是在高分子链之间发生交联，生成网状聚合物，此时称其为光交联反应。光聚合的主要特点是反应的温度适应范围宽，可以在很大的温度范围内进行，特别适合于低温聚合反应。

（1）光聚合反应　根据反应类型分类，光聚合反应包括自由基聚合、离子型聚合和光固相聚合三种。光引发自由基聚合可以由不同途径发生：一是由光直接激发单体到激发态产生自由基引发聚合，或者首先激发光敏分子，进而发生能量转移产生活性种引发聚合反应；二是由吸收光能引起引发剂分子发生断键反应，生成的自由基引发聚合反应；三是由光引发分子复合物，由受激分子复合物解离产生自由基引发聚合。可以作为光聚合反应的单体列于表11-2中。

为了增加光聚合反应的速度，经常需要加入光引发剂和光敏剂。光引发剂和光敏剂的作用是提高光子效率，有利于自由基等活性种的产生。在给定光源条件下，光引发剂和光敏剂的引发效率与下列三个因素有关：①分子的吸收光谱范围要与光源波长相匹配，并具有足够

210

的消光系数；②为了提高光子效率，生成的自由基自结合率要尽可能小；③在光聚合反应中使用的光引发剂和光敏剂，及其断裂产物不参与链转移和链终止等副反应。常见的光引发剂列于表 11-3 中。

表 11-2 可用于光聚合反应的单体结构

结构名称	化 学 结 构	结构名称	化 学 结 构
丙烯酸基	$CH_2=CH-COO-$	乙烯基硫醚基	$CH_2=CH-S-$
甲基丙烯酸基	$CH_2=CH(CH_3)-COO-$	乙烯基氨基	$CH_2=CH-NH-$
丙烯酰氨基	$CH_2=CH-CONH-$		
顺丁烯二酸基	$-OOCCH=CHCOO-$	环丙烷基	$H_2C-CH-CH_2-$ （环氧结构 O）
烯丙基	$CH_2=CH-CH_2-$		
乙烯基醚基	$CH_2=CH-O-$	炔基	$-C\equiv C-$

表 11-3 光引发剂的种类和使用光波长

种 类	感光波长/nm	代表化合物	种 类	感光波长/nm	代表化合物
羰基化合物	$360\sim420$	安息香	卤化物	$300\sim400$	卤化银、溴化汞
偶氮化合物	$340\sim400$	偶氮二异丁腈	色素类	$400\sim700$	核黄素
有机硫化物	$280\sim400$	硫醇,硫醚	有机金属	$300\sim450$	烷基金属
氧化还原对		铁(Ⅱ)/过氧化氢	羰基金属	$360\sim400$	羰基锰
其他		三苯基磷			

光敏剂的作用机理有三种，即能量转移机理、夺氢机理和生成电荷转移复合物机理。其中能量转移机理是指光激发的给体分子（光敏剂）和基态受体分子之间发生能量转移而产生能引发聚合反应的初级自由基。夺氢机理是由光激发产生的光敏剂分子与含有活泼氢给体之间发生夺氢作用产生引发聚合反应的初级自由基。而电荷转移复合物机理的根据是电子给体与电子受体由于电荷转移作用生成电荷转移复合物，这种复合物吸收光后跃迁到激发态，在适当极性介质中解离为离子型自由基。

除了自由基光聚合反应之外，光引发阳离子聚合也是一种重要光化学反应，包括光引发阳离子双键聚合和光引发阳离子开环聚合两种。固态光聚合，有时也称为局部聚合，是生成高结晶度聚合物的一种方法，二炔烃经局部光聚合可以得到具有导电能力的聚乙炔型聚合物。

（2）光交联反应 光交联反应与光聚合反应不同，是以线性高分子，或者线性高分子与单体的混合物为原料，在光的作用下发生交联反应生成不溶性的网状聚合物。光交联反应按照反应机理可以分为链聚合和非链聚合两种。能够进行链聚合的线性聚合物和单体有三类：首先是带有不饱和基团的高分子，如丙烯酸酯、不饱和聚酯、不饱和聚乙烯醇、不饱和聚酰胺等；其次是具有硫醇和双键的分子间发生加成聚合反应，或者是某些具有在链转移反应中能失去氢和卤原子而成为活性自由基的饱和大分子。非链光交联反应其反应速度较慢，而且往往需要加入交联剂。交联剂通常为重铬酸盐、重氮盐和芳香叠氮化合物。

11.1.2.2 光降解反应

光降解反应是指在光的作用下聚合物链发生断裂，分子量降低的光化学过程。光降解反应的存在使高分子材料老化，力学性能变坏，从而失去使用价值。当然光降解现象的存在也使废弃聚合物被消化，对环境保护具有有利的一面。对于光刻胶等光敏材料，光降解改变高分子的溶解性，从而发挥功能。光降解过程主要有三种形式，一种是无氧光降解过程，主要发生在聚合物分子中含有发色团时，或含有光敏性杂质时，但是详细反应机理还不清楚。一般认为与聚合物中羰基吸收光能后发生一系列能量转移和化学反应导致聚合物链断裂有关。

第二种光降解反应是光参与的光氧化过程。光氧化过程是在光作用下产生的自由基与氧气反应生成过氧化合物，过氧化合物是自由基引发剂，产生的自由基能够引起聚合物的降解反应。第三类光降解反应发生在聚合物中含有光敏化剂时，光敏剂分子可以将其吸收的光能转递给聚合物，促使其发生降解反应。对于常规高分子材料，由于聚合物分子内没有光敏感结构，一般认为光氧化降解反应是聚合物降解的主要方式，在聚合物中加入光稳定剂可以减低其反应速度，防止聚合物的老化，延长其使用寿命。

11.1.3 光敏高分子的分类

光敏高分子有不同的分类方法，根据高分子材料在光的作用下发生的反应类型以及表现出的功能分类，光敏高分子可以分成以下几类。

(1) 感光性高分子材料　在光照作用下发生光化学反应的高分子材料。根据用途可分为光敏涂料和光刻胶。在光照射下发生光聚合或者光交联反应，有快速光固化性能，可以作为材料表面保护的特殊材料称为光敏涂料；在光的作用下发生光交联或者光降解反应，反应后其溶解性能发生显著变化的聚合材料，具有光加工性能，可以作为用于集成电路工业的材料称为光刻胶。

(2) 光能转换高分子材料　能够吸收太阳光，并能将太阳能转化成其他能量方式的高分子材料。根据用途可分为高分子光稳定剂和光能转换聚合物。能够大量吸收光能，并且以无害方式将其转化成热能，以阻止聚合材料发生光降解和光氧化反应，具有上述功能的大分子成为高分子光稳定剂。能够吸收太阳光，并能将太阳能转化成化学能或者电能的装置，称为光能转换装置，其中起能量转换作用的聚合物称为光能转换聚合物。可用于制造聚合物型光电池和太阳能水解装置。

(3) 光功能高分子材料　在光的作用下，产生发光、导电、变色等现象的高分子材料。根据现象的不同可分为高分子荧光材料、光导电高分子材料和光致变色高分子材料。有光致发光功能的光敏高分子材料是荧光或磷光量子效率较高的聚合物，可用于各种分析仪器和显示器件的制备，称为高分子荧光材料。在光的作用下电导率能发生显著变化的高分子材料称为光导电材料，这种材料可以制作光检测元件、光电子器件和用于静电复印。在光的作用下其吸收波长发生明显变化，从而材料外观颜色发生变化的高分子材料称为光致变色高分子材料。

(4) 高分子非线性光学材料　光学性质依赖于入射光强度的高分子材料。透明介质材料在一般光线作用下，折射率与光强度无关。若采用高强度的激光，则某些材料的折射率变不再是常数了。这些材料的束缚电子在激光的高电场强度作用下会产生很大的非线性。

光敏高分子材料是一种用途广泛，具有巨大应用价值的功能材料，其研究与生产发展的速度都非常快。随着光化学和光物理研究的深入，各种新型高分子光敏材料和产品将会层出不穷。本章将根据光敏高分子材料的上述分类，对常见的和目前发展较快的光敏高分子材料进行讨论。

11.2　感光性高分子材料

感光性高分子材料主要包括光敏涂料和光刻胶。

涂料是一种可借助特定的施工方法涂覆在物体表面上，经固化形成连续性涂膜的材料，通过它可以对被涂物体进行保护、装饰和其他特殊的作用。根据分散状态的不同，涂料可分为溶剂型涂料、水性涂料、无溶剂涂料和粉末涂料。一般用有机溶剂作稀释剂的涂料称为溶剂型涂料；水作稀释剂的涂料称为水性涂料；由低黏度的液体树脂作基料，不加入挥发稀释剂的涂料称为无溶剂涂料；基料呈粉状而又不加入溶剂的涂料称为粉末涂料。涂料是一种重要的化工产品，在工业和民用方面都有广泛的应用。溶剂型涂料目前仍然是涂料中的主要品种，但是其固化时间长，能量消耗大并且溶剂的挥发会给环境造成污染，低能耗无污染涂料的研究与应用变得重要。光敏涂料是涂料内含有光敏成分或结构，利用光作为引发剂引发聚合或者交联反应，从而达到固化目的的新型涂料。光刻胶是光加工工艺中的关键材料。

11.2.1　光敏涂料的结构类型

光敏涂料是利用光聚合反应或者光交联反应，使聚合物分子量增大，或者生成网状结构，使之具有光敏固化功能的一种涂料。这种涂料使用时经适当波长的光照射后，能迅速干结成膜，从而达到快速固化的目的。由于固化过程没有像一般涂料那样伴随着大量溶剂的挥发，因此降低了环境污染，减小了材料消耗，使用也更安全。同时，由于交联过程在涂刷之后进行，可以得到交联度高，力学强度好的涂层。此外，光敏涂料不仅逐步替代常规涂料，可以广泛应用于木材和金属表面的保护和装饰及印刷工业等领域，而且在光学器件、液晶显示器和电子器件的封装、光纤外涂层等有特殊要求的应用领域里得到日益广泛的应用。

光敏涂料的基本组成除了可以进一步聚合成膜的预聚物为主要成分外，一般还包括交联剂、稀释剂、光敏剂或者光引发剂、热阻聚剂和调色颜料。作为光敏涂料的预聚物应该具有能进一步发生光聚合或者光交联反应的能力，因此必须带有可聚合基团。预聚体通常为分子量较小的低聚物，或者为可溶性线性聚合物。为了得到一定黏度和合适的熔点，分子量一般要求在 1000～5000。常用于光敏涂料的低聚物主要有以下几类。

11.2.1.1　环氧树脂型低聚物

带有环氧结构的低聚物是比较常见的光敏涂料预聚物。环氧树脂的特点是黏结力强，耐腐蚀。环氧树脂中的碳—碳键和碳—氧键的键能较大，因此具有较好的稳定性，它的高饱和性使其具有良好的柔顺性。下面是典型的可用于光敏涂料预聚体的环氧树脂结构式。

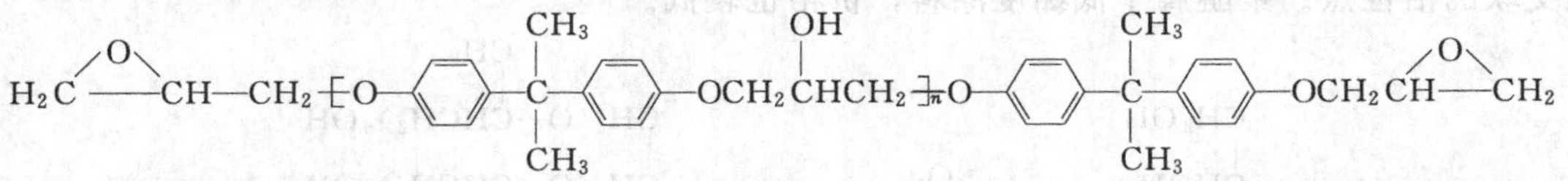

作为光敏涂料预聚体，为了增加树脂中不饱和基团的数量，以增加光聚合能力，在光敏环氧树脂中常要引入丙烯酸酯或者甲基丙烯酸酯，以引入适量的双键作为光交联的活性点。合成的方法主要有三种。一种是丙烯酸或甲基丙烯酸与环氧树脂发生酯化反应生成环氧树脂的丙烯酸酯衍生物，其分子内含有多个可聚合双键：

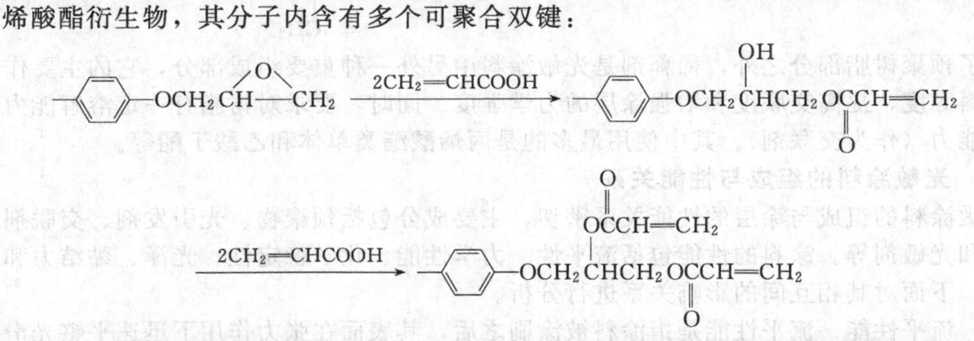

另一种方法是由丙烯酸经烷基酯，马来酸酐或其他酸酐等中间体与环氧树脂反应制备具有碳碳双键的酯型预聚体；第三种方法由双羧基化合物的单酯，如富马酸单酯，与环氧树脂反应生成聚酯引入双键，提供光交联反应活性点。

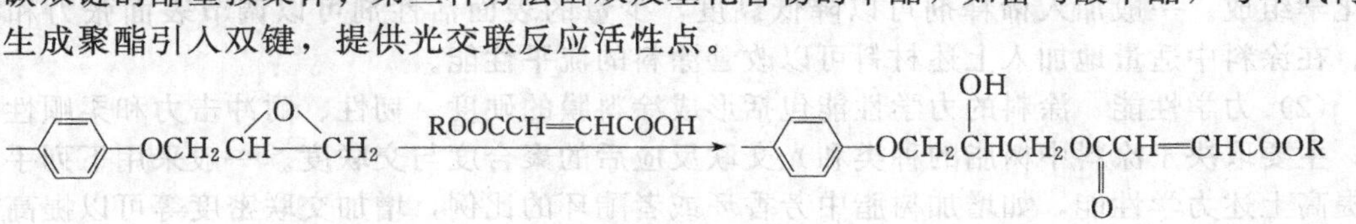

11.2.1.2 不饱和聚酯

带有不饱和键的聚酯与烯类单体在光引发下可以发生加成共聚反应，形成不溶性交联网络结构，完成光固化过程，因此可作为紫外光敏涂料预聚体成分。聚酯型光敏涂料具有坚韧、硬度高和耐溶剂性好的特点。为了降低涂料的黏度，提高固化和使用性能，在涂料中常加入烯烃作为稀释剂。用于光敏涂料的线性不饱和聚酯一般由二元酸与二元醇进行缩合反应生成酯键而成。为了增加光交联活性需要引入不饱和基团，因此采用的聚合原料中常包含有马来酸酐、甲基马来酸酐和富马酸等不饱和羧基衍生物，一种典型的不饱和聚酯是由 1,2-丙二醇、邻苯二甲酸酐和马来酸酐缩聚而成。

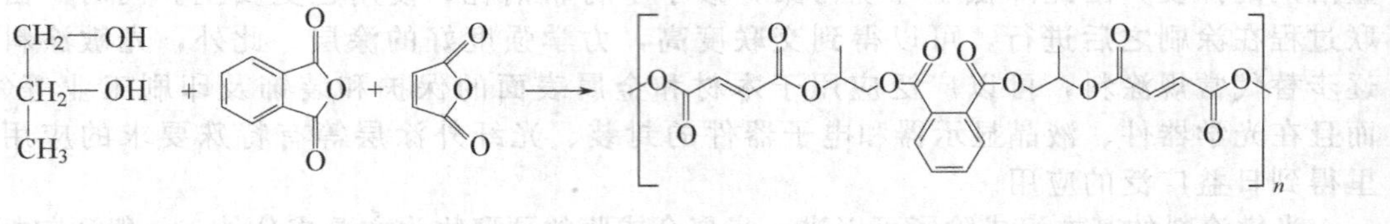

11.2.1.3 聚氨酯

具有一定不饱和度的聚氨酯也是常用的光敏涂料原料，它具有黏结力强、耐磨和坚韧的特点，但是受到日光中紫外线的照射容易泛黄。用于光敏涂料的聚氨酯一般是通过含羟基的丙烯酸或甲基丙烯酸与多元异氰酸酯反应制备。例如可以由己二酸与己二醇反应首先制备具有羟基端基的聚酯，该聚酯再依次与甲苯二异氰酸酯和丙烯酸羟基乙酯反应得到制备光敏涂料的聚氨酯树脂。

11.2.1.4 聚醚

作为光敏涂料树脂的聚醚一般由环氧化合物与多元醇缩聚而成，分子中游离的羟基作为光交联的活性点。聚醚属于低黏度涂料，价格也较低。

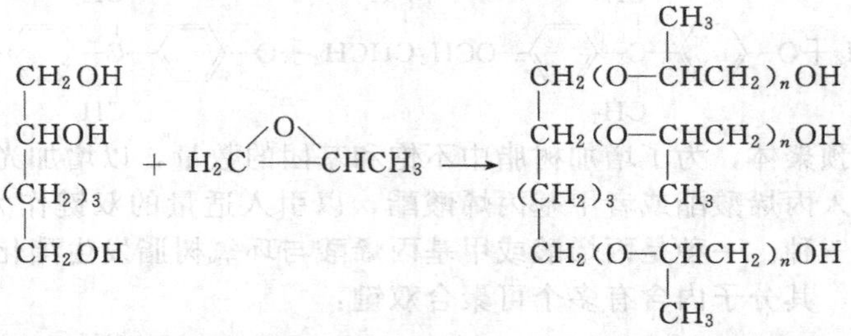

除了预聚树脂部分之外，稀释剂是光敏涂料中另外一种重要组成部分，它的主要作用是降低涂料黏度，提高交联度和增强涂层的力学强度。同时，要求对树脂有一定溶解能力，有光聚合能力（作为交联剂）。其中使用最多的是丙烯酸酯类单体和乙酸丁酯等。

11.2.2 光敏涂料的组成与性能关系

光敏涂料的组成与涂层的性能关系密切，主要成分包括预聚物、光引发剂、交联剂、热阻聚剂和光敏剂等。涂料的性能包括流平性、力学性能、化学稳定性、光泽、黏结力和固化速度等，下面对其相互间的影响关系进行分析。

（1）流平性能 流平性能是指涂料被涂刷之后，其表面在张力作用下迅速平整光滑的过程。涂料的黏度、表面张力、润湿度是影响这一性能的主要因素，而上述性能均取决于涂料的化学组成。一般加入稀释剂可以降低黏度，少量的表面活性剂可以调节表面张力和润湿度。在涂料中适量地加入上述材料可以改善涂料的流平性能。

（2）力学性能 涂料的力学性能包括形成涂料膜的硬度、韧性、耐冲击力和柔顺性等性能，主要取决于涂料中树脂的种类和光交联反应后的聚合度与交联度。一般采用下列手段之一提高上述力学性能，如增加树脂中芳香环或者酯环的比例，增加交联密度等可以提高涂层的硬度。而适当降低交联密度，或者提高预聚物的分子量可以改善涂层的韧性。涂层的抗冲击性和柔顺性与其黏弹性有关，降低树脂中官能团的密度和交联密度可以提高耐冲击性，加入丙烯酸羟基乙酯，或者加入丙烯酸-2-羟基丙酯可以提高涂层的柔顺性。

（3）化学稳定性　涂料的化学稳定性包括耐受化学品和抗老化的能力。涂料的化学成分不同对不同的化学品有不同的耐受能力，如聚酯和聚苯乙烯体系对极性溶剂和水溶液有较好的耐受力，含丙烯酸的涂料在水溶液中，特别是碱性溶液中稳定性较差。除了提高涂料本身的化学稳定性之外，根据被涂物的使用环境选择不同性能的光敏涂料，在应用方面可能更具有实用意义。

（4）涂层的光泽　作为涂料，生成涂层的光泽好坏无疑是非常重要的。人们对光泽有两方面的要求，即低光泽涂料，如亚光漆；高光泽涂料，如某些聚氨酯漆。降低光泽度可以加入消光剂，常用的消光剂有研细的二氧化硅、石蜡，或者高分子合成蜡，作用原理为增加表面的粗糙度。调节提高表面张力一般可以提高涂层的光洁度。

（5）黏结力　涂层与被涂底物的黏结力与下列因素有关：涂层与底物的相容性、界面接触程度和被涂表面的清洁度、涂层的表面张力、固化条件等。调节涂料组成可以改变相容性，降低表面张力，适当减少官能团密度可能会提高其黏结力。

11.2.3　光敏涂料的固化反应及影响因素

与常规涂料相比，光敏涂料最重要的特征是固化过程在光的参与下完成，因此影响涂层固化的主要因素包括光源、光交联引发剂、光敏剂和环境条件等。

（1）光源　光源的选择参数包括波长、功率和光照时间等。光照的波长即光源发出的光的颜色，其选择有赖于光引发剂和光敏剂的种类，光源的波长应当与光引发剂或者光敏剂的光敏感区（吸光范围）相匹配。对大多数光引发剂而言，使用紫外光作为光源比较普遍。光源的功率则与固化的速度关系密切，提高光功率可以加快固化速度。而光照时间取决于涂层的固化速度和厚度。多数光敏涂料的固化时间较短，一般在几秒至几十秒之间。

（2）光引发剂与光敏剂　光引发剂的定义是当它吸收适当波长和强度的光能，可以发生光物理过程至某一激发态，若该激发态的激发能大于化合物中某一键断裂所需的能量，因而发生光化学反应，该化学键断裂，生成自由基或者离子，成为光聚合反应的活性种。具备上述功能的化合物均可以用作光引发剂。光引发剂通常是具有发色团的有机羰基化合物、过氧化物、偶氮化物、硫化物、卤化物等，如安息香、偶氮二异丁腈、硫醇、硫醚等。光敏剂的定义是当吸收光能发生光物理过程至某一激发态后，发生分子间或者分子内能量转移，将能量转移给另一个分子，使其发生化学反应，产生自由基作为聚合反应的活性种。对光敏剂的要求是具有稳定的三线激发态，其激发能与被敏化物质要相匹配。常见的光敏化剂多为芳香酮类化合物。如苯乙酮和二甲苯酮等。

光敏剂和光引发剂的选择要根据光源和涂料的种类加以综合考虑。如果使用的是引发剂，由于在光聚合反应中引发剂要参与反应并被消耗，因此要有一定加入量保证反应完全。而光敏剂在聚合反应中只承担能量转移功能，不存在消耗问题。一般随着光敏剂浓度的增加，固化速度会有所增加。部分光敏涂料中使用的光引发剂和光敏剂的种类与性能列于表11-3和表11-4中。

表 11-4　常用的光敏化剂

种　　类	相 对 活 性	种　　类	相 对 活 性
米蚩酮	640	2,6-二溴-4-二甲氨基苯	797
萘	3	N-乙酰基-4-硝基-1-萘胺	1100
二苯甲酮	20	对二甲氨基硝基苯	137

（3）环境条件的影响　环境气氛会对光聚合过程产生一定影响。首先由于空气中的氧气

有阻聚作用，因此在惰性气氛中固化有利于固化反应完成。此外还要考虑环境气氛对光源的吸收作用，特别是采用紫外光时更为重要。温度对固化速度和固化程度都有影响，一般在较高的温度下固化速度较快，提高固化程度也需要适当的温度来保证。

总之，由于光敏涂料具有固化速度高、固化过程产生的挥发性物质少、操作环境安全而受到日益广泛的关注和使用，但价格和成本较高是目前阻碍其广泛应用的重要因素之一。

11.2.4 光刻胶

集成电路工业和激光照排制版等光加工工艺的发展对光刻胶的需求越来越大，对其性能提出了更高的要求。光加工工艺是指在被加工材料表面涂敷保护用光刻胶，根据加工要求，对保护用光刻胶进行选择性光化学处理，使部分区域的保护胶溶解性发生变化，并用适当溶剂溶解脱除，再用腐蚀加工方法对脱保护处进行加工。光加工工艺已经成为微加工领域的主要方法。如在制造集成电路时，在半导体硅表面氧化层中许多地方需要除去，以进行掺杂处理等后续工艺，而另一些地方则需要保留。除去氧化层的方法目前主要采用化学腐蚀方法。在腐蚀过程中，为了使需保留的地方不受影响，需要用抗腐蚀的材料把它保护起来。在集成电路生产工艺中是利用一类感光性树脂涂在氧化层上作为抗腐蚀层，用照相法使部分感光树脂发生化学反应，并脱保护。首先根据事先设计的图案通过掩膜曝光和显影，感光使树脂发生化学反应，感光树脂的溶解性能在短时间内发生显著变化，用溶剂溶去可溶部分，不溶部分留在氧化层表面，在化学腐蚀阶段对氧化层起保护作用。具有这种性能的感光树脂称为光致抗蚀剂或光刻胶。

光刻胶根据光照后溶解度变化的不同分为正胶和负胶。负性光刻胶的性能与前面介绍过的光敏涂料相似，光照使涂层发生光交联反应（称为曝光过程），使胶的溶解度下降，在溶解过程中（称为显影过程）被保留下来，在化学腐蚀过程中（称为刻蚀过程）保护氧化层。而正性光刻胶的性能正好相反，感光胶被光照后发生光降解反应，使胶的溶解度增加，在显影过程中被除去，其所覆盖部分在刻蚀过程中被腐蚀掉。图 11-2 是光刻工艺的示意图。

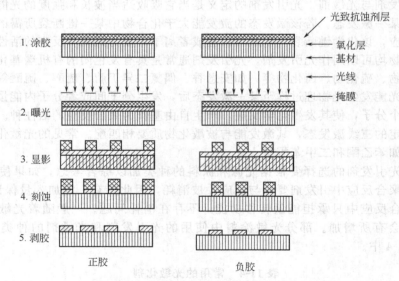

图 11-2 光刻工艺中光刻胶的作用原理

根据采用光的波长和种类不同，光刻胶还可以进一步分成可见光刻胶、紫外光刻胶、放射线光刻胶、电子束光刻胶和离子束光刻胶等。光刻工艺不仅应用于印刷电路板和集成电路的制作，也用于印刷制版业，根据不同工艺过程可以制备印刷用凸版和平版。下面分别介绍负性和正性光刻胶的种类和作用原理。

216

11.2.4.1 负性光刻胶

负性光刻胶的作用原理是利用光照使光刻胶发生光聚合或者光交联反应，生成的聚合物溶解度大大下降，在显影时留在氧化层表面。这一类材料中主要包括分子链中含有不饱和键或可聚合活性点的可溶性聚合物，如聚乙烯醇肉桂酸酯光刻胶是由聚乙烯醇与肉桂酸聚酰氯反应，在聚合物侧链上引入双键制备而成，它的制备反应和作用机理由下面的反应式表示：

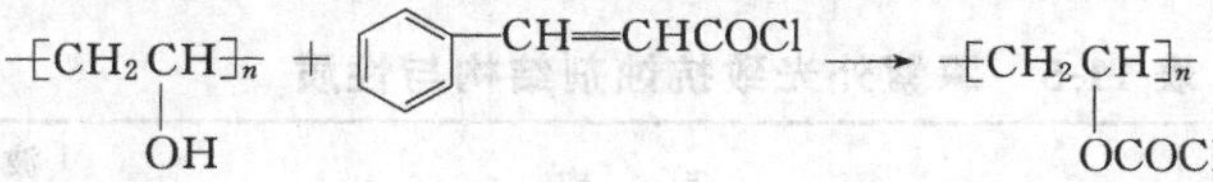

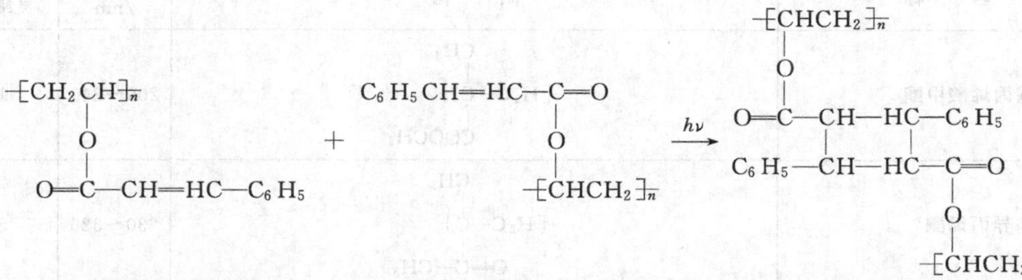

$$+CH_2CH_{\!\!\!\!\!}\!\!\!\!_n + \big(\!\!\!\!\!\big)-CH=CHCOCl \longrightarrow +CH_2CH_{\!\!\!\!\!}\!\!\!\!_n$$
$$\quad\quad OH \quad\quad\quad\quad\quad\quad\quad\quad\quad\quad\quad OCOCH=CHC_6H_5$$

$$+CH_2CH_{\!\!\!\!\!}\!\!\!\!_n + C_6H_5CH=HC-C=O \xrightarrow{h\nu}$$

其他类型的负性光刻胶还包括聚乙烯氧肉桂酸乙酯、聚对亚苯基二丙烯酸酯、聚乙烯醇肉桂亚醋酸酯、聚乙烯醇（N-乙酸乙酯）氨基甲酸醋-肉桂亚醋酸酯、肉桂酸与环氧树脂形成的酯类和环化橡胶等，其作用原理与上述过程基本相同。

另一类比较特殊的负性感光胶由二元预聚物组成，特点是两种预聚体（一般由线形预聚物和交联剂组成）共同参与光聚合或光交联反应，形成网状不溶性保护膜，不同于前面介绍的那样，聚合或交联反应仅发生在同种预聚物之间。这种光刻胶也可以通过加入两种以上的多功能基单体与线性聚合物混合制备，当受到光照时胶体内发生光聚合反应，生成不溶性网状聚合物，将可溶性线性聚合物包裹起来，形成不溶性膜保护硅氧化层。比如由顺丁烯二酸与乙二醇、二甘醇或者三甘醇等二元醇反应缩聚而成的不饱和聚酯，可以和单体苯乙烯、丙烯酸酯，或者其他双功能基单体，如二乙烯苯、N,N-亚甲基双丙烯酰胺、双丙烯酸乙二醇酯，以及安息香光敏剂等配制成负性光刻胶。这类光刻胶已经用于集成电路和印刷制版工艺。

11.2.4.2 正性光刻胶

正性光刻胶的作用原理与上述过程正好相反，主要发生光降解反应或其他类型的光化学反应，反应的结果是胶的溶解性提高或发生改变，从而使曝光部分在随后的显影过程中被除去。早期开发的正性光刻胶是酸催化酚醛树脂，其作用原理是当树脂中加入一定量光敏剂时，曝光后光敏剂发生光化学反应，使光刻胶从油溶性转变为水溶性，在碱性水溶液中显影时，受到光照部分溶解，对氧化层失去保护作用。这种正性光刻胶的主要优点是在显影时可以使用水溶液替代有机溶剂，这一特点从安全和经济角度考虑有一定优势。但是这种光敏材料对显影工艺要求较高，材料本身价格较贵，同时光照前后溶解性变化不如负性光刻胶，因此使用受到一定限制。例如，连接有邻重氮萘醌结构的线形酚醛树脂在紫外光照射时能够发生光分解反应，生成的分解产物可以被碱水溶液所溶解，被认为是典型的正性光刻胶。

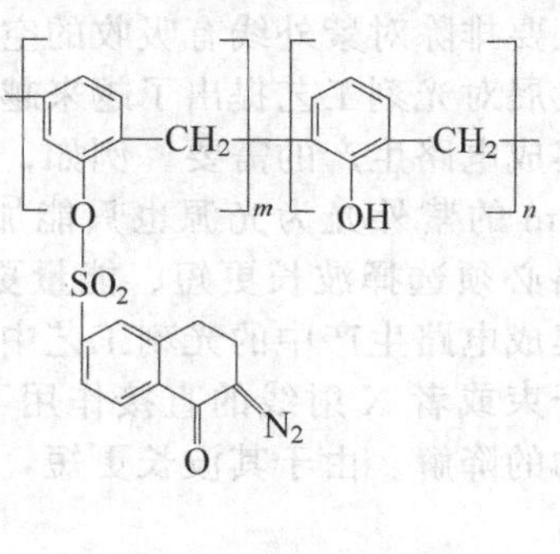

近年发展起来的深紫外光刻胶也是正性光刻胶，但是其原理与酚醛树脂类大不相同。深紫外光的能量较高，它可以使许多不溶性聚合物的某些键发生断裂而发生光降解反应，使其变成分子量较低的可溶性物质，从而在接下来的显影工艺中脱保护。属于这一类的可供选择的光刻胶种类比较多，其中聚甲基丙烯酸甲酯是比较常见的正性光刻胶。在表 11-5 中列出了部分深紫外光刻胶。

表 11-5　深紫外光致抗蚀剂结构与性质

名　称	结　构	波长范围/nm	相对灵敏度
聚甲基丙烯酸甲酯	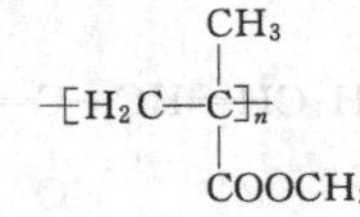 $\{H_2C-C\}_n$，上接 CH_3，下接 $COOCH_3$	200～240	1
聚甲基异丙烯酮	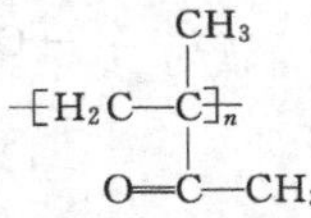 $\{H_2C-C\}_n$，上接 CH_3，下接 $C-CH_3$（含 O）	230～320	5
(甲基丙烯酸甲酯-α-甲基丙烯酸丁二酮单肟)共聚体	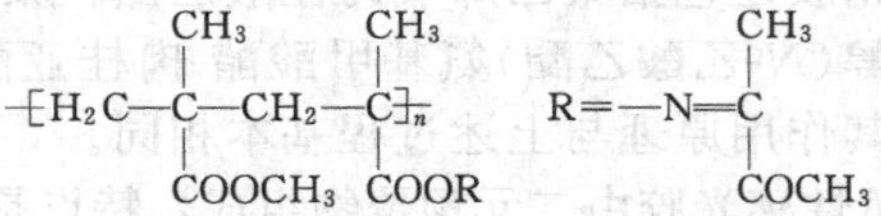 $\{H_2C-C-CH_2-C\}_n$，$R=-C$，上接 CH_3、CH_3、CH_3，下接 $COOCH_3$、$COOR$、$N-COCH_3$	240～270	30
(甲基丙烯酸甲酯-α-甲基丙烯酸丁二酮单肟-甲基丙烯腈)共聚体	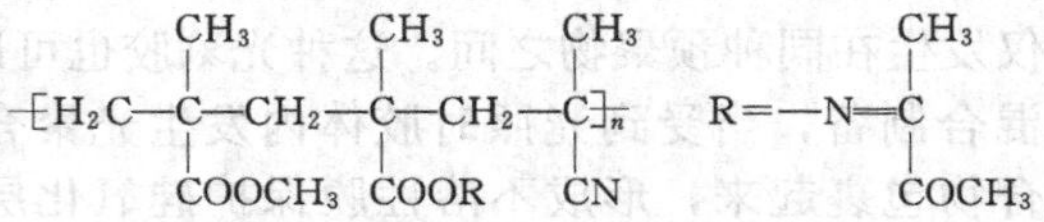 $\{H_2C-C-CH_2-C-CH_2-C\}_n$，$R=-N=C$，上接 CH_3、CH_3、CH_3、CH_3，下接 $COOCH_3$、$COOR$、CN、$COCH_3$	240～270	85
甲基丙烯酸甲酯-茚满酮共聚体	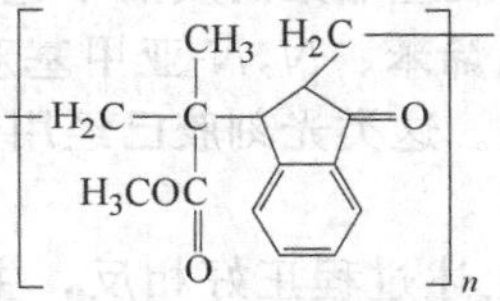 $\{H_2C-C-CH_2-C\}_n$，含 CH_3、H_3COC、苯环茚满酮结构	230～300	35
甲基丙烯酸甲酯-对甲氧苯基异丙基酮共聚体	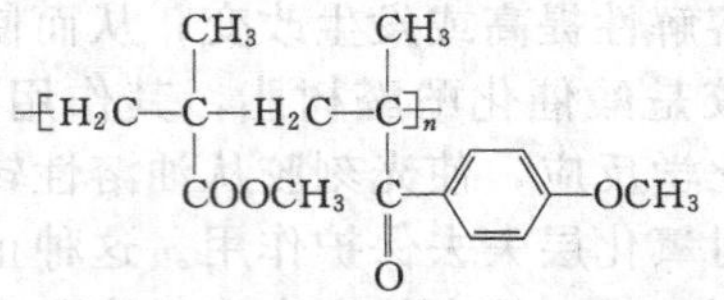 $\{H_2C-C-H_2C-C\}_n$，上接 CH_3、CH_3，下接 $COOCH_3$、$C(=O)$-苯-OCH_3	220～360	166

深紫外光刻技术不仅有光刻胶来源广泛、适用范围广的特点，同时由于深紫外光波长短，光的绕射的程度小，因此光刻精度可以大大提高。采用深紫外光刻技术和光刻胶可以减小集成电路的线宽，大大提高其集成度。但是这种光刻工艺也存在着对使用的光学材料要求高（必须能透过深紫外光，而且要排除对紫外线有吸收的空气），设备复杂的缺点。

由于超大规模集成电路的发展对光刻工艺提出了越来越高的要求，上述各种光刻胶和光刻工艺已经难以满足超大规模集成电路生产的需要。例如，由于光的绕射和干扰，会使细微图像失真。即使使用 350～450nm 的紫外光为光源也只能加工线宽为 $1\mu m$ 的集成电路。要加工线宽在微米以下的集成电路必须选择波长更短、能量更高的光源。目前电子束和 X 射线已经被用来作为激发源用于集成电路生产中的光刻工艺中，由于它们的能量更高，因此在光刻胶中不需要发色团，在电子束或者 X 射线的直接作用下，几乎所有的高分子材料都能直接发生键的断裂而引起聚合物的降解。由于其波长更短，因而光刻的准确度也更高，可以

218

生产集成度更高的集成电路。作为高能量，单一相位的激光也可以作为光刻工艺中的光源。

11.3 光能转换高分子材料

11.3.1 高分子光稳定剂

高分子材料在加工、储存和使用过程中，因受到光、热、氧化剂、水分和其他化学物质的作用，其性能会逐步变坏，以致最后失去使用价值，这种现象称为"老化"。如果影响因素仅仅包括可见和紫外光，以及有氧气的参与，这一过程称为"光老化"。其实质是光化学反应改变了材料的性质。阳光引起高分子材料老化的光化学反应主要包括光降解、光氧化和光交联反应。光降解反应产生高活性的自由基，进而发生分子链的断裂或交联，表现为材料的外观和力学性能下降。此外，由于氧气的无处不在，光化学反应产生的自由基还可能引发高分子光氧化反应，在高分子链上引入羰基、羧基、过氧基团和不饱和键，从而改变材料的物理和化学性质，致使高分子链更容易发生光降解反应，引起键的断裂。如果条件合适，光降解过程中产生的自由基也会引起光交联反应，使高分子材料变脆而使性能变坏。高分子材料的光老化过程不仅造成巨大的物质损失，同时也对使用这类材料的设备和设施的安全性造成威胁。因此发展具有良好抗光老化能力的功能高分子材料是工农业生产和科学研究的迫切要求。

由于高分子材料的老化过程十分复杂，影响因素非常多，要完全了解高分子材料的光老化过程和反应机理是很困难的。下面仅就其光波长、温度、氧气和聚合物中的化学组成对光老化的影响进行讨论，然后分析光稳定添加剂的作用机理和制备方法。

11.3.1.1 光降解与光氧化过程

（1）光的波长、光吸收度和光量子效率的影响　众所周知，太阳光是造成光老化的主要因素，因此了解阳光的性质和阳光与高分子材料的作用机制是必要的。经过大气层的过滤，阳光到达地面时的波长范围在 $290\sim3000nm$ 之间，其光线组成基本上紫外光占 10%、可见光占 50%、红外线占 40%。上述组成还受到气候、地理位置等因素的影响。虽然紫外光所占的比例不大，但由于其能量较高，对光老化过程影响最大，可见光和红外线对光老化的影响较小。但是由于红外线被吸收后会转变成较多的热能，使吸光材料的温度上升，因此造成的温度升高会加速光老化过程，其影响也不可小视。

除了光的波长范围之外，光老化反应的重要参数是材料对光的吸收度和光量子效率。光只有被材料吸收才能起作用，透射光和反射光在光化学反应中没有影响。不同材料对光的吸收有很大差别，同种材料对不同波长的光吸收能力也不同，因为每一种物质都有自己特征吸收光谱，因此仅有某些特定波长的光被吸收，并参与光化学反应。由于大多数高分子材料本身对近紫外和可见光没有或很少吸收，因此高分子材料中的各种吸光性添加剂和杂质对光的吸收在光降解过程中占有重要地位，特别是加入的染料和颜料。

从前面介绍的概念中可知，即使被吸收的光使部分分子或者发色团跃迁到激发态，也不是所有的激发能都能转化成光降解反应的化学能，因为根据 Jablonsky 图，分子被激发之后，可能发生一系列不同的能量耗散过程，其中包括辐射和非辐射过程，激发态分子中仅有极小部分能发生光降解反应。如果用 Φ 表示光降解量子效率（发生降解分子数与吸收光量子数之比），大多数聚合物材料的 Φ 值在 $10^{-3}\sim10^{-5}$ 之间，量子效率非常低，这就是大多数聚合物为什么没有在光照下迅速分解的原因。当然不同聚合物耐受光老化能力存在着个体差异，在表 11-6 中给出了常见聚合物的光降解参数。

从表 11-6 中数据可以看出，大多数聚合物本身的光敏感区在太阳光的波长范围之外，即使在深紫外区（254nm）光降解反应的光子效率也比较低，应该说这些聚合物是比较稳定的。因此对这一类聚合物来讲，在生产和使用过程中引入的其他具有光敏作用的添加剂和其他杂质是造成光老化的主要内在因素。

表 11-6　常用聚合物的光降解参数

聚　合　物	光敏感区/nm	Φ(254nm)	聚　合　物	光敏感区/nm	Φ(254nm)
聚四氟乙烯	<200	$<1\times10^{-5}$	聚甲基丙烯酸甲酯	214	2×10^{-4}
聚乙烯	<200	$<4\times10^{-2}$	聚己内酰胺		6×10^{-4}
聚丙烯	<200	约 1×10^{-1}	聚苯乙烯	260,210	约 1×10^{-3}
聚氯乙烯	<200	约 1×10^{-4}	聚碳酸酯	260	约 2×10^{-4}
乙酸纤维素	<250	约 1×10^{-3}	聚对苯二甲酸乙二醇酯	290,240	$>1\times10^{-4}$
纤维素	<250	约 1×10^{-3}	聚芳砜	320	

在上述内在影响因素中，化合物的结构是影响光降解光子效率的主要因素，特别是化学键的类型影响较大，在表 11-7 中给出的是不同化学键的键能以及对应的敏感光波波长。

表 11-7　有机化合物键能与对应的光波波长

化 学 键	键能/(kJ/mol)	对应光波/nm	化 学 键	键能/(kJ/mol)	对应光波/nm
O—H	1938.74	259	C—O	351.69	340
C—F	441.29	272	C—C	347.92	342
C—H	413.26	290	C—Cl	328.66	364
N—H	391.05	306	C—N	290.80	410

（2）聚合物光老化过程的引发机理　当分子吸收光子跃迁到激发态后，可以发生不同化学和物理过程，其中光化学反应是耗散所吸收光能的形式之一。参与光老化过程的化学反应可能包括自由基产生、光离子化、环合、分子内重排及键断裂等反应。对于一个具体的光老化过程可能包括以上所有反应，也可能仅有其中一部分反应参与。生成自由基的光化学反应可以分为初级光化学过程和次级光化学过程。初级光化学过程是激发态分子自身被离解为自由基，而次级光化学过程是激发态分子与另外一个处于基态的分子反应，发生能量转移过程生成自由基。自由基可以由聚合物分子产生，但是更多的情况是由聚合物中存在的杂质或添加剂产生的。产生的自由基可以直接与其他聚合物分子发生链式降解或者交联反应，也可以通过能量转移过程将能量传递给其他分子，由其他分子完成自由基光降解反应。当有氧气存在时，光激发产生的自由基可与氧分子反应形成过氧自由基，其结果是发生自由基链式氧化反应。前面曾经介绍过，氧化反应的结果是生成许多含氧基团，而这些基团又成为新的发色团，这些发色团在光的照射下又可引发新的链式自由基反应，从而加速了聚合物的光老化过程。因而光氧化过程比之光降解对于高分子材料老化有更大的影响。

此外，如果聚合物中含有光敏性物质，光敏降解反应将成为一种重要的引起老化的反应，酮和醌类衍生物是常见的光敏物质。例如二苯甲酮、对苯醌、1,4-萘醌、1,2-苯并蒽醌醇和 2-甲基蒽醌醇等，它们能有效地吸收波长大于 300nm 的光线，跃迁到激发态后与相邻聚合物分子发生脱氢反应将能量转给聚合物分子，并形成活性自由基而引发光降解反应。光化学反应的最终结果都是聚合物结构发生变化（多数是分子量下降，溶解性加大），力学性能下降，失去使用价值。

11.3.1.2　光稳定剂的作用机制

在聚合物中加入某种材料，如果这种材料能够提高高分子材料对光的耐受性，增强抗光老化能力，即被称为聚合物光稳定剂。光稳定剂的选择和制备应当根据光降解、光交联和光氧化反应的特点和过程综合考虑。聚合物抗老化的基本措施和基本原理主要有以下两种：

① 对有害光线进行屏蔽、吸收，或者将光能转移成无害方式，防止自由基的产生；

② 切断光老化链式反应的进行路线，使其对聚合物主链不产生破坏力。

从以上的分析可知，在光照过程中自由基的产生是光老化过程中最重要的一步，阻止自由基的生成和清除已经生成的自由基是保证聚合物稳定的两个重要方面。

（1）阻止聚合物中自由基的生成　阻止聚合物中自由基的生成可以从三方面入手。

① 保证聚合物中不含有对光敏感的光敏剂或者发色团，从而杜绝产生自由基的基础。实践也证明采用稳定性强的聚合物，并且尽量减少聚合物中残留的催化剂、杂质，特别是光敏性杂质，聚合材料的抗老化能力会大大增强。

② 使用光屏蔽材料阻止光的射入，使聚合物中的光敏物质无法被激发。屏蔽的方式可以是表面处理措施，如表面涂漆或反光材料，或者是内部处理，如聚合物中加入光稳定性吸光颜料。

③ 在聚合物中加入激发态猝灭剂。该方法以猝灭光激发产生的激发态分子为目的，防止自由基的生成，因此激发态猝灭剂是重要的光稳定剂之一。

（2）清除光激发产生的有害自由基　对已经生成的自由基，如果能够采用一种方法或物质将其猝灭，同样可以阻止光老化反应的发生。实现上述目的可以加入自由基捕获剂，清除生成的自由基，从而阻止光降解链式反应的发生。因此，各种自由基捕获剂也可能作为光稳定剂。

（3）加入抗氧剂　由于氧的存在可以大大加快聚合物的老化速度，所以在高分子材料中加入一定的抗氧剂会清除聚合物内部的氧化物，阻止光氧化反应，也会起到减缓老化速度的作用。因此，抗氧剂经常是光稳定剂的重要组成之一。

11.3.1.3　高分子光稳定剂的种类与应用

根据前面的稳定化机理分析，聚合物光稳定剂按其反应模式可以分为以下四类：①光屏蔽剂；②激发态猝灭剂；③过氧化物分解剂；④抗氧剂。虽然在聚合物材料表面涂刷保护性涂料也是有效的辅助性防护措施，但不属于本书的讨论范围。下面分别对各种高分子光稳定剂加以介绍。

（1）光屏蔽剂　光屏蔽剂有光屏蔽添加剂与紫外吸收剂两类，前者是阻止聚合物对各种光的吸收，后者是仅阻止能量较高、破坏力大的紫外线对聚合物的破坏，将吸收的能量转化为无害的形式耗散。光屏蔽添加剂是将颜料分散于受保护的聚合物中，通过反射或吸收有害的紫外和可见光，阻止光激发过程。颜料对光的吸收局限在聚合物表面，因此内层聚合物得到保护。最常用的光屏蔽添加剂是炭黑，它不仅有吸收光的作用，还有捕获光老化过程产生的自由基的能力，缺点是影响聚合物材料的颜色和光泽。对光屏蔽添加剂的其他要求是添加剂应与聚合物材料有较好的相容性，不影响或很少影响聚合物的力学性能。特别应该指出，有光敏化作用的颜料不能作为光屏蔽剂使用。

紫外吸收剂与颜料添加剂的不同点在于它只对光老化过程影响最大的紫外光有吸收，对可见光没有影响，因此不影响聚合物的颜色和光泽，特别适用于无色或浅色体系。紫外光吸收剂作为光稳定剂必须具备两个特点：首先是对紫外光吸收要好，即有较高的摩尔吸收系数；其次是吸收的光能必须能以无害的方式耗散。大多数紫外吸收剂具有形成分子内氢键的酚羟基，或者具有发生光重排反应能力，例如 2-羟基二苯酮和 2-(2-羟基苯基)苯并三唑是利用分子内的互变异构（如下式表示）来储存和耗散光能的，耗散的能量以热的形式转移。

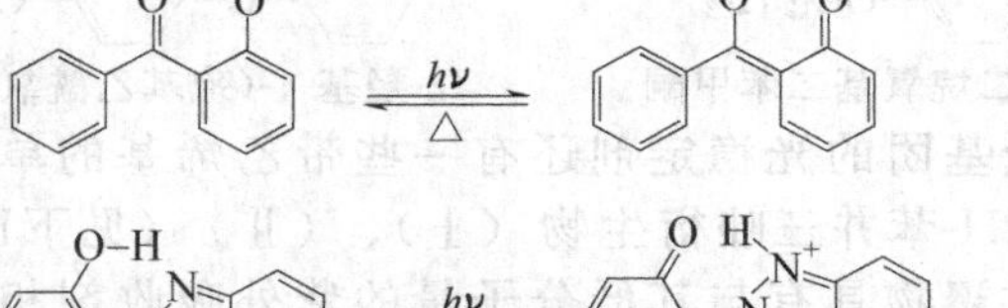

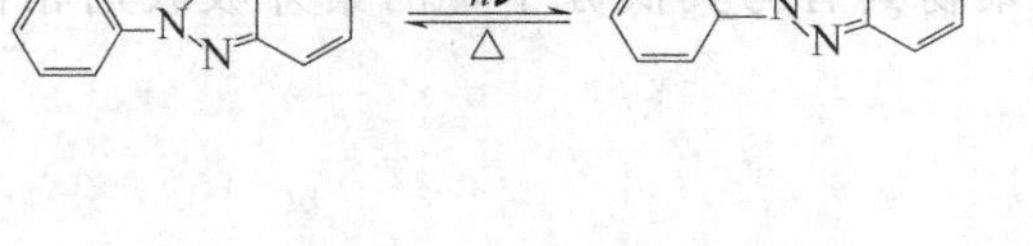

对光屏蔽剂的一般要求是：

① 应有足够大的消光系数，保证在添加剂量不大的条件下对有害光实施有效屏蔽；

② 添加的吸收剂在吸收光能之后应具有能无害地耗散其所吸收的光能，而自身和聚合物不受损害，特别是所耗散的能量不应对高分子有敏化作用。

（2）激发态猝灭剂　处在激发态的分子可以通过多个途径回到基态，其中也包括将能量转移给猝灭剂分子，自身失去活性。如果能量转移给猝灭分子的过程在与自由基生成过程竞争中占优势，而猝灭剂在吸收光能后能以无害方式耗散得到的能量，那么猝灭剂的存在就能够阻止光老化反应，对聚合物产生稳定作用。猝灭剂和激发态分子间的能量转移过程可以通过辐射方式的长程能量传递途径，或者通过碰撞交换能量的短程能量传递途径。具有长程能量传递功能的猝灭剂要求有与激发态发射光谱相重叠的吸收光谱，在这种情况下，由于在猝灭过程中猝灭剂不需要与激发态分子相接触，这种猝灭剂的猝灭效率较高，当加入量达到0.01％时就可实施有效的稳定作用。目前常用的猝灭剂多为过渡金属的络合物，特别是稀土金属配合物是目前发展最快、使用量最大的激发态猝灭剂型光稳定剂。

（3）抗氧剂　能阻止热氧化反应的抗氧剂同样可以作为聚合物的抗氧化剂。但是两者在机理上是否相同还有待于研究，因为其抗氧化特征并不相同。酚类化合物是一种常见抗氧剂，但是它们在紫外光下的稳定性较差，在光氧化条件下很快消耗完毕，作用不够持久。高立体阻碍的脂肪胺有较好的抗光氧化能力，如 2,2,6,6-四甲基哌啶类衍生物（如下式）就是代表性抗光氧化剂之一，它可以有效地阻止聚丙烯树脂的老化。据析是哌啶分子中的胺及氧化生成的 N—O 自由基参与阻止高分子链上形成的具有光活性的 α, β-不饱和羰基的光降解过程。此类脂肪胺在自由基、氧、光和过氧化物的作用下被氧化成氮氧自由基（光敏自由基被消耗），生成的氮氧自由基能有效地捕捉烷基及大分子自由基，终止链反应，防止光老化反应进行。

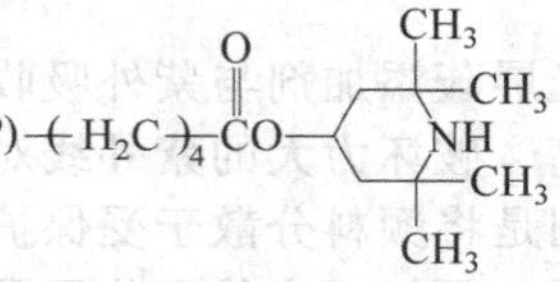

$$(P){-}(H_2C)_4{-}CO{-}O{-}\underset{CH_3}{\overset{CH_3}{\diagup}}\overset{CH_3}{\underset{CH_3}{\diagdown}}NH$$

（4）聚合物型光稳定剂　对应用来说，各种光稳定剂与聚合物之间的相容性问题和光稳定剂在长期使用期间自身损耗问题是选择光稳定剂的难点之一。光稳定剂的自身损耗可能是在加工和使用期间的热挥发，或者是在长期使用过程中稳定剂缓慢迁移至聚合物表面而渗出。下面两种方法是可供选择的有效防治手段。

① 将长脂肪链接在光稳定剂上，从而改进与聚合物的相容性，同时长脂肪链的"锚"作用可以降低光稳定剂在聚合物中的扩散过程。如 2,2′-二羟基-4-十二烷氧基二苯甲酮即是具有这种功能的光稳定剂。

② 将光稳定剂直接接枝到高分子骨架上，例如将 2-羟基二苯甲酮以化学方法键合于ABS 类高分子骨架上可使 ABS 塑料拥有光稳定作用。制备方法是将其硫衍生物与自由基引发剂异丙苯过氧化氢混于聚合物中一起加工，使其接枝于高分子骨架。

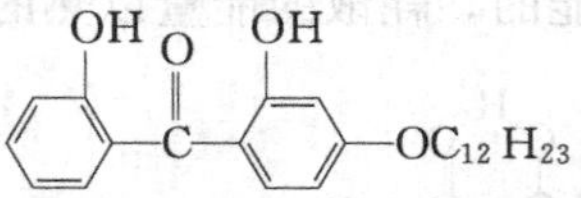

2,2′-二羟基-4-十二烷氧基二苯甲酮 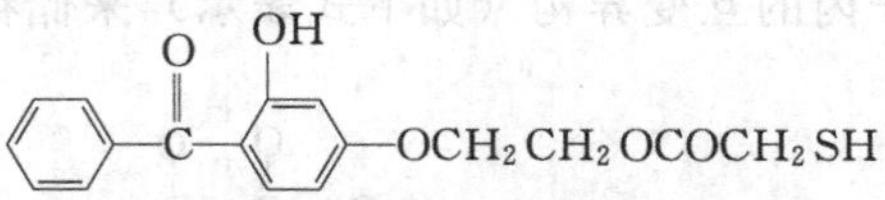 　　　　 2-羟基-4-(巯基乙酰氧基)乙氧基二苯甲酮

类似的带有可聚合基团的光稳定剂还有一些带乙烯基的单体，如丙烯酸酯型以及乙烯型的 2-(2-羟苯基)-2H-苯并三唑衍生物（Ⅰ）、（Ⅱ）（见下面结构式）。实验证实，由它们制备的均聚物和共聚物具有与其低分子量的紫外吸收剂相似的紫外吸收光谱和抗老化稳定效果。

222

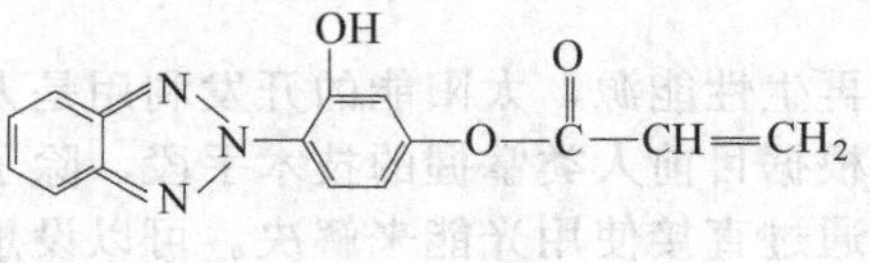

(I) 结构图

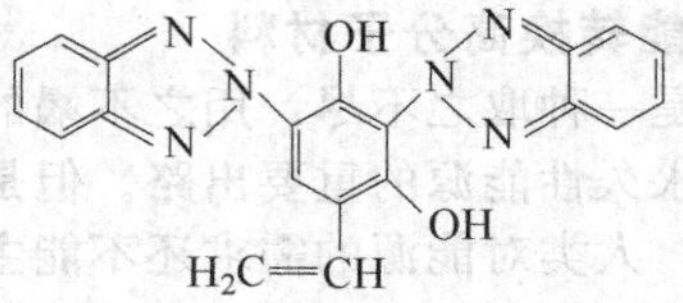

(II) 结构图

值得指出的是光降解反应并不总是有害的，日常生活中使用的许多高分子材料，如包装用的瓶子、袋子和农用薄膜等高分子材料，在使用时希望它们有一定力学强度，使用期过后又希望它们能容易地或自然地通过降解而破坏掉。合理利用光降解反应，在聚合物中有意加入一些可以加速降解反应的光敏物质，利用光老化过程就可以实现生产这类所谓具有预期寿命的聚合物，这在环境保护方面为消灭"白色污染"有重要意义。

在表 11-8 中给出了常见紫外光稳定剂的种类和作用机理。

表 11-8 常用紫外光稳定剂的种类和作用机理

类　别	结　构	商品名称	机　理
紫外屏蔽剂	炭黑，ZnO，MgO，CaCO$_3$，BaSO$_4$，Fe$_2$O$_3$		紫外光屏蔽
紫外吸收剂	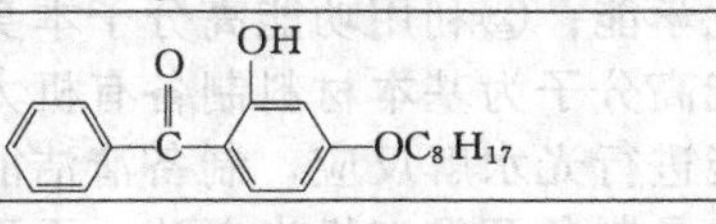 结构式	Cyasorb UV 531	紫外光吸收 断链电子给体
紫外吸收剂	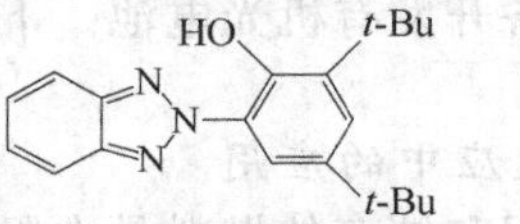 结构式	Tinuvin 326	紫外光吸收 断链电子给体
紫外吸收剂	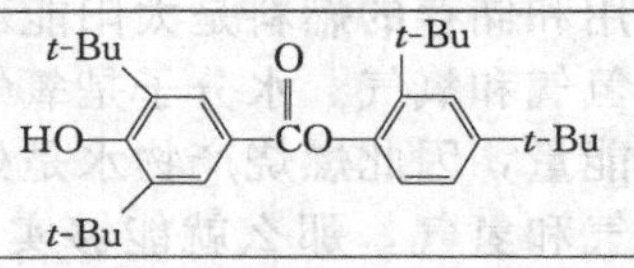 结构式	Tinuvin 120	断链电子给体 紫外光吸收
紫外吸收剂	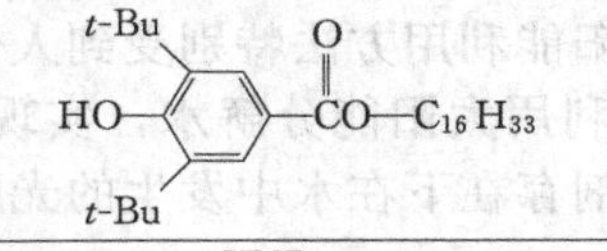 结构式	Cyasorb UV 2908	断链电子给体
激发态猝灭剂	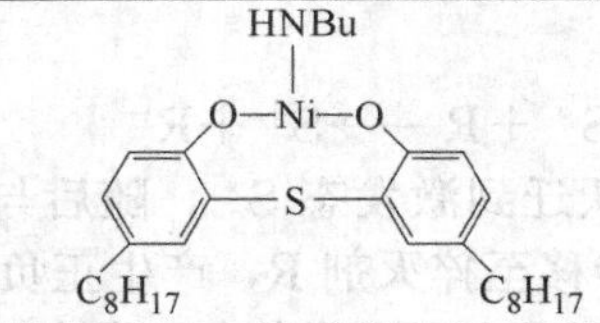 结构式	Cyasorb 1084	紫外光吸收 断链电子给体 过氧物分解
激发态猝灭剂	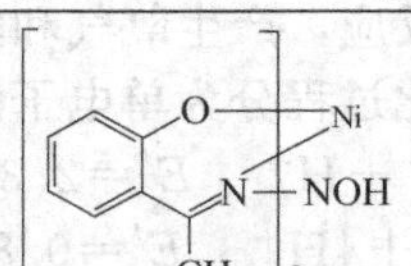 结构式		紫外光吸收 断链电子给体 过氧物分解
激发态猝灭剂	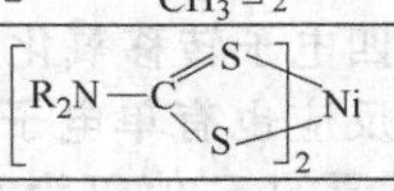 结构式		紫外光吸收 断链电子给体 过氧物分解
激发态猝灭剂	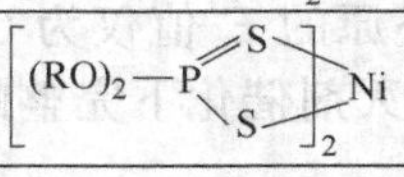 结构式		紫外光吸收 断链电子给体 过氧物分解
自由基捕获剂	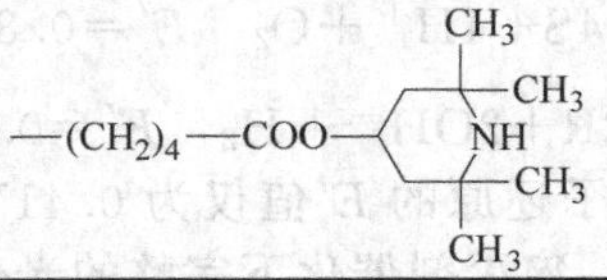 结构式	Tinuvin 770	断链电子给体 断链电子受体

223

11.3.2 光能转换高分子材料

太阳能是一种取之不尽，用之不竭的可再生性能源，太阳能的开发利用是人类解决能源危机，寻找永久性能源的重要出路。但是，根据目前人类掌握的技术手段，除了太阳能的生物利用之外，人类对能源的需求还不能主要通过直接使用光能来解决。可以设想，如果能够通过某种方式将太阳能转变为电能或化学能，就可以直接在生产和生活中使用这种洁净廉价能源，这是目前人类在能源研究领域里非常重要的课题之一。在现阶段，太阳能利用主要通过下述三种方式实现：①利用太阳能电池将太阳能转变为电能；②通过太阳能收集器将其转变成热能；③将太阳能通过光化学反应转换成化学能。

上述三种方法都可以将太阳能转变成人类可以直接使用的能源，但是使用前两种转变过程得到的都是不易储存的能源。特别是太阳能受到时间、季节、天气和地域的影响极大，太阳能储存问题更显得重要。如果能像植物那样把太阳能转变为化学能，产物作为一种具有能量的化合物，储存问题将会迎刃而解，相对来说是一种比较理想的解决方法。

目前功能高分子材料在太阳能转换过程中的应用是一个研究热点，主要研究方向有下面三个方面：①功能高分子材料作为光敏化剂和猝灭剂在光电子转移反应中将水分解为富有能量的氢气和氧气，将太阳能转变成化学能；②利用功能高分子本身或者直接、间接参与的光互变异构反应储存太阳能；③以功能高分子为基本材料制备有机太阳能光电池。

其中，第一种方法是利用太阳能进行光水解反应，制备清洁能源氢和氧；第二种方法是制备太阳能化学蓄能器；第三种方法是制备开发有机光电池。下面介绍功能高分子材料在上述三个方面的应用。

11.3.2.1 功能聚合物在太阳能水分解反应中的应用

将太阳能转化为化学能，产生便于使用和储存的燃料是太阳能利用的重要方面，其中最简单的方法是通过光分解作用将水分解成氢气和氧气。水分子是氧气和氢气燃烧（氧化还原反应）的产物，因为在燃烧中放出了大量能量，因此燃烧产物水是处在低能态的物质。如果能够利用光能将其再分解成富有能量的氧气和氢气，那么就能够实现太阳能的转化和利用。由于氢气和氧气燃烧的无污染性，这种太阳能利用方法特别受到人们的重视。

（1）水的光电子转移分解反应原理　利用太阳能分解水，实现太阳能-化学能转换主要是利用在光敏化剂、激发态猝灭剂和催化剂存在下在水中发生的光电子转移反应，其基本原理可以用下式表示：

$$S \xrightarrow{\text{光照}} S^* \qquad S^* + R \longrightarrow S^+ + R^-$$

式中，S 表示光敏剂，它吸收太阳光后跃迁到激发态 S^*，随后与激发态猝灭剂 R 作用发生电子转移反应，电子从激发态光敏剂 S^* 转移至猝灭剂 R，产生正负离子。在催化剂作用下，在水中的正负离子分别同水分子发生氧化还原反应，产生氧气和氢气。而光敏剂和猝灭剂回复到原来的基态。根据光化学反应历程，水的氧化过程分为单电子氧化和四电子氧化反应。

$$H_2O \longrightarrow HO^- + e^- + H^+ \qquad E' = 2.33V$$
$$2H_2O \longrightarrow O_2 + 4e^- + 4H^+ \qquad E' = 0.82V$$

很显然，不论从氧化效率和难度上来讲，四电子转移氧化反应要有利得多。一般水的四电子氧化需要有催化剂参与反应。对水的还原反应也有单电子还原和多电子还原两种方式，其中单电子还原的 E' 值为 2.52V，而双电子还原的 E' 值仅为 0.41V。实践中光电子转移反应常常需要加入光反应催化剂，在光敏剂、猝灭剂催化下完整的光化学反应式如下。

$$4S^+ + 2H_2O \xrightarrow{\text{催化剂}} 4S + 4H^+ + O_2 \qquad E' = 0.82V$$
$$2R^- + 2H_2O \xrightarrow{\text{催化剂}} 2R + 2OH^- + H_2 \qquad E' = 0.41V$$

其中单电子还原的 E' 值为 2.52V，而双电子还原的 E' 值仅为 0.41V。实践中光电子转移反应常常需要加入光反应催化剂，在光敏剂、猝灭剂催化下完整的光化学反应式如下。

224

$$4S^+ + 2H_2O \xrightarrow{\text{催化剂}} 4S + 4H^+ + O_2 \qquad E' = 0.82V$$

$$2R^- + 2H_2O \xrightarrow{\text{催化剂}} 2R + 2OH^- + H_2 \qquad E' = 0.41V$$

回到基态的光敏剂吸收太阳光后再进行下一个循环，不断将水分解成氢气和氧气。在反应中作为还原催化剂的氧化还原电势应在 $-0.41V$ 以下，氧化催化剂的氧化还原电势应在 $0.82V$ 以上。在光能-化学能转换过程中首先要解决的问题是如何防止已经离子化的光敏化剂和猝灭剂再重新结合，使吸收的光能充分发挥作用。当使用功能聚合物使反应体系成为多相体系时，可以比较容易地克服这方面的问题。

（2）在水光分解反应中光敏化剂和猝灭剂的种类和作用　在水的多电子转移光解反应中含贵金属的化合物是最常见的催化剂，其中含 N,N-二甲基-4,4-联吡啶盐（viologen，MV^{2+}）的聚合物作为电子接受体（猝灭剂，$E' = -0.44V$），而 2,2-联吡啶合钌络合物 $[Ru(bpy)_3^{2+}]$ 作为电子给予体（光敏化剂，$E' = 1.27V$）。猝灭剂和敏化剂的结构如下式所示。

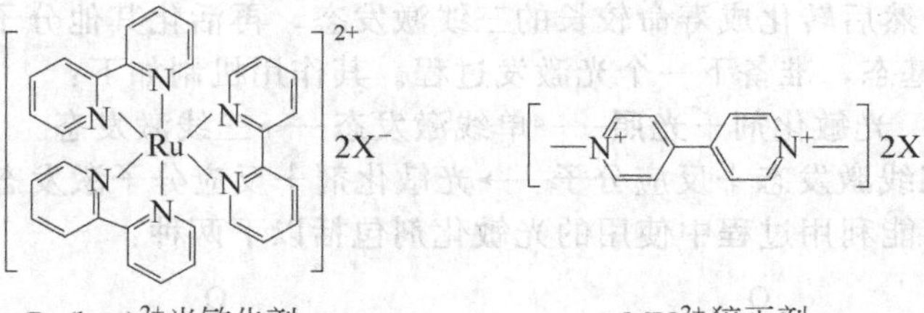

$Ru(bpy)_3^{2+}$ 光敏化剂　　　　　　　　　　MV^{2+} 猝灭剂

光敏化剂和猝灭剂的高分子化可以通过将含有上述结构的单体与其他单体共聚，或者利用接枝反应将其键合到高分子骨架上。如果得到的聚合物结构合适，高分子化后的光敏化剂的光物理和光化学性能基本保持不变，这种络合型光敏化剂在水中的最大吸收波长是 452nm，接近太阳光的最大值 500nm，消光系数为 1.4×10^4，还原电极电位（$Ru^{3+/2+}$）$E' = 1.27V$，高于水的还原电位，在太阳光作用下，$Ru(bpy)_3^{2+}$ 被激发，然后与 MV^{2+} 迅速发生电子转移反应。

$$Ru(bpy)_3^{2+*} + MV^{2+} \longrightarrow Ru(bpy)_3^{3+} + MV^{+*}$$

若水中加有 EDTA 分子，EDTA 将还原光电子反应生成的 $Ru(bpy)_3^{3+}$ 离子，使 $Ru(bpy)_3^{2+}$ 再生，MV^{+*} 在铂催化剂存在下将电子再转移给 H^+，自身被恢复。恢复后的光敏化剂与猝灭剂可再次进行光电子转移反应，如此循环反应，不断消耗光能，产生氢气和氧气，将光能以化学能的方式储存起来。整个水的光分解反应可以用下图表示。

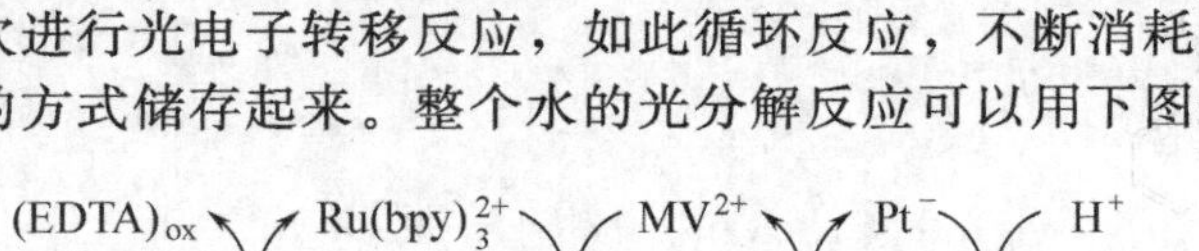

在整个光能化学能转换过程中主要消耗 EDTA 和水分子，光敏化剂和猝灭剂几乎不消耗，整个装置可以连续运行。

11.3.2.2　利用在光照射下分子发生互变异构储存太阳能

利用光互变异构反应转化和储存太阳能是太阳能利用的另一个重要方面。主要依据是在光能作用下，通过互变异构反应合成高能量的、含有张力环的化合物来储存太阳能。目前研究最多的是降冰片二烯（norbornadiene NBD）与四环烷烃（quadricyclane）之间的光互变现象。降冰片二烯在有光敏化剂存在下吸收光能，双键打开，构成含有两个高张力三元环和一个四元环的富有能量的四环烷烃；四环烷烃是热力学不稳定结构，在催化剂作用下四环烷烃可以回复到降冰片二烯结构，并放出大量的热能，下式为降冰片二烯与四环烷烃之间的光互变异构反应：

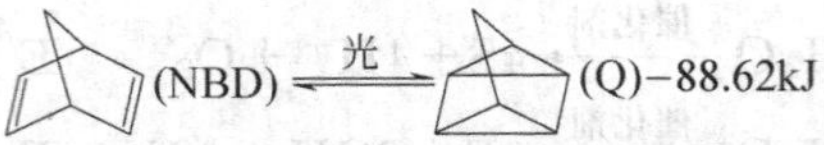

$$\text{(NBD)} \xrightleftharpoons[\ \ \ ]{\text{光}} \text{(Q)} - 88.62\text{kJ}$$

在可见光照射下，降冰片二烯发生光化学反应生成四环烷烃是吸热反应，储存能量；在催化剂作用下四环烷烃回复到降冰片二烯是放热反应（$\Delta H = 88\text{kJ/mol}$），储存的能量得到释放。因此上述过程是一个可逆循环过程。在光照充足时，将光能以化学能形式储存起来，在需要时通过加入催化剂，使储存的化学能以热能的方式释放。可以设想，如果催化剂能够通过高分子化过程固化，使放热反应成为多相催化反应，能量释放过程将可以通过催化剂的加入和退出得到控制。下面是在此类光能转换装置中几种重要高分子材料。

（1）高分子光敏化剂　在吸收光能的第一步反应中需要光敏化剂参与。一般来讲，理想的光敏化剂在太阳能最集中的可见光区应有较高的消光系数，以保证对光能的有效吸收。这些光敏化剂在光能转换过程中应是热和光化学稳定的，以维持较长的使用寿命。同时应该具有较高的光量子效率，使其具有较高的敏化效率。吸收光能后，敏化剂在太阳光的激发下跃迁到单线态激发态，然后转化成寿命较长的三线激发态，再活化其他分子（在此是降冰片二烯），而本身回复到基态，准备下一个光激发过程。其作用机制如下：

$$\text{光敏化剂} + \text{光照} \longrightarrow \text{单线激发态} \longrightarrow \text{三线激发态}$$
$$\text{三线激发态} + \text{反应分子} \longrightarrow \text{光敏化剂} + \text{反应分子激发态}$$

光互变反应太阳能利用过程中使用的光敏化剂包括以下两种：

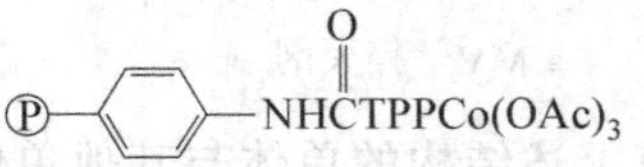

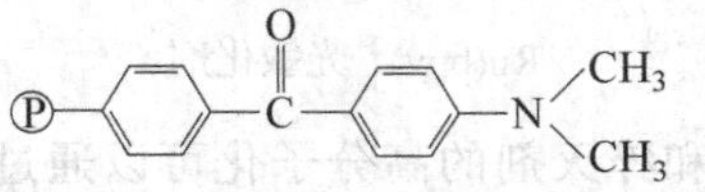

（2）高分子催化剂　从上面介绍可知，在四环烷烃回复到降冰片二烯的放热反应中，也需要催化剂参与。对催化剂的要求如下：①有一定化学稳定性，不产生不利的副反应；②有足够的活性，使放热反应在短时间内完成；③对环境的稳定性要好，有较长的使用寿命；④催化剂最好自成一相，容易与反应体系分离，使放热过程得到有效控制。

目前采用的催化剂多为过渡金属络合物。由于在上述太阳能转换反应中催化剂与光敏化剂必须分开使用，所以采用不溶性的高分子化的催化剂和光敏化剂是必要的。下面给出了三种可用于上述目的的高分子催化剂。

（1）$[\text{Ⓟ PPh}_2]_2\text{PdCl}_2$

（2）

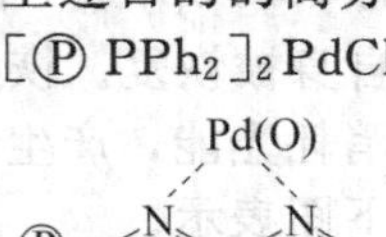

（3）

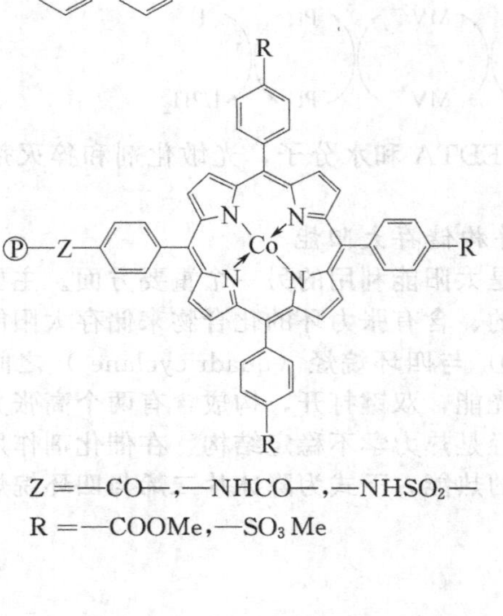

$$Z = -\text{CO}-, -\text{NHCO}-, -\text{NHSO}_2-$$
$$R = -\text{COOMe}, -\text{SO}_3\text{Me}$$

11.3.2.3 功能聚合物在有机太阳能电池制备方面的应用

（1）**太阳能电池的结构和作用机理** 将太阳能直接转化成使用方便的电能是人们向往的目标之一，太阳能电池是实现这一转化的主要装置。太阳能电池是利用光电材料吸收光能后发生光电子转移反应，并利用材料的单向导电性将正负电荷分离，从而使电子转移过程在外电路中完成，产生必要的电动势和电流。目前大多数太阳能电池是由无机材料制成的，主要包括以下三类：①结晶硅太阳能电池；②非晶态硅太阳能电池；③无机盐，如砷化镓和硫化镉等为材料的太阳能电池。人们最早使用单晶硅材料制作太阳能电池，这种电池要求高纯度的硅单晶，并且需要特殊工艺进行切割和研磨，因而制作难度大，造价较高。为了避免这一问题而研制开发的非晶态硅太阳能电池可以用真空蒸发法，或者以硅烷为材料在真空容器中通过辉光放电形成非晶态硅膜，在制作过程中添加磷和硼的氢化物，可以分别制成 p-型和 n-型非晶态硅膜，构成单向导电的 p-n 结。与单晶硅电池相比，非晶态硅制作方法简单，制成的薄膜更薄，容易制成大面积 p-n 结，使制作大型太阳能电池成为可能。砷化镓太阳能电池的优点在于光转换效率最高，在阳光下可以达到 22%。虽然上述光电池已经在众多领域获得应用，并获得工业化生产，但是仍然存在着诸如材料获得和工业生产工艺方面的困难，难以降低成本，大规模推广。上述问题有待于今后改进解决。

（2）**聚合物多层修饰电极型太阳能电池** 利用功能高分子材料制备太阳能电池是另一个重要研究方向。比如利用不同氧化还原型集合物的不同氧化还原电势，在导电材料表面进行多层复合，也可以制成类似无机 p-n 结的单向导电结构。进而制成如图 11-3 所示的太阳能电池装置。

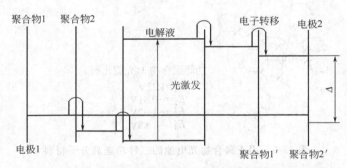

图 11-3 由聚合物修饰电极构成的太阳能电池装置示意图

图 11-3 中两个修饰电极在结构上有如下特点。

① 电极 1 的内层由还原电位较低的功能聚合物修饰，而外层聚合物的还原电位较高，电子转移方向只能从内层向外层转移（见图中箭头方向）；电极 2 的修饰正好相反，是内层聚合物的还原电位高于外层，电子转移方向是从外层向内层转移。

② 电极 1 上两种聚合物的两个还原电位均高于电极 2 的两种聚合物的还原电位。

当两个修饰电极放入含有光敏化剂的电解液中，用光照射，光敏化剂吸收光后产生的激发态分子，将电子转移给具有猝灭作用的电极 2 的外层聚合物，然后通过内层聚合物转移到电极 2。由于电极 1 的结构只允许电子由内向外转移，因此激发态转移的电子不能向电极 1 转移。同时由于电极 2 上面积累的电子不能向外层聚合物转移，只能通过外电路通过电极 1 回到电解液，因此在外电路中有光电流产生。外电路中的电池电势等于两个电极修饰聚合物中还原电位较高者之差。电极的修饰方法可以采用具有吡咯或噻吩等基团的单体为原料，用电化学聚合的方法在电极表面直接聚合，依次形成功能聚合物膜。

光敏化剂也可以做成聚合物，直接修饰到外层聚合物表面，这样更利于光电子转移过程的进行。此时电极为三层修饰，反电极不与光敏物质接触，因此没有必要修饰。图 11-4 中给出的装置具备太阳能光电池的能力。

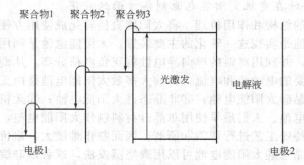

图 11-4　三层聚合物修饰电极太阳能电池工作原理图

同上述双层修饰电极构成的太阳能电池一样，太阳能电池对修饰用功能聚合材料的氧化还原电位有一定要求。氧化还原电位需要满足上图中给出的关系。在文献中下面三种功能型氧化还原聚合物能够满足上述条件，可以分别作为三层修饰电极的修饰物（见图 11-5）。

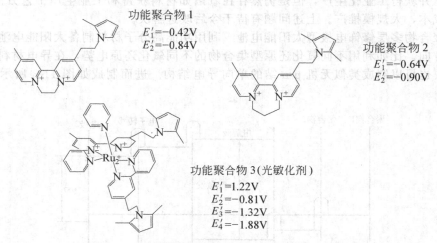

图 11-5　用于聚合物光电池的三种功能高分子材料

图 11-5 中给出的聚合物中聚合物 1 和聚合物 2 均是 N,N-桥接的 2,2-联吡啶衍生物。由于聚合物 1 由两个碳的碳链连接两个吡啶环中的 N 原子，构成的是六元环，环内张力极小，因此两个吡啶环基本处在共平面位置，分子的共轭程度较高，因此还原电位（以饱和甘汞电极为基准）较高（－0.42V），表明比较容易得到一个电子被还原。而聚合物 2 由于是三个碳的碳链连接两个吡啶环的 N 原子，构成有张力的七元环，两个吡啶环不能处在一个平面上，两个吡啶环之间的两面角较大，分子内共轭作用减弱，因此还原电位较低（－0.64V），表明比较难于得到一个电子。因此，当由二者构成电极表面的双层修饰时，电子可以从还原态的聚合物 2 向聚合物 1 转移，但是相反的过程不能发生。这样由它们构成的双层修饰电极具有单向导电特性。聚合物 3 作为光敏化剂直接修饰在作为猝灭剂的聚合物 2 上面，当受光激发后可以直接将电子转移给聚合物 2，电子通过聚合物 1 累积到电极 1 上，从而在两电极之间产生电压。

在太阳能电池制作中以聚合物代替无机材料可以充分发挥有机聚合材料柔性好，制作容易，材料来源广泛，成本低的优势，对大规模利用太阳能，提供廉价电能具有重要意义。当然，以有机材料制备太阳能电池目前的研究仅仅刚刚开始，无论是使用寿命，还是电流效率都不能和发展成熟的无机硅光电池相比，还有许多技术问题需要探索和解决。聚合物型光电池能否发展成为具有实用意义的产品，甚至将来能否替代无机材料成为太阳能利用的主要工具，还有待于进一步研究探索。

光敏高分子材料的品种和类别多样，上面仅仅是其中已经生产，或者正在研究中的一部分，自然界中具有光活性的物质和现象还有许多，有待于进一步开发研究。

11.4 光功能高分子材料

11.4.1 高分子荧光材料

11.4.1.1 高分子荧光材料概述

受到可见光、紫外光、X射线和电子射线等的照射后而发光，其发光在照射后也能维持一定时间的材料称为荧光材料。荧光材料也称为光致发光材料，其本质是光能转换过程，是分子吸收的能量以荧光形式耗散。荧光产生过程的第一步是光能的吸收。荧光材料应该在入射光范围内有较大的摩尔消光系数，这样才能获得较大的荧光量子效率；同时吸收的光能要小于分子内断裂最弱的化学键所需要的能量，这样才能将吸收光能的大部分以辐射的方式给出，而不引起光化学反应。第二步是能量的耗散，从Jablonsky光能耗散图可知，分子吸收的能量可以通过多种途径耗散，荧光过程仅是其中之一。材料所发出的荧光颜色是一定的，而不管其所吸收的激发光波长如何。影响荧光过程的因素主要有以下几种。

（1）激发光的波长 荧光过程的一个必要条件是激发光波长要高于荧光波长，即激发光的能量要高于价电子最小激发能量。因为分子必须吸收足够的能量跃迁到第一激发态以上才能发出荧光。分子吸收光能后，电子跃迁到第一或第二激发态，由于振动弛豫和热耗散而失掉部分能量回到第一激发态，再发出荧光。因此，荧光材料发出的荧光波长一般总要比激发光的波长要长一些，即发生红移，这种现象称为Stokers位移。

（2）荧光材料的分子结构 衡量荧光材料光性质强弱的指标是荧光量子效率，指荧光发射量子数与被物质吸收的光子数之比，也可表示为荧光发射强度与被吸收的光强之比。荧光量子效率与分子内结构有关。具有较高荧光量子效率的化合物，其分子应该有生色团，生色团是指价电子能级在激发光能量范围内的分子结构，并有较大的光吸收系数。生色团是确定荧光颜色和效率的主要影响因素。在分子中连接有荧光助色团，可以提高荧光量子效率。例如，当化合物的结构中含有如＝C＝O、—N＝O、—N＝N、＝C—N—、＝C＝S等，并且这些基团是分子的共轭体系的一部分时，则该化合物可能会产生较明显的荧光。一般来说，对于芳香性化合物，增加稠合环的数量、增大分子共轭程度、提高分子的刚性，可以提高荧光量子效率。芳环上的邻、对位取代基可以使荧光增强，间位取代基使荧光减弱，硝基和偶氮基团对荧光有猝灭作用。

（3）光敏剂的作用 在荧光材料中加入光敏剂也可以在不改变荧光材料最大发射波长的前提下有效提高荧光效率。光敏剂是指分子在激发光波长处具有较高的摩尔消光系数，吸收光能自身跃迁到激发态，处在激发态的光敏分子能够将能量传递给荧光物质，使其荧光效率增强的化合物。进入荧光剂可以使入射的激发光被更有效地吸收，从而获得更高的荧光性能。光敏剂一般都含有较大的共轭体系，较高的摩尔消光系数和稳定的化学结构。

（4）外部环境的影响 温度对材料的荧光强度有一定的影响，主要影响荧光量子效率。在通常情况下，温度降低量子效率提高，反之，量子效率下降。如果荧光过程发生在溶液中，溶液的极性和黏度对荧光过程也有影响。一般荧光强度随着溶液的极性增强而增强。

有机荧光材料主要包括芳香稠环化合物、分子内电荷转移化合物和某些特殊金属配合物三类，上述三类荧光物质通过高分子化过程都可以称为荧光高分子材料，以提高荧光材料的适用范围。荧光材料在工农业生产和科学研究方面有着广泛的应用，如高分子转光农膜可以吸收太阳光中的紫外线转换成可见光发出，高分子荧光油墨可以用于防伪印刷和道路标识绘制等，荧光材料在分析化学和化学敏感器制备方面也有广泛应用。

11.4.1.2　荧光高分子材料的结构和应用

（1）芳香稠环化合物　芳香稠环化合物具有较大的共轭体系和平面及刚性结构，一般都具有较高的荧光量子效率，是一类重要的研究荧光化合物。其量子效率与稠环的数目成正比，与取代基的关系比较复杂，人们主要用取代基来调节其溶解性能。近年来，在这方面的研究主要集中在苝及其衍生物上（见图 11-6）。苝的荧光发射波长 $\lambda_{em}=580nm$，已被广泛用于激光领域。带有双羧基酯的衍生物 2 具有强烈的黄绿色荧光，由于它的水溶性好，常用于公安侦测方面。苝的甲酸二酰亚胺衍生物 3 具有有橘色到红色的强烈荧光，具有鲜艳的色彩和较高的量子产率，对光、热以及有机溶剂有良好的稳定性，因而特别适用于热塑性塑料的染色以及液晶显示和太阳能收集领域。当 X 为氨基或胺基时有蓝色的荧光，常用于染料着色及汽车油漆中。在 X 位置引入芳香结构，增大了分子的刚性，可以使它们的量子产率几乎接近于 1。此外，如果将一些水溶性的基团引到亚胺的氮原子上，则可制得水溶性的荧光材料，晕苯 4 由于较苝的共轭程度及分子刚性更大，因此具有更好的荧光性能，荧光发射波长为 $\lambda_{em}=520nm$，同时具有很大的量子效率，是一个非常理想的紫外电荷耦合显示（UV-CCD）材料。目前有关晕苯应用于雷达方面的研究正在进行。此外，化合物 5 具有强烈的橘红色荧光，$\lambda_{em}=584nm$，同时它还具有 0.84 的量子效率，所以在染料、激光和光能收集系统方面具有相当大的发展潜力。

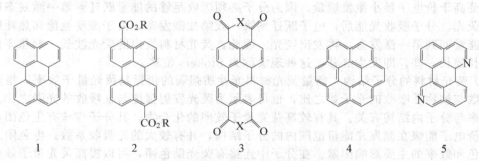

图 11-6　常见稠环芳烃荧光化合物分子结构

（2）分子内电荷转移化合物　具有共轭结构的分子内电荷转移化合物是目前研究得最为广泛和活跃的一类，其中应用较多的主要有以下几类（见图 11-7）。

① 芪类化合物。芪类化合物两个苯环之间具有共轭结构，因此，它在光照时发生的是分子整体的激发，进而引起分子内的电荷转移发出荧光。芪类化合物是用于荧光增白剂中数量最多的荧光材料，同时也被应用于太阳能收集领域及染料着色领域。在两个苯环分别带有供电和吸电取代基时，当化合物吸收光被激发而处于激发态，分子内原有的电荷密度分布发生了变化，硝基和氨基取代衍生物的量子效率达 0.7，它在苯中荧光发射波长为 $\lambda_{em}=590nm$。

② 香豆素衍生物。香豆素衍生物荧光材料在品种和数量上仅次于芪类化合物。它可用作激光染料、荧光染料、太阳能收集材料等，荧光量子效率甚高。从其分子结构中可以看出，香豆素衍生物是由肉桂酸内酯化而成，即通过酯化过程使肉桂酸酯双键被保护起来，从而使原来量子效率较低的肉桂酸酯转变为具有较高量子效率的香豆素衍生物。通过对香豆素母体进行化学修饰，可以调整荧光光谱。目前，已有报道将香豆素作为发光材料用于有机电致发光材料，获得了蓝绿-红色发光。但是，香豆素衍生物往往在溶液中才具有高的量子效率，而在固态下容易发生荧光猝灭。因此，在用作发光材料时，多采用混合掺杂的方式。

230

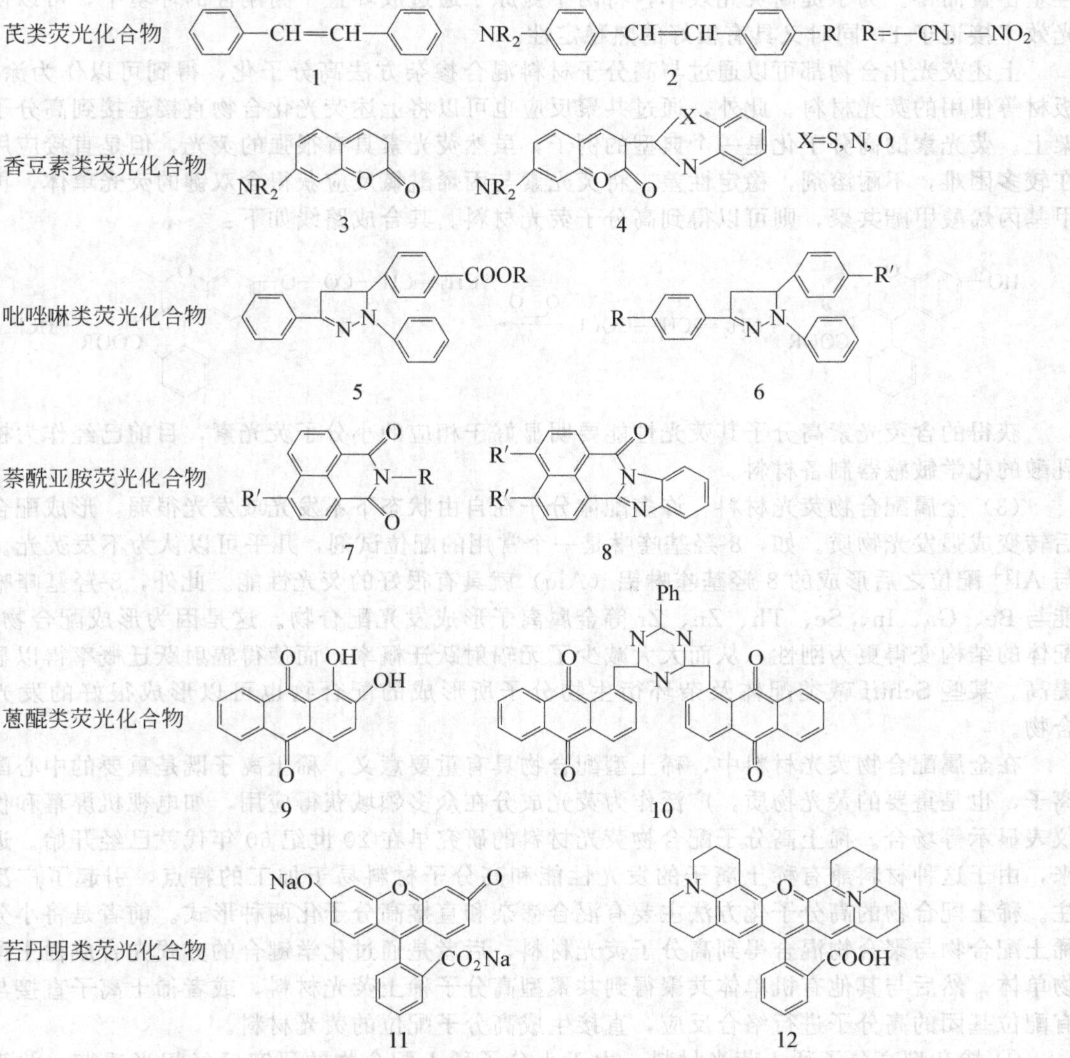

芪类荧光化合物

NR₂ ... CH=CH ...

2

芪类荧光化合物 ... CH=CH ... R   R=—CN, —NO₂

1

香豆素类荧光化合物   NR₂ ... O ... O

3

NR₂ ... O ... O ... X   X=S, N, O

4

吡唑啉类荧光化合物 ... N ... COOR

5

R ... N ... R′

6

萘酰亚胺荧光化合物 ... N—R ... R′

7

R′ ... N

8

蒽醌类荧光化合物 ... OH ... OH

9

Ph ... N

10

若丹明类荧光化合物   NaO ... O ... O ... CO₂Na

11

... N ... O ... N ... COOH

12

图 11-7 常见分子内电荷转移型荧光物质结构

③ 吡唑啉衍生物。吡唑啉衍生物是由苯腙类化合物通过环化反应得到的。因为环化导致苯腙内双键受到保护，从而使这类化合物表现出强的荧光发射。这类化合物由于在溶液中可以吸收 300～400nm 的紫外光，发出很强的蓝色荧光，被广泛用于荧光增白剂。吡唑啉衍生物还可作为有机电致发光材料。

④ 1,8-萘酰亚胺衍生物。这类荧光材料色泽鲜艳，荧光强烈，已被广泛用于荧光染料和荧光增白剂、金属荧光探伤、太阳能收集器、液晶显色、激光以及有机光导材料中。将（图 11-7 中）7 重氮化后加以修饰制得多环衍生物 8，它们具有良好的光牢度，若在其中引入磺酸基、羧基、季铵盐，则可以制得水溶性的荧光材料。若引入芳基或杂环取代基，则能有效地提高荧光效率，同时使分子的荧光光谱向长波方向偏移。

⑤ 蒽醌衍生物。蒽醌（或蒽酮）类荧光分子是以蒽醌（或蒽酮）为中间体制得的，具有良好的耐光、耐溶剂性能，稳定性较好，也具有较高的荧光效率。

⑥ 若丹明类衍生物。若丹明是由荧光素开环得到的，两者都是黄色染料并都具有强烈的绿色荧光，广泛用于生命科学中。若丹明系列的荧光材料绝大部分是以季铵盐取代以来的

羟基位置而得。为了提高荧光效率，将两个氮原子通过成环置于高刚性的环境中，可以使荧光效率接近于 1，同时又具有极好的热稳定性。

上述荧光化合物都可以通过与高分子材料混合掺杂方法高分子化，得到可以作为涂料、板材等使用的荧光材料。此外，通过共聚反应也可以将上述荧光化合物直接连接到高分子骨架上。荧光素的高分子化是一个典型的例子，虽然荧光素具有很强的荧光，但是直接应用存在较多困难，不耐溶剂，稳定性差。将荧光素与丙烯酰氯反应获得含双键的荧光单体，再与甲基丙烯酸甲酯共聚，则可以得到高分子荧光材料。其合成路线如下：

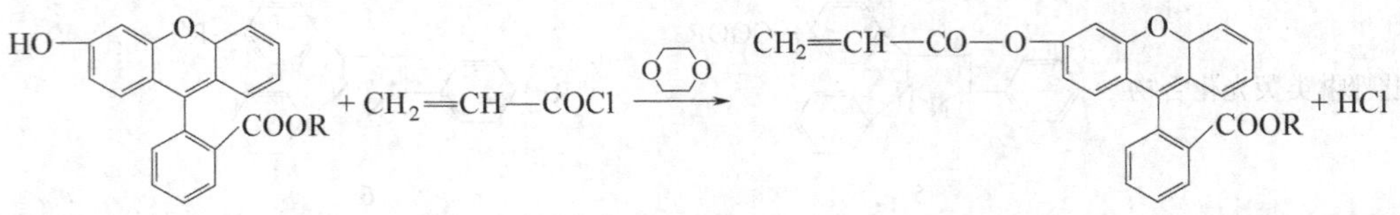

获得的含荧光素高分子其荧光性能要明显好于相应的小分子荧光素，目前已经作为检测乳酸的化学敏感器制备材料。

（3）金属配合物荧光材料　许多配体分子在自由状态下不发光或发光很弱，形成配合物后转变成强发光物质。如，8-羟基喹啉是一个常用的配位试剂，几乎可以认为不发荧光。在与 Al^{3+} 配位之后形成的 8-羟基喹啉铝（Alq）就具有很好的荧光性能。此外，8-羟基喹啉还能与 Be、Ga、In、Se、Th、Zn、Zr 等金属离子形成发光配合物。这是因为形成配合物后，配体的结构变得更为刚性，从而大大减少了无辐射跃迁概率，而使得辐射跃迁概率得以显著提高。某些 Schiff 碱类配体及杂环衍生物分子所形成的配合物也可以形成很好的发光配合物。

在金属配合物荧光材料中，稀土型配合物具有重要意义。稀土离子既是重要的中心配位离子，也是重要的荧光物质，广泛作为荧光成分在众多领域获得应用，如电视机屏幕和仪器仪表显示等场合。稀土高分子配合物荧光材料的研究早在 20 世纪 60 年代就已经开始。近年来，由于这种材料兼有稀土离子的发光性能和高分子材料易于加工的特点，引起了广泛关注。稀土配合物的高分子化方法主要有混合掺杂和直接高分子化两种形式。前者是将小分子稀土配合物与聚合物混合得到高分子荧光材料，后者是通过化学键合的方式先合成稀土配合物单体，然后与其他有机单体共聚得到共聚型高分子稀土荧光材料，或者稀土离子直接与带有配位基团的高分子进行络合反应，直接生成高分子配位的荧光材料。

① 掺杂型高分子稀土荧光材料。由于小分子稀土配合物的研究已经相当透彻，关于配位和荧光机理在此不作讨论。把有机稀土小分子配合物通过溶剂溶解或熔融共混的方式掺杂到高分子体系中，一方面可以提高配合物的稳定性，另一方面还可以改善其荧光性能，这是由于高分子共混体系减小了浓度效应的结果。采用这种方法，将稀土 Eu 荧光配合物掺杂到塑料薄膜中可以得到一种称为转光膜的农用薄膜，可以吸收太阳光中有害的紫外线，转换成可见光发出，据说可以提高农作物的产量达到 20％。掺杂方法虽然具有简单方便的优点，但是存在得到的高分子材料透光性差，力学强度降低的问题。当稀土配合物在混合体系中浓度相当高时仍然可以发现浓度猝灭现象。

② 键合型高分子稀土荧光材料。先合成含稀土配合物的单体，然后用均聚或共聚方法得到配体与高分子骨架通过共价键连接的高分子稀土荧光材料。用这种方法得到的荧光材料中稀土离子均匀分布，不聚集成簇，因此在相当高的浓度下仍不出现浓度猝灭现象。并且，可以得到透明度相当好的材料，甲基丙烯酸酯、苯乙烯等是常用的共聚单体。

利用上述方法，要求获得的单体必须具有相当的聚合活性才能够获得理想的共聚物，然而，单体中的配合物常常对聚合活性有不利影响，因此，使用范围受到一定限制。如果先制备含有配位基团的聚合物，然后再通过高分子与稀土离子之间的络合反应将稀土离子与高分子结合，同样可以获得高分子稀土荧光材料。例如，带有羧基、磺酸基、β-二酮结构的高分子都可以同稀土离子络合。但是该方法由于高分子本身的空间局限性，不能获得高配位配合物，金属离子仍有形成离子簇的倾向。因此，制备高荧光强度的高分子稀土材料比较困难。

高分子稀土荧光材料目前的主要应用领域除了前面提到的农用转光膜之外，作为荧光油墨、荧光涂料和荧光探针等在防伪、交通标识和分析检测方面有广泛应用。

11.4.2　光导电高分子材料

光导电高分子是指这种材料在无光照时是绝缘体，而在有光照时其电导值可以增加几个数量级而变为导体，这种光控导体在实际应用中有非常重要的意义。根据材料属性，光导电材料可以分成无机光导材料和有机光导材料两大类，有机光导材料还可以细分为高分子光导材料和小分子光导材料。较早开发的无机光导材料包括硒、硫化锌、硫化镉、砷化硒和非晶硅等。其中硫化锌的感度低，不适合在高速复印机和激光打印机等重要场合使用。硫化镉有毒，容易对环境造成污染，使用受到限制。只有硒在复印机中得到了广泛应用，但是其材料来源缺乏，制作工艺复杂，价格昂贵，市场份额在逐步下降。与无机光导材料相比，有机光导材料具有无毒、制作容易、光导性能好等特点，具有广阔的发展前途。因此20世纪80年代后期，带有咔唑结构的聚合物光导体逐步占据主导地位。近年来，以偶氮染料、酞菁、四方酸、多环芳烃衍生物为代表的有机光导材料异军突起，引起人们的广泛关注并迅速获得应用。

有机光导材料主要有线性共轭高分子材料、带有共轭结构的小分子材料、电子给体和受体组合构成的电荷转移复合物等三大类。近年来信息工业的快速发展，特别是光电成像、静电复印、激光打印、光电控制等技术领域的快速发展，对光导材料提出了更高的要求，开发新型光导材料也引起各国科学家的高度重视。

11.4.2.1　光导电机理与结构的关系

（1）光导电性测定与影响因素　材料的电导特性一般用电导率表示，定义为在单位电场强度下，在单位截面积和长度下测出的电流强度：

$$\sigma = \frac{Il}{AE} = ne\mu$$

式中，σ 为电导率；I 为电流强度；l 为测定材料的长度；A 为材料的截面积；E 为所加的电场强度值；n 为单位体积中载流子的密度；e 为电子电荷；μ 为载流子的迁移率。其中载流子可以是电子、空穴或离子。在光导材料中载流子主要是前两者。根据公式可见被测材料电导率的大小与载流子的密度和迁移率均成正比。光导材料就是利用光照吸收光能增加载流子密度来提高电导率的。材料的载流子的迁移率可以用下式计算：

$$\mu = \frac{d^2}{Vt}$$

式中，d 表示测定材料的厚度；V 是在测定材料两边施加的电压值；t 是载流子在电极之间的漂移时间。在实验中通过光照射面与光电流的关系可以确定载流子的种类。当在测定材料光照一面施加正电压，如果电流增加，可以认为空穴是主要载流子；反之，则电子是主要载流子。

在光导材料应用时常采用的表示材料光导电性能的物理量是感度 G。其定义为单位时间材料吸收一个光子所产生的载流子数目。其表达式为：

$$G = \frac{I_p}{eI_0(1-T)A}$$

式中，I_P 表示产生的光电流；I_0 是单位面积入射光子数；T 为测定材料的透光率，用百分比表示；A 为光照面积。

（2）光导电机理　从光导电机制上分析，光导电的基础是在光的激发下，材料内部的载

233

流子密度能够迅速增加，从而导致电导率增加。在理想状态下，光导聚合物吸收一个光子后跃迁到激发态，进而发生能量转移过程，产生一个载流子，在电场的作用下载流子移动产生光电流。在无机光导材料中，光电流的产生被认为是在价带（valence band）中的电子吸收光能之后跃迁至导带（conduction band）。在电场力作用下，进入导带的电子或空穴发生迁移产生光电流。光电流的产生要满足光子能量大于价带与导带之间能量差的条件。对于光导聚合物，形成光导载流子的过程分成两步完成。

第一步是光活性高分子中的基态电子吸收光能后至激发态，产生的激发态分子有两种可能的变化，一种是通过辐射和非辐射耗散过程回到基态，另一种是激发态分子发生离子化，形成所谓的电子-空穴对。后者对光导过程做贡献。

第二步在外加电场的作用下，电子-空穴对发生解离，解离后的空穴或电子作为载流子可以沿电场力作用方向移动产生光电流。

在第一步中产生电子-空穴对过程与外加电场大小无关，产生电子-空穴对的数量只与吸收的光量子数目和光的激发效率有关。产生的电子-空穴对可以在外电场作用下发生解离，也可以两者重新结合，造成电子-空穴对消失。电子-空穴对发生解离的比率也称为感度（G）。上述两步过程可以用下式表示：

$$D+A \xrightarrow{\text{光激发}} [D^+A^-] \xrightarrow{\text{电场}} D^+ + A^-$$

式中，D 表示电子给予体；A 表示电子接受体。电子给体和受体可以是分子内的两个部分结构，即电子转移在分子内完成，也可以存在于不同的分子之中，电子转移过程在分子间进行。实验证明，只有电子受体存在时，激发态分子才对光导电过程有贡献。无论哪一种情况，在光消失后，电子-空穴对都会由于逐渐重新结合而消失，导致载流子数下降，电导率减低，光电流消失。由以上分析可以得出以下结论，要提高光导电体性能，即在同等条件下提高光电流强度必须注意以下几个条件。

① 在光照条件一定时，光激发效率越高，产生的激发态分子就越多，产生电子-空穴对的数目就越多，从而有利于提高光电流。增加光敏结构密度和选择光敏化效率高的材料有利于提高光激发效率。分子对入射光的频率要匹配，即最大吸收波长与入射光的频率重合，摩尔吸收系数尽可能大，这样可以最大限度吸收入射光。

② 降低辐射和非辐射耗散速率，提高离子化效率，有利于电子-空穴对的解离。在产生相同数量的电子-空穴对的条件下，提供的载流子就越多，因此光电流就越大。选择价带和导带能量差小的材料，施加较大的电场，有利于电子-空穴对的解离。

③ 加大电场强度，使载流子迁移速度加快，可以降低电子-空穴对重新复合的概率，有利于提高光电流。

改进光导能力还可以通过加入小分子电子给予体或者电子接受体，使之相对浓度提高。也可以对聚合物结构加以修饰，提高电子给体和受体相对密度。加入的电子给予体在与基体之间电子转移过程中作为电荷转移载体。例如四碘四氯荧光素（rose bengal）、甲基紫（methyl violet）、亚甲基蓝（methylene blue）和频那氰醇（pinacyanol）等有光敏化功能的颜料分子都可以作为上述添加剂。其作用机制包括基体材料与颜料分子之间的能量转移和激发态颜料与基体材料之间的电子转移，最终导致载流子数目的增加。电子转移的方向取决于颜料分子与光导聚合物之间电子的能级大小，一般电子从光导材料转移到激发态颜料比较多见。对光导材料进行化学修饰可以拓宽聚合物的光谱响应范围和提高载流子产生效率。

11.4.2.2 光导聚合物的结构类型

严格来说，绝大多数物质或多或少都具有光导电性质，也就是说在光照下其电导率都有一定升高。但是，由于电导率在光照射下变化不大，具有实用价值的材料并不多。具有显著光导性能的有机材料，一般需要具备在入射光波长处有较高的摩尔吸收系数，并且具有较高的量子效率。具备上述条件的多为具有离域倾向π电子结构的化合物。目前研究使用的光导高分子材料主要是聚合物骨架上带有光导电结构的"纯聚合物"和小分子光导体与高分子材料共混产生的复合型光导高分子材料。物质能够在光作用下改变电导性质必须以其特定的化学结构作为基础。从结构上划分，一般认为有三种类型的聚合物具有光导性质：①高分子主链中有较高程度的共轭结构，这一类材料的载流子为自由电子，表现出电子导电性质，载流子在共轭系统内流动，在共轭系统间跳转；②高分子侧链上具有大共轭结构，高分子侧链上连接多环芳烃，如萘基、蒽基、芘基等，电子或空穴的跳转机理是导电的主要手段；③高分子侧链上连接各种芳香胺或者含氮杂环，其中最重要的是咔唑基，空穴是主要载流子。下面对这三类光导高分子材料进行介绍。

(1) 线性共轭高分子光导材料 线性共轭高分子是重要的本征导电高分子材料，其在可见光区有很高的光吸收系数，吸收光能后在分子内产生孤子、极化子和双极化子作为载流子，因此导电能力大大增加，表现出很强的光导电性质。由于多数线性共轭导电高分子材料的稳定性和加工性能不好，因此，在作为光导电材料方面没有获得广泛应用。其中研究较多的此类光导材料是聚苯乙炔和聚噻吩。线性共轭聚合物作为电子给体，作为光导电材料时需要在体系内提供电子受体。

(2) 侧链带有大共轭结构的光导电高分子材料 带有大的芳香共轭结构的化合物一般都表现出较强的光导性质，将这类共轭分子连接到高分子骨架上则构成光导高分子材料。由于绝大部分多环芳香烃和杂芳烃类都有较高的摩尔消光系数和量子效率，因此可供选择的原料非常多。

(3) 侧链连接芳香胺或者含氮杂环的光导电材料 含有咔唑结构的聚合物可以是由带有咔唑基的单体均聚而成，也可以是带有咔唑基的单体与其他单体的共聚产物，特别是与带有光敏化结构的共聚物更有其特殊的重要意义。具有这种结构的光导聚合物，咔唑基与光敏化结构（电子接收体）之间通过一段饱和碳链相连。与其他光导材料相比，这种结构有如下优点：①可以通过控制反应条件设计电子给予体和电子接受体在聚合物侧链上的比例和次序；②可以通过改变单体结构和组成，改进形成的光导电膜的力学性能；③可以选择具有不同电子亲和能力的电子接受体参与聚合反应，使生成的光导聚合物能适应不同波长的光线。

11.4.2.3 光导电聚合物的应用

(1) 在静电复印和激光打印中的应用 光导电体最主要的应用领域是静电复印（xerograpy），在静电复印过程中光导电体在光的控制下收集和释放电荷，通过静电作用吸附带相反电荷的油墨。在静电复印设备中，起核心作用的部件是感光鼓，感光鼓由在导电性基材上涂布一层光导性材料构成。复印的第一步是在无光条件下利用电晕放电对光导材料进行充电，通过在高电场作用下空气放电，使空气中分子离子化后均匀散布在光导体表面，导电性基材相应带相反符号电荷。此时由于光导材料处在非导电状态，使电荷的分离状态得以保持。第二步是透过或反射要复制的图像将光投射到光导体表面，使受光部分因光导材料电导率提高而正负电荷发生中和，而未受光部分的电荷仍得以保存。此时电荷分布与复印图像相同，因此称其为曝光过程。第三步是显影过程，采用的显影剂通常是由载体和调色剂两部分组成，调色剂是含有颜料或染料的高分子，在与载体混合时由于摩擦而带电，且所带电荷与光导体所带电荷相反。通过静电吸引，调色剂被吸附在光导体表面带电荷部分，使第二步中得到的静电影像（潜影）变成由调色剂构成的可见影像。第四步是将该影像再通过静电引力转移到带有相反电荷的复印纸上，经过加热定影将图像在纸面固化，至此复印任务完成。

在上述过程中光导体的作用和性能好坏，无疑起着非常重要的作用。最早在复印机上大规模使用的光导材料是无机的硒化合物和硫化锌-硫化镉，它们是采用真空升华法在复印鼓表面形成光导电层，不仅价格昂贵，而且容易脆裂。聚乙烯咔唑-硝基芴酮（PVK-TNF）是新一代光导材料，在静电复印领域的使用量已经超过无机光导体，位居首位。在无光条件下，咔唑聚合物是良好的绝缘体，当吸收光后，分子跃迁到激发态，并在电场作用下离子化，构成大量的载流子，从而使其电导率大大提高。聚乙烯咔唑的合成路线是以咔唑为原料，经过如下一系列反应，在氮原子上面引入乙烯基作为可聚合基团，再经过均聚或共聚反应，得到目标光导高分子。

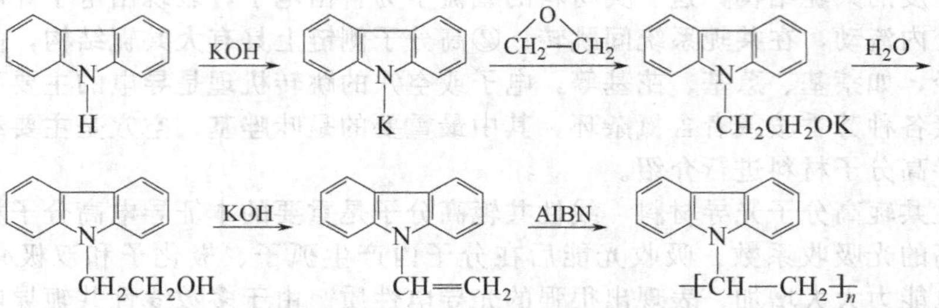

采用上述方法得到的聚乙烯咔唑在柔软性方面仍需要改进，当将制备的感光膜卷曲到8mm 直径的感光鼓上时，可以发现轻微的裂纹。采用聚醚作为聚合物骨架可以大大改进材料的柔性。根据下面的合成路线可以得到柔性良好的聚环氧丙烷咔唑（PEPC）。

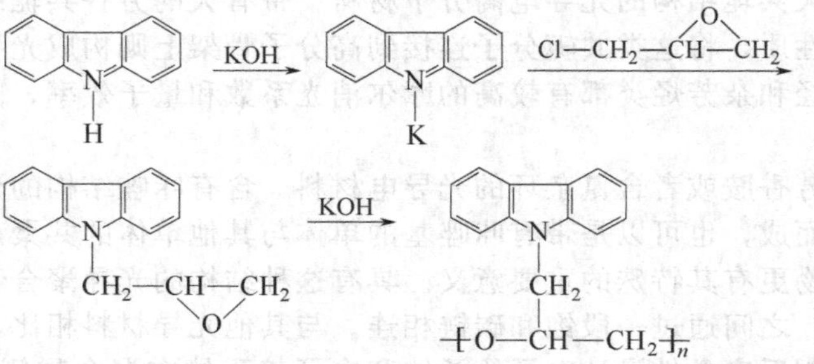

当前采用的聚乙烯咔唑-硝基芴酮体系是电荷转移型单层光导体系，硝基芴酮作为电子接受体，其性能直接与所含硝基取代数目有关，目前常用的是三硝基（TNF）和四硝基（TeNF）衍生物。硝基的数目对体系的感光范围有一定影响，聚乙烯咔唑-三硝基芴酮体系对 632nm 波长光敏感，采用四硝基衍生物，敏感波长有所红移。硝基芴酮的制备直接以芴酮为原料，经过硝化反应制备，硝基取代的数量用调整反应条件控制。四硝基芴酮可以通过以下反应得到。

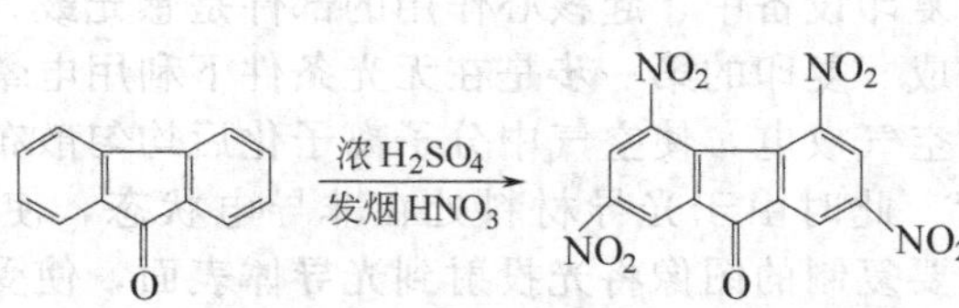

除了咔唑类聚合物外，其他类型的光导聚合物的研究也取得了进展，表 11-9 中列出了几种常见的光导聚合物。

上面给出的静电复印用的有机光导器件属于双极性单层结构，即将载流子发生材料（CGM）与载流子转移材料（CTM）混合在一起构成电荷转移复合物光导层。近年来为了提高光导电器件的使用性能，人们提出了一种新的结构形式，称为功能分离多层结构形式，即在感光鼓上面分层单独制备载流子发生层（CGL）和载流子传输层，得到了更好的电荷分离性能。它是在金属基材上面先涂敷一层载流子阻挡层，然后再涂敷载流子发生层，最后再涂敷载流子传输层。这种结构的突出特点是载流子的产生与载流子转移在不同的区域进行，可以有效避免电子-空穴对的再复合过程，提高光导电性能。这种结构形式已经被广泛采用。

表 11-9　常见光导聚合物的结构

聚合物基本结构	取 代 基	聚合物基本结构	取 代 基
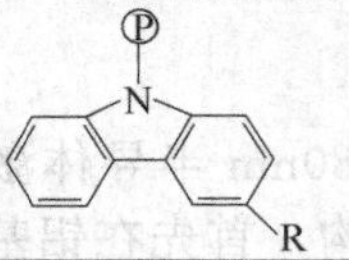 （咔唑结构，N-Ⓟ，3-R）	R＝H，—CHMeEt，—C(CN)＝C(CN)，Br，I，NO₂，SO₃	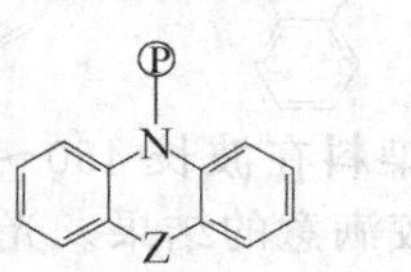 （吩噻嗪/吩噁嗪结构，N-Ⓟ，Z）	Z＝S，O
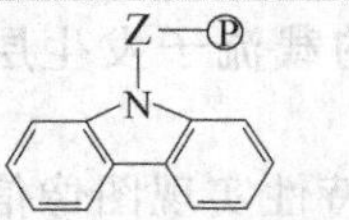 （咔唑结构，N-Z-Ⓟ）	Z＝—⟨苯环⟩—CH₂—，—[CH₂]ₙ—，—O(CH₂)₈—，—CONH(CH₂)₃—	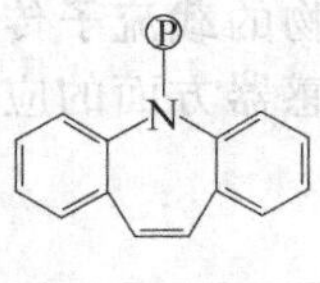 （二苯并氮杂䓬结构，N-Ⓟ）	
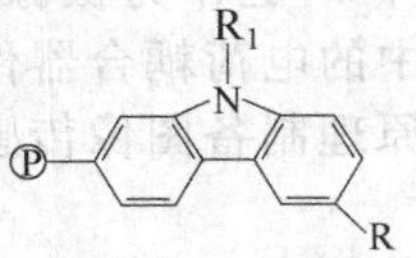 （咔唑结构，N-R₁，2-Ⓟ，R）	R＝H，R₁＝—CH₂CHMeEt；R＝H，R₁＝Et；R＝—C(CN)＝C(CN)₂，R₁＝H	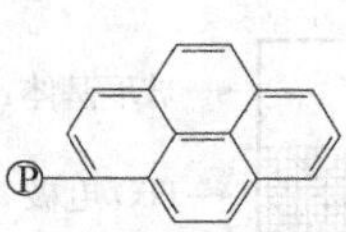 （芘结构，Ⓟ）	
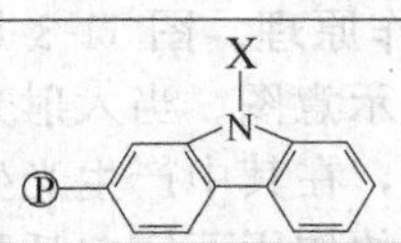 （咔唑结构，X桥，2-Ⓟ，R）	X＝O，C(CN)	（蒽甲基结构，—CH₂Ⓟ）	
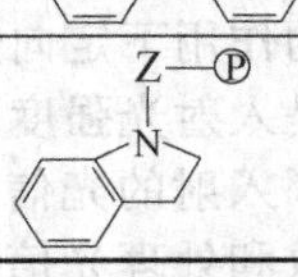 （吲哚啉结构，N-Z-Ⓟ）	Z＝—CO—	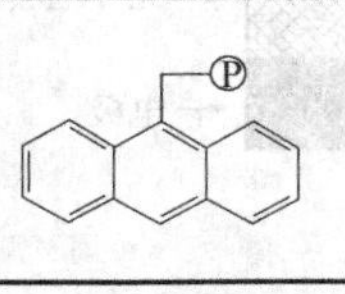	

目前激光打印机已经成为重要的 IT 产品，激光打印机主要采用半导体激光器作为光源，其光谱中心波长处在红外区（为 780nm）。前述有机光导材料虽然对可见光效果好，对红外不敏感，因此寻找对上述波长光敏感的光导材料是开发新型高速激光打印机的有关重要课题。目前研究较多的主要有偶氮染料类、四方酸类和酞菁类。上述三类光导材料虽然不属于高分子范畴，但是在使用过程中往往用高分子材料作为成膜剂，共混后使用。

例如，将金属酞菁分散在聚乙烯醇缩丁醛中制成涂膜液可以用于载流子发生层。酞菁在波长 698nm 和 665nm 处有最大吸收峰，萘酞菁则在 765nm 处有最大吸收峰，在近红外区均有较高光敏感性，可以与半导体激光器配合工作。当酞菁与金属离子络合时，不同的金属离子对其光敏感范围和光导性质有一定影响。以采用氯化铟酞菁制备光导体为例，其制备过程为首先在铝基材上涂一层硅烷作为电荷阻挡层，电荷发生层采用含 30％氯化铟酞菁的聚酯树脂涂敷，电荷传输层用 1∶1 的聚碳酸酯与 TPD 的混合物制备。其暗衰值低于 50V/s，极化电压在 600V 以上。酞菁也是一种重要的化学染料，有多种已经工业化的合成工艺。

邻氯双偶氮染料是目前发展最快的一种有机光导材料，其合成路线之一如下所示。

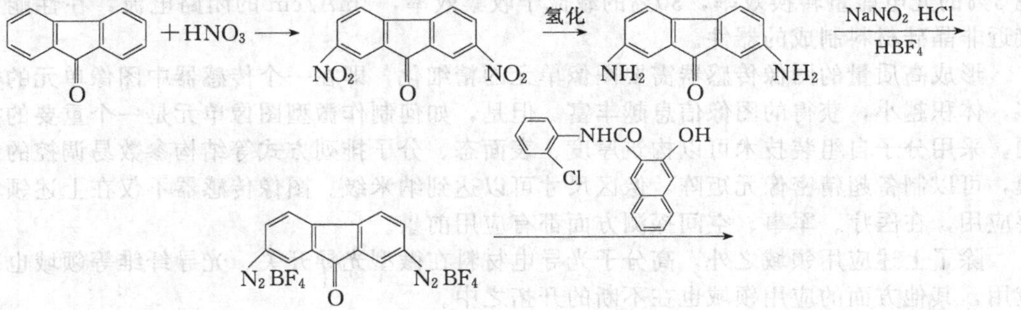

（芴酮 ＋HNO₃ → 2,7-二硝基芴酮(NO₂...O...NO₂) —氢化→ 2,7-二氨基芴酮(NH₂...O...NH₂) —NaNO₂ HCl / HBF₄→ 双重氮盐(N₂BF₄...O...N₂BF₄) ＋ 2-氯苯胺偶联剂(NHCO / OH / Cl) →）

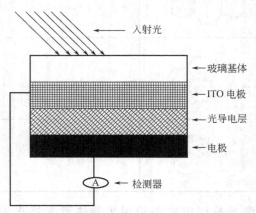

得到的邻氯双偶氮染料在波长 450～650nm 处有很好的响应，在 780nm 半导体激光光谱范围内，也获得了比较满意的结果。光导器件采用功能分离型多层结构，首先在铝基材上涂含干酪素作为载流子的阻挡层，然后再涂敷一层含邻氯双偶氮材料的载流子发生层；最后，在其上涂布含腙类衍生物的载流子传输层。

(2) 光导材料在图像传感器方面的应用　图像传感器是利用光电导特性实现图像信息的接收与处理的关键功能器件，广泛作为摄像机、数码照相机和红外成像设备中的电荷耦合器件用于图像的接收。利用光导电原理制备图像传感器是光电子产业的重要突破。

① 光导图像传感器的工作原理。图 11-8 是光导图像传感器结构和工作原理示意图。当入射光通过玻璃电极照射到光导电层时，在其中产生光生载流子，光生载流子在外加电场的作用下定向迁移形成光电流。由于光电流的大小是入射光强度和波长的函数，因此光电流信号反应了入射的光信息。将此光电流检测记录，就可以接收和处理光信息。如果将上述结构作为有关图像单元，经大量（几十万到几百万）的图像单元作出一个 X-Y 二维平面图像

图 11-8　光导图像传感器结构和原理示意图

接收矩阵，利用外电路建立寻址系统，就可以构成一个完整的图像传感器。根据传感器中每个单元接收到的光信息，就可以组成一个由电信号构成的完整的电子图像。

根据上述原理，要通过光导图像传感器获得高质量的图像信号，光导电材料必须具有大的动态响应范围（记录光强范围大），线性范围宽（灰度层次清晰、准确）。要达到上述指标依赖于以下两个研究成果，20 世纪 90 年代初发现线性共轭聚合物作为电子给予体，C_{60} 作为电子接受体，在光激发下电荷转移和电荷分离效率接近 100%，从而为制备高效率的光导图像传感器奠定了基础。20 世纪 90 年代初期，又发现把电子给体材料与电子受体材料制备成微相分离的两相互穿网络结构时，光生电荷可以在两相界面上高效率分离，并在各自的相态中传输。

② 可用于图像传感器的光导电材料组合。构成高性能图像传感器必须要选择好材料体系，需要考虑的因素包括光导材料与电极的功函匹配。目前已经有多种有机高分子光导电材料用于图像传感器的制备。例如，以聚 2-甲氧基-5-(2′-乙基)己氧基-对亚苯基乙烯树脂（MEH-PPV）和聚 3-辛氧基噻吩（P3OT）与 C_{60} 衍生物复合体系为基本材料体系，已经实现 3% 的光电能量转换效率，30% 的载流子收集效率，2mA/cm 的闭路电流，在性能上已经接近非晶硅材料制成的器件。

形成高质量的图像传感器需要图像单元的精细化，即在一个传感器中图像单元的数量越多，体积越小，获得的图像信息越丰富。但是，如何制作微型图像单元是一个重要的技术问题。采用分子自组装技术可以构筑厚度、表面态、分子排列方式等结构参数易调控的多层薄膜，可以制备超精密像元矩阵，像区尺寸可以达到纳米级。图像传感器不仅在上述领域有重要应用，在医疗、军事、空间探测方面都有应用前景。

除了上述应用领域之外，高分子光导电材料在微型光导开关、光导纤维等领域也获得了应用，其他方面的应用领域也在不断的开拓之中。

238

11.4.3　光致变色聚合物

在光的作用下能可逆地发生颜色变化的聚合物称为光致变色聚合物。这类高分子材料在光照射下，化学结构会发生某种可逆性变化，因而对可见光的吸收光谱也会发生某种改变，从外观上看是相应地产生颜色变化。光致变色高分子材料之所以引起人们的广泛兴趣，是因为根据这一现象可以制造各种护目镜、能自动调节室内光线的窗玻璃、建筑物装饰玻璃、光闸和伪装材料等。

光致变色现象一般人为地分成两类，一类是在光照下，材料由无色或浅色转变成深色，被称为正性光致变色；另一类是在光照下材料的颜色从深色转变成无色或浅色，称为逆光致变色。这种划分方法只有相对意义。在光致变色过程中，变色现象大多与聚合物吸收光后的结构变化有关系，如聚合物发生互变异构、顺反异构、开环反应、生成离子、解离成自由基或者氧化还原反应等。

小分子光致变色现象早已为人们所发现，例如偶氮苯类化合物在光的作用下，会从反式变为顺式结构，吸收波长的变化改变了材料的外观颜色。如果能把这种小分子光致变色材料高分子化，就会成为有用的功能高分子材料。

制造光致变色高分子有两种途径可以利用：一种是把小分子光致变色材料与聚合物共混，使共混后的聚合物具有光致变色功能；另一种是通过共聚或者接枝反应以共价键将光致变色结构单元连接在聚合物的主链或者侧链上，这种材料就成为真正意义上的光致变色功能高分子材料。此处将对主要几种光致变色高分子材料的作用机理和制备方法分别加以介绍。

11.4.3.1　含硫卡巴腙配合物的光致变色聚合物

硫卡巴腙与汞的络合物（thiocarbazone）是分析化学中常用的显色剂，含有这种功能基的聚合物在光照下，化学结构会发生如下变化。

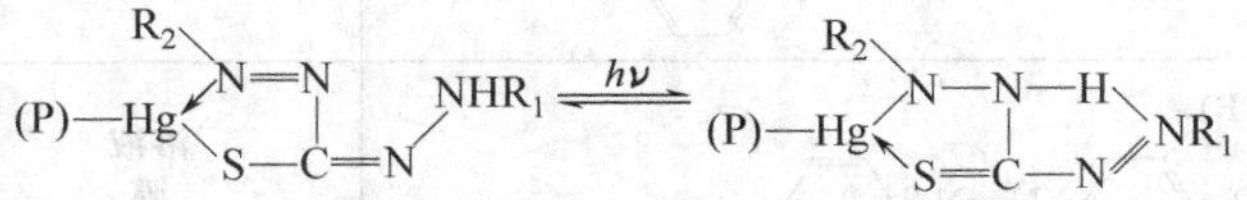

当 $R_1 = R_2 = C_6H_5$ 时，光照前的最大吸收波长为 490nm，光照后的波长为 580nm，光照前后呈现不同颜色。当光线消失后，又会慢慢回复到原来的结构和颜色。硫卡巴腙汞配合物的高分子化方法有多种，其中的聚丙烯酰胺型聚合物可以按照以下路线合成：

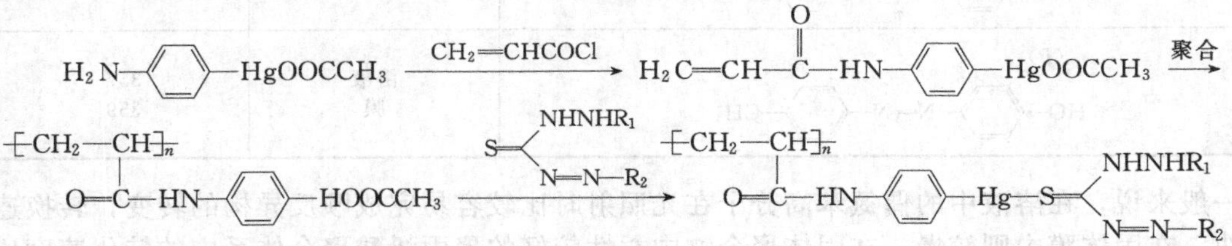

11.4.3.2　含偶氮苯的光致变色高分子

这类高分子的光致变色性能是偶氮苯结构受光激发之后发生顺反异构变化，顺式构型与反式构型的最大吸收波长不同，从而引起颜色变化。分子吸收光后，稳定的反式偶氮苯变为顺式，最大吸收波长从约 350nm 蓝移到 310nm 左右，消光系数也发生变化，多数情况有所下降，是逆光致变色过程。偶氮苯型聚合物的光致互变异构反应如下式所示：

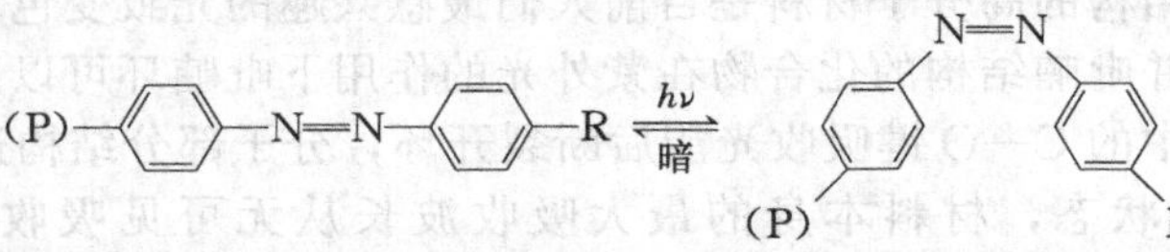

由于顺式结构是不稳定的，在黑暗的环境中又能回复到稳定的反式结构，重新回到原来的颜色。在光致变色过程中分子顺反异构化影响到偶氮苯结构的共平面性，造成两苯环之间

共轭程度发生变化，这是吸收波长蓝移的主要原因之一。

带有偶氮苯结构的光致变色聚合物的合成策略主要有以下三种。

① 首先合成具有乙烯基的偶氮化合物，然后通过均聚反应或与其他烯烃单体共聚制备高分子化的偶氮化合物；

② 含有偶氮结构的分子通过接枝反应与聚合物骨架键合，实现高分子化；

③ 通过与其他单体的共缩聚反应，把偶氮结构引入聚酰胺、尼龙 66 等聚合物的主链之中。在表 11-10 中列出部分偶氮苯型光致变色聚合物的化学结构和光学参数。

表 11-10　偶氮苯型光致变色聚合物光学参数

化　合　物	状　态	吸收波长/nm
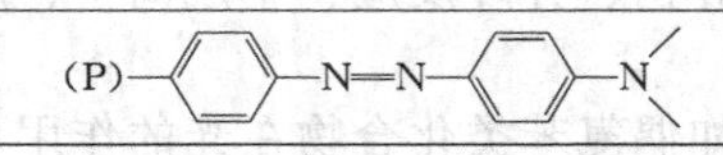 (P)—C₆H₄—N=N—C₆H₄—N(CH₃)₂	溶液 膜	415 415
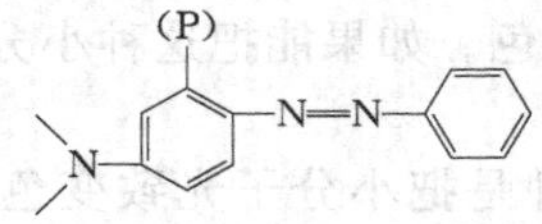 (P) 取代二甲氨基偶氮苯结构	溶液 膜	420 420
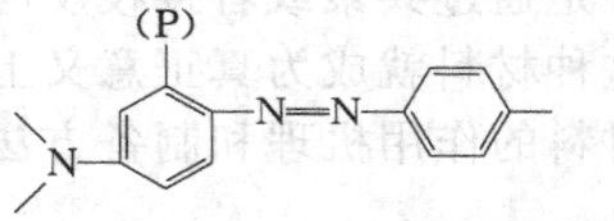 (P) 取代二甲氨基偶氮甲苯结构	溶液 膜	424 424
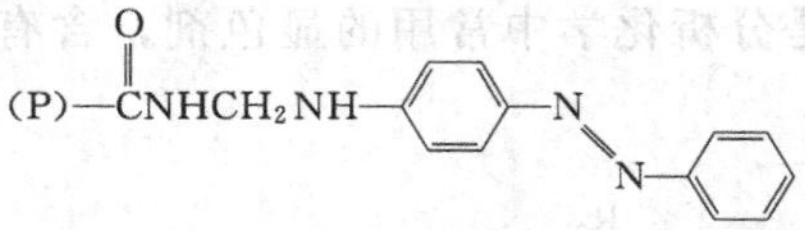 (P)—CNHCH₂NH—C₆H₄—N=N—C₆H₅	溶液	412
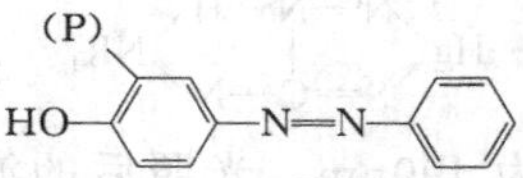 HO—(P)—C₆H₃—N=N—C₆H₅	溶液 膜	355 358
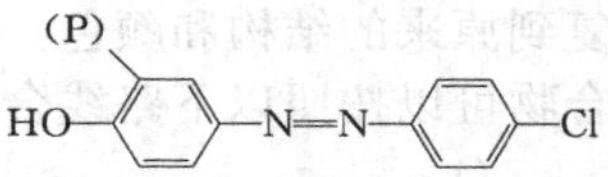 HO—(P)—C₆H₃—N=N—C₆H₄—Cl	溶液 膜	362 364
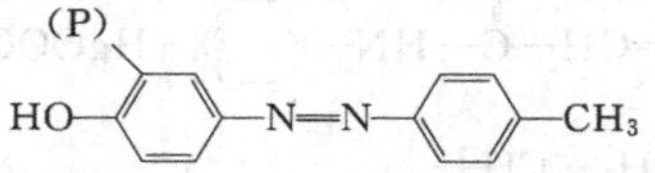 HO—(P)—C₆H₃—N=N—C₆H₄—CH₃	溶液 膜	357 359

一般来说，在溶液中的偶氮苯高分子在光照射时比较容易完成顺反异构的转变，转换速度较快，在固体膜中则较慢。在固体聚合物中柔性较好的聚丙烯酸聚集体系中的转化速度比在相对刚性较强的聚苯乙烯体系中要快一些。偶氮苯型光致变色聚合物在光照时的消光值小于在无光照时的消光值，也就是说，环境越亮，它的透光率越高，显然这种材料是不能作为变色太阳镜的。但是在其他方面具有应用价值。

11.4.3.3　含螺苯并吡喃结构的光致变色高分子

含有螺苯并吡喃结构的高分子材料是目前人们最感兴趣的光致变色材料，变色明显是其主要特点。含有螺苯并吡喃结构的化合物在紫外光的作用下吡喃环可以发生可逆开环异构化反应，分子中吡喃环中的 C—O 键吸收光能后断裂开环，分子部分结构进行重排，使分子处在一个接近共平面的状态，材料本身的最大吸收波长从无可见吸收的几乎无色红移到550nm 左右，因此，属于正性光致变色材料。吸收可见光或在热作用下其结构可以复原，恢复到无色状态。其结构变化如下图所示：

240

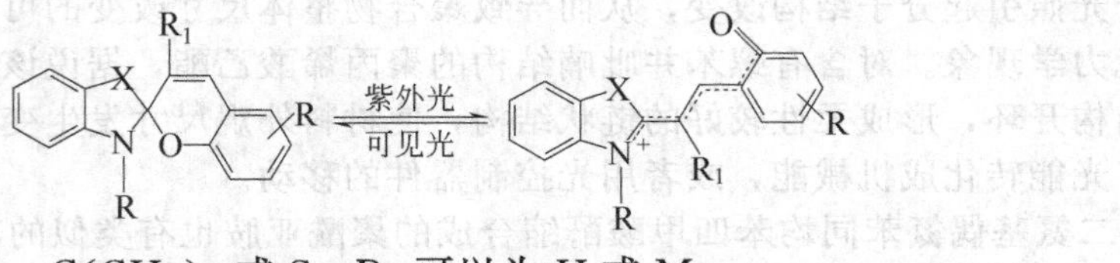

结构式中 X 可以为—C(CH$_3$)$_2$ 或 S；R$_1$ 可以为 H 或 Me。

根据高分子化过程和高分子骨架的不同，常见的螺苯并吡喃结构光致变色聚合物主要有以下三种结构类型。

① 含螺苯并吡喃的甲基丙烯酸酯，或者甲基丙烯酸酰胺与普通甲基丙烯酸甲酯共聚产物。光致变色结构连接在聚合物侧链上。

② 含螺苯并吡喃结构的聚肽，如聚酪氨酸和聚赖氨酸的衍生物。螺苯并吡喃结构通过与主链上的氨基反应生成共价键连接。

③ 主链中含有螺苯并吡喃结构的缩聚高分子，这种结构的高聚物是通过带两个羟甲基的螺苯并吡喃衍生物与过量的苯二甲酰氯反应，再与 2,2-二对羟基苯基丙烷反应，即可得到主链含螺苯并吡喃结构的聚合物。主链型螺苯并吡喃聚合物的光力学性能明显。

小分子螺苯并吡喃高分子化后最大的变化是退色速率大大下降，一般要下降 400～500 倍。其中主链型比侧链型下降的大。这是由于螺苯并吡喃结构吸收光能前后分子结构变化的幅度比较大，需要较大空间条件，而聚合物的骨架对螺苯并吡喃结构的活动有束缚作用。

11.4.3.4　氧化还原型光致变色聚合物

这一类光致变色聚合物主要包括含有联吡啶盐结构、硫堇结构和噻嗪结构的高分子衍生物。联吡啶盐主要指紫罗精衍生物，是 4,4-位连接的联吡啶，在 N 原子位置上引入烷基成盐。硫堇和噻嗪是一种含氮和硫原子的杂环化合物，其中在苯环位置有氨基取代。这类高分子在光照下的变色现象，据说是由于光氧化还原反应的结果。一般来说，氧化态的噻嗪是有色的，常为蓝色。当环境中存在还原性物质时，如二价铁离子，光照后还原为无色物质。联吡啶盐衍生物在氧化态是无色或浅黄色，光照后在第一还原态呈现深蓝色。硫堇高分子衍生物的水溶液呈紫色，而当溶液中存在二价铁离子时，光照可以将其还原成无色溶液，在黑暗处放置后紫色又可以回复。这两种光致变色高分子可以通过下述反应制备。

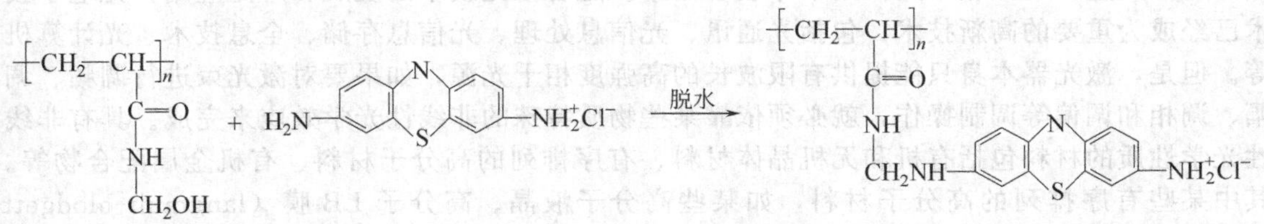

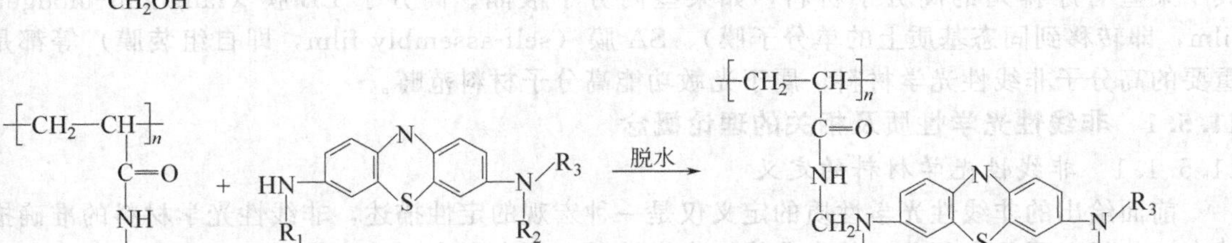

11.4.3.5　光致变色高分子中的光力学现象

某些光致变色高分子材料，如含有螺苯并吡喃结构的聚丙烯酸乙酯，在光照时不仅会发生颜色变化，而且可以观察到光力学现象。由此聚合材料做成的薄膜在恒定外力的作用下，当光照时薄膜的长度增加；撤消光照，长度也会慢慢回复，其收缩伸长率达 3%～4%左右。

这种由于光照引起分子结构改变，从而导致聚合物整体尺寸改变的可逆变化称为光致变色聚合物的光力学现象。对含有螺苯并吡喃结构的聚丙烯酸乙酯，据说该现象是由于光照使螺苯并吡喃结构开环，形成柔性较好的链状结构，使材料外观尺寸发生变化。利用这种光力学现象可以将光能转化成机械能，或者用光控制器件的移动。

4,4-二氨基偶氮苯同均苯四甲酸酐缩合成的聚酰亚胺也有类似的功能，这种高分子是半晶态，顺反异构转变限制在无定形区。在光照时发生顺反异构变化，引起聚合物尺寸收缩。

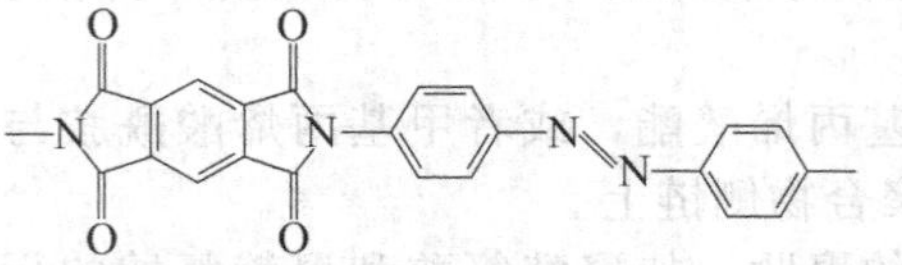

由偶氮苯直接交联的光致变色聚合物也显示出同样的功能，如以甲基丙烯酸羟乙酯与磺酸化的偶氮苯颜料共聚，生成的聚合物凝胶在光照时能发生尺寸变化达 1.2% 的收缩现象，在黑暗中尺寸回复原状，其回复速率是时间的函数，下式为偶氮苯聚合物的光收缩反应。

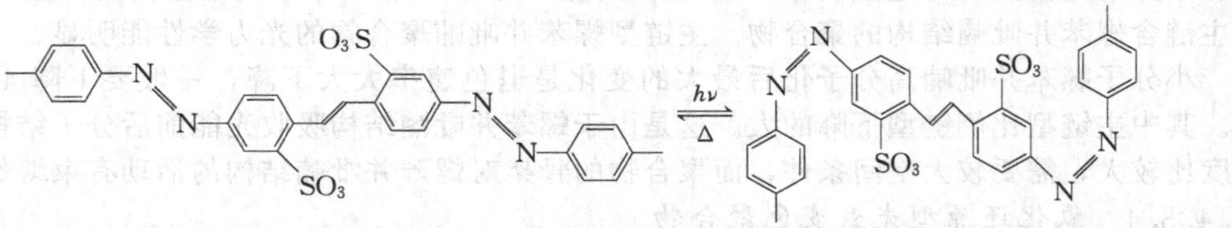

虽然这种光力学现象还没有获得实际应用，但是可以预见，随着对其作用机理和光力学现象认识的深入，其潜在的应用价值必将会引起人们的关注。

11.5 高分子非线性光学材料

高分子非线性光学材料（nonlinear optical materials，NLO）是光学性质依赖于入射光强度的高分子材料。非线性光学性质也被称为强光作用下的光学性质，主要是因为这些性质只有在激光这样的强相干光作用下才表现出来。随着激光技术的发展和广泛应用，光电子技术已经成为重要的高新技术，包括光通讯、光信息处理、光信息存储、全息技术、光计算机等。但是，激光器本身只能提供有限波长的高强度相干光源，如果要对激光束进行调频、调幅、调相和调偏等调制操作，就必须依靠某些物质特殊的非线性光学效应来完成。具有非线性光学性质的材料包括有机和无机晶体材料、有序排列的高分子材料、有机金属配合物等。其中某些有序排列的高分子材料，如某些高分子液晶、高分子 LB 膜（langmuir-blodgett film，即转移到固态基质上的单分子膜）、SA 膜（self-assembly film，即自组装膜）等都是重要的高分子非线性光学材料，属于光敏功能高分子材料范畴。

11.5.1 非线性光学性质及相关的理论概念

11.5.1.1 非线性光学材料的定义

前面给出的非线性光学性质的定义仅是一种宏观的定性描述，非线性光学材料的准确描述应该包括以下几个部分。首先非线性光学性质必须在强光下才能体现，强光的定义是其光频电场远远大于 10^5 V/cm，只有激光才能满足上述要求；其次，由于激光是一种强电磁波，在其强光频电场作用下，任何物质都要发生极化，其极化度可以在分子水平上和宏观材料的整体水平上进行描述，其宏观上的偶极矩 μ 和极化度 P 可以用下面的表达式表述：

$$\mu = \mu_0 + \alpha E + \beta EE + \gamma EEE + \cdots$$
$$P = P_0 + X^{(1)} E + X^{(2)} EE + X^{(3)} EEE + \cdots$$

242

式中，μ_0 是分子的固有偶极矩；μ 是材料在电场 E 下的偶极矩；P 是材料在电场 E 下的极化率；展开系数 α、β、γ 分别是材料的第一级、第二级和第三级超极化率，后两者也分别被称为二阶非线性系数和三阶非线性光学系数；$X^{(1)}$、$X^{(2)}$、$X^{(3)}$ 分别是材料的第一阶、第二阶和第三阶电极化率。只有当系数 β、γ 数值明显时才能称其具有非线性光学性质。在分子只有价电子发生不对称偏离时才具有超极化性（hyperpolarizibility），从而表现出非线性光学性质。再次，上述偶极矩和极化率均是矢量，由每个分子的偶极矩和极化率叠加的结果。作为非线性材料其光学性质仅与其宏观偶极矩有关。作为非线性光学材料，不仅对分子结构有所要求，而且，为了不使分子偶极矩互相抵消，特殊的分子有序排列也是非常重要的。这也是为什么很多高分子液晶技术、LB 膜和 SA 膜成型等分子有序化技术受到非线性光学研究者关注的主要原因。最后，由于系数 β 和 $X^{(2)}$ 均为三阶张量，如果分子或组成的晶体具有对称中心，则两者均为零，没有非线性光学效应。因此，分子在激光作用下的可极化性，分子的有序性和没有对称中心是成为二阶非线性光学材料的必备条件。其实，很多材料都具有非线性光学性质，它们之所以看上去是线性的，是因为非线性系数太小或者互相抵消了。

11.5.1.2　非线性光学材料的二次效应

具有明显第二级超极化系数 β 的材料也称为二阶非线性光学材料，因其包含双光子间的相互作用而具有二次效应（second-order effect）。要获得二次效应，材料必须具有非中心对称性。具有二次效应的材料具有以下性质。

（1）倍频效应　具有这种性质的材料具有加倍提高光频率的作用，即所谓二次谐波的生成过程（second barmonic generation），利用这个过程可以将入射光的频率提高一倍。倍频效应在实际应用中意义重大，比如，将半导体激光器发出的近红外光倍频，转换成短波绿光，可以使光盘信息存储密度增加 3 倍。

（2）电光效应　电光效应是指在对非线性光学材料施加电场后，其光折射率发生变化的性质。利用该性质可以用电信号调谐控制光信号，这种非线性光学材料可以用较低的光功率密度（100mW/cm^2）获得较大的光折射率变化（$10^{-3}\sim10^{-2}$），电光效应源于正、负载流子在电场作用下不同方向的迁移，而导致的光生载流子的分离，从而产生与空间电荷场相关联的非均匀内部电场。空间电荷场通过 Pockels 效应来调制材料的折射率。

11.5.1.3　非线性光学材料的三次效应

具有明显第三级超级化系数 γ 的材料称为三阶非线性光学材料，因其包含了材料中 3 个光子相互间的作用而具有三次效应（third order effect）。三次效应不需要材料具有非中心对称性。但是，由于第三级超级化系数 γ 一般很小，只有在强激光下才能观察到。具有三次效应的材料可以表现出多种性质，其中主要有以下几类。

（1）光折射效应　光折射效应是指材料的折射率随着入射光的强度的变化而变化的性质。这种效应也称为 Kerr 效应。这种性质可以应用到光子开光器件的制备中，即用一束光控制另一束光的通路。此时，记录的折射率模式与原始入射光的条纹模式有关，并且可以通过均匀照射材料将信息擦除掉。因此，光折射材料适合用于实时全息记录以及与此相关的应用。

（2）反饱和吸收与激光限幅效应　反饱和吸收也是一个光强依赖的非线性吸收过程，起源于分子的电子激发态的吸收，直接与材料的三阶非线性光学系数有关。其特点是吸收系数随入射光强的增加而增加，而非线性透过率随着光强的增加而减少。利用这种非线性光吸收特性可以制备激光限幅器。所谓的激光限幅器是在较低输入光强下，器件具有较高的透射率。而在高输入光强下具有较低的透射率，把输出光限制在一定范围，从而实现对激光的限幅。

（3）三倍频效应　同倍频效应一样，利用三次谐波过程可以将入射光的频率提高 3 倍，从而达到从低频入射光获得高频输出光的目的。此外，通过混频和差频效应对入射光的频率可以进行多种调制。

11.5.1.4 非线性光学材料的种类和结构要求

按照材料的类别划分，非线性光学材料可以划分为无机晶体材料、有机晶体材料和高分子膜型材料三类。根据材料所具有的性质划分还可以划分成二阶非线性光学材料和三阶非线性光学材料两类。有机材料，包括高分子材料具备的优势是容易进行分子设计，材料来源广泛，非线性系数高等，是当前开发新型非线性光学材料的重要领域之一。作为二阶非线性光学材料必须具有在光电场作用下的不对称极化能力，对于分子型材料来说一般要求具有给电子基团和吸电子基团结构，同时，组成的分子和构成的宏观结构不具有中心对称性，这样才能够通过分子的叠加效应，获得较大的二阶非线性系数。作为三阶非线性光学材料要具有明显的 γ 值，分子中的价电子要具有较大的离域性，其中共轭长链高分子是目前常见的三阶非线性光学材料。从分子的排列结构上划分，有机非线性光学材料集中在有机晶体、LB 膜和 SA 膜几个领域。上述材料都具有使分子进行整齐有序排列，从而获得最好偶极矩叠加效果的作用。

11.5.2 高分子非线性光学材料的结构与制备

按照材料的性能和用途，高分子非线性光学材料可分为二阶非线性光学材料和三阶非线性光学材料。虽然同属于高分子非线性光学材料，这两种材料的结构有较大不同。

11.5.2.1 高分子二阶非线性光学材料

二阶非线性光学高分子材料的结构中都含有可不对称极化的结构，即在分子中含有推电子部分和供电子部分。为了使分子偶极矩能够相互叠加，从而达到宏观偶极矩最大，需要把分子进行头尾相接的有序排列。分子有序排列的方法有极化法和分子自组装法。前者是在聚合物分子有一定旋转自由度情况下，施加强静电场，使分子偶极矩取向，然后用降低温度或者交联的方法将取向固定。分子自组装法是利用分子间力，通过自主成型技术或者 LB 膜技术使分子形成有序排列的 SA 膜和 LB 膜。二阶非线性光学材料还要求材料具有非中心对称性，具有分子对称中心或者中心对称晶体，二级超极化率系数 β 将被平均为零。

最简单的二阶高分子非线性光学材料是所谓的主宾体系，即将具有非线性光学性质的小分子直接加入聚合物基体中，将聚合物体系升温至玻璃化转变温度以上，施加强静电场使分子取向，然后将混合体系的温度快速降至其玻璃化转变温度之下使取向固定。主宾聚合物体系最大的特点是制备方法简便。但是由于受到主宾体相容性的限制，客体的含量不可能很高，因此宏观二阶非线性系数不高，由于在高温下取向的衰退，热稳定性也是一个不容忽视的问题。采用交联方法可以减小取向弛豫，提高热稳定性。交联方法有热交联和光交联两种方法。主宾体系对聚合物的要求是具有良好的成膜性和透明性，目前使用最多的是聚甲基丙烯酸甲酯和聚苯乙烯，聚乙烯酸、聚醚、环氧树脂等也有报道。客体的选择除了分子的 β 值外，与主体的相容性也是必须考虑的重要因素。为了克服宏观二阶非线性系数不高的问题，可以通过高分子化的方法将具有非线性光学性质的化学结构直接引入高分子骨架，制成侧链型或者主链型聚合物，然后通过极化的方法得到极化聚合物。采用这种方法可以大大提高生色团的密度，从而增加材料的宏观非线性光学性能。其中侧链型聚合物使用的较多。而主链型聚合物由于极化困难，虽然具有热稳定性好的优点，使用的也比较少见。

上述高分子非线性光学材料的制备，通常采用含有生色团的单体，通过聚合反应得到非线性光学聚合物。其中重氮偶合法是一种比较新的方法，是利用环氧树脂中的苯环与偶氮苯进行重氮化反应，得到成膜性能好的环氧树脂主链和非线性光学性能好的偶氮苯侧链的高分子非线性光学材料。其合成路线如下：

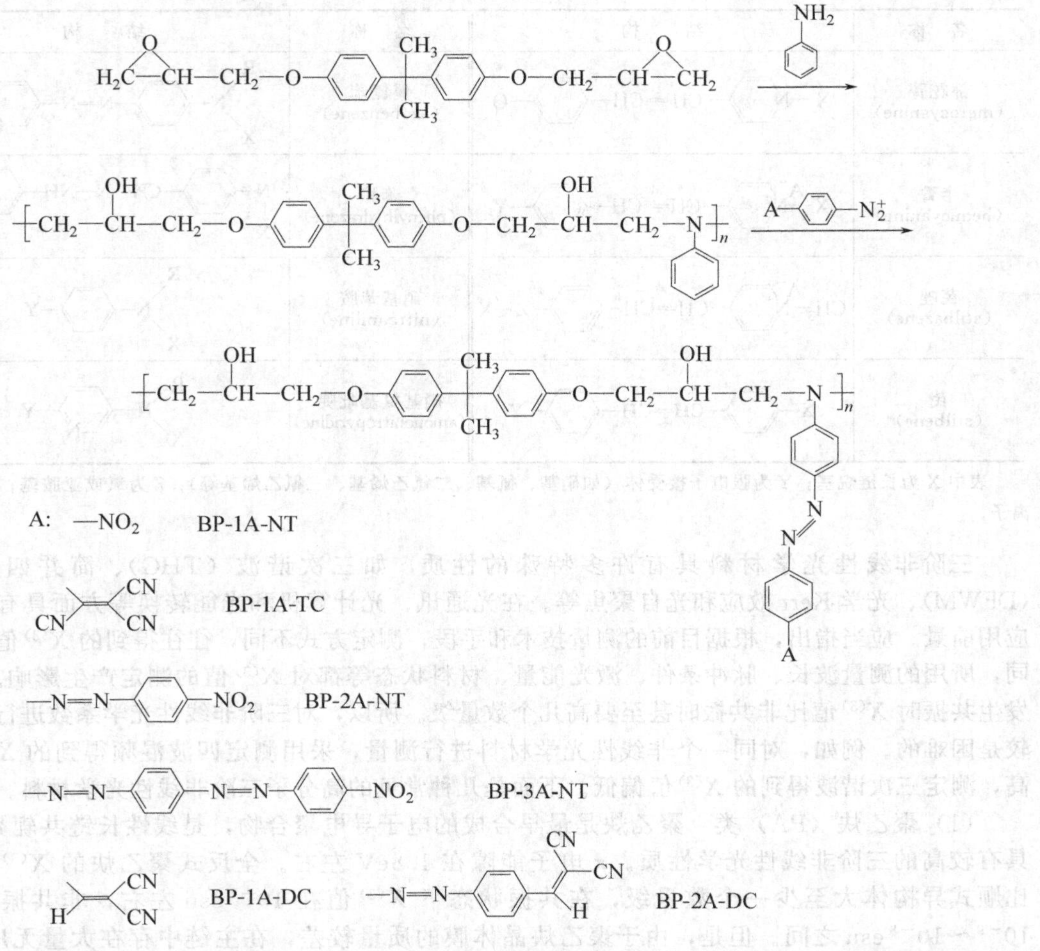

A: —NO₂ — **BP-1A-NT**

BP-1A-TC

BP-2A-NT

BP-3A-NT

BP-1A-DC **BP-2A-DC**

得到的非线性光学聚合物中的生色团具有不同的共轭长度，如单偶氮苯、双偶氮苯和三偶氮苯等，还包括不同吸电基团，如硝基、二氰乙烯基、三氰乙烯基等。其中三氰乙烯基是已知最强的吸电子基团。

除了上述的极化聚合物之外，分子有序排列的 SA 膜和 LB 膜也是重要的非线性光学材料的结构形式。LB 膜和 SA 膜是分子高度有序化的结构。制备 LB 膜型非线性光学材料需要在非线性光学分子结构一侧引入亲水基团，另一侧引入亲油性基团，以适应 LB 膜制备的需要。目前在 LB 膜型材料中使用较多的非线性光学分子结构其 β 值很高，但是不容易得到非中心对称晶体的化合物（见表 11-11）。

11.5.2.2 高分子三阶非线性光学材料

具有较大三阶非线性系数 $X^{(3)}$ 或者 γ 的材料称为三阶非线性光学材料。由于 $X^{(n)}$ 随着 n 的增大以 10^6 的比例减小，所以三阶非线性系数一般均比较小，要观察到三阶非线性光学现象除了需要较强的激光照射（提供高的光电场强 E）之外，材料具有较大的三阶非线性系数是必要的。具有大的共轭电子体系是三阶非线性光学材料的必备条件，并且，三阶非线性系数随着共轭体系的增大而增大。在可见光范围内，$X^{(3)}$ 与 π 电子共轭长度的 6 次方成正比，对于长链线性共轭聚合物，$X^{(3)}$ 反比于 π 电子轨道能隙的 6 次方。因此，具有较长共轭长度和较小能隙的 π 电子共扼型聚合物一般具有较大的三阶非线性系数。

表 11-11　常用于 LB 膜非线性光学器件的核心分子结构

名　称	结　构	名　称	结　构
部花菁（merocyanine）	X—N⁺=⟨⟩—CH=CH—⟨⟩—O	偶氮苯（azobenzene）	(R)(X)N—⟨⟩—N=N—⟨⟩—Y
半菁（hemicyanine）	X—N⁺(A⁻)=⟨⟩—CH=CH—⟨⟩—Y	苯腙（phenylhydrazone）	(N)(X)—⟨⟩—CH—N—NH—⟨⟩—Y
芪唑（stilbazene）	CH₃—N⁺(A⁻)=⟨⟩—CH=CH—⟨⟩—Z—X	硝基苯胺（nitroaniline）	(R)(X)N—⟨⟩—Y
芪（stilbene）	X—⟨⟩—CH=CH—⟨⟩—Y	硝基氨基吡啶（amononitropyridine）	(R)(X)N—⟨pyridine⟩—Y

表中 X 为长链烷基；Y 为强电子接受体（如硝基、氰基、二氰乙烯基、三氰乙烯基等）；Z 为氧或亚胺基；A 为对阴离子。

三阶非线性光学材料具有许多特殊的性质，如三次谐波（THG）、简并四波浪频（DFWM）、光学 Kerr 效应和光自聚焦等。在光通讯、光计算机和光能转换等方面具有广泛的应用前景。应当指出，根据目前的测量技术和手段，测定方式不同，往往得到的 $X^{(3)}$ 值并不相同，所用的测量波长、脉冲条件、激光能量、材料状态等都对 $X^{(3)}$ 值的测定产生影响。此外，发生共振时 $X^{(3)}$ 值比非共振时甚至要高几个数量级。所以，对三阶非线性光学系数进行绝对比较是困难的。例如，对同一个非线性光学材料进行测量，采用测定四波混频得到的 $X^{(3)}$ 值偏高，测定三次谐波得到的 $X^{(3)}$ 值偏低。下面是几种常见的高分子三阶非线性光学材料。

（1）聚乙炔（PA）类　聚乙炔是最早合成的电子导电聚合物，是线性长链共轭聚合物，具有较高的三阶非线性光学性质。π 电子能隙在 1.8eV 左右。全反式聚乙炔的 $X^{(3)}$ 一般要比顺式异构体大至少一个数量级，在共振状态下 $X^{(3)}$ 值在 10^{-7}esu 左右，非共振状态下 $10^{-9}\sim10^{-8}$esu 之间。但是，由于聚乙炔晶体膜的质量较差，在主链中存在大量无序状态，并且化学稳定性不好，限制了作为非线性光学材料的应用。因此，对聚乙炔进行改性是当前非线性材料研究工作的一个热点。

（2）聚二炔（PDA）类　聚二炔类具有如下通式 $-[C\equiv C—CR_1=CR_2]_n-$ ，通过选择取代基 R，可以溶于特定溶剂制成晶体薄膜或制成 LB 膜。其衍生物的 $X^{(3)}$ 值在 $10^{-10}\sim10^{-8}$ 之间。研究表明，取代基不仅对材料的溶解性和结晶性有重要影响，对其非线性光学性质影响也不可忽视。目前研究最多的该类材料是对甲苯磺酸酯取代物（PTS）。

（3）聚亚芳香基和聚亚芳香基乙炔类　该类材料中比较重要的是聚噻吩类、聚亚苯基乙炔类和聚噻吩乙炔类。这类聚合物具有优异的环境稳定性和突出的力学性能。如烷基取代的聚噻吩具有与聚二炔类相当的非线性光学性质，但是其稳定性和可加工性要好得多。聚吡咯衍生物也具有类似的性质。聚亚苯基乙炔的 $X^{(3)}$ 值在 $10^{-9}\sim10^{-10}$esu 之间，但是，响应时间稍长。聚苯胺的 $X^{(3)}$ 值在 10^{-10}esu 左右，其特点是受环境 pH 值的影响比较大。

（4）梯形聚合物类　梯形聚合物是一类高强度线性 π 共轭聚合物，其特点为具有刚性棒状分子构型和很强的分子间力，因此力学性能优异，常作为重要的工程材料。此类聚合物是重要的主链热致高分子液晶。由于环的稠合作用，可以保持理想的电子共振作用。此类材料的 $X^{(3)}$ 值在非共振区在 $10^{-11}\sim10^{-10}$esu 之间，在共振区为 $10^{-9}\sim10^{-8}$esu 之间。稳定性好是这类材料突出的特点。

（5）σ 共轭聚合物类　主要指聚硅烷和聚锗烷。由于这类聚合物主链只含有硅或锗原子，沿着聚合物主链表现出源于 σ 电子共轭的电光性质。它们的非共振 $X^{(3)}$ 值在 $10^{-12}\sim$ 10^{-11} esu 之间，三阶非线性系数比较小。这类材料的最大特点是在可见光区具有良好的透明性，可以溶解于多种普通溶剂而易于制备高质量光学薄膜。

（6）其他类　除了上面给出的聚合物之外，能够作为三阶非线性光学材料的还包括以下几种：富勒烯类，如 C_{60}、C_{70} 等，属于三维立体结构共轭电子体系，特点是稳定性好，其 $X^{(3)}$ 值在 $10^{-12}\sim10^{-10}$ esu 之间；酞菁类，属于大环状共轭电子体系，包括有金属中心离子和没有中心离子两种衍生物，其 $X^{(3)}$ 值在 10^{-9} 左右。其他的还有席夫碱类、偶氮类和苯并噻唑类等。上述小分子三阶非线性光学材料经过高分子化并极化后都可以制备具有三阶非线性光学性质的薄膜。

第12章 电活性高分子

12.1 概述

电活性高分子材料也称为电活性聚合物，是指那些在电参数作用下，由于材料本身组成、构型、构象或超分子结构发生变化，因而表现出特殊物理和化学性质的高分子材料。根据施加电参量的种类和表现出的性质特征，可以将电活性高分子材料划分成以下几类。

① 导电高分子材料，是指施加电场作用后，材料内部有明显电流通过，或者电导能力发生明显变化的高分子材料。

② 高分子驻极体材料，是指在电场作用下材料荷电状态或分子取向发生变化，引起材料永久或半永久性极化，因而表现出某些压电或热电性质的高分子材料。

③ 高分子电致变色材料，指那些在电场作用下，材料内部化学结构发生变化，因而引起可见光吸收波谱发生变化的高分子材料。

④ 高分子电致发光材料，指在电场作用下，分子生成激发态，能够将电能直接转换成可见光或紫外光的高分子材料。

⑤ 电极修饰材料，指用于对各种电极表面进行修饰，改变电极性质，从而达到扩大使用范围、提高使用效果的高分子材料。

电参量控制是目前最容易使用的控制方式，同时也是最容易测定的参量。而电活性功能高分子的功能显现和控制是由电参量控制的，因此，这些材料的研究一经获得成功会很快被投入到生产领域，获得实际应用。比如，电致发光材料发现并研制成功仅有几年，而基于这种功能材料的全彩色显示器已经被生产出来。

当电参量被施加到电活性高分子材料时，有时材料仅发生物理变化，如高分子介电材料在电场作用下发生极化现象；高分子驻极体当被注入电荷后，由于其高绝缘性质，能够将电荷长期保留在局部；高分子电致发光材料在注入电子和空穴后，两者在材料中复合成激子，能量以光的形式放出。在另外一些场合，电活性材料在电参量的作用下会发生化学变化，而表现出某种特定功能。如电致变色材料是吸收电能后发生可逆的电化学反应后，自身结构或氧化还原状态发生变化，光吸收特性在可见光区发生较大改变而显示颜色变化。聚合物修饰电极则两种情况都可能发生，有时是由于电活性高分子材料的存在，改变电极表面的物理特性，如选择性修饰电极；有时则是在电极表面的电活性材料发生化学变化，从而导致电极电势的变化，如各种聚合物修饰电极型化学敏感器等。在另外一些时候，两种情况同时发生。此外，电活性高分子材料的性能往往是通过具有特定结构和组成的器件表现出来的，器件的结构和组成往往决定着物理化学性能的实现。也就是说，预定性能的好坏不仅取决于材料本身，在这点上与其他类型的功能高分子材料差别较大。因此，在电活性高分子材料研究中，结构与性能的研究比作用机理研究要复杂得多。

本章分别对导电高分子材料、高分子驻极体材料、高分子电致变色材料、高分子电致发光材料和聚合物修饰电极五个方面的内容进行介绍。

12.2 导电高分子材料

12.2.1 概述

除了与导电材料共混制备的导电塑料之外，人们日常见到的人工合成有机聚合物都是不导电的绝缘体。常规高分子材料的这一性质在实践中已经得到了广泛应用，成为绝缘材料的主要组成部分之一。但是，自从两位美国科学家 A F Heeger 和 A G Macdiarmid 和一位日本科学家 H Shirakawa 发现聚乙炔（polyacetylene）有明显导电性质以后，有机聚合物不能作为导电介质的这一观念被彻底改变了。这一研究成果为有机高分子材料的应用开辟了一个全新的领域，上述三位科学家也因此获得了 2000 年诺贝尔化学奖。目前根据已有的制作水平，经加碘掺杂的聚乙炔的导电能力（$\sigma = 10^5$）已经进入金属导电范围，接近于室温下的铜电导率。可能是考虑到其导电机理和特征类似于金属导体，因此也有人称其为"金属化聚合物"（metallic polymer），或者称"合成金属"（synthetic metals）。导电聚合物这一性质的发现对高分子物理和高分子化学的理论研究是一次划时代的事件。有机聚合物的电学性质从绝缘体向导体的转变，对有机聚合物基础理论研究具有重要意义，促进了分子导电理论和固态离子导电理论的建立和发展。更因为导电聚合物潜在的巨大的应用价值，导电高分子材料的研究引起了众多科学家的参与和关注，成为有机化学领域研究的热点之一。随着理论研究的逐步成熟，新的有机聚合导电材料不断涌现，这种新型材料的新的物理化学性能也逐步被人们所认识，例如电致发光、光导电、电致变色、电子开关、隐形等性质。以这种功能型材料为基础，在全固态电池、非线性光学器件、高密度记忆材料、新型平面彩色聚合物显示装置、抗静电和电磁屏蔽材料、隐形涂料以及有机半导体器件的研究方面都取得了重大进展。

导电高分子材料也称导电聚合物，即具有明显聚合物特征。如果在材料两端加上一定电压，在材料中应有电流流过，即具有导体的性质。同时具备上述两条性质的材料我们称其为导电高分子材料。虽然同为导电体，导电聚合物与常规的金属导电体不同，首先它属于分子导电物质，而后者是金属晶体导电物质，因此其结构和导电方式也就不同。导电高分子材料根据材料的组成可以分成复合型导电高分子材料（composite）和本征型导电高分子材料（structure conductive polymers）。其中复合型导电高分子材料是由普通高分子结构材料与金属或碳等导电材料通过分散、层合、梯度复合、表面镀层等复合方式构成。其导电作用主要通过其中的导电材料来完成。本征型导电高分子材料也被称为结构型导电高分子材料，高分子本身具备传输电荷的能力，这种导电高分子材料如果按其结构特征和导电机理还可以进一步分成以下三类：载流子为自由电子的电子导电聚合物；载流子为能在聚合物分子间迁移的正负离子的离子导电聚合物；以氧化还原反应为电子转移机理的氧化还原型导电聚合物。后者的导电能力是由于在可逆氧化还原反应中电子在分子间的转移产生的。由于不同导电聚合物的导电机理不同，因此各自的结构也有较大差别。复合型导电高分子材料需要建立适当的导电通道，导电能力主要与导电材料的性质、粒度、化学稳定性、宏观形状等有关。由于其加工制作相对简单，成本较低，这类导电高分子材料已经在众多领域获得广泛应用。电子导电型聚合物的共同结构特征是分子内有大的线性共轭 π 电子体系，给载流子（自由电子）提供离域迁移的条件。离子导电型聚合物的分子有亲水性，柔性好，在一定温度条件下有类似液体的性质，允许相对体积较大的正负离子在电场作用下在聚合物中迁移。而氧化还原型导电聚合物必须在聚合物骨架上带有可进行可逆氧化还原反应的活性中心。

导电高分子材料在特定条件下具有一定的导电能力，导电能力可以用电导（用 σ 表示）或阻抗（在纯电阻情况下用 R 表示）表征。在施加电压的情况下，不同的导电材料可以表现出不同的导电性质，其主要性质有以下几类。

① 电压与电流的关系。当施加的电压与产生的电流关系符合欧姆定律，即电流与电压成线性正比关系时，称其为电阻型导电材料。复合型导电高分子材料和具有线性共轭结构的本征导电高分子材料在一定范围内具有上述性质。而氧化还原型导电高分子材料没有上述规律，它们的导电能力只发生在特定的电压范围内。

② 温度与电导之间的关系。当升高温度，导电能力升高，即电阻值随之下降，具备这种性质的高分子材料称为负温度系数（negative temperature coefficient，NTC）导电材料。具有线性共轭结构的本征导电高分子材料和半导体材料具有这类性质。当温度升高，电导能力下降，即电阻值升高，具有这种性质的高分子材料称为正温度系数（positive temperature coefficient，PTC）导电材料，金属和复合型高分子导电材料具有这种性质。

③ 电压与材料颜色之间的关系。当施加特定电压后，材料分子内部结构发生变化，因而造成材料对光吸收波长的变化，表现在材料本身颜色发生变化，这种性质称为电致变色（electrochromism）。许多具有线性共轭结构的本征导电高分子材料具有上述性质。这种材料可以应用到制作智能窗（smart window）等领域。

④ 在电压作用下的发光性质。当对材料施加一定电压，材料本身会发出可见或紫外光时称其具有电致发光特性（electroluminecent，区别于电热发光），某些具有线性共轭结构的本征导电高分子材料具备上述性质。其发出的光与材料和器件的结构有关，还与施加的外界条件有关。这类材料可以用来研究制备发光器件和图像显示装置。

⑤ 导电性质与效率掺杂状态的关系。具有线性共轭结构的本征导电高分子材料在本征态（即中性态）时基本处在绝缘状态，是不导电的；但是当采用氧化试剂或还原试剂进行化学掺杂，或者采用电化学掺杂后，其电导率能够增加 5～10 个数量级，立刻进入导体范围。利用上述性质可以制备有机开关器件。

此外，导电高分子材料的导电性质还赋予其诸如抗静电、电磁波屏蔽、雷达波吸收等特殊性质，使其在众多领域获得应用。

电极修饰材料，指用于对各种电极表面进行修饰，改变电极性质，从而达到扩大使用范围、提高使用效果的高分子材料。

12.2.2 复合型导电高分子材料

12.2.2.1 复合型导电高分子材料的结构与导电机理

复合型导电高分子材料是指以结构型高分子材料为基体（连续相），与各种导电性物质（如碳系材料、金属、金属氧化物、结构型导电高分子等）通过分散复合、层积复合、表面复合或梯度复合等方法构成的具有导电能力的材料。其中分散复合方法是将导电材料粉末通过混合的方法均匀分布在聚合物基体中，导电粉末粒子之间构成导电通路实现导电性能。层积复合方法是将导电材料独立构成连续层，同时与聚合物基体复合成一体。导电性能的实现仅由导电层来完成。表面复合多是采用蒸镀的方法将导电材料复合到聚合物基体表面，构成导电通路。上述三种方式中，分散复合方法最为常用，可以制备常见的导电塑料、导电橡胶、导电涂料和导电胶黏剂等。

（1）复合型导电高分子材料的结构

① 分散复合结构。分散复合型导电高分子通常选用物理性能适宜的高分子材料作为基体材料。导电性粉末、纤维等材料采用化学或物理方法均匀分散在基体材料中。当分散相浓度达到一定数值后，导电粒子或纤维之间相互接近构成导电通路。当材料两端施加电压时，载流子在导电粒子或纤维之间定向运动，形成电流。这种导电高分子材料其导电性能与导电填加材料的性质、粒度、分散情况以及聚合物基体的状态有关。在一般情况下复合导电材料的电导率会随着导电材料的填充量的增加，随着导电粒子粒度的减小，以及分散度的增加而增加。此外，材料的导电性能还与导电材料的形状有关。比如，采用导电纤维作为填充材料，由于其具有较大的长径比和接触面积，在同样的填充量下更容易形成导电通路，因此导

电能力更强。分散复合的导电高分子材料一般情况下是非各向异性的，即导电率在各个取向上基本一致。

② 层状复合结构。在这种复合体中导电层独立存在并与同样独立存在的聚合物基体复合。其中导电层可以是金属箔或金属网，两面覆盖聚合物基体材料。这种材料的导电介质直接构成导电通路，因此其导电性能不受聚合物基体材料性质的影响。但是这种材料的导电性能具有各向异性，即仅在特定取向上具有导电性能。通常作为电磁屏蔽材料使用。

③ 表面复合结构。广义上的表面复合既可以将高分子材料复合到导电体的表面，也可以将导电材料复合在高分子材料表面。由于使用方面的要求，表面复合导电高分子材料仅指后者，即将导电材料复合到高分子材料表面。使用的方法包括金属熔射、塑料电镀、真空蒸镀、金属箔贴面等。其导电能力一般也仅与表面导电层的性质有关。

④ 梯度复合结构。指两种材料，如金属和高分子材料各自构成连续相，两个连续相之间有一个浓度渐变的过渡层。这是一种特殊的复合导电材料。

（2）复合型导电高分子材料的组成　复合导电高分子材料主要由高分子基体材料、导电填充材料和助剂等构成，其中前两项是主要部分。

① 高分子基体材料。高分子材料作为复合导电材料的连续相和黏结体起两方面的作用：发挥基体材料的物理化学性质和固定导电分散材料。一般来说绝大多数的常见高分子材料都能作为复合型导电材料的基体。高分子材料与导电材料的相容性和目标复合材料的使用性能是选择基体材料经常考虑的主要因素。如聚乙烯等塑性材料可以作为导电塑料的基材，环氧树脂等可以作为导电涂料和导电胶黏剂的基材，氯丁橡胶、硅橡胶等可以作为导电橡胶的基材。此外，高分子材料的结晶度、聚合度、交联度等性质也对导电性能，或者加工性能产生影响。一般认为，结晶度高有利于电导率提高，交联度高导电稳定性增加。基体的热学性能则影响复合型导电高分子材料的特殊性能，如温度敏感和压力敏感性质。

② 导电填充材料。目前常用的导电填充材料主要有碳系材料、金属材料、金属氧化物材料、结构型导电高分子。其中碳系材料包括炭黑、石墨、碳纤维等。炭黑是目前分散复合法制备导电材料中最常用的导电填料。石墨由于常含有杂质，使用前需要进行处理；碳纤维不仅导电性能好，而且力学强度高，抗腐蚀。由于自身的聚集效应，提高碳系填充材料在聚合物中的分散性是经常需要考虑的工艺问题。常用金属系填充材料包括银、金、镍、铜、不锈钢等，其中银和金的电导率高，性能稳定，从性能上看是理想的导电填料，价格高是其明显的缺点。目前有人将其包覆在其他填充材料表面构成颗粒状复合型填料，可以在不影响导电和稳定性的同时，降低成本。镍的电导率和稳定性居中，铜的电导率高，但是容易氧化，因此影响其稳定性和使用寿命。不锈钢纤维作为导电填料目前正处在实验阶段。金属氧化物作为导电填充物目前常用的主要有氧化锡、氧化钛、氧化钒、氧化锌等。这类填料颜色浅，稳定性较好，但是要解决其导电率低的问题。结构型导电高分子是自身具有导电能力的一种聚合物，采用共混方法与其他常规聚合物复合制备导电高分子材料是最近开始研究的课题。密度轻、相容性好是其主要优点。常见的导电填加材料及其性能列于表 12-1 中。

（3）复合型导电材料的导电机理　自从复合型导电高分子材料出现后，人们对其导电机理进行了广泛的研究，目前比较流行的有两类理论：一是宏观的渗流理论，即导电通道学说；另一种是量子力学的隧道效应和场致发射效应学说。目前这两种理论都能够解释一些实验现象。

① 渗流理论（导电通道机理）。渗流理论的实践基础是复合型导电材料其填加浓度必须达到一定数值后才具有导体性质。在此浓度以上，导电材料粒子作为分散相在连续相高分子材料中互接触构成导电网络。该理论认为这种在复合材料体系中形成的导电网络是导电的主

表 12-1　常见复合型导电高分子材料的导电填加材料

项　　目	填充物种类	复合电阻率/$\Omega\cdot cm$	性　　质
碳系填料	炭黑 处理石磨 碳纤维	$10^0\sim10^2$ $10^2\sim10^4$ $\geqslant10^2$	成本低,密度小,呈黑色,影响产品外观颜色 成本低,但杂质多,电阻率高,呈黑色 高强,高模,抗腐蚀,填加量小
金属填料	金 银 镍 铜 不锈钢	10^{-4} 10^5 10^3 10^{-4} $10^{-2}\sim10^2$	耐腐蚀,导电性好,但成本昂贵,密度大 耐腐蚀,导电性优异,但成本高,密度大 稳定性,成本和导电性能居中 导电性能较好,成本较低,但易氧化 主要使用不锈钢丝,成本较低
金属氧化物	氧化锌 氧化锡	10 10	稳定性好,颜色浅,电阻率较高 稳定性好,颜色浅,电阻率较高
导电聚合物	聚吡咯 聚噻吩	$1\sim10$ $1\sim10$	密度轻,相容性好,电阻率较高 密度轻,相容性好,电阻率较高

要原因。根据上述理论,导电网络的形成自然要取决于导电颗粒在连续相中的浓度、分散度和粒度等项内容。因此,形成复合导电材料的导电能力与导电填加材料的电阻率、相间的接触电阻、导电网络的结构等相关。导电分散相在连续相中形成导电网络必然需要一定浓度和分散度,只有在这个浓度以上时复合材料的导电能力会急剧升高,因此这个浓度也称为临界浓度。

②　隧道导电理论。虽然导电通道理论能够解释部分实验现象,但是人们发现,在导电分散相的浓度还不足以形成网络的情况下也具有导电性能,或者说在临界浓度时导电分散相颗粒浓度还不足以形成完整导电网络。Polley 等在研究炭黑/橡胶复合的导电材料时,在电子显微镜下观察发现在炭黑还没有形成导电网络时已经具有导电能力,导电现象必然还有其他非接触原因。解释这种非接触导电现象主要有电子转移隧道效应和电场发射理论。前者认为,当导电粒子接近到一定距离时,在热振动时电子可以在电场作用下通过相邻导电粒子之间形成的某种隧道实现定向迁移,完成导电过程。后者认为这种非接触导电是由于两个相邻导电粒子之间存在电位差,在电场作用下发生电子发射过程,实现电子的定向流动而导电,但是在后者情况下复合材料的电阻应该是非欧姆性的。

虽然上面这些理论能够解释一些实验现象,但是其定量的导电机理到目的为止还不能完全阐释实验现象。总体上来说复合型导电高分子材料的导电能力主要由接触性导电(导电通道)和隧道导电两种方式实现,其中普遍认为前一种导电方式的贡献更大,特别是在高导电状态时。

③　复合型导电高分子材料的 PTC 效应。所谓的 PTC 效应,即正温度系数效应是指材料的电阻率随着温度的升高而升高的现象。由于在恒定电压情况下,电流或电热功率随着电阻率的升高而下降,因此在作为电加热器件时具有自控温特性。大多数复合型导电高分子材料在一定温度区域内具有 PTC 效应。关于 PTC 效应的产生主要有以下几种理论解释。

a. 热膨胀说。当复合材料温度升高时材料发生热膨胀,根据导电通道理论,原来由导电颗粒形成的导电网络逐步受到破坏,因此电阻率升高。其次,根据隧道导电理论,复合材料的电阻率与导电粒子之间的距离 ω 成指数关系,热膨胀将造成 ω 的增大,会引起电阻率迅速升高。由于高分子材料在不同温度下热膨胀性质不同,因此 PTC 效应在不同的温度范围内是不同的,并且呈现非线性特征。

b. 晶区破坏说。当聚合物存在部分结晶状态时,一般认为,导电粒子只分散在非晶区,非晶区越小,导电粒子在其中的浓度就越大,就更容易形成完整导电通路,在同样浓度下电导率较高。反之,当温度升高,晶区减小时,导电颗粒在非晶区的相对浓度下降,电阻率会随之上升,当温度接近或超过材料软化点温度时,晶区受到破坏,电阻率也会迅速上升。但是，当材料的温度超过其玻璃化温度后，由于导电颗粒流动性增强，同时发生导电颗粒的聚集作用，电阻率会掉头向下发生负温度效应（NTC）。

复合型导电高分子材料的 PTC 效应在实践中有很多应用，如自控温加热器件、限流器件等。与非金属的陶瓷 PTC 器件相比，高分子 PTC 器件具有成本低、可加工性能好、使用温度低的特点。

12.2.2.2　复合型导电高分子材料的制备方法

复合型导电高分子材料的制备方面主要有以下内容：高分子基体材料和导电填充材料的选择与处理、复合方法与工艺研究、复合材料的成型与加工研究等。

（1）导电填料的选择　目前可供选择的导电填加材料主要有金属材料、炭黑、金属氧化物和本征型导电聚合物四类。从填加材料本身的导电性质而言，采用金属导电填料对于提高复合物的导电性能是有利的，特别是采用银或者金粉时可以获得电阻率仅为 $10^{-4}\Omega\cdot cm$ 的高导电复合材料。铜虽然也具有低电阻率，由于易于氧化等原因使用的不多。其次，金属填加材料的临界浓度比较高，一般在 50% 左右。因此需要量比较大，往往对形成的复合材料的机械性能产生不利影响，并增加制成材料的密度。金属填加材料与高分子材料的相容性较差，密度的差距也大，往往影响复合材料的稳定性。此外，采用银和金等贵金属时对成本增加较大。目前克服上述缺点的主要方法有改填加金属粉料为金属纤维，这样就容易在较低浓度下在连续相中形成导电网络，大大降低金属用量。或者在其他材料颗粒表面涂覆金属，构成薄壳型填加剂，同样可以在保证较低电阻率的情况下减少金属用量。

炭黑是目前导电聚合物制备过程中使用最多的填加材料，主要原因是炭黑的价格低廉、规格品种多、化学稳定性好、加工工艺简单。聚合物/炭黑复合体系的电阻率稍低于金属/聚合物复合体系，一般可以达到 $10\Omega\cdot cm$ 左右。其主要缺点是产品颜色受到填加材料本色的影响，不能制备浅色产品。作为分散体系的填加材料，主要是使用炭黑粉体，而且粉体的粒度越小，比表面积越大，越容易分散，形成导电网络的能力越强，从而导电能力越高。实验结果表明，当炭黑平均粒度从 30nm 增加到 500nm 时，电导率提高的同时，PTC 效应也增加 1.5 倍。炭黑表面的化学结构对其导电性能影响较大，表面碳原子与氧作用，会生成多种含氧官能团，增大接触电阻，降低其导电能力。因此，在混合前需要对其进行适当处理，其中保护气氛下的高温处理是常用方法之一。石墨由于含有杂质，电导率相对较低，直接作为导电复合物填料的情况比较少见，一般需要经过加工处理之后使用。碳纤维是另外一种常用的碳系导电填料，特点是填加量小，同时可以对形成的复合材料有机械增强作用。

多种金属氧化物都具有一定导电能力，也是一种理想的导电填充材料，如氧化钒、氧化锌和氧化钛等。硼酸铝晶须也有作为导电填料的。金属氧化物的突出特点是无色或浅色，能够制备无色或浅色导电复合材料。以氧化物晶须作为导电填料还可以大大减少填料的用量，降低成本。电阻率相对较高是金属氧化物填料的主要缺点。

本征型导电高分子材料是近 20 年来迅速发展起来的新型导电高分子材料，高分子本身具有导电性质。采用本征导电聚合物作为导电填料是目前一个新的研究趋势，例如，导电聚吡咯与聚丙烯酸复合物的制备、导电聚吡咯与聚丙烯复合物的制备、导电聚苯胺复合物的制备等。

（2）聚合物基体材料的选择　聚合物基体作为复合材料的连续相和黏结体，对于导电复合材料的性能的影响是非常显著的。聚合物基体的选择主要依靠导电材料的用途进行，考虑的因素包括力学强度、物理性能、化学稳定性、温度稳定性和溶解性能等。比如，制备导电弹性体可以选择天然橡胶、丁腈橡胶、硅橡胶等作为连续相；制备导电塑料可以选择聚乙烯和聚丙烯作为基体材料，选择聚酯或聚酰胺等工程塑料作为基体材料可以增强材料的力学性能；导电胶黏剂的制备需要选择环氧树脂、丙烯酸树脂、酚醛树脂类高分子材料；导电涂料的制备常选择环氧树脂、有机硅树脂、醇酸树脂、聚氨酯树脂等；采用聚酰胺、聚酯和腈纶等可以制备复合型导电纤维。除了聚合物的种类选择之外，聚合物的分子量、结晶度、分支度和交联度都对复合材料的力学和电学性质产生影响。结晶度高有利于导电网络的形成，降低临界浓度，节约导电填料的使用量。聚合物基体的热学性质也是重要考虑因素之一，因为复合材料的 PTC 效应、压敏效应等均与复合材料的转化温度相关。

（3）复合型导电聚合物的制备成型工艺　将导电填料、聚合物基体和其他填加剂经过成型加工工艺组合成具有实际应用价值的材料和器件是复合型导电聚合物研究的重要方面。从混合型导电复合材料的制备工艺而言，目前主要有三种方法：即反应法、混合法和压片法。反应法是将导电填料均匀分散在聚合物单体或者预聚物溶液体系中，通过加入引发剂进行聚合反应，直接生产与导电填料混合均匀的高分子复合材料。根据引发剂的不同可以采用光化学聚合或热化学聚合等。采用反应法制备得到的导电复合物，其中导电填料的分散情况比较好，其原因是单体溶液的黏度小，混合过程比较容易进行。此外，对于那些不易加工成型的聚合物，可以将聚合与材料混合成型一步完成，简化工艺。混合法是目前使用最多的复合型高分子导电材料制备方法，其基本过程是利用各种高分子的混合工艺，将导电填料粉体与处在熔融或溶解状态的聚合物本体混合均匀，然后用注射、流延、拉伸等方法成型。直接采用大工业化高分子产品作为原料使用，是该方法的主要优势。压片法是将高分子基体材料与导电填料充分混合后，通过在模具内加压成型制备具有一定形状的导电复合材料。

12.2.2.3　复合型导电高分子材料的性质与应用

（1）复合型导电高分子材料的性质　复合导电高分子材料的基本性质是具有导电能力。除此之外，由于其结构的特殊性，它们还具有一些其他性质。

① 导电性质。导电性质是复合用导电聚合物的主要性质，具主要导电机理是导电通道机理和电场发射理论，即作为分散相的导电填料粒子在连续相中形成导电网络（粒子间距离小于 1nm）或者粒子间距离在电场发射有效距离之内（小于 5nm）。与导电能力相关的因素包括导电填料的性质和粒度，以及填料在连续相中的分布情况，还包括聚合物连续相的结晶状态等性质。一般来说，导电填料的电阻率越低，制备的导电复合物的导电能力越强。减小粒度有利于导电能力的提高，适度提高聚合物基体的结晶度有利于导电性能的提高。

② 压敏性质。压敏效应是指材料受到外力作用时，材料的电学性能发生明显变化，对于复合型导电聚合物而言，主要是电阻发生明显变化。从复合导电材料的导电机理分析我们知道，其导电作用主要依靠导电填料在连续相中形成导电网络来完成，如果外力的施加能够导致材料发生形变或密度发生变化，必然会造成导电网络的变化，从而引起电阻率的变化。从易于发生形变的角度，用导电复合材料制作压敏器件，采用形变能力大的橡胶类高分子材料作为连续相是有利的。

③ 热敏性质。当温度发生变化材料的电学性质发生变化时，称其具有热敏性质。当温度升高，电阻率增大，称为正温度系数效应；当温度上升，电阻率下降时，称其具有负温度系数效应。对于大多数复合型导电聚合物，在加热的过程中的不同阶段会呈现不同的热敏效应，在温度远远小于软化温度时，多呈正温度系数效应，但热敏特性不明显；当温度接近软化点时热敏特性加强。但是当温度超过软化温度之后，多会发生性能反转，变成负温度系数效应。上述变化可以用渗流理论和电场发射理论解释。

（2）复合型导电聚合物的应用

① 导电性能的应用。以金属/环氧树脂复合构成的导电胶黏剂可以用于电子器件的连接，如电子管的真空导电密封、波导元件和印刷电路的制造，半导体收音机的安装和电子计算机中插件的黏合等，相对于其他连接方法可以提高器件的抗震性能；如在人造卫星、宇宙飞船上，几千个硅太阳能电池的安装、印刷电路与微元件的黏合就是使用导电性胶黏剂完成的。以炭黑/聚氨酯复合构成的导电涂料可以用于设备防静电处理、电磁波吸收和金属材料的防腐等。炭黑/硅橡胶体系构成的导电橡胶用于动态电接触器件的制备，如计算机和计算

器键盘的电接触件，材料导电橡胶不仅导电性好，而且具有弹性，手感好，利用其导电性能还可以制备全塑电池的电极材料。

② 温敏效应的利用。利用复合型导电聚合物的 PTC 效应，可以制备自控温加热器件，如加热带、加热管。这些加热材料广泛用于液体输送管道的保温、取暖、发动机低温启动等场合。由于其优秀的自控温性能，自控温材料在日常生活、工业生产、农业、军事、航天等领域有着广泛的应用领域。此外复合型导电聚合物还是制备热敏电阻、限流器件等的基本材料。

③ 压敏效应的应用。利用复合型导电聚合物的压敏特性可以制备各种压力传感器和自动控制装置。

除了上述应用领域以外，导电聚合物还具有吸收电磁波，将波能耗散的特性，目前在隐形材料方面的研究开发也取得了一定成果。

12.2.3　电子导电型聚合物

12.2.3.1　导电机理与结构特征

电子导电型聚合物是三种本征导电聚合物中种类最多，研究最早的一类导电材料。关于这一类导电材料的导电机理和结构特征已经有了比较成熟的理论和深入的研究。但是有机材料的复杂性和有机电子导电材料的巨大应用前景，仍促使众多科学家潜心于这一领域的理论和应用研究。同时，随着分析和检测仪器和手段的发展，也使这一领域的理论仍在不断得到修改和完善。

根据定义，在电子导电聚合物的导电过程中载流子是聚合物中的自由电子或空穴，导电过程需要载流子在电场作用下能够在聚合物内做定向迁移形成电流。因此，在聚合物内部具有定向迁移能力的自由电子或空穴是聚合物导电的关键。在有机化合物中电子以下面四种形式存在。

① 内层电子。这种电子一般处在紧靠原子核的原子内层，受到原子核的强力束缚，一般不参与化学反应，在正常电场作用下没有移动能力。

② σ 价电子。在分子中 σ 电子是成键电子，一般处在两个成键原子中间。键能较高，离域性很小，被称为定域电子。

③ n 价电子。这种电子与杂原子（O、N、S、P 等）结合在一起，在化学反应中具有重要意义，当孤立存在时没有离域性。

④ π 电子。是两个成键原子中 p 电子相互重叠后产生的。当 π 电子孤立存在时，这种电子具有有限离域性，电子可以在两个原子核周围运行。在电场作用下 π 电子可以在局部做定向移动，随着 π 电子共轭体系的增大，离域性显著增加。

与金属导电体不同，有机材料，包括聚合物，是以分子形态存在的。由上面分析可以看出，多数聚合物分子主要由以定域电子，或者有限离域电子（价电子）构成的共价键连接各种原子而成。其中，σ 键和独立 π 键电子是典型的定域电子或者有限离域电子；根据目前已有的研究成果，虽然有机化合物中的 π 键可以提供有限离域性，但是 π 电子仍不是导电的自由电子。但是当有机化合物中具有共轭结构时，π 电子体系增大，电子的离域性增强，可移动范围扩大。当共轭结构达到足够大时，化合物即可提供自由电子。共轭体系越大，离域性也越大。因此，有机聚合物成为导体的必要条件是应有能使其内部某些电子或空穴具有跨键离域移动能力的大共轭结构。在天然高分子导电体中石墨是最典型的平面型共轭体系。事实上，所有已知的电子导电型聚合物的共同结构特征为分子内具有大的共轭 π 电子体系，具有跨键移动能力的 π 价电子成为这一类导电聚合物的惟一载流子。目前已知的电子导电聚合物，除了早期发现的聚乙炔外，大多为芳香单环、多环以及杂环的共聚或均聚物。部分常见的电子导电聚合物的分子结构见图 12-1。

应当指出，根据其电导率，严格来讲聚合物仅具有上述结构还不能称其为导电体，而只

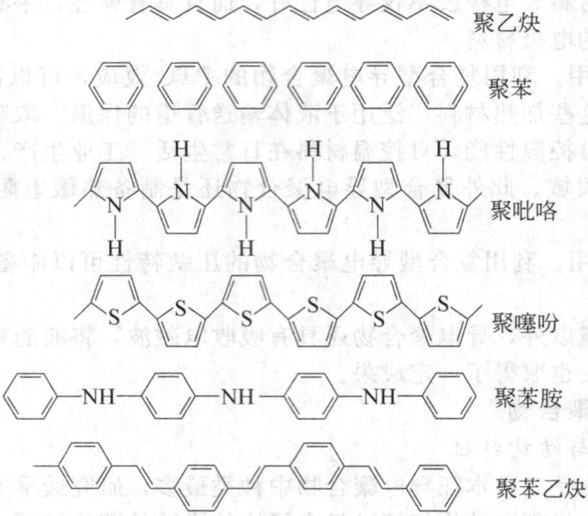

图 12-1　常见电子导电聚合物的分子结构

能称其为半导体材料。因为其导电能力仍处在半导体材料范围。其原因在于纯净的，或未予"掺杂"的上述聚合物分子中各 π 键分子轨道之间还存在着一定的能级差；而在电场力作用下，电子在聚合物内部迁移必须跨越这一能级差，该能级差的存在造成 π 价电子还不能在共轭聚合物中完全自由跨键移动。因而其导电能力受到影响，导电率不高，按其导电能力应属于半导体范畴。未经"掺杂"的电子导电聚合物，其导电能力与典型的无机半导体材料锗、硅等相当，在导电能力方面与金属导体还有一定距离。那么为什么在线性共轭体系中会存在这种能级差？它们是怎样形成的？如果这种能级差是线性共轭体系的固有特征，那么有没有办法消除或减小这种能级差以提高导电聚合物的导电性能？上述这些疑问是我们在本章中要首先讨论的问题。

　　根据分子轨道理论和能带理论对上面给出的导电聚合物分子结构进行分析，我们不难发现，线性共轭电子体系为其共同结构特征。以聚乙炔为例，在其链状结构中，每一结构单元（—CH—）中的碳原子外层有 4 个价电子，其中有 3 个电子构成 3 个 sp^3 杂化轨道，分别与一个氢原子和两个相邻的碳原子形成 σ 键。余下的 p 电子轨道在空间分布上与 3 个 σ 轨道构成的平面相垂直。在聚乙炔分子中相邻碳原子之间的 p 电子在平面外相互重叠构成 π 键。由分子电子结构分析，聚乙炔结构除了写成图 12-1 给出的形式外，还可以写成以下用自由基表示的形式。

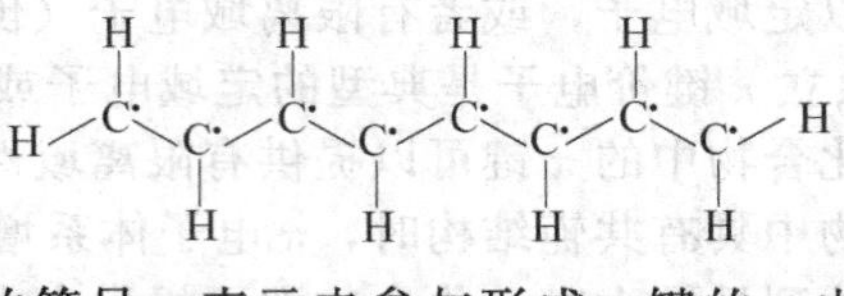

　　结构式中碳原子右上角的符号·表示未参与形成 σ 键的 p 电子。上述聚乙炔结构可以看成由众多享有一个未成对电子的 CH 自由基组成的长链，当所有碳原子处在一个平面内时，其未成对电子云在空间取向为相互平行，并互相重叠构成共轭 π 键。根据固态物理理论，这种结构应是一个理想的一维金属结构，π 电子应能在一维方向上自由移动，这是聚合物导电的理论基础。但是，如果考虑到每个 CH 自由基结构单元 p 电子轨道中只有一个电子，而根据分子轨道理论，一个分子轨道中只有填充两个自旋方向相反的电子才能处于稳定态。每个 p 电子占据一个 π 轨道构成线性共轭 π 电子体系，应是一个半充满能带，是非稳定态。它趋向于组成双原子对使电子成对占据其中一个分子轨道，而另一个成为空轨道。由于空轨道和

占有轨道的能级不同，使原有 p 电子形成的能带分裂成两个亚带，一个为全充满能带，另一个为空带。两个能带在能量上存在着一个差值，而导电状态下 p 电子离域运动必须越过这个能级差。这就是我们在线性共轭体系中碰到的阻碍电子运动，因而影响其电导率的基本因素。

电子的相对迁移是导电的基础，电子要在共轭 π 电子体系中自由移动，首先要克服满带与空带之间的能级差，因为满带与空带在分子结构中是互相间隔的。这一能级差的大小决定了共轭型聚合物的导电能力的高低。正是由于这一能级差的存在决定了我们得到的不是一个良导体，而是半导体。上述分析就是应用于电子导电聚合物理论分析的 Peierls 过渡理论（Peierls transition）。这一理论已经得到了实践证实。现代结构分析和测试结果证明，线性共轭聚合物中相邻的两个键的键长和键能是有差别的。这一结果间接证明了在此体系中存在着能带分裂。Peierls 理论不仅解释了线性共轭型聚合物的导电现象和导电能力，也提示我们如何寻找、提高导电聚合物导电能力的方法。由上面的分析可见，减少能带分裂造成的能级差是提高共轭型导电聚合物电导率的主要途径。实现这一目标的首要手段之一就是用所谓的"掺杂"法来改变能带中电子的占有状况，压制 Peierls 过程，减小能级差。

12.2.3.2　电子导电聚合物的性质

（1）掺杂过程、掺杂剂及掺杂量与电导率之间的关系　"掺杂"（dopping）一词来源于半导体化学，指在纯净的无机半导体材料（锗、硅或镓等）中加入少量具有不同价态的第二种物质，以改变半导体材料中空穴和自由电子的分布状态。在制备导电聚合物时，为了增强材料的电导率也可以进行类似的"掺杂"操作。对于线性共轭聚合物进行掺杂有两种方式：一是同半导体材料的掺杂一样，通过加入第二种具有不同氧化态的物质；二是通过聚合材料在电极表面进行电化学氧化或还原反应直接改变聚合物的荷电状态。上述两种方法是目前采用最多的掺杂方法。此外，在特殊情况下还有如下三种掺杂方法可以选择：其一是酸碱化学掺杂，主要是对聚苯胺型导电聚合物，在与质子酸反应后聚合物中的氨基发生质子化，引起分子内氧化还原反应，改变分子轨道荷电状态；其二是光掺杂，当聚合物吸收光能之后产生正负离子对，离子对分解后，分别对其邻近分子轨道电子状态施加影响，实现掺杂过程；其三是电荷注入掺杂，是利用各种电子注入方法直接将电子注入聚合物。其目的都是为了在聚合物的空轨道中加入电子，或从占有轨道中拉出电子，进而改变现有 π 电子能带的能级，出现能量居中的半充满能带，减小能带间的能量差，使自由电子或空穴迁移时的阻碍减小。在制备导电聚合物时根据掺杂剂与聚合物的相对氧化能力的不同，分成 p-型掺杂剂和 n-型掺杂剂两种。比较典型的 p-掺杂剂（氧化型）有碘、溴、三氯化铁和五氟化砷等，在掺杂反应中为电子接受体（accep-tor）。n-型掺杂剂（还原型）通常为碱金属，是电子给予体（donor）。在掺杂过程中掺杂剂分子插入聚合物分子链间，通过相互之间的氧化还原反应完成电子转移过程，使聚合物分子轨道电子占有情况发生变化。根据共轭聚合物分子结构分析，当进行 p-型掺杂时，掺杂剂从聚合物的 π 成键轨道中拉走一个电子，使其呈现半充满状态，能量升高。当进行 n-型掺杂时，掺杂剂将电子加入聚合物的 π 空轨道中，使其呈现半充满状态，能量下降。与此同时聚合物能带结构本身也发生变化，出现了能量居中的亚能带。其结果是能带间的能量差减小，电子的移动阻力降低，使线性共轭导电聚合物的导电性能从半导体进入类金属导电范围。通过电极对聚合物进行掺杂的过程除了没有实际掺杂物参与之外，其作用实质与上述过程没有差别，它是通过电极上所加电压的作用，将 π 占有轨道中的电子拉出；或者将电子加入 π 空轨道之中，使其能量状态发生变化，减小能带差。掺杂对于电子导电聚合物导电能力的改变具有非常重要的意义，经过掺杂，共轭型聚合物的导电性能往往会增加几个数量级，甚至 10 个数量级以上。表 12-2 给出了部分电子导电聚合物掺杂前和掺杂后的电导率。

表 12-2　各种掺杂聚乙炔的导电性能

掺杂方法	掺 杂 剂	电导值/(S/cm)
未掺杂型	顺式聚乙炔	1.7×10^{-9}
	反式聚乙炔	4.4×10^{-5}
p-掺杂型（氧化型）	碘蒸气掺杂$[(CH^{0.07+})(I_3^-)_{0.07}]_x$	5.5×10^2
	五氟化二砷蒸气掺杂$[(CH^{0.1+})(AsF_6^-)_{0.1}]_x$	1.2×10^3
	高氯酸蒸气或液相掺杂$\{[CH(OH)_{0.08}]^{0.12+}(ClO_4^-)_{0.12}\}_x$	5×10^1
	电化学掺杂$[(CH^{0.1+})(ClO_4^-)_{0.1}]_x$	1×10^3
n-掺杂型（还原型）	萘基锂掺杂$[Li_{0.2}^+(CH^{0.2-})]$	2×10^2
	萘基钠掺杂$[Na_{0.2}^+(CH^{0.2-})]$	$10^1 \sim 10^2$

表 12-2 中的数据表明，掺杂的结果是使共轭聚合物的电导率增加了几个数量级。由此可以看到，通过掺杂确实可以减小能级差，大大提高电导率。

从以上介绍可知，掺杂是一个氧化还原反应。对于 p-型掺杂，以掺碘为例，其反应过程为：

$$(CH)_x + \frac{1}{2}xyI_2 \longrightarrow (CH^{y+})_x + (xy)I^-$$

$$(xy)I^- + (xy)I_2 \longrightarrow (xy)I_3^-$$

$$(CH^{y+})_x + (xy)I_3^- \longrightarrow [(CH^{y+})(I_3^-)_y]_x$$

对于 n-型掺杂，以萘基金属掺杂为例其反应为：

$$(CH)_x + (xy)Nphth^- \longrightarrow [(CH^{y-})]_x + (xy)Nphth$$

$$[(CH^{y-})]_x + (xy)Na^+ \longrightarrow (Na_y^+ CH^{y-})_x$$

既然掺杂剂与导电聚合物的电导率有着极密切的关系，那么掺杂剂的使用量与聚合物的电导率究竟有怎样的相互关系？仍以聚乙炔为例，碘为掺杂剂，实验结果显示聚乙炔的电导率与碘的掺杂程度（以加入掺杂剂与饱和掺杂量之比表示）有密切的关系，在掺杂剂量小时，电导率随着掺杂量的增加而迅速增加，但是随着掺杂剂量的继续加大，电导率增加的速度逐步减慢，当达到一定值时电导率不再随着掺杂量的增加而增加。此时的掺杂量称为饱和掺杂量（Y_{sat}）。这一关系基本上可以用下面的数学表达式表达：

$$\sigma = \sigma_{sat} \exp\left[-\frac{Y}{Y_{sat}}\right]^{-0.5}$$

根据这一数学关系式，在制备导电聚合物时可以确定最佳掺杂量。

（2）温度与电子导电聚合物电导率之间的关系　金属材料的电导温度系数是负值，即温度越高，电导率越低。而电子导电聚合物的温度系数是正的，即随着温度的升高，电阻减小，电导率增加。电子导电聚合物不仅与金属的电导率与温度的关系不同，而且与典型的半导体材料的电导率与温度的关系也不尽相同。尽管二者都有正的温度系数，但是无机半导体材料的电导值与温度呈指数关系；而电子导电聚合物的电导率与温度的关系需要用下面的数学式来表达：

$$\sigma = \sigma_{sat} \exp\left[-\left(\frac{T}{T_0}\right)^{-\gamma}\right] \quad 或$$

$$\ln \sigma / \sigma_{sat} = -\left(\frac{T}{T_0}\right)^{-\gamma}$$

式中，σ_{sat}、T_0 和 γ 分别为常数，具体数值取决于材料本身的性质和掺杂的程度，γ 取值一般在 $0.25 \sim 0.50$ 之间。

这一现象可以从下面的分析中得到解释：首先，对于常规金属晶体，温度升高引起的晶格振动会阻碍电子在晶体中的自由运动，因而随着温度的升高，电阻增大，电导率下降。而在电子导电聚合物中阻碍电子移动的主要因素来自于 π 电子能带间的能级差。从统计热力学来看，电子从分子的热振动中获得能量，显然有利于电子从能量较低的满带向能量较高的空带迁移，

258

从而较容易完成其导电过程。然而，随着掺杂度的提高，π电子能带间的能级差越来越小，已不是构成阻碍电子移动的主要因素。因此，随着导电聚合物掺杂程度的提高，电导率与温度曲线的斜率变小。即电导率受温度的影响越来越小，温度特性逐渐向金属导体过渡。

（3）聚合物电导率与分子中共轭链长度之间的关系　电子导电聚合物的电导率还受到聚合物分子中共轭链长度的影响。与晶体化的金属和无机半导体相比，导电聚合物的晶体化程度不高，晶格对电导率的影响可以不加考虑。而且，即使从微观的角度看，线性共轭导电聚合物分子结构中的电子分布也不是各向同性的。换句话说，聚合物内的价电子更倾向于沿着线性共轭的分子内部移动，而不是在两条分子链之间。因为描述分子内π电子运动的波函数不是球形对称的，在沿着分子链方向有较大的电子云密度。而且，随着共轭链长度的增加，π电子波函数的这种趋势越明显，从而有利于自由电子沿着分子共轭链移动，导致聚合物的电导率增加。实验证明，线性共轭导电聚合物的电导率随着其共轭链长度的增加而呈指数快速增加。因此，提高共轭链的长度是提高聚合物导电性能的重要手段之一，这一结论对所有类型的电子导电聚合物都适用。值得指出的是，这里所指的是分子链的共轭长度，而不是聚合物分子长度。与聚合度虽有一定关系，但是概念不完全相同。

除了上面提到的影响因素之外，电子导电聚合物的电导率还与掺杂剂的种类、制备及使用时的环境气氛、压力和是否有光照等因素有直接或间接的关系。根据已有的资料，对聚乙炔型导电聚合物的制备，碘是最有效的掺杂剂。而采用电极对导电聚合物进行直接的氧化或还原反应则是更有效、更方便的"掺杂"方法。一般来讲，压力和光照也是影响因素之一。提高压力或增加光照，导电性能也会相应有所提高，但是不如前面讨论的影响因素作用明显。聚合物的结晶程度和聚合分子中不同分子轨道所占比例值与聚合物的电导率有一定关系，但是其作用机理还没有了解清楚。此外，聚合物中共轭结构的立体构型对其电导率有较大影响，在非掺杂状态顺式聚乙炔的电导率为 10^{-9} S/cm，而反式聚乙炔的电导率则可达 10^{-5} S/cm，相差四个数量级。这与顺式结构影响分子的共平面有一定关系。聚乙炔经高温处理后，所有顺式结构均变成反式结构，导电性能会有所改善。在线性聚合物中引入取代基也会对电导值产生影响。其影响因素包括电负性和立体效应，直接影响聚合物的电子分布和共平面。

12.2.3.3　电子导电聚合物的制备方法

电子导电聚合物是由大共轭结构组成的，因此导电聚合物的制备研究就是围绕着如何通过化学反应形成这种共轭结构。从制备方法上来划分，可以将制备方法分成化学聚合和电化学聚合两大类。化学聚合法还可以进一步分成直接法和间接法。直接法是直接以单体为原料，一步合成大共轭结构；而间接法在得到聚合物后需要一个或多个转化步骤，在聚合物链上生成共轭结构。在图 12-2 给出了上述几种共轭聚合物的可能合成路线。

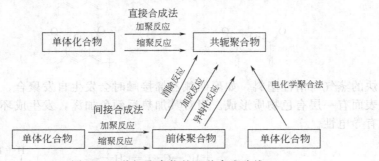

图 12-2　共轭聚合物的几种合成路线

（1）直接法　采用直接法合成具有线性共轭导电聚合物是利用某些特定化学反应，生成共轭双键。双键的制备在化学上有多种方法可供利用，如通过炔烃的加氢反应、卤代烃和醇类的消除反应以及其他一些常见反应（见图 12-3）都可以用于双键的形成。

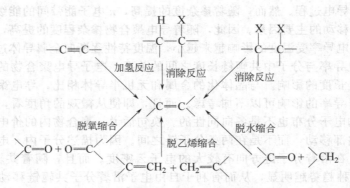

图 12-3　几种可用于形成双键的化学反应

目前具有电子导电能力的线性共轭结构聚合物主要有聚乙炔型和聚芳香烃或芳香杂环两类。对于聚乙炔型聚合物的制备常采用乙炔及其衍生物为原料进行气相聚合，称为无氧催化聚合。反应由 Ziegler-Natta 催化剂 $\{Al(CH_2CH_3)_3 + Ti(OC_4H_9)_9\}$ 催化。反应产物的收率和构型与催化剂组成和反应温度等因素有关，反应温度在 150℃ 以上时，主要得到反式构型产物。在低温时主要得到顺式产物，电导率较低。以带有取代基的乙炔衍生物为单体，可以得到取代型聚乙炔，根据取代基不同，可以改善在相应溶液中的溶解能力，但是其电导率大大下降。其电导率的顺序为：非取代＞单取代＞双取代聚乙炔。

利用共轭环状化合物的开环聚合是另外一种制备聚乙炔型共轭聚合物的方法，但是由于萘等芳香性化合物的稳定性较高，不易发生开环反应，在实际应用上没有意义。四元双烯和八元四烯是比较有前途的候选单体，已经有文献报道以芳香杂环 1,3,5-三嗪为单体进行开环聚合，得到含有氮原子的聚乙炔型共轭聚合物。

成环聚合是以二炔为原料制备聚乙炔型聚合物的另一种方法。1,6-庚二炔在 Ziegler 催化剂催化下成环聚合，生成链中带有六元环的聚乙炔型共轭聚合物。具有类似结构的丙炔酸酐也可以发生同样的成环聚合。

当丁二炔的蒸气与惰性塑料，如聚四氟乙烯接触时会发生自发聚合，室温下反应 5 周可以看到塑料表面有一层有色物质形成。当对其加热后颜色加深，发生成环反应。生成的梯形聚合物也具有导电性。

对目前研究最广泛的聚芳香族和杂环导电聚合物的制备，早期多采用氧化偶联聚合法制备。一般来讲，所有的 Friedel-Crafts 催化剂和常见的脱氢反应试剂都能用于此反应，如 AlCl₃ 和 Pdᴵᴵ。从原理上分析这类聚合反应属于缩聚，在聚合中脱去小分子。比如，在强碱作用下，通过 Wurtz-Fittig 偶联反应，可以从对氯苯制备导电聚合物聚苯，在铜催化下，由 4,4′-碘代联苯通过 Ullman 偶联反应得到同样产物。可以利用的其他反应还有格氏和重氮化偶联反应，如图 12-4 所示。

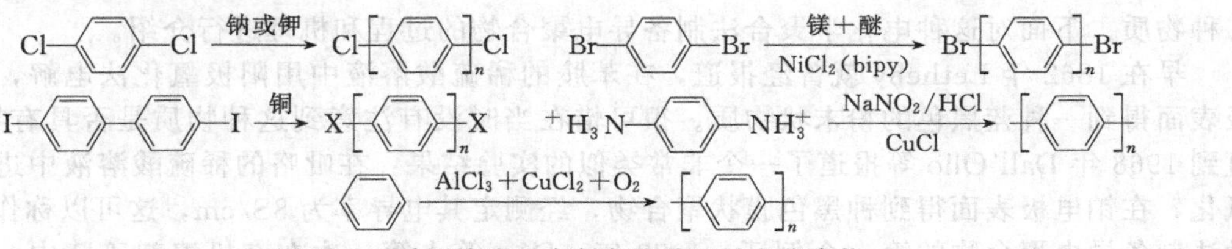

图 12-4 采用缩聚反应制备聚苯型导电聚合物

其他类型的聚芳香烃和聚苯胺类导电聚合物原则上均可以采用这种方法制备。缩聚法同样可以应用到杂芳香环的聚合上，最常见的是吡咯和噻吩的氧化聚合，生成的聚合物导电性能好，稳定性高，比聚乙炔更有应用前景。

（2）间接法 采用直接聚合法虽然比较简便，但是由于生成的聚合物溶解度差，在反应过程中多以沉淀的方式退出聚合反应，因此难以得到高分子量的聚合物。另外，生成产物难以成型加工也是难题。间接合成法是首先合成溶解和加工性能较好的共轭聚合物前体，然后利用消除等反应生成共轭结构。在工业上最具重要意义的这种导电聚合物是以聚丙烯腈为原料，通过控制裂解制备导电聚合物。生成的裂解产物不仅导电性能好，而且强度高，在工业上获得广泛应用。这种方法也用于碳纤维的制备。

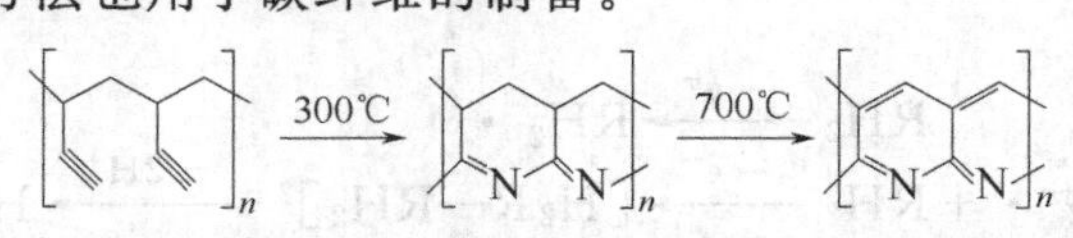

利用间接法制备聚乙炔型导电聚合物还可以采用饱和聚合物的消除反应生成共轭结构的方法。最早人们研究的对象是聚氯乙烯的热消除反应，脱除氯化氢生成共轭聚合物，这种消除反应可以在加热的条件下自发进行（见 A 式）。但是人们发现采用这种方法制成的聚合物导电率不高，其原因是在脱氯化氢过程中有交联反应发生，导致共轭链中出现缺陷，共轭链缩短。另外一个可能原因是生成的共轭链构型多样，同样影响导电能力的提高。采用类似的方法以聚丁二烯为原料，通过氯代和脱氯化氢反应制备聚乙炔型导电聚合物，消除反应在强碱性条件下进行，在一定程度上克服了上述缺陷（见 B 式）。

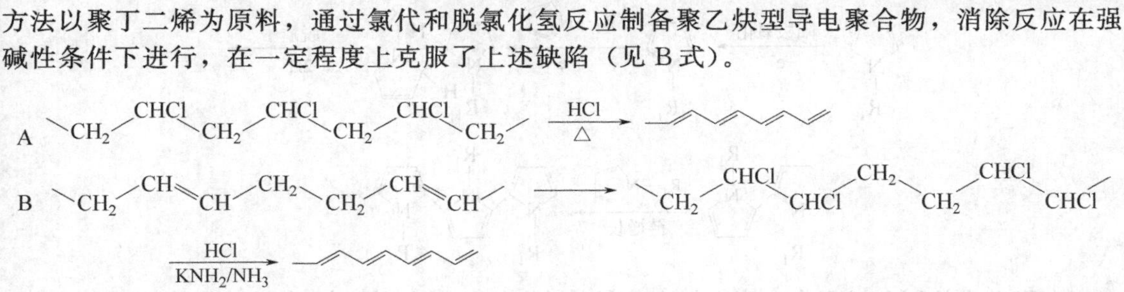

聚苯等芳香聚合物也可以由间接法制备，以苯或者环己二烯为起始物，经聚合脱氢等步骤可以得到聚苯。

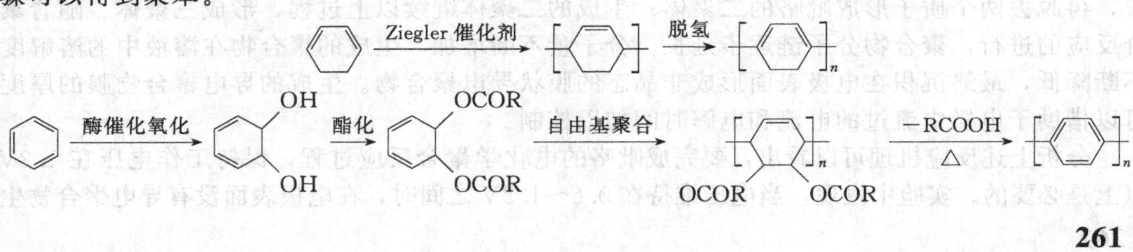

261

（3）电化学聚合法 电化学聚合法是近年来发展起来的电子导电聚合物的另外一类制备方法。这一方法采用电极电位作为聚合反应的引发和反应驱动力，在电极表面进行聚合反应并直接生成导电聚合物膜。反应完成后，生成的导电聚合物膜已经被反应时采用的电极电位所氧化（或还原），即同时完成了所谓的"掺杂"过程。应当注意，这里所指的"掺杂"过程只是使导电聚合物的荷电情况发生了变化，改变了分子轨道的占有情况，而并没有加入第二种物质。下面对这种电化学聚合法制备导电聚合物的过程和机理进行介绍。

早在 1862 年 Letheby 就曾经报道，在苯胺的稀硫酸溶液中用阳极氧化法电解，在铂电极表面得到一种蓝黑色的粉末状物质。很可惜在当时没有注意到这种物质是否具有导电性。直到 1968 年 Dall'Olio 等报道了一个非常类似的实验结果：在吡咯的稀硫酸溶液中进行阳极氧化，在铂电极表面得到种黑色膜状聚合物，经测定其电导率为 8S/cm，这可以称作是电化学法制备导电聚合物的第一个例证。1979 年，Diaz 等人第一次在有机溶剂乙腈中，通过阳极氧化反应，在铂电极表面得到一种柔性的、性能稳定的聚吡咯薄膜，其电导率高达 100S/cm。而在当时用其他方法只能得到粉末状的低电导聚合物质。至此，电化学法制备导电聚合物开始得到了广泛关注，随后又由电化学法制备成功了多种芳香和杂环导电聚合物。目前电化学法已经成为制备各种导电聚合物的主要方法之一。

电化学法制备导电聚合物的化学反应机理并不很复杂，从反应机理上来讲，电化学聚合反应属于氧化偶合反应。一般认为，反应的第一步是电极从芳香族单体上夺取一个电子，使其氧化成为阳离子自由基；生成的两个阳离子自由基之间发生加成性偶合反应，再脱去两个质子，成为比单体更易于氧化的二聚物。留在阳极附近的二聚物继续被电极氧化成阳离子，继续其链式偶合反应，直到生成长链聚吡咯。以上反应过程可以归纳写成一个总的反应式。

$$RH_2 \xrightarrow{-e^-} RH_2^+ \cdot$$

$$RH_2^+ \cdot + RH_2 \xrightarrow{-e^-} [H_2R{-}RH_2]^{2+} \xrightarrow{-2H^+} HR{-}RH$$

$$HR{-}RH \xrightarrow{-e^-} [HR{-}RH]^+ \cdot \xrightarrow{RH_2} [HR{-}RH{-}RH_2]^{2+} \xrightarrow{-2H^+} [HR{-}R{-}RH]$$

$$(x+2)RH_2 \longrightarrow HR{-}(R)_x{-}RH + (2x+2)H^+ + (2x+2)(-e^-)$$

以聚吡咯的电化学聚合过程为例，吡咯的氧化电位相对于饱和甘汞电极（SCE）是 1.2V，而它的二聚物只有 0.6V，按照上述分析应有如下反应历程：

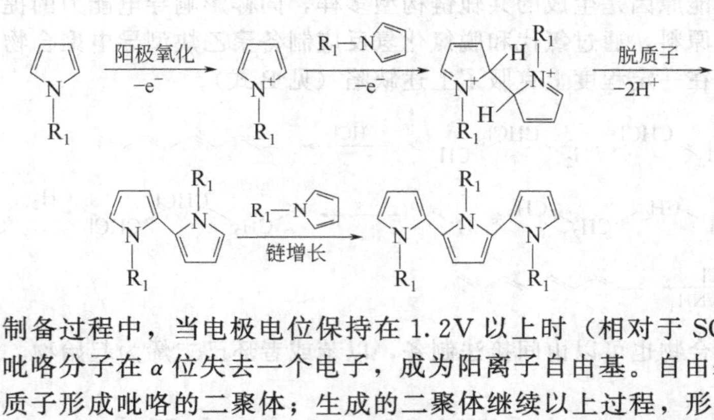

在聚吡咯的制备过程中，当电极电位保持在 1.2V 以上时（相对于 SCE 参考电极），电极附近溶液中的吡咯分子在 α 位失去一个电子，成为阳离子自由基。自由基之间发生偶合反应，再脱去两个质子形成吡咯的二聚体；生成的二聚体继续以上过程，形成三聚体。随着聚合反应的进行，聚合物分子链逐步延长，分子量不断增加，生成的聚合物在溶液中的溶解度不断降低，最终沉积在电极表面形成非晶态的膜状导电聚合物。生成的导电聚合物膜的厚度可以借助于电极中流过的电流和电解时间加以控制。

分析上述反应机理可以看出，要完成吡咯的电化学聚合反应过程，保持工作电压在 1.2V 以上是必要的。实验中发现，当电压维持在 0.6～1.2V 之间时，在电极表面没有导电聚合物生成。从而证明聚合反应的第二步是阳离子自由基之间的偶合反应，而不是像通常自由基引发聚合反应那样，由阳离子自由基与单体之间简单的链增长反应。否则经过最初的激发之后，只要保持 0.6V（吡咯二聚体的标准电极电位）以上的电压，即可连续生成二聚物或低聚物阳离子自由基，就应足以维持链增长反应。显然，事实并非如此。此外，实验数据表明，反应中生成聚合物的量与通过电极消耗的电量成正比，这一现象可以从上面给出的反应式得到解释：聚合度为 n 时，即 n 个单体聚合成一个大分子，需要放出 $2n-2$ 个电子和同样数目的质子，即生成的聚合物的总量与消耗的电量有定量关系。在实际制备过程中消耗的电子要比计算给出的数值要大一些，因为与其同时发生的掺杂过程（聚合物氧化过程）需要大约 $0.25\sim0.40n$ 个电子的消耗。其他副反应也要消耗一些电子。反应后溶液的酸度增加，证明了有脱质子反应发生，间接证明了上述反应机理。目前上述机理已经得到了广泛的认可。

用电化学聚合方法生成的电子导电聚合物在分子结构上有一定的规律性。根据计算机的量子化学计算结果，对于以噻吩、吡咯等五元杂环为母体的单体，α 位的电子密度最高，为最易失去电子生成阳离子自由基的活性点。因而也是氧化偶合反应的活性点。分析测定的结果也证明，生成的导电聚合物以 α-α 连接为主；α-β 和 β-β 连接所占份额很小。当单体中 α 位已经有取代基存在时，聚合反应不能发生，这一论点已有实验结果证明。因此，可以得出 α 位是惟一反应活性点的结论。而当其他位置有取代基时聚合反应可以进行，但是对聚合反应速度和生成的导电聚合膜的导电性能有一定影响（见表 12-3）。

表 12-3　取代基对导电聚合物导电性能的影响

单体化合物	反离子	电导率/(S/cm)	单体化合物	反离子	电导率/(S/cm)
噻吩	四氟硼酸根	0.02[聚合膜]	2,2'-联噻吩	硫酸根	0.1[聚合膜]
	高氯酸根	10～20[压成聚合物]	吡咯	硫酸根	100[聚合膜]
	四氟硼酸根	10～20[压成聚合物]	N-甲基吡咯	硫酸根	0.001[聚合膜]
3-甲基噻吩	高氯酸根	100[聚合膜]	N-乙基吡咯	硫酸根	0.001[聚合膜]
	高氯酸根	10～30[压成聚合物]	N-丙基吡咯	硫酸根	0.001[聚合膜]
3,4-二甲基噻吩	三氟甲基硫酸根	10～50[压成聚合物]	N-丁基吡咯	硫酸根	0.0001[聚合膜]
	三氟甲基硫酸根	0.001[聚合膜]	N-异丁基吡咯	硫酸根	0.00001[聚合膜]

如同其他合成反应一样，反应条件的选择对电化学聚合反应的成功非常重要。比较重要的反应条件包括溶剂、电解质、反应温度、压力以及电极材料等。一般认为在聚合反应中受电极激发产生的阳离子自由基有三条反应渠道：其一是通过以上介绍的偶合反应生成导电聚合物；其二，生成的阳离子自由基通过扩散过程离开电极进入溶液；其三，阳离子自由基与溶液或电解质发生反应生成副产物（见图 12-5）。显然，只有第一种情况是我们所希望的。生成的阳离子自由基稳定性太高，寿命太长，或单体浓度太低，将有利于第二种情况发生，产生可溶性短链物质。而阳离子自由基活性太高或溶剂和电解质的化学惰性不好，将发生第三种情况。

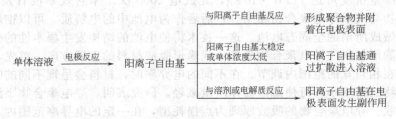

图 12-5　阳离子自由基的三条反应历程

根据以上综合考虑，在电化学聚合反应中，水、乙腈和二甲基甲酰胺常被选做溶剂，一些季铵的高氯酸、六氟化磷和四氟化硼盐为常用电解质。工作电极的电压的选择应稍高于单体氧化电位。在此条件下，用电化学聚合法生成的聚合物的聚合度约为 $100\sim1000$，相当于分子量 $10000\sim100000$。目前用电化学法生产导电聚合物的工艺已有多种，采用的电解系统有单池三电极系统（工作电极、参考电极、反电极），或者用两电极系统（没有参考电极），生成的产物多为膜状。

12.2.3.4 电子导电聚合物的应用

（1）作为导电材料的应用 导电聚合物的低电导率性质使人首先想到在电力输送领域的应用，在理论上讲，导电聚合物应该成为金属电力输送材料的有力竞争者。遗憾的是，目前已经开发出的导电聚合物在某些方面有一些难以克服的缺陷。对多数导电聚合物来说，在非掺杂情况下电导率相对较低，而在掺杂状态化学稳定性较差，在空气中很快失去导电性能。导电聚合物一般溶解性很差，不溶不熔，因此，在加工性方面存在一定难度。因此作为电力输送材料在综合性能方面与现有导电材料相比还有较大差距。在作为抗静电材料和屏蔽材料方面导电聚合物有一定竞争力，但是与复合型导电高分子材料相比，在价格方面缺乏竞争力。因此在这方面的大规模应用开发还有待于上述性能的改进。

（2）作为电极材料 以往的电池电极都是由无机材料制成的，与无机电极材料相比，在电容量一定时，由电子导电聚合物作为电极材料构成的电池质量要轻得多，电压特性也好。这一优势对于以航空航天，以及电动汽车为应用对象的特种可充电电池（二次电池）的研制来说，意义是十分明显的。电极在电化学过程中起着导电体和反应物的双重作用。导电聚合物不仅来源广泛，而且质量轻，不污染环境。根据其使用的掺杂剂不同，目前以导电聚合物为电极材料的二次电池主要有三种结构类型：以导电聚合物作为电池的阴极材料；作为阳极材料；电池中的阳极和阴极都由不同氧化态的导电聚合材料构成。作为阳极，导电聚合物应首先进行 p-型掺杂（氧化）；被 n-型掺杂的导电聚合物则作为电池阴极。作为电极材料，虽然经掺杂的聚乙炔的电导值已经超过 $100000S/cm$，可是在工业上却没有得到预料中的广泛应用。最主要到原因仍然是聚乙炔的稳定性较差，特别是经掺杂的聚合物的稳定性更差。实验数据表明，聚乙炔在真空中，$300℃$时发生分解，在常温下可与空气发生缓慢反应而失去导电性。因此，以聚乙炔为电极材料的电池应做成气密型的。聚乙炔在电池中与溶剂或电解质之间的亲核反应也是造成不稳定的主要原因，反应产生的加成产物破坏了聚合物的大共轭结构，使其失去导电性。而以聚吡咯为材料制作的电极可以在很大程度上克服聚乙炔的上述缺点。聚吡咯与锂电极制成的电池，其电池的开环电压是 3.5V，有效能量密度在 $40\sim60$ W·h/kg之间。聚噻吩虽然有与聚吡咯相近的环境稳定性和电化学性质，但是它的自放电速率相当高，影响了该类电池的储藏性能。除此之外，聚苯胺、聚苯、聚咔唑、聚喹啉等也可以作为电极材料。特别是聚苯胺，它既适合于在有机电解质溶液中使用，也可以用于水性电解质溶液。同时有较高的库仑效率和稳定性，既可以作为阳极使用，也可以作为阴极材料。其电池组成为：

聚苯胺/ZnSO$_4$(H$_2$O)/Zn 或 PbO$_2$SO$_4$(H$_2$O)/聚苯胺

该电池的能量密度可达 111W·h/kg，充放电 2000 次，库仑效率没有发生明显变化。电子导电聚合物与离子导电聚合物相结合，后者作为电池中的电解质，可以彻底消除电池中的液体物质，做成所谓的全固态电池。这一技术将使电池的结构发生根本性的变化。

（3）作为隐形材料 导电聚合物是新一代隐形吸波材料的发展方向。首先，导电聚合物的导电性可以在相当宽的范围内调节。在不同的电导率时，材料会呈现不同的吸波性能。其次，导电聚合物的密度小，可使隐形物体质量减轻。研究表明，导电聚合物吸波材料对微波能有较好的吸收。导电聚合物的吸波原理为点损耗型，在一定的电导率范围内，其最小反射率随电导率的增加而减小。比如，将聚乙炔作为吸波材料，2mm 厚的薄膜对频率为 35GHz

的微波吸收达 90%。聚吡咯、聚苯胺、聚噻吩在 $0\sim20GHz$ 频率范围均有较好的吸波性能。通常，在导电聚合物中添加少量的无机磁损耗物质有利于磁损耗的提高。

（4）作为电显示材料（electrochromic display，ECD）　导电聚合物电显示的依据是在电极电压的作用下聚合物本身发生电化学反应，使它的氧化态发生变化。在氧化还原反应的同时，聚合物的颜色在可见光区发生明显改变。由此建立电压和颜色的对应关系，以电压控制由导电聚合物构成的显示器的颜色。许多导电聚合物都有这种颜色改变功能。与液晶显示器相比，这种装置的优点是没有视角的限制。聚吡咯、聚噻吩和聚苯胺是显色性和稳定性均较好的电显示材料。制备电显示装置首先需要在电极表面形成一层导电聚合物，在电解池中由电极控制导电聚合物的氧化态，使其改变颜色。虽然，在理论上在电极表面形成导电聚合物膜有多种方法可以采用，如蒸发、喷涂、升华等，由于多数导电聚合物溶解性能较低，实际上制备导电聚合物膜主要采用电化学聚合法。

在作为电显示材料方面研究最多的是聚吡咯和聚噻吩两种导电聚合物。中性的聚吡咯显示黄颜色，在紫外区和蓝色区有较强吸收。当被氧化后在可见区的吸收有较大幅度的增加，外观显示深棕色。当吡咯环上有取代基时作用类似，但是氧化态的吸收光谱略有差别。中性的噻吩、$2,2'$-联噻吩和三甲基噻吩等噻吩衍生物在 480nm（蓝区）附近有较强吸收。氧化后其最大吸收带转移到红区（最大吸收在 700nm 附近）。当 3-位带有苯取代基时，氧化态吸收峰向长波方向移动（最大吸收峰在 560nm 附近）。使用的电解质和溶液不同对吸收光谱略有影响。常见可用于电显示装置的导电聚合物，以及它们在不同氧化态的颜色和氧化还原电位列于表 12-4。

表 12-4　一些导电聚合物的电光性质

导电聚合物	颜色变化		电压变化范围（与甘汞电极比较）
	氧化态	还原态	
聚吡咯	棕色	黄色	$0\sim0.7V$
聚（3-乙酰基吡咯）	黄棕色	棕黄色	$0\sim1.1V$
聚（3,4-二甲基吡咯）	红紫色	绿色	$-0.5\sim0.5V$
聚（N-甲基吡咯）	棕红色	橘黄色	$0\sim0.8V$
聚（3-甲基噻吩）	蓝色	红色	$0\sim1.1V$
聚（3,4-二甲基噻吩）	深蓝色	蓝色	$0.5\sim1.5V$
聚（3-苯基噻吩）	蓝绿色	黄色	$0\sim1.5V$
聚（3,4-二苯基噻吩）	蓝灰色	黄色	$0.5\sim1.5V$
聚（2,2'-联噻吩）	蓝灰色	红色	$0\sim1.3V$

有些聚合物还是多色电致变色材料，即在电场控制下能够显示两种以上的颜色，比如在导电玻璃电极表面制备一层由聚苯胺构成的导电聚合物，在 $0\sim1.5V$ 电压范围内其颜色可以发生变化，光谱变化区在可见光区。聚合物经由电极氧化后，颜色从黄色经绿、蓝、紫到棕色，完成颜色转换时间小于 100ms，最大显示次数可达 100000。这种显示装置的缺点在于当驱动电压撤除后往往表现有记忆效应。它们的应用前景还有赖于在技术上能否提高聚合物的使用寿命和缩短显示转换时间。

除以上的纯导电聚合物可以作为有机电显示材料外，将发色团接枝于导电聚合物，在技术上也可以制成电显示装置，构成另一类电显示材料。其中最常见的发色团为 $1,1'$-二取代的 $4,4'$-联吡啶盐结构单元。它是由两个吡啶环相连构成一个共轭电子系统，处于基态时它是带有两个正电荷的阳离子，可以被可逆地还原成一价阳离子自由基或进一步还原成中性产物。其中生成的一价自由基有极强的颜色反应。而具体的光谱吸收范围则取决于联吡啶环上有无取代基，以及取代基的种类及性质；或者取决于由于取代基的引进，从而改变了两个吡啶环的特定空间结构关系。例如将 $2,2'$-和 $4,4'$-联吡啶通过碳链与吡咯的氮原子相连构成单体，用电化学法在导电玻璃（二氧化锡）电极上形成导电聚合物膜，该聚合物膜表现出非常好的电显示性能。联吡啶盐的最大的优点是灵敏度非常高，在 10^{-6} 浓度就有很强的颜色反应。

导电聚合物制备的显示装置其色密度与在电极表面形成的膜厚度和膜材料的种类有关系，对于给定膜材料和膜厚度时，色密度还与注入的电荷量成正比。装置的稳定性受氧气的影响。当处在不存在氧气的环境中颜色显示循环 10 万次后各项指标没有明显变化。目前电致变色导电聚合物主要应用到智能窗（smart window）的研究方面。

（5）作为化学反应催化剂　由于被 p-型掺杂的聚合物具有电子接受体功能，n-型掺杂的聚合物具有电子给予体的功能，因此经过掺杂的聚合物具有氧化还原催化功能。将导电聚合物固化到电极表面可以制成修饰电极，在电化学反应中可以作电催化材料。此外，导电聚合物的光化学特性使其在光化学催化方面也有应用报道。

（6）在有机电子器件制备方面的应用　导电聚合物在掺杂态和非掺杂态其电导率有 7 个数量级以上的差别，而掺杂态可以由电极很容易地加以控制。利用导电聚合物的这一特性可以制备有机分子开关器件。这方面的研究已经取得了一定进展。Wrighton M. S. 等利用导电聚合物在不同氧化态下的截然不同的导电性能。由电压控制加在两电极之间导电聚合物的氧化态，控制其导电性能，已经制成了分子开关三极管模型装置。

用不同导电性能的导电聚合物在微型电极表面进行多层复合，是制作有机分子二极管、三极管以及简单的逻辑电路的另外一种思路。将会成为分子电子材料研究的一个重要方向。为了克服导电聚合物电化学性质方面的局限性，制备有机分子型微电子器件时，常需要在其导电骨架上接有特定的氧化还原基团来改善其物理化学性能。这时氧化还原导电机理起主要的电子开关作用，而电子导电聚合物骨架只在制备阶段起电子传输作用。

12.2.4　离子导电型高分子材料

以正负离子为载流子的导电聚合物被称为离子导电聚合物，是一类重要的导电材料。离子导电与电子导电不同。首先，离子的体积比电子大得多，因此不能在固体的晶格间自由移动，所以我们日常见到的大多数离子导电介质是液态的，离子在液态中比较容易以扩散的方式定向移动。其次，离子可以带正电荷，也可以带负电荷，而在电场作用下正负电荷的移动方向是相反的。而且各种离子的体积、化学性质，物理化学性能等各不相同。

12.2.4.1　有关离子导电的一些基本概念

（1）离子导电过程和离子导电体的特征　与电子导电过程相比，离子导电的最大不同在于载流子离子的体积比电子要大得多。当我们讨论电子导电过程时完全不必考虑因电子体积造成的影响，然而，对于离子导电过程，体积因素却是影响导电能力的主要因素之一。物体在液态时允许其中的离子和分子在其中相对自由移动，这种运动称扩散运动。如果在外力（如液体两端外加电压）作用下溶液中带有正负电荷的离子能够定向移动，就会在液体中产生电流。这一过程就是离子导电过程。具有这种能力的液体称为离子导电液体。构成离子导电必须具备两个条件：首先是具有独立存在的正、负离子，而不是离子对；其次是离子可以自由移动。由极性分子构成的液体，因为其分子可以自由运动和旋转，能够形成溶剂合离子。溶剂合离子可以阻止正、负离子由于静电引力而复合成离子对或化合物。以水为溶剂称水合离子。液体的流动性是保证离子自由移动的重要条件。由于大多数固体不具备上述两条性质，常规的离子导体往往是指含有独立正负离子的电解质溶液。

（2）电化学过程和电化学反应　我们一般称有电参与的化学过程为电化学过程。电化学过程基本可以根据其能量转换过程分成两大类，即在电化学过程中参与其中的物质将化学能转变成电能；或者由外界加入电能，通过电化学反应由电能产生化学能。前者的主要例证为各种各样的电池，电池在使用中将储存的化学能转变为电能输出。后者常被称为电解过程，用来生产一些电化工产品。如低能态的氯化钠水溶液被电解后生成高能态的氯气和氢氧化钠。它们都是重要的化工产品。电池的充电过程也属于此类电化学过程。典型的电化学装置包括电极和电解质，电极的作用是提供电能或将电能引到外电路使用，也是电化学过程的直接参与者。在电极表面，电活性物质发生氧化或还原反应，该化学反应被称为电化学反应。发生氧化反应的电极称阳极，如铜失去电子，氧化成阳离子：$Cu-e^- =\!=\!= Cu^+$。发生还原反应的电极称为阴极，比如铜离子得到一个电子，还原成铜：$Cu^+ + e^- =\!=\!= Cu$。在阳极附近生成的阳离子，在电场作用下通过扩散运动移向阴极；而在阴极附近生成的阴离子则移向阳极，以保证电极附近溶液的电中性。在电化学过程中电子和离子都参与电荷转移过程。电子通过电化学装置中的电极和外部电路进行传递，在电化学装置的内部，离子的传输则由电解质来完成。因此，可以说没有电解质的参与，任何电化学过程都不能发生。

（3）电化学反应装置　综上所述，电化学过程可以分成两类，即化学能转变成电能的过程和电能转变成化学能的过程。这两个过程可以分别在不同的装置中发生，也可以在同一个装置中两类电化学过程依次发生。能承受电化学过程的反应装置称为电化学反应装置，当在装置中只能发生化学能转变为电能的电化学过程，该装置称为原电池（galvanic cell），或一次电池（primary battery）。比如我们常见的干电池，以及燃料电池（在电池放电过程中可以不断补充化学燃料），是一种纯粹化学能-电能转换装置。当在装置中只能发生电能转换为化学能时，该电化学过程称为电解。反应装置称为电解池（electrolytic cell）。如常见的电镀、电合成装置，是化学物质的生产装置。如果两种电化学过程都可以在同一装置中发生，这种装置称为二次电池（secondary battery）。当发生电能转换成化学能过程时，称该装置处于充电过程；反之，发生的化学能转变成电能的过程称该装置的放电过程。这种装置是一种电化学能量储存与转换装置，比如常见的镍镉电池和铅蓄电池即属于此类。值得注意的是在这种装置中，当处于不同反应过程时两个电极起着不同作用。

以铅蓄电池为例，当电池处在放电过程时，在电池负极上发生的电化学反应为氧化反应，电极起阳极作用。
$$Pb + SO_4^{2-} \longrightarrow PbSO_4 + 2e^-$$
在电池正极上发生的电化学反应为还原反应，电极起阴极作用。
$$PbO + 4H^+ + SO_4^{2-} + 2e^- \longrightarrow PbSO_4 + 2H_2O$$
而在充电过程中发生相反的化学反应：
$$负极 \quad PbSO_4 + 2e^- \longrightarrow Pb + SO_4^{2-}$$
$$正极 \quad PbSO_4 + 2H_2O \longrightarrow PbO + 4H^+ + SO_4^{2-} + 2e^-$$
除了以上电化学装置，还有化学敏感器、电化学分析仪器等。

12.2.4.2　固态离子导电机理

（1）发展固态离子导电体的意义　离子导电体最重要的用途是作为电解质用于工业和科研工作中的各种电解和电分析过程，以及需要化学能与电能转换场合中的离子导电介质。在电化学工业中和其他应用场合离子导电体起着非常重要的作用。虽然目前已经研制和开发了多种能满足不同需要的电解质溶液。但是液体电解质（即液体离子导电体）也有一些难以克服的缺点。如使用过程中容易发生泄漏和挥发而缩短使用寿命，或腐蚀其他器件，无法成型加工或制成薄膜使用。此外，液态电解质的体积和质量一般都比较大，制成电池的能量密度较低，不适合于在需要小体积、轻质量、高能量、长寿命电池的使用场合。因此人们迫切需要发展一种能克服上述缺点的固态电解质。固态电解质就是具有液态电解质的允许离子在其中移动，同时对离子有一定溶剂化作用，但是又没有液体流动性和挥发性的一种导电物质。为克服液态电解质的上述缺点，最早采用的办法是加入惰性固体粉末使其半固态化。如日常使用的"干电池"中电解液与固体填充物混合成膏状作为电解质使用以减小流动性。填充材料可以是各种惰性粉末，或者由玻璃或聚合物纤维组成的毡状物质替代。近年来趋向于由电解液与溶胀的高分子材料结合构成溶胶状电解质，也称为胶体电解质。同样是以消除液体电解质的流动性为目的。虽然上述方法在一定程度上提高了电解质的使用性能，并获得了广泛应用，但是这种电解质还不是真正意义上的固态电解质，因为电解质在填充物中仍然是以液态形式构成连续相，液体的挥发性仍在，在某种程度上还存在着液体的对流现象。真正的固态电解质应该是不含任何液体的真正的固体。比如，由单晶或多晶体构成的薄片，由粉末制成的压片，或者由离子导电材料制成的薄膜等。在这种材料中没有液体的流动性和挥发性，也不存在对流现象。目前已经开发出多种符合上述标准的固态电解质。

(2) 固体离子导电机理　目前已有的固态电解质主要分成两类，一类是以某些无机盐为代表的晶体型固体电解质，另外一类就是离子导电聚合物。前者通常以压片型使用，后者多制成薄膜使用。离子导电聚合物具有材料来源广泛、成本低廉、容易加工成型的特点，是目前固体电解质发展的主要方向。

离子导电物质的形态和组成不同，其导电的机理也不同。根据目前已有的离子导电理论，离子在固态物质中的迁移主要有三种可能的机理，即缺陷导电（defect conduction）、亚晶格离子迁移导电（highly disorderd sub-lattice motion）和非晶区传导导电（amorphors region transport）。

① 缺陷导电。缺陷导电是基于某些无机盐晶体中存在着晶格的不完整性，即缺陷，如空穴（未被占据的晶格）和填隙子（离子占据了两晶格之间的位置）。这些缺陷可以由晶体本身在热的作用下形成，也可以由事先设计的或偶然的掺杂过程形成，这些缺陷是晶体中的薄弱环节。在一般情况下，处在晶体缺陷处的离子是稳定不动的，被称为处在势能井内（potential energy wells）。在足够大的电场力作用下该离子可以借助跳转作用，在相邻的缺陷中迁移，构成离子导电。由于温度可以提高离子的能量，因此缺陷导电晶体的离子电导率随着温度的提高而迅速提高。在这一类晶体中，阴离子和阳离子都可以参与缺陷导电。但是缺陷离子电导的绝对值都很小，没有很大应用价值。碱金属氯化物有很弱的离子电导能力，可能就属于缺陷离子导电。掺杂的金属氧化物，如 ZrO_2/Y_2O_3 和卤素的某些盐类，如 CaF_2 和 $SrCl_2$ 等是比较好的缺陷导电离子导体。

② 亚晶格导电。亚晶格导电存在于某些特殊晶形的晶体材料中，人们发现某些物质，如碘化银或碘化铜，在常温下如同其他盐类一样离子电导性很小；但是当它们被加热到一定温度，晶体结构会发生变化，即所谓的 β-α 一级相变过程，离子导电性能也随之提高几个数量级。α 相导电率非常高，接近于 0.1mol 浓度的氯化钠水溶液的电导率。碘化银在 146℃ 转变为 α 相，此时碘化银晶体呈体心立方晶系。在晶胞中碘离子处在立方体的四个角上，银离子则处在立方体的中心。在这样的晶格体系中，在电场作用下体积较小的银离子在相邻体心之间的移动不会破坏整个体系的结构，因而移动阻力较小，称其为亚晶格导电。

亚晶格导电在某种程度上有些类似于离子处在液体时的情形。事实上碘化银在 β-α 一级相变过程中的热熔值也大致等于其在 555℃ 时熔化过程中的热熔值，说明处在这种晶体状态的碘化银的能态已经相当高。

近年来发现，在碘化银或碘化铜中加入相当比例的某些有机或无机离子，可以大大增强它们在室温下的离子电导能力。这类固态电解质包括 Ag_2HgI_4，Ag_4RbI_5，$Ag_7[Nme_4]I_8$ 等。目前这种材料的详细晶格数据和导电机理还不清楚。

③ 非晶区扩散传导离子导电。以上两种离子导电方式主要发生在无机晶体材料中。我们的研究对象——离子导电聚合物，其导电方式主要属于第三种类型，即非晶区传输过程。高分子材料是非晶态或不完全结晶物质，在非晶区出现较大的塑性，由于链段的热运动，内部物质，包括离子具有一定的迁移性质，依据这种性质发生的离子导电过程被称为非晶区扩散传导离子导电。

在介绍其导电机理之前有必要对离子导电聚合物与含离子聚合物两个概念加以区分。含离子聚合物主要分成以下 4 类（见表 12-5）。

表 12-5　含离子聚合物的分类表

类　型	组　成	可移动物质	实　例
溶胶型聚合电解质	聚合物、盐、溶剂	阳离子、阴离子和溶剂	PVF_2、$PC+LiClO_4$
离子聚合物	聚合型盐	在干燥时无可移动物质	Nafion
溶剂化聚合物	聚合物溶剂、盐	阳离子和阴离子	$PEO+LiClO_4$
溶剂化离子聚合	聚合物盐溶剂	阳离子或阴离子	

① 溶胶型聚合电解质是由含有离子的溶液所溶胀的聚合物组成，而盐溶解在溶剂中构成含离子溶液。

② 聚合盐类或称离子聚合物（ionomer），是一类聚合物分子结构中通过共价键连接有离子性基团的物质，如连接有阳离子基团（$-R_3N^+$）或阴离子基团（$-CF_2SO_3^-$）的聚苯乙烯树脂，通常使用的离子交换树脂就属于这一类。在这类含离子聚合物中，虽然含有与聚合离子相配对的小体积的反离子存在作为潜在的可移动离子，事实上由于存在强大的静电引力和交联网络，在非溶胀状态反离子的移动受到很大限制。因此，当该类聚合物没有被适当溶剂溶胀时（相当于离子溶解在溶剂中），是不能当作电解质使用的，尽管它们也含有离子。

③ 溶剂化聚合物。在这类聚合物中聚合物分子本身并不含有离子，也没有溶剂加入。但是聚合物本身一方面有一定溶解离子型化合物的能力，另一方面允许离子在聚合物中有一定移动能力（扩散运动）。在作为电解质使用时将离子型化合物"溶解"在聚合物中，形成溶剂合离子，构成含离子聚合物，其所含离子在电场力作用下可以完成定向移动。由于其中不含任何液体物质，是真正的固态电解质。对这类具有离子导电能力的聚合物最基本的要求是具有对离子的溶剂化能力，我们通常所指的离子导电聚合物主要是指这一类聚合物。

④ 溶剂化离子聚合物是指聚合物本身带有离子性基团，同时对其他离子也有溶剂化能力。能溶解的离子包括有机离子和无机离子，是很有发展前途的离子导电体。

（3）离子导电聚合物的导电理论——自由体积理论和聚合络合物理论　对大多数聚合物来说，无论是线形、分枝形，还是网络结构，完整的晶体结构是不存在的，基本属于非晶态或者晶态。非晶区传输过程是大多数聚合物类离子导体导电的主要方式。自由体积理论（free volume theory）是解释非晶区导电的主要根据。根据自由体积理论，在一定温度下聚合物分子要发生一定幅度的振动，其振动能量足以抗衡来自周围的静压力，在分子周围建立起一个小的空间来满足分子振动的需要。这个来源于每个聚合分子热振动形成的小空间被称为自由体积 V_f。其体积的大小是时间的函数，随时间的变化而变化。当振动能量足够大，自由体积可能会超过离子本身体积。在这种情况下，聚合物中的离子可能发生位置互换而发生移动。如果施加电场力，离子的运动将是定向的。

自由体积理论揭示了聚合物在玻璃化转变温度以上时，聚合物分子的热振动可以在聚合物内创造一些小的空间，使聚合物内部的传质过程得以有发生的可能，也就是这个不断随时间变化的小空间使在聚合物大分子间存在的小体积物质（分子、离子或原子）的扩散运动成为可能。

在电场力的作用下，聚合物中包含的离子受到一个定向力，在此定向力的作用下离子通过热振动产生的自由体积而定向迁移。因此，自由体积越大，越有利于离子的扩散运动，从而增加离子电导能力。自由体积理论成功地解释了聚合物中离子导电的机理以及导电能力与温度的关系。但是仍然有许多实验现象无法得到圆满解释，比如聚硅氧烷的导电性能与其很低的玻璃化转变温度不相适应问题等。不过，无论如何自由体积理论仍是目前能够解释聚合物离子导电现象的主要理论之一。

除了自由体积理论被普遍用来解释聚合物的离子导电性能之外，聚合络合物理论的提出使人们又提出了在离子导电聚合物中存在亚晶格离子传输机理。1966 年，有人报道：PPO（聚环氧丙烷）可以溶解高氯酸锂盐类，溶解盐后聚合物的玻璃化转变温度有近 70℃的变化，机械性能也发生异常变化。而最大的变化在于盐的溶解使聚合物的体积发生明显收缩，这说明在聚合物中溶解的盐与聚合物分子中的醚氧原子有较强的相互作用。这种现象被解释为溶解的盐（其实是盐解离后形成的离子）与聚合物醚氧原子形成了配位络合物。在其他类型的聚醚中也发现了同样的现象。而且经过加盐的聚醚都有很好的离子导电性能。聚醚的这一性质使人们将其与四氢呋喃等溶剂对盐类的特殊溶解性相联系。而后者良好的溶解性并不是因为它有很高的介电常数，而是醚氧原子与阳离子的配位络合作用。同样可以推理，聚醚对盐有较高的溶解性也应归于聚合物中给电基团与盐中阳离子强烈的配位络合作用。

在聚合物中不存在完整的晶体结构，因此离子的晶格间（或空穴）的跳转就不可能是离子导电的主要手段。实验数据也表明完全非晶态的聚合物并不影响其离子导电能力。虽然聚合络合物理论对离子导电过程不能加以很好解释，但是在聚合物中形成配位键对影响聚合物离子导电能力的重要性质——溶剂化能力却是很重要的。虽然盐是由正离子和负离子组成的，但是当他们以结合态，或者以离子对形态存在时，电场力不能使它们定向移动。要使聚合物具有离子导电能力，使进入聚合物内部的盐解离成相应的阳离子和阴离子是必要的。如同在液体电解质中形成的溶剂合离子一样，聚合物具有较强的溶剂合能力对于提高盐的解离程度是十分有利的。这就解释了为什么聚硅氧烷虽然有很低的玻璃化转变温度，在常温下自由体积也很大，但是离子电导却很低的原因。

12.2.4.3　离子导电聚合物的结构特征和性质与离子导电能力之间的关系

（1）聚合物玻璃化转变温度的影响　决定聚合物能否导电的一个重要因素是聚合物的玻璃化转变温度，在玻璃化转变温度以下，聚合物处在冻结状态，没有离子导电能力。因此，聚合物的玻璃化转变温度是作为固体电解质使用的下限温度。要取得理想的离子导电能力并有合理的使用温度，降低离子导电聚合物的玻璃化转变温度是关键。分子间力小的聚合物分子，有利于分子的热运动，会降低玻璃化转变温度。对同一种聚合物来说，降低聚合物的晶体化程度，增加无序度，有利于玻璃化温度的降低。但是玻璃化转变温度并不是惟一的影响因素。

（2）聚合物溶剂化能力的影响　聚合物对离子的溶剂化能力是影响其对离子导电能力的重要因素之一。像聚硅氧烷这样玻璃化转变温度只有−80℃的聚合物，而其离子电导能力却很低的原因就是对离子的溶剂化能力低，无法使盐解离成正负离子。因此，设法提高聚合物的溶剂化能力是制备高性能离子导电聚合物的重要内容。溶液的溶剂化能力一般可以用介电常数衡量，介电常数大的聚合物溶剂化能力强。增加聚合物分子中的极性键的数量和强度，有利于提高聚合物的溶剂化能力。特别是当分子内含有能与阳离子形成配位键的给电子基团，或者配位原子时，有利于盐解离成离子（构成聚合络合物），这时介电常数只起次要作用。目前发现的性能最好的离子导电聚合物分子结构中大多有聚醚结构。

（3）聚合物其他因素的影响　聚合物的其他性质比如分子量的大小、分子的聚合程度等内在因素，温度和压力等外在因素对离子导电聚合物的离子导电性能也有一定影响。其中温度的影响比较显著，是影响聚合物离子导电性能的重要环境因素，在聚合物的玻璃化转变温度以下时，没有离子导电能力，不能作为电解质使用。在此温度以上，离子导电能力随着温度的提高而增大，这是因为温度提高，分子的热振动加剧，可以使自由体积增大，给离子的定向运动提供了更大的活动空间。但是应当注意，随着温度的提高，聚合物的力学性能也随之下降，会降低其实用性，两者必须兼顾。根据实验结果，作为固态电解质使用，其使用温度应高于该聚合物玻璃化转变温度100℃为宜。

12.2.4.4　离子导电聚合物的制备

按照聚合物的化学结构分类，离子导电聚合物主要有以下三类：聚醚、聚酯和聚亚胺。它们的结构、名称、作用基团以及可溶解的盐类列于表12-6中。

表 12-6　常见离子导电聚合物及使用范围

名　称	缩写符号	作用基团	可溶解盐类
聚环氧乙烷	PEO	醚基	几乎所有阳离子和一价阴离子
聚环氧丙烷	PPO	醚基	几乎所有阳离子和一价阴离子
聚丁二酸乙二醇酯	PE succinate	酯基	$LiBF_4$
聚癸二酸乙二醇	PE adipate	酯基	$LiCF_3SO_3$
聚乙二醇亚胺	PE imine	氨基	NaI

（1）离子导电聚合物的合成方法　聚环氧类聚合物是最常用的聚醚型离子导电聚合物，主要以环氧乙烷和环氧丙烷为原料。它们均是三元环醚，键角偏离正常值较大，在分子内有很大的张力存在，很容易发生开环聚合反应，生成聚醚类聚合物。阳离子、阴离子或者配位络合物都可以引发此类开环聚合反应。对于离子导电聚合物的制备来说，要求生成的聚合物有较大的分子量，而阳离子聚合反应中容易发生链转移等副反应，使得到的聚合物分子量降低，在导电聚合物的制备中使用较少。在环氧乙烷的阴离子聚合反应中，氢氧化物、烷氧基化合物等均可以作为引发剂进行阴离子开环聚合。环氧化合物的阴离子聚合反应带有逐步聚合的性质，生成的聚合物的分子量随着转化率的提高而逐步提高。其平均聚合度与产物和起始物的浓度有如下关系。

在环氧化合物开环聚合过程中，由于起始试剂的酸性和引发剂的活性不同，引发、增长、交换（导致短链产物）反应的相对速率不同，对聚合速率，产品分子量的分布造成复杂影响。比如，环氧丙烷的阴离子聚合反应存在着向单体链转移现象，导致生成的聚合物分子量下降。对此常采用阴离子配位聚合反应制备聚环氧丙烷。引发剂可以使用 $ZnEt_2$ 与甲醇体系。下面给出了两种主要环氧聚合物的反应和生成的产物结构。

聚酯和聚酰胺是另一类常见的离子导电聚合物，其中乙二醇的聚酯性能比较好，一般由缩聚反应制备，采用二元酸和二元醇进行聚合得到的是线形聚合物，生成的聚合物柔性较大，玻璃化温度较低。同样，二元酸衍生物与二元胺反应得到的聚酰胺也有类似的性质。这两类聚合物的聚合反应式如下。

$$HO—CH_2CH_2—OH + R'OOCR''COOR' \longrightarrow HO(CH_2CH_2OOCR''CO)_n—OR'$$

$$H_2NRNH_2 + ClOCR'COCl \longrightarrow H(NHRNHOCR'CO)_n—Cl$$

除了上面提到的几种类型的离子导电聚合物之外，最近还有报道聚磷腈型聚合物（polyphosphazenes）也是良好的离子导电性能。其合成主要有两种方法，一种是以氯代磷腈三聚体为原料，通过开环聚合得到；另外一种是以 N-二氯磷酰-P-三氯单磷腈或者 N-二氯磷基-P-三氯单磷腈为原料，通过缩聚反应制备。其反应式如下：

（2）导电聚合物的性能改进　为了提高离子导电聚合物的使用性能，目前采用的主要方法有以下几种。

① 采用共聚方法降低材料的玻璃化转变温度和结晶性能。包括无规共聚、嵌段共聚和接枝共聚，使分子的规整度下降，用以减少分子间作用力。通过非极性单体和极性单体共聚反应还可以得到双相聚合物，既提高其离子导电性能，又不减少其力学性能。

② 采用交联方法降低材料的结晶性。虽然交联作用抑制了离子导电聚合物的结晶性，并且提高材料的力学性能；但是交联作用也会提高材料的玻璃化转变温度和抑制离子的自由迁移。

③ 采用共混方法提高导电性能。采用两种性质差别很大的聚合物进行共混也可以起到共聚方法相类似的作用。

④ 采用增塑方法降低材料的玻璃化转变温度和结晶度。加入介电常数大的增塑剂还可以加大盐的解离，增加有效载流子的数目。使用较多的增塑剂有碳酸乙烯酯和碳酸丙烯酯。

对于有实际应用意义的聚合电解质，除要求有良好的离子导电性能之外，还需要满足下列要求：

① 在使用温度下应有良好的力学强度；

② 应有良好的化学稳定性，在固态电池中应不与锂和氧化性阳极发生反应；

③ 有良好的可加工性，特别是容易加工成薄膜使用。

提高力学强度的办法包括在聚合物中添加填充物，或者加入适量的交联剂。经这样处理后，虽然力学强度明显提高，但是玻璃化温度也会相应提高，影响到使用温度和电导率。对于玻璃化温度很低，但是对离子的溶剂化能力也低，因而导电性能不高的离子导电聚合物，用接枝反应在聚合物骨架上引入有较强溶剂化能力的基团，有助于离子导电能力的提高。采用共混的方法将溶剂化能力强的离子型聚合物与其他聚合物混合成型是又一个提高固体电解质性能的方法。最近的研究表明，采用在聚合物中溶解度较高的有机离子，或者采用复合离子盐，对提高聚合物的离子电导率有促进作用。

12.2.4.5　离子导电聚合物的应用

离子导电聚合物最主要的应用领域是在各种电化学器件中替代液体电解质使用，虽然目前生产的多数聚合电解质的电导率还达不到液体电解质的水平，但是由于聚合电解质的力学强度较好，可以制成厚度小，面积很大的薄膜，因此由这种材料制成的电化学装置的结构常数 (A/l) 可以达到很大数值，使两电极间的绝对电导值可以与液体电解质相比，满足实际需要。比如，按照目前的研制水平，聚合电解质薄膜的厚度一般为 $10 \sim 100 \mu m$（液体电解质至少要在毫米量级），其电导率可以达到 $100 S/m^2$。因此获得了广泛的应用。

（1）在全固态电池和全塑电池中的应用　全固态电池由于彻底消除了腐蚀性液体，体现出质量轻、体积小、寿命长的特点。全塑电池是将电池的阴极、阳极、电解质和外封装材料全部塑料化（高分子化），大大减轻质量和减少对环境的污染。目前离子导电聚合物已经在锂离子电池等高容量、小体积电池制造中获得应用。

（2）在高性能电解电容器中的应用　电解电容器是大容量、小体积的电子器件。将其中的液体电解质换成高分子电解质，可以大大提高器件的使用寿命（没有挥发性物质）和增大电容容量（可以大大缩小电极间距离）。此外，还可以提高器件的稳定性，从而达到提高整个电子设备稳定性的目的。

（3）在化学敏感器研究方面的应用　很多化学敏感器的工作原理是电化学反应，在这类器件制备过程中，采用聚合物电解质有利于器件的微型化和可靠性的提高。采用离子导电聚合物作为固体电解质已经在二氧化碳、湿度等敏感器制备中获得应用。

（4）在新型电显示器件方面的应用　高分子电致变色和电致发光材料是当前开发研究的新一代显示材料，以这些材料制成的显示装置有一个共同的特点是依靠电化学过程。由于聚合物电解质本身的一系列特点，特别适合在上述领域中使用。目前在电致变色智能窗、聚合物电致发光电池等场合获得应用。

与其他类型的电解质相比较，由这些离子导电聚合物作为固态电解质构成的电化学装置有下列优点：

① 容易加工成型，力学性能好，坚固耐用；

② 防漏、防溅，对其他器件无腐蚀之忧；

③ 电解质无挥发性，构成的器件使用寿命长；

④ 容易制成结构常数大（A/l），因而能量密度高的电化学器件。

由固态电解质制成的电池特别适用于像植入式心脏起搏器、计算机存储器支持电源、自供电大规模集成电路等应用场合。

当然，由于技术方面的限制，目前已经开发出的离子导电聚合物作为电解质使用，也有其不利的一面。

① 在固体电解质中几乎没有对流作用，因此物质传导作用很差，不适用于电解和电化学合成等需要传质的电化学装置。

② 如何解决固体电解质与电极良好接触问题要比液态电解质困难得多。由于电极和电解质两固体之间表面的不平整性，导致实际接触面积仅有电极表面积的1%左右，给使用和研究带来不便。特别是当电极或者电解质在充放电过程中有体积变化时，问题更加严重，经常会导致电解质与电极之间的接触失效。

③ 目前开发的固态电解质其离子导电能力一般相对比较低，要求在较高的使用温度下使用。低温聚合固体电解质目前还是空白。

12.2.5　氧化还原型导电聚合物简介

氧化还原型导电聚合物从侧链上常带有可以进行可逆氧化还原反应的活性基团，有时聚合物骨架本身也具有可逆氧化还原能力。当聚合物的两端接有测定电极时，在电极电势的作用下，聚合物内的电活性基团发生可逆的氧化还原反应，在反应过程中伴随着电子定向转移过程发生。如果在电极之间施加电压，促使电子转移的方向一致，聚合物中将有电流通过，即产生导电现象。

氧化还原聚合物的导电机理为：当电极电位达到聚合物中电活性基团的还原电位（或氧化电位）时，靠近电极的活性基团首先被还原（或氧化），从电极得到（或失去）一个电子，生成的还原态（或氧化态）基团可以通过同样的还原反应（或氧化反应）将得到的电子再传给相邻的基团，自己则等待下一次还原（或氧化）反应。如此重复，直至将电子传送到另一侧电极，完成电子的定向转移。

严格来讲，氧化还原导电聚合物不能算作导电体，因为该聚合物并不遵循导体的导电法则。因为，它们的电压-电流曲线是非线性的，除了在氧化还原基团特定的电位范围内聚合物有导电现象外，在其他情况下都是绝缘体。

氧化还原导电聚合物的转移用途是作为各种用途的电极材料，特别是作为一些有特殊用途的电极修饰材料。由此得到的表面修饰电极广泛用于分析化学、合成反应和催化过程，以及太阳能利用、分子微电子器件、有机光电显示器件的制备等方面。

12.3　高分子驻极体材料

12.3.1　概述

通过电场或电荷注入方式将绝缘体极化，其极化状态在极化条件消失后能半永久性保留的材料称为驻极体（electret），具有这种性质的高分子材料称为高分子驻极体（polymeric electret）。对固态高分子材料施行注入或极化，使它带有相对恒定的电荷，长期储存而不消失，这种高聚物带电体，即可形成高分子驻极体。

驻极体中的电荷，可以是单极性的实电荷，也可以是偶极极化的极化电荷。实电荷是通过注入载流子的方式获得的，如聚乙烯、聚丙烯等没有极性基团的聚合物，借助电子或离子注入技术而储存的电荷为实电荷。实电荷可以保留在高分子材料的表面，称为表面电荷，也可以穿过材料表层进入材料内部而称为空间电荷或体电荷。极化电荷是在电场作用下，材料本身发生极化，偶极子发生有序排列，造成材料内部电荷分离，在材料表面产生的剩余电荷。带有强极性键的高分子材料，如聚对苯二甲酸乙二醇酯（PET）、聚偏氟乙烯（PVDF）等，通过极化则形成极化电荷。在一定条件下，在极化的同时也可因注入载流子而同时具有实电荷。

第一种高分子驻极体需要材料本身具有很高的绝缘性能，或者材料内部具有保持电荷的特殊结构，这样储存的电荷才能够保持足够长的时间而不消失。第二种高分子驻极体需要分子内部具有比较大的偶极矩，并且在电场作用下偶极矩能够定向排列形成极化电荷。保持这种极化状态需要材料能够在使用状态下将其锁定。因此，多数极化型高分子驻极是结晶或半结晶状态。

驻极体有许多特殊的性质，比较重要的是压电和热电性质，有些也具有铁电性质。驻极体的发现已经有百余年的历史，最早研究的驻极体多由蜡制材料构成。目前研究和使用最多的是陶瓷和聚合物类驻极体。特别是聚合物驻极体具有储存电荷能力强、频率响应范围宽、容易制成柔性薄膜等性质，具有很大的发展潜力。

12.3.2 高分子驻极体的结构特征与压电、热电作用机理

高分子驻极体的核心性质是带有显性电荷，这种电荷在外部是可测的。这种电荷可以是极化产生的极化电荷，也可以是通过注入载流子形成的实电荷。物质的压电特性是指当物体受到一个应力时，材料发生形变，在材料上诱导产生电荷 Q。衡量材料压电能力的标准是压电应变常数 d。其定义为：

$$d = \frac{1}{A} \cdot \frac{\delta Q}{\delta T}$$

其中，T 和 Q 分别表示应力和电量；A 为测试材料面积。公式表明，当 d 值较大时，在施加同样外力时获得的电量较大。材料的压电性质是一个可逆过程，是指这些材料受到外力作用时产生电荷，该电荷可以被测量或输出；反之，材料受到电压作用会产生形变，该形变可以产生机械功。

热电性质也是一个类似的过程，指材料自身温度发生变化时，在材料表面的电荷会发生变化，该变化同样可以被测定；反之，材料在受到电压作用时（表面电荷增加），材料温度会发生变化。热电性质也可以用类似的公式表述。由于上述现象都包含着能量形式的转换，所以这两种材料都属于换能材料。

制备高分子驻极体主要采用高绝缘性非极性聚合物和高极性聚合物两类。目前研究最广泛的高分子驻极体材料是聚偏氟乙烯。聚偏氟乙烯的压电性质是 1969 年由河合平司发现的，两年后，Bergman 发现了聚偏氟乙烯的热电现象。对于聚偏氟乙烯的压电和热电性质有多种解释模型，其中主要以材料中具有结晶区被无序排列的非晶区包围结构这种假设为基础。在结晶区内分子沿着偶极矩方向头尾有序排列，分子偶极矩相互平行，这样剩余极化电荷被集中到晶区与非晶区界面，每个晶区都成为大的偶极子。如果再进一步假设材料的晶区和非晶区的热膨胀系数不同，并且材料本身是可压缩的，这样当材料外形尺寸由于受到外力而发生形变时，带电晶区的位置和指向将由于形变而发生变化，使整个材料总的带电状态发生变化，外电路中测得的电压值将发生改变，构成压电现象。同样，当温度发生变化，会引起材料晶区和非晶区发生不规则形变，会产生热电现象。

严格来讲，很多材料都具有压电和热电性能，仅是由于大多数材料的压电和热电常数太小而没有应用价值。只有那些压电常数比较大的，具有应用价值的材料我们才称为压电体。同样，具有较大热电常数的材料被称为热电体。在有机聚合物中经拉伸的聚偏氟乙烯（PVDE）的压电常数最大，具有较高实用价值。在表 12-7 中给出部分材料的压电和热电性能。

表 12-7　一些常用驻极体的压电和热电常数

材料名称	压电常数 $d/(C/N)$	热电常数 $p_n/[C/(cm^2 \cdot K)]$	介电常数 $\varepsilon(10 Hz)$
聚偏氟乙烯 PVDF	20	4	15
聚氟乙烯 PVF	1	1	8.5
陶瓷 PZT-5	171	50	
石英	2		
聚砜	0.3		3.0

一般认为，PVDF 有四种晶型，分别为 α 相、α_p 相、β 相和 γ 相。其中 α 相晶体为分子偶极子反向平行排列，偶极矩互相抵消，其晶区不显示极化电荷，因而没有压电和热电性质。经过极化处理得到的 α_p 相和经过单向拉伸得到的 β 相晶区具有极化电荷，显示较强的压电和热电特性。其中 β 相的压电和热电常数最大，约为 α_p 相的 2 倍。实验表明，聚合物的压电特性与单位体积内的偶极子数目和偶极矩有关，对 PVDF 而言，合成头尾相连的规整聚合物是重要的。此外，注入电荷构成的高分子驻极体，在压力或热作用下也会发生同样的表面电荷或体电荷分布的改变，因而表现出压电或热电性质。虽然上述理论能够较好解释部分材料的压电和热电现象，但是，对非晶区结构和注入电荷等对压电、热电特性有重要影响的因素尚不能得到圆满解释。

12.3.3　高分子驻极体的形成方法

驻极体的形成主要是在材料中产生极化电荷，或者在材料局部注入电荷，构成半永久性极化材料。高分子驻极体的制备多采用物理方法实现。最常见的高分子驻极体形成方法包括热极化法、电晕极化法、液体接触极化法、电子束注入法和光电极化法。下面分别就上述方法进行介绍。

（1）热极化形成法　热极化法的理论根据是当材料本身被加热到玻璃化转变温度以上，使其内部分子具有自由旋转能力，然后施加电场使材料中偶极子沿电场方向有序排列而被极化，在电场继续保持的同时，降低材料温度使极化结构被"冻结"。在实际操作中，电场施加装置和加热装置常被组合在一起。电场使聚合物分子中偶极矩沿电场方向定向排列。在一定条件下，电场越强，极化过程越快，极化程度越大。温度的控制是保证极化过程的实现（分子能够发生旋转）和保持（分子被锁定固化）。制备时的温度应达到聚合物的玻璃化温度以上，熔点以下。对聚四氟乙烯，温度在 150～200℃ 之间，对聚偏氟乙烯，温度应保持在 80～120℃ 之间。根据需要，温度和极化电场应保持数分钟到数小时。采用热极化法时，除了电场强度和温度参数之外，材料所处位置、电极形状、极化装置结构等参数也都对极化结果产生影响。电极形状直接影响被极化材料的极化均匀性，当聚合物沉积在电极表面时，电荷可以通过电极注入材料内部，使驻极体在形成极化电荷的同时，带有真实电荷。如果聚合物与电极之间的间隔较小，可能会通过空气层击穿放电，给聚合物表面注入电荷。因此热极化过程经常是一个多极化过程。热极化法是制备极化型高分子驻极体的主要方法，其优点是极化得到的极化取向和电荷累积可以保持较长时间。

（2）电晕放电极化法　电晕放电极化法是电荷注入型驻极体制备方法。这种方法是依靠电晕放电现象，在绝缘聚合物表面注入电荷。在两电极（其中一个电极做成针型）之间施加数千伏的电压，发生电晕放电。为了使电流分布均匀和控制电子注入强度，需要在针状电极与极化材料之间放置金属网，并在金属网上加数百伏正偏压。电晕放电的优点是方法简便，不需要控制温度。缺点是得到的高分子驻极体稳定性不如热极化形成法。除了电晕放电法之外，其他的放电方法，如火花放电也可以应用。在减压环境下，如压力减少到 0.01MPa 以下时，可以采用唐深德（Townsend）放电注入电荷。火花和唐深德放电可以在聚合物表面累积较大密度的电荷，提高极化强度。电晕放电极化法比较适合小体积驻极体的制备过程。

（3）液体接触极化法 液体接触极化方法是通过一个软湿电极将电荷从金属电极传导到聚合物表面，从而达到极化目的的方法。该方法属于实电荷注入法，得到的高分子驻极体带有表面电荷。具体极化方法是在金属电极表面包裹一层由某种液体润湿的软布，聚合物背面制作一层金属层，在电极与金属层之间施加电压，使电荷通过润湿的包裹层传到聚合物表面。该湿电极可以在机械装置控制下，在材料表面扫描移动，使电荷分布到整个材料表面。当导电液体挥发，移开电极之后，电荷被保持在聚合物表面。电极施加的电压大小，不仅要考虑极化的需要，还要考虑电荷传输过程中克服液体和聚合物界面双电层的需要。考虑到挥发性、润湿性和使用方便，电极润湿用液体多为水和乙醇。使用这种方法，通过湿电极在聚合物表面的移动，可以获得大面积驻极体材料。这种方法的优点是方法简单，控制容易，电荷分布均匀。

（4）电子束注入法 这种方法是通过电子束发射源将适当能量的电子直接注入到合适厚度的聚合物中。这种方法已经被用来给厚板型聚合物和薄膜型材料注入电荷。由于电子束具有相当能量，可以穿透材料表面，因此采用这种方法可以得到具有体电荷的高分子驻极体。电子束的能量和被极化材料的厚度应该配合好，防止电子能量过高而穿过聚合物膜。聚合物厚度与穿透电子的能量有一定关系，以聚四氟乙烯作为被极化材料为例，$10 \sim 50keV$ 的电子束可以穿透 $1 \sim 20\mu m$ 厚的聚合物。这样，对于厚度为 $25\mu m$ 的聚四氟乙烯，需要使用能量在 $50keV$ 以下的电子束。使用小型电子加速器，或者电子显微镜即可满足这样的能量条件。为了使电子束在材料表面均匀注入，需要在电子束运行途中加入扫描或者散焦装置。使用电子束注入法除了可以直接在聚合物中注入电子，获得体电荷极化材料以外，如果聚合物材料的背面被金属化并接地，电子束轰击材料表面可以释放出二次电子，即被极化材料本身的电子被击出，因而在聚合材料表面产生正电荷极化。这种二次电子发射可以使材料产生比原有电导高几个数量级的电导值。使用电子束注入法可以控制电荷注入深度和密度，在工业生产上具有较大意义。

（5）光驻极体形成法 在这种制备方法中使用光作为激发源产生驻极体。该方法常用于无机和有机光导体的电荷注入过程，其中最重要的高分子光导体是聚乙烯基咔唑与芴酮共聚物。如果在电场存在下，使用可见光或者紫外光照射这种材料，会产生永久性极化。这种效应是光照射产生的载流子被电场分离，并被俘获的结果。电荷可以是分布在电极和聚合物界面上的两个分离的，符号相反的双电荷分布区，也可以是分布于材料内部的单电荷分布区。这种光驻极体往往有许多特殊的性质。

12.3.4 高分子驻极体的应用

高分子驻极体由于其特殊结构和荷电状态，使其具有静电作用、热电性质、压电性质和铁电性质，其应用主要是围绕着上述性质展开的。与相应的陶瓷类材料相比，聚合物型驻极体具有柔性好、成本低、材料来源广、频率响应范围宽、成型加工相对容易的特点，因而在许多领域获得了应用，并且仍在迅速发展。下面就几个主要应用领域进行介绍。

12.3.4.1 制作驻极体换能器件

高分子驻极体的压电和热电特性使其最适合制作各种换能器件。麦克风是最常见的能够将声音引起的声波振动转换成电信号的换能元件之一。使用陶瓷驻极体制作麦克风始于1928 年，但是那时生产的这种麦克风力学稳定性不好，没有得到广泛应用。直到 20 世纪 70年代高分子薄膜驻极体出现以后，驻极体型麦克风才被广泛应用。这种麦克风多使用金属化的丙烯腈-丁二烯-二乙烯苯共聚物作为后极板，极化的聚四氟乙烯驻极体覆在后极板上作为换能膜。声波引起的膜振动，在后极板和膜之间产生交流信号。这种麦克风已经用于电话等装置。高分子驻极体麦克风的特点是对机械振动、冲击和电磁场的干扰不敏感，具有电容式麦克风的全部优点，但是结构却简单得多，因此造价较低。这类麦克风还适合用于卡式录音机、助听器、声级表、摄像机等装置中。据统计，目前全世界年生产量已经超过一亿以上。此类器件中，驻极体耳机也是高分子压电体的一个应用领域，其结构与上面给出的麦克风相似，不同点在于是利用压电特性的逆过程，用电信号产生膜振动。在这类器件中使用非金属化膜和注入单种电荷。也有人尝试使用驻极体耳机直接将数字信号转换成声音模拟信号。

除此之外，根据其压电原理，使用高分子驻极体还可以制成血压计、水下声纳等声能-电能转换部件，特别是由于高分子驻极体能与生物音响阻抗匹配，制成的超声波探头比陶瓷PZT型探头在灵敏度和精度上均有较大提高，被应用在医学超声波诊断领域。基于同样道理，高分子驻极体也可以作为电唱机的扩音器。

12.3.4.2 高分子驻极体制备位移控制和热敏器件

驻极体的压电效应中，材料可以在电场作用下发生形变。根据该性质，将两片压电薄膜贴合在一起，分别施加相反偏压，利用压电效应，薄膜会发生弯曲，发生点位移，因此可以制作电控位移元件。与电磁性位移元件相比，能耗低、位移准确、可靠性好、结构简单。利用这种原理可以制作光学纤维开关、磁头对准器、显示器件等。

驻极体的热电性质非常明显，以聚偏氟乙烯为例，当温度变化一度，能产生约 $10V$ 电压信号，因此，作为测温器件的灵敏度非常高，甚至可以测出百万分之一度的温度微弱变化。利用这一原理，可以用于制作红外传感器、火灾报警器、非接触式高精度温度计和热光导摄像管等设备中的敏感材料。

12.3.4.3 高分子驻极体在生物医学领域的应用

驻极体效应是生物体的基本属性，而构成生物体的基本大分子都储存着较高密度的偶极子和分子束缚电荷。如胶原蛋白和血红蛋白，可具有 300Debye（1Debye＝$3.33564×10^{-3}$ $C·m$）甚至更大的偶极矩。酶所储存的极化和空间电荷量可高达 $10^{-7}C/cm^2$；而脱氧核糖核酸（DNA）和核糖核酸（RNA）也表现出强的生物驻极体效应。由于血液和血管壁同时呈现出明显的负电性，使血液呈现出畅通不凝效应。因此，驻极体材料是人工器官材料的最重要研究对象之一。如用作人体病理器官代用品的套管、血管、肺气管、心脏瓣膜、人工骨、皮肤、牙齿填料以致整个心脏系统。以驻极体材料制作人工代用器官，调节驻极体人工器官材料的带电极性和极化强度，可明显改善植入人体人工器官的生命力，尤其是病理器官的恢复。同时具有明显的抑菌能力，增加人工器官置换手术的可靠性（如减少手术期及手术后病毒感染）。临床使用证明，极化后植入体内的多孔聚四氟乙烯 PTFE 的局部器官代用品和在体内连接的相应人体器官部位，表现出良好的相容性结合。经过一段时间生长后，透过这类人工代用品的多孔处生长成微血管，交接位置彼此交融、攀缘成网和互相渗透，成为人体不可分割的一部分。已经或可望用作人工血管、肺气管、人工插导管、心脏瓣膜、牙齿填料等材料。聚乙烯（PE）与聚四氟乙烯复合材料可制作人工髋关节。牛软骨提取的胶原加凝固剂成膜在聚四氟乙烯 PTFE 驻极体上可以作为人工皮肤。在医疗方面采用聚四氟乙烯（Teflon）驻极体薄膜覆盖烧伤创面可以大大加快创面的愈合速度。高分子驻极体还能够促进药物的透皮吸收，提高体外用药的效率。

12.3.4.4 在净化空气方面的应用

高分子驻极体表面带有电荷，利用静电吸附原理可对多种有害物质有吸附作用，可以作为空气净化材料。例如，将驻极体制作成多孔状或者无纺布形式，可以应用于空气的过滤净化。比如，用一种具有能持久储存电荷能力的聚丙烯驻极体纤维制成的卷烟滤嘴代替醋酸纤维、丙纶纤维过滤嘴，过滤效率提高 $100\%\sim120\%$，能捕获烟气中 $40\%\sim60\%$ 的焦油。研究表明，驻极体作为空气过滤材料，对于吸附细微颗粒性污染物非常有效，是很有发展前途的气体净化材料。以驻极体材料制成的织物还具有特殊的保健功能，有望用于功能型服装。

除了上面介绍的应用领域以外，高分子驻极体在静电复印机中的显色材料和记录材料制备方面也有应用。同时也是制备各种压力敏感器和湿度敏感器的重要材料。

12.4 电致发光高分子材料

12.4.1 电致发光材料概述

电致发光现象是指当施加电压参量时，受电物质能够将电能直接转换成光的形式发出，是一种电-光能量转换特性，具有这种功能的材料被称为电致发光材料。这种发光现象与常规的电热发光机理根本不同。电热发光是由于材料的电阻热效应，使材料本身温度升高，产生热激发发光，属于热光源，如常见的白炽灯。而电致发光是电激发发光过程，发光材料本身发热并不明显，属于冷光源，如常见的发光二极管。电致发光具有低功耗、小体积、表面显示的特点，是仪器仪表照明、平面显示器件制造的重要原料。

电致发光现象的发现已经有相当长的历史。早在 20 世纪初，人们就发现了 SiC 晶体在电场作用下的发光现象，并在此基础上开发出各种无机半导体电致发光器件。20 世纪 60 年代人们发现非晶态的有机材料也具有电致发光性质，有机电致发光材料的开发开始引起人们的注意。20 世纪 90 年代初 Burroughes 发现了导电聚合物的电致发光现象。至此，有机薄膜，特别是聚合物薄膜型电致发光器件成为研究的主流。

聚合物型电致发光材料具有良好的机械加工性，并可用简单方式成膜，很容易实现大面积显示。聚合物种类繁多，并可以通过改变共轭链长度、替换取代基、调整主侧链结构及组成等分子设计方法改变其结构，能得到不同禁带宽度的发光材料，从而获得包括红、绿、蓝三基色的全谱带发光，为开发第四代全彩色电致发光显示器创造了基本条件。相对于前三代显示器（阴极射线管、液晶和等离子体），电致发光材料器件具有超薄、超轻、低耗、宽视角、主动发光等特点。此外，聚合物电致发光器件体积小、驱动电压低、制作简单、造价低、响应速度快也是其重要优点。

与有机小分子电致发光材料相比，聚合物的玻璃化温度高、不易结晶，材料具有挠曲性，力学强度好。因此，聚合物电致发光器件克服了以有机小分子为主要成分的电致发光材料易结晶、界面分相和寿命短等问题，为有机电致发光器件性能的提升开辟了道路，具有巨大的市场前景。

根据电致发光器件的结构原理，在其中使用的主要材料包括电子注入材料（阴极材料）、空穴注入材料（阳极材料）、电子传输材料、空穴传输材料和荧光转换材料（发光材料）。根据目前研究结果，为了提高性能还加入诸如荧光增强填加剂和三线激发态发光材料等辅助材料。前者是为了提高器件的光量子效率，后者是为了使相对稳定，不易以光形式耗散的三线激发态发出可见光。在上述材料中，电子传输材料、空穴传输材料和荧光转换材料都可以用有机功能高分子材料来制作。

12.4.2 聚合物电致发光器件结构和发光机理

12.4.2.1 聚合物电致发光器件结构

目前作为电致发光的原理结构，电致发光器件结构一般采用三种基本方式。最初的三明治式结构，是由电子注入电极和空穴注入电极夹持一个光发射层构成，可表示为：空穴注入电极（阳极）/聚合物发光层/电子注入电极（阳极）。第二种方式是在第一种的基础上引进了电荷传输层，用来克服电子和空穴在有机材料中传输的不平衡性。根据传输电荷的不同，可分别表示为：空穴注入电极/聚合物发光层/电子传输层/电子注入电极和空穴注入电极/空穴传输层/聚合物发光层/电子注入电极两种形式。第三种形式同时包含了两种电荷传输层，而发光层仅承担荧光转换作用，表示为空穴注入电极/空穴传输层/聚合物发光层/电子传输层/电子注入电极。电荷传输层的作用主要是平衡电子和空穴的传输，使电子和空穴两种载流子能够恰好在发光层中复合形成激子发光。

12.4.2.2 电致发光机理

关于有机材料的电致发光机理，人们仍然是沿用无机半导体的一些理论来解释。

（1）发光过程　在上述结构的电致发光器件中电致发光主要由以下四个过程组成：①分别由正、负电极注入载流子（空穴和电子）；②在电场作用下载流子在有机层中相向传输；③空穴和电子在发光层中复合构成激子（激子是处在激发态能级上的电子与处在价带中的空穴通过静电作用结合在一起的高能态中性粒子）；④激子的能量发生转移并以光的形式发生能量耗散（发光）。

（2）电能与光能的转换　由电能产生的激子属于高能态物质，其能量可以将发光分子中的电子激发到激发态。在一般情况下，其激发态电子有如下能量耗散途径（见图 12-6）。

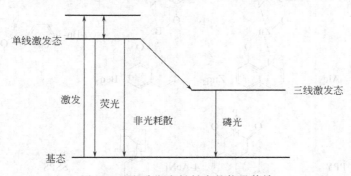

图 12-6　电致发光材料中的能量传输

激子的能量既可以通过振动弛豫、化学反应等非光形式耗散，也可以通过荧光历程，以发光形式耗散，也就是所谓的电致发光。此外，单线激发态的电子可以通过系间窜跃到较低能量的三线激发态，然后再以磷光形式耗散能量。上述过程是一个竞争过程，在通常情况下，磷光作用并不明显，因此只有荧光过程构成电致发光的主体部分。目前，加入光敏剂后，后一个过程也已经被应用到电致发光过程，从而大大提高了发光效率。

（3）电致发光的量子效率　放出的荧光能量占激发过程吸收的总能量之比为电致发光的量子效率。量子效率的高低直接对应于器件的性能和效率。理论上，电致发光的效率存在着一个极限，一般情况下为 25%。这是因为对于常见共轭型电致发光材料，产生单线激发态和三线激发态的比值约为 1:3。如何利用三线激发态能量是提高量子效率的重要课题。

12.4.2.3 电致发光光谱

与光致发光一样，电致发光的光谱性质依赖于发光材料的价带与导带之间的能隙宽度。一般认为共轭聚合物中导带和价带分别对应分子中的 π 键最低空轨道（LUMO）和最高占有轨道（HOMO），禁带宽度则和能隙（E_g）相对应，是指导带底与价带顶能量之差。这个能量差也是激子能量进行荧光耗散时的能量，它决定了电致发光的发光波长。利用分子设计，调整能隙宽度，可以制备出发出各种波长光的电致发光材料，已经可以满足制备全彩色显示装置的色彩要求。这也是分子电致发光材料的重要优势。

12.4.3 高分子电致发光材料的种类

高分子材料在电致发光器件中可以作为载流子传输材料（载流子传输层）、荧光转换材料（发光层）和载流子注入材料（载流子注入电极）。作为有机电致发光材料需要考虑的各种因素包括它的物理稳定性，如具有一定力学强度、在使用状态下不易析晶；化学稳定性，如不发生化学变化而导致老化。此外，其电离能、电子亲和能等也是必须考虑的因素，以下是几种高分子电致发光材料的介绍。

12.4.3.1 高分子电子传输材料

电子传输材料应该具有良好的电子传输能力和与阴极相匹配的导电能级，以利于电子的注入。同时易于向荧光转换层注入电子，其激态能级能够阻止发光层中的激子进行反向能量交换。由于多数有机电致发光材料是空穴传输性的，因此，研究开发电子传输层意义重大。目前常用的有机电子传输材料主要是金属络合物，如 8-羟基喹啉衍生物的铝、锌、铍等的络合物（Alq$_3$，Znq$_2$，Gaq$_2$，Beq$_2$），噁二唑衍生物 PBD 也是重要的电子传输材料。作为高分子电子传输材料目前已经使用的有聚吡啶类的 PPY，萘内酰胺聚合物 4-AcNI 等，以及聚苯乙烯磺酸钠等（见图 12-7）。从目前情况来看，小分子络合物还是使用最普遍的电子传输材料。不过将小分子络合物高分子化，将是电子传输材料制备的一个重要发展方向。

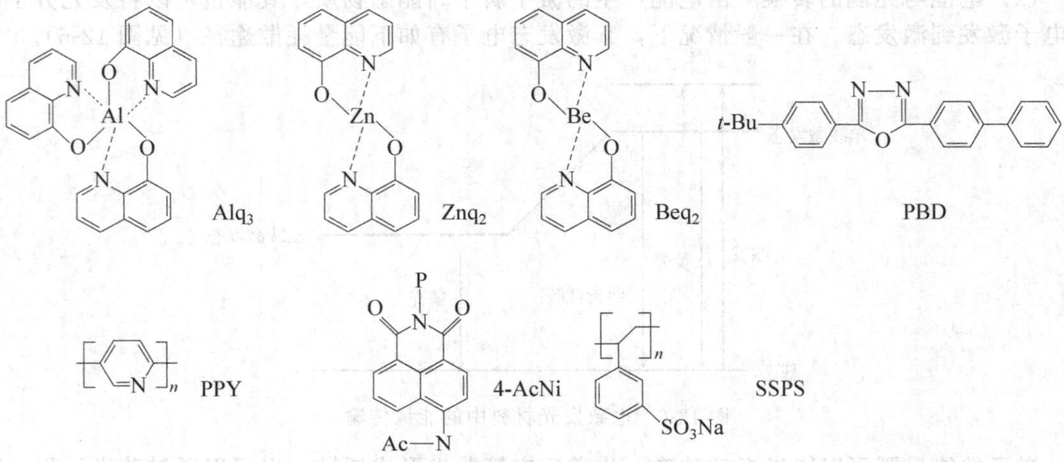

图 12-7　部分典型电子传输材料的结构

12.4.3.2 空穴型传输材料

空穴型传输材料应该具有良好的空穴传输能力和与阳极相匹配的导电能级，以利于载流子空穴的注入。同时向荧光转换层注入空穴，其激态能级最好也能够高于发光层中的激子。由于多数有机电致发光材料是空穴传输性的，因此空穴型传输材料的使用不像电子传输层使用的那样普遍。大多数空穴传输材料属于芳香胺类化合物。为了保证器件的稳定性，空穴传输材料应该具有较高的玻璃化转变温度，因为在玻璃化转变温度以上，在其工作状态下容易发生热聚集现象。目前最常用的有机空穴传输材料是芳香二胺类 TPD 和 NPB 及其衍生物（见图 12-8）。大部分高分子材料都具有空穴传输能力，其中聚乙烯咔唑（PVK）是典型的

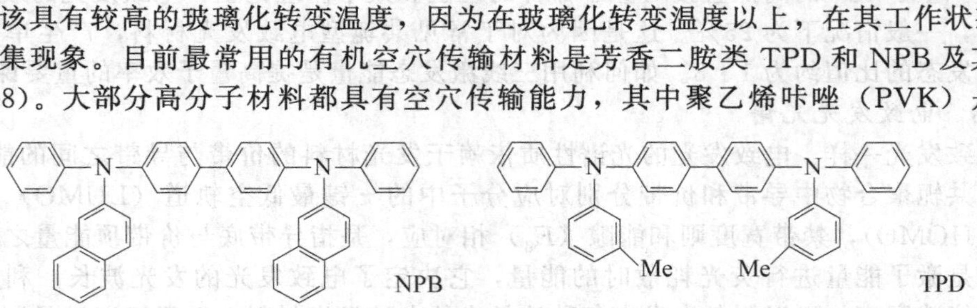

图 12-8　部分典型空穴型传输材料

280

高分子空穴传输材料。聚甲基苯基硅烷（PMPS）也是一种性能优良的空穴传输材料，其室温空穴传输系数可达 $10^{-3}\,cm^2/(V \cdot s)$。

12.4.3.3 载流子注入材料

载流子注入材料分成电子注入材料和空穴注入材料。电子注入材料主要采用低功函的金属或碱土金属合金材料制作。空穴注入材料使用最普遍的是 ITO 玻璃电极。ITO 玻璃电极具有较高的功函，可以与多数空穴传输材料和有机电致发光材料匹配。ITO 电极良好的透光性和较好的导电性能特别适合制作平面型电致发光器件。共轭型高分子材料也可用于制作空穴注入电极；比如，有人利用聚苯胺制作电致发光器件的阳极，替代 ITO 玻璃电极后器件的性能有较大改善，工作电压下降 30％～50％，量子效率提高了 10％～30％。更为重要的是用聚苯胺阳极制作的电致发光器件具有良好的韧性，弯曲后并不影响其发光性能。

12.4.3.4 高分子荧光转换材料（发光材料）

发光材料在电致发光器件中起决定性作用，发光效率的高低、发射光波长的大小（颜色）、使用寿命的长短往往都主要取决于发光材料的选择。电致发光材料根据其种类可以分为无机半导体材料、有机金属络合物材料、有机共轭小分子材料和带有共轭结构的高分子材料四类。

高分子电致发光材料目前常用的主要有三类：第一类是主链共轭的高分子材料，特点是电导率较高，电荷沿着聚合物主链传播；第二类是共轭基团作为侧基连接到柔性高分子主链上的侧链共轭型高分子材料，这类材料多具有光导电性质，电荷主要通过侧基的重叠跳转作用完成；第三类是将光敏感小分子与高分子材料共混得到的复合型电致发光材料。

（1）主链共轭高分子材料　主链共轭高分子材料具有线性共轭结构，载流子传输性能优良，是目前使用最广泛的有机电致发光材料之一。它包括聚对亚苯基乙炔（PPV）及其衍生物、聚烷基噻吩及其衍生物、聚芳香烃类化合物。

① 聚对亚苯基乙炔（PPV）及其衍生物类。PPV 是最早使用的聚合物电致发光材料，常用的合成方法有三种：前聚物法（Wesseling 法和 Momii 法）、强碱诱导缩合法和电化学合成法。

PPV 是典型的线性共轭高分子材料，具有优良的空穴传输性和热稳定性。由于苯环的存在，光量子效率较高。其发光波长取决于聚合物 π 电子最低空轨道 LUMO（即导带）和最高占有轨道 HOMO（即价带）的能量差，即能隙 E_g，通常发出黄绿色光。通过分子设计，如引入供、吸电子取代基，或者控制聚合物的共轭链长度，均能调节能隙宽度，可以达到调节发光波长的目的，得到红、蓝、绿等各种颜色的发光材料。但是，单纯的 PPV 的溶解能力较差，不能溶于常用的有机溶剂，影响采用旋涂法直接成膜。一般是先将可溶性预聚体旋涂成膜，然后在 200～300℃条件下进行消去反应来得到预期共轭链长度的 PPV 薄膜。改进溶解性能可以通过引入长链烷基或烷氧基等基团，得到可溶性衍生物。常见的聚苯乙炔类电致发光材料及其发光性能列于表 12-8 中。

② 聚烷基噻吩（PAT）类。聚噻吩类衍生物是继聚对亚苯基乙炔类之后人们研究较为充分的一类主链共轭型杂环高分子电致发光材料，稳定性好，启动电压较低。根据其结构不同，可以发出红、蓝、绿、橙等颜色的光。单纯聚噻吩结构的高分子材料溶解性不好，当在 3 位引入烷基取代基时，可以大大提高溶解性能，并且可以提高量子效率。这可能是因为烷基取代基的存在加大了共轭聚合物链间的距离，提高了生成激子的稳定性的结果。聚噻吩衍生物的合成方法主要有化学合成法和电化学合成法两种。表 12-9 中给出常见聚噻吩类电致发光材料及其相应的发光特性。

表 12-8　常见聚苯乙炔类电致发光材料及器件结构和相应的发光特性

材　料	器件结构	发光颜色	量子效率/%	启动电压/V
PPV	ITO/PPV/Al	黄绿	0.002	10
	ITO/PPV+PBD/Al	黄绿	0.006	10
	ITO/PPV/Ca	黄绿	0.1	10
	ITO/PPV/+PBD/Ca	黄绿	1	5
PPPV	ITO/PPPV+PVK/Ca	蓝	0.16	30
DP-PPV	ITO/DP-PPV/Al	蓝	0.002	3
	ITO/DP-PPV/Mg	蓝	0.1	3
PMPV	ITO/PMPV/Al	黄	0.00001	7
RO-PPV	ITO/RO-PPV/Mg-Ag	黄	0.1	
($R=C_4H_{11}$,C_7H_{15},$C_{10}H_{21}$,$C_{12}H_{25}$)				
A-PPV	ITO/A-PPV/Al	绿	0.21	
(1∶1)PPV-PDMeOP	ITO/PPV-PDMeOPV/Al	橙黄		10
PNV	ITO/PNV/Mg-In	橙黄		5
PEONV	ITO/PEONV/Ca	橙黄		4
BEHP-PPV	ITO/BEHP-PPV/Ca	绿	0.0021	
	ITO/PVK/BEHP-PPV/Ca	绿	0.0063	
BEHP-PPV∶MEH-PPV(7∶3)	ITO/copolymer/Ca	黄	0.0068	
	ITO/PVK/copolymer/Ca	黄	0.0071	
CS-PPV	ITO/CS-PPV+BAD/Al	绿	0.3	
	ITO/CS-PPV+BAD/In	绿	0.23	
CN-PPV	ITO/PPV/CN-PPV1/Al	红	0.04	
(1,2,3,4分别指代苯环上不同的取代基)	ITO/PPV/CN-PPV2/Al	红	0.8	
	ITO/PPV/CN-PPV3/Al	蓝	0.8	
CP	ITO/PPV/CN-PPV4/Al	绿	0.005	
	ITO/CP/Ca	橘黄	0.2	8
	ITO/PPV/CP/Ca	橘黄		8

注：PPPV 为间位苯代聚对亚苯基乙炔；DP-PPV 为 2,3-苯代聚对亚苯基乙炔；PMPV 为间位甲氧基取代对亚苯基乙炔；RO-PPV 为 2,5-烷氧基取代聚对亚苯基乙炔；A-PPV 为 2,5-烷基取代聚对亚苯基乙炔；PNV 为聚 1,4-萘乙炔；PEONV 为聚单氧基萘乙炔；CS-PPV 为 2-烷氧基-5-硅烷基取代聚对亚苯基乙炔；BEHP-PPV 为聚 [2-2′,5′-双(2″-乙己氧基)-苯基]-1,4-亚苯基乙炔；MEH-PPV 为聚 2-甲氧基-5-(2′-乙己氧基)-1,4-亚苯基乙炔；CP 为聚(1,4-亚苯基乙炔-1,2-亚乙基 1-2,5-双(16 烷氧基)-1,4-亚苯基乙炔-1,2-亚乙基-2,5-二氰基-苯乙炔-1,2-亚乙基)。

表 12-9　聚烷基噻吩类电致发光材料及器件结构和相应的发光特性

材　料	器件结构	发光颜色	量子效率/%	启动电压/V
POPT	ITO/POPT/Ca-Al	红	0.3	1.4
PTOPT	ITO/PTOPT/Ca-Al	橙黄	0.1	1.6
PCHT	ITO/PCHT/Ca-Al	紫	0.01	2.4
PCHMT	ITO/PCHMT/PBD/Ca-Al	蓝	0.6	7
PTOPT+PCHT	ITO/PTOPT+PCHT/PBD/Ca	蓝	0.6	7
P3HT	ITO/P3HT+PVK/Al	红	0.2	
PDT	ITO/PDT/A1	红		
CN-PT	ITO/CN-PT/Ca	红	0.2	
P30T	ITO/P30T/In	红-橙红	0.003	16

注：1. POPT 为 3-(4-辛烷基)苯代聚噻吩；PTOPT 为聚 3-(4-辛烷基)苯基-2,2′-联噻吩；PCHT 为 3-环己烷代聚噻吩；PCHMT 为聚 3-甲基-4 苯基噻吩；P3HT 为聚 3-己基噻吩；PDT 为聚 3-甲氧基癸基噻吩。

2. CN-PT 的结构如下：

表 12-10　聚芳香型电致发光材料及器件结构和相应的发光性能

材　料	器件结构	发光颜色	量子效率%	启动电压/V
PPP	ITO/PPP/Al	蓝	0.05	
DO-PPP	ITO/PVK/DO-PPP/Ca	蓝	1.8	15
EHO-PPP	ITO/PVK/EHO-PPP/Ca	蓝		
CN-PPP	ITO/PVK/CN-PPP/Ca	蓝		
PAF	ITO/PAF/Mg-In	蓝		10
P-3	ITO/P-3：PVK/POF66/Al	蓝	0.04095	14
	ITO/P-3：PVK/PlF66/Al	蓝	0.052	14
	ITO/PVK/P-3/POF66/Al	蓝	0.014	8
PQ	ITO/PVK/P-3/PIF66/Al	蓝	0.01248	12
	ITO/PQ/Ca	蓝	0.004	
	ITO/PQ/Au	蓝	0.00002	
	ITO/PQ7PVK	蓝	2	
	PBIIPMMA/Ca	蓝		
	ITO/PVK/PQ-PBD/Ca	蓝	3	
	ITO/PVK/PQ	蓝	4	
	PMMA/Ca	蓝		

注：1. PPP 为 1,4-亚苯基；DO-PPP 为聚 2-癸氧基-1,4-亚苯基；EHO-PPP 为聚 2-(2′-乙基己氧基)-1,4-亚苯基；CN-PPP 为聚 2-(6′-氰基-6′-甲氧基庚氧基)-1,4-亚苯基；PAF 为聚 9,9′-二己基芴。

2. P-3 结构如下：

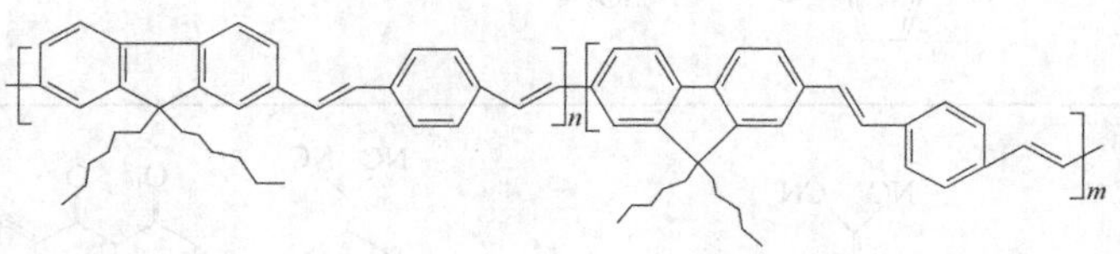

3. PQ 结构如下：

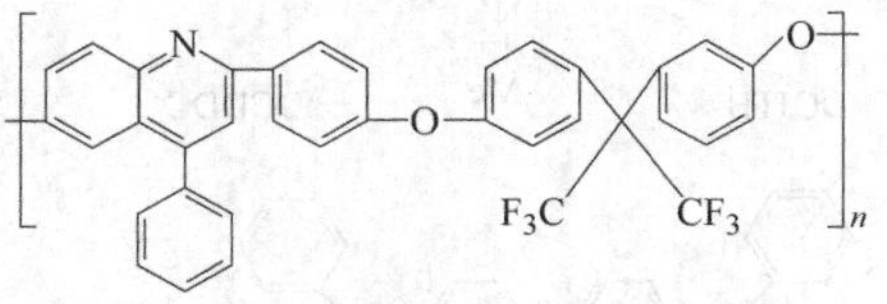

③ 聚芳香型电致发光材料。这类材料主要包括聚苯、聚烷基芴等。该类材料的化学性质稳定，禁带宽度较大，能够发出其他材料不容易制作的蓝光发光器件。其种类、器件结构和发光性能见表 12-10 中给出。

(2) 侧链共轭型高分子电致发光材料　侧链共轭型高分子电致发光材料是典型的发色团与聚合物骨架连接结构，主链是柔性饱和碳链，侧链带有共轭结构。这种化学结构具有较高的量子效率和光吸收系数，其导带和价带能级差处在可见光区，根据结构不同，可以合成出能发出各种颜色光的电致变色材料。由于处在侧链上的 π 价电子不能沿着非导电的主链移动，因此导电能力较弱，但是对提高产生的激子稳定性比较有利。比较典型的此类电致变色材料是聚 N-乙烯基咔唑。其发光波长处于蓝紫区（410nm），它同时还是一种优良的空穴传输材料，因此，在电致发光器件中一般也用于制作空穴传输层。

聚烷基硅烷（PAS）也属于这一类材料，如聚甲基苯基硅烷（PMPS）。由于其共轭程度较小，能带差大，其发光区域处在紫外光区，可以制备紫外发光器件。这类材料良好的空穴传输性能，也适合作为空穴传输层使用。

(3) 共混型高分子电致发光材料　共混型高分子电致发光材料是由具有电致发光性能的

小分子与成膜性能好，力学强度合适的聚合物混合制成的复合材料。高分子的存在还可以克服有机小分子的析晶等问题。在高分子材料中加入荧光填加剂，是提高发光效率、改变发光颜色和延长使用寿命的重要手段，也是电致发光器件研究的重要方向之一。制备此类复合物，连续相主要采用惰性高分子材料，如聚甲基丙烯酸甲酯（PMMA）、聚 N-乙烯基咔唑（PVK）和聚苯乙烯（PS）等。作为分散相的荧光填加剂其结构决定电致发光材料的量子效率和发光波长，在表 12-11 中给出常见荧光填加剂的结构和荧光颜色。

表 12-11　常见荧光填加剂的结构和荧光颜色

种类	分　子　结　构
绿色荧光剂	
红色荧光剂	
蓝色荧光剂	

12.4.4 高分子电致发光材料的应用

高分子电致发光材料主要应用于平面照明，如仪器仪表的背景照明、广告等大面积显示照明等；矩阵型信息显示器件，如计算机、电视机、广告牌、仪器仪表的数据显示窗等场合。由于高分子材料的特有性质和电致发光本身的特点，高分子电致发光器件具有主动显示、无视角限制、超薄、超轻、低能耗、柔性等特点，在开发新一代显示器方面，很有发展前途。经过近 10 年的研究开发，目前已经取得了很多应用性成果，如日本的 Pioneer Electronics 公司在 1997 年向市场推出了有机电致发光汽车通信系统，1998 年的美国国际平板显示会上展出了无源矩阵驱动的有机电致发光显示屏。美国的 Eastman Kodak 公司与其合作伙伴日本的 Sanyo 公司采用半导体硅薄膜晶体管驱动的有机显示器件，2000 年实现了全彩色有机电致发光显示。

但是从总体上来说，聚合物电致发光材料的制备工艺、品质质量方面都还不成熟，这种新型材料走向实用化需要解决以下几个方面的问题。

① 提高发光效率。首先是要选择光量子效率高的电致发光材料，一般来说具有大共轭体系的化合物量子效率较高。其次是提高生成激子的稳定性，如减小主链共轭型聚合物的共轭长度，防止激子猝灭。此外，加入载流子传输层，使载流子传输过程达到平衡，增强荧光转换率。同时，利用载流子传输层的激子束缚作用和减薄发光层厚度，压缩载流子复合区域，以提高载流子复合效率，都可以达到提高发光效率的目的。

② 提高器件的稳定性和使用寿命。由于载流子复合产生的激子是一种活泼的高能量物质，很容易与材料分子发生反应，因此需要选择化学惰性好的电致发光材料。降低材料中的杂质浓度；改进工艺，提高形成薄膜的均匀性；增大聚合物分子量，提高材料的玻璃化温度等都可以有效提高有机电致发光器件的使用寿命。

③ 发射波长的调整。作为全彩色显示器件应用，必须解决的一个问题还包括实现三原色发光。只有能够发出纯正的三原色——绿色、红色、蓝色，才能制备出色彩还原性好的彩色显示器件。从目前的研究成果看，绿色发光问题解决的比较好，发光材料的量子效率较高，色纯度较好。发红色光的问题较多，主要是发红色光的材料量子效率较低，还有待于进一步改进。调节电致发光材料的波长主要依靠以下两种方法。一是通过分子设计改变分子组成，比如，改变取代基，调整聚合物共轭程度等都可以改变高分子电致发光材料的禁带宽度，从而达到调整发光波长的目的。二是通过加入激光染料（光敏感剂）的方法调整发光颜色。

④ 改进材料的可加工性。多数高分子电致发光材料的溶解性能较差，给薄膜型器件的制备带来困难。在主链共轭型电致发光材料中引入长链取代基可以改善这些材料的溶解性能，简化制备工艺。

12.5　高分子电致变色材料

电致变色（electrochromism）是指材料的吸收波长在外加电场作用下产生可逆变化的现象。电致变色实质是一种电化学氧化还原反应，反应后材料在外观上表现出颜色的可逆变化。

12.5.1　电致变色材料的种类与变色机理

12.5.1.1　无机电致变色材料

无机电致变色材料主要指过渡金属的氧化物、络合物，以及普鲁士蓝和杂多酸等。其中属于阴极变色的主要是ⅥB族金属氧化物，有氧化钨、氧化钼等，属于阳极变色的主要是Ⅷ B族金属氧化物，如铂、铱、锇、钯、钌、镍、铑等元素的氧化物或者水合氧化物，其中钨和矾氧化物的使用比较普遍。氧化铱的响应速度快，稳定性好，但是价格昂贵。关于金属氧化物的电致变色机理，目前尚没有一致的看法，一般认为是由于金属离子的氧化还原反应引起离子价态的变化，导致光吸收波长的变化。

12.5.1.2 有机小分子电致变色材料

有机小分子电致变色材料主要包括有机阳离子盐类和带有有机配位体的金属络合物。前者的代表是紫罗精（viologens）类化合物，其不同氧化态结构见图 12-9（a）所示。其中全氧化态为稳定态，单氧化态为变色态，还原态颜色不明显，因此属于阴极变色材料。当对其施加负电压时，发生还原反应改变其氧化态而显色。其颜色与连接的取代基种类有一定关系。当取代基为烷基时，单还原产物呈现蓝紫色。小分子的紫罗精由于溶于水，其使用性能受到一定影响。

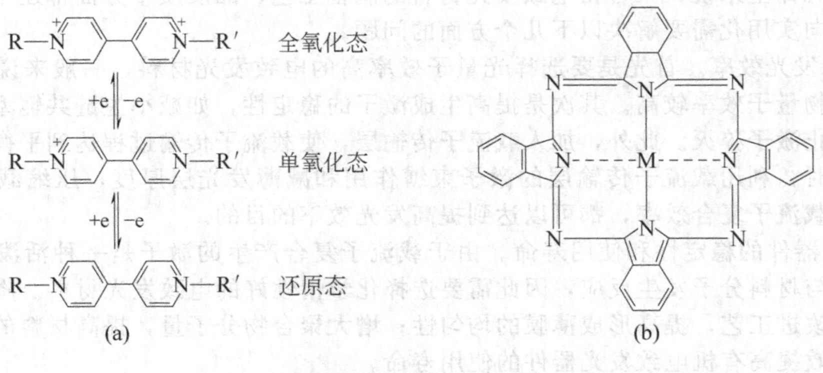

图 12-9 紫罗精和金属酞菁的分子结构

带有有机配位基的金属络合物电致变色物质种类繁多，其变色原理多数因为中心金属离子在电场作用下价态发生变化而呈现不同颜色。具有代表性的是酞菁（pHthalo-cyanines）络合物。酞菁是带高度离域 π-电子体系的卟啉的四氮杂四苯衍生物，金属离子可位于酞菁中心 [见图 12-9（b）]，也可位于两个酞菁环中间呈三明治状。多种金属的酞菁络合物在可见区都有很强的吸收，是重要的工业染料，通常摩尔吸光系数大于 10^5。其变色性质与金属离子的种类和氧化态有关。

12.5.1.3 高分子电致变色材料

无机和小分子变色材料由于自身的一些缺陷，限制了应用范围。高分子电致变色材料是目前人们研究的重点。高分子电致变色材料主要有三种类型：主链共轭型导电高分子材料、高分子化的金属络合物和小分子电致变色材料与聚合物的共混物。

（1）主链共轭型导电聚合物 主链共轭型导电聚合物，即电子导电聚合物在可见光区都有较强的吸收带。同时，在掺杂和非掺杂状态下颜色要发生较大变化，其中中性态是稳定态。导电聚合物既可以氧化（p-型）掺杂，也可以还原（n-型）掺杂。在作为电致变色材料使用时，两种掺杂方法都可以使用，但是以氧化掺杂比较常见。掺杂过程可以由施加电极电势来完成，这样，从总体效果上看是材料具有电致变色性质。其中材料的颜色取决于导电聚合物中价带和导带之间的能量差，以及在掺杂前后能量差的变化。

导电聚合物可以用电化学聚合的方法直接在电极表面成膜，制备工艺简单、可靠。聚吡咯在还原态（非掺杂态）呈现黄绿色，最大吸收波长在 420nm 左右；当进行电化学掺杂氧化后其吸收光谱显示最大吸收波长在 660nm 处，呈现蓝紫色。电致变色材料呈现的颜色是吸收波长的补色。聚吡咯化学稳定性差和有限的颜色变化限制了在实际中的应用。

聚噻吩在还原态的最大吸收波长在 470nm 左右，呈红色；被电极氧化后，最大吸收波长为 730nm 左右，变成蓝色。电致变色性能比较显著，响应速度较快。取代基对聚噻吩的颜色影响较大，如聚 3-甲基-噻吩在还原态显红色（$\lambda_{max} = 480nm$），在氧化态呈深蓝色（$\lambda_{max} = 750nm$），而 3,4-二甲基噻吩在还原态时显淡蓝色（$\lambda_{max} = 620nm$）。调节噻吩环上的取代基还可以改善其溶解性能。此外，以其低聚物作为聚乙烯侧链，可以得到柔性薄膜，且吸收光谱带变窄，颜色更纯。

聚苯胺最大优势在于它的多电致变色性，也就是说在改变电极电位过程中，聚苯胺可以呈现多种颜色变化。在 -0.2～1.0V（vs-SCE）电压范围内颜色变化依次为淡黄-绿-蓝-深紫（黑）；但是，常用的稳定变色是在蓝（氧化态）-绿（还原态）之间。聚苯胺通常在酸性溶液中利用化学或电化学方法制备，其电致变色性与溶液的酸度有关。引入樟脑磺酸，可有效降低聚苯胺的降解，提高使用寿命。在苯环上，或者氨基氮原子上面引入取代基是调节聚苯胺性能的主要方法。视取代基的不同，可以分别起到提高材料的溶解性能、调整吸收波长、增强化学稳定性等作用。如聚邻苯二胺（淡黄-蓝）、聚苯胺（淡黄-绿）、聚间氨基苯磺酸（淡黄-红），其变色态分别构成全彩色显示的三原色（RGB）[19]。

属于主链共轭型的电致发光材料还有聚硫茚和聚甲基吲哚等，由于苯环参与到共轭体系中，会显示出独特性质。苯环的存在允许醌型和苯型结构共振，在氧化时因近红外吸收而经历有色-无色的变化。

（2）侧链带有电致变色结构的高分子材料　这种材料的电致变色原理与其带有的电致变色小分子相同。将电致变色小分子引入高分子骨架有多种方法可以利用，其中比较常用的包括均聚或共聚反应、高分子接枝反应两种。前者是在电致变色小分子中通过化学反应引入可聚合基团，如乙烯基、苯乙烯基、吡咯烷基、噻吩基等，制成带有电致变色结构的可聚合单体，再用均聚或共聚的方法形成侧链带有电致变色结构的高分子材料。也可以直接利用高分子接枝反应将电致变色结构结合到高分子侧链上，如聚甲基丙烯酸乙基联吡啶则是典型代表。通过高分子化方法，可以将小分子电致变色材料的高效性与高分子材料的稳定性相结合，提高器件的性能和寿命。当采用导电高分子材料作为聚合物骨架时，还可以提高材料的响应速度。

（3）高分子化的金属络合物　将具有电致变色作用的金属络合物高分子化可以得到具有高分子特征的电致变色材料。其电致变色特征取决于金属络合物，而力学性能则取决于高分子骨架。高分子化过程主要通过在有机配体中引入可聚合基团，采用先聚合后络合，或者先络合后聚合方式制备。其中采用后者时，聚合反应容易受到络合物中心离子的影响；而采用前者，高分子骨架对络合反应的动力学过程会有干扰。

该类材料的代表是高分子酞菁。当酞菁上含有氨基和羟基时，可以利用电化学聚合方法得到高分子化电致变色材料。如 4,4′,4″,4‴-四氨酞菁鲁、四（2-羟基-苯氧基）酞菁钴等通过氧化电化学聚合都得到了理想的高分子产物。含有氨基和苯胺取代的 2,2′-联吡啶及氨基和羟基取代的 2,2′,6′,2″-三联吡啶与 Fe（Ⅱ）和 Ru（Ⅱ）形成的配合物通过氧化聚合直接在电极表面形成电致变色膜，在通过电极氧化时膜电极从红紫色变为桃红色。带有端基双键的单体可以用还原聚合法实现高分子化。

（4）共混型高分子电致变色材料　将各种材料混合以改进性能也是制备电致变色材料的方法之一。其复合方法包括小分子电致发光材料与常规高分子复合，高分子电致发光材料与常规高分子复合，高分子电致发光材料与电致发光或其他助剂复合三种。前两种方法具有工艺条件简单、材料易得的特点，而且在改进材料性能方面非常有效。但是常规高分子的导电能力比较弱，影响材料的响应速度。后一种情况是人们探索提高电致变色效率和性能方面的一种尝试。将无机电致变色材料与电致变色导电聚合物结合，可以集中两者的优点。如将吡咯单体在含三氧化钨的悬浮液中进行电化学聚合，将获得同时含有三氧化钨和聚吡咯的新型电致变色材料，其中三氧化钨与聚吡咯共同承担电致变色任务，在适当比例下膜颜色变化为蓝-苍黄-黑，三氧化钨与聚苯胺（蓝-苍黄-绿）复合物具有同样性质。

12.5.2 电致变色高分子材料的应用

电致变色材料的基本性能是其颜色可以随着施加电压的不同而改变，其变化既可以是从透明状态到呈色状态，也可以是从一种颜色转变成另一种颜色。作为一种实用性材料，电致变色材料具有如下特点。

① 颜色变化的可逆性，即材料在电极电势驱动下在两种呈色状态之间可以反复多次发生变化，并且具有一定使用寿命，其结构不会在变色过程中破坏。

② 颜色变化的方便性和灵敏性，即通过改变施加的电压的大小或极性，可以方便、迅速地控制颜色的变化。

③ 颜色深度的可控性，即当注入的电荷量 ΔQ 较小时，光密度与注入电荷量 ΔQ 的关系是线性的，较大时才呈现出饱和，因此，可通过控制注入电荷量实现光密度连续调控。

④ 颜色记忆性，即变色后切断电路，颜色可被保持。这一点与电致发光性质不同，后者在电压取消后，颜色也即刻消失。这一性质对于显示静止画面（如广告画面）时，可以降低消耗。

⑤ 驱动电压低，一般在 1V 左右，比电致发光器件所需电压要低很多。因此其具有电源简单，耗电省的性质。

⑥ 多色性，部分电致变色材料具有多色性，即在施加不同电压时可以呈现不同颜色。利用这一性质，可以利用电压调色，扩大使用范围。

⑦ 环境适应性强，由于电致变色本身是通过选择性吸收入射光线而呈现颜色的，因此特别适合在强光线环境下使用，如室外广告和大屏幕显示器等。

电致变色材料的特点及优势促进了各种电致变色器件的研制和开发。近年来研制开发的主要有信息显示器件、电致变色智能调光窗、无眩反光镜、电色储存器等。此外，在变色镜、高分辨率光电摄像器材、光电化学能转换和储存器、电子束金属版印刷技术等高新技术产品中也获得应用。

(1) 信息显示器　电致变色材料最早凭借其电控颜色改变用于新型信息显示器件的制作。如机械指示仪表盘、记分牌、广告牌、车站等公共场所大屏幕显示等。与其他类型器件，如液晶显示器件相比，具有无视盲角、对比度高、易实现灰度控制、驱动电压低、色彩丰富的特点。与阴极射线管型器件相比，具有电耗低、不受光线照射影响的特点。矩阵化工艺的开发，直接采用大规模集成电路驱动，很容易实现超大平面显示。

(2) 智能窗 (smart window)　智能窗也被称为灵巧窗，是指可以通过主动（电致变色）或被动（热致变色）来控制窗体颜色，达到对热辐射（特别是阳光辐射）光谱的某段光谱区产生反射或吸收，有效控制通过窗户的光线频谱和能量流，实现对室内光线和温度的调节。用于建筑物及交通工具，不但节省能源，而且可使室内光线柔和，环境舒适，具有经济价值与生态意义。采用电致变色材料可以制作主动型智能窗。

(3) 电色信息存储器　由于电致变色材料具有开路记忆功能，因此可用于储存信息。而且，利用多电色性材料，以及不同颜色的组合（如将三原色材料以不同比例组合），甚至可以用来记录彩色连续的信息，其功能类似于彩色照片，而可以擦除和改写性质又是底片类材料所不具备的。

(4) 无眩反光镜　在电致变色器件中设置一反射层，通过电致变色层的光选择性吸收特性，调节反射光线，可以做成无眩反光镜。用于制作汽车的后视镜，可避免强光刺激，从而增加交通的安全性。如利用紫罗精衍生物制作的商业化的后视镜，其结构为一块涂在玻璃上的 ITO 导电层和反射金属层作为电池的两极，中间加入电致变色材料。其中紫罗精阳离子作为阴极着色物质，噻嗪或苯二胺作为阳极着色物质。当发生电致变色时，可以有效减少后视镜中光线的反射。

目前高分子电致变色材料还有许多问题需要解决，如化学稳定性问题、颜色变化响应速度问题、使用寿命问题等。但是随着研究的深入，其应用前景是非常广阔的。

12.6 聚合物修饰电极

12.6.1 概述

12.6.1.1 修饰电极简介

化学修饰电极就是对电极表面进行修饰改造，赋予其新的性质和功能，达到控制电子转移过程和方向的目的。化学修饰电极（chemically modified electrode）的概念是1975年提出的，最初是采用小分子材料对电极表面进行修饰。从20世纪80年代开始，众多的具有各种电化学活性的聚合材料开始作为电极修饰材料，由于其良好的稳定性、可加工性以及极广泛的物理化学性质，使其成为使用最广的电极修饰材料。聚合物修饰电极的最大优越性在于其制备过程的可控性和使用过程的稳定性。

最初对电极表面进行化学修饰的主要目的仅仅是为了改变电极表面的性质，以弥补常规电极材料在品种和数量上的不足，适应在电分析化学、电有机合成、催化反应机理研究方面的特殊需要，而目前化学修饰电极的发展早已超出了这一范围。利用不同性质的修饰材料对电极表面进行多层修饰，甚至可以使得到的修饰电极具有如半导体二极管的单向导电特性；各修饰层间通过精心组合，可以得到具有各种三极管和简单逻辑电路功能的分子型电子器件，并有可能成为生产制备下一代电子器件的主要材料之一。电极表面多层修饰技术的研究和发展还使制备分子型太阳能转换器——聚合物型光电池成为可能。除了采用聚合物作为电极修饰材料外，另一个重要因素是表面修饰技术的进步，原位电化学聚合修饰法的出现给电极修饰提供了一种方便、可靠、可控的制备方法，使制备复杂的多层修饰电极成为可能。

12.6.1.2 与电极修饰相关的基本概念

(1) 电极的表面修饰及表面修饰电极　电极的主要工作部分是电极表面，即电极本体与电解质的界面。电极界面的性质决定电化学反应的方向和程度。用化学或物理方法对电极表面进行处理（包括附着一层或多层其他物质或者仅仅改变表面的物理化学性质），使其电化学性质发生改变，这一处理过程称为电极的表面修饰（electrode surface modification），得到的具有新性质的电极称表面修饰电极（surface modified electrode）。其中以聚合物为修饰材料的修饰电极称聚合物修饰电极。

(2) 电极表面电活性物质的覆盖度 Γ　覆盖度是指固化在电极表面的修饰层中有效活性成分的密度，相当于在溶液中活性物质的浓度，单位为 mol/cm^2。当有氧化还原反应发生，采用电化学方法进行测定时，其计算式为 $\Gamma = q/nFA$，其中，q 为通过电极的电量，A 为电极的表面积。

(3) 电极修饰方法　电极表面的修饰方法主要有四种：①表面改性修饰，用物理或化学的方法直接改变电极表面材料的物理化学性质，如用等离子体、电子、中子轰击等手段对电极表面进行处理；②化学吸附表面修饰，利用电极表面与修饰物之间的吸附力将二者结合在一起，使修饰物保持在电极表面；③化学键合表面修饰，利用化学反应，在修饰物与电极之间生成化学键，使二者结合为一体；④聚合物表面修饰，以聚合物为电极表面修饰材料，利用聚合物的不溶性和高附着力，使其与电极表面结合。

(4) 修饰电极的分类　广义上的修饰电极，根据修饰电极结构可以将其分成表面改性、单层修饰和多层修饰电极。根据修饰电极的应用目的，可以分成化学敏感器、光电转换器、电显示器等。根据修饰层的性质和作用机制，可以划分为控制透过性修饰电极、控制催化性修饰电极、控制吸附性修饰电极、光或电功能性修饰电极和多种功能结合的复合功能型修饰电极等。

12.6.1.3 聚合物修饰电极研究的相关信息

有关聚合物修饰电极的研究内容，以及要了解的信息包括以下几方面。

① 结构信息。包括修饰聚合物的微观和宏观结构、聚合物与电极表面之间的作用方式、分子链之间的相互作用力，以及单体在聚合时相互连接方式等信息。

② 修饰层的形态信息。包括表面形态分析、修饰层的厚度测定和修饰物是否均匀一致等修饰膜形态信息。

③ 电化学性质信息。包括有关修饰聚合物的物理化学性质（如氧化还原电位、电子转移速率常数、光学特性等）研究，以及有关修饰前后上述性质的变化信息。

④ 有关电极表面局部环境的信息。包括修饰层的溶剂化程度以及与电解液中阴阳离子结合情况等信息。

⑤ 修饰层化学组成与电性质的关系信息。主要研究电极表面修饰层中氧化和还原物质组成与电极电势之间的关系。

⑥ 修饰层中电活性基团的作用机理和作用方式信息。包括修饰层中电活性中心与被作用物和修饰层其他部分之间作用力的性质（如静电力、亲和力、吸附力等），以及相互影响的程度和作用机制信息。

⑦ 修饰电极的化学动力学信息。这些信息涉及电子、离子或其他参与物质在修饰膜中的迁移速率测定，以及由此产生的相关物理化学参数，如电导率和电荷转移机理等相关信息。

12.6.2 聚合物修饰电极的制备方法

聚合物修饰电极的制备过程是在洁净的电极表面利用化学的或物理的方法使其附着一层电活性聚合物，利用这种存在于电极表面物质的特殊物理化学特性，参与电极反应，从而赋予被修饰电极以全新的功能。主要修饰方法简介如下。

12.6.2.1 先聚合后修饰法

这种方法是先制备修饰用的聚合物，将聚合物制成适当浓度的溶液后，再用浸涂或旋涂的方法将此聚合物固化到电极表面。由于其方法的简便实用，直到现在仍然被广泛采用。其主要原因是有许多功能化聚合物已经成为商品，可以买来直接使用，大大节省研究费用和研制时间。采用这种方法制备的修饰电极，修饰层附着于电极表面主要靠聚合物与电极表面的非专一性的吸附作用和聚合物在电解质溶液中的不溶解特性；在修饰过程中要求聚合物在选定的用于涂布的溶剂中应有一定的溶解度，以便于修饰过程的实现；而在修饰电极的使用条件下，在使用的电解质溶液中又要有良好的不溶解特性。此外，对原电极表面要有足够的亲和力，以保证得到的修饰电极有较好的稳定性和使用寿命。按照制备过程的次序先后，可以用以下几种方法实现电极表面修饰。

（1）使用预先功能化的聚合物　首先制备带有功能化基团的单体，再按不同方法完成聚合反应，得到功能化聚合物；或者在某些聚合物中用共混或其他物理化学方法加入电活性物质，得到功能化的聚合物混合体。再将得到的聚合物溶解于适当的溶剂中，配成一定浓度的溶液，然后用下述方法之一对电极表面进行修饰。

① 滴加蒸发法。将配好的聚合物溶液滴加到经过处理的洁净的电极表面，然后将溶剂慢慢蒸发掉，电极表面留下一层聚合物膜。如果需要得到较厚的膜，通过重复上述步骤来实现。

② 旋涂法。这是对上述方法的改进，利用旋转离心作用克服得到的聚合物膜在厚度上的不均匀性。是将配制好的聚合物溶液滴加到高速旋转的电极表面形成薄膜，在离心力的作用下多余的溶液被甩出，留下比较均匀的涂层。重复以上过程直到得到满意厚度的功能膜。

③ 浸涂法。这种方法是将处理好的电极直接插入配好的聚合物溶液中浸泡，然后取出，将吸附在电极表面的聚合物溶液中的溶剂蒸发、干燥，在电极表面留下功能化的聚合物膜。

上述方法可以用于制备多种聚合物修饰电极，例如在碳电极表面用三苯基铑络合物进行修饰，制备用于电化学合成反应的催化加氢修饰电极。以聚对氯甲基苯乙烯为原料，经与二苯基磷锂反应制备有络合功能的三苯基磷聚合物；该聚合物可与多种过渡金属离子进行络合反应。它与铑盐进行络合反应，即可得到有催化加氢功能的络合聚合物，得到聚合修饰材料。

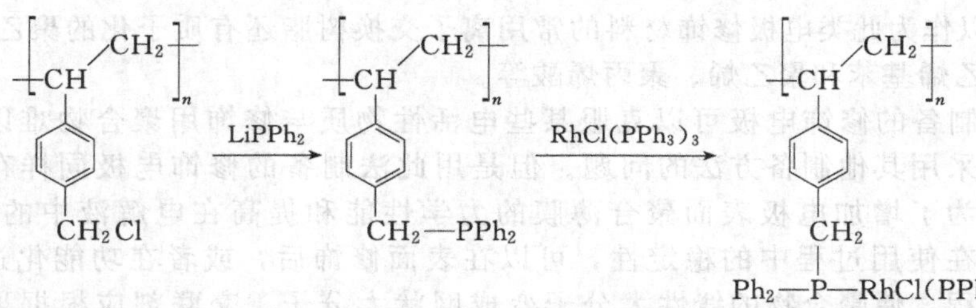

将此高分子络合物溶解于适当溶剂，用旋转滴加蒸发法即可完成有催化加氢功能的修饰电极的制备，该电极可用于电化学有机合成反应和电分析测试。用同样的方法还可以合成具有同样催化功能的二茂铁高分子络合物，并用同法制备修饰电极。它们都属于在聚合物骨架上通过络合反应，实现聚合物修饰材料的功能化。

（2）电极表面修饰与功能化过程同时进行　将事先合成好的未经功能化的聚合物与电活性物质同时溶解在选定的溶剂中，制成浓度适宜的涂布液，选择一种上面介绍的修饰方法将其涂布在电极表面。当溶剂蒸发掉以后，与聚合物同时溶解在溶液中的电活性物质被聚合物所包裹而留在电极表面，从而可以得到由该电活性物质的电学性质所确定的特定功能化聚合物修饰电极。这种方法简单实用，不需制备功能化聚合物，特别适合无机/高分子共混型功能材料，而电活性物质在电极表面的密度由其在涂布液中的浓度确定。涂层厚度由涂布次数（滴加涂布法）或者由浸入时间（浸涂法）来控制。例如，铁氰化钾/碳修饰电极的制备是将聚 4-乙烯基吡啶聚合物与铁氰化钾同时溶入适当溶剂，然后将该溶液涂在碳电极表面，得到的修饰电极具有铁氰离子的氧化还原特性。在制备修饰电极涂布液时，如果某些电活性物质在所选溶剂中比较难于溶解，也可以将其制成悬浮液。对于某些对光或电敏感的电活性物质或聚合物，在修饰过程中可以引入光或电物理量，如紫外线、电场等，以促进修饰或功能化过程，提高稳定性。如涂在电极表面的聚乙烯二茂铁在光的作用下发生光氧化反应，产生的氧化态聚二茂铁难溶于大多数常规溶剂，在电极表面形成一层牢固的聚二茂铁修饰层。

表面修饰和功能化同时进行的修饰方法虽然有简便易行、过程容易控制的优点，但是聚合物对电活性物质的包裹会对修饰电极的电学性质产生不利影响，如聚合物的立体阻碍作用会影响电活性物质的电极反应，而且得到的修饰电极稳定性较差，在使用过程中电活性物质容易重新以扩散的方式进入电解质溶液，逐渐使修饰电极失去活性。

（3）修饰层的功能化过程在电极表面修饰之后进行　这种制备过程是首先制备聚合物溶液，用未经功能化的聚合物来修饰电极表面，再将此电极插入含有电活性物质的溶液中（涂布好的聚合物膜应在此溶液中不溶解）；借助于聚合物与电活性物质之间的相互作用力（包括络合作用、静电作用、吸附作用等），使电活性物质逐步扩散进入并停留在聚合物膜内，干燥后完成聚合物膜的功能化过程。某些有络合能力的聚合物（通常在聚合物骨架上含有配位体结构），或者阳离子交换树脂比较适合采用这种方法作为电极修饰材料，以金属阳离子为活性物质制备修饰电极。例如，首先用滴加蒸发法，以聚乙烯基吡啶为材料修饰碳电极表面；再将得到的碳修饰电极插入含有三价钌的乙二胺四乙酸络合物溶液中，借助于三价钌离子与吡啶基之间的络合作用，聚合配位体与原配位体发生交换反应。随着反应的进行，三价钌离子逐步进入聚合物修饰层，并通过配位键固化在电极表面的聚合物中，经过洗涤和干燥之后即可得到具有催化光电转换反应功能的修饰电极。同样，如果电极表面用带有阴离子基团的聚合物修饰，由于该聚合物具有阳离子交换能力，也可以在修饰后利用其静电引力完成功能化过程。例如，在碳电极或者涂有二氧化锡的导电玻璃电极上用浸涂法涂上阳离子交换树脂 Nafion，蒸发干燥后将此电极插入含有电活性阳离子溶液中，电极表面的离子交换膜可以交换溶液中的电活性阳离子。如某些具有催化作用的过渡金属阳离子，使其借助离子交换作用逐步进入离子交换树脂内，经洗涤处理后便可得到理想的催化用修饰电极。除了 Nafion 之外，可以作为此类电极修饰材料的常用离子交换树脂还有质子化的聚乙烯基吡啶、带有磺酸基的聚乙烯基苯和聚乙烯、聚丙烯酸等。

用这种方法制备的修饰电极可以克服某些电活性物质与修饰用聚合物难以制成均匀溶液，因而难于采用其他制备方法的问题。但是用此法制备的修饰电极同样存在着稳定性较差的缺点。为了增加电极表面聚合薄膜的力学性能和提高在电解液中的不溶解性，以提高修饰电极在使用过程中的稳定性，可以在表面修饰后，或者在功能化过程后，再加上交联反应过程，使聚合物的线性大分子变成网状大分子。交联剂应根据聚合物的种类和性质加以选择，采用的引发方式可以是光引发交联或化学引发交联。如果聚合物骨架上含有羟基等反应活性基团，可以采用双功能基的硅烷化试剂为交联剂。对离子型聚合物，可以加入多价离子用静电力产生交联。同样，对于热敏感材料也可以利用热作用进行交联。从提高稳定性的角度讲，交联过程是有利的，但是交联过度将对体系的动力学过程产生影响，比如影响溶剂和正、负离子在聚合物修饰层中的扩散运动，而这种扩散对电极反应是必不可少的。

12.6.2.2 聚合反应和表面修饰过程同时进行

采用合成好的聚合物制备聚合物修饰电极，虽然具有方法简便、材料易得等优点，但是，在表面修饰过程中固化到电极表面的电活性材料不能严格得到定量控制，修饰电极制备过程的可重复性较差。同时，为了适应涂布条件的要求，修饰聚合物在涂布溶剂中应有一定的溶解度，而在使用条件下又要求聚合物修饰层在使用的溶剂中不溶解。一般情况下很难两者都得到很好满足。因此，用此法得到的修饰电极其力学性能和稳定性都相对较差。由于涂布修饰前需要配制储备液，因此聚合物和电活性材料的需要量也比较大。直接采用可聚合单体作为修饰材料在电极表面直接进行聚合反应，使聚合反应与表面修饰同时完成这种修饰方法在很大程度上克服了上面提到的各种不足。该方法最突出的特点是整个修饰过程均得到有效控制，可以准确地得到预先设计好的修饰电极。如原位电化学聚合修饰法几乎可以准确得到指定需要量电活性物质的表面修饰层。

属于聚合与修饰同时进行的修饰方法包括：原位电化学聚合修饰法，高温热化学（包括各种等离子体加热）聚合法，"锚分子"交联聚合固化法等。

(1) 原位电化学聚合修饰法　这种方法是直接在电极表面进行电聚合反应，在电极表面生成一层电活性聚合物膜，同时完成电极修饰。原位电化学聚合法主要有两种形式：一种是对芳香环类单体的电化学氧化聚合法，聚合反应与消耗电量的关系是化学计量的，生成的是线性共轭结构型导电聚合物；另外一种是对带有端基双键化合物的电化学诱导还原聚合法，仅需要引发剂量的电量，生成的是聚乙烯型聚合物。电化学氧化聚合法的基本特征是以电极作为氧化聚合反应消耗电子的接受者。单体在正电极电势作用下在电极周围产生离子型自由基，进而阳离子自由基之间发生链式聚合反应，生成的不溶性聚合物将沉积在电极表面构成电活性修饰层。当活性单体中含有吡咯、噻吩、苯胺等基团时［见图 12-10（a）］能发生电化学氧化聚合反应，生成具有如图 12-10（b）所示结构的导电聚合物。

由于电化学氧化聚合反应是化学计量的，因此聚合反应的速率可以由流经电极的电流来检测和控制。聚合过程中流过电极的电量与生成的聚合物的量成比例，根据流过的电量（电流对时间积分）可以计算被修饰电极表面修饰物的覆盖度。

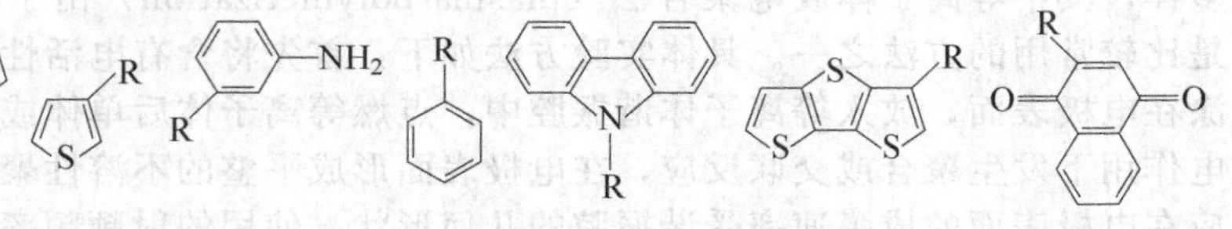

(a)

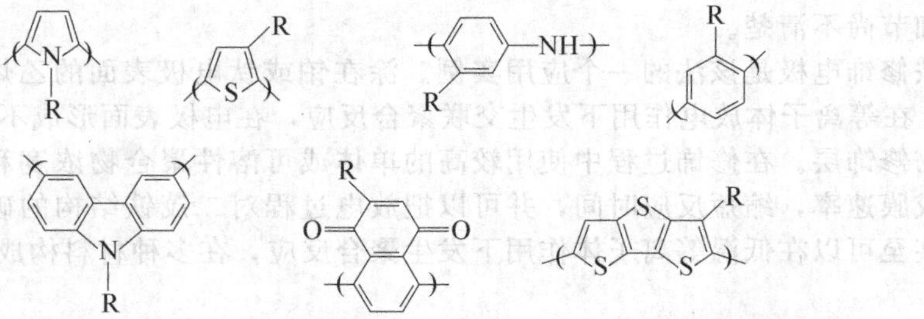

(b)

图 12-10　可被电化学氧化聚合的单体和生成的聚合物结构

当单体分子中含有处在端基位置的乙烯基时，能发生电化学诱导还原聚合反应。在聚合反应中电极起引发作用，在电极附近由阴极激发产生的阴离子自由基是聚合反应的引发体，阴离子自由基与附近的乙烯基单体发生链式自由基聚合反应。随着加聚反应的进行，生成的高分子量的聚合物由于溶解度下降而沉积在阴极表面构成表面修饰层。下面给出了具有端基乙烯基化合物的电化学诱导还原聚合反应机理。

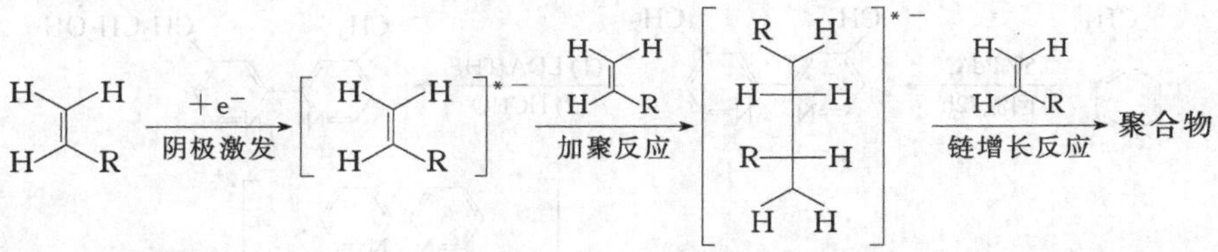

从反应式中可以看出，此聚合反应过程虽然与氧化聚合过程一样由电极引发聚合反应，但是，在引发后链增长反应可以不依赖于电极而自发进行，也就是说该聚合反应只需要催化剂量的电能来诱导激发，消耗的电能与参与反应的单体数目（或生成聚合物的量）之间没有化学计量关系。此外诱导还原聚合反应生成的聚合物在单体间生成饱和单键，因此得到的聚合物为非导电聚合物，这一点也与氧化聚合反应不同。

电化学聚合过程一般是在惰性气体保护下进行的，以防止空气中的氧气和水分参与电极反应。反应器大多采用三电极（工作电极、反电极、参比电极）系统或二电极系统（没有参比电极）。可以适应于电化学聚合的电极材料非常广泛，包括大多数金属和非金属电极材料，如 Pt、C、Au、Si、GaAs、SnO$_2$ 等。电解质溶液多由化学稳定的高氯酸、六氟化磷、三氟化硼的季铵盐（四乙胺或四丁胺）等溶解在有机或无机溶剂中制成。这些盐都具有较强的抗氧化还原能力，因此对电化学聚合过程干扰较小。在电解液中电活性单体的浓度应在 0.1～10mmol/L 之间，以保证有合适的聚合反应速度。电化学反应最普遍采用的是恒电压法，恒电流法较少采用。

电化学聚合修饰法需要在聚合反应前合成制备带有可聚合基团的电活性单体，即需要引入芳香环或者端基双键等基团，其合成的工作量较大。聚合反应的成功与否，以及得到修饰层的质量高低，往往与采用的单体纯度和反应条件有密切关系。

（2）热化学交联聚合法　利用电活性单体或可溶性聚合物在高温下发生交联反应，并设法使其在电极表面发生，也可以在电极表面得到聚合物涂层。在热聚合反应中采用的加热方式可以多种多样，其中等离子体放电聚合法（plasma polymerization）由于升温速度快，反应时间短，是比较常用的方法之一。具体实验方法如下：首先将含有电活性单体或可溶性聚合物的溶液涂在电极表面，放入等离子体谐振腔中，点燃等离子体后单体或可溶性聚合物在等离子体放电作用下发生聚合或交联反应，在电极表面形成平整的不溶性聚合物膜。等离子放电聚合反应在电极表面的成膜速率受谐振腔的几何形状、使用的射频频率和功率以及环境温度的影响较大。由于反应的机理比较复杂，产物多为复杂的交联聚合物，得到的聚合物的化学结构细节尚不清楚。

二茂铁修饰电极是该法的一个应用实例。涂在铂或钛电极表面的乙烯基二茂铁（vinyl-ferrocene）在等离子体放电作用下发生交联聚合反应，在电极表面形成不溶性的，有催化活性的聚合物修饰层。在修饰过程中使用较高的单体或可溶性聚合物浓度和较大的射频功率，可以提高成膜速率，缩短反应时间，并可以把放电过程对二茂铁结构的破坏减小到最低点。有些单体甚至可以在低温等离子体作用下发生聚合反应，在多种材料构成的电极上形成电活性修饰层。

（3）通过"锚分子"交联反应制备修饰电极　当参与修饰的功能化分子能借助第三种物质与电极表面上存在的某些基团反应并生成共价键而固化到电极表面时，这种方法被称为"锚分子"交联修饰法。通过所谓"锚分子"交联修饰法可以将电活性物质固化到许多金属氧化物和非金属电极表面。美国普林斯顿大学的科学家在 1980 年从甲基吡啶出发，合成了在光照条件下可以催化分解水分子成氧气和氢气的过渡金属钌的络合催化剂。在制备过程中采用双功能团硅烷化试剂，利用二氧化锡电极表面的羟基与其反应，生成的硅氧键将络合剂与电极表面相连接，即可将络合催化剂固化到电极表面。

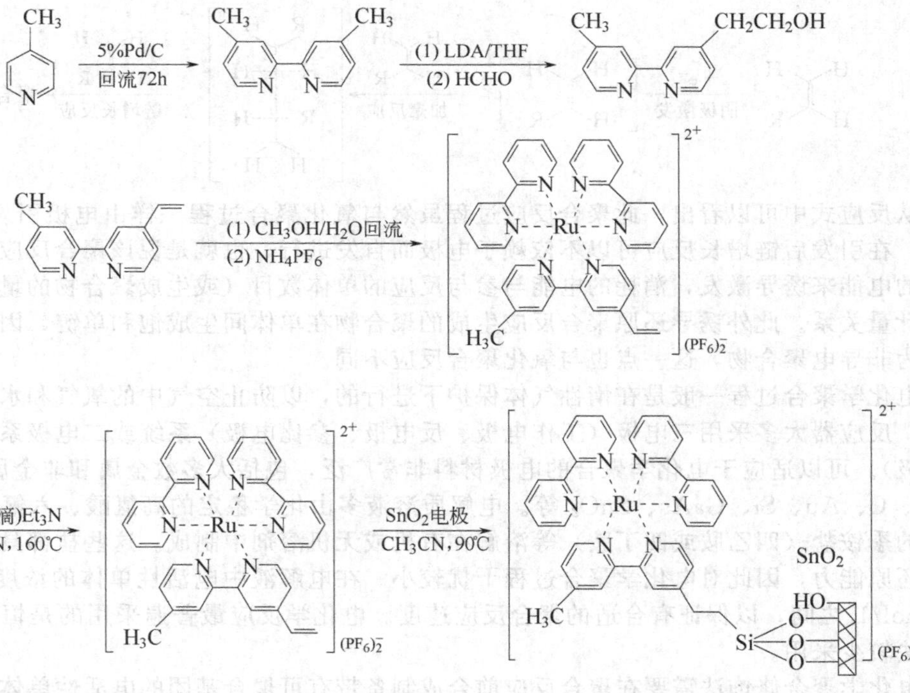

除了二氧化锡电极之外，其他种类的电极在表面经过处理后也可以形成可供交联反应的活性基团。如各种各样的以碳为主要成分的电极材料，包括石墨、碳纤维、玻璃碳等。为了增加碳电极表面活性基团的数量，以利于表面修饰材料通过与这些活性基团反应完成修饰操作，还可以采用化学反应、高温裂解或者高频等离子体加热等方法对碳电极表面进行活化处

理，处理后电极表面可以出现大量的羧基、羟基、酮基、氨基、硝基等活性基团。这些活性基团通过与"锚分子"上的相关基团反应，可生成比较稳定的酰氨键、酯键、醚键等，使电活性修饰物与电极通过这些共价键结合在一起。如玻璃碳电极在氧气参与下经高频等离子体加热处理，电极表面生成羧基等活性基团。处理后的电极与含有氨基或羟基的催化剂——氨基卟啉的过渡金属络合物进行反应，电极与修饰物之间形成酰氨键或者酯键，得到性能稳定的表面修饰电极。

除了以碳为基材的电极外，铂电极、金电极、金属氧化物电极（氧化锡、氧化钛、氧化钌等）和半导体电极（锗、硅、镓等），都是可供选择的电极支撑材料。金属电极的表面处理通常通过氧化技术使电极表面氧化生成含氧活性基团，如活性羟基等。金属氧化物电极一般不需要再进行活化处理，其表面已经含有足够的活性基团，可以满足修饰过程的需要。

利用"锚分子"交联修饰的电极表面一般只能制备单分子层修饰层，因而修饰电极单位面积担载的电活性物质的数量受到较大限制。为了克服或减小单分子层修饰带来的这一不足，增大电活性物质的担载量，最好使用比表面积大的电极材料，如多孔型、纤维型材料，或者将电极表面做粗糙化处理都可以增大电极有效面积。此外，将聚合物修饰层作为一个整体，借助于"锚分子"与电极表面键合的方法也正在研究之中。

12.6.3 聚合物修饰电极的结构、性质及应用

化学修饰电极就是利用了各种物理的或者化学的方法对电极表面进行处理，使电极表面赋予新的性质，或者通过电极控制修饰物的状态。聚合物修饰层的作用主要有以下几种类型。

12.6.3.1 聚合物修饰层在电极反应过程中作为电子转移的中介物

当修饰层由氧化还原型聚合物构成时，聚合物修饰层的主要作用之一是作为一种电子转移的中介物，在电极与外层溶液之间传递电荷，同时还可以起到传质作用，用于电化学分析或者化学敏感器制作。

根据电极、聚合物修饰层和层外电活性物质三者之间的性质和作用关系可以将这类修饰电极进一步分成如下几种类型。

（1）电极反应在修饰层外表面进行　当修饰聚合物层完全不允许电活性物质进入并透过时，电极反应只能在聚合物修饰层外表面进行。反应物与电极之间的电子转移过程完全依赖于聚合物内部的氧化还原导电方式，即依靠氧化还原基团之间的依次氧化或还原反应来完成，也就是说电极反应完全由表面修饰聚合物的电化学性质来控制。当溶液中存在不同电活性物质时，只有能与聚合修饰物进行氧化还原反应的物质才能与修饰层交换电子，通过修饰层将电子传递给电极，产生电信号。而溶液中不能与修饰材料传递电子的物质（相互间不发生氧化还原反应），电极不能给出相应的电信号。由此可以看出，相对于裸电极，这种修饰电极具有氧化还原电位选择性。

（2）电极反应在聚合物修饰层中进行　当聚合物修饰层部分允许电活性物质进入并透过时，某些电活性物质可以通过扩散进入聚合物修饰层中完成电子转移过程，在这种情况下电活性物质的扩散和电子在聚合物中的传递过程共同控制电子转移反应。由于由氧化还原聚合物传递的电子在聚合物内部就已经消耗掉，不能达到修饰层表面，因此溶液中不能或较难扩散进入修饰层的电活性物质，即使符合与聚合物间电子转移的条件，也无法完成电子转移过程，不能给出电信号。因此这种修饰电极具有氧化还原电位和通透性双重选择性。

（3）电极反应在电极表面进行　当修饰聚合物不具备电子转移能力，即氧化还原性质与溶液中被测物质不匹配，在这种条件下，被测物质与电极之间的电子传递必须依靠被测物质在聚合物修饰层中的扩散运动来实现。这样只有能通过扩散透过聚合物修饰层到达电极表面的电活性物质才能在电极上给出电信号。这种修饰电极的选择性是通过修饰层的选择性透过来实现的。

由上面的分析可以看出，电极表面的聚合物修饰层在电极反应中是非常重要的角色。无论哪一种情况，电极通过功能聚合物修饰之后，都提高了电极的选择性。因此说聚合物修饰电极在分析化学和化学敏感器的研究与制作方面发挥着重要作用。修饰电极的选择性既然依赖于修饰材料的性质，修饰材料的选择在电极修饰中就显得非常重要。修饰层的氧化还原选择性可以通过选择不同氧化还原电位的修饰聚合物来实现，这时修饰电极的设计应参考修饰材料的标准电极电位。例如，在电极表面形成对特定离子或分子有选择性透过功能的聚合物膜，可以利用这种透过性改变电极的选择性，在各种电化学分析中可以提高分析方法的选择性和抗干扰能力。这一选择性可以由于聚合物修饰层的特殊物理结构而产生，如根据形成的微孔径的大小，对不同半径的离子和分子进行选择。也可能由于修饰层的化学结构，以及由此结构产生的化学性质来提供这一选择性，如静电吸引或排斥和由于聚合物修饰层的亲脂性或亲水性引起的分配系数差异等。

修饰层的物理微孔结构可以通过下面的方法来实现。比如，在单体溶液中存在氯化钠的条件下，用原位电化学聚合修饰法在电极表面形成聚吡咯修饰层，用水溶去氯化钠之后留下的微小孔径对氯离子和与氯离子体积相仿或较小的阴离子有通过能力，而其他类型的阴离子则不能通过，这样形成的聚吡咯膜被称为"离子筛"。用这种方法得到的修饰电极对体积不同的离子具有选择性。聚吡咯膜的氧化还原状态对离子的透过性也有比较大的影响。处在氧化态的聚吡咯膜（带有正电荷）对阴离子的通透性是还原态时的 1000 倍，原因是静电引力参与了作用。其他一些聚合物修饰层也有类似的功能，例如电极表面的 LB 膜型磷脂绝缘膜可以被钙离子"打开"一个离子通道，使某些电活性离子通过扩散运动穿过这一通道到达电极表面，给出电信号。这一打开的通道还可以被某些试剂（如 EDTA 等）关闭。我们知道，某些聚合物允许一些离子进入并在其中扩散运动，然而不同的离子和分子在聚合物中的分配和扩散能力是不同的，因此由这些聚合物修饰的电极也具有一定选择性。如用全氟磺酸薄膜（Nafion）修饰的微型电极可以选择性测定多巴胺和儿茶胺等神经传导物质，在临床检验中获得应用。另外一种对重金属离子（银、汞、镉、铜等）有选择性的修饰电极是由其中含有醌式结构的聚合物修饰而成的。这些电极都是全部或者部分利用了修饰层的选择性透过能力。

修饰层的透过能力有时还与电极的电位高低有关，在某一电极电位范围，离子是可以通过的，而在其他范围则不能，构成所谓的电控离子通道。比如在聚合物分子结构中阴离子与氧化还原中心处于相邻位置，当电极电位较低，氧化还原基团处于还原态时为电中性，聚合物中的阴离子有正常的离子交换能力。借助这一作用力，反离子可以进入聚合物，并在其中扩散运动。这时电极对这些离子有响应；而当电极电位升到足够高时，该氧化还原基团转换成氧化态并带有正电荷，与相邻的阴离子结合成离子对，反离子将被排斥，这时反离子不能被测定。

当修饰聚合物有如下结构时，得到的表面修饰电极就具有上述性质。这种由电活性离子交换树脂为修饰材料的修饰电极，在修饰层内部同时含有磺酸基（离子交换基团）和二茂铁基团（用于氧化还原反应）；当二茂铁基团处在还原态时，该基团呈电中性，对与其相邻的磺酸基没有影响，磺酸基可以作为正常的离子交换基团起作用。作为阳离子的电活性物质可以进入修饰层，在电极上产生电信号。而当二茂铁被氧化后，形成二茂铁阳离子；由于其带有正电荷，与相邻的磺酸基结合形成离子对，使磺酸基失去离子交换作用。这时阳离子型电活性物质不能进入修饰层，电极没有响应。

12.6.3.2 聚合物修饰层中含有选择性催化剂

采用有特定催化活性的聚合物作为修饰材料，可以使得到的修饰电极具有选择性催化能力，在电化学合成和电化学分析应用领域有重要意义。当溶液中的电活性物质扩散到修饰电极表面，电活性物质在固化到电极表面的催化剂作用下，在电极表面发生氧化还原反应，被催化反应产生的电荷再通过催化剂与电极之间的电子传递完成电子转移过程。

高分子催化剂修饰电极具有普通电化学和化学催化反应的共同特征。它可以作为催化剂催化多种反应，而反应中发生的电子转移反应则可以通过电极的电信号表现出来，以此作为化学敏感器使用。也可以施加电压，促进预定反应的进行，在电有机合成方面获得应用。比如在铂电极表面涂上一层聚对硝基苯乙烯，由此法制备的修饰电极应用于电化学合成，在电化学反应中可以将邻二卤代烷还原成饱和烷烃。这是一个双电子转移过程，反应中首先消除一个卤素原子，并带走一个电子；在形成的碳自由基影响下，相邻的另一个卤素被迅速脱去生成产物，并发生第二个电子转移。除了聚对硝基苯乙烯之外，固化在电极表面的卟啉络合物和 4,4'-联吡啶盐等都有良好的催化还原反应活性，可以在电有机合成中获得应用。特别应当指出的是维生素 B_{12} 修饰电极，由于其特殊的催化活性受到了相当广泛的重视。在卟啉环上引入吡咯作为可聚合基团，实现 B_{12} 的高分子化，即可用于电极表面修饰。引入维生素 B_{12} 是非常有效的碳卤键氢解催化剂，并可以催化卤代烃与被吸电基团活化的不饱和烃之间的加成反应（见图 12-11）。

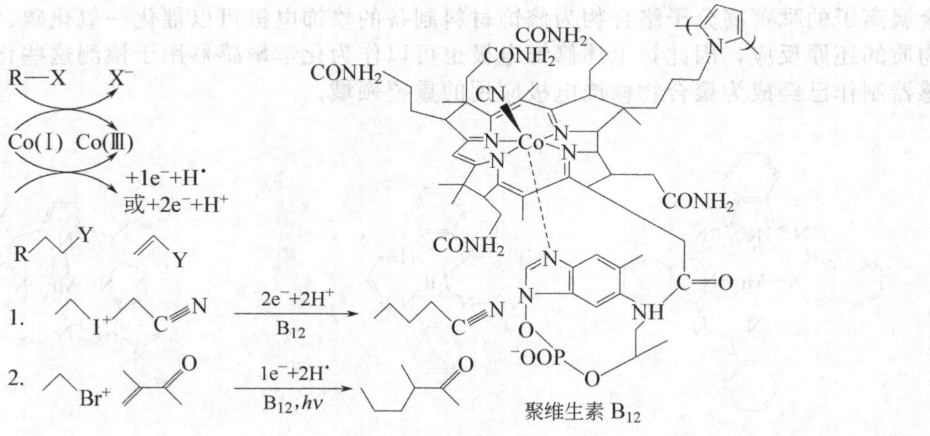

图 12-11 聚 B_{12} 修饰电极工作原理

高分子化 B_{12} 作为电极表面修饰物参与的反应代表了典型的烷基化试剂的氧化加成，以及基团转移型氧化还原催化反应。其中的钴碳键的消除反应可以由可见光激发，因此也属于光电化学反应。这一光电化学反应的结果是形成了新的碳碳键。B_{12} 修饰电极最常用的制作方法是首先在 B_{12} 的考啉环上合成可聚合基团使其成为可聚合单体，其中使用最多的基团是吡咯基和乙烯基。然后用电化学聚合法直接在电极表面形成具有催化功能的聚合物修饰膜，构成具有催化活性的修饰电极。如同 B_{12} 小分子催化剂一样，B_{12} 修饰电极还有立体选择性催化作用，可以得到某种光学异构体过量的合成结果。在碳电极表面以聚左旋缬氨酸（L-α-氨基异戊酸）为修饰材料得到的修饰电极是一个非常好的光学异构选择性催化电极，如果在聚左旋缬氨酸与电极之间再增加一层聚吡咯，构成双层修饰电极，立体选择性会更强。以叔丁基苯基硫醚为原料合成亚矾最高光学产率可达 93% 以上。

以有催化活性的聚合物为修饰材料得到的修饰电极在燃料电池研制中的应用也引起人们的注意。目前研究的燃料电池中阴极还原反应最常使用的廉价氧化剂为氧气，阳极氧化反应中最常用的还原剂是氢气、肼和甲醇。氧气的还原反应有两种反应历程，即通过二电子还原生成双氧水和通过四电子还原生成水。在作为化学敏感器用于测定可燃性气体（还原剂）时，这两种反应都有应用价值。但是对于在能源工业上有重要意义的燃料电池，四电子还原反应，即不经过高能态的双氧水阶段，直接将氧气还原成水显然更为有利。因为一次可以获得更多的电能。过去用于燃料电池的电极必须用贵金属，如铂和钯等，特别是钯电极用的最多。贵金属除了担负一般电极的功能外，还作为还原反应的催化剂。某些过渡金属螯合物也是有效的此类催化剂。其配位体多具有酞菁、四氮杂轮烯、卟啉等类骨架（见图12-12）。

参与燃料电池电极反应的修饰电极的制备方法有多种，电极的支撑材料，即电极本体多采用价格低廉的多孔性、高比表面积的碳材料。修饰层在电极表面上的固化方法常采用热聚合法在电极表面直接形成电活性聚合物。具体方法为在氩气保护下，温度为450～900℃时，四对甲氧基苯基卟啉的钴螯合物可以在碳电极表面形成一层稳定性好、催化活性强的聚合物修饰层。得到的修饰电极在酸性条件下还原氧气，其各项主要性能指标均远远好于铂/碳电极。除了钴金属以外，钴的同族元素铁也可以作为催化剂的配位中心，有类似的催化作用。而且成本也大大降低。

由于催化剂催化的化学反应可以产生电子转移，当被测环境中存在某种能够被催化的反应物时，在电极上会产生电信号。基于这个原因，以这种催化活性修饰材料制备的修饰电极在化学敏感器的制作方面也获得了应用。如以铼金属离子为配位中心的聚吡咯修饰电极可以参与催化还原二氧化碳，因此以该电极制作的化学敏感器可以用来测定二氧化碳气体。以钴金属离子的酞菁高分子络合物为修饰材料制备的修饰电极可以催化一氧化碳、甲酸、甲醛等物质的还原反应，因此，上述修饰电极也可以作为化学敏感器用于检测这些化合物。化学敏感器制作已经成为聚合物修饰电极应用的重要领域。

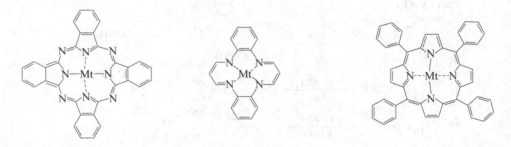

(a) 酞菁(phthalocyanine)　(b) 四氮杂轮烯(Tetraazaannulene)　(c) 四苯基卟啉(tetraphenylporphyrine)

图12-12　用于燃料电池催化修饰电极的几种修饰材料

在以聚合物修饰电极为基本结构的化学敏感器中最引人注意的是酶修饰电极，这是因为酶具有催化反应的专一性和高效性，在分析化学领域，特别是医学、生物学领域具有广阔的应用领域。将酶修饰到电极表面需要酶的固化技术。在分析测试中，利用含酶修饰材料只对体系中某个或者某些成分进行氧化还原反应，或对其有专一性催化作用，可以达到提高分析方法的选择性，减少操作步骤的目的。比如将铁氰离子（作为氧化还原指示剂）包裹进由抗原标定的脂质体内作为电极修饰材料，由此构成的修饰电极可以用来测定血浆中的抗体浓度，就是利用了抗原-抗体反应的专一性。再比如，用含有己糖激酶（hexokinase）修饰材料制作的修饰电极可以作为体液中葡萄糖测定的敏感元件。此外根据同一原理制成的DNA探头和细菌探头等已有报道。

12.6.3.3　电极修饰材料对某些物质有特殊的亲和力

在分析方法的评价中除选择性外，另一个重要指标是最低检测浓度或最小检测量，有时称之为分析方法的灵敏度。这一指标是由测定仪器的电气性能和分析方法的测定原理决定的。要提高方法的灵敏度，或者降低最低检测浓度，除了对分析仪器进行改进之外，提高被测物在检测部位的局部浓度是另一个有效途径。在电化学分析中，如果在电极表面固化一层对被测物质有特殊亲和力的物质，便会使电极表面被测物质的有效浓度得到提高。经过如此修饰的电极，即使采用与原来完全相同的仪器和分析方法也会使方法的灵敏度大大提高。

产生这种富集作用的原因可以是下列几种因素中的任何一个。①被分析测试物质与聚合物修饰层发生反应，两者间生成化学键而实现富集。比如聚合物修饰层含有特定的配位基团，可与被测阳离子生成络合物而使其在电极修饰层中相对浓度提高而得到富集。或者聚合物修饰层中有离子交换基团，与被测离子之间生成离子键，同样可以提高局部浓度。②由于聚合物修饰层对被测物有有利的分配系数，相对于被侧环境使被测物在聚合物中的浓度升高。显然，亲脂性聚合物修饰层对非极性物质一有富集作用；反之，对极性被测物质有利。③由于修饰材料对某种被测物质有吸附作用而产生富集。吸附作用可能是非选择性的，或者是选择性的。

几乎所有的离子交换树脂都应是对离子富集的修饰材料，因为离子交换树脂可以与许多离子或带电粒子生成离子键或者产生静电引力，使其在修饰层中得到富集。根据被测离子或带电粒子的不同性质，如所带电荷多少、体积大小、亲水性高低等在修饰层内得到不同程度的富集。其中磺化全氟离子交换树脂 Nafion 是用于这一目的研究最多的高分子修饰物。根据 Nafion 亲水区和憎水区的形态特点，它最适合与大的过渡金属配合物以及经质子化的有机胺类化合物（如多巴胺）的结合，使被测物在 Nafion 树脂中的浓度大大提高。当聚合修饰层内含有配位基团时，可以利用络合作用浓缩某些金属离子。用电化学聚合法将 4-甲基-4'-乙烯基-2,2'-联吡啶固化到电极表面，得到的修饰电极可以富集并检测二价铜和二价铁离子。含有二甲基乙二肟（dimethyl glyoxime）的修饰电极可以富集并检测痕量的铜、镍离子。在碳电极表面涂有一层维生素 B_{12} 聚乙氧基聚合物，是一种非常好的能富集并检测低浓度烷基化试剂的修饰电极；对甲基碘而言，检测限低于微摩尔数量级。

12.6.3.4 修饰电极作为电显示装置

某些高分子材料具有电致发光和电致变色特性，可以通过电极控制材料的颜色和亮度，从而显示和记录信息，制作出电显示装置。而这些特性的实现有赖于电活性材料与电极的结合。也就是说，电致变色材料或电致发光材料必须通过电极表面修饰方法与电极结合在一起，才能实现信息显示目的。

作为显示器件用电极修饰材料，为了满足电显示装置在应用方面的要求，必须具有如下性质。①选定的聚合物在某一氧化态下应具有理想的吸收波长（特定颜色）和尽可能高的摩尔吸收系数，以满足显示装置在颜色和清晰度方面的要求。在另一氧化态下应有显著不同的光谱吸收，使显示颜色发生明显变化。②该聚合物应具有良好的氧化还原反应的可逆性，以保证每次显示的可重复性，减小记忆效应，保证显示器件的质量长期稳定。③该聚合物承受的氧化还原反应的速度应当足够快，以保证显色和消色过程能在很短时间内迅速完成，这样才能在显示连续画面时没有拖尾现象。④选定的聚合物无论在氧化态还是还原态都应有足够的化学稳定性，保证显示装置有足够的使用寿命和对使用环境的适应性。

采用电致发光和电致变色材料，通过复杂的电极矩阵结构控制，人们已经制造出了全彩色平面显示器，并在某些领域获得实际应用。根据目前的研究水平，虽然这种类型的聚合物修饰电极作为电显示器件在实用方面还存在一些问题有待于解决，如与阴极射管和液晶显示器相比，响应的速度相对较慢、使用寿命较短等缺点，但是可选择显示材料的多样化、装置多色彩的显示特点以及显示器无视角限制等优点，特别是聚合物修饰电极可以容易地构成大面积显示器，使其具有很大的应用潜力。

12.6.3.5　多层修饰电极与分子电子器件和分子光电转换器件

　　利用修饰电极方法形成具有特殊电学性能的界面，可以制备出特殊的分子电子器件和分子光电能量转换器件。从利用界面能的角度，采用电极表面的多层修饰方法很容易形成特殊界面，并使其具有特定势能趋向（类 p-n 结），p-n 结是电子器件的核心基础。电极表面的多层修饰主要有如下两种方法。

　　（1）通过控制功能聚合材料的导电性制备　　这是利用某些电子导电性高分子材料在掺杂态时的导电性和非掺杂态的绝缘性，由电极控制其掺杂状态，来控制元件的导通和截止。其功效相当于常规的可控硅器件或开关三极管。属于这一类的导电聚合物包括聚乙炔、聚吡咯、聚噻吩、聚苯胺等线性共轭聚合物。根据能带理论分析，在正常的非掺杂状态下，满带和导带之间有较大的能级差，禁带宽度大，使电子长距离转移不易发生，基本属于绝缘体。当采用化学的或电化学掺杂方法改变分子轨道的电子占有情况，即改变其氧化还原状态，能级差将大大缩小，材料的导电性能将大大提高，一般可以提高 7～12 个数量级。因此完全可以通过电极改变功能材料的氧化还原状态来控制元件的导通和截止状态。例如以聚噻吩衍生物为基本材料，对微型电极进行修饰即可制备出具有上述功能的有机开关三极管。

　　（2）通过以具有不同氧化还原电位的功能聚合物对电极表面进行多层修饰　　由于氧化还原反应的程度和方向有赖于参与反应物质的氧化还原电位，氧化还原电位高的物质得到电子的能力强，可以从氧化电位低的物质得到电子而转化成比较稳定的还原态，但是相反的过程不能自发发生。也就是说，如果两种具有不同氧化还原电位的物质结合在一起，其电子转移方向是单向的。那么，以具有不同氧化还原电位的聚合物按照一定次序对电极表面进行多层修饰，就可以使构成的修饰电极具有电子定向流动的性质。以此为基础就有可能制备出具有半导体三极管、二极管和简单逻辑电路功能的电子器件。

　　例如采用原位电化学聚合法，依次将具有不同氧化还原电位的电活性聚合物修饰到电极表面。修饰层与电极和修饰层之间应当有良好接触，外层修饰层与电极之间应当有良好分离。电流的方向取决于修饰层的次序。或者采用不同氧化还原性能的聚合材料对电极表面进行多层修饰，由专门的电极电压控制各层聚合物的氧化态，有可能制成各种有机聚合物三极管和简单的逻辑电路。

　　当然，以目前的研究水平而言，与已经发展成熟的常规电子器件相比，目前得到的有机聚合物电子器件还存在着稳定性较差、开关速度较慢、体积较大等不尽人意的缺点。但是可以预见，随着新材料和新工艺的出现，制备技术的提高，有机聚合物电子器件的制作很有可能出现重大突破，将部分取代目前使用的电子器件。

第13章 高分子液晶

13.1 概述

13.1.1 高分子液晶的简介

物质的存在形式除人们熟悉的液态、晶态和气态外，还有等离子态、无定形固态、超导态、中子态、液晶态等其他聚集态结构形式。如果一个物质已部分或全部地丧失了其结构上的平移有序性而仍保留取向有序性，它即处于液晶态。一般认为，物质液晶态是 1888 年由奥地利植物学家 F. Reinitzer 首次发现的，由德国物理学家 O. Lehmann 于 1889 年确定，并提出了"液晶"（liquid crystals）这一学术用语。液晶态与晶态的区别在于它部分缺乏或完全没有平移有序，而与液态的区别则在于它仍存在一定的取向有序性。根据结构有序性的类型与程度，液晶又有向列相、近晶相、立方相、柱状相以及它们各自的亚相和手征相等。液晶相根据形成条件的不同，可分为热致液晶相、溶致液晶相以及因其他外场（压力、电场、磁场、光照等）作用而诱发产生的场致液晶相等。

液晶高分子是在一定条件下能以液晶相态存在的高分子。高分子量和液晶相序的有机结合使液晶高分子具有一些优异特性。比方说，它可以有很高的强度和模量，或很小的热胀系数，或优秀的电光性质等。研究和开发液晶高分子，不仅可提供新的高性能材料并导致技术进步和新技术的发生，而且可促进分子工程学、合成化学、高分子物理学、高分子加工以及高分子应用技术的发展。此外，由于许多生命现象与物质的液晶态有关，例如自然界的纤维素、多肽、核酸、蛋白质、病毒、细胞及膜等都存在液晶态，对高分子液晶态的研究也有助于对生命现象的理解并可能导致有重要意义的新医药材料和医疗技术的发现。因此，研究液晶高分子具有重要意义。

尽管德国化学家 D. Vorlander 早在 1923 年就提出了液晶高分子的科学设想，美国物理学家 L. Onsager 和美国高分子科学家 Flory 也分别在 1949 年和 1956 年发表了能够说明刚性棒状大分子溶液液晶相的液晶高分子理论，液晶高分子只是在 20 世纪 60 年代中期美国 Du Pont 公司发现对氨基苯甲酸和聚对苯二甲酸对苯二胺的液晶溶液可以纺出高强度高模量的纤维（Kevlar，芳纶）后才引起人们的普遍注意，Kevlar 于 1972 年投入生产，被称为"梦幻纤维"，以后又有自增强塑料 Xydar（美国 Dartco 公司，1984），Vectra（美国 Celanese公司，1985），X7G（美国 Eastman 公司，1986）和 Ekonol（日本住友，1986）等聚酯类液晶高分子生产。

20 世纪 70 年代 Finkelmann 等将小分子液晶显示及存储等特性与聚合物的良好加工特性相结合的努力使得具有各种功能特性的侧链液晶高分子材料得到开发。

今天，液晶高分子材料作为化学、物理学、生命科学、材料科学、信息科学和环境科学等多学科交叉的一门边缘学科正在成为一个十分活跃的研究领域，它对当代科学技术的发展，对工业、国防和人民生活的贡献将日益显示出重要作用。

13.1.2 高分子液晶的分类与表征

13.1.2.1 液晶的分类

（1）按液晶形成条件分类 按液晶形成的条件，可将液晶（包括小分子液晶和高分子液

晶 （liquid crystalline polymer，简称 LCP）分为热致性、溶致性和场致性三种。

① 热致液晶：通过加热而呈现液晶态的物质称为热致液晶，多数液晶是热致液晶。

② 溶致液晶：因加入溶剂（在某一浓度范围内）而呈现液晶态的物质称为溶致液晶。

溶致性液晶又分为两类，第一类是双亲分子（如脂肪酸盐、离子型和非离子型表面活性剂以及类脂等）与极性溶剂组成的二元或多元体系，其液晶相态可分为层状相、立方相和六方相三种；第二类是非双亲刚棒状分子（如多肽、核酸及病毒等天然高分子和聚对二甲酰对苯二胺等合成高分子）的溶液。它们的液晶态可分为向列相、近晶相和胆甾相三种。

③ 场致液晶：在外场（如压力、流场、电场、磁场和光场等）作用下进入液晶态的物质称为场致液晶或感应液晶。例如，聚乙烯在某一高压下出现液晶态称为压制液晶，聚对苯二甲酰对氨基苯甲酰肼在施加流动场后呈现液晶态是典型的流致液晶。

（2）按液晶相态有序性的不同分类　大多数热致液晶及热致液晶高分子和刚棒状溶致液晶高分子，按液晶相态有序性的不同可分为向列相（nematic，简称 N）、近晶相（semetic，简称 S）和胆甾相（cholesteric，简称 Ch）三类。这一分类法是 1922 年 Friedel 提出的，如今近晶相已有多种亚相，他所指的近晶相，只是现在所谓的近晶 A （smecticA，简称 S_A）相。

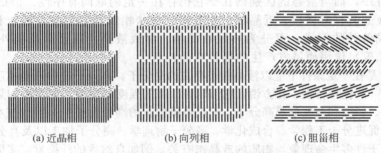

(a) 近晶相　　　　　　(b) 向列相　　　　　　(c) 胆甾相

图 13-1　近晶 A 相、向列相、胆甾相的示意图

① 向列相。大多数液晶及液晶高分子是棒状分子。在向列相中，棒状分子彼此平行排列，仅具有一维有序，沿指向矢方向的取向有序，但分子的重心排布无序，见图 13-1。在这三类液晶中仅向列相没有平移有序，它的有序度最低，黏度也小。

② 近晶相。按惯例，近晶相得分类是根据发现年代前后而命名为 A，B，C…的，至今排列到 Q 相，共 17 种亚相，记为 S_A，S_B，…S_Q 相，还有 S_C^*，S_I^*，S_F^*，S_J^*，S_G^*，S_K^*，S_H^*，S_M^*，S_O^* 等九种具有铁电性的手征近晶相和反铁电相 S_{CA}^*，约 27 种亚相，以 S_A 及 S_C 相较常见，现以 S_A 相为例进行说明，其示意图见图 13-1。在这三类相态中以近晶态相的结构最接近晶体结构，故有"近晶"相这个名称。这类液晶除了沿指向矢方向的取向有序以外，还有沿某一方向的平移有序。在近晶相，棒状分子平行排列成层状结构，分子的长轴垂直于层状结构的平面。在层内分子的排列具有二维有序性。分子可在本层运动，但不能来往于各层之间，因此层片之间可以相互滑移，但垂直于层片方向的流动却很困难，这导致近晶相的黏度比向列相大。

③ 胆甾相。因这类液晶物质中有许多是胆甾醇衍生物，故有此名，但有更多的胆甾相液晶并不含胆甾醇结构。胆甾相液晶都具有不对称碳原子，分子本身不具有镜像对称性，它是一种手征性液晶。在胆甾相中，呈长而扁平形状的分子排列成层，层内分子互相平行，分子的长轴平行于层平面，不同层的分子长轴的方向略有变化，沿层的法线方向排列成螺旋状结构，见图 13-1。胆甾相与向列相的区别是前者有层状结构。胆甾相与近晶相的区别是它

有螺旋状结构。

此外，热致液晶和热致液晶高分子中还有少数分子的形状是盘状，盘状分子和盘状高分子液晶的相态归属于盘状液晶相。

13.1.2.2 液晶的表征

高分子液晶材料表征的常用方法有以下三种。

(1) 热台偏光显微镜（POM）法　它是表征液晶物质最常用、简单和首选的方法。根据液晶的定义，若观察到某物质有流动性（或剪切流动性）和光学各向异性（在 POM 下有双折射现象可观察到各种彩色光学图案，又称"织构"，"织理"或"组织"），则可确认存在液晶态和具有液晶性（S_D 相和蓝相例外）。通过观察"织构"和温度的变化可以记录该物质的软化温度或熔点、液晶态的清亮点和各液晶相区的转变温度。从"织构"可判断该液晶的相态类型，例如向列相液晶有丝线、纹影、大理石、球粒、反转壁、假各向同性等织构；胆甾相液晶有指纹、油条、血小板、多角、扇形、短棒、层线和蓝相等织构；近晶 A(S_A) 相液晶有简单扇形、多角、短棒、阶粒、假各向同性和寄形等织构；近晶 B(S_B) 相有镶嵌、扇形、纹影、长矛、衣服夹、假各向同性、阶粒、寄形和假 π-向错等织构；近晶 C(S_C) 相液晶有破碎扇形、纹影、均匀、砂粒和寄形等织构。由于一种相态可有多种织构和一种织构可归属于多种相态而非一种相态对应于一种特定织构的简单关系，因此除非某些简单情况，例如仅观察到丝线织构即可以确认为向列相；而多数情况，特别是近晶相的各亚相间共有的织构种类较多，单用本法判断常易失误，要和 X 射线衍射法相互参照才能确定相态的归属。由于高分子的链缠结导致高分子液晶的黏度大，难流动，常须长时间在某一温度"退火"，以便使高分子链舒展，重新取向后有利于观察其液晶态的织构，由于高分子的多分散性，它实际上是混合物，其织构有时被"异化"，即不同于小分子液晶相态的典型"标准"织构图，这些都为高分子液晶相态归属的研究带来困难和趣味。此外，本法还能研究热致液晶的分子取向、取向态的缺陷等形态学的信息，液晶的光性正负，光轴的个数和溶致液晶的产生与相分离过程等。

(2) 示差扫描量热法（DSC 法）　DSC 法用途之一是为液晶高分子材料提供相转变温度数据。DSC 图通常由第一次加热曲线、第一次冷却曲线和第二次加热曲线组成，由于前者会受热历史的影响，一般以后二条曲线提供的数据作为各相变温度的依据。由于晶态和液晶态的相变是热力学的一级相变，故其过程是可逆的，DSC 法测的相变温度数据要比 POM 法精确，并且 DSC 曲线图的表示法更为直观。DSC 曲线图上温度最高的峰值并不一定是清亮点，某些液晶的清亮点高于分解温度，在图上无法出现，图上的温度最低的峰值也不一定是熔点，对于结晶性液晶高分子来说，可能存在因熔点不同、结晶度不同及结晶形态不同而出现的转变峰。对于非晶性液晶高分子来说，可能存在玻璃化转变在物理老化过程产生的吸热峰。DSC、POM 和 X 射线衍射法相互参照才能较好说明相变过程。

DSC 法用途之二是根据曲线图上各转变点的热熔值可判断液晶的类型。近晶格的有序性最高，故热熔值最高，约为 $6.3 \sim 21 \text{kJ/mol}$；向列相液晶的热熔值较低，约为 $1.3 \sim 3.6 \text{kJ/mol}$；胆甾相液晶的层片内结构类似于向列相，故其热熔值也与向列相液晶的相似。

(3) X 射线衍射法　X 射线衍射法是鉴别三维有序结构的最有力手段之一，用它来判断液晶相的类型也十分有效，其作用是 POM 和 DSC 法所不能代替的。近晶相液晶的衍射图呈现一个窄的内环（$2\theta = 2° \sim 5°$）和一个或多个外环。内环反映了近晶相液晶的分子层距，外环反映了分子横向堆砌的有序程度。高度有序的高分子近晶相液晶的确认还须辅以其他手段如穆斯堡效应实验等。向列相液晶的衍射图的内环是弥散的图像，外环是一个 $2\theta \approx 20°$ 的晕圈。这表示它没有薄层结构，且横向排列是长程无序的。

此外，相容性判别法、透射电镜、电子衍射法、红外光谱法、NMR 法、小角中子衍射法也是研究高分子液晶相态的重要方法。

13.2 主链型液晶高分子材料

按液晶基元所在位置的不同液晶高分子可分为主链型液晶和侧链型液晶两种。介晶基元位于分子主链的高分子称为主链型液晶高分子；介晶基元位于侧基的高分子称为侧链型液晶高分子，示意图如下：

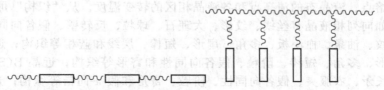

13.2.1 主链型液晶高分子的分子设计

13.2.1.1 溶致性主链型液晶高分子的分子设计

溶致性主链型液晶高分子又可分为天然的（如多肽、核酸、蛋白质。病毒和纤维素衍生物等）和人工合成的两类。前者的溶剂一般是水或极性溶剂；后者的主要代表是芳族聚酰胺和聚芳杂环，其溶剂是强质子酸或对质子惰性的酰胺类溶剂，并且添加少量氯化锂或氯化钙。这类溶液出现液晶态的条件是：①聚合物的浓度高于临界值；②聚合物的分子量高于临界值；③溶液的温度低于临界值。

溶致性主链型液晶高分子的介晶基元通常由环状结构和桥键两部分所组成。常见的环状结构如下：

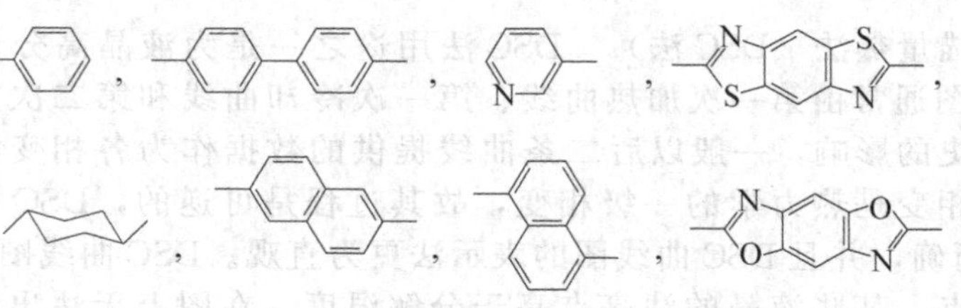

常见的桥键如下：

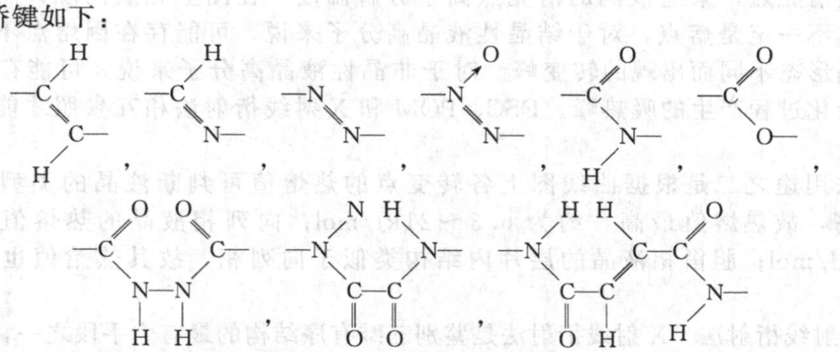

13.2.1.2 热致性主链型液晶高分子的分子设计

它们的主要代表是共聚酯。由于均聚酯（如聚对羟基苯甲酸或聚对苯二甲酸对苯二酚酯）的分子结构的规整性和链刚性，它们具有高结晶度和高熔点，不能在热分解温度以下生成液晶相，分子设计的目的就是通过共聚改性降低分子链的有序性，从而降低结晶度和熔点，常用方法有 7 种。

304

（1）引入取代基　若在苯环中引入取代基，就会破坏垂直于棒状分子链轴的对称平面，使分子链在晶体中的密堆砌效率降低，从而降低了分子链的刚性、结晶度和熔点，就可以在分解温度以下观察到液晶态，并能对其熔体进行加工成型和应用。例如，苯基取代的聚酯要比对应的无取代基的聚酯的熔点降低了 322℃左右。

$$\left[\!\!-O-\!\!\bigcirc\!\!-O-CO-\!\!\overset{C_6H_5}{\bigcirc}\!\!-CO-\!\right]_n \qquad T\approx278℃$$

$$\left[\!\!-O-\!\!\bigcirc\!\!-O-CO-\!\!\bigcirc\!\!-CO-\!\right]_n \qquad T\approx600℃$$

（2）引入异种刚性成分　例如对羟基苯甲酸的均聚物（Ⅰ）以及对苯二甲酸与对苯二酚的缩聚物（Ⅱ）的熔点都高达 600℃左右，在（Ⅰ）中苯环之间酯基的连接方式只有一种，而（Ⅱ）中苯环之间的酯基是按—CO—O—和—O—CO—两种方式交替安插的，但在（Ⅰ）和（Ⅱ）的共聚物中苯环之间酯基的两种连接方式—CO—O—和—O—CO—是无规的，这影响到晶体结构的规整性并导致共聚物的熔点降至 400℃左右，比对应的两种均聚物的熔点低了 200℃左右。

（3）引入刚性扭曲成分　即将邻位或间位取代亚苯基或 2,7-亚萘基嵌入结构单元，使高分子主链不在一条直线上，从而降低了链的刚性、结晶能力和熔点，有利于在热分解温度以下观察到液晶态，例如可引入

等，但是引入刚性扭曲成分后也会降低分子链的有效长径比，从而影响液晶相的生成，因此引入的刚性扭曲成分的摩尔百分数有一定限度，例如引入主链的间苯二酚的量一般控制在 20%，若引入过多则共聚酯的液晶性将会下降，甚至消失。

（4）引入柔性扭曲成分　在苯环间引入柔性扭曲基团，如各种二元酚中引入—CH$_2$—，—C(CH$_3$)$_2$—，—CO—等柔性基团所组成的各种共聚酯，其熔点降低的幅度比引入刚性扭曲成分还大，引入不同的扭曲基团对共聚酯性质的影响差别很大，引入的柔性扭曲成分的摩尔百分数也有一定限度。导致聚合物液晶性消失的摩尔百分数，双酚 A 为 40%，4,4'-二羟基二苯砜为 50%，4,4'-二羟基二苯硫醚为 60%，4,4'-二羟基二苯醚为 70%。

（5）引入"侧步"结构　引入的 2,6-萘环结构可使介晶基元在分子长轴方向上的走向发生"侧步"平移，并在分子链中引入曲轴式运动，从而降低分子链的刚性，如聚对苯二甲酸对苯二酚酯的熔点高达 600℃左右，而具有"侧步"结构的聚对苯二甲酸 2,6-亚萘酯的熔点只有 210℃。

（6）引入柔性间隔基　如亚烷基 $\left[\!-CH_2\!-\right]_n$，$\left[\!-CH_2CH_2O\!-\right]_n$，醚基或硅氧烷基 $\left[\!-Si(CH_3)_2\!-O\!-\right]_n$ 等软段。聚对苯二甲酸对苯二酚酯的熔点高达 600℃左右，它的清亮点无法观察，但在它的刚性结构单元间嵌入柔性链 $\left[\!-CH_2\!-\right]_{10}$ 之后，所形成的共聚酯的熔点下降至 231℃，清亮点下降至 265℃。在刚性结构单元间嵌入柔性链，使整个高分子链刚性下降，它的熔点和清亮点与其他方法比较下降降幅较大，不仅能使熔点降至热分解温度以下，还能观察到清亮点，具有稳定的液晶态，这非常适合于液晶相的理论研究，但工业界对此兴趣小，主要原因是柔性链的存在缩短了分子的松弛时间，液晶态的分子取向不易在加工过程中固定下来，其次是聚合物的结晶度较小，制品的力学性能较差。在液晶高分子材料的工业生产中以全芳族共聚酯居多，引入刚性扭曲成分、引入"侧步"结构、引入取代基等是较为常见的方法。此外，所嵌入的柔性链长度是有限制的，引入过长的柔性链相当于对于介晶基元的过度"稀释"，会导致共聚酯液晶性的丧失。

（7）改变结构单元的连接方式　头-头连接使分子链刚性增加，清亮点较高。头-尾连接使分子链柔性增加，清亮点降低。—Ph—N＝N—Ph—CO—O（CH$_2$）$_{10}$O—OC— 的熔点210℃，无液晶性，而 —Ph—N＝N—Ph—O—CO（CH$_2$）$_{10}$CO—O— 的熔点225℃，清亮点245℃，有液晶性。两者分子结构的不同仅在于刚性结构单元和柔性链相接处的羰基方向不同。

13.2.2　聚芳酰胺

13.2.2.1　聚苯甲酰胺（PBA）

PBA 是第一个非肽类溶致液晶高分子，60 年代美国杜邦公司的 Kwolek 以 N-甲基吡咯烷酮为溶剂，CaCl$_2$ 为助溶剂进行低温溶液缩聚而得，反应式如下：

$$H_2N \text{—} \bigcirc \text{—} CO\text{—}OH + 2SOCl_2 \longrightarrow O\text{=}S\text{—}N \text{—} \bigcirc \text{—} CO\text{—}Cl + SO_2 + 3HCl$$

$$O\text{=}S\text{—}N \text{—} \bigcirc \text{—} CO\text{—}Cl + 3HCl \longrightarrow HCl \cdot H_2N \text{—} \bigcirc \text{—} CO\text{—}Cl + 2SOCl_2$$

$$nHCl \cdot H_2N \text{—} \bigcirc \text{—} CO\text{—}Cl + 2n[S] \longrightarrow [NH \text{—} \bigcirc \text{—} CO]_n + 2n[S] \cdot HCl$$

式中，[S] 代表溶剂。PBA 溶液属于向列相液晶，用它纺成的纤维称为 B 纤维，在我国称为芳纶 14，具有很高的强度，用作轮胎帘子线。

13.2.2.2　聚对苯二甲酰对苯二胺（PPTA）

PPTA 是第一个大规模工业化的液晶高分子（美国杜邦公司，1972），它是典型的溶致性液晶高分子，用它纺成的纤维称为 Kevlar，商品名称有 Kevlar29 及 Kevlar49 等，在我国称为芳纶 1414，被称为"魔法纤维"，它是高强高模材料，其比强度是钢丝的 6～7 倍，比模量是钢丝的 2～3 倍，密度只有钢丝的 1/5，广泛用于航空及宇航材料。它是以 N-甲基吡咯烷酮为溶剂，CaCl$_2$ 为助溶剂进行低温溶液缩聚而得的，反应式如下：

$$nClOC \text{—} \bigcirc \text{—} COCl + nH_2N \text{—} \bigcirc \text{—} NH_2 \longrightarrow [CO \text{—} \bigcirc \text{—} CONH \text{—} \bigcirc \text{—} NH]_n$$

13.2.3　聚芳杂环

（1）聚苯并噻唑（PBZT）　反式的 PBZT 的合成为：

$$n \begin{matrix} ClH_3N & SH \\ \bigcirc \\ HS & NH_3Cl \end{matrix} + nHOOC \text{—} \bigcirc \text{—} COOH \xrightarrow{\text{多聚磷酸}} [\text{...}]_n$$

（2）聚苯并噁唑（PBO）　顺式的 PBO 的合成为：

$$n \begin{matrix} HO & OH \\ \bigcirc \\ ClH_3N & NH_3Cl \end{matrix} + nHOOC \text{—} \bigcirc \text{—} COOH \xrightarrow{\text{多聚磷酸}} [\text{...}]_n$$

这两类杂环高分子液晶都是溶致性高分子材料，是高性能高分子材料，除了比 Kevlar 具有更高的力学性能（如比强度和比模量）外，还具有优良的环境稳定性，被视为优秀的新一代航天材料。它们的优良性能来源于由芳环和杂环组成的分子链结构及在液晶相成膜成纤的加工工艺。

13.2.4　聚芳酯

聚芳酰胺和聚芳杂环液晶高分子都是溶致性的，它们的熔点高于分解温度，不能通过加热的方法实现液晶性，只能制造纤维和薄膜，不能制造塑料。而以聚芳酯为代表的热致性液晶高分子不仅可以制造纤维和薄膜，而且作为新一代工程塑料弥补了溶致性液晶高分子的不足。已经商品化的聚芳酯有以下三种类型。

(1) Ⅰ型　由美国 Economy 发明，美国 Dart Kraft 公司于 1984 年生产，商品名称 Xydar，化学成分为：

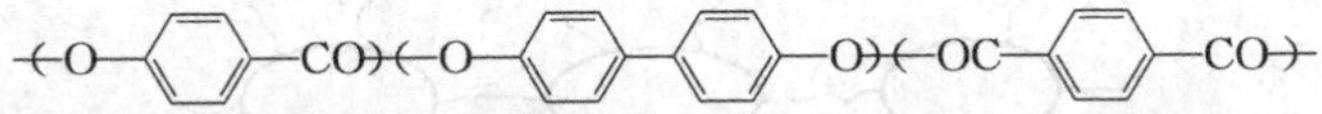

$$\text{+O—⟨⟩—CO+O—⟨⟩—⟨⟩—O+OC—⟨⟩—CO+}$$

另一类产品是由 Economy 发明并经日本 Sumitomo 化学公司改进于 1985 年生产的，商品名称为 Ekonol 纤维树脂，化学成分为：

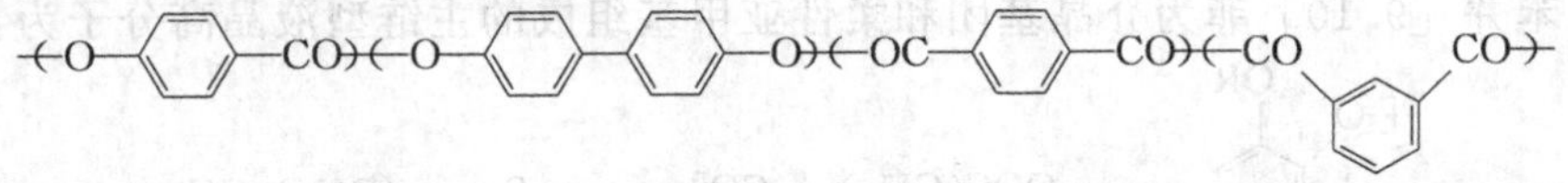

$$\text{+O—⟨⟩—CO+O—⟨⟩—⟨⟩—O+OC—⟨⟩—CO+CO—⟨⟩—CO+}$$

(2) Ⅱ型　由 Hoechst-Celanest 公司发明并于 1985 年生产的，商品名称为 Vectra，化学成分为：

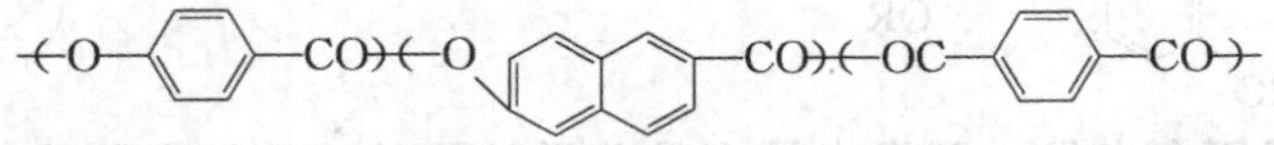

$$\text{+O—⟨⟩—CO+O—⟨⟨⟩⟩—CO+OC—⟨⟩—CO+}$$

(3) Ⅲ型　由美国 Eastman Kodak 公司的 Jackson 发明，并经日本 Unitika 公司改进于 1985 年生产，商品名称为 RodrumLC-5000，化学成分为：

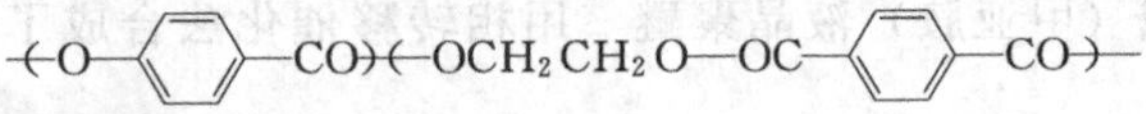

$$\text{+O—⟨⟩—CO+OCH_2CH_2O+OC—⟨⟩—CO+}$$

13.2.5　其他主链型液晶高分子

(1) 其他溶致主链型液晶高分子　天然的有多肽（例如聚 γ-L-谷氨酸苄酯）、核酸、蛋白质、病毒、大部分纤维素衍生物（如羟丙基纤维素）和甲壳素等。人工合成的如以美国孟山都公司开发的聚对苯二酰肼为代表的聚芳酰肼类，以及聚（对苯二甲酸对氨基苯甲酰肼）为代表的聚芳酰胺-酰肼类。某些嵌段共聚酯（如环己基酯齐聚物与芳香酯齐聚物的嵌段共聚物）可形成溶致液晶。由甲基-1,4-对苯二胺和对苯二甲醛所得聚甲亚胺在硫酸中形成向列相液晶。聚肼，例如聚（异氰化辛烷）在氯仿中呈现液晶态。聚异氰酸酯，当 R 为 $C_6 \sim C_{12}$ 基团时可形成溶致液晶。聚有机磷腈，例如聚苯二甲氧磷腈在甲苯中形成溶致液晶。由反式二（3-正丁基膦）二氯代铂与二炔缩合所得含有金属的聚炔烃在甲苯中形成向列相。

(2) 其他热致性主链型液晶高分子　如含有偶氮苯、氧化偶氮苯、苄连氮、甲亚胺、炔或烯类不饱和链等桥键的聚酯、聚醚、聚酮、聚氨基甲酸酯、聚酰胺、聚酯-酰胺、聚碳酸酯、聚酰亚胺、聚 β-硫酯以及聚烃、聚甲亚胺、聚对二甲苯、聚磷腈、聚二甲基硅氧烷、聚噻吩酯和沥青等。

(3) 兼有溶致和热致性的主链型液晶高分子　包括聚芳酰胺、聚芳酯、纤维素衍生物、聚芳醚、聚烃、有机金属聚合物和嵌段共聚物七类。

(4) 含盘状介晶基元主链型液晶高分子　除前述液晶相态分为向列相、近晶相和胆甾相三种之外，1977 年印度 Chandrasekhar 又发现了一类称为盘状液晶态的物质，构成它们的基元多为扁平盘子状，因而得名。现已发现，能形成盘状介晶态的物质均具有相同的分子形状，例如结构如下所示的盘状液晶态的发现，打破了一般认为液晶物质多为棒状结构的常规观念，在理论上具有十分重要的意义。

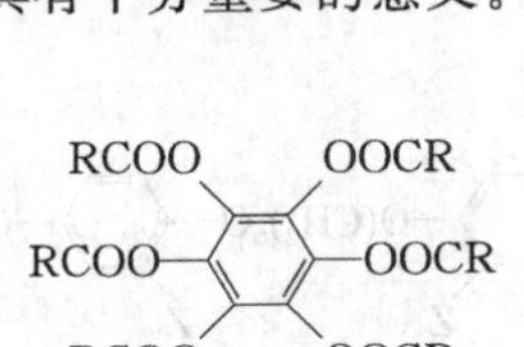

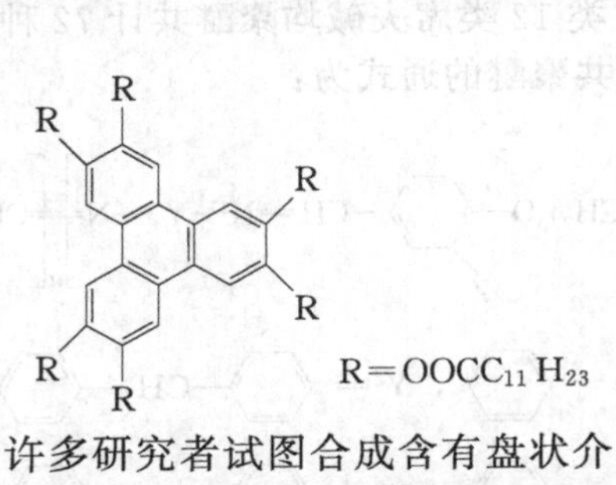

RCOO—OOCR
RCOO—OOCR　　　　R=OOCC₁₁H₂₃
RCOO—OOCR

在发现盘状分子可以形成液晶态之后，许多研究者试图合成含有盘状介晶基团的液晶高分子，1983 年德国 Ringsdorf 首次实现了盘状液晶的高分子化，盘状介晶基团构成的主链型高分子可用下图表示：

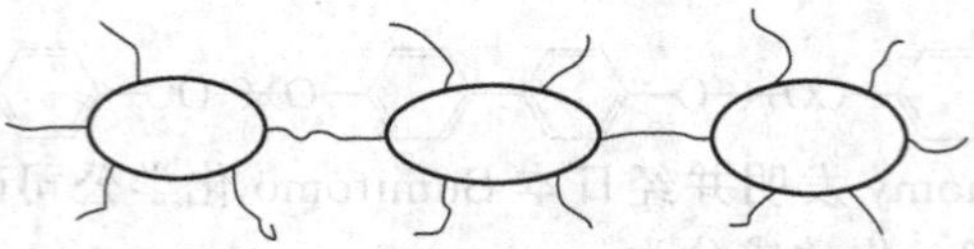

一种由苯并 [9.10] 菲为介晶基团和柔性亚甲基组成的主链型液晶高分子为：

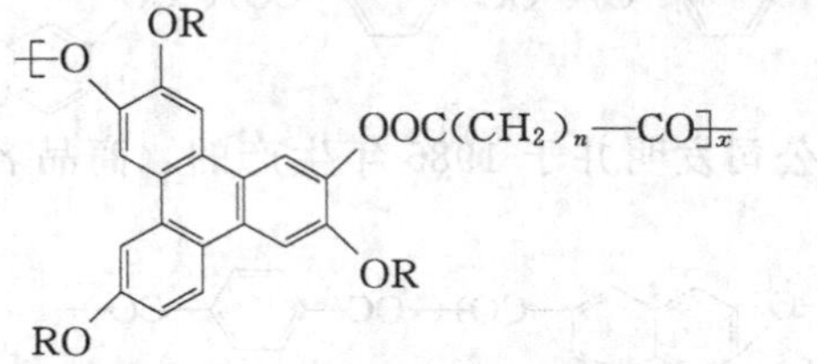

$$\left[O\underset{OR}{\overset{OR}{\bigcirc}}OOC(CH_2)_n-CO\right]_x \qquad R=-(CH_2)_4CH_3$$

近来从分子工程概念出发，开发出了多种分子结构的功能性盘状液晶高分子，它们的应用主要集中在一维电导光导能量传输、纤维材料和光电显示器件方面。

（5）主链型席夫碱（甲亚胺）液晶聚醚　用相转移催化法合成了 12 类席夫碱均聚醚和 9 类席夫碱共聚醚。

十二类均聚醚的结构式如下：

A：$\left[O-\bigcirc-CH=N-\bigcirc-O(CH_2)_n\right]_x$

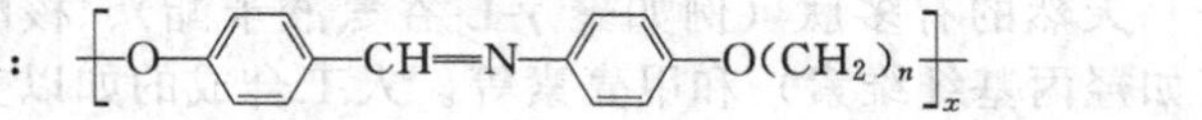

B：$\left[O\underset{}{\overset{OCH_3}{\bigcirc}}-CH=N-\bigcirc-O(CH_2)_n\right]_x$

C：$\left[O-\bigcirc-CH=N-\bigcirc-N=CH-O(CH_2)_n\right]_x$

D：$\left[O\overset{OCH_3}{\bigcirc}-CH=N-\overset{OCH_3}{\bigcirc}-N=CH-O(CH_2)_n\right]_x$

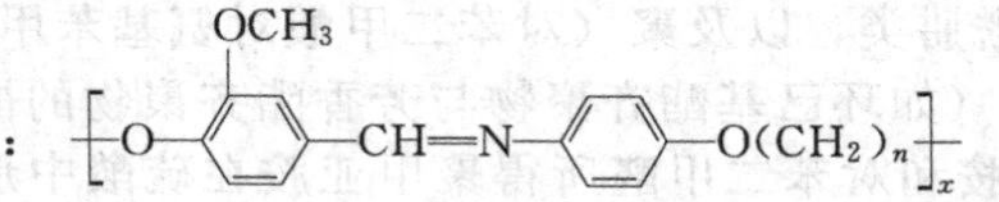

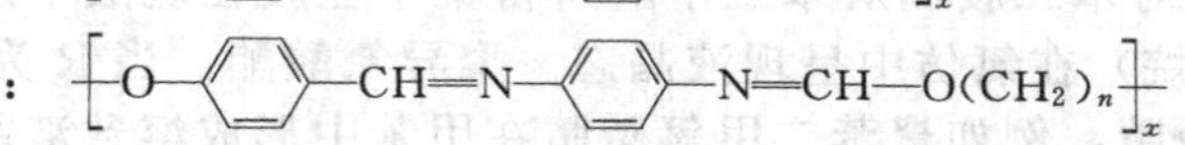

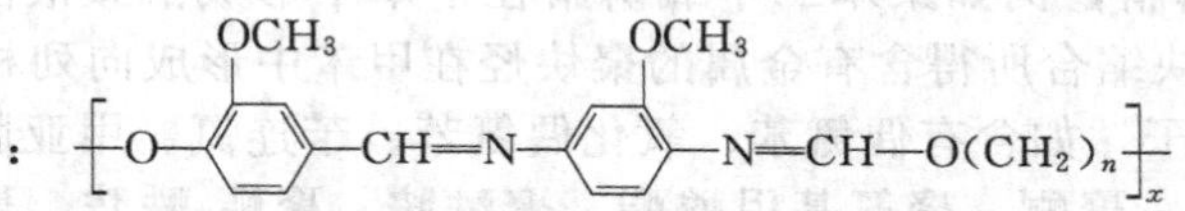

E~M 类席夫碱均聚醚符合如下通式：

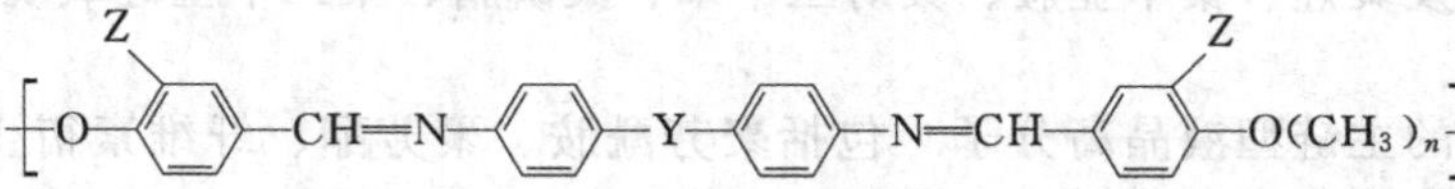

$$\left[O\overset{Z}{\bigcirc}-CH=N-\bigcirc-Y-\bigcirc-N=CH-\overset{Z}{\bigcirc}O(CH_3)_n\right]_x$$

E：Y＝—，Z＝H；F：Y＝—，Z＝OCH₃；G：Y＝CH₂，Z＝H；I：Y＝CH₂，Z＝OCH₃；J：Y＝O，Z＝H；K：Y＝O，Z＝OCH₃。

以上 A~K 类中的间隔基 $n=3,4,5,6,7,8,10$；

L：Y＝SO₂，Z＝H，$n=6$；M：Y＝SO₂，Z＝OCH₃，$n=6$；

以上 A~M 类 12 类席夫碱均聚醚共计 72 种聚合物。

九类席夫碱共聚醚的通式为：

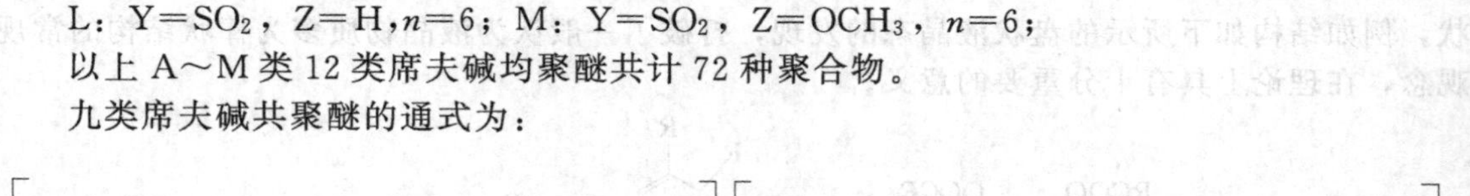

$$\left[CH-\bigcirc-O(CH_2)_6O-\underset{Z}{\bigcirc}-CH=N-Y^1-N-\right]_a\left[CH-\bigcirc-O(CH_2)_6O-\underset{Z}{\bigcirc}-CH=N-Y^2-N-\right]_b$$

N：Z＝H，Y^1＝〇，Y^2＝〇—CH₂—〇

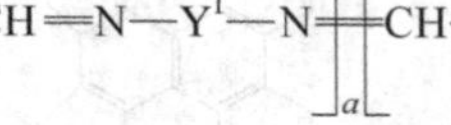

O：Z＝H，Y^1＝〇，Y^2＝〇—SO₂—〇

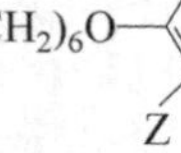

308

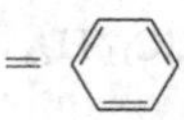

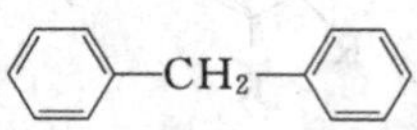

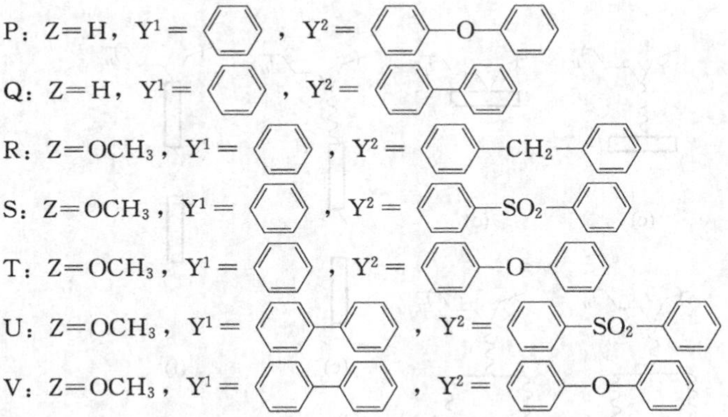

P: Z=H, Y^1 = ⬡ , Y^2 = ⬡—O—⬡

Q: Z=H, Y^1 = ⬡ , Y^2 = ⬡—⬡

R: Z=OCH₃, Y^1 = ⬡ , Y^2 = ⬡—CH₂—⬡

S: Z=OCH₃, Y^1 = ⬡ , Y^2 = ⬡—SO₂—⬡

T: Z=OCH₃, Y^1 = ⬡ , Y^2 = ⬡—O—⬡

U: Z=OCH₃, Y^1 = ⬡—⬡ , Y^2 = ⬡—SO₂—⬡

V: Z=OCH₃, Y^1 = ⬡—⬡ , Y^2 = ⬡—O—⬡

a 和 b 为摩尔百分数：a/b=100/0，80/20，60/40，50/50，40/60，20/80，0/100

以上 N～V 类共计九类 45 种席夫碱共聚醚。

席夫碱是第一种用于电子工业的液晶材料，引起了液晶界的革命，但因其光热稳定性不如联苯类液晶而受冷落。山东大学张其震教授等合成了上述 21 类 117 种席夫碱类聚合物，剖析介晶基元、间隔基（n = 3～10）、桥键（—CH₂—，—O—，—SO₂—）、悬挂基（OCH₃）和分子量对聚合物液晶行为的影响，发现席夫碱液晶聚合物的相变温度、相变熔、相变熵和聚合物中的间隔基的碳原子数之间存在奇偶交替锯齿形递降的变化规律。从"介晶基元"角度分析 D 类和 F 类各有 7 种聚合物，D 类为苯核，F 类为联苯核，由于联苯核的刚性大于苯核，F 类的熔点比 D 类高了 22～67℃，清亮点高了 45～87℃，D 类的相变温度比 F 类低，宜于加工应用。从"悬挂基"角度分析，B 类比 A 类在介晶基元的横侧方向多了一个甲氧基悬挂基，从而增加了空间位阻，降低了聚合物堆砌的规整性，导致 B 类聚合物比 A 类的熔点低并加宽了 B 类聚合物的液晶相温区，有利于材料的加工和使用。在合成路线上，席夫碱的制备一般是先醚化制单体，后氨醛缩合制聚合物，若按此法制 70 种席夫碱均聚醚需进行 140 次反应，张其震教授等采用先氨醛缩合制单体，后醚化制席夫碱的方法，仅需 80 次反应，因此是优化了的合成路线。共聚合成方法是改善高分子材料加工成型条件，调节相变温度和加工使用温度，完善材料综合性能的有效途径之一，在席夫碱共聚醚中可观察到微相分离现象及其相变规律，这对改善材料性能，拟定新材料的制造工艺有指导意义，在设计并合成这些有独特结构的液晶高分子的国际竞争中取得了许多重要成果。

13.3　侧链型液晶高分子材料

13.3.1　侧链型液晶高分子的分子设计

大多数侧链型液晶高分子（side chain liquid crystalline polylmers，简称 SCLCP）是由高分子主链、介晶基元和间隔基三部分组成，没有间隔基的为数较少。这三部分的连接方式如图 13-2 所示，这里主要讨论（a）和（b）两种类型，其余八种类型将在后面讨论。

图 13-2 中的（a）为刚性棒状介晶基元（以 ▭ 表示）尾接（又称竖挂、端接）于高分子主链；中间插入间隔基（以 ～～～～ 表示）；（b）刚性棒状介晶基元，尾接，无间隔基；（c）为刚性棒状介晶基元，腰接（又称横挂、侧接）于主链，中间插入间隔基；（d）为刚性棒状介晶基元，腰接，无间隔基；（e）为柔性棒状介晶基元，尾接，有间隔基；（f）为柔性棒状介晶基元，尾接，无间隔基；（g）为盘状介晶基元，尾接；（h）为盘状介晶基元，腰接；（i）为一根侧链（间隔基）并列接上两个介晶基元，称为孪生（成对），两个介晶基元相同；（j）为一根间隔基侧链连接上一对介晶基元，这两个介晶基元不同。

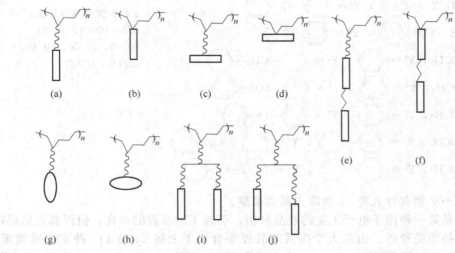

图 13-2　SCLCP 的连接方式

13.3.1.1　SCLCP 中的主链、介晶基元和间隔基

（1）高分子主链　常见高分子主链见图 13-3。

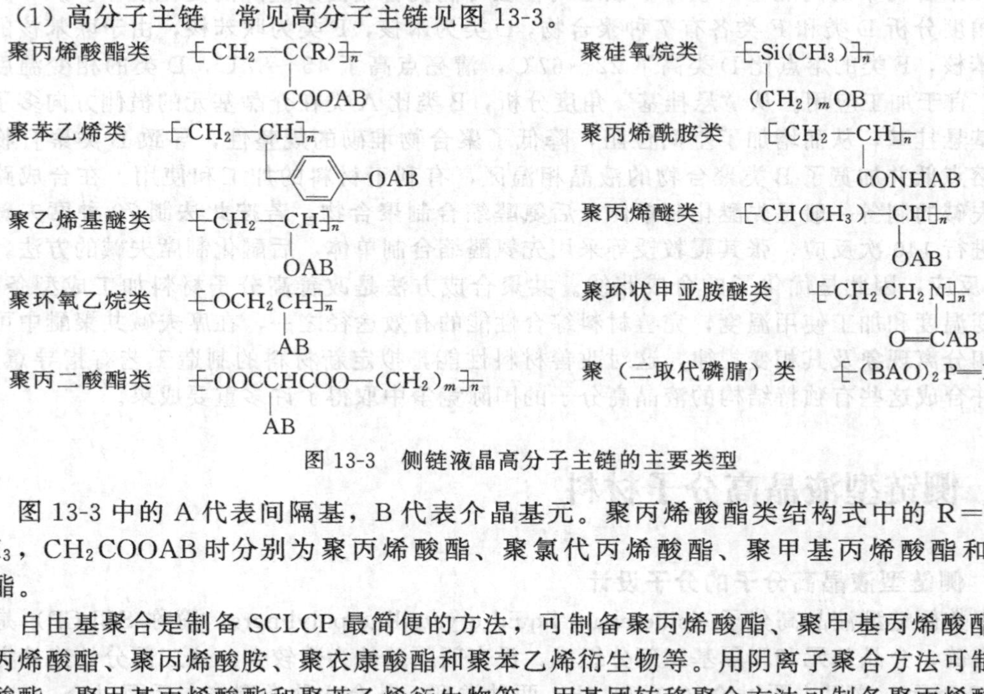

聚丙烯酸酯类　$\left[CH_2-C(R)\right]_n$ ， COOAB

聚硅氧烷类　$\left[Si(CH_3)\right]_n$ ， $(CH_2)_mOB$

聚苯乙烯类　$\left[CH_2-CH\right]_n$ ， $\bigcirc$—OAB

聚丙烯酰胺类　$\left[CH_2-CH\right]_n$ ， CONHAB

聚乙烯基醚类　$\left[CH_2-CH\right]_n$ ， OAB

聚丙烯醚类　$\left[CH(CH_3)-CH\right]_n$ ， OAB

聚环氧乙烷类　$\left[OCH_2CH\right]_n$ ， AB

聚环状甲亚胺醚类　$\left[CH_2CH_2N\right]_n$ ， O—CAB

聚丙二酸酯类　$\left[OOCCHCOO-(CH_2)_m\right]_n$ ， AB

聚（二取代磷腈）类　$\left[(BAO)_2P=N\right]_n$

图 13-3　侧链液晶高分子主链的主要类型

图 13-3 中的 A 代表间隔基，B 代表介晶基元。聚丙烯酸酯类结构式中的 R＝H，Cl，CH₃，CH₂COOAB 时分别为聚丙烯酸酯、聚氯代丙烯酸酯、聚甲基丙烯酸酯和聚衣康酸酯。

　　自由基聚合是制备 SCLCP 最简便的方法，可制备聚丙烯酸酯、聚甲基丙烯酸酯、聚氯代丙烯酸酯、聚丙烯酸胺、聚衣康酸酯和聚苯乙烯衍生物等。用阴离子聚合方法可制备聚丙烯酸酯、聚甲基丙烯酸酯和聚苯乙烯衍生物等。用基团转移聚合方法可制备聚丙烯酸酯、聚甲基丙烯酸酯和聚丙烯酰胺等。这三种方法制得的同名聚合物的立体异构、分子量及其分布不同，后两种方法所得产物分子量分布较窄。由乙烯基醚、丙烯基醚、取代环氧乙烷、环状亚胺醚等单体进行阳离子开环聚合可制备对应的 SCLCP。用逐步聚合方法可制得丙二酸酯 SCLCP 类。用小分子与高分子链进行亲核取代反应的方法可制得聚甲基丙烯酸酯、聚丙烯酸酯、聚衣康酸酯、聚（2,6-二甲基-1,4-亚苯基醚）、聚甲基乙烯基醚-丙二酸酯共聚物、聚（二取代磷腈）等。用硅氢化反应制备聚硅氧烷类。由于大分子效应的存在，用高分子反应的方法制备 SCLCP 难于定量转化，并影响产品纯度。开环聚合和逐步聚合反应方法也存在难于纯化的问题。

310

(2) 介晶基元　棍棒状介晶基元是由环状化合物和内连桥键组成的。环状化合物有苯环、萘环、其他芳环、反式环己烷、双环辛烷、反式 2,5-二取代-1,3-二噁烷、1,3-二噻烷、1,3-氧硫杂环己烷等。内连桥键有—COO—，—CH＝N—，—N(O)＝N—，—N＝N—，—(C≡C)$_n$—，—(HC＝CH)$_n$—，—CH＝N—N＝CH—等。

(3) 间隔基　亚烷基因与介晶基元作用较小最为常用，低聚体聚氧乙烯和聚硅氧烷因柔性大有利于去偶，但有时与介晶基元作用强，影响后者的有序排列，须根据情况斟酌选用。

13.3.1.2　柔性间隔基的部分"去偶"概念

SCLCP 的液晶相生成能力、相态类型和液晶相的稳定性均由分子的三个主要成分，即主链、介晶基元和间隔基所决定。没有柔性间隔基时，柔性主链和刚性介晶基元侧链直接键合发生所谓"偶合"作用。主链倾向于采取无规构象，而介晶基元则要求取向有序排布，视这两种力量的相对强弱而定，如果介晶侧链运动屈服于主链运动则采取无序构象得到非液晶聚合物，如果主链运动屈服于介晶侧链的作用而牺牲部分构象熵则生成液晶相。采用柔性大的主链和刚性大的介晶基元有利于液晶相生成。1989 年 Percec 总结了无间隔基尾接型 SCLCP 的为数不多的几个实例，它们的主链有聚丙烯酸酯、聚甲基丙烯酸酯、聚丙烯酰胺和聚苯乙烯四类，介晶基元含两个苯环，它们的特点是玻璃化温度很高，绝大多数是近晶相液晶。但 90 年代合成的无间隔基尾接型含三苯环介晶基元的聚甲基丙烯酸酯却显示向列相。

1978 年，Ringsdorf 和 Finkelman 等人提出了缓和矛盾的"柔性间隔基去偶概念"，即认为主链和介晶侧链的两种运动发生偶合作用，主链与介晶基元之间插入足够柔顺的柔性间隔基，以减弱两者热运动的相互干扰，从而保证介晶基元的排列成序，这就是"去偶"效应。

亚烷基柔性间隔基的长度影响 SCLCP 相态类型和液晶相的稳定性。无间隔基时若能生成液晶相，一般多生成近晶相，短间隔基时生成向列相，长间隔基时生成近晶相。液晶相清亮点随间隔基长度增加有先降后升的趋势并有奇偶效应，间隔基很长时奇偶效应消失。间隔基长度增加时，相变温度区间，即液晶相稳定性逐渐降低。

目前已知的任何高分子体系都不是完全去偶的。如果达到完全去偶，不管是什么高分子主链只要连接的介晶基元侧链相同，其液晶相类型和液晶相稳定性都应当相同。Percec 设想了一种理想体系，它的主链和侧链都有间隔基，聚合物有两个 T_g，一个对应于作为连续相的主链独立微相区，另一个对应于作为分散相的侧链独立微相区，侧链在其微相区内的运动将不再受到位于另一微相区内主链运动的影响，这样可能实现完全去偶。

13.3.1.3　高分子主链的影响

由于不能实现完全去偶，主链和侧链总有某种程度的相互偶合作用，结果主链与侧链运动相互影响，一方面聚合物主链的存在限制了侧链的平动和转动，改变了介晶基元所处的环境，对它的液晶行为也会造成一定影响，这也正是同种间隔基和介晶基元所组成的侧链键合到柔性不同的主链上其相行为不同的原因；另一方面刚性侧链与柔性主链的键合，限制了主链的平动和转动，增加了主链的各向异性和刚性，柔性主链不再是无规线团构象，而是畸变为扁长的和扁圆的线团构象，主链柔顺性增大时，一般来说其清亮点移向高温（但也有少数移向低温的例子，清亮点有下降趋势），液晶相稳定性加大。

13.3.1.4　分子量的影响

在平均聚合度 DP<10 的低聚物范围内，清亮点 T_i 受到的影响最大，在 10<DP<100 范围内，T_i 随 DP 上升而增加，当 DP 接近 100 时，T_i 达到一平衡值，当 DP>100 时，T_i 基本上保持不变。但也有 DP>240 时 T_i 才保持不变的报道。因此本章所涉及的结构与性能关系的讨论，其前提是必须有足够高的分子量。

13.3.1.5　立体异构的影响

立体异构对聚合物液晶相的类型没有影响，但无规立构聚合物比全同立构聚合物的液晶相稳定性加大。

13.3.1.6　介晶基元长度的影响

增加介晶基元长度（苯环数目）可加宽液晶相温区。当介晶相的最高温度相同时，若介晶基元长度增加则其相态更为有序。

13.3.1.7　介晶基元和间隔基之间的内连基的影响

两个聚合物其他条件（包括总碳原子数）均相同时，内连基为酯键比对应为醚键的聚合物的清亮点低。

13.3.2　腰接型侧链液晶高分子

13.3.2.1　有间隔基

它的链结构示意图见图 13-2（c），结构举例如下：

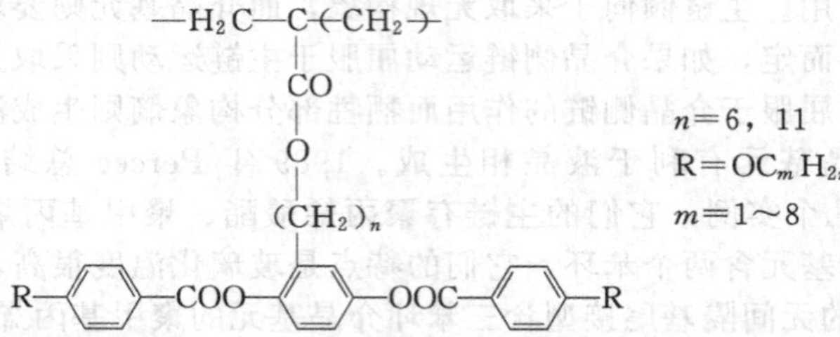

$$-H_2C-C(-CH_2-)$$

$$n=6,11$$
$$R=OC_mH_{2m+1}$$
$$m=1\sim8$$

腰接型 SCLCP 与尾接型 SCLCP 的区别：①腰接型 SCLCP 的主链接于介晶基元腰部，这与近晶相的结构有所抵触，因此全部腰接型 SCLCP 的液晶相都是向列相，而尾接型 SCLCP 的近晶相最常见，向列相和胆甾相也存在；②它通过腰部与主链相连，阻碍了介晶基元绕自己长轴的旋转，有利于双轴向列相的生成；③随柔性间隔基长度的增加导致分子构象可能发生"甲壳"结构的崩溃，表现为清亮点下降，液晶相热稳定性下降，而尾接型 SCLCP 的清亮点随间隔基加长而变的规律是先降后升。

腰接型 SCLCP 与小分子液晶、主链型 LCP、尾接型 SCLCP 相同之处在于清亮点随介晶基元末端烷氧基碳原子数变化而有奇偶变化。

13.3.2.2　无间隔基

1987 年，我国学者周其凤首次合成了介晶基元直接腰接于高分子主链上的新型侧链液晶高分子，提出了"mesogen-jacketed liquid crystal polymers"（MJLCP，甲壳型液晶高分子）的新概念。1990 年，Hardouin 首次用小角中子衍射实验证明这类侧链液晶高分子"甲壳"模型的正确性。MJLCP 分子中的刚性介晶基元是通过腰部或重心位置与主链相联结的，在主链与刚性介晶基元之间没有去偶成分，不要求（因而没有或只有很短的）柔性间隔基。其链结构示意图见图 13-2（d）。结构式如下：

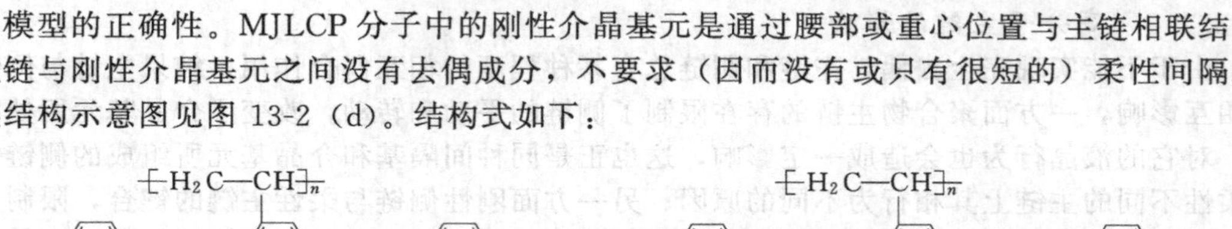

由于在分子主链周围空间内，体积庞大且不易变形的刚性棒状介晶基元密度很高，主链被由介晶基元所形成的刚性外壳所包裹，并被迫采取尽可能伸直的刚性链构象，本来柔顺的主链好像箍上一件硬的（介晶基元的）夹克外壳或硬的甲壳，同时介晶基元也尽可能在有限的空间里采取有序排列，以降低相互之间的排斥，主链和介晶基元之间的共同作用使得 MJLCP 有别于传统的柔性 SCLCP，尽管从化学结构上看它应属于 SCLCP 的范畴，但其性质更多地与主链 LCP 相似，例如有较高的玻璃化转变温度、清亮点温度和热分解温度，有

312

较大的构象保持长度，并能形成条带织构和溶致液晶，同时这也正是它能形成稳定的向列相液晶态的内在结构因素。

MJLCP 的出现在主侧链和液晶高分子之间架起一座桥梁，它兼有前者刚性链的实质和后者化学结构的形式；它既有前者高 T_g、高 T_i，可作为高强度材料的条件，又有后者可采用活性自由基聚合方法得到分子量可控、窄分布和高分子量产品的优点，从而可改善现有主链 LCP 材料性能。

13.3.3 含柔性棒状介晶基元的侧链液晶高分子

1987 年 V. Perec 首次提出"柔性棒状介晶基元"或"构象异构棒状介晶基元"的概念，即由 $4,4'$-双取代的 1,2-二苯乙烷或 $4,4'$-双取代的苄基苯基醚这样的柔性结构也可以制备液晶高分子，原因是这种结构存在反式和旁式构象间的动态平衡：

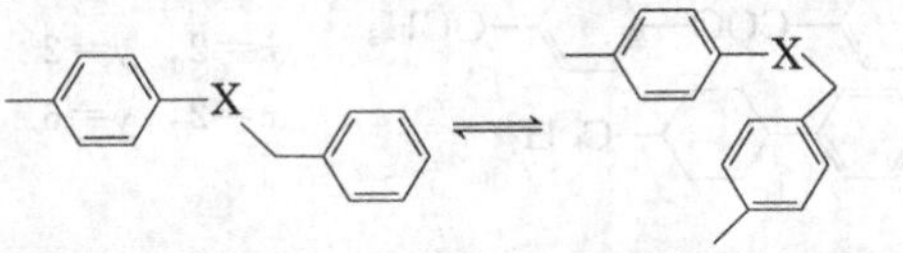

含这种结构的聚合物实际上是含直线形棒状侧基和含扭曲侧基两种基本结构的共聚物，这两种构象异构体处于平衡状态，保持一定的比例，低温时反式成分有较高比例，有利于液晶相的形成，并且有较高的液晶相稳定性。Percec 已经合成了分别含有这两种柔性棒状介晶基元，间隔基分别为 6 个和 11 个亚甲基，主链分别为聚硅氧烷、聚甲基丙烯酸酯的含有柔性棒状介晶基元及间隔基的侧链液晶高分子，这类高分子的链结构示意图见图 13-2（e）。Percec 还合成了高分子主链为聚乙烯，介晶基元为苄基联苯基醚，不含柔性间隔基，称为含柔性棒状介晶基元的侧链液晶高分子，其链结构示意图见图 13-2（f），其化学结构式为：

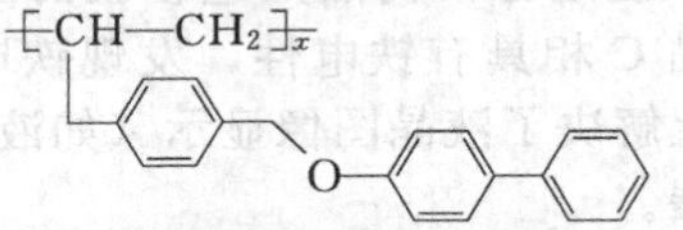

此外还有含下述柔性棒状介晶基元的侧链液晶聚合物：

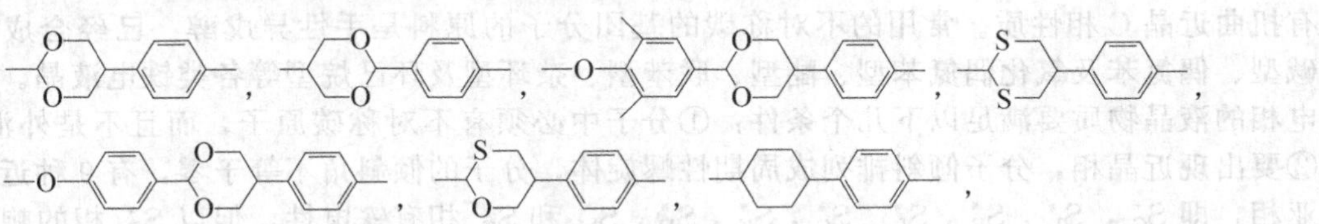

13.3.4 其他侧链液晶高分子

（1）含盘状介晶基元的侧链液晶高分子 它们的分子链示意图见图 13-2（g，h）其结构式举例如下：

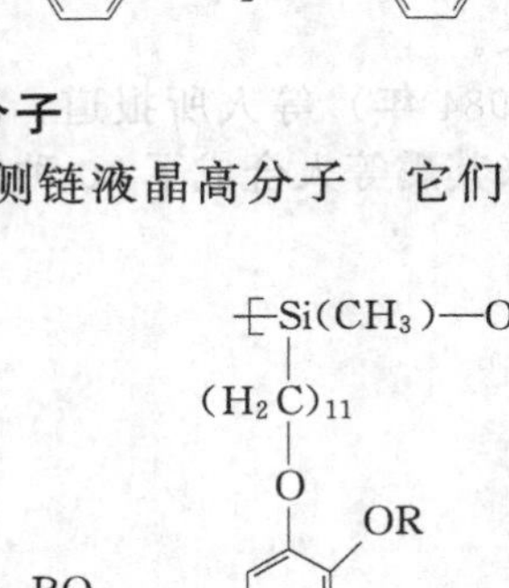

（2）含孪生介晶基元的侧链液晶高分子　他们的两种分子链结构示意图见图 11-2 (i, j)，结构式举例如下：

$$\begin{array}{c} CH_3 \\ | \\ +Si-O+_n \\ | \\ CH_2CH_2CH_2CH \end{array} \begin{array}{l} COO(CH_2)_xR \\ \\ COO(CH_2)_yR^1 \end{array}$$

$$R = -O-\bigcirc-COO-\bigcirc-OCH_3 \qquad x=2,\ y=2$$
$$R^1 = -O-\bigcirc-COO-\bigcirc-OCH_3 \qquad \begin{array}{l} x=2,\ y=6, \\ x=6,\ y=6 \end{array}$$
$$R = -O-\bigcirc-COO-\bigcirc-OCH_3 \qquad x=2,\ y=2$$
$$R^1 = -O-\bigcirc-\bigcirc-C_3H_7 \qquad x=2,\ y=6$$

13.4　液晶高分子材料的新发展

13.4.1　功能性液晶高分子

13.4.1.1　铁电液晶高分子

它兼有液晶性、铁电性和高分子的特性。现在的液晶材料的各种参数基本上都能满足显示器件的要求，唯独响应速度未能达标，仍然是毫秒级的水平，自从 Meyer（1975 年）等人从理论和实践上证明手性近晶 C 相具有铁电性，发现铁电液晶以后，其响应速度一下子由毫秒级提高到微秒级，基本上解决了液晶图像显示（如液晶电视）速度跟不上的问题，液晶显示材料有了一个突破性进展。

所谓铁电液晶，实际上是普通液晶分子接上一个具有不对称碳原子的基团从而保证其具有扭曲近晶 C 相性质。常用的不对称碳的基团分子的原料是手性异戊醇。已经合成出席夫碱型、偶氮苯及氧化偶氮苯型、酯型、联苯型、杂环型及环己烷型等各类铁电液晶。形成铁电相的液晶物质要满足以下几个条件：①分子中必须有不对称碳原子，而且不是外消旋体；②要出现近晶相，分子倾斜排列成周期性螺旋体，分子的倾斜角不等于零，有 9 种近晶相的亚相，即 S_C^*，S_I^*，S_F^*，S_J^*，S_G^*，S_K^*，S_H^*，S_M^* 和 S_O^* 相有铁电性，但以 S_C^* 相的响应速度最快，所以一般所谓铁电液晶是 S_C^* 相；③要求分子有偶极矩，特别是垂直于分子长轴的偶极矩分量不等于零；④自发极化率值要大。

铁电液晶高分子最初为 Shibaeve（1984 年）等人所报道，已知有侧链型、主链型及主侧链混合型。但一般主要是指侧链型。张其震等人合成了 10 种铁电液晶（单体 M）和铁电液晶聚硅氧烷（P），其结构式如下：

M：$CH_2=HC-(CH_2)_8COOR$

$$P：Me_3Si-O+Si-O+_{35}SiMe_3$$
$$\begin{array}{c} CH_3 \\ | \\ \\ | \\ (CH_2)_{10}-COOR \end{array}$$

$M_1，P_1$：$R = -\bigcirc-COO-\bigcirc-COOR^*$ ；$M_2，P_2$：$R = -\bigcirc-COO-\bigcirc-OR^*$

$M_3，P_3$：$R = -\bigcirc-\bigcirc-OR^*$ ；$M_4 P_4$：$R = -\bigcirc-COO-\bigcirc-\bigcirc-OR^*$

$M_5，P_5$：$R = -\bigcirc-CH=N-\bigcirc-OR^*$ （$R^* = CH_2-^*CH(CH_3)CH_2CH_3$）

314

13.4.1.2 光致变色液晶高分子

光致变色液晶高分子材料优于普通光致变色高分子材料之处有：①它是通过光致变色基元的光异构化对其周围液晶相有序排列的扰动来实现信息存储的，因此体系折射率变化要比普通光致变色高分子中仅靠光致变色基元异构化引起的体系折射率变化大一个数量级，从而可以实现信息存储的高分辨率及高信噪比；②它可以通过用远离其吸收带波长的光读取体系的折射率的变化来实现信息的读出，因而可以完全消除破坏性读出的问题；③其信息存储的过程是在其玻璃化温度以上进行的，存储完毕后降温至 T_g 以下，光记录时光致变色基元通过光异构化引起的体系折射率变化被冻结，即使光致变色基元因热回复异构化回到其光照前状态，这种折射率变化也不会消失，因此使信息存储的热稳定性大大提高，甚至可以实现永久存储，而且记录的信息又可以通过将光致变色液晶高分子加热到其清亮点温度以上或利用激光照射处于液晶温度的光致变色液晶高分子而清除；④由于偶氮等光致变色基元有很好的抗疲劳性，因此可以实现重复写入与擦除信息。可见，光致变色液晶高分子是很有应用前景的可逆光信息存储材料。研究它的先驱者有 Shibaev（1983 年），Ringsdorf，Zentel，Eich，Kawanish 和 IKeda 等人。涉及的材料按液晶高分子分类有主链型、侧链型和主侧链混合型；按光致变色基元分类有偶氮型、螺吡喃型、席夫碱型和联吡啶型等；按高分子分类有聚（甲基）丙烯酸酯型、聚硅氧烷型、聚苯乙烯型等；按功能基分类有两类，一类为同时含有光致变色和介晶两种基元，另一类仅含一种基元，但它兼有光致变色和液晶性。

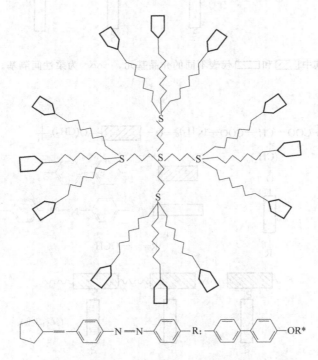

图 13-4　含 12 个介晶基元的一树状大分子液晶结构式

A：R＝NO₂；B：R＝OC₄H₉；C：R＝OC₆H₁₃；D：R* ＝CH₂* CH(CH₃)CH₂CH₃

张其震等报道了两类含有光致变色基元和介晶基元的光致变色液晶聚硅氧烷，见下式：

$$\text{Me}_3\text{SiO}\left[\underset{\underset{A}{|}}{\overset{\overset{Me}{|}}{\text{Si}}}-\text{O}\right]_x\left[\underset{\underset{B}{|}}{\overset{\overset{Me}{|}}{\text{Si}}}-\text{O}\right]_y\text{SiMe}_3$$

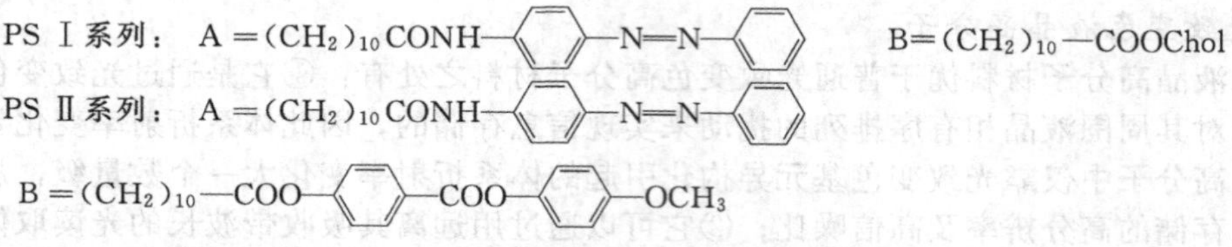

PS Ⅰ系列： A=(CH₂)₁₀CONH—〈苯〉—N=N—〈苯〉   B=(CH₂)₁₀—COOChol

PS Ⅱ系列： A=(CH₂)₁₀CONH—〈苯〉—N=N—〈苯〉

B=(CH₂)₁₀—COO—〈苯〉—COO—〈苯〉—OCH₃

$x+y=35$；A 为光致变色基元；B 为介晶基元；Chol 为胆甾基

在 PS Ⅱ 系列中当光致变色基元含量增加时，对应共聚物的相态先与含介晶基元的均聚物 PB 相同，后与 PB 不同。当光致变色基元含量增加时，共聚物的最大吸收波长蓝移。

张其震等人曾报道含 4-硝基偶氮苯、4-丁氧基偶氮氯苯和 4-己氧基偶氮苯等三类硅碳烷树状大分子（其结构式见图 13-4 中 A、B、C）的光致变色行为和液晶行为，发现树状大分子的光致变色性优于对应的侧链高分子。

13.4.2 组合型液晶高分子

组合型液晶高分子又称为混合型、主侧链型或二维液晶基元的液晶高分子，有下述几种类型。

(1)

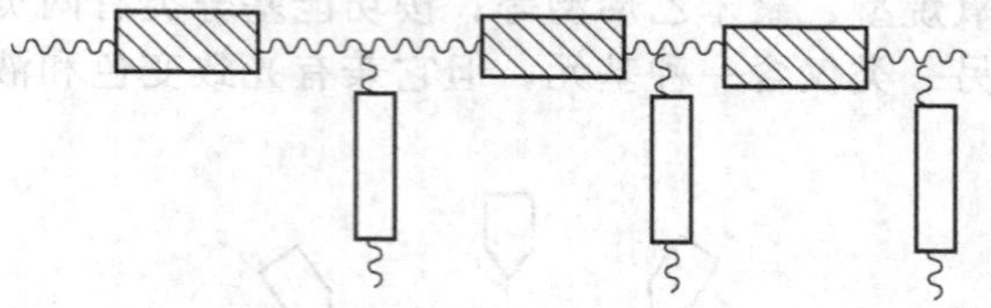

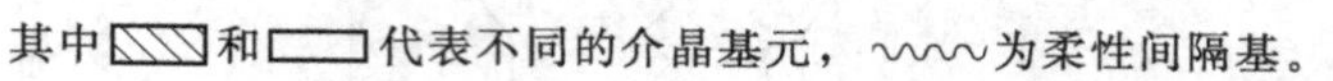

其中▨和▭代表不同的介晶基元，～为柔性间隔基。

例如：

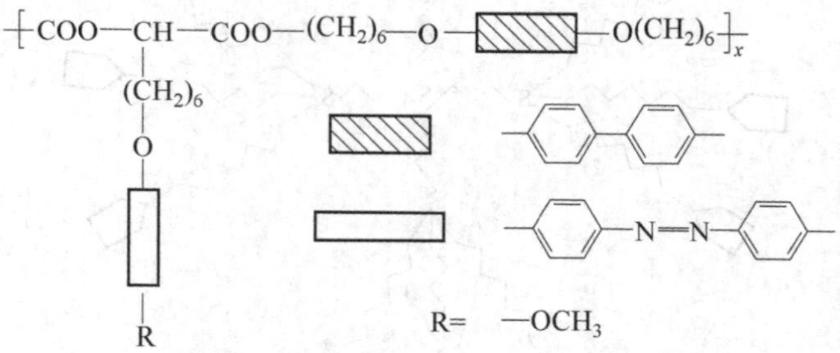

$$\begin{array}{c}\text{COO—CH—COO—(CH}_2)_6\text{—O—▨—O(CH}_2)_6\text{]}_x\\ |\\ \text{(CH}_2)_6\\ |\\ \text{O}\\ |\\ \text{▭}\\ |\\ R\end{array}$$

▨ = —〈苯〉—〈苯〉—

▭ = —〈苯〉—N=N—〈苯〉—

R= —OCH₃

(2)

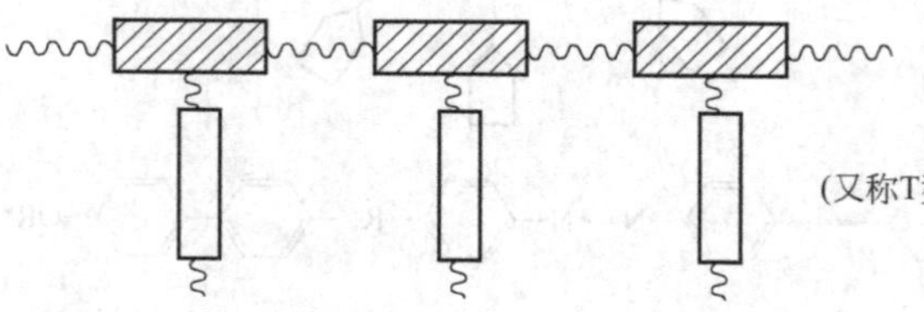

(又称T型)

例如：

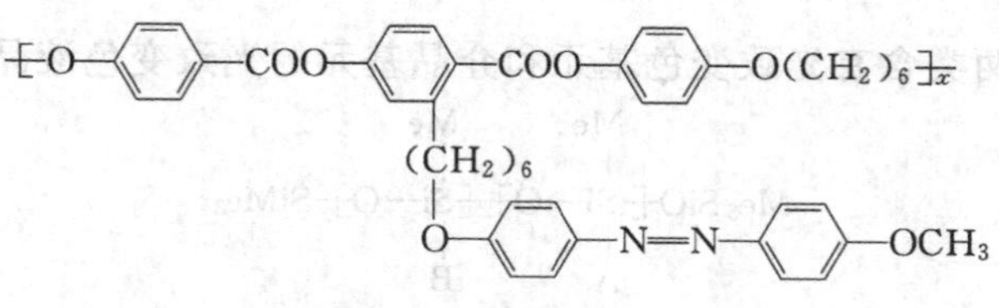

$$\begin{array}{c}\text{[—O—〈苯〉—COO—〈苯〉—COO—〈苯〉—O—(CH}_2)_6\text{]}_x\\ |\\ \text{(CH}_2)_6\\ |\\ \text{O}\\ |\\ \text{〈苯〉—N=N—〈苯〉—OCH}_3\end{array}$$

316

(3)

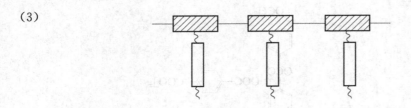

亦称 T 型，它与第二种的区别是在主链上的介晶基元之间没有柔性间隔基，后者有间隔基。例如：

$$\left[O-\bigcirc-OOC-\bigcirc-CO\right]_x$$

$$(CH_2)_6$$

$$O-\bigcirc-N=N-\bigcirc-OCH_3$$

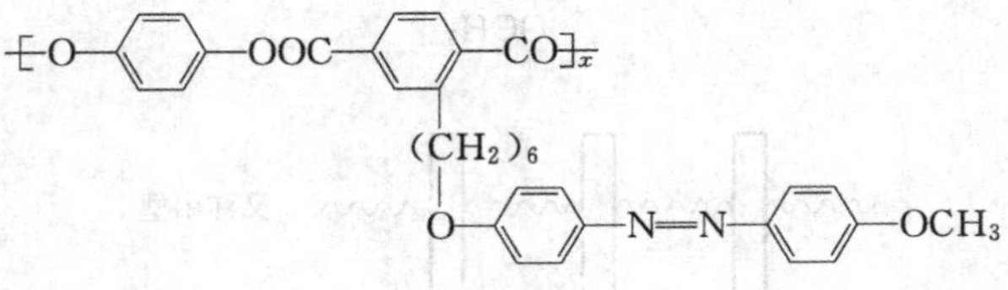

(4)

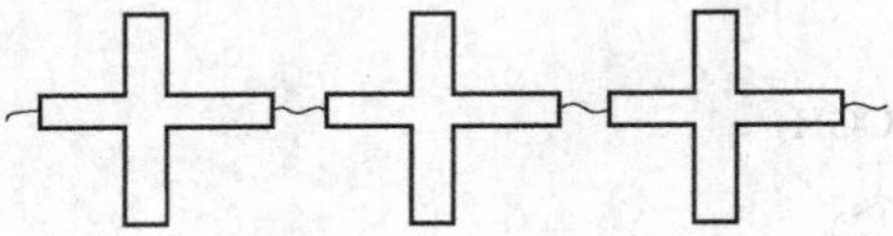

（又称X型，十字型或交叉型）

例如：

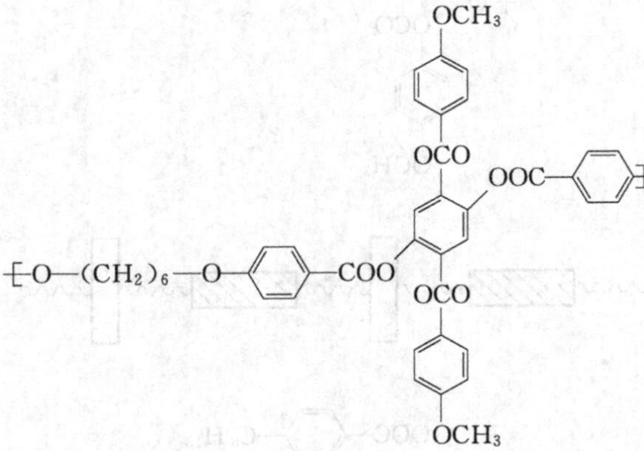

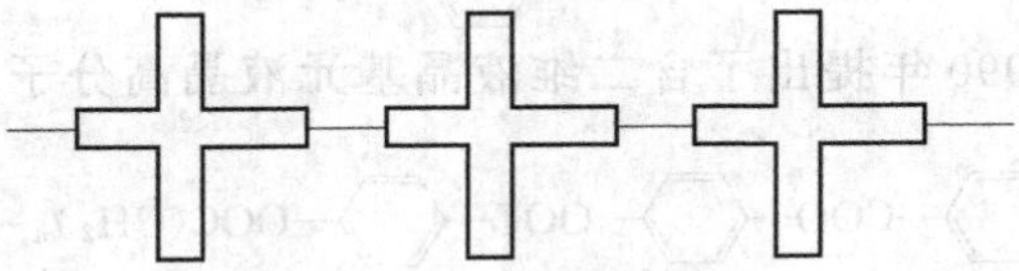

亦称 X 型等，它与第 4 种的区别是前者在介晶基元之间无柔性间隔基，后者有间隔基。例如：

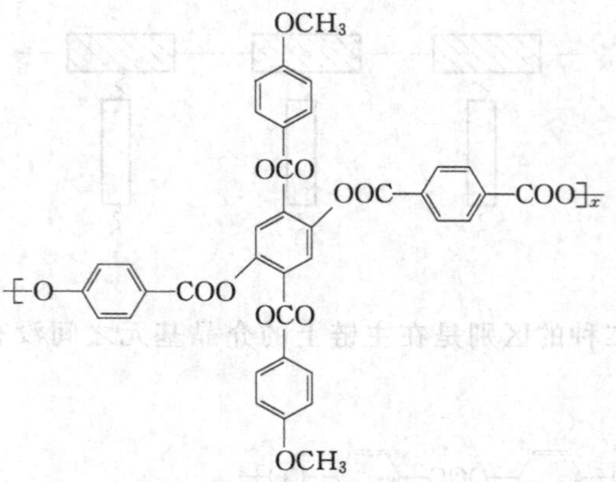

(6)

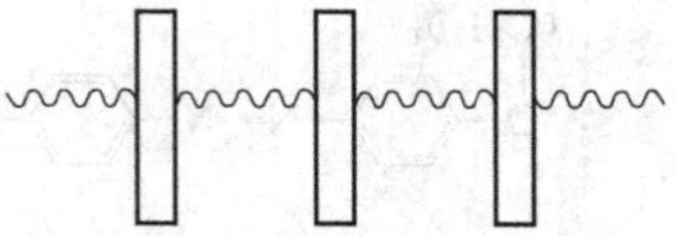

　又称串型

例如：

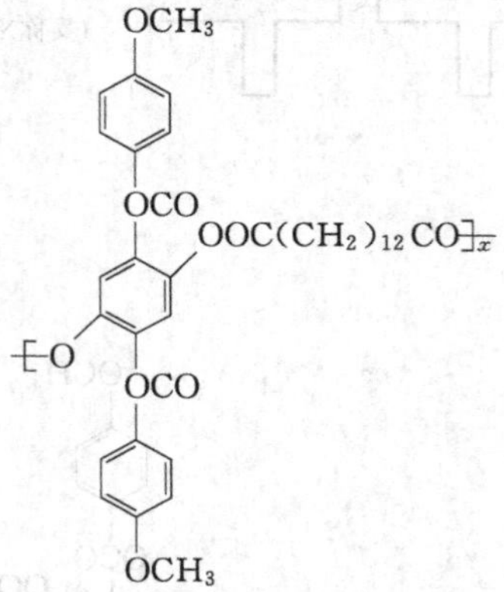

(7)

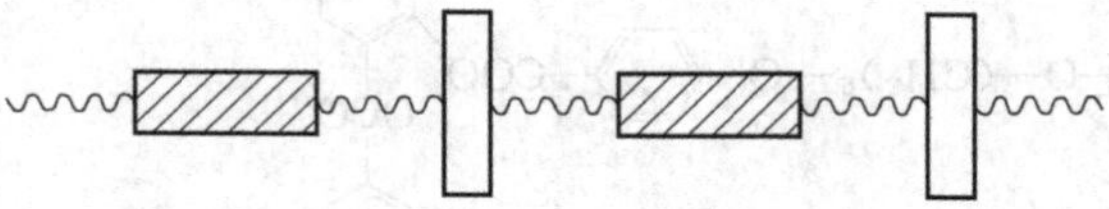

例如：

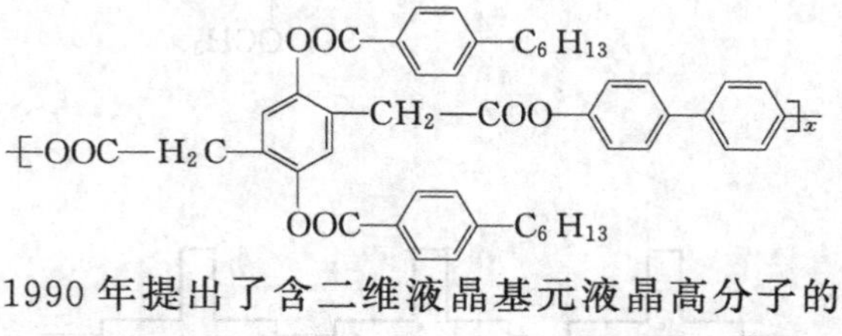

中国学者周其凤在1990年提出了含二维液晶基元液晶高分子的新概念,合成了下述 T 型液晶高分子。

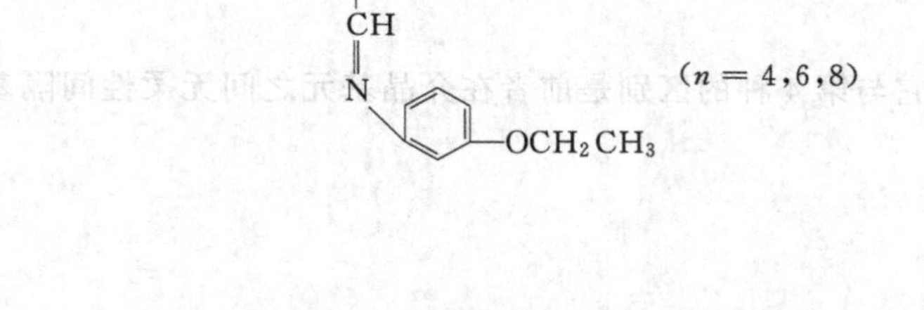

$$(n=4,6,8)$$

318

周其凤提出的 T 型液晶高分子与上述组合型 LCP 第二类型的区别是其主侧链的介晶基元之间没有间隔基，将 T 型二维介晶基元的其中一维方向的结构部分固定于分子主链之中而构成主链的结构成分，而使另一维方向上的结构部分作为侧基存在。它既有刚性主链型 LCP 伸直链构象和刚性，又有被作为侧基的介晶基元的第二维方向上的结构部分所增强了的分子间相互作用力，它在二维方向或多维方向上可望有卓越的力学性能，从而有望克服传统的主链型 LCP 各向异性导致的缺点。

13.4.3 树状大分子（dendrimer）

树状大分子（简称树形物）的主要品种有酰胺、酯、醚、链烷、芳烃、核酸、有机金属、有机硅硫磷硼等各类，它已有数十种用途，1994 年美国已有生产装置建成并有产品销售。研究它的先驱者有 Voegtle（1978），Tomalia（1985），Newkome 和 Freckt。它有非常规整精致的结构，其分子体积、形状和功能基可在分子水平精确控制。Voegtle 则必称之为"新材料的一个突破"。

经典液晶理论认为液晶是刚性棒状粒子，而树形物呈球形或圆筒形与此不符。图 13-4 为最简单的一代液晶树形物的结构式。树形物具有无链缠结、低黏度、高反应活性、高混合性、低摩擦、高溶解性、大量的末端基和较大的比表面的特点，据此可开发新产品。与其他多枝聚合物的区别是从分子到宏观材料，其化学组成、尺寸、拓扑形状、分子量及分布、繁衍次数、柔顺性及表面化学等均可进行分子水平的控制，可得到单一的、确定的单分散系数近一的最终产品，有的树形物分子已达纳米尺寸，故可望进行功能性液晶高分子材料的"纳米级构筑"和"分子工程"。主链型液晶高分子用作高模高强材料，缺点是非取向方向上强度差。液晶树形物对称性强可望改善这一缺点。侧链液晶高分子因介晶基元的存在而用于显示、记录、存储及调制等光电器件，但由于大分子存在链缠结，导致光电响应慢，又因其前驱体存在邻基、概率及扩散等大分子效应导致侧链上介晶基元数少，功能性差，树形物既无缠结，又因活性点位于表面，呈发散状，无遮蔽，挂上的介晶基元数目多，功能性强，故可望解决困扰当今液晶高分子材料界的两大难题，成为 21 世纪全新的高科技功能材料。

13.4.4 分子间氢键作用液晶、液晶离聚物和液晶网络体

（1）分子间氢键作用液晶高分子　传统的观点认为，液晶聚合物中都含有几何形状各向异性的介晶基团。后来发现糖类分子及某些不含介晶基团的柔性聚合物也可形成液晶态，它们的液晶性是由于体系在熔融态时存在着由分子间氢键作用而形成的有序分子聚集体所致。在该体系中在熔融时虽然靠范德华力维持的三维有序性被破坏，但是体系中仍然存在着由分子间氢键而形成的有序超分子聚集体，有人把这种靠分子间氢键形成液晶相的聚合物称为第三类液晶聚合物，以区别于传统的主链和侧链液晶聚合物。第三类液晶聚合物的发现，加深了人们对液晶态结构本质的认识。

氢键是一种重要的分子间相互作用的形式，具有非对称性，日本的 T. Kato 有意识地将分子间氢键作用引入侧链液晶聚合物体系得到了具有较高热稳定性的液晶聚合物。

图 13-5（a）是含有分子间氢键作用的侧链液晶聚合物复合体系的结构模型。通常作为质子给体的大分子与作为质子受体的分子间氢键作用，形成了具有液晶自组织特性的聚合物复合体系。图 13-5（b）是这一结构模型的实例。很明显，聚合物的羧基上的氢原子与小分子上的氮原子形成了分子间氢键，因而这一复合体系的介晶基团是含有分子间氢键合作用的扩展介晶基团，形成了如图 13-5（a）所示的分子排布。Kato 等对含有氢键的液晶聚合物复合体系的相行为进行了研究。通过调节质子给体与质子受体之间的配比，可以很方便的调节体系的相变温度，以满足不同功能对材料性质的要求。

（2）液晶离聚物　传统的液晶聚合物中，介晶基团通常有共价键连接到大分子链上。最近发现通过离子间相互作用也可将介晶基团连接到大分子链上，所得到的液晶高聚物具有许多特异性质。

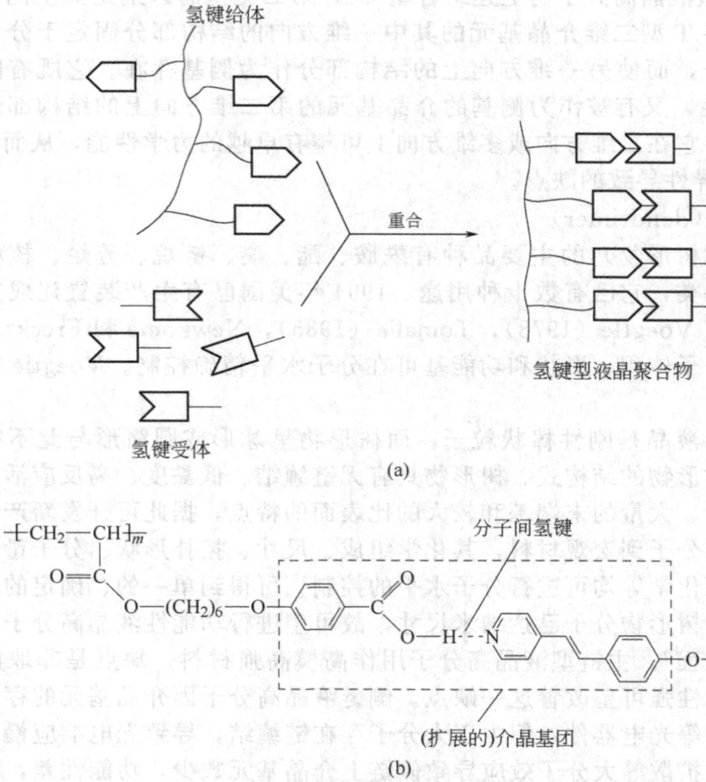

氢键给体

氢键受体

重合

氢键型液晶聚合物

(a)

分子间氢键

(扩展的)介晶基团

(b)

图 13-5　分子间氢键型液晶聚合物体系的结构示意图及实例

例如下述液晶聚合物可以形成互变 S_A 型液晶态。

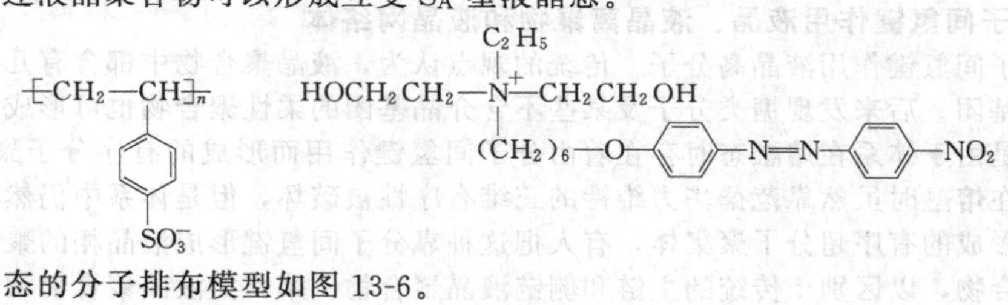

其液晶态的分子排布模型如图 13-6。

平衡阴离子　　　　　　介晶基团

阴离子型聚合物骨架

图 13-6　液晶离聚物的结构示意图

其近晶相的层状结构是由介晶基团和离子组成。液晶离聚物的一个有趣性质是其液晶态的分子具有自发形成垂面排列取向的性质，即液晶聚合物本身具有表面活性剂（垂面）的性质。Ujiie 认为上述离聚物之所以能形成垂面排列是由于其分子中的铵离子与基片（玻璃）之间的相互作用，垂直地吸附在基片上，进而起到垂面处理剂的作用。这与在小分子液晶显示中用卤代烷基铵盐作为垂面处理剂的原理是一致的。

320

图 13-7 形象地给出了两亲型铵盐和液晶高聚物在玻璃表面的垂面分子排列模型。图中聚合物离子无液晶性，二者组装为液晶离聚物。这种通过离子间相互作用而形成的有序超分子聚集体，也属于第三类液晶聚合物。

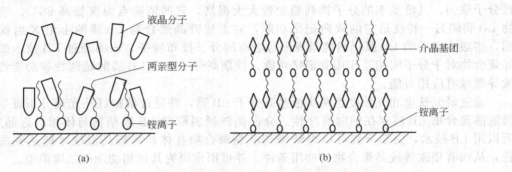

(a)   (b)

图 13-7　液晶离聚物在玻璃基片上的分子取向模型

液晶离聚物的独特性质及良好的热稳定性，体系中电荷的可流动性为该材料在光学材料和导电材料中的应用提供了可能。

（3）液晶网络体　液晶网络体包括热固型液晶网络和液晶弹性体两种，二者的区别是前者深度交联，后者轻度交联，二者都有液晶性和有序性。热固型液晶网络以环氧树脂为例，它与普通环氧树脂相比，其耐热性、耐水性和抗冲击性都大为改善，它在取向方向上线膨胀系数小，介电强度高，介电消耗小，因此，可用于高性能复合材料和电子封装件。液晶环氧树脂是由小分子环氧化合物（A）与固化剂（B）交联反应而得，它有三种类型：A 与 B 都含介晶基元；A 与 B 都不含介晶基元；A 或 B 之一含介晶基元。

液晶弹性体兼有弹性、有序性和流动性，是一种新型的超分子体系，它可通过官能团之间的反应或利用 γ 射线辐照和光辐照的方法来制备，例如，在非交联型液晶聚合物（A）中引入交联剂（B），通过（A）与（B）之间的化学反应，就可得到交联型液晶弹性体。

$$\begin{array}{c} -\!\!\!-(CH_2-CH)_{0.05}\!-\!\!(CH_2-CH)_{0.95}\!-\!\!\!- \\ \quad COO(CH_2)_6OH \quad COO(CH_2)_6O-\!\!\!\!\bigcirc\!\!-COO-\!\!\bigcirc\!\!-OCH_3 \end{array}$$

（A）

$$OCN-\!\!\bigcirc\!\!-CH_2-\!\!\bigcirc\!\!-NCO$$

（B）

这种液晶弹性体具有取向记忆功能，其取向记忆功能是通过大分子链的空间分布来控制介晶基团的取向。它在机械力场下，只需要 20％的应变就足以得到取向均一的液晶单畴。液晶单畴的制得无论在理论上还是在实际上都具有重要意义。具有 S_C^* 相的液晶弹性体的铁电性、压电性和取向稳定性可能在光学开关和波导等领域有诱人的应用前景。结晶或玻璃态的膜选择性高，但透过性差，准液膜则透过性高，选择性差。对混合物的分离，无孔膜越来越受到重视，这种分离膜要求具有高选择性和高透过性，液晶弹性体正是具备了液态膜和晶态膜的优点，可望得到兼有高选择性和高透过性的无孔分离膜。另外，将具有非线性光学特性的生色基元引入到液晶弹性体中，利用液晶弹性体在应力场、电场、磁场作用下的取向的特性，可望制得具有非中心对称结构的取向的液晶弹性体，可望在非线性光学领域有应用。

13.4.5　液晶 LB 膜

LB 技术是分子组装的一种重要手段。其原理是利用两亲分子的亲水基团和疏水基团在水亚相上的亲水能力不同，在一定表面压力下，两条分子可以在水亚相上规整排列，利用不同的转移方式，将水亚相上的膜转移到固相基质上所制得的单层或多层 LB 膜在非线性光学，集成光学以及电子学等领域有重要的应用前景。将 LB 技术引入到液晶高分子体系，得到的液晶聚合物 LB 膜具有不同于 LB 膜和液晶的特异性。

Ringsdorf 对两亲性侧链液晶聚合物 LB 膜内的分子排列特征进行了研究，某一两亲性聚合物在 58～84℃呈现近晶型液晶相。经 LB 技术组装的该聚合物在 60～150℃呈现各向异性分子取向，其液晶态的分子排列稳定性大大提高，它的清亮点温度提高 66℃。液晶聚合物 LB 膜的另一特性是它的取向记忆功能，对上述液晶聚合物 LB 膜的小角 X 射线研究表明，熔融冷却后的 LB 膜仍然能呈现出熔融前的分子排布特征，表明经过 LB 技术处理的液晶聚合物对于分子间相互作用有记忆功能，预期高分子液晶 LB 膜的超薄性和功能性可望在波导领域有应用可能。

通过研究铁电和光致变色两类液晶高分子 LB 膜，并通过偏振红外光谱分析证明，这两类液晶聚合物 LB 膜存在轴向有序性。介晶侧链倾斜取向 LB 膜结构与体相的近晶层类似。所以用 LB 技术，室温下就可以组装得到液晶聚合物在体相需较高温度才能达到的高有序性，从而有望改善液晶聚合物的使用条件，并可用作研究其体相功能的二维模型。

13.5 液晶高分子材料的应用

13.5.1 高强高模材料

高强高模材料包括主链型溶致和热致 LCP 两大类。溶致 LCP 材料制造纤维和薄膜，主要是聚芳酰胺如 PPTA（商品名 Kevlar 或芳纶）和杂环高分子如 PBZT 和 PBO。热致 LCP 制造模塑制品、纤维、薄膜、涂料、黏合剂，以 Xydar，Vectra 等芳香共聚酯为主，此外还有聚碳酸酯、聚酰胺、聚酰亚胺、聚酯酰胺等。

13.5.1.1 溶致 LCP（以 Kevlar 为例）

20 世纪 90 年代初，美国杜邦公司的 Kevlar 和荷兰阿克苏公司的类似产品的生产能力分别为 30kt/a 和 10kt/a。美国洛克希德飞机公司的三星式喷气式客机每架使用了 1t 以上的 Kevlar49 纤维。波音 767 型飞机每架使用了 3t Kevlar49 与石墨纤维混杂的复合材料，使机身减重 1t，与波音 727 型相比，燃料消耗节省 30%。Kevlar 纤维防弹性能好，在质量轻一半条件下其防弹能力是钢的 5 倍，美国陆军在 1982 和 1984 年发放了 133000 件 Kevlar 纤维制作的防弹背心。中国研制成功的芳纶软式防弹背心可有效防护 30m 处 "54" 手枪子弹和 200m 处步枪子弹的杀伤。1976 年蒙特利尔奥林匹克主体育馆的支撑结构材料和顶棚材料采用了 Kevlar 涂层织物和 Kevlar 绳，Kevlar 用作天线塔拉索与支撑的优点是不导电也无磁性，因而不需要绝缘及专门的天线固定装置。Kevlar 的延伸率低、强度高、低蠕变，可减少天线塔的偏斜，容易安装操作。超高强度型 Kevlar 129 的强度达到 26g/d，用作火箭发动机外壳和导弹壳体。超高模量 Kevlar149 的模量为 1130g/d，回潮率低，宜用于直升飞机和雷达天线罩。Kevlar 还可用作供热系统、涡轮增压器、油冷却器、动力辅助驾驶设备、空调系统及制动器的软管的补强材料，汽车发动机的热负荷不断提高，活塞室中的温度一般都在 120～150℃之间，Kevlar Ha 甚至在高达 180℃的温度下也能保持其高强高模、低延伸率、不腐蚀、非磁性、自熄性，因此该软管的应用提高了汽车的性能和可靠性。Kevlar 还用作阿波罗登月飞船软着陆降落伞绳带、直升飞机吊绳、抛锚绳、潜水装置、海底电视电缆。Kevlar 系船缆绳用于液化石油汽油船，不像钢丝绳会引起火花，有助于避免火灾和爆炸。

13.5.1.2 热致 LCP（以 Xydar 和 Vectra 为例）

液晶芳香共聚酯的商品牌号有美国的 Xydar（Amoco 公司），Vectra（Hoechst Celanese 公司），LX（杜邦），XTG（Eastman），HTR（PHillips），日本的 Ekonol（住友公司），Rodrun（龙尼奇卡），Novaccurate（三菱化成），德国的 Uitrax（BASF），KVI（Bayer）及英国的 Victrex（ICI）等几十种，主要生产国是美国，其次是日本和西欧，目前产量

约 15kt。

(1) 电子电器领域　LCP 有较高的电性能，介电强度比一般工程塑料高的多，由于具有泡沸性，它的抗电弧性高，电器应用的 UL 连续使用温度高达 300℃，间断使用可到 316℃，是其他热塑性塑料望尘莫及的。Xydar 的熔点高达 421℃，空气中 560℃才开始分解，其热变形温度大大高于聚苯硫醚、聚砜、聚醚酰亚胺、聚醚醚酮等所有热塑性塑料，可在 -50～300℃ 连续使用，并且仍有优良的抗冲击韧性和稳定性。Xydar 和 Ekonol 的锡焊耐热性是热塑性塑料中的最高者，可在 320℃焊锡中浸渍 5min。Vectra 可在 280℃浸清 10s。以表面装配技术和红外回流焊接装配技术为代表的循环加工工艺要求树脂能够经受 260℃以上的高温，且能够精密注塑不翘曲和耐焊接，这是工程塑料难以达到的，而采用 Xydar、Vectra 则可以满足这些要求。LCP 适于制造各种插件、开关、印刷电路板、线圈架和线圈包装、集成电路和晶体管的封装成型品、磁带录像机部件、继电器盒、传感器护套、微型马达的整流子、电刷支架和制动器材等。LCP 可用作薄壁并且间隙极小的多路插件，它的成型周期短、成本低。Ekonol 用作蚀刻用插座，可在 250℃高温下进行集成电路评价实验，大大缩短工期。

(2) 军用器械和航空航天领域　全芳族 LCP 各项重要性能指标超过聚苯硫醚、聚酰亚胺、聚醚醚酮等高性能塑料，被称为"超高性能塑料"或"超级工程塑料"。LCP 在熔融加工时由于沿流动方向高度定向排列，而具有"自增强"的特性，因而不需增强，即可超过普通工程塑料用玻璃纤维增强后的力学强度和弹性模量，且在高、低温下保持其优异性能。对于大多数热塑性塑料是严重缺点的蠕变性，对 LCP 则可忽略不计，而其优良的耐摩擦性可与磨耗最小的聚甲醛媲美。将 Vectra 老化照射 2000h 其性能基本不变，经碳弧加速紫外线照射 6700h 或钴辐射 0.1MGy 其性能无显著下降。因此，它不仅能防御常规弹药对通讯设备、电子装置、指挥系统和人员的伤害，而且能抵御化学、生物、原子武器的冲击波和各种辐射。LCP 在火焰中由于在表面形成泡沸碳能窒熄火焰，在空气中不燃烧，具有自熄阻燃性能，无需加入阻燃剂即可达到 UL94V-0 级，Xydar 是防火安全性最好的塑料之一。LCP 由于具有耐各种辐射和脱气性极低等优良的"外层空间性质"，可用作人造卫星的电子部件而不会污染或干扰卫星中的电子装置。由于 LCP 阻燃性和发烟量低，它被模塑成喷气式飞机内部用各种零部件，长期在高温下运转的喷气发动机，采用一般工程塑料是不可能的，只有在 260℃下仍有优良力学性能的 Xydar 可用来制造它的零部件。此外，LCP 还可用于雷达天线屏蔽罩、飞机外壳、防弹衣、高温军用仪器和测控系统。

(3) 汽车和机械工业领域　LCP 由于在熔融状态已具有结晶性，加工成型制品冷却时不发生从无定形到结晶的相变而引起的体积收缩，故成型收缩率在 0.3% 以下，低于工程塑料，它的线膨胀系数比普通塑料小一个数量级，与陶瓷石英相当，它具有极小的线膨胀系数，很高的尺寸精度和尺寸稳定性，其吸水率为 0.02%，在热塑性塑料中最低，故适于制造精密成型品，如汽车发动机内的各种零部件、特殊的耐热、隔热部件、精密机械、仪器零件、在巡航控制系统的驱动发动机中作为旋转磁铁的密封元件、耐高温耐腐蚀的润滑转动材料、耐酸碱耐溶剂轴承、耐热辊等。

(4) 光纤通讯领域　用作光纤被覆材料、抗拉构件、耦合器和连接器，其弹性模量比工程塑料尼龙 11 或尼龙 12 高 1 个数量级，线膨胀系数小 1～2 个数量级，从而降低由光纤本身温度变化所引起的畸变。如果光导纤维发生不规则弯曲，所传导的光将不全在纤芯和包层交界面上发生全反射，而会射到光纤外面去，导致光传输损耗增大。LCP 作为石英玻璃、光导纤维的被覆材料，是利用了 LCP 容易在力场方向取向，从而获得高强度，且在取向方向上热膨胀系数极低，甚至为零，使光纤不出现不规则弯曲。因此，其光信号传输损耗极低。

(5) 其他应用领域　由于 LCP 有突出的耐化学腐蚀性，它可用作化工设备和装置。美国某甲酸厂的蒸馏塔内马鞍形陶瓷填料用 Vectra 代替后，不仅耐高温腐蚀，并能承受系统压力的骤变而不易破碎,寿命长达 14 个月,原用陶瓷填料的寿命只有 4～6 周,生产效率提高 50％,年节约资金 11 万美元。LCP 还可以取代难以加工的氟塑料及不锈钢,用于制造泵、阀门、油井设备和计量仪器。

用 Xydar 制作的微波炉灶容器可以经受 0～280℃反复 50 次的冷热冲击而无变化,而目前使用的耐热玻璃或陶瓷受冷热冲击后则易破碎。LCP 又是对微波吸收系数最小的高分子,即对微波透明,因此特别适于微波灶用容器。此外,它的纤维制品还可用于软线、绳索、渔网、刹车片和体育用品等。

13.5.2 复合材料

13.5.2.1 LCP 合金

多种聚合物的混合物称为共混物又称高分子合金,含有 LCP 的共混物称为 LCP 合金。综合 LCP 合金的情况,发现多数 LCP 合金是不相容的,少数半相容,极少数相容。

为了解决 LCP 成本高、各向异性和接缝强度低的缺点,各大公司开发了各种 LCP/聚合物合金,其中有 LCP/聚醚砜、LCP/聚醚醚酮、LCP/聚酰胺、LCP/聚醚酰亚胺、LCP/聚四氟乙烯、LCP/聚碳酸酯等。

上述 LCP 合金含有两种组分,其一是工程塑料,含量多,它是基体树脂;其二是 LCP,它的含量少,是增强剂。如果换一个角度从工程塑料性能变化来看,在工程塑料中混入 LCP 以后,可改善原工程塑料的尺寸稳定性、耐热性、强度、模量、阻燃性、电性能、耐试剂性、耐磨性和加工性能等。

纤维与纤维也能混合成为高分子合金,火灾防护服的制造是 LCP 和另一种聚合物共混后优势互补的典型实例。若将性能不同的两种芳酰胺纤维混合起来就会产生意想不到的相乘效果。将间位的 Nomex (聚间苯二甲酰间苯二胺) 纤维和对位的 Kevlar (聚对苯二甲酰对苯二胺) 纤维混合,由高度伸展主链所组成的芳酰胺,加热时分子的取向不乱,依然是高度取向有序,纤维不收缩,直到分解点之前仍能保持耐用的强度。对位芳酰胺纤维起到了保持骨架结构的作用。间位芳酰胺纤维起绝热发泡填充材料作用和补强纤维间力的传递作用。在间位芳酰胺中仅混入 5％的对位芳酰胺所制成的衣服,即使处于火焰中,布的强度和外观也不受损,更不会发生破裂。

13.5.2.2 复合材料

在 LCP 中添加玻璃纤维、碳纤维等增强材料或添加石墨、云母、滑石等无机填料,不仅可以降低成本,而且能够改善 LCP 各向异性的缺点,这种改性方法已经获得实际工业生产和应用,各大公司的每一商品牌号系列都有好多个品种,其中大多数都是用玻璃纤维 (碳纤维) 增强或是用无机填料填充的。例如 Vectra 树脂系列在 70％的含量下可与许多功能性填料、纤维和添加剂掺混,加入填料或增强材料后,Vectra 的性能大大提高。其中,石墨粉末提高了它的伸长率,矿物填料改进了 Izod 缺口冲击强度,掺和玻璃纤维则能增强刚度、拉伸强度和加热条件下的尺寸稳定性。

13.5.2.3 分子复合材料和原位复合材料

(1) LCP 分子复合材料 LCP 分子复合材料的概念是由高柳素夫和 Helminiak 于 1980 年分别独立提出的。分子复合材料是将刚性棒状分子聚合物分散到柔性链分子基体中使它们尽可能达到分子级的分散水平。这类新型复合材料的产生将纤维增强复合材料的基本原理延伸到分子级。其中刚性链 LCP 是增强剂,柔性链高分子是基体。LCP 的分子复合技术是通向高性能、高功能复合材料的主要途径之一。已开发出的分子复合材料为两大类:一类是酰胺类 (如 Kevlar) 为刚性分子;另一类是芳杂环聚合物 (如 PBZT) 为刚性分子。柔性链基体聚合物的品种很广泛。目前已成功开发出聚对苯二甲酰对苯二胺/聚酰胺、聚苯并噻唑/聚-2,5-苯并咪唑、聚对苯二甲酰对苯二胺/PVC 等高分子复合材料,都具有较好的力学性能。

(2) 原位复合材料 1987 年 Kiss 和 Weiss 提出了原位复合材料的概念。原位复合材料是将热致性 LCP 与热塑性树脂熔融共混用挤塑和注塑等常用技术制造的。热致性 LCP 微纤起增强剂作用。它是在共混物熔体的剪切或拉伸流动时在基体树脂中原位形成的。原位复合材料实际上是热致性 LCP 和热塑性树脂的共混物，其新颖处在于原位的概念。它的增强形式（即 LCP 微纤）在树脂加工前不存在，而是在加工过程中原位就地形成的。现在已经实现了用亚微米直径的热致性 LCP 微纤对热塑性树脂的原位增强，为了获得增强效果必须考虑两个关键因素，一是要形成直径为 $0.1\mu m$，长径比足够大的热致 LCP 微纤；二是要在起增强作用的热致 LCP 微纤与被增强的基体树脂之间形成足够强的界面相互作用。已经报道了各种增强剂（液晶聚酯、液晶聚酰胺、液晶聚酯酰胺等）与各种基体材料（如聚丙烯、聚酮、聚醚、聚醚砜、聚砜、聚碳酸酯、聚酰胺、聚醚醚酮、聚三氟氯乙烯、聚甲醛等）组成的原位复合材料。

13.5.3　光记录存储材料

光记录存储材料可分为热感记录型和光感记录型两大类。目前已有高密激光唱盘、微缩胶卷等产品问世。

（1）热记录型　由于 LCP 难于采用电寻址的方法，一般是利用 LCP 的热光效应来实现高密度光信息记录存储的。

1982 年 Shibaev 将热感记录方法用于 LCP，所用材料为：

$$\text{+CH}_2\text{—CH+}_x$$
$$\text{O=C—O—(CH}_2)_5\text{—O—} \langle \rangle \text{—} \langle \rangle \text{—CN}$$

其原理见图 13-8。

首先利用电场使氰基联苯介晶基垂直于基板方向取向（对向列型液晶取向）〔图 13-8 (a)〕；当以激光光束照射时，激光的热量会使曝光区域的温度升高，当其温度超过清亮点（T_{cl}）时，该区域的液晶相转变为各向同性相〔图 13-8 (b)〕；若切断激光光束，被曝光区域的温度便会骤降，重新变为液晶相，但此时的液晶相已不同于激光照射前的取向态，而是形成了众多沿各种不同方向取向的微区，这些微区可使可见光散射〔图 13-8 (c)〕。可以利用这些微区与未曝光的透光区域形成的反差来进行存储记录。其解像度仅有 0.1mm。其后 Coles 的研究提高了解像度。为了提高灵敏度，他们把染料分子分散于 LCP 中，以便更有效的吸收激光。

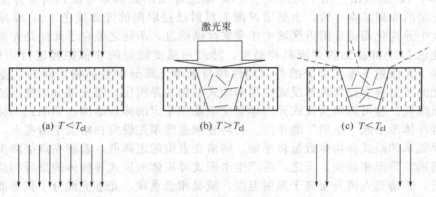

(a) $T < T_{cl}$　　　　(b) $T > T_{cl}$　　　　(c) $T < T_{cl}$

图 13-8　使用 LCP 的热感记录原理

（2）光记录型　与基于热、光效应的热感记录型不同，1987 年 Eich 提出了用光致变色LCP 进行信息记录存储的光感记录方法，其原理见图 13-9。所用材料为：

$$\text{+CH}_2\text{PhOOCCHCOO+}_x$$
$$\text{(CH}_2)_6\text{—O—} \langle \rangle \text{—N=N—} \langle \rangle \text{—CN}$$

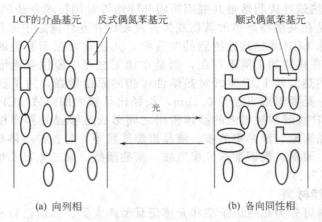

图 13-9　使用光致变色 LCP 作为信息存储材料的光感记录原理图

图 13-9 是经过取向的含偶氮苯基元的光致变色 LCP 的向列相示意图。在强偏振激光照射下，受照射的局部区域吸热升温至液晶相温度，同时偶氮基元发生反-顺光异构化而由棒状的反式结构转变为弯曲的顺式结构，从而对其周围的液晶相产生扰动，破坏其有序排列。使其由各向异性转变为各向同性［见图 13-9（b）］，从而引起体系折射率的变化，光源移走后受照射的区域迅速冷至玻璃化温度以下，所记录的信息便冻结起来，信息输入完成。由于曝光部分顺式偶氮苯与未曝光部分反式偶氮苯具有不同的折射率会形成衍射格子，利用这一性质可进行全息摄影，其解像度可高达 0.3μm，图像在室温保存数周不变。

1995 年，Hvilsted 合成了一种具有优异信息存储性能的光致变色 LCP，其结构式为：

$$\begin{array}{c} \text{—OC(CH}_2)_{12}\text{COOCH}_2\text{CHCH}_2\text{O—}_x \\ | \\ \text{(CH}_2)_n\text{—O—} \bigcirc \text{—N=N—} \bigcirc \text{—CN} \end{array}$$

该材料信息存储密度为 5000 条线/mrn，衍射效率高达 40%，而信息存储 30 个月仍很稳定，所存信息在材料加热到 80℃时即可完全消除。该材料经过多次反复擦/写未发生疲劳现象。

1988 年，Ikeda 提出了用于光致变色 LCP 信息存储的光诱导等温相转变方法。该方法与光记录方法的原理基本一致，也是通过激光照射已经取向的光致变色 LCP 样品，使光致变色基元发生异构化而诱导附近区域的相变来存储信息，不同之处在于此法是先要将已经取向的光致变色 LCP 样品加热到液晶相温度，然后用强度较弱的非偏振光进行信息的写入。该方法是基于光照射下曝光部分的各向同性相与未曝光部分的液晶格之间的反差来进行记录。由于光的照射会引起偶氮苯反式结构向顺式结构的异构化，曝光部分清亮点随顺式异构体的蓄积而降低。这可理解为反式异构体是使液晶相稳定的棒状结构，而顺式结构体是弯曲结构，后者在体系中起"杂质"的作用。若将光照温度预先设定在略低于清亮点，一旦进行光照射，偶氮苯的顺式异构体数量将增加，则清亮点值随之降低，若清亮点值降至低于照射温度，则将诱发等温相转变。反之，若产生由顺式异构体向反式异构体的反异构化，清亮点会重新上升，若清亮点值升至高于照射温度，液晶相会重现。光感应性分子只要能显示异构化反应就能完全可逆地诱发液晶相——各向同性相的相互转变。利用光诱导相转变现象的光记录，其解像度可高达 2μm。它的记录稳定性也好，有的材料存储信息经 8 个月后仍稳定存在。在电场感应的场合，LCP 的响应速度远比不上小分子液晶，但在光感应的场合下，由于原理的不同，是属于热力学控制过程，只要条件选择得当，LCP 的响应速度可做到与小分子液晶几乎无区别。

热记录方法的优点是有明确的阈值，在伴随读出过程中不致破坏原记录信息，从而具有极好的记录稳定性。但由于热的扩散导致解像度低，这一缺点也是致命的。与热记录方法相比，光记录和光诱导等温相转变这两个方法的优点是其解像度高和多重记录性能。理论上讲，利用光化学反应的这两个方法的解像度可达到光波长的程度。通常的光显色材料没有阈值存在，但光致变色 LCP 既包含一个光化学过程又包括一个相转变过程，它是理想的有阈值的光感记录型光信息记录存储材料。在实践中可以通过远离其吸收带波长的光读取体系折射率的变化来实现信息的读出，因而可以完全消除破坏性读出的问题。基于上述优点，光记录方法和光诱导相转变方法已经取代热记录方法成为信息存储的常用方法。

13.5.4　功能液晶膜

液晶态具有低黏性、高流动性、易膨胀性和有序性的特点，特别是在电、磁、光、热力场和 pH 值改变等作用下，液晶分子将发生取向和其他显著变化，使液晶膜比高分子膜具有大得多的气体、水、有机物和离子透过通量和选择性。液晶膜具有原材料成本较低、使用方便、易大面积超薄化和力学强度大等特点。液晶膜作为富氧膜、烷烃分子筛膜、包装膜、外消旋体拆分膜、人工肾、控制药物释放膜和光控膜将获得十分广泛的应用。

13.5.4.1　富氧膜

从空气中分离和富集氧气的高分子膜虽然种类很多，但存在着一个基本矛盾，即透过速度快的总是分离性差，而分离性能好的却又透过速度慢，两者很难同时兼得。梶山千里发现 EBBA 液晶含量大于 50% 的 EBBA/PVC（聚氯乙烯）、EBBA/PC（聚碳酸酯）和 BEPCPC（$C_2H_5OPHOOCC_4H_9$）/PC 三种液晶膜的 P_{O_2}（氧透过系数）在液晶相熔点附近突然加大了 7~20 倍，液晶含量越高，加大幅度越大。这是因为在液晶熔点以上液晶膜出现了液晶态，液晶态体积膨胀系数是 PVC 的 100 多倍，使液晶有序区急剧地向四周膨胀扩散，以致整个膜表面形成了一层液晶液膜，加之低黏性向列相液晶态的极好流动性，使膜内外形成了液晶态的传质通道，氧气分子更能顺利透过。

三种液晶膜的氧氮分离系数 α_{O_2/N_2} 均在液晶熔点附近达到最大值，其中 60% EBBA/PVC 液晶膜的 $\alpha_{O_2/N_2}=2.95$。这是由气体溶解特征决定的，因为液晶态具有较强 O_2 吸引力和较弱氮吸引力。在添加 O_2 有最强吸附和溶解能力的第三组分全氟丁胺（PFTA）制成的 60% EBBA/PVC/PFTA 三元液晶复合膜的 P_{O_2} 及 α_{O_2/N_2} 上升幅度很大。在液晶的熔点 $P_{O_2}=(1\sim2)\times10^{-9}\,cm^3(STP)\cdot cm/(cm^2\cdot S\cdot cmHg)$ 和 $\alpha_{O_2/N_2}=5.10$。普通膜的 P_{O_2} 增大时 α_{O_2/N_2} 从 PVC 的 T_g 开始却随温度上升同时增大，这种透气系数和氧氮分离系数同时升高的结果，正是富氧膜研制者长期以来努力追求的目标。这种特异现象是 EBBA 与 PVC 协同运动所致，即已吸附气体的液晶表面，可被 PVC 的玻璃化转变激活的分子热运动所活化，其优异的 O_2 选择性在玻璃化温度以上可进一步改善。三元液晶复合膜有望作为高效富氧膜在医疗、发酵和农业等方面应用。

单组分的侧链液晶高分子膜，例如结构式如下的侧链液晶聚硅氧烷膜，在 25℃时 $P_{O_2}=1.75\times10^{-10}\,cm^3(STP)\cdot cm/(cm^2\cdot S\cdot cmHg)$，$\alpha_{O_2/N_2}=4.6$。

$$(CH_3)_3SiO\underset{\substack{|\\CH_2-CH_2-CH_2-O-Ph-COO-Ph-OCH_3}}{\overset{\substack{CH_3\\|}}{\underset{}{\left[\!Si-O\!\right]_n}}}Si(CH_3)_3$$

13.5.4.2　烷烃分子筛膜

对 60% CPB（$C_5H_{11}PHPHCN$）/PVC 液晶膜施加电场，从零加大到 730V，液晶分子将取向从而明显加大正丁烷的透过系数 $P_{正丁烷}$，同时使两种气体的透过系数比 $P_{正丁烷}/P_{异丁烷}$ 加大到 5。由于液晶分子垂直于膜表面的完全取向，液晶分子排列紧密，分子间距较小，在膜中形成了直线分子间通道，使 $P_{正丁烷}$ 增大。另外，取向液晶膜的液晶分子间热涨落较小，分子间距较窄，使 $P_{正丁烷}/P_{异丁烷}$ 值增大。总之，液晶分子取向可提高烷烃透过系数及选择性。取向液晶膜可用于分离丁烷或戊烷异构体。

13.5.4.3　外消旋体拆分膜

含旋光冠醚 CR* 的 EBBA/PVC/CR* 液晶膜，在高于液晶熔点时，该膜具有很大的氨基酸盐 [HOOCC(PH)HNH$_3$ClO$_4$] 渗透通量，由于 CR* 分子能诱导向列型液晶发生螺旋排列，导致液晶膜对 D- 和 L- 氨基酸盐具有高度拆分能力。与化学拆分法相比，液晶膜拆分法具有操作简单、外消旋体损失少和拆分效率高的优点。

13.5.4.4　控制药物释放膜和人工肾

磁场下液晶膜 MBBA(CH$_3$OPHCH＝NPHC$_4$H$_9$)/PVC/冠醚 (H$_{18}$C$_6$)/n-C$_{15}$H$_{31}$COOH 的 K$^+$ 富集比无磁场高两倍以上。借助于光照来可逆控制 EBBA/PVC/AZO-CR 液晶膜 K$^+$ 的渗透。EBBA/PC/AM-CR（双亲冠醚）液晶膜在液晶熔点以上温度具有比普通膜大 19～34 倍的 P_K^+ 值，但在熔点以下，P_K^+ 为零，显然在熔点附近，P_K^+ 出现了一个突跃。在高于熔点以上的温度范围内，由于冠醚 AM-CR 在液晶相中发生了"脱溶剂化"，P_K^+ 随温度上升而以线性规律迅速加大。EBBA/PC/AM-CR 液晶膜的阳离子渗透发生"有或无"的可逆变化，意味着液晶膜可作为热控阳离子渗透膜。液晶膜的磁控、光控和热控离子可逆渗透功能可应用于控制药物释放、人工肾、离子交换和环境保护。

溶致性主链型液晶高分子聚谷氨酸苄酯的溶液在电场下发生从胆甾相到向列相的转变，据此制得了电场控制药物释放液晶膜。对聚谷氨酸苄酯膜施加大于 30V 直流电压后，有机物透过通量可稳定加大到 55%，撤去电场后不久，透过量可下降到原来的低水平。

把感光性侧链液晶高分子覆盖在聚间苯二甲酰间非二胺膜上获得了光控药物释放液晶膜。温度变化使弹性液晶高分子膜发生相态变化，从而使水杨酸在膜中的溶解能力、饱和浓度和释放速度发生显著变化，据此制出热控药物释放高分子液晶膜。以上情况说明用液晶高分子膜可制备电控、光控或热控药物释放膜。

第14章 医用高分子

随着科学技术的发展，生命科学的研究越来越受到人们的重视。而与人类健康休戚相关的生物医学，在生命科学中占有相当重要的地位。生物医学材料是生物医学科学中的最新分支科学，它是生物、医学、化学和材料学科交叉形成的边缘学科。

国际标准化组织（ISO）法国会议专门定义的"生物材料"就是生物医学材料，它是指"以医疗为目的，用于与组织接触以形成功能的无生命的材料"。

生物医学材料必须具备以下两个条件：首先，要求材料与组织短期接触无急性毒性、无致敏作用、无致炎作用、无致癌作用和其他不良反应；另外，还应具备耐腐蚀性能及相应的生物力学性能和良好的加工性能。生物医学材料可分为金属材料、无机非金属材料和有机高分子材料三大类，本章只讨论有机高分子材料，即医用高分子材料领域。

医用高分子（biomedical polymers）材料是生物材料（biomaterials）的重要组成部分，用于人工器官、外科修复、理疗康复、诊断检查、治疗疾患等医疗保健领域，并要求对人体组织、血液不产生不良影响。其研究内容包括两个方面：一是设计、合成和加工符合不同医用目的的高分子材料与制品；二是最大限度地克服这些材料对人体的伤害和副作用。

14.1 医用高分子概论

14.1.1 医用高分子发展简史

医用高分子的材料发展动力来自医学领域的客观需求。当人体器官或组织因疾病或外伤受到损坏时，迫切需要器官移植。然而，只有在很少的情况下，自体器官（如少量皮肤）可以满足需要。采用同种异体移植或异种移植，往往具有排异反应，严重时导致移植失败。在此情况下，人们自然设想利用其他材料修复或替代受损器官或组织。早在公元前 3500 年，古埃及人就用棉花纤维、马鬃缝合伤口。墨西哥印第安人用木片修补受伤的颅骨。公元前 2500 年中国和埃及的墓葬中发现有假牙、假鼻、假耳。1851 年发明天然橡胶硫化方法之后开始采用硬胶木制作人工牙托和颚骨。20 世纪，高分子科学迅速发展起来，新的合成高分子材料不断出现，为医学领域提供了更多的选择余地。1936 年发明了有机玻璃（聚甲基丙烯酸甲酯）后，很快就用于制作假牙和补牙，至今仍在使用。1943 年，赛璐珞（硝酸纤维素）薄膜开始用于血液透析。1950 年开始用有机玻璃做人工股骨。50 年代，有机硅聚合物用于医学领域，使人工器官的应用范围大大扩大，包括器官替代和美容等许多方面。人工尿道（1950 年）、人工血管（1951 年）、人工食道（1951 年）、人工心脏瓣膜（1952 年）、人工心肺（1953 年）、人工关节（1954 年）、人工肝（1958 年）等人工器官，均在 50 年代试用于临床。进入 60 年代，医用高分子材料开始进入一个崭新的发展时期。

20 世纪 60 年代以前，主要是医生根据特定需求从已有的高分子材料中筛选出合适的材料加以应用。由于这些材料不是专门为生物医学目的设计合成的，在初步试用中发现了许多问题。如凝血问题、炎症反应与组织病变问题、补体激活与免疫反应问题等。至 60 年代，人们意识到必须在一开始就针对医学应用的客观需要，设计合成高分子新材料。美国国立心肺研究所（National Institute Of Heart and Lung USA）在这方面做了开创性的工作，他们发展了血液相容性高分子材料，以用于与血液接触的人工器官制造，如人工心脏等。从 70年代开始，高分子科学家和医学家积极开展合作研究，医用高分子材料快速发展起来并不断取得成果。在 80 年代，发达国家的医用高分子材料产业化速度加快，基本形成了一个崭新的生物材料产业。近年来，高效、定向的高分子药物控制释放体系的研究取得了许多重要成果。

我国医用高分子材料的研究总体上起步于改革开放以后，在 20 世纪 80 年代获得持续发展。进入 90 年代，我国的生物医学材料的研究与开发有了相当大的发展，在生物医学材料的基础研究方面，做出了一些具有较高学术水平的创新性研究成果。例如，在硬组织修复材料和血液灌流吸附材料方面已实现产业化；在药物控制释放体系的研究中，医用生物降解材料的研究与开发方面已有了较大突破。

14.1.2　医用高分子的分类

由于医用高分子由多学科参与研究工作，以致根据不同的习惯和目的出现了不同的分类方式。医用高分子材料随来源、应用目的、活体组织对材料的影响等可以分为多种类型。目前，这些分类方法和各种医用高分子材料的名称还处于混合使用状态，尚无统一的标准。

14.1.2.1　按来源分类

① 天然医用高分子材料，如胶原、明胶、丝蛋白、角质蛋白、纤维素、黏多糖、甲壳素及其衍生物等。

② 人工合成医用高分子材料，如聚氨酯、硅橡胶、聚酯等，20 世纪 60 年代以前主要是商品工业材料的提纯、改性，之后主要根据特定目的进行专门的设计、合成。

③ 天然生物组织与器官，天然生物组织用于器官移植已有多年历史，至今仍是重要的危重疾病的治疗手段。天然生物组织包括：取自患者自体的组织（autogenic），例如采用自身隐静脉作为冠状动脉搭桥术的血管替代物；取自其他人的同种异体组织（allogenic），例如利用尸体角膜治疗患者的角膜疾病；来自其他动物的异种同类组织（exogenic），例如采用猪的心脏瓣膜代替人的心脏瓣膜，治疗心脏病。

14.1.2.2　按材料与活体组织的相互作用关系分类

采用该分类方式，有助于研究不同类型高分子材料与生物体作用时的共性。

① 生物惰性（bioinert）高分子材料，指在体内不降解、不变性、不引起长期组织反应的高分子材料，适合长期植入体内。

② 生物活性（bioactive）高分子材料，其原意是指植入材料能够与周围组织发生相互作用，一般指有益的作用，如金属植入体表面喷涂羟基磷灰石，植入体内后其表层能够与周围骨组织很好地相互作用，以增加植入体与周围骨组织结合的牢固性。但目前尚有一种广义的解释，指对肌体组织、细胞等具有生物活性的材料，除了生物活性植入体之外，还包括高分子药物、诊断试剂、高分子修饰的生物大分子治疗剂等。

③ 生物吸收（bioabsorbable）高分子材料，又称生物降解（biodegradable）高分子材料。这类材料在体内逐渐降解。其降解产物被肌体吸收代谢，在医学领域具有广泛用途。

14.1.2.3　按生物医学用途分类

采用此分类方法，便于比较不同结构的生物材料对于各种治疗目的的适用性。

① 硬组织相容性高分子材料，主要包括用于骨科、齿科的高分子材料，要求具有与替代组织类似的力学性能，同时能够与周围组织结合在一起。

② 软组织相容性高分子材料，主要用于软组织的替代与修复，往往要求材料具有适当的强度和弹性，不引起严重的组织病变。

③ 血液相容性高分子材料，用于制作与血液接触的人工器官或器械，不引起凝血、溶血等生理反应，与活性组织有良好的互相适应性。

④ 高分子药物和药物控释高分子材料，指本身具有药理活性或辅助其他药物发挥作用的高分子材料，随制剂不同而有不同的具体要求，但都必须无毒副作用、无热原、不引起免疫反应。

14.1.2.4 按与肌体组织接触的关系分类

本分类方法是按材料与肌体接触的部位和时间长短进行分类的，便于对使用范围类似的不同材料与制品进行统一标准的安全性评价。

① 长期植入材料，泛指植入体内并在体内存在一定时间的材料，如人工血管、人工关节、人工晶状体等。

② 短期植入（短期接触）材料，指短时期内与内部组织或体液接触的材料，如血液体外循环的管路和器件（透析器、心肺机等）。

③ 体内体外连通使用的材料，指使用中部分在体内部分在体外的器件，如心脏起搏器的导线、各种插管等。

④ 体表接触材料与一次性使用医疗用品材料。

14.1.3 对医用高分子材料的基本要求

医用高分子材料是直接用于人体或用于与人体健康密切相关的目的，因此对进入临床使用阶段的医用高分子材料具有严格的要求。

14.1.3.1 对医用高分子材料本身性能的要求

① 耐生物老化。对于长期植入的医用高分子材料，生物稳定性要好。但是，对于暂时植入的医用高分子材料，则要求能够在确定时间内降解为无毒的单体或片断，通过吸收、代谢过程排出体外。因此，耐生物老化只是针对某些医学用途对高分子材料的一种要求。

② 物理和力学稳定性。针对不同的用途，在使用期内医用高分子材料的强度、弹性、尺寸稳定性、耐曲挠疲劳性、耐磨性应适当。对于某些用途，还要求具有界面稳定性，例如人工髋关节和人工牙根的松动问题与材料-组织结合界面的稳定性有关。

③ 易于加工成型。

④ 材料易得、价格适当。

⑤ 便于消毒灭菌。

14.1.3.2 对医用高分子材料的人体效应的要求

① 无毒，即化学惰性。一般而言，化学结构稳定的纯净高分子材料对肌体是无毒的。因此，医用高分子材料要经过仔细纯化，材料的配方组成和添加剂的规格要严格控制，成型加工的工艺条件、环境以及包装也要严格保证。

② 无热原反应。

③ 不致癌。

④ 不致畸。

⑤ 不引起过敏反应或干扰肌体的免疫机理。

⑥ 不破坏邻近组织，也不发生材料表面钙化沉积。

⑦ 对于与血液接触的材料，还要求具有良好的血液相容性。血液相容性一般指不引起凝血（抗凝血性能好）、不破坏红细胞（不溶血）、不破坏血小板、不改变血中蛋白（特别是脂蛋白）、不扰乱电解质平衡。

14.1.3.3 对医用高分子材料生产与加工的要求

除了对医用高分子材料本身具有严格的要求之外，还要防止在医用高分材料生产、加工过程中引入对人体有害的物质。首先，严格控制用于合成医用高分子材料的原料的纯度，不能含有有害杂质，重金属含量不能超标。第二，医用高分子材料的加工助剂必须符合医用标准。第三，对于体内应用的医用高分子材料，生产环境应当具有适宜的洁净级别，符合GMP标准。

与其他高分子材料相比，对医用高分子材料的要求是非常严格的。对于不同用途的医用高分子材料，往往又有一些具体要求。在医用高分子材料进入临床应用之时，都必须对材料本身的物理化学性能、力学性能以及材料与生物体及人体的相互适应性进行全面评价，经国家管理部门批准才能临床使用。

14.1.4 医用高分子的应用

医用高分子材料在化学结构上千变万化，而且在聚集形态上可以表现为结晶态、玻璃态、黏弹态、凝胶态、溶液态，并可以加工为几乎任意的几何形状，因此在医学领域能够满足多种多样的治疗目的，其用途十分广泛，如表 14-1 所示。其应用范围主要包括四个方面：人工器官（长期和短期治疗器件）、药物制剂与释放体系、诊断试验试剂、生物工程材料与制品。

表 14-1　医用高分子材料应用范围

应用领域	应用目的	实　例
长期和短期治疗器件	受损组织的修复和替代	人工血管、人工晶体、人工皮肤、人工软骨、美容填充
	辅助或暂时替代受损器官的生理功能	人工心肺系统、人工心脏、人造血、人工肾、人工肝、人工胰腺
	一次性医疗用品	注射器、输液管、导管、缝合线、医用黏合剂等
药物制剂	药物控制释放	部位控制［定位释放（导向药物）］；时间控制［恒速释放（缓释药物）］；反馈控制［脉冲释放（智能释放体系）］
诊断检测	临床检测新技术	快速响应、高灵敏度、高精确度的检测试剂与工具，包括试剂盒、生物传感器、免疫诊断微球等
生物工程	体外组织培养血液成分分离	细胞培养基、细胞融合添加剂、生物杂化人工器官血浆分离、细胞分离、病毒和细菌的清除

14.1.5 医用高分子材料的生物相容性

生物相容性（biocompatibility）是一个描述生物医用材料与生物体相互作用情况的概念。某种材料的生物相容性好，是指这种材料能够与肌体相互适应，即材料对肌体没有显著或严重的不良反应，肌体也不引起材料性能的改变。由于不同类型的高分子材料在医学中的应用目的不同，生物相容性又具体化为硬组织相容性、软组织相容性、血液相容性。硬组织替代或修复材料必须具有良好的硬组织相容性，能与骨骼或牙齿相互适应。软组织替代或修复材料应具有适当的软组织相容性，材料在发挥其功能的同时，不对邻近软组织（如肌肉、肌腱、皮肤、皮下等）产生不良反应。凡是与血液接触的材料必须具有良好的血液相容性，不引起凝血、溶血，不影响血相。

事实上，只要医用高分子材料与肌体某部位接触，必然会相互影响。导致材料与生物体相互影响的原因，在于生物体处于动态平衡之中。一旦材料进入体内，就会使这种动态平衡遭受破坏，肌体就会做出反应。这种反应的严重程度或这种反应向正性还是向负性方向发展，决定着材料的生物相容性。

14.1.5.1 肌体软组织对植入材料的反应（response）

（1）高分子植入材料组织反应的一般特征　在材料植入软组织后的初期阶段，由于外源性物质的植入和外科手术创伤（两种因素难以区分），局部发生急性炎症反应，其特征是多形核白细胞浸润受伤组织。接着转为慢性炎症反应，多形核白细胞减少，巨噬细胞、巨细胞、淋巴细胞、成纤维细胞增多，后者通过形成纤维组织修复受伤组织。植入肌体的部位不同，发生组织反应的程度有明显差别。将微球形高分子材料植入含毛细血管的组织中，初期反应程度有如下顺序：皮下＞肌肉＞肝脏＞肾脏＞脾脏。组织反应的最终结果，是植入体完全被纤维包膜包裹，并伴有少量成纤维细胞存在。在某些情况下，会发生非正常的组织反应，例如有时会观察到纤维包膜进一步增厚、骨组织形成、前期肿瘤变化和肿瘤形成。植入材料组织反应的持续时间与动物种属的寿命期限成正比。

(2) 高分子材料的致癌性　对于人来说，目前尚无明显的事实说明植入材料会引起肿瘤。但是，许多试验动物研究表明，当材料植入大鼠和小鼠时，只要植入的材料是固体材料而且面积大于 $1cm^2$，不管材料是高分子、金属或陶瓷，不管材料的形状是膜、片状或板状，不管材料本身是否具有化学致癌性，均有可能导致肿瘤发生。这种现象叫作固体致癌性或异物致癌性。根据肿瘤发生率和潜伏期，高分子材料对大鼠的致癌性可分为三类：①能释出小分子致癌物的高分子材料（渗出、降解），高发生率，潜伏期短；②本身具有肿瘤原性的高分子材料，较高发生率，潜伏期不定；③只是作为简单异物的高分子材料，发生率低，潜伏期长。只有第三类高分子材料才有可能进行临床应用。

异物致癌性与慢性炎症反应、纤维化特别是纤维包膜厚度密切相关。研究发现，当大鼠在植入高分子材料后，如果前 $3\sim12$ 个月内形成纤维包膜厚度大于 $0.2\sim0.25mm$，经过一定的潜伏期后通常会发生肿瘤。低于此值，肿瘤很少发生。由此还假定，$0.2\sim0.25mm$ 是导致大鼠肿瘤的临界纤维包膜厚度。

(3) 高分子材料在体内的表面钙化　医用高分子材料在植入体内后的钙化现象是导致材料失效的原因之一。例如，利用猪主动脉阀或牛心包经戊二醛处理制备的心脏瓣膜等，经常因钙化失效不得不实行再次手术。试验证明，钙化现象不仅是胶原生物材料的特征，一些高分子水溶胶如甲基丙烯酸羟乙酯在大鼠、仓鼠、荷兰猪的皮下也会发生钙化。因此，通常用皮下埋植的方法评价一种生物材料的钙化作用。影响材料钙化的因素很多，包括生物因素（如物种、年龄、激素水平、血清磷酸盐水平、脂质、蛋白质吸附、局部血流动力学、凝血等）和材料因素（亲水性、疏水性、表面缺陷）等。一般而言，材料植入时越年青，材料表面发生钙化的可能性越大。通常，具有大于 $50mm$ 微孔的海绵状材料，钙化情况比无孔材料要严重。用等离子体发射光谱法分析钙化沉积层的元素组成，发现钙化层以钙、磷为主，钙磷比为 $1.61\sim1.69$，平均值 1.66，与羟基磷灰石的钙磷比 1.67 几乎相同，此外还含有少量的锌和镁。

14.1.5.2　血液对植入高分子材料的反应

在医用高分子材料的应用方面，有相当多的器件必须与血液接触，例如各种体外循环系统、介入治疗系统、人工血管和人工心瓣等人工脏器。这些器件和相关材料与血液接触，会引起血液不同的反应。血液是由细胞、蛋白质、有机物（激素）、无机盐及大量水组成的其中的主要成分都是生物活性的。血液一旦与外源固体材料接触，就有可能发生细胞的附着和激活、蛋白质的吸附与变性等生物反应，导致凝血、溶血、血相改变等不良反应。

(1) 高分子材料的凝血作用　血液凝固指血液由流动状态转变为胶冻状态。对于血液凝固，体内存在两个对立的系统。一是促使血液凝固和血小板生成的凝血系统，主要包括血小板以及把纤维蛋白原转变为纤维蛋白凝胶的所有凝血因子（coagulation）。而抗凝血系统则主要是由肝素、抗凝血酶以及使纤维蛋白凝胶降解的溶纤系。

当血液与高分子材料等异物接触时，凝血系统就通过下列两种不同的过程发挥作用：①凝血因子活化，最终导致纤维蛋白凝胶的生成；②血小板在材料表面黏附、释放和聚集，结果导致血小板血栓的形成。由于绝大多数高分子材料具有凝血作用，因此近几十年来人们做了大量的研究工作，发展了多种抗凝血假说（例如零临界表面张力、零界面自由能、负电荷表面、流动性亲水表面、微相分离结构、肝素化表面、生物化表面以及维持正常构象假说等），合成了具有形形色色表面结构的高分子材料，希望抑制导致凝血的两个过程，得到良好血液相容性的医用高分子材料。但是，这一问题至今没有得到很好的解决。研究发现，凝血的两个过程均与吸附在高分子材料表面的血浆蛋白质层（白蛋白、球蛋白、纤维蛋白原等）密切相关。

（2）高分子材料对蛋白质的吸附　研究发现，高分子材料与血液接触后，最早发生的是血浆蛋白质在材料表面的吸附，而后才是血小板及凝血因子等在蛋白质吸附层上的活化并分别导致血小板血栓和纤维蛋白凝胶的形成。血小板和凝血因子在蛋白质吸附层上的活化程度，主要取决于蛋白质的组成和结构，而蛋白质吸附层的组成和结构又决定于高分子材料表面的组成和结构。由此可见，高分子材料的凝血或抗凝血性能是通过其表面对血浆蛋白质的吸附间接表现出来的。

① 高分子材料结构与蛋白质吸附之间的关系。高分子材料对各种血浆蛋白质的吸附量不仅与蛋白质在血液中的浓度有关，而且更取决于蛋白质的种类和材料表面的性质。亲水凝胶如聚甲基丙烯酸羟乙酯、Ioplex（Ioplex101 为 75％聚苯乙烯磺酸钠与 25％聚乙烯苄基三甲基氯化铵形成的离子复合物，Ioplex 103 中的聚阳离子为聚二烯丙基二甲基氯化铵）等，对血浆蛋白质的吸附量较小，且容易解吸、交换。疏水性高分子材料如聚乙烯、聚四氯乙烯、有机硅橡胶、聚甲基丙烯酸甲酯等，对血浆蛋白质的吸附量较大，而且纤维蛋白原吸附最多，γ-球蛋白次之，白蛋白最少。抗凝血性较好的聚氨酯材料如 Biomer、Avcothane 等，对血浆蛋白质的吸附量最大，且吸附速度快，并主要选择性吸附白蛋白。

② 材料对蛋白质的吸附性能与其抗凝血性能之间的关系。容易吸附白蛋白的高分子材料，一般抗凝血性能较好；容易吸附纤维蛋白原和 γ-球蛋白的材料，抗凝血性能较差。在化学组成上，白蛋白不含糖链，而纤维蛋白原和 γ-球蛋白为糖蛋白。纤维蛋白原和 γ-球蛋白吸附层之所以能黏附大量血小板，可能是由于它们糖链上的 N-乙酰氨基葡萄糖及半乳糖能被血小板表面的唾液酸转化酶及半乳糖转化酶识别、结合所致。

根据凝血机理，一种血液相容性高分子材料的表面，应当既能抑制凝血因子的活化，又能防止血小板的黏附、释放和聚集，二者缺一不可。然而，二者均与材料表面对蛋白质的吸附性质相关。要么材料表面对蛋白质等生命活性物质没有吸附能力，要么材料只是选择性地吸附白蛋白，只有这样才能得到血液相容性良好的高分子材料。

（3）高分子材料的补体激活作用　补体系统（comlement，C）由三类 20 余种补体分子构成，多数补体成分的电泳迁移率属于 β-球蛋白，少数为 α 及 γ-球蛋白，通常以非活性状态存在于血浆中，当其被活化之后才表现出各自的生物活性。补体系统的激活可以从 C1 开始，称为经典激活途径（classical pathway），参与的成分包括 C1～C9。也可以越过 C1、C4、C2 从 C3 开始，叫作旁路激活途径或替代途径（alternative pathway）。旁路激活途径与经典激活途径不同之处在于直接激活 C3，继而完成 C5～C9 各成分的连锁反应，还在于激活物质并非抗原抗体复合物而是细菌的细胞壁成分脂多糖，以及多糖、肽聚糖、磷壁酸和凝聚的 IgA 和 IgG4 等物质。

表面含有氨基、羟基（包括酚和醇）、酸性基团（如聚肌苷酸中的磷酸基和硫酸葡聚糖。硫酸纤维素中的硫酸基）等亲核基团的高分子材料与血液接触时，往往会与带有磺酸酯基团的活性位点发生反应，从而引起补体激活。其临床表现为，在进行体外循环如心肺旁路、血液透析、膜式血浆分离时，开始之后血液中的白细胞尤其是嗜中性粒细胞不断减少，在10～30min 减少至最低值。随后，白细胞数逐渐回复，在 1.5～2h 回复到正常水平。研究发现，这些高分子材料特别是纤维素膜与血液接触后，血液中的 C3 在材料表面沉积激活了补体旁路，产生的补体分解产物 C3a 被嗜中性粒细胞表面受体结合，从而导致嗜中性粒细胞的聚集并被肺毛细血管捕捉，结果血液中的白细胞就出现暂时性减少。由于补体被激活，C3 被酶（旁路 C3 转化酶）分解为低分子量的 C3a 多肽片断和 C3b 本体片断，前者进入血液，后者与材料表面结合。随后，C5 被活化，产生的 C5a 进入血液，C5b 结合在材料表面的 C3b 上。然后顺序激活其后的补体分子。

高分子材料也能够引起补体系统的经典激活途径。研究表明，编织的涤纶血管植入人体之后，可引起人体产生显著水平的 C4a，而 C4a 只有在经典激活途径中才产生，因此除了经过旁路途径激活之外，涤纶也能够通过经典途径激活补体系统。表面带有某些基因（氨基、羧基、氰基）的高分子材料可以吸附免疫球蛋白，由后者进而引起补体系统的经典激活。植入聚四氟乙烯和硅橡胶等表面无活性基团的高分子材料，一般不引起经典途径的补体激活。

高分子植入材料对补体系统激活对人体产生许多不良影响。首先，释放的 C3a 和 C5a 可引起过敏症状。其次，大量嗜中性白细胞在肺毛细血管聚集，使肺泡的换气功能和肺血流减少。第三，反复使用能激活补体系统的血液接触材料，会影响患者免疫系统细胞（多形核白细胞、巨噬细胞等）的功能，进而出现慢性并发症，如易感染、恶性肿瘤高发率、软组织钙化，特别是肺细胞的纤维化和钙化及动脉硬化。第四，补体系统激活之后结合在材料表面的 C3b 起到了白细胞黏附的调理素作用，使嗜中性白细胞在材料表面黏附，后者通过释放血小板激活因子而促进血小板的聚集，从而导致凝血。

14.1.5.3　高分子植入材料在体内的结构与性能变化

当医用高分子材料植入体内以后，在激起肌体生物反应的同时，也受到肌体尤其是体液和酶的作用，使之在化学结构和物理性能方面发生改变，从而导致其效能下降，甚至丧失功能。一般而言，高分子植入材料在体内的变化包括化学结构变化和物理性质（特别是力学性能）变化。

(1) 高分子材料在体内的化学变化

① 高分子材料的降解。高分子材料在体内的化学变化主要是发生降解，涉及的反应有水解、酶解、氧化等。大约 30 种高分子材料薄膜植入狗的皮下 12 个月、26 个月、36 个月，然后研究植入前后材料结构与性能的变化。结果表明，脂肪族聚碳酸酯、某些脂肪族聚氨酯、聚醋酸乙烯酯、主链上含有双键的双烯烃聚合物在体内倾向于发生水解反应或（和）氧化反应。当聚氨酯 Biomer 植入大鼠体内 24 个月后，其衰减全反射红外光谱（ATR-FTIR）发生明显变化，证明水解作用主要发生在非氢键羧基上；而且降解只是发生在膜材料的表面，而内部结构保持不变。

② 高分子材料加工中引入的小分子物质的释放。由苯溶液制备的 PMMA 膜植入狗体内 11 年之后，材料变得容易脆裂、破碎。用 GPC、GC、IR 研究，发现膜变脆是由于在加工时残留其中的苯逐渐渗出造成的，而 PMMA 本身在体内是很稳定的。即使在体内 11 年之后，苯在膜中的残留量还有 0.64%。由此推测，丙烯酸系骨水泥在体内的降解变性则可能是由于残留的单体（通常 3%~5%）不断渗出所致。

(2) 高分子材料在体内的物理性能变化　材料植入体内后，因化学结构经历某些变化，导致材料力学性能的改变。一般而言，亲水性并含有可水解或酶解键型的高分子材料，长期植入体内容易发生降解，使分子量降低，从而导致力学性能显著下降，例如尼龙、嵌段聚氨酯（SPU）等。一些专门设计合成的生物吸收性高分子材料，如聚乳酸（PLA）和聚乙醇酸（PGA）等，埋植体内后会随着时间的延长而降解，力学性能随之下降。对于聚乙烯，虽然属于疏水材料，且没有可水解键，但因可发生氧化降解作用，在体内长期埋植后其力学性能也有显著降低。聚四氟乙烯、硅橡胶、聚砜、聚亚胺、聚丙烯、交联聚氨酯长时间植入体内后，拉伸强度和伸长率变化较小，说明它们在体内稳定性较好，具有较强的抗生物老化能力。比较三种聚氨酯材料薄膜植入大鼠体内后力学性能变化的情况，发现 Biomer 的拉伸强度和伸长率在植入前后基本保持不变。而由聚二苯甲烷二异氰酸酯（MDI）、聚（1,4-丁二醇）（PTMG）和丙二胺合成的嵌段聚氨酯（MDI-SPU），植入体内后力学性能有所下降。其氢化类似物（HMDI-SPU）在体内随时间的延长，拉伸强度显著下降，说明它在体内的抗水解能力低于前者。

14.1.5.4　可溶性高分子在体系内的代谢

可溶性（水溶性）高分子在治疗和诊断方面的应用颇受人们重视，例如血容量扩充剂、高分子造影剂、高分子药物载体、高分子修饰剂等。但是，一旦可溶性高分子通过口服、注射等方式给药进入血液系统之后，就会通过一定的转运途径在体内循环、分布和代谢。因此，可溶性高分子在临床应用前，必须慎重评价其安全性，否则会造成严重的后果。

(1) 合成高分子在体内的转运　可溶性高分子在体内的分布、清除速率、保留的部位与时间期限等因素取决于高分子穿越体内各屏障的能力。尽管这些屏障的性质有所不同，但基本上都属于生物膜，包括质膜、细胞膜等。生物膜是一种嵌有蛋白质的脂质双层膜，磷脂分子以疏水部分向内、亲水部分向外的方式形成双层，蛋白质分子通过疏水作用镶嵌在脂质膜中。许多细胞膜蛋白含有指向外层的多糖基团，聚集在一起构成了衣膜。这些多糖基团决定着细胞的抗原专一性以及其他专一识别功能。

小分子物质（如水、离子、小分子有机物等）的传递，一般不改变膜的结构，主要是通过被动扩散或通过涉及膜中载体蛋白参与的主动转运过程。对于高分子化合物，在保持膜结构完整的情况下依靠扩散是不能通过膜层的。高分子进入膜内的通常方式是通过细胞的内摄作用（endocytosis）。可溶性高分子与细胞外液一起形成膜囊（或称膜泡，membrane vesicle），一起进入膜内，高分子即可游离存在于溶液中，也可以与细胞膜结合，这种内摄作用因伴有大量液体的饮入而叫作饮液作用（pinocytosis）。细胞通过内摄作用接收高分子颗粒，称为吞噬作用（phagocytosis）。

进入血液的高分子随血液一起在全身许多器官和组织循环。高分子可以通过某些特殊细胞（如网状内皮细胞）或通过微血管（毛细小动脉、毛细血管、毛细小静脉）壁清除。高分子透过毛细血管内皮细胞层是涉及质膜囊的转运过程，而质膜囊转运是受扩散机理控制的。透过毛细血管壁的液体构成组织间液（interstitial fluid），其中的高分子根据分子大小确定进一步的转运方向。低分子量的通过毛细静脉血管返回血液循环系统，分子较大的高分子化合物倾向于进入淋巴系统。淋巴管逐渐汇聚成两个大的躯干，向心脏附近的大静脉排空淋巴液。结果，高分子物质重又回到血液系统。高分子在通过淋巴系统的过程中，要经受网状内皮系统（RES）和免疫功能细胞的作用。

(2) 合成高分子的排泄　肾小球毛细血管的内皮细胞通透性在可溶性高分子的排泄方面占有重要地位。哺乳动物肾小球的通透性质可描述为等孔膜，孔径大约 5.0nm。可溶性高分子通过肾小球滤过分级清除随着高分子半径的增大而减少。对于同样大小的高分子，在生理条件（pH＝7.4）下聚阴离子的转运受到抑制，而聚阳离子的滤过得以增强。这种电性效应与肾小球膜孔表面的负电性有关。此外，流动性强的线性高分子可以竖着透过膜层。从肾小球滤过出来的液体经过漫长的肾小管成为尿液进入膀胱，最终排出体外。据估计肾小球滤过对聚乙烯吡咯烷酮（PVP）的分子量上限为 25000。

超出肾排泄极限的高分子化合物，可以继续通过肠道排泄。肠道排泄对高分子分子量的依赖性不像肾脏那样严格，这意味着膜囊转运在肠道分泌排泄中起着重要作用。在体内不能降解和不能被肾排泄的高分子化合物主要通过肠道排泄。肠道排泄的高分子中有一部分是由胆汁转运排入肠道的。研究发现，大鼠胆汁中存在一定量的溶酶体水解酶，固体颗粒和可溶性高分子出现在胆汁中是一些次级溶酶体挤出排空的结果。即使高分子的分子量高于肾的排泄极限，如果能够被肝细胞通过饮液作用吸收，则可通过肝细胞的外放作用排入胆汁，再排入肠道，最终排出体外。大鼠通过胆汁排泄清除 PVP 的分子量上限为 6000～10000。高分子通过胆汁分泌的分子量依赖性和分泌动力学研究结果说明，胆汁分泌主要是通过细胞间结点扩散进行的，而结点扩散对于高分子量的物质是不利的。

存在于肺泡内部的肺泡巨噬细胞非常主动地蓄留高分子物质。肺泡巨噬细胞属于清洁细胞，能够从淋巴管穿透肺泡壁进入肺泡腔。并从肺泡表面吞噬尘埃和其他颗粒，然后被纤毛运动带到喉部，最终吞入胃中或随痰吐出。对于分子量较大的非降解高分子，这也是一种排出体外的途径。

（3）高分子在细胞中的储存机制　饮液作用是可溶性高分子浸入完整细胞的惟一方式。对于不同类型的细胞，高分子通过饮液进入细胞内的膜囊的命运是不同的。在上面已经述及的内皮细胞和上皮细胞中，膜囊将穿过胞浆到达另一侧的内膜，然后释放其内容物。大多数膜囊可以与细胞内的溶酶体融合，形成次级溶酶体。溶酶体是膜包封的液泡，其中含有多种广谱水解酶，能够将天然高分子（蛋白质、核酸、多糖）水解为可以透过溶酶体膜的小分子。溶酶体膜通透的分子量上限大约为 300，因此如果进入溶酶体的高分子是不可降解的，则会保留在溶酶体中。在此情况下，非降解高分子只能通过细胞的外放作用离开细胞。然而，由于细胞的外放作用的速率远低于饮液作用。因此，进入溶酶体的非降解高分子会储存在细胞中持续很长时间。巨噬细胞、内皮细胞以及重吸收上皮细胞的饮液功能较强，非降解高分子容易积蓄在这些细胞中。

（4）可溶性高分子在体内的代谢　生物体含有丰富的生物催化剂（酶）、反应性分子以及自由基，能够使高分子代谢。肝细胞在这方面是最活跃的，其次是肾、RES、白细胞、肠黏膜等。不管采取何种途径进入体内的化合物，都会被肌体认为是外原性异物，肌体则采取尽可能的方式将其转化为更容易清除的形式，以减少对肌体的伤害。生物修饰反应大致可以分为三类：水解反应、氧化反应、缀合反应（conjugations，包括酯化、酰化、烷化等）。

① 水解反应。在生物体内发生的水解反应有酯的皂化、酰胺水解、醚（糖苷）的水解。酯的皂化不论是否有酶参与都能进行，其他水解反应只有在酶的催化下才有较高的速率。水解酶是消化道和细胞溶酶体中的正常组分，可以催化聚酯、聚酰胺（包括多肽）、多糖以及某些聚氨酯的水解。细胞外酶从天然生物高分子的两端开始水解，每次催化反应除去一个末端单体，单体的极性对于酶的专一性往往是重要的。通过这种水解机制，每次水解后对于高分子的分子量影响不大，水解下来的单体从一开始就参与肌体的循环和代谢。而细胞内酶则从离端点一定距离的位置开始切断高分子链。该水解过程会引起高分子分子量的明显降低，生成的低聚物在较迟的阶段才开始在体内转运和积蓄。这种降解方式类似于普通的化学降解和力学降解。

② 氧化反应。氧化反应是肌体脱毒常用的另一种化学反应，通常是由与细胞色素 P-450 相连的酶系统催化完成的，酶系统称为细胞色素 P-450 系统。与水解反应不同的是，该系统键合在细胞内的胞浆结构（微粒体、胞浆内质网、细胞膜）上，因此只能使进入细胞浆的物质发生氧化反应。除了直接氧化反应（例如芳烃羟化酶催化的氧化反应）之外，氧化性 N-或 O-脱烷化反应也经常发生，起催化作用的是混合功能氧化酶（细胞色素 P-450 系统的一种类型）。该系统也可以催化还原反应，NADPH-细胞色素 P-450 还原酶具有与微粒体还原酶类似的活性，能够将硝基芳烃转化为芳胺。

③ 缀合反应。另一种体内经常发生的药物代谢反应为缀合反应，包括醇羟基、酸羟基、氨基、酰氨基、酰肼的酰化反应，酰化剂有硫酸、乙酸、葡萄糖醛酸、谷氨酸以及其他酸类物质。高分子在体内的缀合反应研究很少。

④ 缔合反应。可溶性高分子进入人体以后，有可能与不同的体内成分发生缔合反应。聚阴离子高分子与二价或多价阳离子的络合作用在预料之中。合成高分子能够以静电力与生物高分子发生相互作用，形成离子复合物，例如聚阳离子与肝素、肝素样聚阴离子与蛋白质等。通过专一性相互作用，也可以实现合成高分子与生物高分子的结合，包括合成高分子的抗原决定簇与免疫球蛋白的作用、高分子底物或抑制剂与酶的作用等。

（5）高分子的免疫反应　生物体对于外源性物质的侵犯具有很强的防护功能。上述体内化学反应对于小分子外源性物质的脱毒是非常有效的，但是对于高分子物质或颗粒性物质，反应过程将是缓慢的。肌体另有其他防范措施，对付高分子物质或颗粒性物质的入侵，除了体内许多屏障限制高分子与颗粒性物质的转运之外，免疫反应对于这些物质的清除或脱毒起着重要作用。一种物质在体内的免疫性质具有四种类型：免疫原性（激发肌体产生专一性抗体的能力）、免疫反应性（与抗体结合的能力）、诱导免疫麻痹（对某种抗原不产生免疫反应的状态）、诱导迟发性过敏（细胞免疫）。

许多可溶性高分子具有免疫原性，在一定剂量下产生免疫反应。芳香侧链或带电侧基在高分子中具有适当密度时往往增强高分子的免疫原性。作为一种规则，均聚物一般没有或只有较低的免疫原性，而共聚物尤其是含有芳香侧链的共聚物显示较强的免疫原性。能形成紧密球形分子的多链高分子具有很高的免疫原性。一般而言，能够生物降解的外源性生物高分子（蛋白质、多糖、核酸）是免疫原性的。

分子量对于小分子的相对免疫原性具有重要影响，但是分子量大到一定程度之后其重要性下降，这个分子量阈值是分子尺寸和化学组成的函数，例如谷氨酸-赖氨酸共聚物的阈值为 30 000～40 000，而谷氨酸-赖氨酸-酪氨酸三元共聚物为 10 000～20 000。研究不同级分的 PVP，发现 PVP10（$M_w = 10\ 000$）在小鼠体内是非免疫原性的，而 PVP40（$M_w = 40\ 000$）和 PVP360（$M_w = 360\ 000$）则诱导抗体产生。但是，在缺乏 T 细胞的体外试验和无胸腺小鼠的体内试验中，PVP10 也是免疫原性的。此外，PVP10 在体内能够激活抑制细胞，因而可以抑制 PVP360 诱导的免疫反应。由此可见，高分子表观上没有免疫反应可能是它激活免疫抑制系统的结果。

合成高分子免疫原性的另一个重要的方面涉及半抗原（hapten）的免疫反应。半抗原是指本身不引起免疫反应而能与全抗原产生的抗体专一性结合的物质。一些小分子化合物（如二硝基苯、苯砷酸、荧光素等）一旦与高分子载体结合后，就可以作为全抗原决定簇诱导产生对其特殊结构具有专一性的抗体。蛋白质、多肽以及人工合成高分子是有效的半抗原载体。如果采用单分散高分子作载体，可使肌体对修饰剂的免疫反应明显增强。

14.2 血液净化高分子材料

血液是人体中最重要的体液，能循环到人体各个部位。血液中含有 50％～60％（质量）的血浆成分和 40％～50％（体积）的细胞成分，血浆主要由 90％（质量）的水、7％～8％（质量）的蛋白质（白蛋白、免疫球蛋白、纤维蛋白原）、2％（质量）的有机分子、1％（质量）的无机盐组成，而细胞成分包括红细胞、白细胞、血小板，每种成分都具有各自的重要功能。当一些疾病发生时，血液中某些成分的质和量会发生变化。同时，由于代谢或排泄障碍，也会使体内积蓄大量正常或非正常的内源性产物。此外，外源性毒性物质的摄入或药物使用过量，能够导致中毒反应。血液净化疗法就是通过体外循环技术，矫正血液成分质量和数量的异常。血液净化疗法的几种主要类型列于表 14-2 中，其基本原理是透析、滤过、吸附，使用的材料是分离膜和吸附剂。膜分离依赖于膜的通透性即膜孔的大小；而吸附净化则取决于吸附剂对目标物质的亲和性。

表 14-2 血浆成分净化治疗的分类与特征

净化疗法	原理	材料特征	清除物质	补充物质	适应症	成本
血液透析	透析	透析膜（孔径 1～8nm）	小分子物质	电解质溶液	肾衰竭	低
血液滤过	过滤	超滤膜（孔径 3～60nm）	中小分子物质	电解质溶液	肾衰竭	中
血浆置换	过滤	大孔膜（孔径 200～600nm）	高分子物质（如肽类物质）	血浆蛋白	自免疫疾病、代谢病等	高
血浆灌流	吸附	亲和吸附或物理化学吸附	药物、代谢物、非正常蛋白质	无	自免疫疾病、代谢病等	低

1945 年，Kolff 首次以赛璐酚膜透析治疗肾衰竭。此后，透析膜和透析技术获得快速发展，至 70 年代血液透析已称为治疗肾衰竭的常规手段。当前，通过血液透析维持肾衰竭病

人的生命可长达 20 年以上。长期经受血液透析，会引起中分子物质（分子量 1000～10000）在患者血液中的积累，由此引起血液透析淀粉样变性并发症。利用大孔高分子膜的通透性，可将中低分子量的代谢物与水及电解质一起除去，这就是始于 1967 年的血液滤过技术。为了补充血液中正常成分（如电解质等）的过多流失，向滤过后的血液中补充替代液。血液滤过最典型的特征是对清除中分子物质特别有效，但对小分子物质的除去效果较差。将血液滤过与血液透析结合起来的血液透析滤过技术，除去中小分子物质的效率高，所需时间短，大大方便了患者治疗。

通过血浆交换，先将血浆分离并弃去，再灌注健康人的血浆或血浆组分，可清除血液中的高分子物质，特别是蛋白质和免疫复合物等。但是，血浆置换疗法至少存在两方面问题。①为除去血浆中少量有害物质，不得不将全部血浆弃去，以致许多有用成分如白蛋白等丢失；②灌注大量供血者的血浆，不仅成本高，而且容易引起交叉感染，如艾滋病等。采用血液吸附疗法可克服血浆交换的缺点，利用吸附剂通过选择性吸附从血液中除去某种或某些有害物质。血液吸附包括血液灌流和血浆灌流两个方面。血液灌流时，患者的血液直接通过体外循环由吸附剂处理，操作简便、成本低，但吸附剂设计要求高。采用血浆灌流，需先将血浆分离出来，然后用吸附剂净化血浆，操作较复杂，所需设备昂贵，但对吸附剂要求低。血液灌流和血浆灌流的最大特征是选择性地除去血液中的某种或某类成分，包括生物高分子和小分子有机物。

14.2.1 血液净化膜材料

用于血液透析、血液滤过和血浆交换的高分子膜必须具备良好的通透性、力学强度以及血液相容性。最早使用的透析膜为纤维素膜，后来发展了如图 14-1 所示的多种高分子膜。膜设计有不同方法，必要时可将各种方法结合起来应用。这些方法包括：①通过高分子的结构设计，调节亲水/疏水平衡，这样，当高分子膜与血液和透析液接触时，膜发生溶胀而不

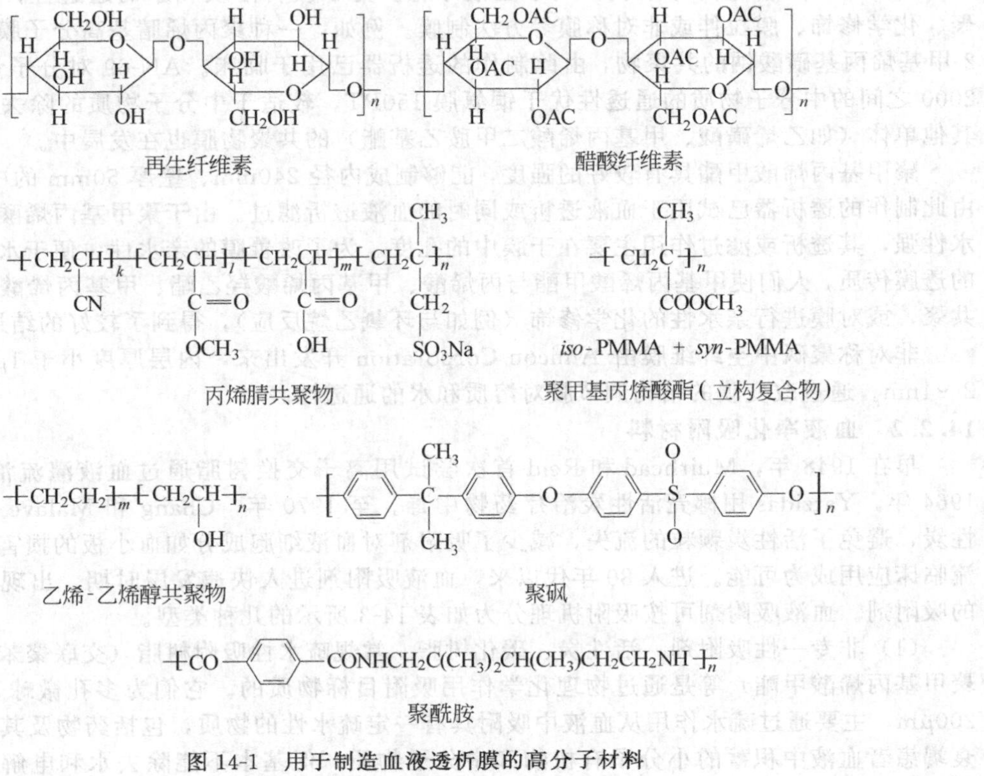

图 14-1 用于制造血液透析膜的高分子材料

339

溶解，从而使溶质和水能够通过；②湿膜拉伸；③小分子物质从膜中溶出；④不对称膜。以下对几种使用较多的高分子膜的制备方法给予简要介绍。

纤维素是由葡萄糖经 (1-4)-β-糖苷键连接的高分子，聚集态中存在大量的分子间氢键，从而使纤维素在一般溶剂中是不溶的。由于纤维素在加热熔化之前就发生分解，因此纤维素不能直接加工成膜。再生纤维素膜的制造工艺包括三个步骤：经化学修饰使纤维素变为可溶性的或热塑性的衍生物；通过溶剂法或熔融法成膜；经适当化学处理使成膜的纤维素衍生物再生为纤维素。从严格意义上讲，再生往往是不完全的。制备再生纤维素膜有三种工艺过程。①铜氨工艺，是将纤维素溶解于铜氨溶液中，最终用酸再生；②黏胶液工艺，是纤维素在碱性条件下与二硫化碳反应生成可溶性的黄原酸酯，用酸再生；③乙酸酯工艺，是通过乙酰化制备热塑性纤维素衍生物，最后经碱水解再生。再生纤维素膜在干态是脆性的，因此在加工时往往加入增塑剂如甘油等，以便保存。在使用时，甘油会溶出，膜溶胀增厚，力学性能会发生某种程度的变化。

纤维素的羟基部分酰化，可以减少氢键作用，增加高分子链间的分离，使高分子的极性降低、结晶度下降。醋酸纤维素可以通过溶剂蒸发或熔融挤出的方法制膜。膜的性质取决于酰化程度、增塑剂的性质与比例、分子量的大小等因素。通过醋酸纤维素，可以制备纤维素中空纤维膜。Dow 公司用四亚甲基砜（tetra-methylene sulfone）作为增塑剂，通过挤出工艺生产中空纤维，然后以氢氧化钠水解，得到再生纤维素中空纤维。Envirogenics 公司制备了醋酸纤维素不对称膜，由 0.2mm 的致密层和 50～100mm 的多孔支持层构成。通过改变溶剂蒸发工艺的介质组成和凝胶化技术，生产出的膜在水和中分子量物质的转运方面优于铜氨膜 150PT。

聚丙烯腈容易通过溶液聚合制备，容易通过沉淀法纯化，并具有良好的成膜性能和纺丝性能。同时，氰基为极性基因，具有亲水性，在共聚物中能够与其他基团形成氢键。因此发展了一类聚丙烯腈基高分子膜，用于血液净化。为了改善溶质和水的通透性，往往采用共聚、化学修饰、膜拉伸或非对称膜等方法制膜。例如，一种聚丙烯腈基高分子膜是丙烯腈与2-甲基烯丙基磺酸钠的共聚物，由此制作的透析器已用于临床。AN-69 对分子量在 1000～2000 之间的中分子物质的通透性优于铜氨膜 150PT，较适于中分子物质的除去。丙烯腈与其他单体（如乙烯磺酸、甲基丙烯酸二甲胺乙基酯）的共聚物膜也在发展中。

聚甲基丙烯酸甲酯具有较好的强度，能够制成内径 240mm、壁厚 50mm 的中空纤维膜。由此制作的透析器已试用于血液透析或同时的血液透析滤过。由于聚甲基丙烯酸甲酯膜的疏水性强，其透析或滤过作用主要在于膜中的孔度。为了改善膜的亲水性，便于水等极性分子的透膜传质，人们使甲基丙烯酸甲酯与丙烯酸、甲基丙烯酸羟乙酯、甲基丙烯酸缩水甘油酯共聚，或对膜进行亲水性的化学修饰（例如与环氧乙烷反应），得到了较好的结果。

非对称聚砜中空纤维膜由 Amicon Corporation 开发出来，内层厚度小于 $1\mu m$，孔直径 $2\sim4nm$。通过改变膜的结构调节膜对溶质和水的通透性。

14.2.2 血液净化吸附材料

早在 1948 年，Muirhead 和 Reid 首次尝试用离子交换树脂通过血液灌流治疗尿毒症。1964 年，Yatzidas 用椰壳活性炭治疗药物中毒。至 1970 年，Chang 和 Malave 开发包膜性炭，避免了活性炭颗粒的流失，减少了吸附剂对血液细胞成分如血小板的损害，使血液灌流临床应用成为可能。进入 80 年代以来，血液吸附剂进入快速发展时期，出现了不同类型的吸附剂。血液吸附剂可按吸附机理分为如表 14-3 所示的几种类型。

（1）非专一性吸附剂 活性炭、碳化树脂、常规疏水性吸附树脂（交联聚苯乙烯、交联聚甲基丙烯酸甲酯）等是通过物理化学作用吸附目标物质的。它们为多孔微球，直径 $50\sim200\mu m$，主要通过疏水作用从血液中吸附具有一定疏水性的物质，包括药物及其代谢物、肾衰竭患者血液中积蓄的小分子有机物和中分子物质，但基本不能除去水和电解质。一般而言，吸附量或吸附率与材料的比表面成正相关。这些材料的合成技术与吸附树脂相同，只是对工艺清洁要求更高，并需要将可溶性成分完全提取出来。由于其血液相容性欠佳，往往需用抗凝血高分子材料包膜后才可应用。

表 14-3 不同类型血液净化吸附剂的设计原理

吸附原理	吸附键型	吸附材料或配基	吸附的目标物质
物理化学相互作用	疏水作用	疏水材料	非正常抗体、免疫复合物、药物、有机代谢物
		活性炭	药物如安眠药，非正常代谢物如胆红素
	静电作用	离子性基团	带相反电荷的物质如胆红素
生物化学相互作用	抗原-抗体	抗体	相应非正常抗原如低密度脂蛋白，乙肝表面抗原
		抗原	相应非正常抗体如抗 DNA 抗体
	补体作用	Clq	免疫复合物如自免疫抗原-抗体复合物
	Fe 作用	A 蛋白	IgG、免疫复合物
	仿生作用	合成的活性点	能与活性点结合的抗体

（2）高选择性吸附剂　利用生物体系作用原理，将小分子配基键合于多孔珠状高分子载体上，合成出的吸附剂对某种或某类物质具有较高的吸附选择性。这类吸附剂的载体多为血液相容性较好的亲水性高分子微球，如交联聚乙烯醇等，配基是根据仿生原理设计的。在自免疫疾病类风湿关节炎患者血液中存在类风湿因子，能够与 IgG 专一性结合。研究发现，在 IgG 聚集体表面有暴露的色氨酸残基。将色氨酸残基固定在高分子载体上，发现可以有效地吸附类风湿因子。低密度脂蛋白抗体的端基部分含有阳离子氨基酸残基，研究发现含有阴离子基团的肝素能够与低密度脂蛋白强烈结合。因此，以硫酸葡聚糖或聚丙烯酸为配基合成的吸附剂对低密度脂蛋白呈现出了好的吸附性能，可用于高胆固醇脂血症的血液净化治疗。对交联聚乙烯醇微球进行磺化等处理，引入阴离子基团，也可吸附低密度脂蛋白。对于 β2-小球蛋白（长期血液透析产生的高浓度血液成分），计算机分析其立体结构，发现其表面存在疏水区和阳离子区。因此，设计合成了苯乙烯-马来酸共聚物，作为 β2-小球蛋白的吸附剂。在肌衰弱患者体内存在抗乙酰胆碱受体抗体。设计含有 8 个氨基酸残基的乙酸胆碱受体片断，作为吸附剂配基，合成出的吸附剂可吸附抗乙酰胆碱受体抗体。

（3）专一性吸附剂（特异性吸附剂）　在生物体系中，存在着许多类型的专一性相互作用，如抗原-抗体、酶（受体）-底物、互补 DNA 链等。将其一半（如抗原）固定在载体上，可专一性地吸附另一半（如抗体）。由固定抗原或固定抗体合成的吸附剂，称为免疫吸附剂。目前，有大量的血液净化材料研究集中在免疫吸附剂方面。但是，设计合成免疫吸附剂必须注意三个问题：一是高分子载体必须具有良好的血液相容性；二是固定化的抗原或抗体在固定化反应、消毒、储存过程中必须稳定，不能失活，否则将丧失功能；三是抗原或抗体本身有可能具有抗原性，尤其是动物来源的物质更是如此，这就要求用于固定化的键型必须稳定，否则微量脱落的抗原或抗体会引起免疫反应。免疫吸附剂一个比较成功的例子，是治疗系统性红斑狼疮（systemic lupus erythematosus，SLE）抗 DNA 抗体吸附剂。该吸附剂以小牛胸腺 DNA 为配基，固定在交联聚乙烯醇多孔微球载体上，能够吸附抗 DNA 抗体和免疫复合物。有时，通过固定抗原或抗体片断合成的吸附剂也叫作免疫吸附剂。

14.3　生物惰性高分子材料

一些需要在体内长期存在的材料，希望使其具有生物惰性，即材料在体内稳定，而且不对宿主产生有害反应。虽然这类材料已经工业化，从研究的角度已不像 20 世纪 70 年代那样时髦，但其在临床医学中仍具有重要用途。

14.3.1 医用有机硅高分子

有机硅高分子包括聚硅氧烷和聚硅烷两大类，在生物医学领域获得广泛应用的有机硅高分子主要是前者。1964 年，医用级的有机硅胶黏剂在美国道康宁公司（Dow 公司的子公司）问世，并用于装配医疗设备。从此，开始了有机硅产品在生物医学领域的广泛应用。

有机硅产品的命名国内曾一度混乱，尤其是与英文的对应关系不够统一。

Silicone fluid，中文名：聚硅氧烷流体，简称硅油，旧称硅酮流体。

Silicone oil，中文名：聚硅氧烷油，简称硅油，旧称硅酮油。

Silicone resin，中文名：聚硅氧烷树脂，简称硅树脂，旧称硅酮树脂。

Silicone rubber，中文名：聚硅氧烷橡胶，简称硅橡胶，旧称硅酮橡胶。

硅油是一种不同聚合度的链状结构聚硅氧烷。它是由二烷基二氯硅烷加水水解制得初缩聚环体，环体经裂解、精馏制得低环体，然后把环体（如八甲基环四硅氧烷、乙烯基七乙基环四硅氧烷等）、封头剂（水、醇、酸、氨等）、催化剂（酸或碱）放在一起调聚，就得到不同聚合度的线性聚硅氧烷混合物（图 14-2），经减压蒸馏除去低沸点物，制备出硅油产品。图中 R 全部为甲基时，称甲基硅油。常见的其他基团有氢、乙基、苯基、氯苯基、三氟丙基等。

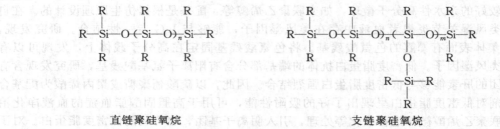

直链聚硅氧烷　　　　　　　　　　支链聚硅氧烷

图 14-2　链状聚硅氧烷的结构

硅橡胶是高分子量聚有机硅氧烷（分子量在 148000 以上）的交联体。随硅原子上所连有机基团的不同，硅橡胶可分为二甲基硅橡胶、甲基乙基硅橡胶、乙基硅橡胶、甲基苯基硅橡胶、氟硅橡胶、氰硅橡胶、亚苯基硅橡胶等。通过直接聚合得到的有机硅高聚物称为有机硅生胶，其弹性低、力学强度差，不能直接应用，必须加入白炭黑（SiO_2）、二氧化钛等作为补强剂，用有机过氧化物如过氧化二苯甲酰作硫化剂，并加入其他辅料和助剂进行混炼、成型、热处理熟化得到硅橡胶。这种硫化方式称为高温硫化，一般分两个加热阶段进行。室温硫化是低分子量的硅油（黏度在 0.1～1000Pa·s）在交联剂和催化剂存在下室温固化，包括单组分室温硫化和双组分室温硫化两类，后者又分为缩合型和加成型两种（图 14-3）。

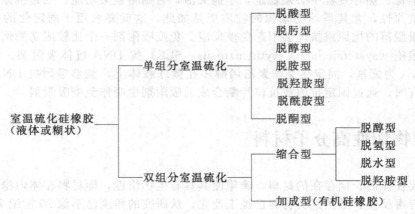

图 14-3　聚硅氧烷室温硫化方法分类

单组分和双组分室温硫化的硅橡胶生胶都是 α,ω-二羟基聚硅氧烷；加成型室温硫化的生胶则是含有烯基或氢侧基（或端基）的聚硅氧烷。因为后者熟化时往往在高于室温的情况下（50～150℃）能取得好的熟化效果，所以又称为低温硫化硅橡胶。

由于硅橡胶是生物惰性的，当其植入兔或狗体内后 3～5 年，异体反应消失。硅橡胶在体内容易吸附胆固醇和三羧酸甘油酯，而几乎不吸附磷脂。这一现象可用溶度参数进行解释。尽管硅橡胶对生物活性组织几乎是非活性的，但加入硅胶作增强剂时，可以观察到明显的异体反应。因此，如果硅橡胶以硅胶填充，则需要在表面用纯的硅橡胶覆盖，并进行辐射交联。

医用硅橡胶制品的用途主要有四个重要方面。首先，硅橡胶可长期埋植在体内作为人工器官和组织代用品。这类医用制品有脑积水引流装置、人造球形二尖瓣、心脏起搏器、人造脑膜、人造喉头、人工皮肤、人工肌腱、人工指关节、人工角膜支架、托牙组织面软衬垫等。整容修复用的硅橡胶材料包括硅橡胶海绵、整复块、鼻尖鼻梁、耳朵等。其次，硅橡胶可用作短期植入材料，例如腹膜透析管、静脉插管、动静脉外瘘管、导尿管、胃插管、内窥镜玻璃纤维保护套管、渗出性中耳炎通气管、导液管等。第三，硅橡胶也可用作药物控制释放载体，例如硅橡胶长效避孕药环等。第四，硅橡胶还用作体外循环用品，如人工心肺器薄膜、人工心肺机输血泵管、人工肾用的导管、胎儿吸引器吸头等。目前使用较多的热硫化胶料是甲基乙烯基硅橡胶，补强剂采用白炭黑，硫化剂采用 2,5-二甲基-2,5-二叔丁基过氧己烷及 2,4-二氯过氧化苯甲酰。熟化过程中产生的苯甲酸副产物可在二段硫化时除去，故不存在对人体有害的小分子物质。

自从 1954 年室温硫化硅橡胶问世以来，给医用硅橡胶增添了许多新品种。室温硫化硅橡胶生理惰性好，无色透明，高温消毒后不变异，不变形。此外，它还具有黏合性，可作为医用黏合剂，并能在体温下固化成型，因此使用方便，适宜做成各种植入人体的器官和用作人体的外部整容剂修补手术等。

尽管硅橡胶在生物医用领域已经使用多年，但其安全性至今仍受到怀疑。尤其是硅橡胶作为体内植入体，在极少的个体上偶尔会引发肿瘤。美国 Dow 化学公司在一次法律纠纷中失败，使硅橡胶在医学领域的应用逐渐减少。

14.3.2 聚氨酯

聚氨酯是一类物理性质变化范围较广的高分子材料，容易由液体单体（二或多异氰酸酯与二或多元醇）在室温下进行合成，得到从较软的弹性体到刚性的泡沫塑料多种产品，在生物医学领域得到广泛应用。

聚氨酯弹性体既可以是热塑性材料，也可以是热固性材料。后者通过液体浇铸成型，而前者则由片状固体或颗粒通过注射、吹塑、挤出等方式进行加工。所有热塑性聚氨酯弹性体都是线性嵌段高分子，由二异氰酸酯、高分子量的二元伯醇和一种二醇扩链剂进行合成。目前，已有大量的嵌段聚氨酯作为生物材料被研究和应用。如图 14-4 所示，其中软段多为聚氧乙烯、聚氧丙烯、聚氧四亚甲基以及聚酯等；扩链剂主要为 1,4-丁二醇、1,6-己二醇、一缩二乙二醇等。这类嵌段聚氨酯由于由不同性质的链段构成，因而呈微相分离结构。研究发现，软段的分子量（链长）和扩链剂类型对组织反应、细胞附着和增殖有明显影响。

在生物医学领域，聚氨酯（特别是 Biomer 和 Avcothane-51 两种产品）由于具有良好的软组织相容性和血液相容性，其应用范围不断扩展。临床应用比较成功的有人工心脏的搏动膜、主动脉内气囊反搏的囊膜、体外血液循环管路、人工软骨、小口径人工血管、血袋或血液容器、医用黏合剂以及药物释放体系等。

柔软的聚氨酯海绵体主要是由甲苯二异氰酸酯和聚醚或聚酯多元醇制备的，发泡剂使用水和卤代烃（如三氟甲烷）的混合物。聚氨酯海绵能够用作外科敷料、包扎材料、吸收材料等。刚性的泡沫聚氨酯材料由高分子二异氰酸酯和低分子量的多元醇进行合成，卤代烷烃作发泡剂。由于其质量轻、耐久性好，可以用于制作假肢。一种液体组分泡沫聚氨酯体系可用于骨折的固定，首先用该系统浸渍湿棉布，然后用这种浸渍的布包扎，大约 20min 可以固化。此外，聚氨酯泡沫塑料还有可能用作骨组织的修复。

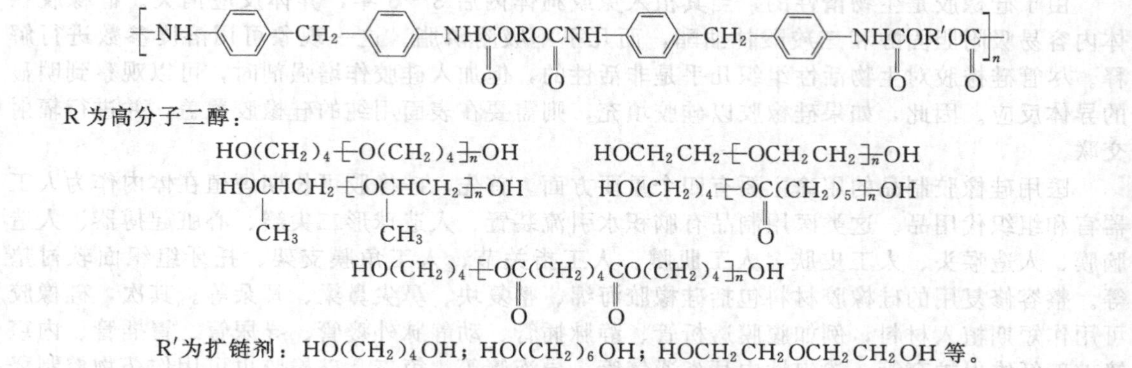

$$\left[NH-\bigcirc-CH_2-\bigcirc-NHCOROCNH-\bigcirc-CH_2-\bigcirc-NHCOR'OC\right]_n$$

R 为高分子二醇：

$$HO(CH_2)_4\left[O(CH_2)_4\right]_n OH \qquad HOCH_2CH_2\left[OCH_2CH_2\right]_n OH$$

$$HOCHCH_2\left[OCHCH_2\right]_n OH \qquad HO(CH_2)_4\left[OC(CH_2)_5\right]_n OH$$
$$\quad | \qquad\qquad |$$
$$\quad CH_3 \qquad\qquad CH_3$$

$$HO(CH_2)_4\left[OC(CH_2)_4CO(CH_2)_4\right]_n OH$$

R′为扩链剂：$HO(CH_2)_4OH$；$HO(CH_2)_6OH$；$HOCH_2CH_2OCH_2CH_2OH$ 等。

图 14-4　嵌段聚氨酯的一般结构

14.3.3　聚甲基丙烯酸甲酯

甲基丙烯酸甲酯经自由基聚合，可以得到聚合度适当的医用聚甲基丙烯酸甲酯（PM-MA）。由于 PMMA 具有优良的光学性能，在临床医学上大量用于制造接触镜（隐形眼镜）和眼内镜（人工晶状体），以矫正视力和治疗白内障等眼科疾病。PMMA 可作为黏合性骨水泥的主要成分，用于关节置换的黏合剂和骨组织的修复。在牙科领域，PMMA 不仅可以用来填塞孔洞治疗龋齿，而且可制作树脂假牙和牙托。

14.3.4　水溶胶

水溶胶是一类不溶性含水高分子材料，通过水溶性高分子的交联、引入疏水基团或结晶区进行合成。水溶胶从特性上与含水量较大的生物组织非常相似。一般而言，高水含量的水溶胶抑制细胞附着，然而具有良好的氧通透性。由于水溶胶比较柔软且有良好的物质通透性，所以具有较好的软组织相容性。

代表性的水溶胶有聚甲基丙烯酸羟乙酯、聚丙烯酰胺、聚乙烯比吡咯烷酮等。其含水量随交联度和疏水-亲水平衡而变化。用于制造软接触镜和人工晶体的聚甲基丙烯酸羟乙酯的最大含水量为 40%。

水溶胶也可以从聚乙烯醇制备。用 γ 射线照射 70% 聚乙烯醇水溶液，得到透明的溶胶。以该溶胶作兔眼睛的玻璃体，没有发现异常现象。该溶胶不仅保持原有的透明性，而且能与玻璃体很好混合，对眼组织没有伤害。透明性聚乙烯醇水溶胶也可以通过另一种方法制备，即先将聚乙烯醇溶解于 2∶8 的水/二甲亚砜混合溶剂中，然后在低温下凝胶化。该水溶胶可用于制作接触镜。Watase 通过重复冷冻-熔化过程，制备了高弹性聚乙烯醇水溶胶。增加重复次数和提高溶液浓度，使聚乙烯醇与水分子的作用加强，水溶胶内部的结晶度降低，非结冰水增加，弹性提高。

14.4　生物吸收性高分子材料

随着医学和材料科学的发展，人们希望植入体内的材料只是起到暂时替代作用，并随着组织或器官的再生而逐渐降解吸收，以最大限度地减少材料对肌体的长期影响。由于生物吸收性材料容易在生物体内分解，其分解产物可以代谢，并最终排出体外，因而越来越受到人们的重视。

14.4.1 设计生物吸收性高分子的基本原理

(1) 生物降解性和生物吸收性 生物吸收性高分子材料的生物吸收分为两个步骤：降解和吸收。前者往往涉及主链的断裂，使分子量降低，要求裂解生成的单体或低聚体无毒副作用。最常用的裂解反应为水解反应，包括酶催化水解和非酶催化水解。能够通过酶专一性反应裂解的高分子叫作酶催化降解高分子；而通过与水或体液接触发生水解的高分子称为非酶催化降解高分子。从严格意义上讲，只有酶催化降解才称得上生物降解，但习惯上将两种降解统称为生物降解。吸收过程是生物体为了摄取营养或排泄废物（通过肾脏、汗腺、或消化道）的正常生理过程。高分子材料在体内降解以后，进入生物体的代谢循环。这就要求生物吸收性高分子应当是正常代谢物或其衍生物通过可水解键型连接起来的。而一般情况下，由 C—C 键形成的聚烯烃材料在体内难以降解，只有某些具有特殊结构的聚合物能够被某些酶所分解。

(2) 生物吸收速度 用于生物组织治疗的生物吸收性材料，其吸收速度必须与组织愈合速度同步。人体中不同组织不同器官的愈合速度是不同的，例如表皮愈合需要 3～10 天，膜组织要 15～30 天，内脏器官 1～2 个月，硬组织 2～3 个月，较大器官的再生需要半年以上。在组织或器官完全愈合之前，生物降解材料必须保持适当的力学性能和功能。生物组织愈合后，植入的材料应尽快降解并被吸收，以减少材料存在产生的副作用。然而，大多数高分子材料只是缓慢降解，在失去功能之后还会作为废品存在相当长的时间。

影响生物吸收性高分子材料吸收速度的因素有主链和侧链的化学结构、疏水/亲水平衡、分子量、凝聚态、结晶度、表面积、形状和形态等。其中，主链结构和有序结构对降解吸收速度影响较大。酶催化降解和非酶催化降解的结构-速度关系是不同的。对非酶催化降解高分子，降解速度主要由主链结构（键型）决定。含有易水解键型如酸酐、酯、碳酸酯的高分子，有较快的降解速度。对于酶催化降解高分子如酰胺、酯、糖苷，降解速度主要与待裂解键的易接近性有关。酶与待裂解键越容易相互作用，则降解越容易发生，而与化学键类型关系不大。此外，由于低分子量聚合物的溶解或溶胀性能优于高分子量聚合物，因此对于同种高分子材料，分子量越大，降解速度越慢。亲水性强的高分子能够吸收水、催化剂或酶，结果有较快的降解速度。特别是含有羟基、羧基的生物吸收性高分子，不仅因为其较强的亲水性，而且由于其本身的自催化作用，所以比较容易降解。相反，在主链或侧链含有疏水长链烷基或芳基的高分子，降解性能往往较差。在固态下高分子链的聚集态可分为结晶态、玻璃态、橡胶态。如果高分子材料的化学结构相同，那么不同聚集态的降解速度有如下顺序：橡胶态＞玻璃态＞结晶态。为了控制高分子的生物降解性能和吸收性能，在设计生物吸收性高分子时，应当综合考虑上述因素，可通过化学修饰控制化学结构，通过加工过程控制高分子的聚集形态。

(3) 生物吸收性高分子材料的其他要求 除了要求在生物体的温和条件下能够降解之外，生物吸收高分子材料还必须满足其他条件，才能达到理想的生物相容性、力学性能、化学性能以及功能性。例如：①高分子及其降解产物无毒性、无免疫原性；②高分子材料的降解和吸收速度必须与生物组织或器官的愈合速度同步；③具有良好的加工性能以及与替代组织类似的力学性能。显然，要同时满足这些条件是非常困难的，因此目前生物吸收性高分子材料只在几个方面获得有限的实际应用。

14.4.2 天然生物吸收性高分子材料

已经在临床医学获得应用的天然生物吸收性高分子材料包括蛋白质和多糖两类生物高分子。这些生物高分子主要在酶的作用下降解，生成的降解产物如氨基酸、糖等化合物容易在体内代谢，并作为营养物质被肌体再利用。从可吸收性的角度讲，这类材料应当是最理想的生物吸收性高分子材料。白蛋白、葡聚糖和羟乙基淀粉在水中是可溶的，临床用作血容量扩充剂或人工血浆的增稠剂。而胶原、壳聚糖等生理条件下是不溶的，可作为植入材料在临床应用。下面简单介绍一些不溶的天然生物吸收性高分子材料。

(1) 胶原　胶原是构成哺乳动物结缔组织的蛋白质类物质，至今已经鉴别出 13 种胶原，其中 I～Ⅲ、V 和 Ⅵ型胶原为成纤维胶原。I 型胶原在动物体内含量最多，已被广泛应用于生物医用材料和生化试剂。牛和猪的肌腱、生皮、骨骼是生产胶原的主要原料。胶原（尤其是皮肤胶原）的物种差异较小，在结构上呈现高度的相似性。最基本的胶原单位（tropocollagen）由三条分子量大约100 000的肽链组成三股螺旋绳状结构（四级结构），直径 1～1.5nm，长约 300nm；每条肽链都具有左手螺旋二级结构（注意与 α-螺旋不同），其一级结构即氨基酸序列为（—Gly—X—Y—）。其中，X 主要为脯氨酸，Y 为其他氨基酸如极性氨基酸谷氨酸、羟脯氨酸、赖氨酸、瓜氨酸、丝氨酸等。胶原本身是中性蛋白质，小的短链肽（称为端肽：telopeptide）位于胶原分子的两端，且不参与三股绳状结构。研究证明，端肽是免疫原性识别点，可通过酶解将其除去。除去端肽的胶原又称不全胶原（atelocollagen），可用作生物医学材料。

在天然组织中的胶原是与其他组分连在一起的，在分离纯化胶原的工艺中需要将这些杂质除去，同时应尽可能保持胶原的结构，避免胶原降解，以保持较高的力学性能。切细的结缔组织首先用含钠离子或钾离子或四甲铵离子的溶液处理，然后用稀乙酸溶液溶胀，提取出某些免原性物质。或者在酸溶胀步骤加入蛋白酶，以裂解除去端肽。工业纯化的胶原主要有三种形式：可溶解的胶原单位、溶胀的胶原纤维以及胶态胶原（微晶胶原）。后者不溶于水，不含游离的胶原单位和可溶性降解产物，但其胶原胶态颗粒最大不超过 1000nm。如果使用与水混溶的有机溶剂，可使混悬液中胶原的浓度达到 35%，以便加工为胶原纤维和胶原膜。

胶原可以用于制造止血海绵、创伤辅料、人工皮肤、吸收型缝线、组织工程基质等。但在应用前，胶原必须交联，以控制其物理性质和生物可吸收性。戊二醛是常用的交联剂，但残留的戊二醛会引起毒性反应，因此必须注意使交联反应完全。环氧化合物也可用作交联剂。胶原交联以后，酶降解速度显著下降。

(2) 明胶　明胶是经高温加热变性的胶原，通常由动物的骨或皮肤经过煮沸、过滤、蒸发干燥进行制备。明胶在冷水中溶胀而不溶解，但可溶于热水中形成黏稠溶液。纯化的医用级明胶比胶原成本低，在力学强度要求较低时可以替代胶原用于生物医学领域。

为了得到高纯度、高收率的明胶，工业上已采用三种工艺提取纯化明胶，即酸提取工艺、碱提取工艺以及高压蒸汽提取工艺。在这些工艺中，均包括从原材料中除去非胶原杂质、将纯化的胶原转变为明胶、明胶的回收干燥三个步骤。酸提取工艺适用于从猪皮和骨胶原制备食用和医用明胶，用 3%～5% 的无机酸（盐酸、硫酸、磷酸等）浸泡原料 10～30h，洗出过量酸。皮肤中的非胶原蛋白质（往往具有免疫原性）可以分离除去。在碱提取工艺中，需要用饱和石灰水将原料浸泡数月，洗涤中和后再蒸煮提取，由此可得到高质量的明胶。高压蒸煮法是为了使处于骨组织内部（羟基磷灰石包裹之中）的胶原发生部分水解，变成可溶性形式，以便在较低温度提取时能够溶解出来。

由明胶可以制成多种医用制品，包括膜、管等。由于明胶溶于热水，在 60～80℃ 水浴中可以制备浓度为 5%～20% 的溶液，如果要得到 25%～35% 的浓溶液，需要加热至 90～100℃。为了使制品具有适当的力学性能，可加入甘油或山梨糖醇作为增塑剂。加入交联剂可以延长降解吸收时间。

(3) 纤维蛋白　纤维蛋白原（fibrinogen）是一种血浆蛋白质，含量 200～500mg/dL，人和牛的纤维蛋白原分子量在 330 000～340 000 之间，二者之间的氨基酸组成差别很小。纤维蛋白原由三对肽链构成，每条肽链的分子量在 47 000～635 000 之间。除了氨基酸之外，纤维蛋白原还含有糖基。纤维蛋白原的功能是参与凝血过程，其机理是它首先在凝血因子（蛋白酶）的作用下裂解 Arg—Gly 键，除去带电荷的纤维蛋白肽（fibrinopeptides），失去纤维蛋白肽的部分聚合形成纤维蛋白。这种聚合反应可在尿素溶液中发生逆转。如果再有血浆因子见Ⅷa（一种谷氨酰胺转移酶，transglutaminase）的参与，使一条肽链上谷氨酰胺的 γ-碳基酰化毗邻肽链上赖氨酸的 ε-氨基，则形成交联的不溶性纤维蛋白。

纤维蛋白具有止血、促进组织愈合等功能，在生物医学领域有着重要用途。通常，在血浆或富含纤维蛋白原的 Cohn 血浆组分中加入氯化钙，即可激活其中的凝血因子，使纤维蛋白原转化为不溶性的纤维蛋白。通过洗涤、干燥和粉碎，可得到纤维蛋白粉。先打成泡沫，再进行冷冻干燥，可制备纤维蛋白飞沫。不溶性纤维蛋白加压脱水，可以制备纤维蛋白膜。不溶性的纤维蛋白在 170℃ 以下是稳定的，能够耐受 150℃ 处理 2h 以降低免疫原性。纤维蛋白具有良好的生物相容性，采用纤维蛋白粉或压缩成型的植入体进行体内植入实验，无论动物实验还是临床试验均未出现发热和严重炎症反应等不良反应，周围组织反应与其他生物吸收性高分子材料相似。纤维蛋白的降解包括酶降解和细胞吞噬两种过程，降解产物可以完全吸收，降解速度随产品不同从几天到几个月不等。交联和加工形态是控制其降解速度的重要手段。

人的纤维蛋白或经热处理后的牛纤维蛋白已用于临床。纤维蛋白粉可用作止血粉、创伤辅料、骨填充剂（修补因疾病或手术造成的骨缺损）等。纤维蛋白飞沫由于比表面大，更适于用作止血材料和手术填充材料。纤维蛋白膜在外科手术中用作硬脑膜置换、神经套管等。Ethicon 公司在纤维蛋白的制备、加工方面做了大量工作，并制成了多种类型的生物医用产品用于临床。

（4）甲壳素与壳聚糖　甲壳素是由 β-(1,4)-2-乙酰氨基-2-脱氧-D-葡萄糖（即 N-乙酰-D-葡萄糖胺）组成的线性多糖。昆虫皮、虾蟹壳中均含有甲壳素。壳聚糖为甲壳素的脱乙酰衍生物，由甲壳素在 40%～50% 氢氧化钠水溶液中于 110～120℃ 水解 2～4h 得到。甲壳素在甲磺酸、甲酸、六氟丙醇、六氟丙酮以及含有 5% 氯化锂的二甲基乙酰胺中是可溶的，壳聚糖能在有机酸如甲酸和乙酸的稀溶液中溶解。从溶解的甲壳素或壳聚糖，可以制备膜、纤维、凝胶。

甲壳素能为活性组织的溶菌酶所分解，已用于制造吸收型手术缝合线。其抗拉强度优于其他类型的手术缝合线如 Dexon 和 Catgut。在兔体内试验观察，甲壳素手术缝合线 4 个月可以完全吸收。甲壳素能促进伤口愈合，可用作伤口包扎材料。当甲壳素膜用于覆盖皮肤外伤或新鲜烧伤时，发现它比猪皮更能促进表皮形成和减轻疼痛。

（5）透明质酸与硫酸软骨素　黏多糖是指一系列含氮的多糖，主要存在于软骨、腱等结缔组织中，构成组织间质。各种腺体分泌出来起润滑作用的黏液也多含黏多糖。其代表性物质有透明质酸、硫酸软骨素等（图 14-5）。透明质酸类多糖在滑膜液、眼的玻璃体和脐带胶

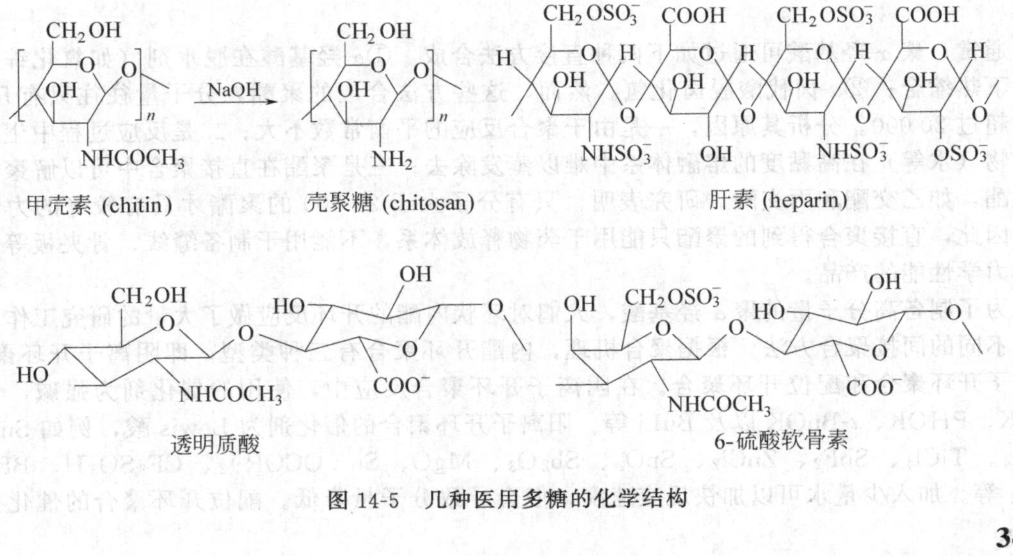

甲壳素 (chitin)　　壳聚糖 (chitosan)　　肝素 (heparin)

透明质酸　　　　　6-硫酸软骨素

图 14-5　几种医用多糖的化学结构

样组织中相对较多，为 N-乙酰葡萄糖胺与葡萄糖醛酸的共聚物，分子量为 $10^6 \sim 10^7$，呈双螺旋高级结构。6-硫酸软骨素主要存在于软骨等组织中，同属透明质酸系列的多糖。这些多糖分子能够形成含水量很高的固溶胶，1g 透明质酸可得到 5L 的溶胶。透明质酸是一种剪切稀化材料，随剪切速率上升，黏性下降。在高剪切速率下黏性下降能使表面移动变快，连接处能耗减小。关节液最重要的作用就是对连接面的黏着力提供边界润滑，由此控制连结的表面性能。透明质酸可能对此发挥着一定作用。透明质酸系列的多糖在生物医用领域，可以用作防粘连材料和药物控制释放载体等。

14.4.3　人工合成生物吸收性高分子材料

人工合成生物吸收高分子材料多数属于能够在温和生物条件下发生水解的生物吸收性高分子，降解过程一般不需要酶的参与。这类材料比天然生物高分子具有更好的生物相容性和较低的免疫原性，能在生物环境中保持较好的力学性能，并且是容易通过化学或物理修饰进行控制。因此，人工合成的生物吸收高分子材料，尤其是由短链羟基酸合成的聚酯及其共聚物，在临床上具有广泛用途。

14.4.3.1　脂肪族聚酯

脂肪族聚酯在含水体系中能够水解为相应的单体，后者参与生物组织的代谢。随着单体中碳/氧比增加，聚酯的疏水性增加，而水解性降低。在双组分聚酯中，如果用含 4～6 个碳原子的单体，那么这些聚酯在生物体系温和环境中是可以水解的。某些双组分聚酯，例如由己二酸和乙二醇缩聚制备的聚己二酸乙二醇酯，如果其分子量小于 20 000，也有可能发生酶催化水解。据报道，酯酶（如脂肪酶）能够增加聚酯的水解速度。若分子量大于 20 000，酶水解较困难，结果聚酯的水解速度变的非常缓慢。此外，双组分的聚酯的黏聚能低、结晶性差，难以制备高强度材料。图 14-6 为几种脂肪族聚酯及其共聚物的合成路线。

由 2～5 个碳原子的 ω-羟基酸聚合制得的单组分聚酯，能够以较快的速度水解，与人体组织的愈合速度相近。同时，这些聚酯结晶性高，适于制备高强度、高模量材料。因此，单组分聚酯加工成不同形状的材料，以满足不同的医学目的。单组分聚酯中最典型的代表是聚 α-羟基酸及其衍生物。

（1）聚 α-羟基酸　乙醇酸和乳酸是典型的 α-羟基酸，其缩聚物即为聚 α-羟基酸，即聚乙醇酸（PGA）和聚乳酸。由于乳酸中 α-碳是不对称的，由单纯 D 或 L-乳酸制备的聚乳酸是光学活性的，分别称为聚(D-乳酸)(PDLA)和聚(L-乳酸)(PLLA)。由消旋乳酸制备的聚乳酸，叫做聚(DL-乳酸)(PLA)。PDLA 和 PLA 的物理化学性质基本上相同的，而 PLA 的性质与两种光学活性聚酯有很大差别。由于 L-乳酸是天然存在的，故 PLLA 的生物相容性最好。

通常，聚 α-羟基酸可通过如下两种直接方法合成。①α-羟基酸在脱水剂（如氧化锌）的作用下热缩合；②α-卤代酸脱卤化氢。然而，这些方法合成的聚酯，分子量往往只有几千，很难超过 20 000。分析其原因，一是由于聚合反应的平衡常数不大；二是反应过程中生成的副产物（水等）在高黏度的熔融体系中难以蒸发除去；三是聚酯在直接聚合中可以解聚为环状二酯，如乙交酯和丙交酯。研究表明，只有分子大于 25 000 的聚酯才具有较好的力学性能。因此，直接聚合得到的聚酯只能用于药物释放体系，不能用于制备缝线、骨夹板等需要较高力学性能的产品。

为了制备高分子量的聚 α-羟基酸，人们对环状内酯的开环反应做了大量的研究工作，发展了不同的间接聚合方法。根据聚合机理，内酯开环聚合有三种类型，即阴离子开环聚合、阳离子开环聚合和配位开环聚合。在阴离子开环聚合反应中，使用的催化剂为强碱，包括 BzOK、PHOK、t-BuOK 以及 BuLi 等。阳离子开环聚合的催化剂为 Lewis 酸，例如 $SnCl_2$、$SnCl_4$、$TiCl_4$、SbF_2、$ZnCl_2$、SnO_2、Sb_2O_3、MgO、$Sn(OCOR)_2$、CF_3SO_3H、$BF_3 \cdot OEt_2$ 等。加入少量水可以加快反应速度，但会导致分子量降低。配位开环聚合的催化剂有

烷基金属化合物 [Et_2Zn、Bu_2Zn、$AlEt_3$、$SnPH_4$、$Al(i-Bu)_3$ 等]、烷氧基金属化合物 [$Al(OPr-I)_3$、$Zn(OBu)_2$、$Ti(Obu)_4$、$Zr(Opr)_4$、$Zn(OE)_2$、$Sn(Oet)_2$] 等以及双金属催化剂 [$(EtO)_2AlOZnOAl(Oet)_2$、$ZnEt_2-Al(OPr-I)_3$ 等]。目前，商品聚 α-羟基酸多用阳离子开环聚合进行生产。

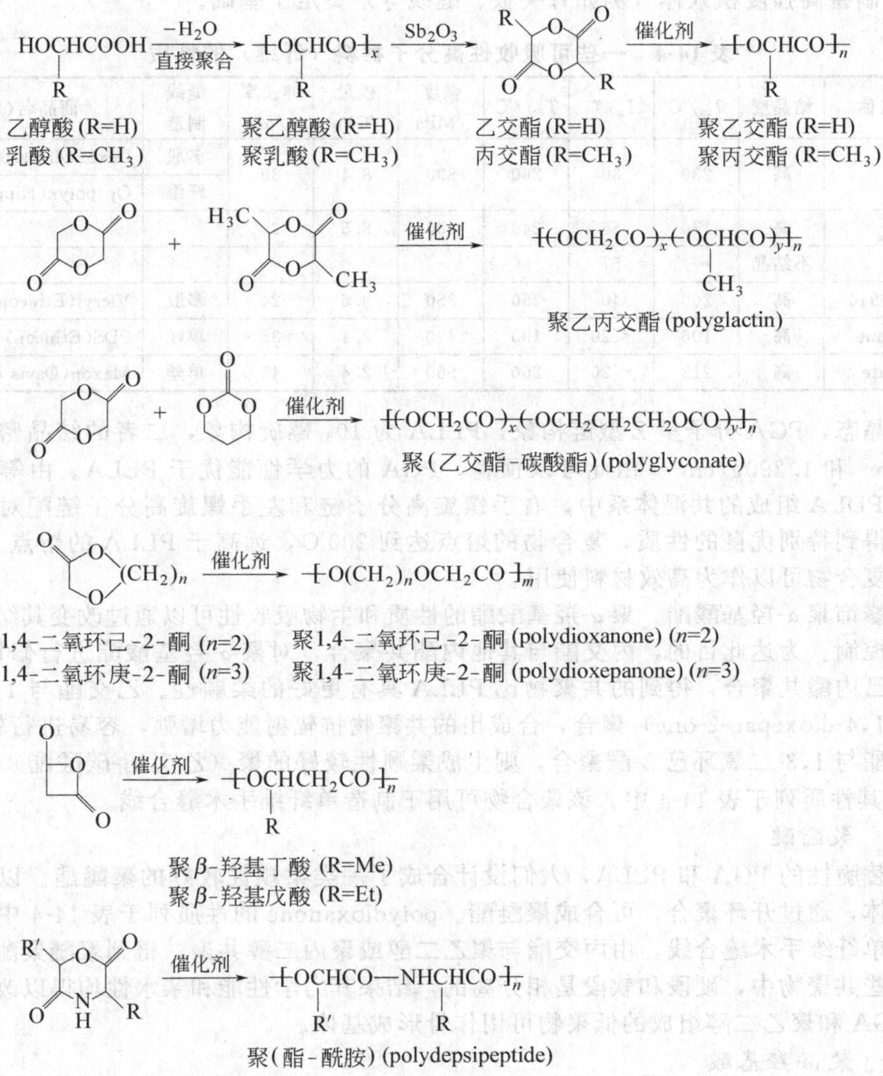

HOCHCOOH $\xrightarrow[\text{直接聚合}]{-H_2O}$ $+OCHCO+_x$ $\xrightarrow{Sb_2O_3}$ $\xrightarrow{\text{催化剂}}$ $+OCHCO+_n$
      R   R   R

乙醇酸 (R=H)　　　　聚乙醇酸 (R=H)　　　　乙交酯 (R=H)　　　　聚乙交酯 (R=H)
乳酸 (R=CH₃)　　　　聚乳酸 (R=CH₃)　　　　丙交酯 (R=CH₃)　　　聚丙交酯 (R=CH₃)

（结构图）+（结构图 H_3C … CH_3） $\xrightarrow{\text{催化剂}}$ $+(OCH_2CO)_x(OCHCO)_y+_n$
                                                                                          CH_3

聚乙丙交酯 (polyglactin)

（结构图）+（结构图） $\xrightarrow{\text{催化剂}}$ $+(OCH_2CO)_x(OCH_2CH_2CH_2OCO)_y+_n$

聚（乙交酯-碳酸酯）(polyglyconate)

（结构图 $(CH_2)_n$） $\xrightarrow{\text{催化剂}}$ $+O(CH_2)_nOCH_2CO+_m$

1,4-二氧环己-2-酮 ($n=2$)　　　　聚1,4-二氧环己-2-酮 (polydioxanone) ($n=2$)
1,4-二氧环庚-2-酮 ($n=3$)　　　　聚1,4-二氧环庚-2-酮 (polydioxepanone) ($n=3$)

（结构图） $\xrightarrow{\text{催化剂}}$ $+OCHCH_2CO+_n$
                                                              R

聚 β-羟基丁酸 (R=Me)
聚 β-羟基戊酸 (R=Et)

（结构图 R′ … R） $\xrightarrow{\text{催化剂}}$ $+OCHCO—NHCHCO+_n$
                                                                  R′   R

聚（酯-酰胺）(polydepsipeptide)

图 14-6　几种脂肪族聚酯及其共聚物的合成路线

在开环聚合反应过程中，即使经过纯化，催化剂也会残留在聚合产物中，因此要求催化剂对生物组织是非毒性的。最常用的催化剂是二辛酸锡，其安全性是可靠的。由乙交酯或丙交酯开环聚合得到的聚酯 PGA 或 PLA 有时分别称为聚乙交酯或聚丙交酯。由两种交酯共聚得到的聚酯，叫聚乙丙交酯，其性质通过调节两种单体的比例进行控制。当其组成在 (25/75)～(75/25) 之间时，共聚产物与 PLA 一样为无定形玻璃状高分子，玻璃转化温度在 50～60℃。组成为 90/10 的聚乙丙交酯的性质与 PGA 类似，但柔顺性改善，因而作为生物吸收材料获得临床应用。

表 14-4 总结了聚 α-羟基酸酯及相关聚酯高分子的物理性质。所有列出的聚酯均可进行

熔融加工，但因其熔点和热分解点非常相近，必须严格控制加工温度。PGA 和 PLLA 结晶性高，其纤维强度和模量几乎可以和高效芳酰胺纤维（Kevlar）及超高分子量聚乙烯纤维（Dynema）媲美。低聚 PLA 在室温下是黏稠液体，没有应用价值。随着内酯开环反应和相应高效催化剂的研究不断深入，目前人们能够合成出平均分子量接近 100 万的 PLA，为 PLA 用于制备高强度植入体（例如骨夹板、缝线等）奠定了基础。

表 14-4 一些可吸收性高分子材料（纤维）的性质

高分子名称	结晶度	T_m/℃	T_g/℃	T_{dec}/℃	强度/MPa	模量/GPa	伸长率/%	缝线制造	商品名(厂商)
PGA	高	230	36	260	890	8.4	30	多股	Dexon(davis & Geck)
								纤维	Opepolyx(Nippon Shoji)
PLLA	高	170	56	240	900	8.5	25		
PLA	不结晶	—	57	—	—	—	—		
polyglactin 910	高	200	40	250	850	8.6	24	多股	Vicryl(Ethicon)
polydioxanone	高	106	<20	190	490	2.1	35	单丝	PDS(Ethicon)
polyglyconate	高	213	<20	260	550	2.4	45	单丝	Maxon(Davis & Geck)

在结晶态，PGA 分子呈 Z 型链构象，PLLA 为 10_3 螺旋构象，二者的结晶密度分别为 $1.605g/cm^3$ 和 $1.290g/cm^3$。由此可以预料，PGA 的力学性能优于 PLLA。由等摩尔量的 PLLA 和 PDLA 组成的共混体系中，右手螺旋高分子链和左手螺旋高分子链配对形成复合物，结果得到特别优良的性质，复合物的熔点达到 230℃，远高于 PLLA 的熔点（170℃）。因此，该复合物可以作为高效材料使用。

（2）修饰聚 α-羟基酸酯 聚 α-羟基酸酯的性质和生物吸收性可以通过改变其结晶度和亲水性进行控制。为达此目的，丙交酯与其他内酯共聚合，对聚 α-羟基酸酯进行修饰。例如，丙交酯与己内酯共聚合，得到的共聚物比 PLLA 具有更好的柔顺性。乙交酯与 1,4-二氧环庚 2-酮（1,4-dioxepan-2-one）聚合，合成出的共聚物抗辐射能力增强，容易进行辐射消毒。例如乙交酯与 1,3-二氧环己 2-酮聚合，则生成柔顺性较好的聚（乙交酯-碳酸酯）（polyglyconate），其性质列于表 14-4 中。该聚合物可用于制造单纤维手术缝合线。

14.4.3.2 聚酯醚

为代替脆性的 PGA 和 PLLA，人们设计合成了一类柔顺性较好的聚醚酯。以含醚键的内酯为单体，通过开环聚合，可合成聚醚酯。polydioxanone 的性质列于表 14-4 中，该聚合物可用作单纤维手术缝合线。由丙交酯与聚乙二醇或聚丙二醇共聚，得到聚醚聚酯嵌段共聚物。在这些共聚物中，硬段和软段是相分离的，结果其力学性能和亲水性均得以改善。据报道，由 PGA 和聚乙二醇组成的低聚物可用作骨形成基体。

14.4.3.3 聚 ω-羟基酸

由 ω-羟基酸均聚合成的聚合物属于单组分聚酯。典型的例子是聚己内酯和聚 β-羟基丁酸（PHB）。前者是由己内酯开环聚合得到的；后者主要是生物合成的，也可以通过 β 内酯通过开环聚合进行制备。由于这些聚 ω-羟基酸在体内水解非常缓慢，所以不太适于用作生物医学材料，但可作为"环境友好"的生物降解塑料用于地膜和食品包装袋的制造。

14.4.3.4 聚酰胺酯

吗啉-2,5-二酮衍生物开环聚合，合成出聚酰胺酯。由于酰氨键的存在，这些聚合物具有一定的免疫原性。但是，它们能够通过酶和非酶催化降解，有可能在某些领域找到用途。因此，目前其合成与医学应用研究仍在进行。

14.4.3.5 其他

聚酸酐、聚原酸酯、聚碳酸酯以及聚磷酸酯等也有大量的研究报道，主要尝试用于药物释放体系的载体。由于难以得到高分子量的聚合物，这些聚合物的力学性能较差，故不适于用作其他目的。聚 α-氰基丙烯酸酯尽管是主链 C—C 聚合物，却是生物可降解的。该聚合物已作为医用黏合剂用于外科手术中。据报道，其水解产物甲醛会引起组织炎症。

14.4.4　生物吸收性高分子材料的应用

生物吸收高分子从应用和功能方面可分为三类。第一类用作本体材料，要求聚合物分子量高、可加工性好，以得到良好的力学性能。对于这类材料，应当控制在体内力学性能降低速度。第二类用于药物释放体系载体，力学性能并不重要。第三类是可溶性生物材料，主要用于调节不同的生物功能。对于这类材料，生物相容性是最重要的要求。

一般而言，结晶性高的生物吸收高分子材料用作高强度、高模量的硬组织相容性材料；橡胶态高分子与柔软的软组织相容；而玻璃态高分子适于要求均一性的药物释放体系。大多数生物吸收高分子材料都可以加工成纤维、薄膜、薄片、毛、板、棒、管等不同形式，以满足不同部位不同目的的需要。表 14-5 总结了生物可吸收高分子材料的应用范围，主要与组织损伤的治愈有关。其中，以生物吸收性高分子材料制备的吸收性手术缝合线、人工皮肤、医用黏合剂、骨折内固定物以及药物控制释放基体，已在临床获得应用。

表 14-5　生物可吸收性高分子材料的生物医学应用

用　途	形　状	实　例
结合材料	缝线，小夹子，黏合剂	聚 α-羟基酸，聚(1,4-二氧六环-2-酮)，聚(乙交酯-丙二醇碳酸酯)，胶原/Cut gut 聚(α-氰基丙烯酸酯)
骨固定材料	板，螺钉，棒，钉，夹板	聚(L-乳酸)，聚乙丙交酯，羟基磷灰石
止血材料	毛，辅料，粉，喷雾剂	胶原，纤维蛋白，甲壳素海绵
抗粘连材料	薄片，胶冻，喷雾剂	胶原，黏多糖，聚乙醇酸
组织培养基体	海绵，筛网，无纺布，管	胶原，聚乙醇酸，聚乳酸
人工韧带或肌腱	纤维编织带	聚(L-乳酸)，碳纤维增强聚乙丙交酯
人工血管	纤维，多孔材料	聚(L-乳酸)，聚乙丙交酯
创伤覆盖材料	纤维，无纺布，海绵	胶原，甲壳素，聚乙丙交酯，聚(L-亮氨酸)
人工皮肤	纤维，无纺布，海绵	胶原及其复合物
药物释放系统	微胶囊，微球，中空纤维	所有可降解高分子材料

14.5　生物活性高分子材料

随着医用高分子材料研究的不断深入，人们发现材料表面生物活化可以改善材料的生物相容性。因此生物活性高分子材料受到广泛重视。本节简单介绍抗凝血材料的表面肝素化、蛋白质（酶、抗体）的固定化、高分子材料的生物杂化（组织工程）等生物活性高分子的制备与性能。

14.5.1　表面肝素化高分子材料

为了抑制凝血系统的激活，一些具有抗凝血生物活性的分子如肝素、抗凝血酶、尿激酶、链激酶、肾上腺素、香豆素、阿司匹林、消炎痛等用于高分子材料的表面修饰，合成出抗凝血性能较好的高分子生物材料。其中以肝素最为常用，而且至今仍是抗凝血材料的研究热点之一。合成这类材料的关键，是生物活性分子与高分子材料结合后，能够保持其原来的活性。

（1）肝素恒速释放材料　肝素是带有负电荷的黏多糖，其链节是由葡萄糖胺磺酸、葡萄糖醛酸以及艾杜糖醛酸等组成的，含有氨基磺酸基、磺酸酯基、羧基负离子基团。因此，能够与带正电荷的高分子材料形成高分子复合物。DAEM 与肝素的离子复合物能够以 40ng/（cm² · min）的速率恒速释放肝素 1000min。在聚氨酯膜上通过离子键固定肝素，肝素固定量及其释放速率可以通过间隔臂的性质和结合方式进行控制。在体外试验中，随着肝素固定量的增加，抗凝血活性、抑制血小板黏附和激活性能均有所改善。

对于不含阳离子的高分子材料，可采用两种方法吸附肝素。一是 GBH 法（graphite benzalkonium heparinization）。1961 年 Gott 等用石墨涂覆和肝素溶液处理来提高高分子材料的抗凝血性能时，为了对石墨表面进行消毒，用季铵盐溶液进行浸渍处理，结果意外发现，这样处理后的表面对肝素有很强的吸附力，而且可以在长时间内维持较好的抗凝血性能。其原因在于季铵盐吸附在表面上，其阳离子特性便于吸附肝素。这个偶然的发现，后来发展为石墨—氯化苄铵盐肝素化法。该方法适用于聚碳酸酯、有机玻璃等塑料而不适用于弹性体。为了克服 GBH 法中由于使用石墨带来的缺点，后来又出现了 TDMAC 法（tridode-cyl methyl ammonium chloride）。利用长链季铵盐在高分子材料中的溶解和表面吸附，然后通过离子键将肝素固定在材料表面。由于该季铵盐能够溶解在高分子材料的表面层内，所以本方法既适用于塑料也适合于有机硅橡胶等弹性体的表面肝素化。

(2) 肝素固定化材料　经吸附法肝素化得到的材料，都是通过不断向血液中释放肝素分子来维持其血液相容性的，一旦肝素全部释放出来，材料的抗凝血性能下降或消失。为了获得长期的、稳定的血液相容性表面，可通过共价结合方法实现肝素化。通过适当的间隔臂，可将肝素共价固定在材料表面。一般而言，如果高分子材料含有羧基，可以通过缩合反应直接结合肝素。如果材料含有羟基或氨基，可先用六亚甲基二异氰酸酯活化，再与肝素反应。若材料不含活性基因，则需要先对材料表面进行活化处理，如电子辐射、等离子体辐射、表面臭氧处理等，在材料表面生成羟基、氨基或羧基等活性基团，然后再通过适当的反应结合肝素分子。但是，有两个问题阻碍着这类材料的实用化，一是肝素共价固定化后生物活性下降；二是由于材料表面组成与结构不均匀而引起的表面肝素化不完整。为克服上述问题，以亲水性的 PEO 或聚乙烯亚胺（PEI）为间隔臂共价固定肝素，其生物活性有较大提高。不过，由于长链间隔臂的应用，肝素固定化量必然有所降低。为了提高固定化量，可采用"化学放大法"。例如，首先在聚氨酯表面引入多功能基的聚乙烯亚胺（PEI），然后在氨基上接枝聚氧乙烯（PEO），最后在 PEO 末端通过反应再连接肝素分子。用此方法，肝素固定量比不使用 PEI 和 PEO 时增加四倍，抗凝血性能也有明显改善。

14.5.2　酶、抗体的固定化

酶、抗体、DNA 等生物大分子在临床治疗和临床检测中具有重要用途。例如，在血液净化疗法中，通过这些物质在多孔高分子载体上的固定化，可以专一吸附清除目标物质。再如，生物传感器的感受器是通过这些物质的固定化实现对目标物质的检测的。还有，这些物质在乳胶微球上的固定化，可以用于免疫检测，包括 DNA 的检测。因此，生物高分子的固定化技术得到了深入研究。目前，已发展的固定化技术有包埋法、吸附法、共价固定化法。

(1) 包埋法　采用高分子凝胶，可以将生物大分子包埋其中。由于生物大分子与高分子作用较弱，其活性得到最大限度的保留，这是包埋法的优点。但是，包埋法制备的生物活性材料在使用中，生物大分子容易从中脱落，使材料的稳定性降低，结果检测的重复性欠佳。因此，包埋法只在较少的情况下使用。

(2) 吸附法　酶、抗体可以通过物理吸附固定在高分子微球载体表面（包括孔表面）上。如果采用疏水性载体如交联聚苯乙烯乳胶，则吸附是通过疏水作用进行的。一般说来，在含水体系中，疏水吸附固定酶或抗体是不可逆的，不必担心它们会在试验过程中脱落。吸附量能够通过生物大分子在介质中的浓度或抗体与微球的比例来控制。

生物高分子通过吸附固定在微球表面的方式对于保持其功能至关重要。众所周知，抗体由抗原结合片断（Fab）和结晶片断（Fc）组成，图 14-7（a）给出抗体的一般结构。其中，抗原结合片断决定着免疫应答，而结晶片断因具有较强的吸附性（尤其是与类风湿因子的吸附作用）往往在免疫凝集试验中带来问题。因此，人们希望抗体以结晶片断吸附（最好埋植）在高分子微球上，而结合片断保持自由状态。图 14-7（b）为高分子微球吸附结合抗体所希望的状态，图 14-7（c）则相反，为了完全避免结晶片断带来的不利影响，可以通过 S-S 还原试剂或加热等方法处理抗体样品，使其抗原结合片断与结晶片断裂解，以 F(ab)$_2$ 代替全抗体固定在高分子微球上［图 14-7（d）］。这一处理对于抑制由补体、纤维蛋白或纤维蛋白原的降解产物以及样品中其他凝集物质引起的非专一性作用也有良好效果。

　　实验证明，抗体在乳胶颗粒上的吸附的确是按图 14-7（b）所示的理想模式定向的。在疏水乳胶吸附抗体之后，需要增加一步处理，遮盖未被抗体占据的表面，以抑制对杂蛋白的非专一性吸附。亲水表面有利于减少非专一性吸附，但是抗体也不能通过吸附进行固定。在此情况下，需要采用共价结合的方法固定抗体。

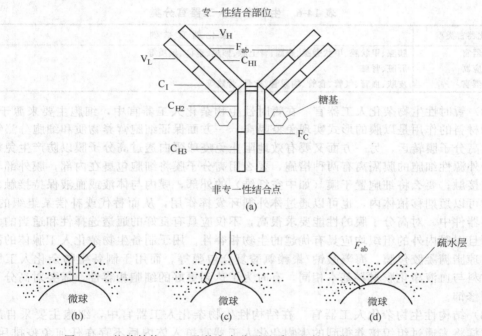

图 14-7　抗体结构（a）及其在高分子基质上的结合模型（b，c，d）

　　（3）化学键合法固定抗体　化学结合法固定化酶或抗体通常应用一些化学反应。在大多数情下，采用不同功能基化的高分子微球与酶或抗体的氨基发生反应，这是因为蛋白质一般含有较多的氨基，而且氨基的反应活性较好，容易实现固定化。此外，利用酶或抗体的氨基而不是羧基进行固定化，往往能保留其更高的活性。以前，聚苯乙烯乳胶也通过共价结合的方式固定酶或抗体，但因其对疏水性物质的非选择性吸附而目前较少使用。由于亲水高分子在含水体系中的非选择性吸附较弱，故适于共价结合酶或抗体，高分子水凝胶含有的反应性 OH、COOH、CHO、NH$_2$ 等基团能够方便地与酶或抗体结合。值得指出的是，在多数情况下，生物高分子固定化之后，其活性均显著下降。有时，通过在载体与生物大分子之间插入同隔臂可以使情况得以改善。

14.5.3　高分子材料的生物杂化

　　生物杂化人工器官是指由活性细胞或组织与医用高分子材料构成的器官，制备生物杂化人工器官的技术目前称之为组织工程（tissue engineering）。由于活体器官移植受到器官来源和排异反应的严重困扰，因此发展人工器官成为医学领域的迫切需要。但是，完全由合成材料制备的人工器官往往存在生物相容性差、使用寿命短等弊病。为了解决上述问题，由高分子材料和活性细胞制备生物杂化人工器官的组织工程在 20 世纪 90 年代迅速发展起来，并展现了非常好的应用前景。

(1) 生物杂化人工器官的分类　由组织工程制备出的生物杂化人工器官。根据其结构和功能分为如表 14-6 所示的三大类，即内分泌腺器官、杂化人工反应器、结构性器官。在人工内分泌腺器官中，活性细胞或组织包封在半透膜中，以防免疫系统对其发生排异作用。杂化人工反应器具有类似肝脏的代谢功能和合成蛋白质功能。在杂化人工结构性器官中，细胞掺入生物材料中，以促进相关组织愈合。根据使用目的和方式，生物杂化人工器官又可分为两大类。一类是暂时性功能替代或补偿器件，如体外循环人工肝、短期植入的人工内分泌器官（人工胰腺、神经组织）等。另一类生物杂化人工器官为永久性植入器官，主要是结构性器件，如生物杂化人工皮肤、生物杂化人工血管、生物杂化人工软骨等。

表 14-6　生物杂化人工器官分类

杂化器官类型	杂化器官举例
内分泌器官	胰腺、甲状腺、甲状旁腺、胸腺、肾上腺、卵巢、垂体、黑质等
人工反应器	肝脏、肾脏
结构性器官	皮肤、血管、气管、食管、输尿管、软骨、骨骼等

(2) 暂时性生物杂化人工器官　在暂时性生物杂化人工器官中，细胞主要来源于动物，高分子材料的作用是以膜的形式实现免疫隔离，一方面保证细胞营养物质和细胞分泌物质能够透过高分子膜转运，另一方面又要有效地阻止免疫球蛋白透过高分子膜以防产生免疫排斥反应。外源性细胞的膜隔离有两种措施，要么用高分子膜将细胞包裹在内部，膜外部与体液或血液接触；要么将细胞置于膜（如中空纤维）的外部，膜内与体液或血液保持接触。这类器官即可以短期移植体内，也可以通过体外循环发挥作用，从而替代或补偿某组织的功能。在这类器件中，对高分子膜的性能要求很高，不仅应具有良好的通透选择性和适当的力学性能，而且对膜内外的组织均应具有优越的生物相容性。用于制备生物杂化人工腺体的高分子材料有琼脂糖凝胶包膜、海藻酸钠/聚赖氨酸复合包膜等。而用于制备生物杂化人工肝的高分子材料与血液净化膜材料基本相同，有时为了达到更好的细胞相容性，需要对高分子膜进行表面修饰。

(3) 结构性生物杂化人工器官　在结构性生物杂化人工器官中，细胞主要采自患者自身，这样将来通过组织培养得到的生物杂化人工器官植入体内后不存在任何免疫排斥问题，这也是组织工程技术受到广泛重视的一个重要原因。对于某些组织的细胞，分裂很强，少量的细胞通过组织工程即可制备出足够大的生物杂化人工器官。例如人的皮肤，理论上 1cm^2 中的细胞通过组织工程培养之后，可以生成足球场大小的人工皮肤。由于源细胞需求量小，组织工程技术与产品具有非常好的应用前景。随应用目的的不同，组织工程对高分子材料的要求有所不同。对于组织工程人工血管，内皮细胞在人工血管内的种植与培养主要是为改善人工血管（尤其是直径小于 6mm 的人工血管）的血液相容性，那么构成人工血管的高分子材料的物理、化学结构除了适于内皮细胞附着与生长之外，必须具有良好的力学性质（强度、弹性等）和抗老化性能。而对于组织工程人工皮肤、人工韧带、人工软骨等最终希望完全实现组织自修复的器官或组织，高分子材料必须是生物吸收性的，例如胶原、聚乙交酯等。这样，首先将具有适当物理化学性能的生物吸收性高分子材料加工为具有一定形状和多孔的骨架，然后在其中种植一种或分层种植几种细胞，在适宜的培养条件下使细胞分裂生长，直至形成生物杂化人工器官或组织。当生物杂化人工器官或组织植入人体之后，细胞继续分裂生长，而高分子材料则逐步降解吸收，最终完成组织或器官的自修复。在此情况下，材料对细胞的附着性能、材料与细胞的相互相容性，以及材料的力学性能等，对于是否能够制备出可以应用的生物杂化人工器官至关重要。

14.6 高分子材料在药学中的应用

一些可溶性高分子可直接用作药物，如水解明胶、葡聚糖、聚乙烯吡咯烷酮可用作血容量扩充剂，核酸类似物用作抗病毒剂和抗肿瘤剂，还有一些酶治疗剂、高分子免疫佐剂等。除此之外，高分子材料在药学中的应用主要是在制剂方面，包括常规制剂和控制释放制剂。

14.6.1 高分子药物控制释放体系

用高分子材料制备药物控制释放制剂主要有两个目的，一是为了使药物以最小的剂量在特定部位产生治疗效应，二是优化药物释放速率以提高疗效，降低毒副作用。有三种控制释放体系可以实现上述目的，即时间控制体系（缓释药物）、部位控制体系（靶向药物）、反馈控制体系（智能药物）。目前，第一种体系已经大量应用，美国年销售额在 50 亿美元左右，第二、三种体系正在发展之中。

最早应用于临床的控制释放体系是透黏膜吸收体系和透皮吸收体系（贴片）。目前，宫内避孕药物、眼内青光眼药物、透皮心绞痛药物、透皮激素药物等已经大量上市。在这类控制释放制剂中，高分子膜控制释放速度，同时需加入吸收促进剂以增强药物透过黏膜或皮肤的能力。口服缓释制剂的上市品种也越来越多，感冒药康泰克是其中最成功的典范。缓释药物制剂中，药物的控制释放是通过扩散控制、渗透控制、离子交换控制以及生物降解控制实现的。

靶向药物释放体系不仅可利用药物对目标组织部位的亲和性进行设计，而且能够利用患者某些组织性能的病理改变达到导向目的。例如，利用肝细胞对半乳糖的亲和性，将半乳糖作为靶向基团与药物一起结合到水溶性高分子载体上，可以实现药物选择性在肝脏分布。利用抗体的专一性作用，将抗体结合在高分子载体上也可以赋予高分子药物以靶向作用。利用病理组织与正常组织在物理化学方面的差异，能够设计出适于在病理断裂的键型，将高分子与药物连接起来，从而实现药物的定位释放。靶向药物释放体系一般用于毒副作用强的药物，例如抗肿瘤药物等。从目前发展情况分析，脂质体微球、药物-高分子缀合物、合成高分子药物有可能在不远的将来获得实际应用。

表 14-7 口服制剂药用高分子辅料

功　能	高　分　子　辅　料
黏合剂	琼脂、海藻酸、葡萄糖、聚丙烯酸(carbopol)、羧甲基纤维素钠、微晶纤维素(avicel)、乙基纤维素、羟丙基甲基纤维素、甲基纤维素、明胶、聚乙烯吡咯烷酮(pobidone)、预凝胶化淀粉、梧桐胶、西黄蓍胶
稀释剂	微晶纤维素、粉状纤维、淀粉、预凝胶化淀粉、葡萄糖
崩解剂	海藻酸、微晶纤维素、明胶、交联聚乙烯吡咯烷酮、淀粉、预凝胶化淀粉、羧甲基淀粉钠
润滑剂	聚乙烯醇、PEO-PPO-PEO 嵌段共聚物(poloxamer)、聚山梨醇酯、聚乙二醇硬脂酸酯、聚乙二醇油酸酯
胶囊壳	硬胶囊:交联明胶;软胶囊:明胶＋多元醇增塑剂
肠溶包衣	醋酸纤维素邻苯二甲酸酯(CAP,溶解 pH 值 6.0)、醋酸纤维素三苯六羧酸酯(pH 值 5.2)、羟丙基甲基纤维素邻苯二甲酸酯(HPMCP,pH 值 4.5～5.5)、甲基丙烯酸-甲基丙烯酸甲酯共聚物(pH 值 5.5～7.0)、醋酸乙烯酯-邻苯二甲酸乙烯酯共聚物(PVAP,pH 值 5.0)、虫胶(aleutric acid 的酯,pH 值 7.0)
非肠溶包衣	海藻酸钠、明胶、聚乙二醇(PEG)、PEO-PPO-PEO 嵌段共聚物(poloxamer)、淀粉衍生物、羧甲基纤维素钠、羟乙基纤维素、羟丙基纤维素、羟丙基甲基纤维素、甲基纤维素

正处于实验阶段的反馈释放体系（脉冲释放体系），能够根据患者的内部病理信号的大小自动控制药物的释放，这些信号可以是糖、激素、电解质等物质的浓度；也能够通过外部物理刺激控制药物释放速度，外部刺激包括热、电、磁、超声等。随葡萄糖浓度调节胰岛素释放的制剂为第一种情况的代表，而由热敏感高分子水溶胶制备的剂型则属于后一种类型。脉冲释放体系通常也称为智能释放体系，构成该体系的高分子材料通常叫作智能高分子材料。药物通常包裹在由智能高分子形成的微胶囊中。

14.6.2 药用高分子辅料

在药物的通常制剂中，大约三分之一是口服制剂，包括片剂、胶囊、颗粒剂等。在这些制剂中用到的高分子辅料列于表 14-7 中。

参 考 文 献

1 周其凤，胡汉杰主编. 高分子化学. 化学工业出版社，北京：2002.9
2 何曼君，陈维孝，董西侠编. 高分子物理（修订版）. 上海：复旦大学出版社，1993.12
3 朱炳辰主编. 化学反应工程. 第3版. 北京：化学工业出版社，2001.9
4 潘祖仁主编. 高分子化学. 第3版. 北京：化学工业出版社，2003.1
5 蓝立文主编. 功能高分子材料. 西安：西北工业大学出版社，1995.6
6 何天白，胡汉杰编. 海外高分子科学的新进展. 北京：化学工业出版社，1998.9
7 王国建，王公善编. 功能高分子. 上海：同济大学出版社，1996.9
8 王曙中，王庆瑞，刘兆峰编著. 高科技纤维概论. 上海：中国纺织大学出版社，1999.11
9 黄丽主编. 聚合物复合材料. 北京：中国轻工业出版社，2001.6
10 邬国铭主编. 李光副主编. 高分子材料加工工艺学. 北京：中国纺织出版社，2002.2
11 董纪震，吴宏仁，陈雪英等编. 合成纤维生产工艺学（下册）. 北京：纺织工业出版社，1989.6
12 欧育湘，陈宇，王筱梅编著. 阻燃高分子材料. 北京：国防工业出版社，2001.7
13 欧育湘编著. 实用阻燃技术. 北京：化学工业出版社，2002.1
14 周菊兴，董永祺编著. 不饱和聚酯树脂——生成及应用. 北京：化学工业出版社，2000.5
15 宋启煌主编. 精细化工工艺学. 北京：化学工业出版社，2000.4
16 夏宇正，陈晓农编著. 精细高分子化工及应用. 北京：化学工业出版社，2000.9
17 赵文元，王亦军编著. 功能高分子材料化学. 第2版. 北京：化学工业出版社，2003.9
18 徐寿昌主编. 有机化学. 第2版. 北京：高等教育出版社，1997.9
19 何天白，胡汉杰主编. 功能高分子与新技术. 北京：化学工业出版社，2001.7
20 马建标主编，李晨曦副主编. 功能高分子材料. 北京：化学工业出版社，2000.7
21 王德中主编. 功能高分子材料. 北京：中国物资出版社，1998.8
22 邹新禧编著. 超强吸水剂. 第2版. 北京：化学工业出版社，2002.1
23 刘引烽编著. 特种高分子材料. 上海：上海大学出版社，2001.12